重温铁西

城市基因的再编与活化

To Make up with Activation of City Gene

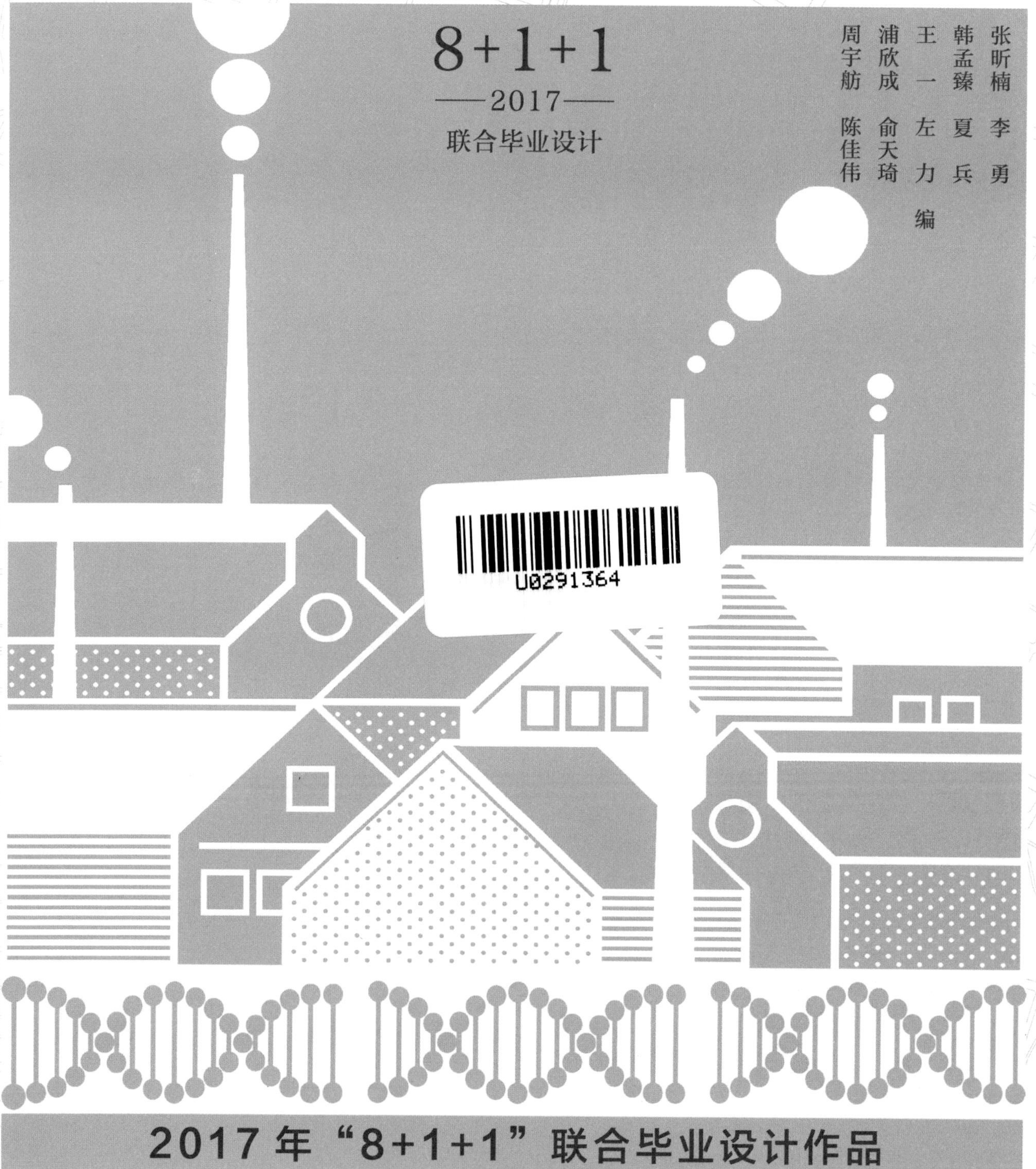

张昕楠 李勇
韩孟臻 夏兵
王一 左力
浦欣成 俞天琦
周宇舫 陈佳伟
编

2017 年"8+1+1"联合毕业设计作品

Works of 8+1+1 Joint Thesis Design 2017

中国建筑工业出版社

图书在版编目（CIP）数据

重温铁西 城市基因的再编与活化 2017年“8+1+1”联合毕业设计作品／张昕楠等编. —北京：中国建筑工业出版社，2018.3
ISBN 978-7-112-21891-2

Ⅰ.①重… Ⅱ.①张… Ⅲ.①建筑设计–作品集–中国–现代 Ⅳ.①TU206

中国版本图书馆CIP数据核字（2018）第039951号

责任编辑：陈 桦 杨 琪
责任校对：李美娜

重温铁西 城市基因的再编与活化 2017年“8+1+1”联合毕业设计作品
张昕楠 李 勇 韩孟臻 夏 兵 王 一
左 力 浦欣成 俞天琦 周宇舫 陈佳伟 编
*
中国建筑工业出版社出版、发行（北京海淀三里河路9号）
各地新华书店、建筑书店经销
北京锋尚制版有限公司制版
北京缤索印刷有限公司印刷
*
开本：880×1230毫米 1/16 印张：17½ 字数：568千字
2018年4月第一版 2018年4月第一次印刷
定价：118.00元
ISBN 978－7－112－21891－2
（31804）

2017年8+1+1联合毕业设计作品编委会

孔宇航　许　蓁　郑　颖　张昕楠

李　勇　付　瑶　黄　勇　赵伟峰　孙洪涛

许懋彦　韩孟臻

夏　兵　朱　渊　李　飚

李翔宁　孙澄宇

龙　灏　左　力

罗卿平　贺　勇　浦欣成

俞天琦　马　英

程启明　周宇舫　苏　勇　王环宇　刘文豹　王文栋

陈佳伟　彭小松　杨镇源　肖　靖　齐　奕

2017年“8+1+1”全家福

前言

2017年6月11日，沈阳市铁西铸造博物馆，历时半年的联合毕业设计落下了帷幕。同学们在默默收拾展板上的图纸，老师们在相互微笑道别，这种熟悉的场景一年一度，犹如“昨日重来”。自2007年第一届八校联合毕业设计开始到如今的“8+联合毕业设计”已经是第十一届了。当时倡议实施此项活动的初心，是为毕业设计建立一个国内校际交流的平台，同时也作为推动中国建筑高校毕业设计质量，探索教学改革的一种尝试。从这一点看，“8+联合毕业设计”发展至今，不但参与的院校不断增加，其示范性和影响力也已远远超出了当初的预期。

本届“8+联合毕业设计”是由天津大学和沈阳建筑大学联合主办并命题的，设计场地位于沈阳市铁西区。这也是此项目有史以来首次将设计场地置于长城以北的严寒地区。沈阳在历史上经历了清、民国、伪满等时期的发展，在新中国成立之初作为重工业基地达到了一个鼎盛时期，又被誉为“共和国的长子”。铁西区作为传统的工业区，至今仍保留着部分当年的工业遗存。在渴望振兴和转型的大背景下，铁西区近年新建的大量商品住宅与福利时代保留的单位家属区形成了一种有趣的对比。同时，作为沈阳市老龄化程度最高的地区之一，铁西区既保留了浓厚的厂院文化和东北文化的遗存，又充满了年轻人居住和创业的机会。总之，场地蕴含的冲突与张力为设计提供了多维度的视角。经过设计前期的联合踏勘和讨论，教师们对本次设计的场地和设计主题达成一致意见。由于毕设周期的局限，还需要平衡挑战性、开放性和设计完成度之间的关系。最终确定本次联合毕设的主题是“重温铁西——城市基因的再编与活化”，要求学生基于铁西区的社区背景与生活状态的调研，寻找缘起问题，提出设计愿景，展开设计过程。

2017年2月26日至3月2日，来自清华大学、同济大学、东南大学、天津大学、重庆大学、浙江大学、北京建筑大学、中央美术学院、深圳大学和沈阳建筑大学等十所院校的师生混合编组进行了场地调研，并进行了头脑风暴和开题答辩。4月8日，各校师生在天津大学建筑学院举行了中期汇报，并在建筑馆西楼广场展开了一场别开生面的师生对话。6月11日，各校师生齐聚铁西进行了最终设计答辩和作品展示，以各自的毕业设计回应了对这座城市历史与未来的种种思考。

总体而言，学生们能够自如地应对从“自我命题”到“自我解题”的设计流程，在发现问题和提出策略的过程中展现出了较为出色的专业能力。在概念与形式的推演上，各校体现了开放性和多样性的特色，其中不乏创新性和批判性的专业思考。从另一方面审视，学生们的视野和思路并没有局限在历史的宏大叙事中，而是能够从现实的细微处出发，关注普通人一点一滴的生活状态，给城市注入更多的人文关怀。最终成果具有较好的设计深度，也展现出各自学校的教学特色。

按照惯例，现将本届“8+联合毕业设计”的成果编辑成册，以飨读者。在此衷心感谢所有参与学校的老师和同学的辛勤工作，使本届联合设计能够精彩顺利地画上句号。同时也要特别感谢天华建筑对此项活动的长期支持和协助。

许蓁

天津大学建筑学院副院长

2018.2.2

目录

教学成果

2017 年“8+1+1”联合毕业设计课题任务书

重温铁西——城市基因的再编与活化

一、选题意义

“基因”代表了一个城市独特的身份，地理、气候、物产、艺术、民俗等等，都是构成一个城市基因的重要元素，也使一个城市区别于其他城市。虽然许多突发“事件”可以彻底改变城市发展的走向——或开启一段辉煌的历史，或从此归于沉寂和衰颓，但基因总会在“适者生存”的法则下不断变化和调整，顽强地寻找着自身生存的空间和发展的契机。

本次毕业设计选址在辽宁省沈阳市。沈阳是中国工业化较早的城市，有着悠久的历史文化，在城市化进程中，城市保护与发展之间存在诸多矛盾，如何通过城市设计和建筑设计，从专业的角度对城市的历史、文化和物理现状进行思考与解读，力求发现城市空间组织的内在动力，解决现实或前瞻性的问题，对于提高本科毕业设计学生综合能力，具有明显的教学价值。

二、选题背景

翻开中国的经济地图，沈阳作为共和国的工业“长子”，有着数百个新中国工业史上的“第一”：第一台水轮发电机、第一台快速风镐、第一台自动车床……，它们不仅在新中国建设中发挥过重要作用，同时也是新中国工业发展的立体符号，见证了沈阳工业发展的历史，体现了具有丰富特色的沈阳工业文明。而如今，由于产业结构的调整和房地产业的兴起，大量的工业遗存在快速推进的城市化进程中被拆毁，仅存的一些厂房面临着即将被拆除、废弃或不恰当利用的命运。因此保护住具有重要价值的工业遗存应是摆在我们面前迫在眉睫的课题。

沈阳近代史中体现着双重强势的作用，即本土势力和本土文化与外来势力和外来文化的相互作用及影响。本土势力与本土文化以奉系为代表，外来势力与外来文化以日本为代表。外来资本工业在沈阳的发展始于日俄战争之后，外资工业主要分布在商埠地及后期建成的铁西工业区之中。1907年在外国列强的压力下，沈阳被迫“自行”开埠，铁西工业区始建于20世纪20年代，其“南宅北厂”布局和道路网框架依从于日本人1932年完成的“奉天都邑”计划，这是立足于伪满洲国整体利益对沈阳城市的全面规划。伪满洲国把长春定位为政治行政和居住中心，而将沈阳定位为工业中心。同时为弥补日本自身的国力不足，在强占沈阳民族工业的基础上觅求拓展新的工业基地。它以现代主义的规划特征，将和平大街以西、兴工街以东规划为建筑开发用地，随后沈阳站落成后，以长大铁路沿线为界，以西的地区称之为“铁西”，铁西区由此得名。截止到1941年铁西已建有日资企业423家，拥有金属工业、机械工具工业、化学工业、纺织业、食品工业、电器工业、酿造业，玻璃工业等。1949年新中国成立以后沈阳工业被注入了腾飞的活力，飞速复兴、发展、壮大，成为共和国的重要工业基地。“一五”期间，沈阳成为国家建设的重点地区。国家将大量资金投向沈阳的工业建设。特别是将其中的76.8%用于发展机械工业。“一五”建设确立了沈阳的基本工业构架及其地位。沈阳工业随后的发展使它成为中外瞩目的工业之都。

铁西区作为沈阳城市内五大主要行政分区之一，面积484km^2，人口114万。多半个世纪以来，铁西区成为中国工业发展的摇篮，诸多的中国工业第一都出自于此。而铁西区的工业发展先后经历了四个历史时期：新中国成立前工业的曲折发展、新中国大力发展工业、产业调整工业衰败、再次振兴老工业基地。

随着铁西区城市更新发展，2005~2015年，铁西老工业区工矿仓储用地面积减少622.29hm^2，大部分工矿仓储用地转出为居住用地，这些用地主要分布在建设大路以北，这一区域聚集了铁西老区众多企业，在建设大路以北、卫工街以东的地区，公共管理和公共服务用地的比例也在逐年增加，而且位于沈阳市中心的区位优势也大大刺激了现代服务业的发展。

目前，沈阳尚存的工业遗存大体分三种类型：第一种是清末至民国时期沈阳民族工业的一些遗存，主要集中在大东区和皇姑区；第二种是日伪时期，特别是20世纪40年代日本侵略沈阳时期的工业遗存；第三种是新中国成立后国民经济恢复发展时期，特别是“一五”时期发展起来的工业遗存。

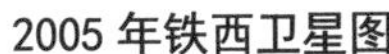

2005 年铁西卫星图

2015 年铁西卫星图

图 1

后两种主要集中在铁西区。

经过老工业街区的改造，工业企业在老城区逐渐成为零星遗迹。目前，铁西区的北二路、北一路、北四路、建设大路、沈辽路、保工街、兴工街、云峰街的工业厂房几乎全部被拆除，大量工业遗产被推倒、铲平，铁西的经济虽然发展了，但铁西区工业文明的历史却遭到了重创和泯灭（图1）。而铁西区建设大路以北的工业区西侧的工业遗产目前还处于正在使用、生产的状态，如水泵有限公司、东北制药总厂、沈阳汽车齿轮厂、变压所、沈阳市第四橡胶厂等。目前铁西区工业遗存的情况如图2所示，蓝色的为现存的工业遗存，红色的为已拆迁的。

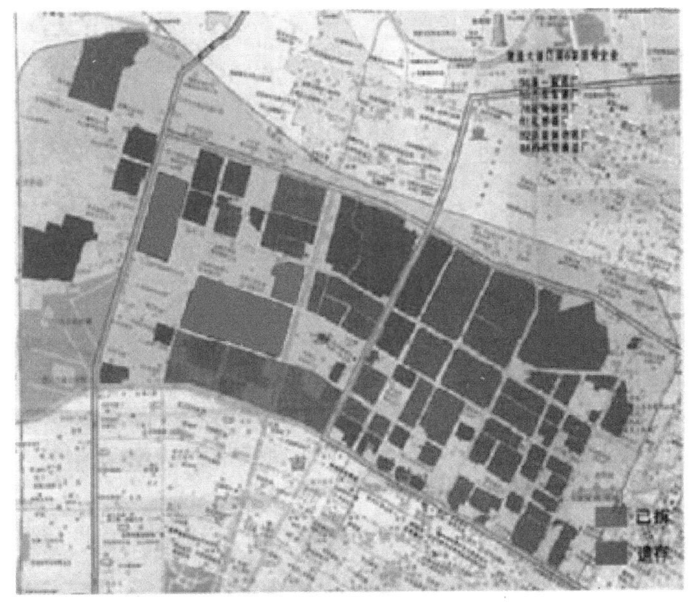

图 2

铁西区不仅是工业区，也是重要的工人生活区。铁西工人村就是闻名全国的工人住宅区。它位于铁西区西南部，工人村建筑规划是新中国成立后沈阳市第一个完整的城市建设规划，城市基础设施配套齐全。建筑物之间留有充足的绿化地带、景点。中小学校、幼儿园、百货、副食商店、饭店、照相馆、卫生院、粮站、邮电支局、储蓄所等基础服务设施完善。当时人们形容工人村是“高楼平地起，条条柏油路；路旁柳成荫，庭院花姿俏”。经过半个世纪的风雨洗礼，居民住宅已经陈旧，2003年开始了工人村改造工程，大量苏式三层楼被拆除，只有少量保留，一部分改造成铁西工人村博物馆（图3），一部分仍有居民居住，但内部设施老化严重，居住条件十分恶劣。

图 3

此次设计选址区域以卫工明渠为核心，包括整个铁西区，通过调研分析来思考完善城市更新、探寻生活印迹、延续工业基因的问题，各组自定选址区域及设计对象。

三、设计目标与要点

1. 城市更新策划层面

探讨城市工业区域的保护设计原理与方法，理解历史遗存与城市空间更新利用的关系，理解城市形态与建筑类型的关系，研究城市更新过程中新与旧的关系、保护与发展的关系，理解社区更新与活力复兴的关系。

2. 建筑单体设计层面

掌握城市更新背景下建筑设计原理与规律，探讨不同建筑性格的表达及设计语言与手法，掌握在周边物质与非物质环境制约下，进行建筑设计创新的方法，加深理解建筑与区域、历史、社会、文化、环境的关联性，掌握建筑尺度与体量的控制方法。

3. 设计方法层面

学习并掌握地域建筑的内涵及要素，寻找沈阳工业文化基因。联系铁西区历史变革及发展方向、找到铁西工业区的更新模式。设计重视策划，并通过策划的手段，活化铁西区遗存的工业文化魅力。

四、设计阶段与内容

1. 预研究：包括文献研究和现场研究。文献研究专题由各校教师根据各自教学思路自行设定。现场研究在沈阳市铁西区现场开题时，由十所高校随机混编小组进行(现场调研任务书与指导书另提供)。

2. 城市设计：各校学生以小组为单位，根据调研选定建设范围，确立城市更新策略，完成具有某项侧重的城市设计。并依托该设计，提出今后小组内各位成员的建筑单体选址、规模与具体设计任务书。

3. 建筑设计：以各小组的城市设计为依据，小组成员每人对各自的建筑设计任务展开深化设计。每人设计规模以建筑面积不大于6000m^2为宜(具体规模可由各校指导教师灵活掌握)。

五、设计成果要求

1. 设计图纸

规划设计部分：A1，每小组合作完成3~5张。图纸内容自定，可包含区位分析圈、用地现状图、总平面图、鸟瞰图、街景透视图、设计结构分析图、改造措施分析图、用地功能分析图、体量高度分析图、交通流线分析图、开放空间系统分析图、景观绿化系统分析以及设计导则列表、设计说明等。

建筑设计部分：A1，每人完成4~6张。此部分应包含总平面图、各层平面图、主要立面图、主要剖面图、屋顶层剖面图、墙身大样剖面图、透视表现图以及各种分析图、设计说明等。

设计方法部分：传统建构方法在设计中的应用或是运用数字建构手段进行辅助建筑设计过程的展示与分析图等。

2. 实物模型：(各校应统一底盘尺寸，材料不限，要求学生自制，不许外包)

保护性规划设计部分：1：1000

单体建筑设计部分：1：200或1：300

3. 设计文本

根据各校要求排版制作。

4. 展览及出版页面排版文件

(具体细则中期交流时根据展览场地与出版要求十所高校共同商定)

时间阶段与节点	工作内容	备注
2016.12.15~2017.2.26	文献及图纸研究	各自学校
2.26~3.5	开题及现场研究	沈阳铁西区（活动日程另提供）
3.6~4.6	城市设计与建筑概念	各自学校
4.7~4.9	中期汇报与交流	
4.17~6.15	建筑设计与成果制作	各自学校
6.16~6.18	最终答辩与交流	

指导教师

孔宇航

许 蓁

郑 颖

张昕楠

1 都市生活剧场 Urban theater

工业时代的建筑体在城市更新之后，以失落空间的形式散落在场地之中。如何将它们重新置入当下生活，是我们思考的起点。

陈诗园

黄兰琴

谢成溪

2 异托邦社区 Heterotop ia community

在铁西区棚户区改造过程中运用异托邦理论，再编与活化铁西区的独特基因。

温世坤

任政行

祁　山

3 共同体的重构 The Reconstruction of Community

铁西的工人在新中国成立后以共同体的姿态出现，又随着改革开放而逐渐消解。在当下如何重构他们的生活，引起了我们的探索。

林碧虹

于安然

李石磊

4 生产车站 Bus stop+

工厂衰败导致生产者被解构，我们以公交系统为依托，结合现代社群活动行为重构新的生产体系。

李文爽

唐奇靓

谢美鱼

都市生活剧场

Urban Theater

天津大学
设计：陈诗园 / 黄兰琴 / 谢成溪
指导：孔宇航 / 郑颖 / 张昕楠 / 许蓁

在城市设计的策略中，笔者首先结合选地原有的工业体系和当下建筑更替情况尽量挑选出现存的、分散的失落空间。这些失落空间是建设于 20 世纪五六十年代及以前的工厂片段，以或完整或破损的建筑结构，或近乎消失于当下生活，而只在背向的、不恰当的道路系统中显露出的管道线中存在。接着，笔者在整个选地中置入格网体系，失落空间组织成为系统。结合选地中原有的路网尺度、铁路系统和人们的步行速度、普适的步行可达性，该格网体系的尺寸是 400m × 400m。格网体系是一种介入真实选地并将空间进行组织的策略。当格网体系中点阵的空间片段被搭建起来以后，它变为场地提供了新的可能性。就整个铁西区而言，工业区的传统致使铁西主要绿地分布于卫工明渠以西，而卫工明渠东侧场地极度缺乏绿地和活动空间。因此，为格网体系中的失语空间赋予新的人性尺度的绿地功能，是笔者将其介入人们当下生活的方式。

尺度宜人的原铁道、现有的背街空间、老小区之中的 1950 年代住宅、高楼林立中的零星工厂，这些远离车行道的空间正是适宜人们活动的空间。根据失落空间的现存情况，空间片段及其在绿地系统中的功能被分为三个层级。分别为保留较为完整的老建筑、残损的结构体和工业建筑痕迹和肌理。

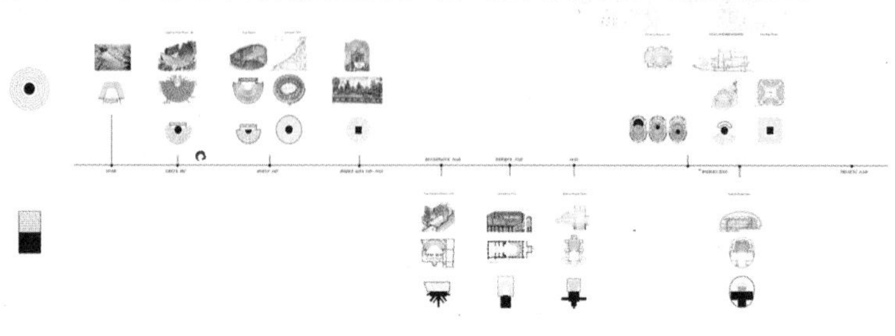

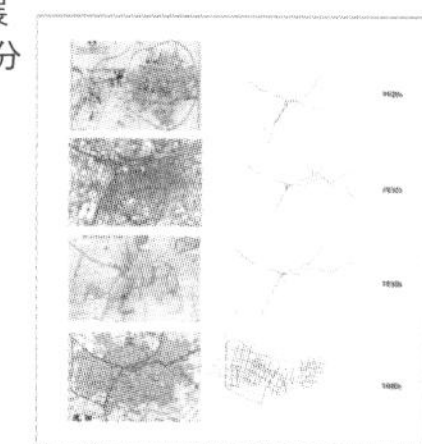

沈阳市历史发展
沈阳市的发展可以分为几个明显的阶段。

1946/1980/2014 铁西区地图叠加
在新中国成立后的发展过程中铁西区的路网结构和密度没有发生明显的变化。

铁西区路网结构
铁西区的道路网格为历史发展阶段的不同和铁路的影响分成了集中不同方向的网格，这种明显的区别是铁西区城市记忆的一个重要部分。

1997 铁西区建筑图底关系
1997 年时铁西保存有完整的工业区特征，南宅北厂意向明显。

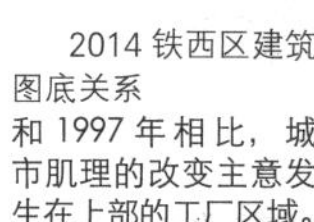

2014 铁西区建筑图底关系
和 1997 年相比，城市肌理的改变主意发生在上部的工厂区域。

铁西区现存建筑年代

铁西区工业货运铁路（1950s）和现存路网关系

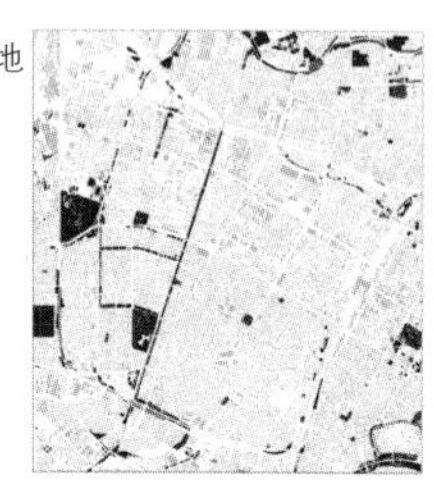

铁西区现存绿地系统

评语：

产业、遗迹与文化片层是陈诗园同学在毕业设计中讨论的核心议题。

当旧有的产业被结构，曾经的工业遗迹应该以如何的面相融入于当代的日常之中、如何去回应曾经的记忆或以怎样纪念的方式面对后人便成了无法回避的设计主题。

面对这样负责的讨论，三位同学在她们的毕业设计中，结合场地现存的工业建筑遗构，对文脉影响下的空间结构结合更新的机能进行了充分的讨论，并以设计进行了很好的解答。

同学们在设计之前对场地进行了认真细致的调研，明确设计概念和拟解决的问题，细致规划了设计研究路线。最终论文完成了预期目标，成绩突出，是一份优秀的毕业设计。

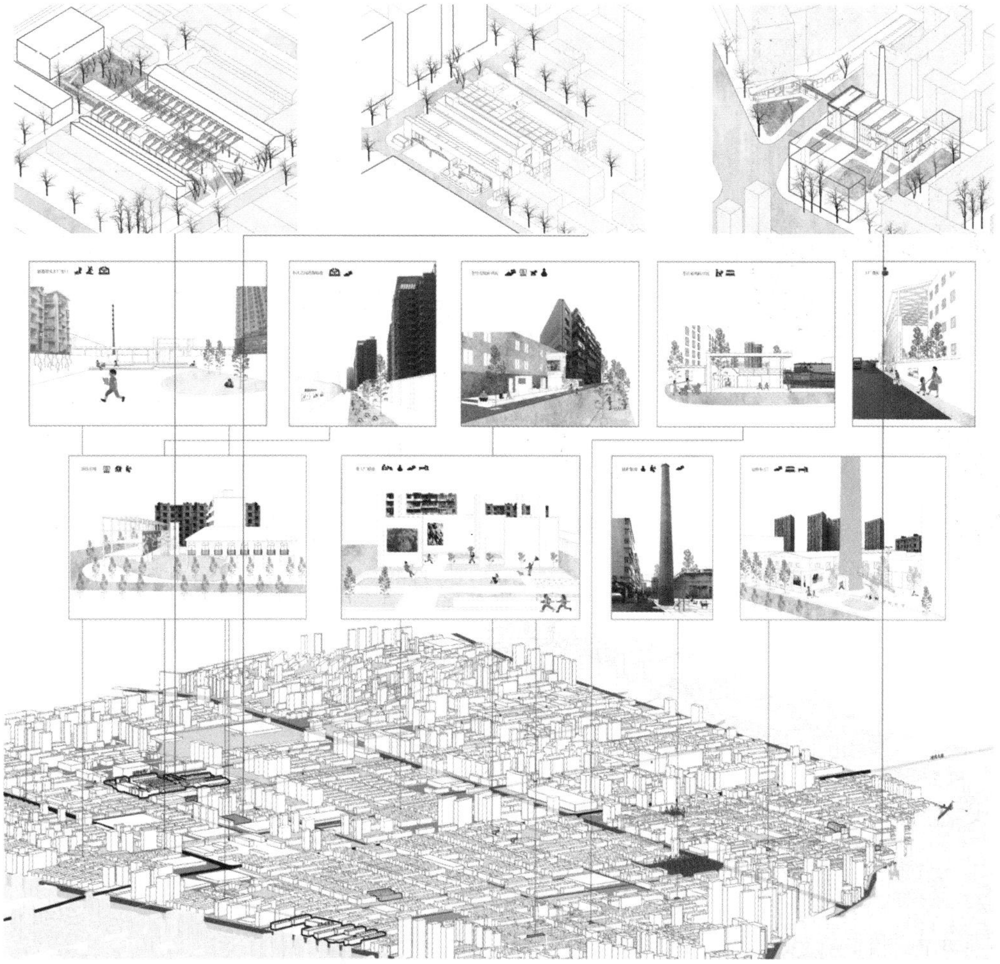

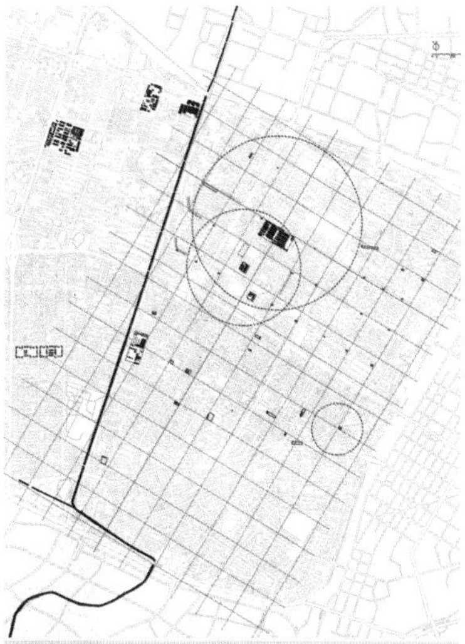

一段铁轨，一段矮墙，一个烟囱，那些从地图上难以分辨的细碎的点躲藏在高层林立的强势肌理之下。当失去原始的功能的时候，它们往往与新的布景格格不入，我们将它们统一称为城市的失落空间。

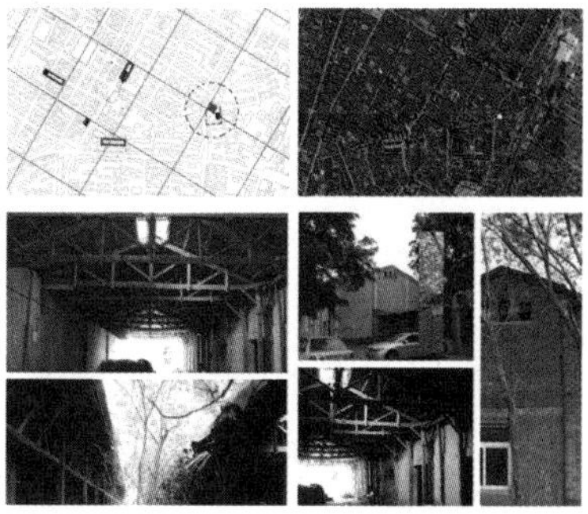

一直在铁西这座舞台上生活的人们，20 世纪末突然脱离了工业、共产的限制，进入了自由的时代。突然从一种固定的生产生活模式中解放出来的他们一下子步入了无规则的迷茫之中。舞台的布景虽然改变了，但过去的记忆依旧留存着，只要触碰到相似的场景，人们就自然而然地能够建立其与历史的联系。在新时代的这一幕之后，历史小心翼翼地保存着自己最后的记忆，期待发现它的人们。当许许多多的工业场景不断重复、拼贴、交叠的时候，那些模糊的历史印记就慢慢开始清晰起来。它虽然不全面，虽然不完全一致，但是人们总能从中窥得每个人自己内心那一副完整的历史图景。

现代剧场的发展逐渐脱离了舞台，观众，表演的限制，脱离了自身那种特定的空间类型的设定。在此处，剧场的含义也不再局限于表演的场所，它更像是一种独特的社会场景，剧场和城市空间在这里完成了一次互相学习的转化。我们期待利用都市剧场这一概念去重塑我们城市中的每个和历史息息相关的节点，像设计剧场一样将工业时代的历史进行空间上的转译并应用到新的生活场景中去。我们期待那些被暂时搁置的城市失落空间能够完美融合到现在的城市系统中去，获得新的生命。

城市剧场单体设计——社区活动中心

工人生活方式的空间化表达

工厂特定建筑元素

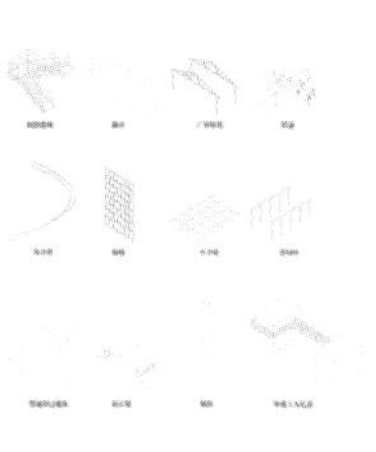

工业时代工厂、交通线、住区空间分析

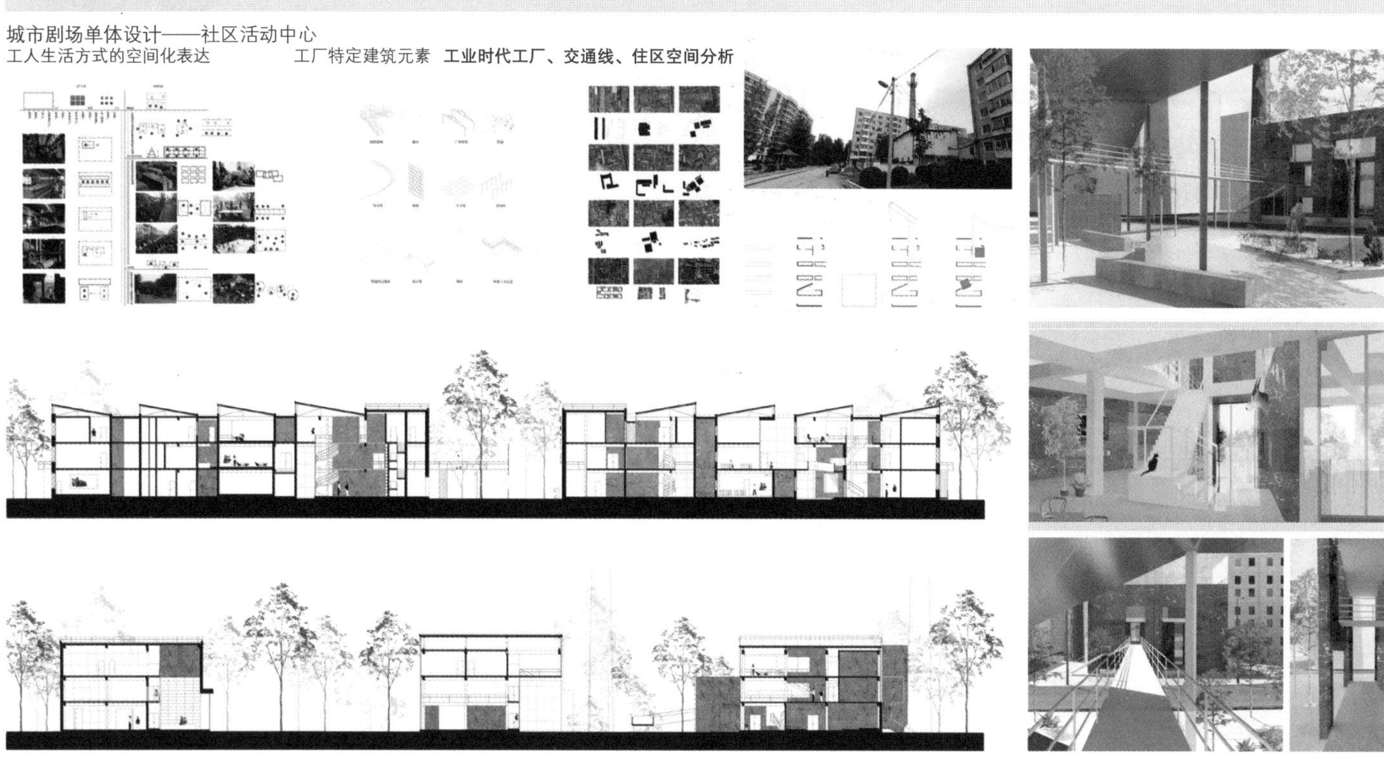

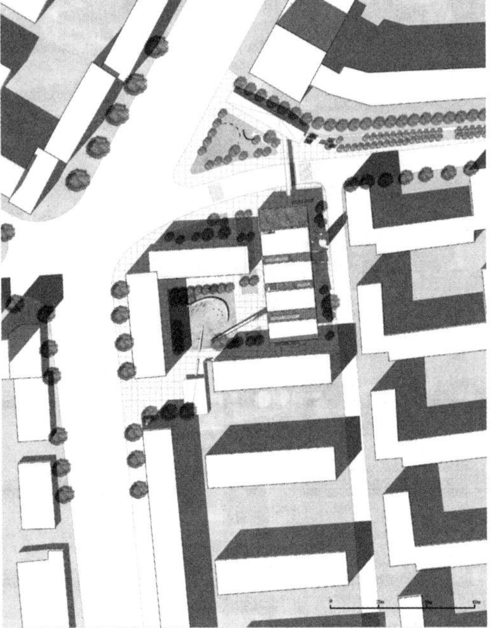

二层平面图

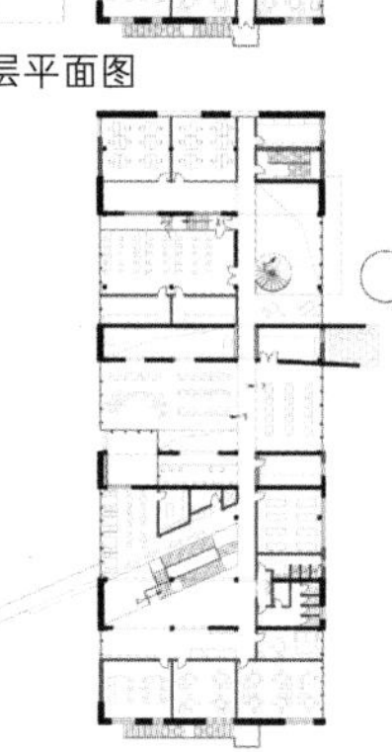

三层平面图

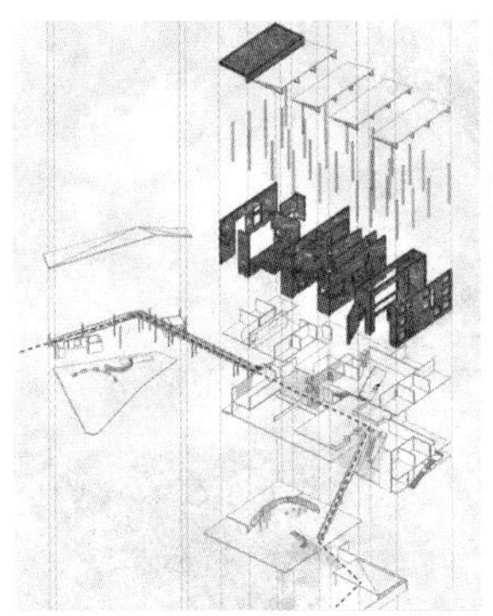

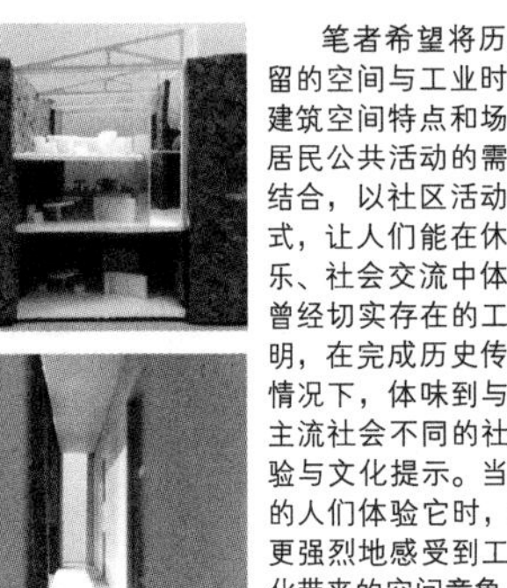

笔者希望将历史遗留的空间与工业时代的建筑空间特点和场地中居民公共活动的需求相结合，以社区活动的方式，让人们能在休闲娱乐、社会交流中体会到曾经切实存在的工业文明，在完成历史传承的情况下，体味到与如今主流社会不同的社会体验与文化提示。当游走的人们体验它时，能够更强烈地感受到工业文化带来的空间意象。

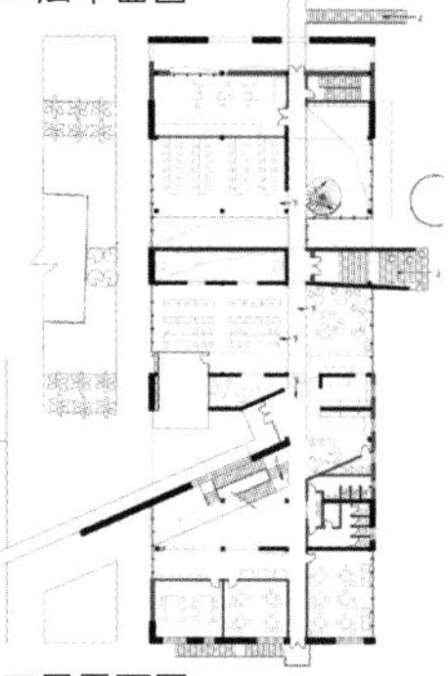

一层平面图

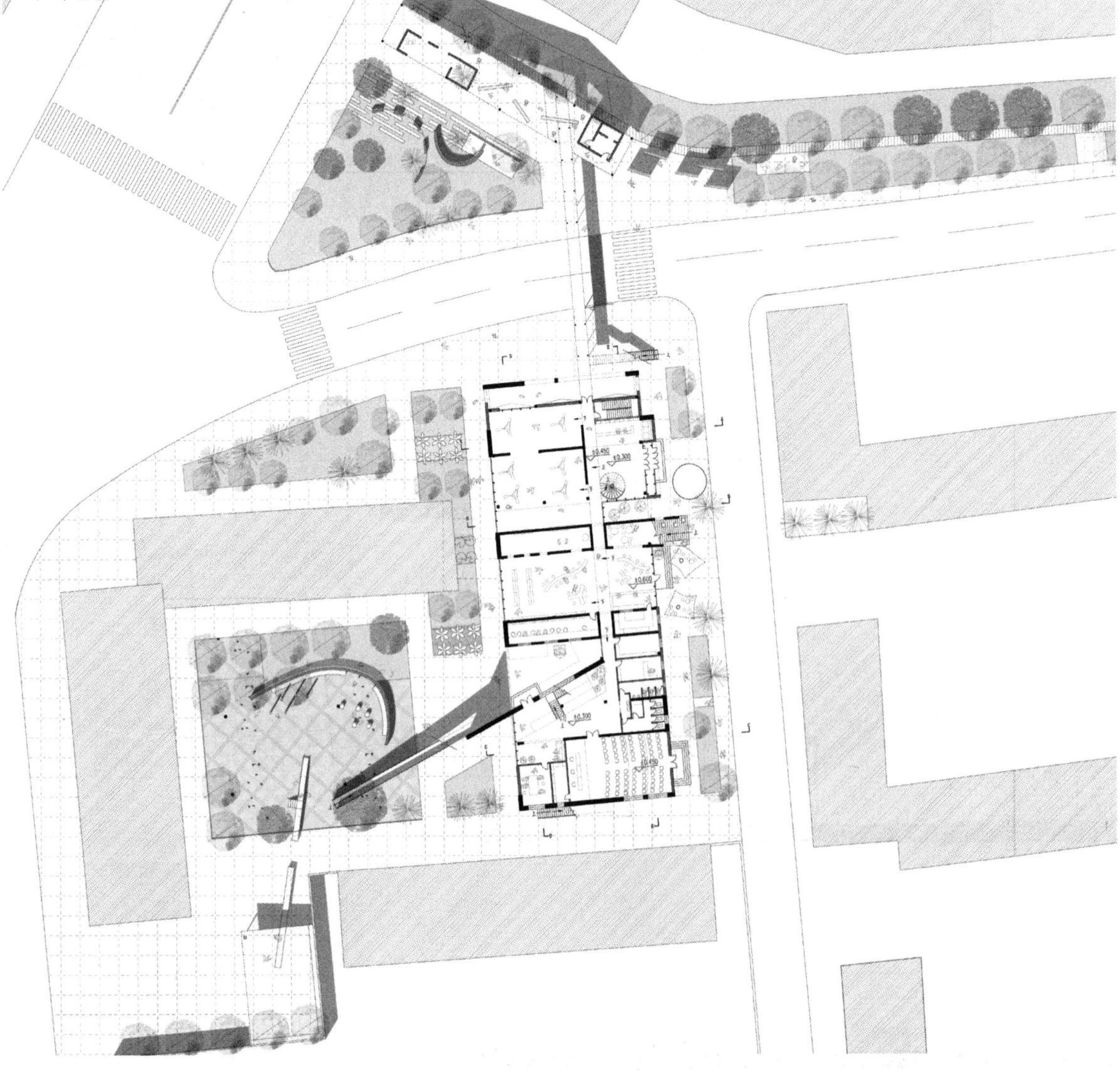

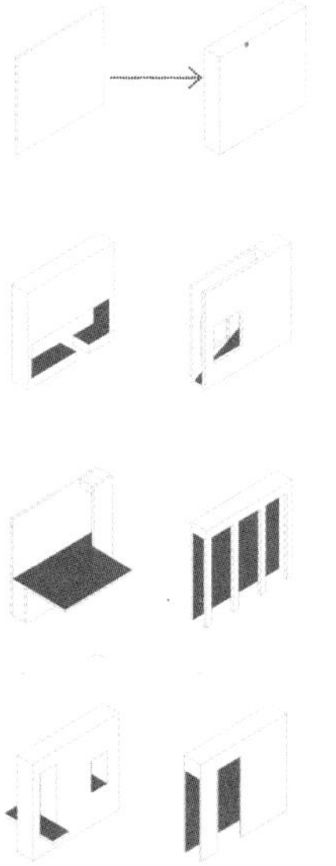

笔者首先从工业建筑中提取了“墙”这一元素。墙面是早期工业建筑的重要标志和围护结构，其中砖墙的肌理和质感是人们对早期工业建筑的主要感知。因此，在研究“墙”（砖墙）的构筑方式、肌理、材料、色彩之后，“墙”被拓展为一个具有空间的原型，不是分隔和支撑的物件，而是空间本身。墙被拓展为宽 3000mm 的立方体，在此基础上，通过内部部分挖空、与其他建筑元素结合，该原型被异化为多种空间组合。随后，“墙”以 21000mm×3000mm 的尺寸在基地上横向排列，形成横向的序列空间，再在其中加入一条纵向的廊道联系起来。横向的序列在同一维度上打开能够形成纵向的流线和解读。

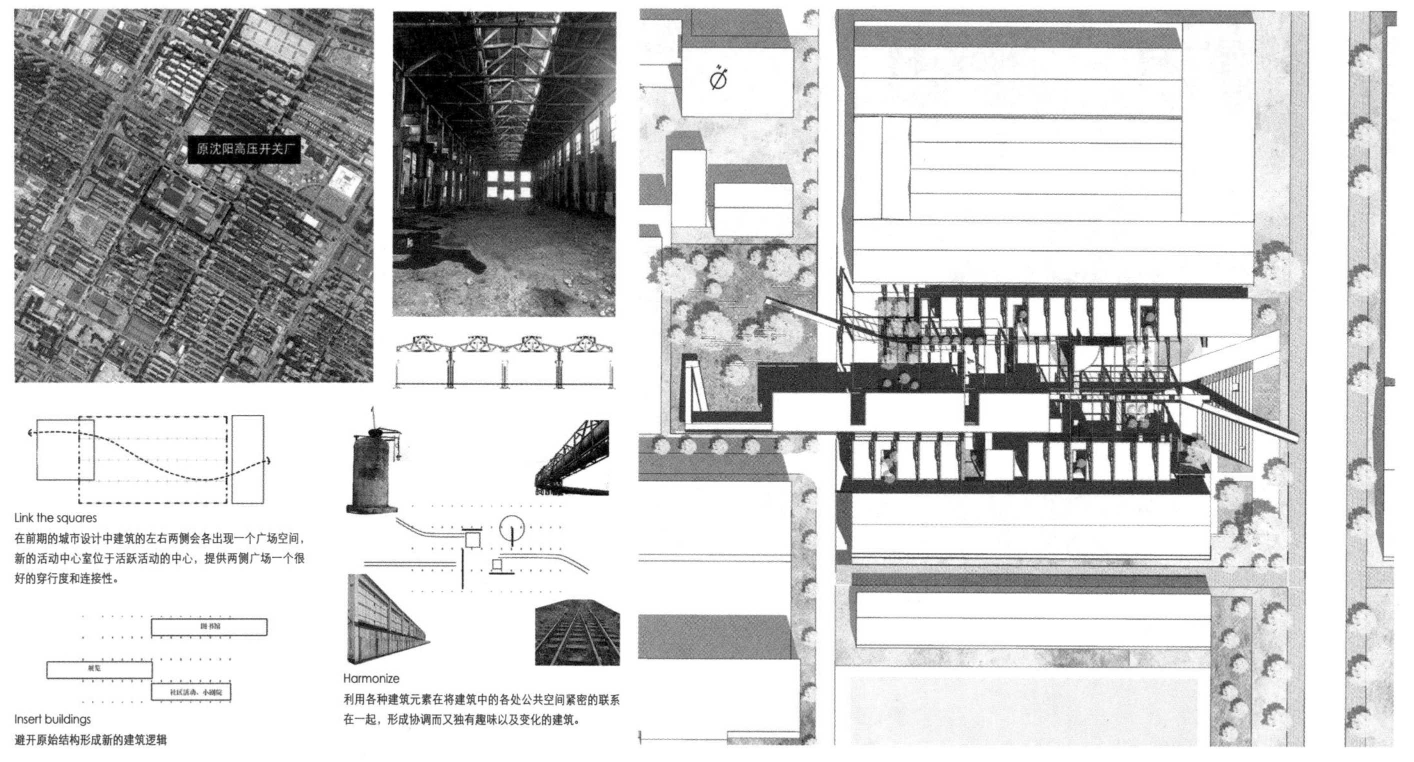

Link the squares

在前期的城市设计中建筑的左右两侧会各出现一个广场空间，新的活动中心室位于活跃活动的中心，提供两侧广场一个很好的穿行度和连接性。

Insert buildings

避开原始结构形成新的建筑逻辑

Harmonize

利用各种建筑元素在将建筑中的各处公共空间紧密的联系在一起，形成协调而又独有趣味以及变化的建筑。

总平面图

城市剧场
——工业空间的艺术性新解

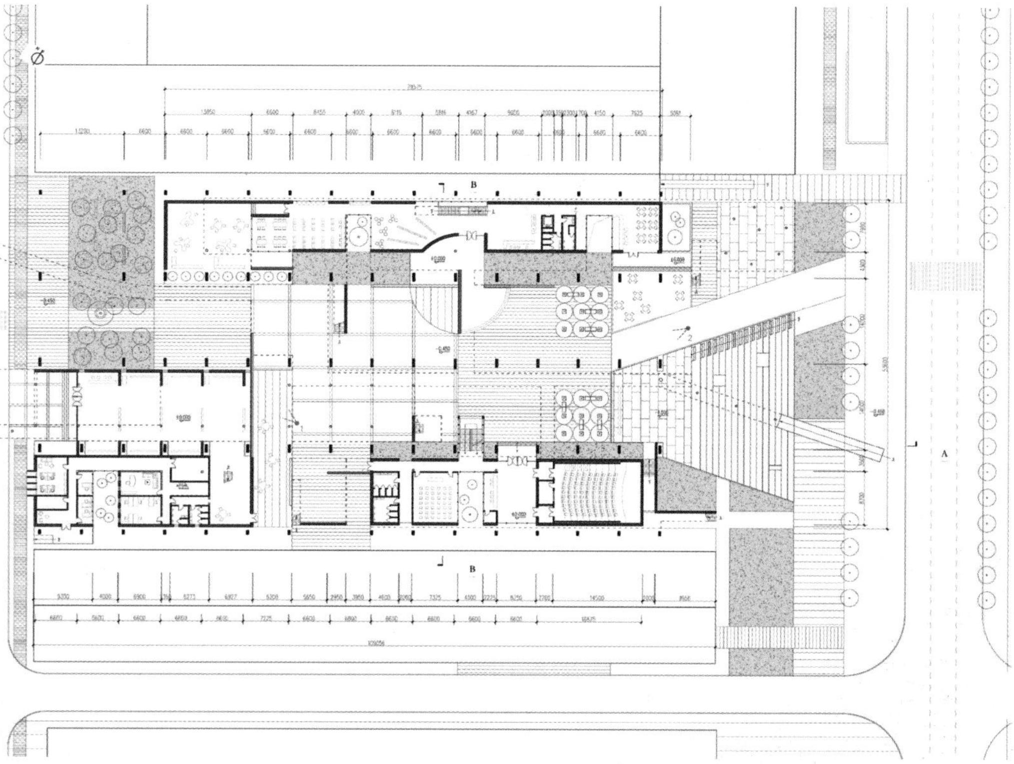

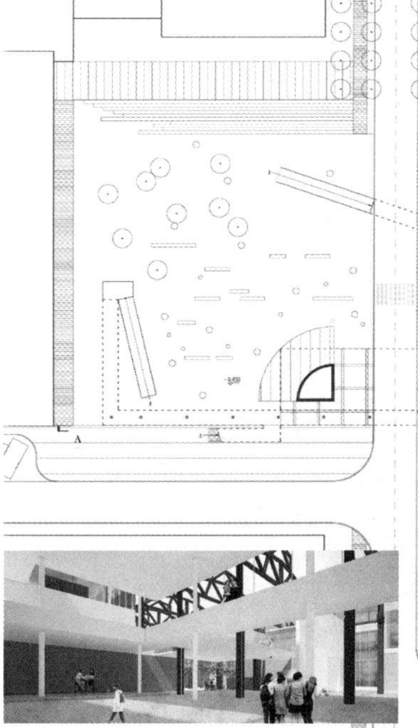

一层平面图

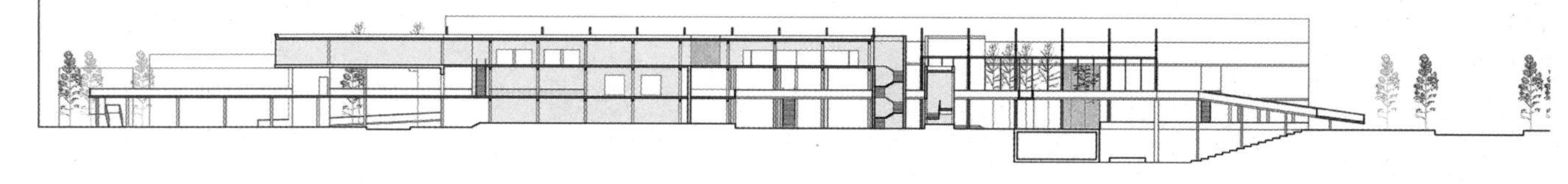

剖面图 A-A

设计中的城市剧场空间主要有三个。一是东侧的展览广场空间，与室内展厅的良好联系使得它在必要的时候成为一个能够室外的自由的剧场空间，进行一些非正式的展示或者演绎功能。二是西侧的社区活动中心的入口空间，一个从城市界面下沉至地下的台阶十分清晰地表达了这座活动中心的开放环境。三是在建筑的中部被一系列的标志性的塔楼和高起的片墙围合成的方形的中心庭院。其中最重要的引导要素是两条坡道，在其间漫游，可以获得十分丰富的空间体验。这些小型的公共空间也弥补了其他区域的大空间的不足，支持了更为随意的公共活动行为。

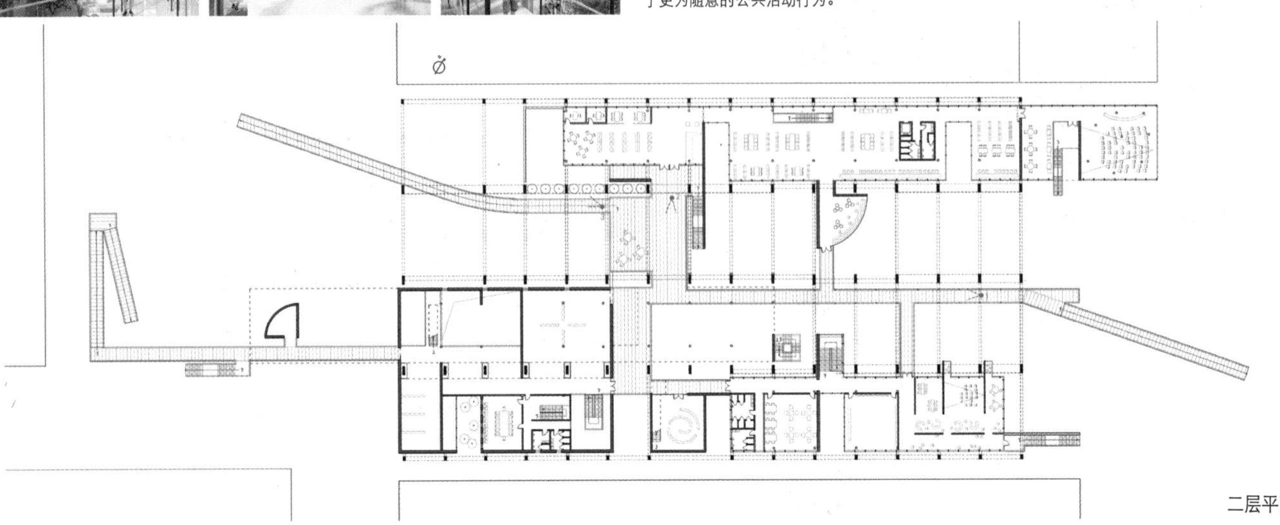

二层平面图

在以城市剧场为概念的整体思路的引导下，该建筑单体如同一部戏剧，通过塑造建筑的光影，分别表达戏剧中“幕”和“幕间”的不同状态，通过光影塑造不同的场景，表达不同的情绪，将历史情感进行空间上的转译。设计利用场地现状，在建筑底层将条状布局与工业遗存相结合，交叉布置为社区商业活动和地景；而承担主要社区功能的二层空间则由五条结构体整体架在原有厂房的桁架之上，并插入作为“幕”的功能空间，形成不同的主题，实现建筑的叙事性。

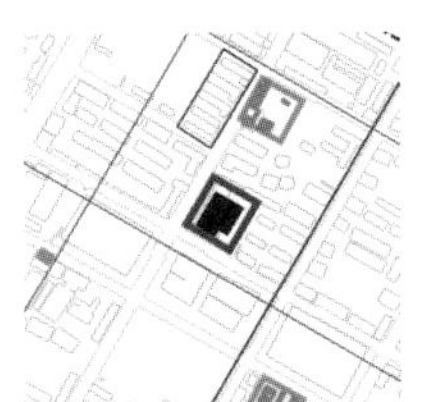

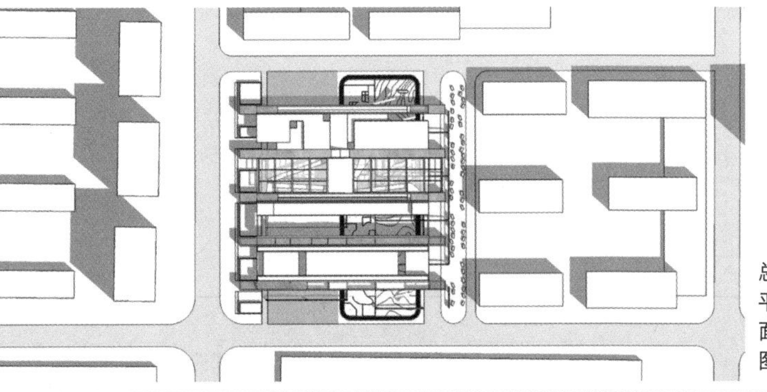

总平面图

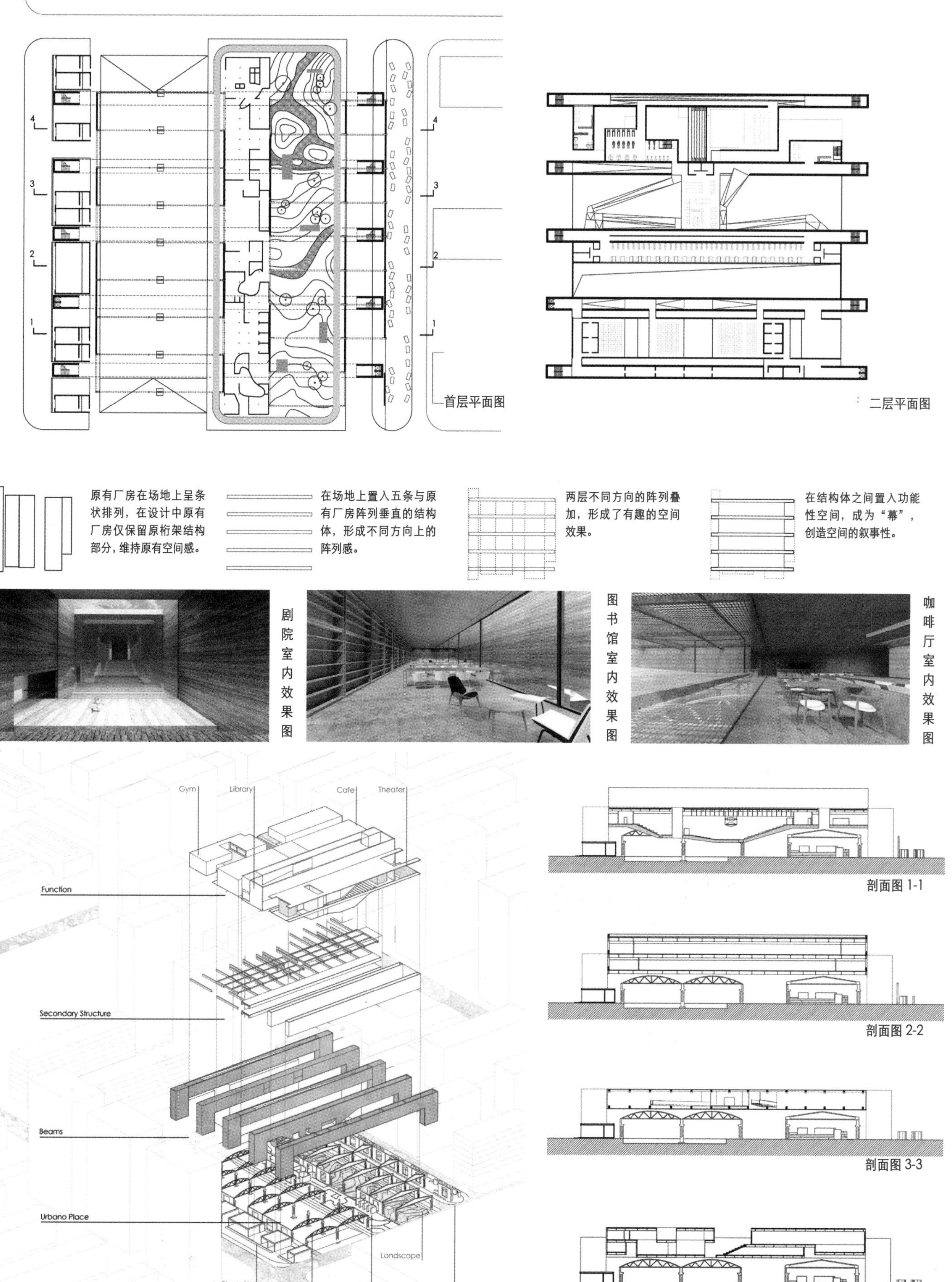

首层平面图
二层平面图
原有厂房在场地上呈条状排列，在设计中原有厂房仅保留原桁架结构部分，维持原有空间感。
在场地上置入五条与原有厂房阵列垂直的结构体，形成不同方向上的阵列感。
两层不同方向的阵列叠加，形成了有趣的空间效果。
在结构体之间置入功能性空间，成为“幕”，创造空间的叙事性。
剧院室内效果图
图书馆室内效果图
咖啡厅室内效果图
Gym
Library
Cafe
Theater
Function
Secondary Structure
Beams
Urbano Place
Landscape
Shopping
Plaza
Market
Snake Street
剖面图 1-1
剖面图 2-2
剖面图 3-3
剖面图 4-4

异托邦社区
Heterotopia Community

天津大学
设计：温世坤/任政行/祁山
指导：许蓁/孔宇航/张昕楠/郑颖

评语：

方案选址在沈阳市铁西区西部边缘与于洪区交界的一处棚户区，居民大多从事底层服务业。设计者移植了米歇尔·福柯的"异托邦"的概念，用以分析棚户区的空间结构和社会结构，试图据此构建一个承载铁西区独特历史记忆的社区。在这个社区中，既享有城市化过程的种种安居便利，也拥有自发构成的空间差异；既有集体化的生活图景，又有独立的日常轨迹，由此建构出一种共性与差异并存的"异托邦"社区。设计者试图以棚户区改造作为试验场，回应现阶段中国社区营建的同质化倾向。

设计者为棚户区制定了如下的实施策略：首先在基地北部建立一个高密度集合住宅，用以就地安置现有的居民；然后对置换后的棚户区用地进行低密度改造，在社区内营造出可生长的住宅单元体，完善配套的服务性设施和景观系统。一方面，设计承接了曾经作为"共和国长子"的工厂社区传统，另一方面，设计也试图为城市化的新移民提供了一个临时的安居场所。

温世坤同学的高密度住宅设计采用了居住模块和厨卫模块分离的策略，在空间上形成不同私密和共享层级，并采用模块化策略提供了住宅的可变性和适应性；任政行同学的社区浴室设计将铁西区工厂社区的记忆加以移植，形成了一个特殊的社区交流场所，通过对声、光的控制使建筑具有一种厚重的历史感和场景感。祁山同学菜市场设计则将菜市场与社区活动的多种功能集合在一起，结构设计与内部空间巧妙配合，使建筑成为激发社区活动的场所。

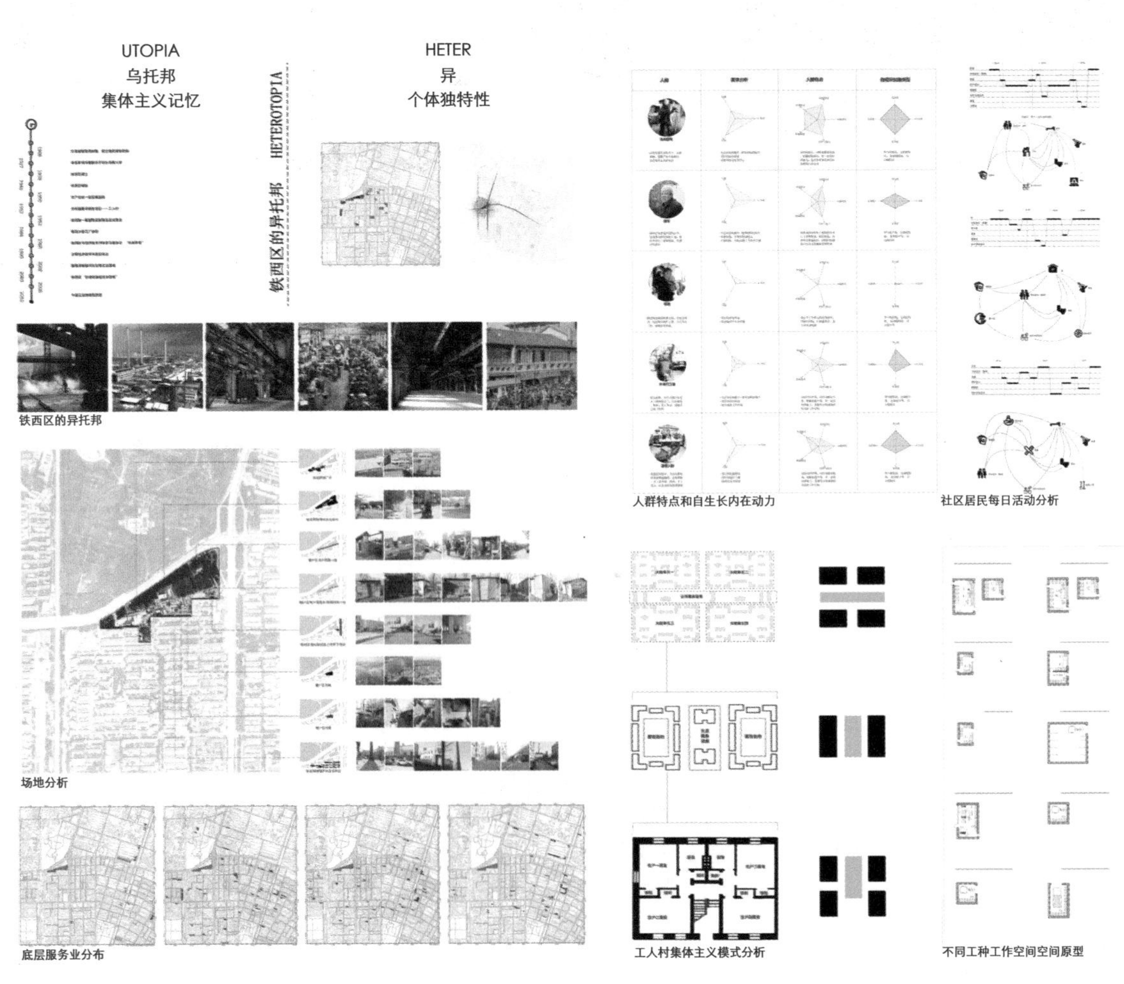

自组织建造 - 空间肌理丰富

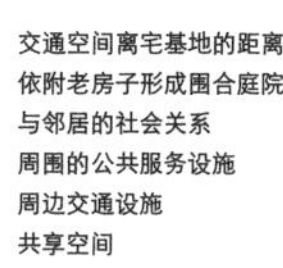

交通空间离宅基地的距离
依附老房子形成围合庭院
与邻居的社会关系
周围的公共服务设施
周边交通设施
共享空间
……

空间户数密度
材料的限制
户数密度
每户人数
经济
采光
……

建筑立面变化规则

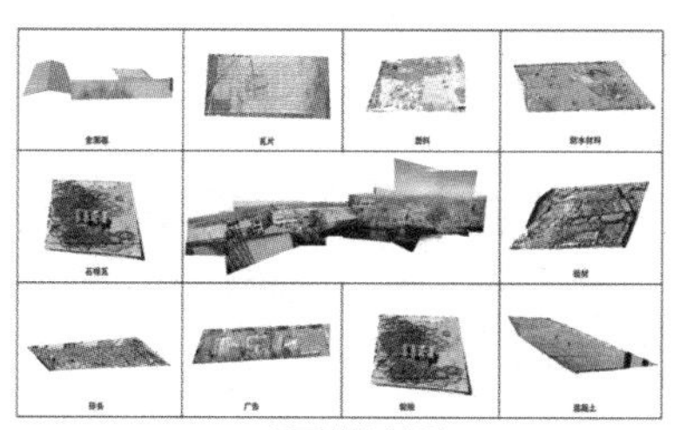
屋顶材料变化规则

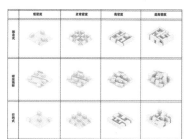

户数密度变化

建筑平面变化规则

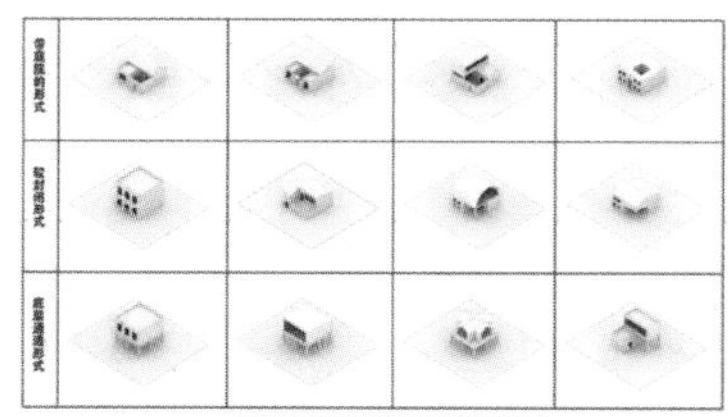
不同适用人群的建筑单元变化

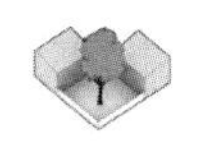
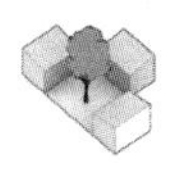
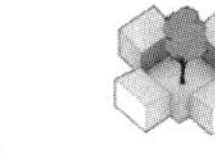
与周边障碍物 - 树

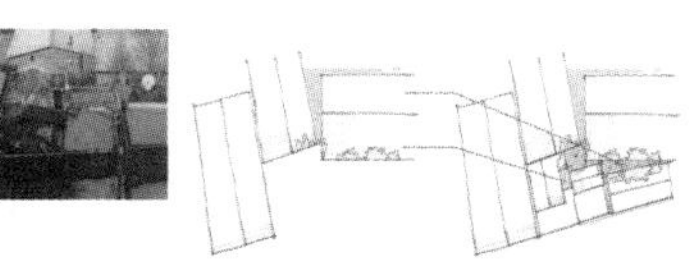
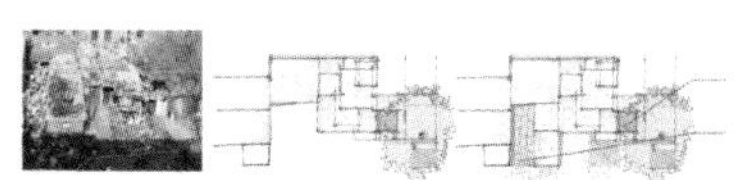
自生长的演化：围合 - 天井

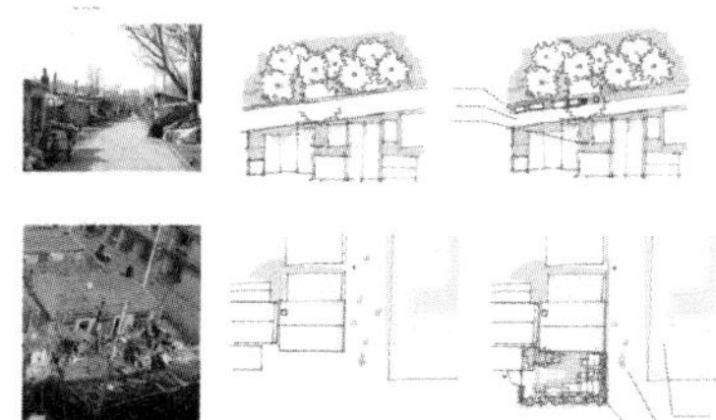
自生长的演化 - 交通空间

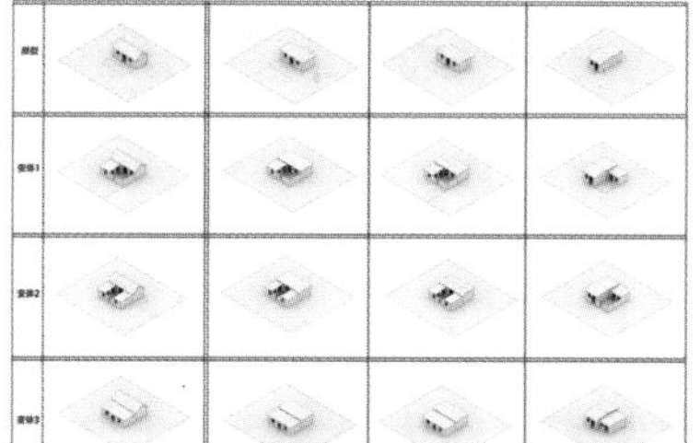
建筑形式变化

每户人数变化

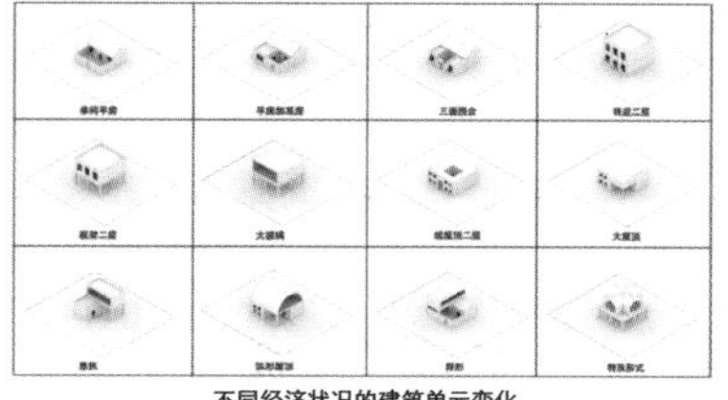
不同经济状况的建筑单元变化

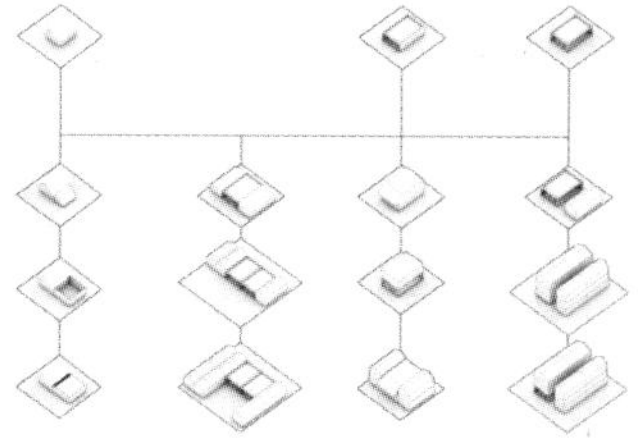
周边功能的影响 - 商业

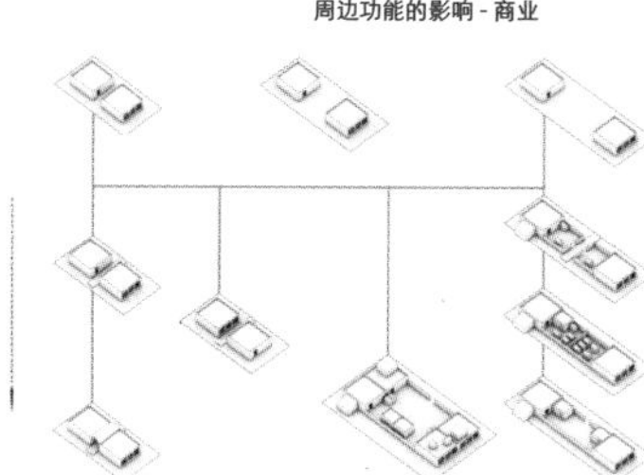
周边功能的影响 - 关系与界面

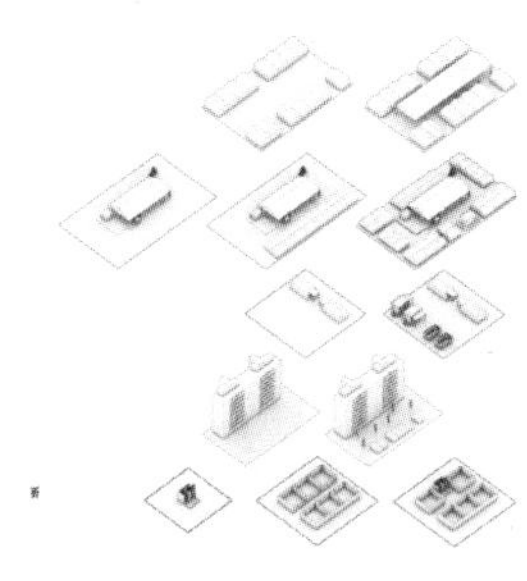
周边功能的影响

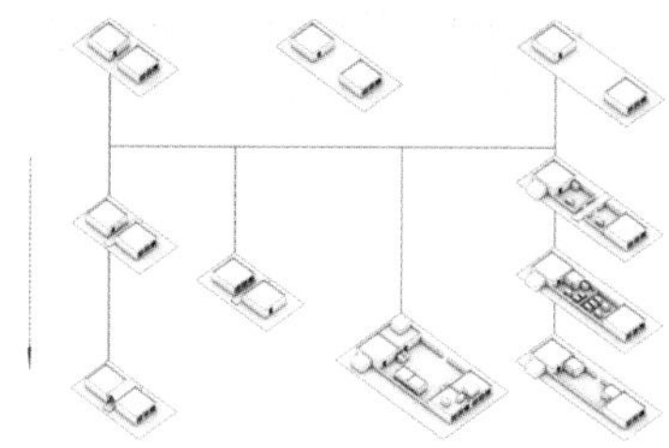

周边功能的影响 - 关系与界面

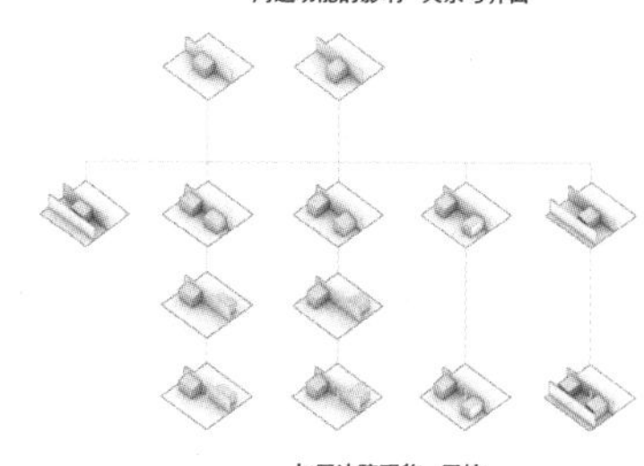
与周边障碍物 - 围墙

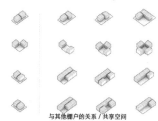

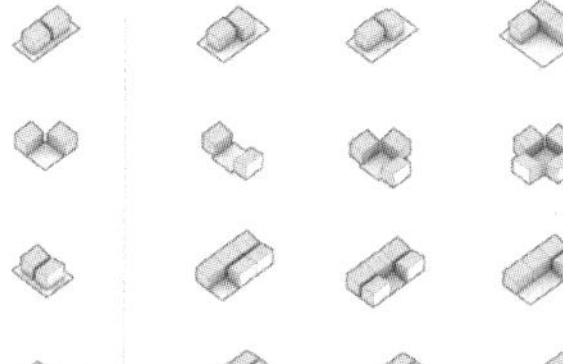
与其他棚户的关系 / 共享空间

HETEROTOPIA COMMUNITY AMALGAMATED DWELLING
异托邦集合住宅

模块化装配模式分析

最基本模块种类

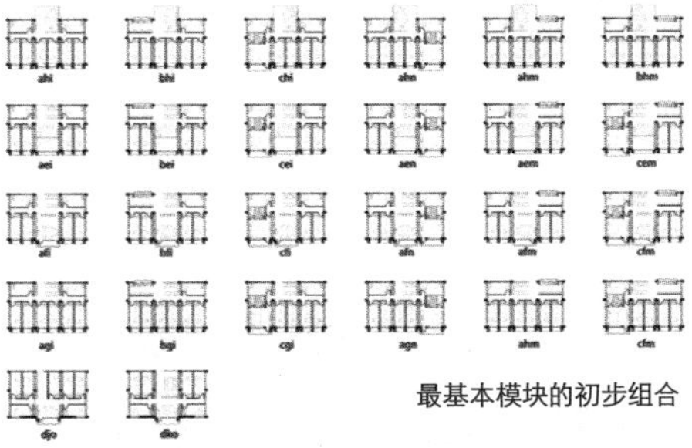

最基本模块的初步组合

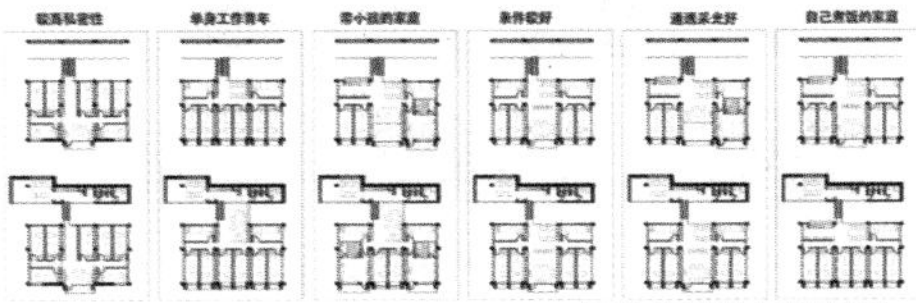

几种典型的居住组团

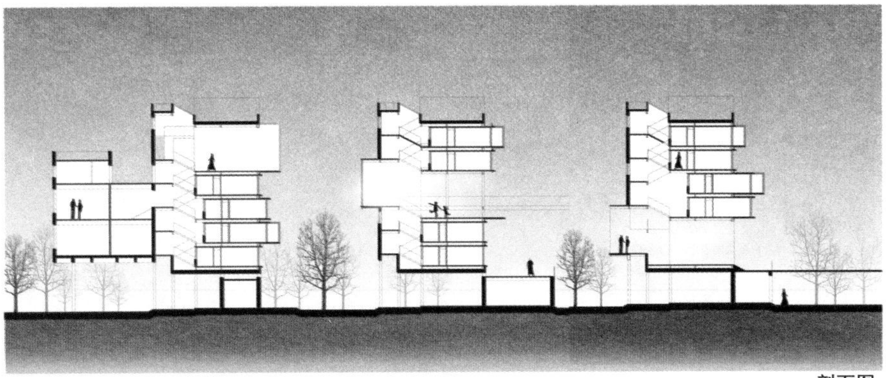

剖面图

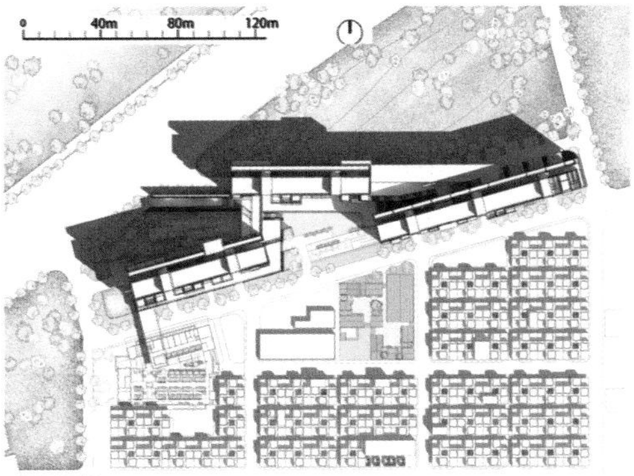

总平面图

首层平面图

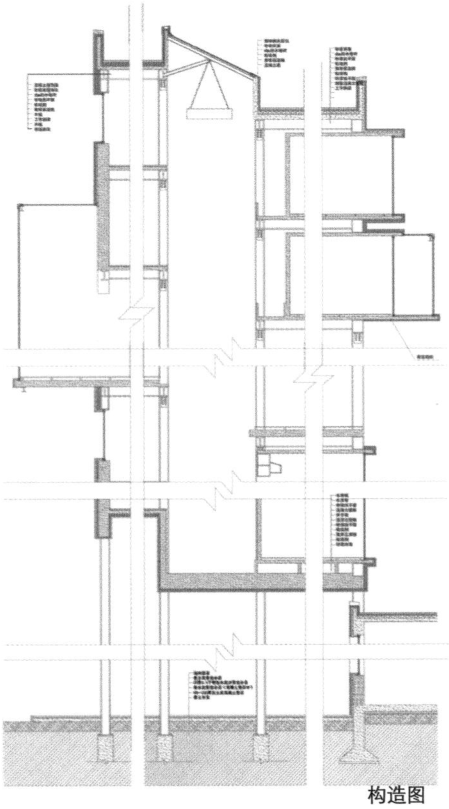

构造图

体块生成

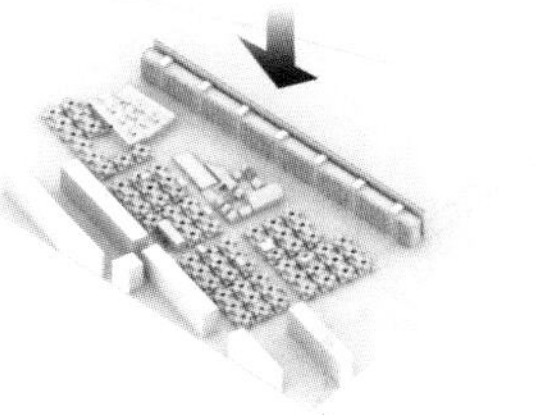

平行道路布置

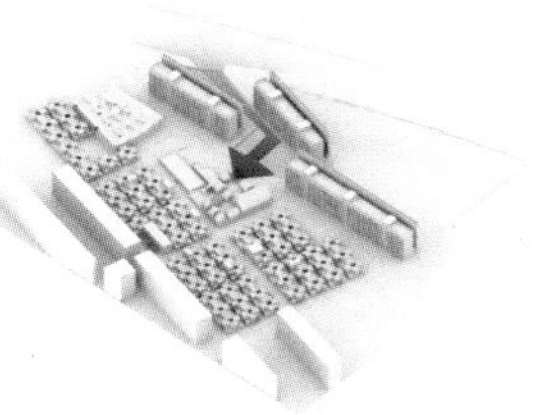

形成广场，沟通南北

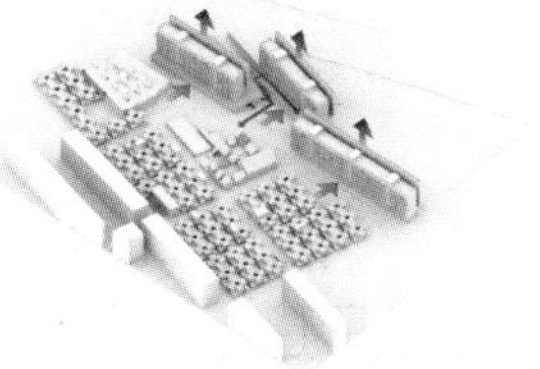

底层架空，置入服务设施

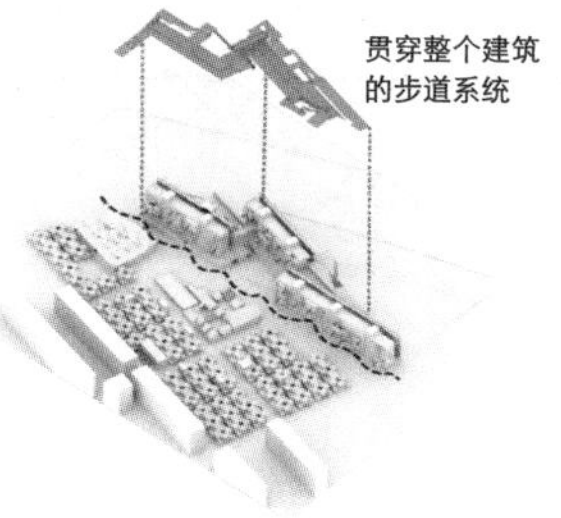

贯穿整个建筑的步道系统

模块搓动，形成变化

基本居住单元的形成

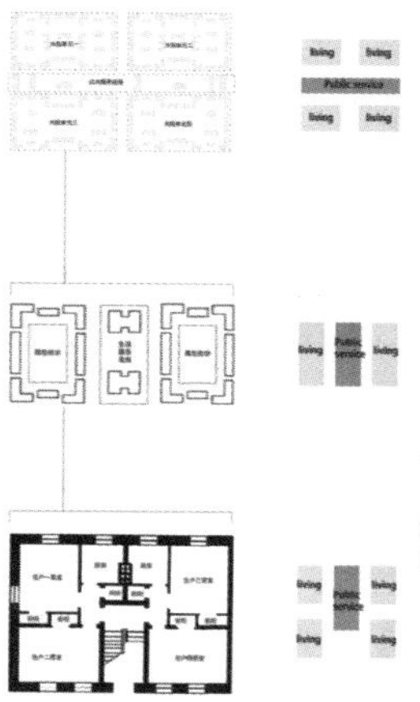

工人村居住模式分析

棚户区居住模式分析

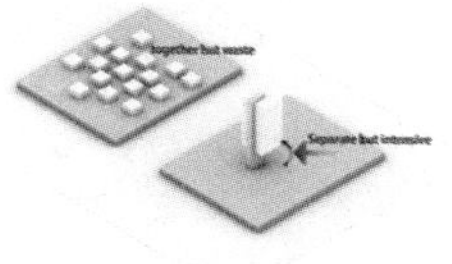

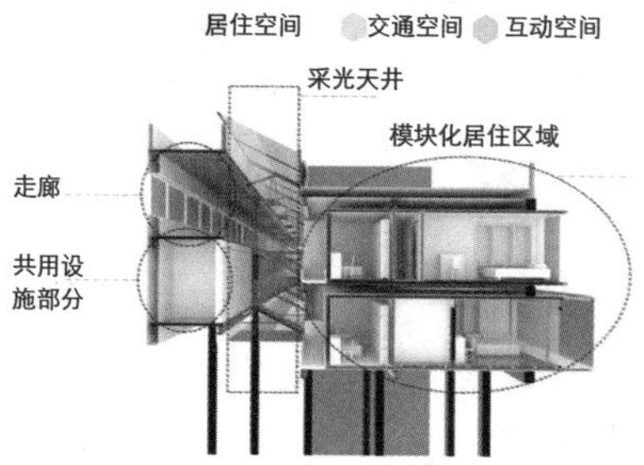

居住空间 交通空间 互动空间

采光天井

模块化居住区域

走廊

共用设施部分

居住单元的组成

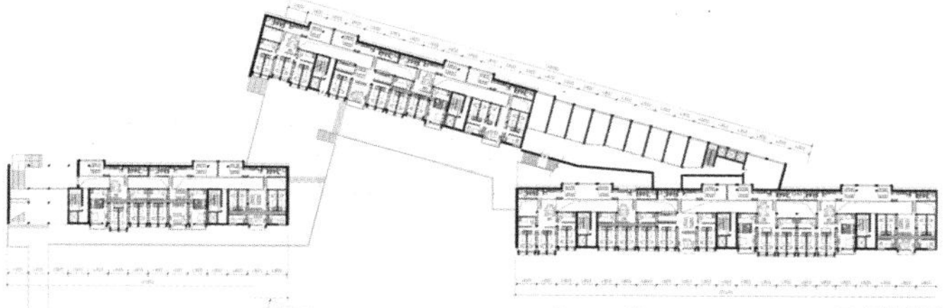

二层平面

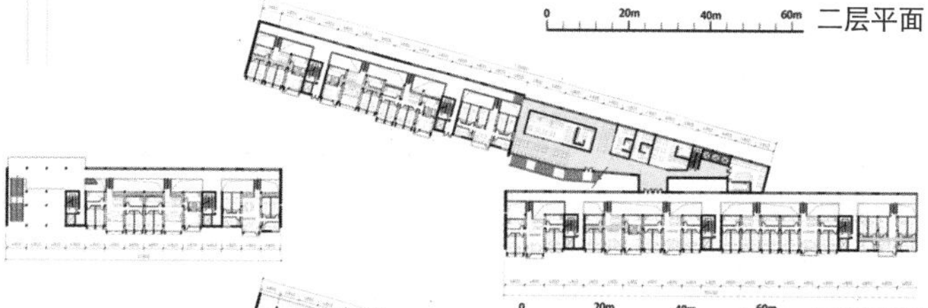

三层平面

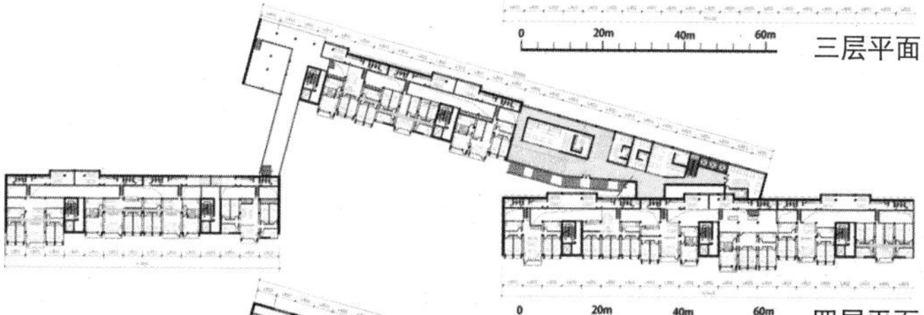

四层平面

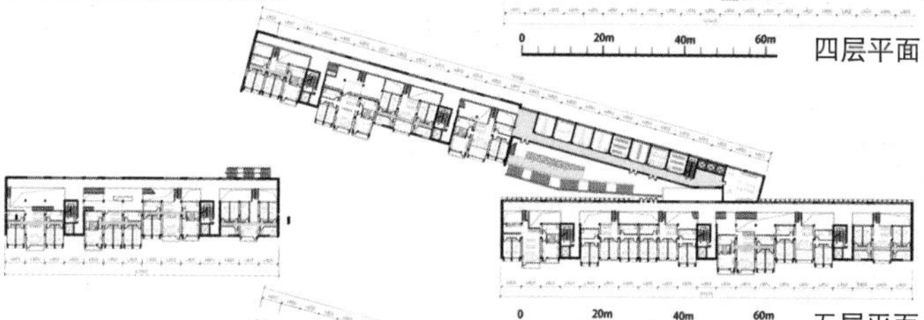

五层平面

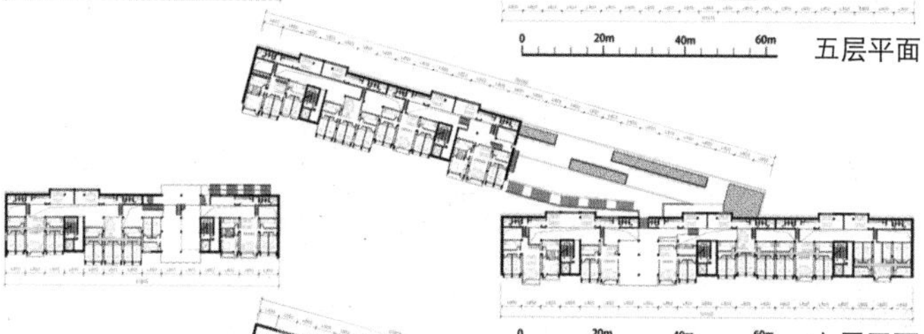

六层平面

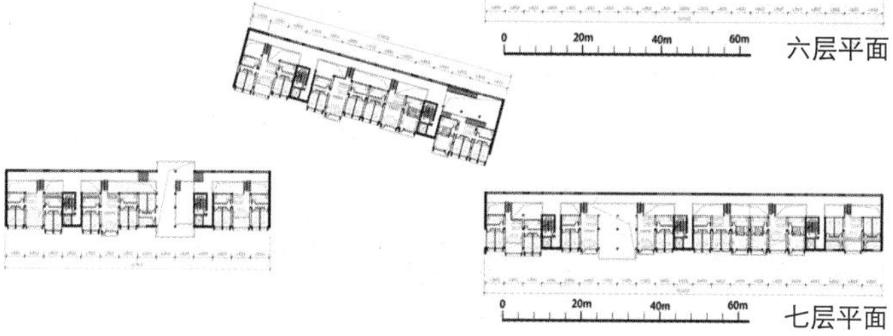

七层平面

HETEROTOPIA COMMUNITY BATHHOUSE
异托邦社区公共浴室
剖面 A-A
剖面 B-B
屋顶平面图
15m
30m
剖面 C-C
0
15m
地下二层平面图
15m
地下一层平面图
地面层平面图

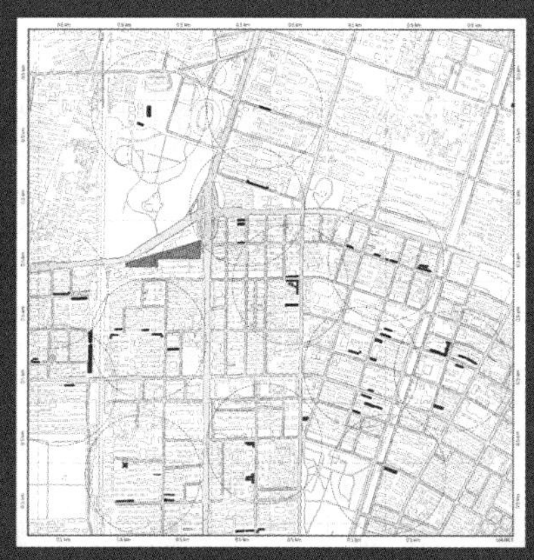

异托邦社区集市

集市最早是人们约定交换货物的场所。顺承城市设计的主题，异托邦社区中的集市加强了人与人之间的联系，将一个个的不同的人连接为了一个有机的整体，通过垂直的联接与水平的联接，集市成为了一个社交中心。

1. 垂直方向上，设计利用了（1）空间采光和（2）结构的手段，让来一层菜市场的人们能够与二层的市场／餐饮的人们有一个视线的交流机会，彼此能够感知对方正在做的事情。

首先是空间与采光：我设置了高侧窗，让南向采光经过漫反射照亮顾客通道，从心理学上讲顾客易于抬头寻找光的根源。这就给了一层的顾客看见二层的机会。在此基础上再做变形：高侧窗一个向北一个向南，这样能够形成光线照度 强 - 弱 - 强 - 弱的秩序感，以此引导人们的视线。

再者，结构考虑：屋顶因为采光的需要，向一侧挑出，倾斜负重，有侧推力。那么这个支撑与抵消侧推力的结构，我将其设计成对称的等腰三角斜撑，强化了刚才提到的空间属性：人们的视线倾向于顺着斜边寻找三角形顶点，由此，视线被空间采光和结构所引导，易于看见二层的活动。

2. 水平方向的联接。在功能设置上，体现了集市作为人群汇集的社交中心的特征。

这样一来，集市成为了人群汇集的社交中心。

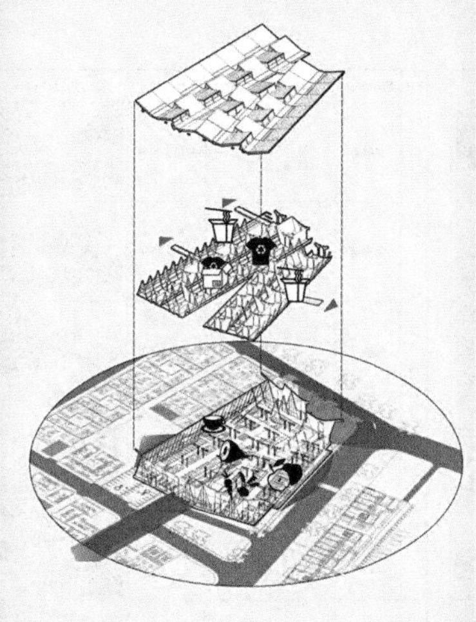

首层平面图　　二层平面

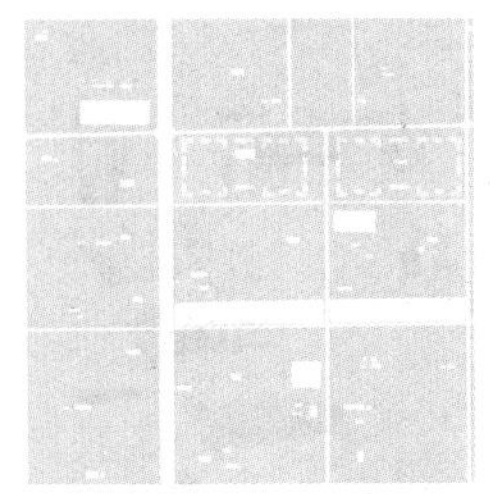

共同体的重构

The Reconstruction of Community

天津大学

设计：林碧虹/于安然/李石磊

指导：郑颖/孔宇航/许蓁/张昕楠

共同体的碎片

重温铁西：共同体的重构

一种制度的形成或终结或许有着明显的界限，但对其亲历者生命历程的影响却是持久的。铁西的发展经历了波折的历程。在其中，城市空间作为最末端的物质创造被强大的非物质力量所支配。

共同体成为我们思考的起点。通过对场地的考察，我们寻找到了共同体重构的起点。在工人居住区中介入的异质性空间是共同体的碎片，成为联络人与人生活的纽带。

基地住宅、绿地、公共设施分布

场地 Living+ 功能分析

总平面图

社区加建尺度、活动、数量分类

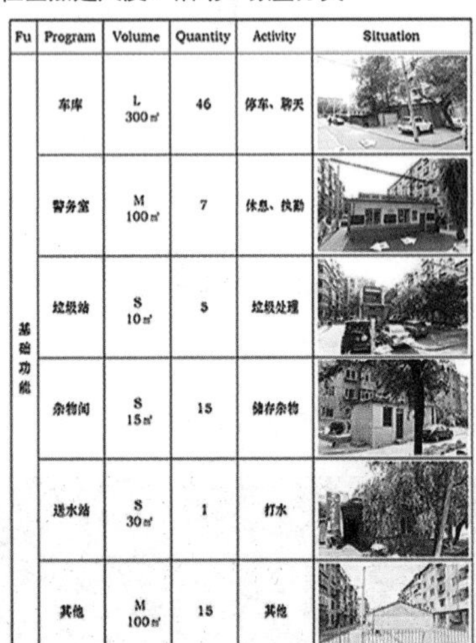

Fu	Program	Volume	Quantity	Activity	Situation
基础功能	车库	L 300㎡	46	停车、聊天	
	警务室	M 100㎡	7	休息、执勤	
	垃圾站	S 10㎡	5	垃圾处理	
	杂物间	S 15㎡	15	储存杂物	
	送水站	S 30㎡	1	打水	
	其他	M 100㎡	15	其他	

Fu	Program	Volume	Quantity	Activity	Situation
生活服务	社区中心	L 400㎡	9	喝茶、休息	
	理发店	S 30㎡	1	理发、聊天	
	棋牌室	M 100㎡	3	下棋、打牌	
	食杂店	M 80㎡	20	售卖、休息	
	小商铺	M 150㎡	9	售卖、聊天	
	健身园	L 400㎡	6	休闲、健身	

Fu	Program	Volume	Quantity	Activity	Situation
生活服务	复印店	M 150㎡	1	打印、学习	
	修车铺	S 50㎡	1	修车、聊天	
	修锁店	S 30㎡	1	修锁、聊天	
	修鞋店	S 30㎡	2	修鞋、聊天	
	足疗店	M 100㎡	2	足疗、休闲	
	幼儿园	L 300㎡	2	学习、玩耍	

评语：

“共同体”是一个社会学概念。这是一种共同的生活，一种想象出来的安全感。共同体是沈阳铁西区工人最初姿态的最重要特征之 。新中国成立前，“家族共同体”是维系人与人关系的纽带。新中国成立后，随国家意志强化，家族共同体向“单位共同体”转化。同时，近十余年，当铁西工业区迅速被刷新为各类新建居住小区，毫无疑问城市居住已成为当今铁西的新名片。

设计主题由此展开，聚焦现代铁西城市居住问题，将 Living+ 为整体设计对策。将与居住 = 日常生活相关、公共等级不同的空间从一般户型住宅中剥离，作为居住空间和城市空间的中介重组于住宅之中。从而实现了新时代[共同体]的重构。

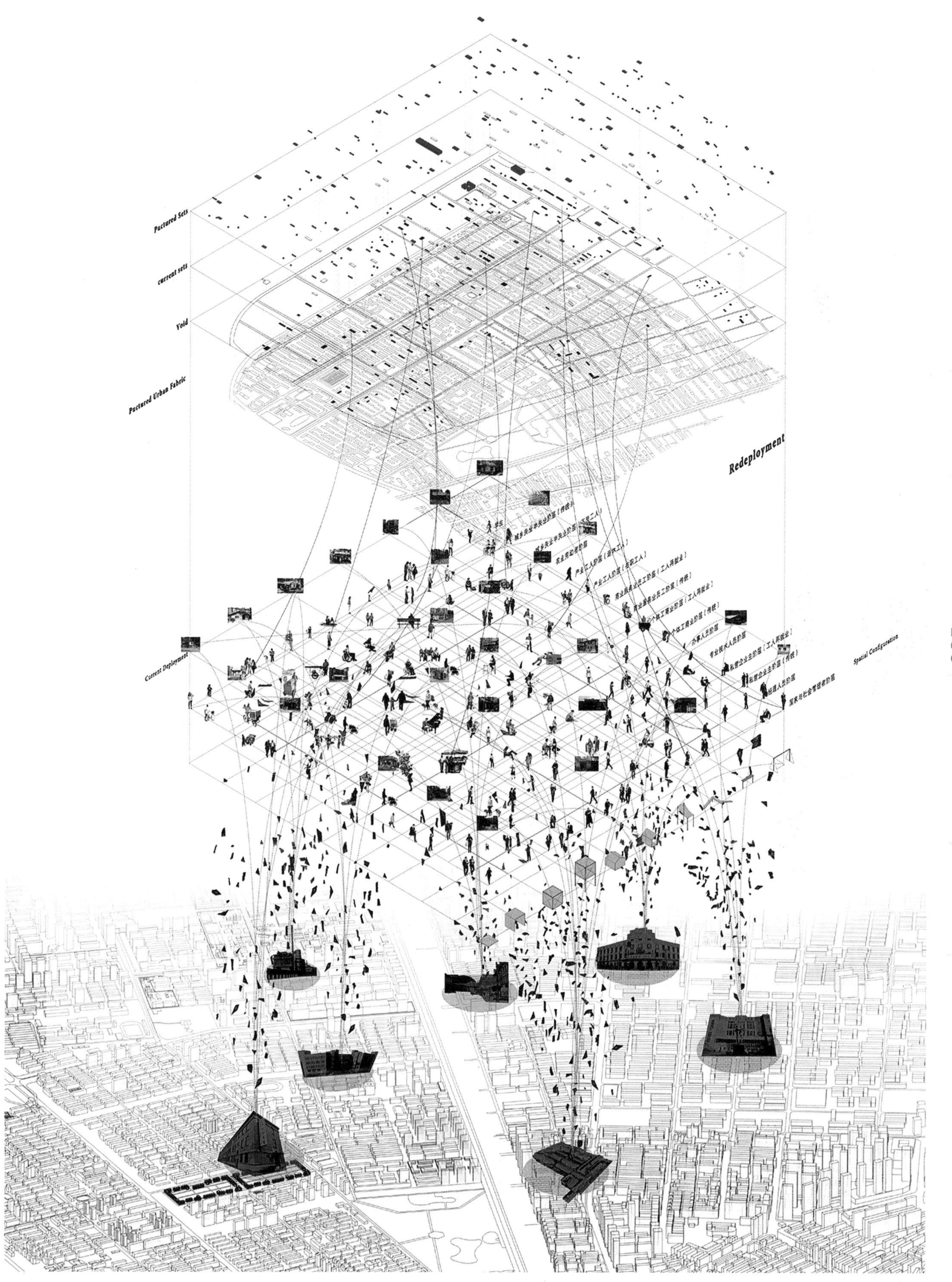
Puctured Sets
current sets
Void
Puctured Urban Fabric
Redeployment
学生
城乡失业半失业阶层（传统）
城乡失业半失业阶层（下岗工人）
农业劳动者阶层
产业工人阶层（农民工人）
产业工人阶层（在职工人）
商业服务业员工阶层（工人再就业）
商业服务业员工阶层（传统）
个体工商业阶层（工人再就业）
个体工商业阶层（传统）
办事人员阶层
专业技术人员阶层
私营企业主阶层（工人再就业）
私营企业主阶层（传统）
经理人员阶层
国家与社会管理者阶层
Current Deployment
Spatial Configuration

共同体的重构：LIVING+LIBRARY

在城市设计的框架下，XL 尺度，探讨一种与铁西区当下主导的以家庭为核心的居住单元所不同的新型居住模式。建筑设计的功能是居住加社区图书馆。居住单元和图书馆部分挤入两个线性的体量当中，将住宅的客厅和交通空间释放，与社区图书馆的空间相结合，重新营造一种集体记忆。

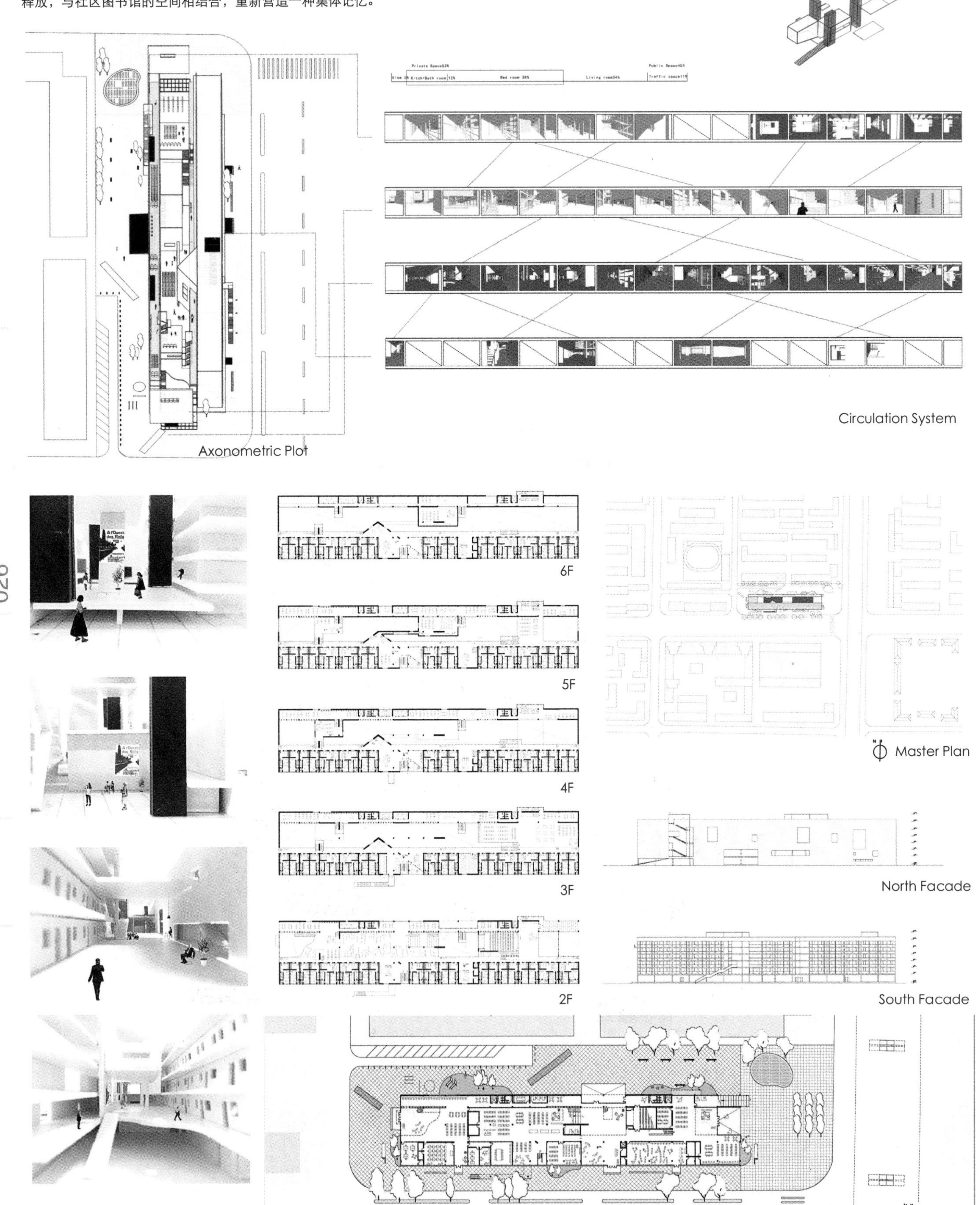

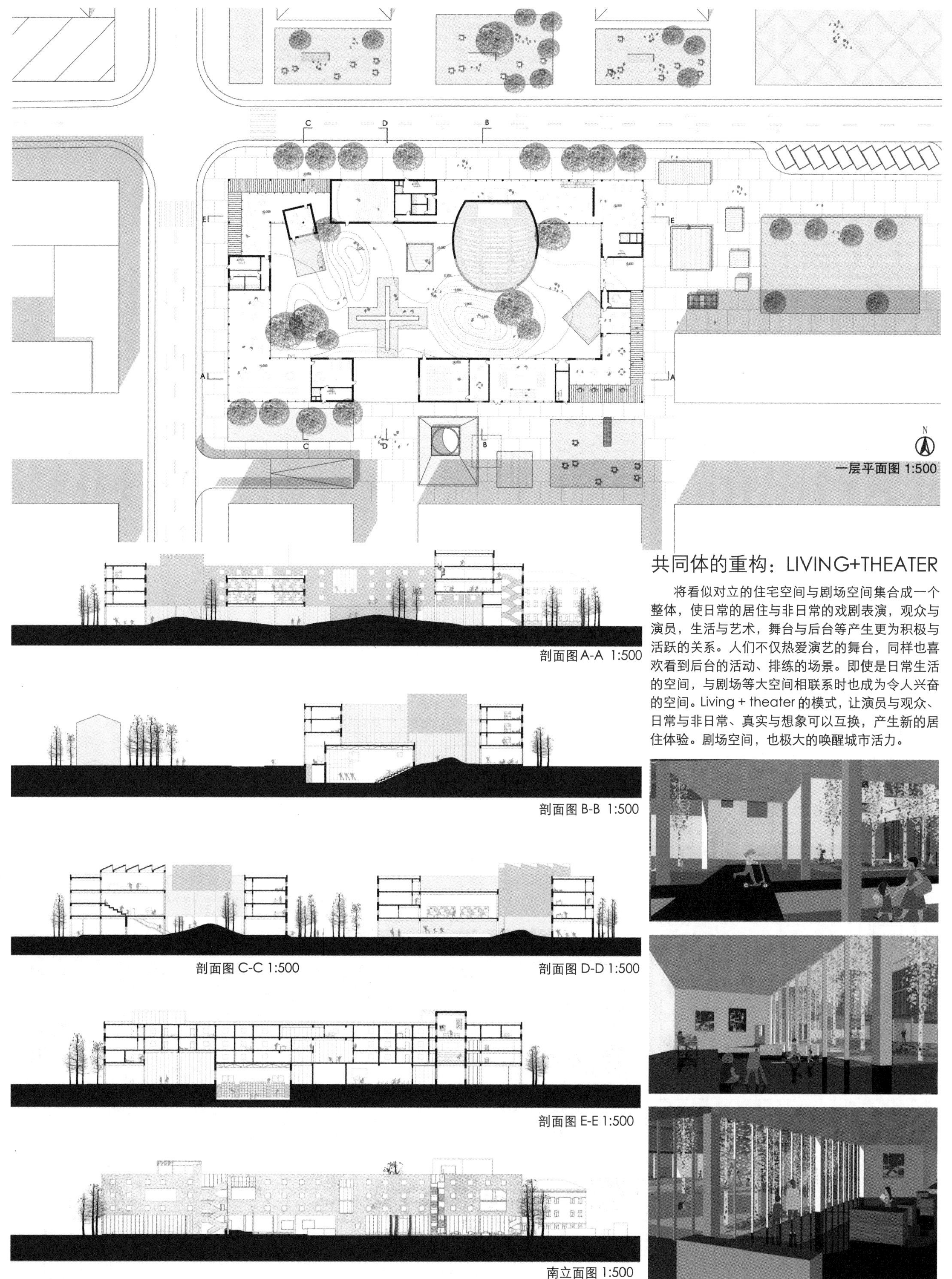

一层平面图 1:500

剖面图 A-A 1:500

剖面图 B-B 1:500

剖面图 C-C 1:500

剖面图 D-D 1:500

剖面图 E-E 1:500

南立面图 1:500

共同体的重构：LIVING+THEATER

将看似对立的住宅空间与剧场空间集合成一个整体，使日常的居住与非日常的戏剧表演，观众与演员，生活与艺术，舞台与后台等产生更为积极与活跃的关系。人们不仅热爱演艺的舞台，同样也喜欢看到后台的活动、排练的场景。即使是日常生活的空间，与剧场等大空间相联系时也成为令人兴奋的空间。Living + theater 的模式，让演员与观众、日常与非日常、真实与想象可以互换，产生新的居住体验。剧场空间，也极大的唤醒城市活力。

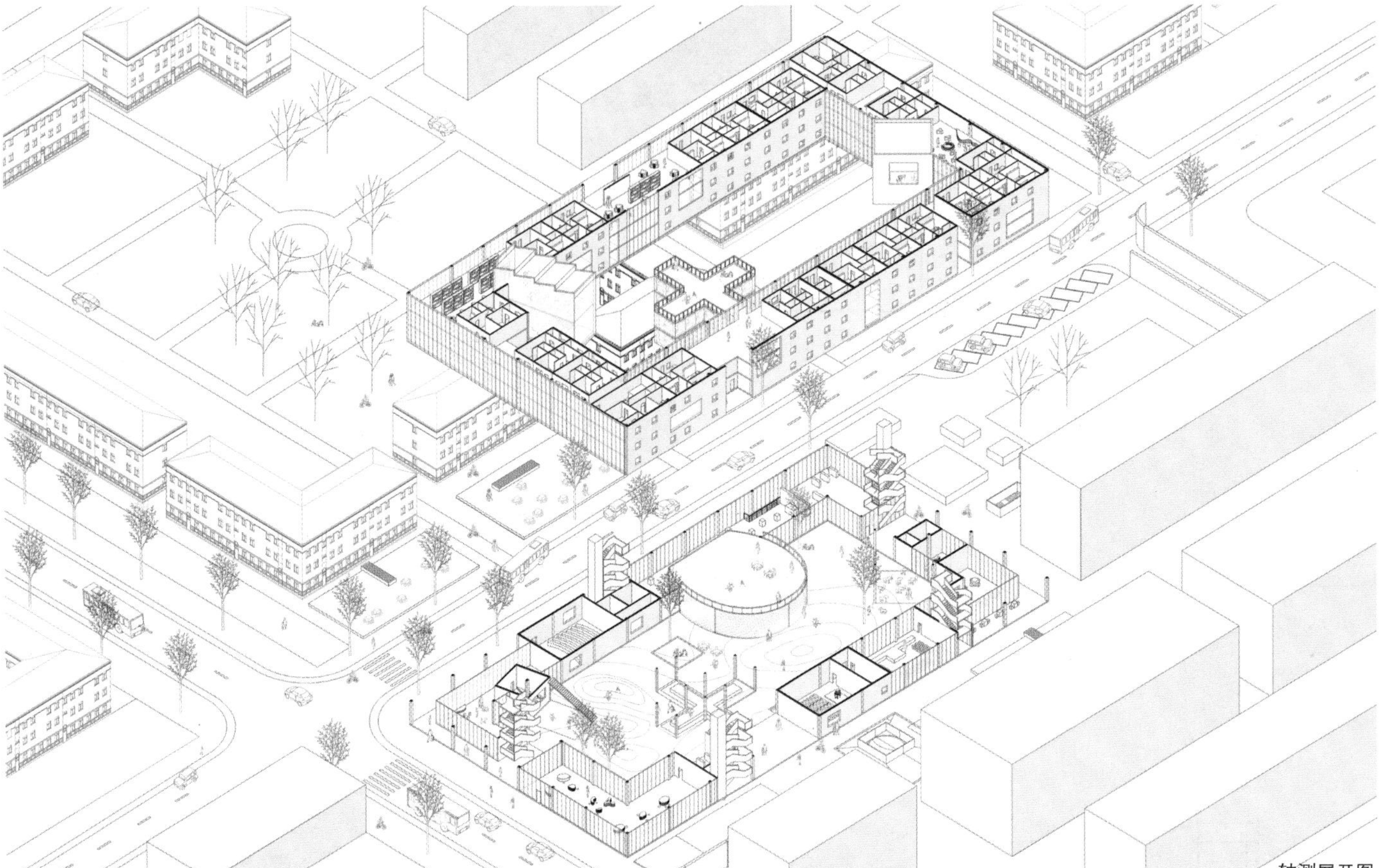

轴测展开图

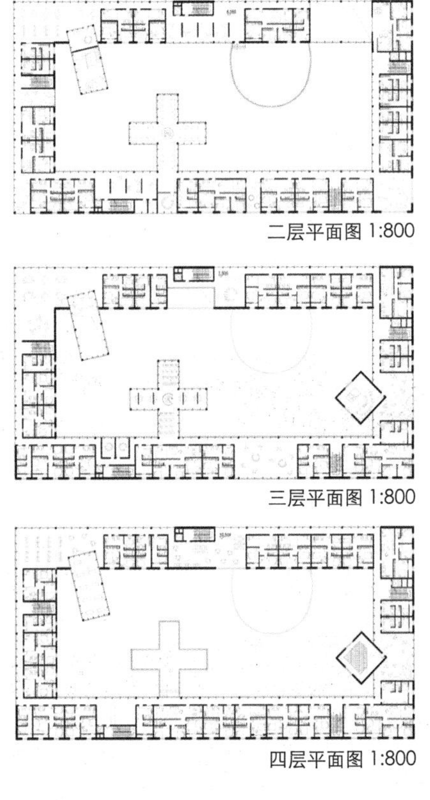

二层平面图 1:800

三层平面图 1:800

四层平面图 1:800

利用环形平面的走廊衍生出公共空间，各种表演场所与居民的日常居住紧密联系，在社区出创造出了一种奇特的都市感。这里更像是一个丰富多彩的城市客厅，以开放和包容的姿态欢迎这座城市里的人们到这里来作客。如此，才有了人与人之间的碰撞与交往，才有了丰富的活动、行为、事件等。城市本就是一个充满活力的剧场，形形色色的人物每天发生不一样的事件。希望生活与表演的叠加可以产生不同的新鲜体验，让日复一日的生活充满新鲜感。

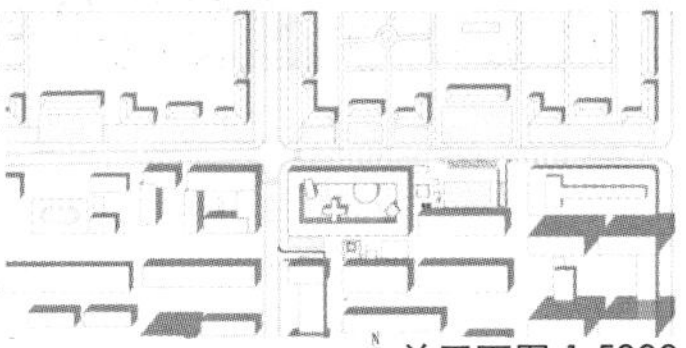

总平面图 1:5000

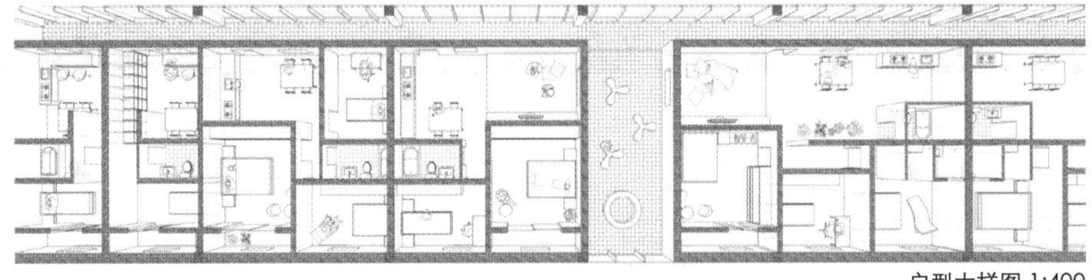

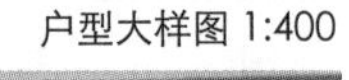

户型大样图 1:400

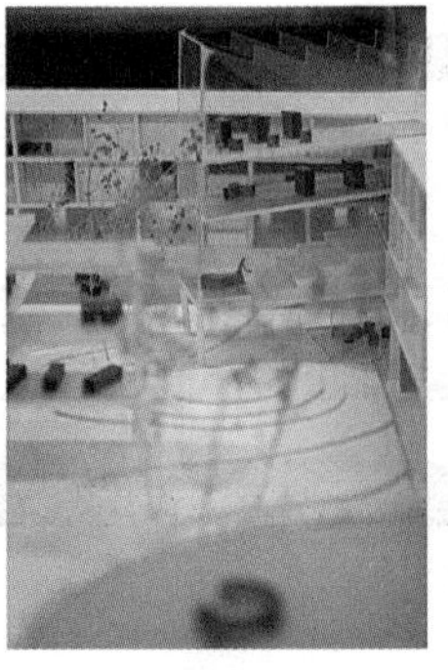

剖透视展开图

共同体的重构：LIVING + URBAN FARM

通过对居住共同体的探索，希望在当下以家庭为单元的居住模式下，重唤一些过去时期的共享性行为。鼓励人们走出家门，增强交流互动的可能性，以期触发多样的城市事件，丰富人们的生活，营造更好的居住体验。

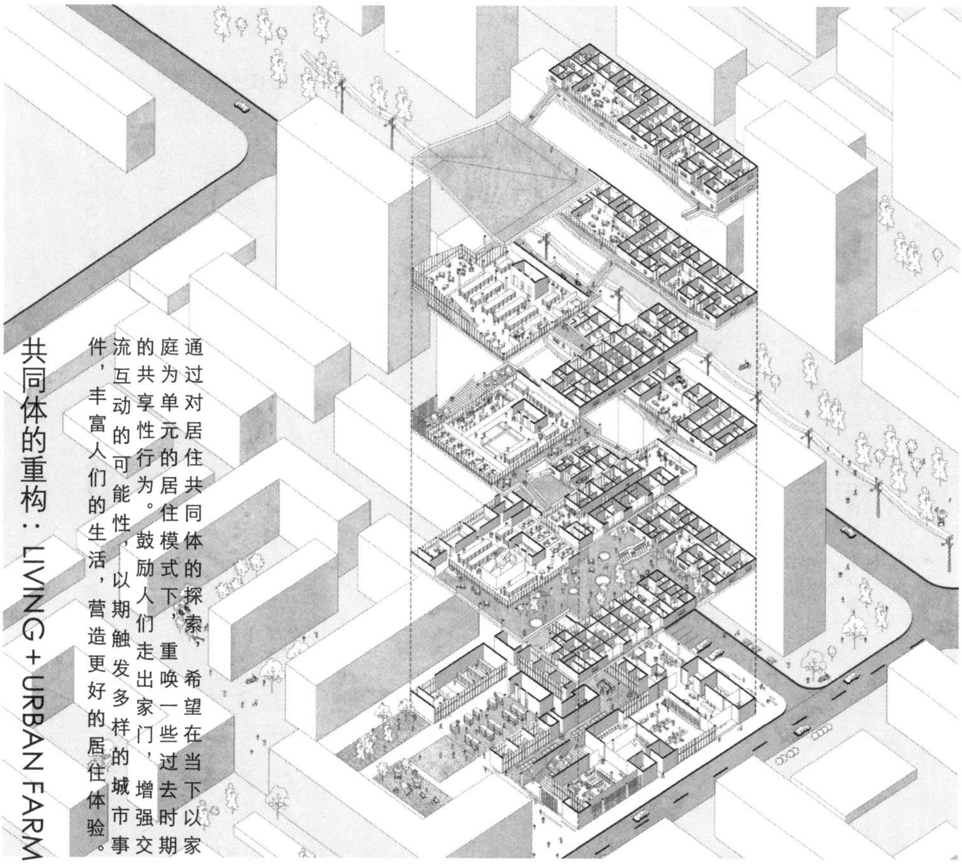

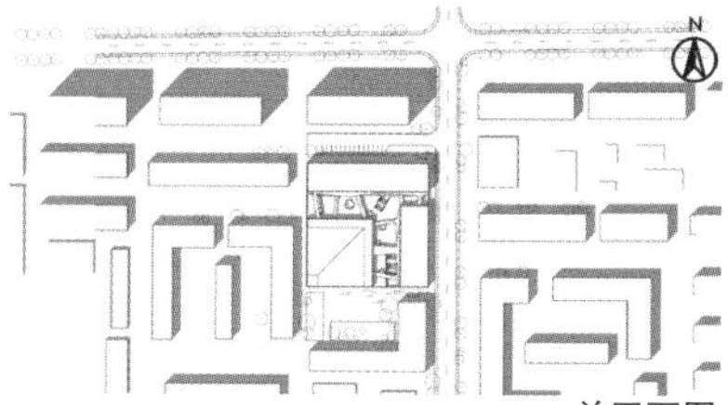

总平面图

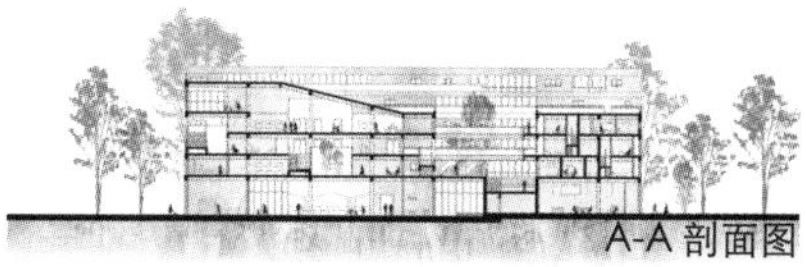

A-A 剖面图

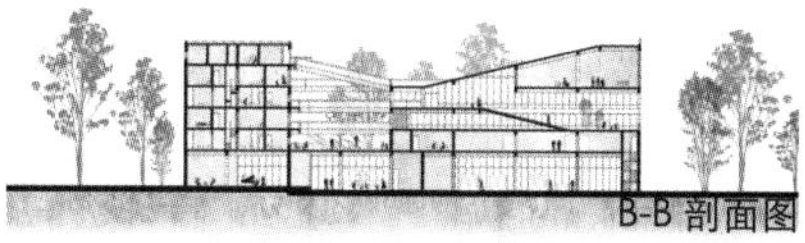

B-B 剖面图

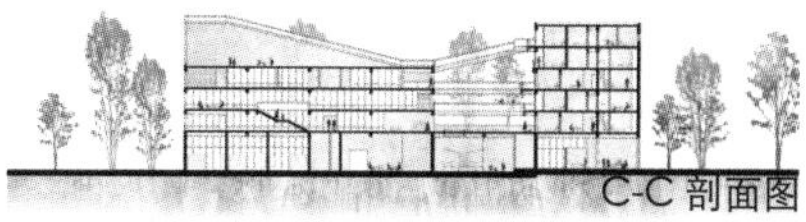

C-C 剖面图

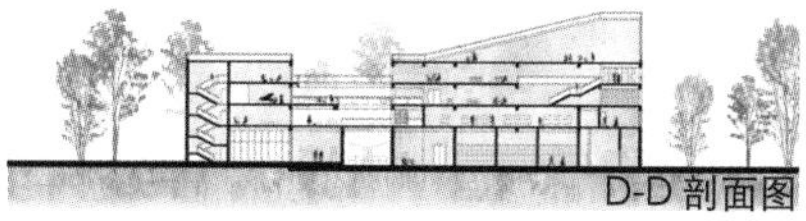

D-D 剖面图

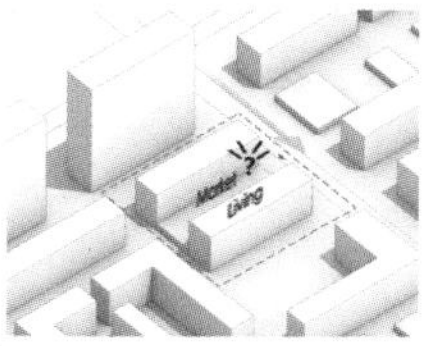

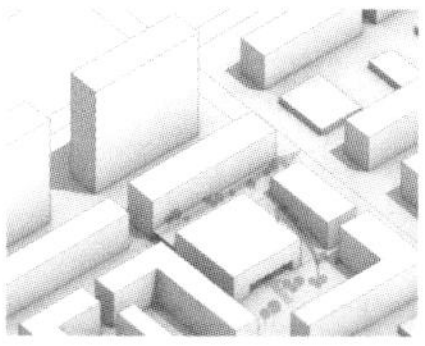

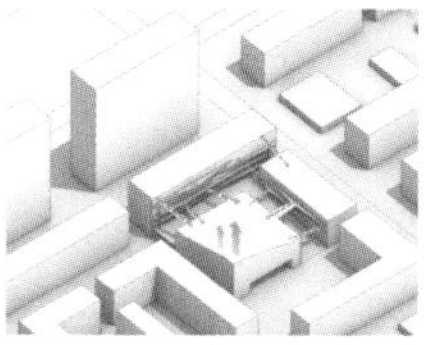

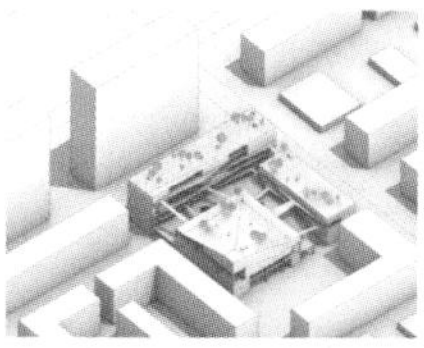

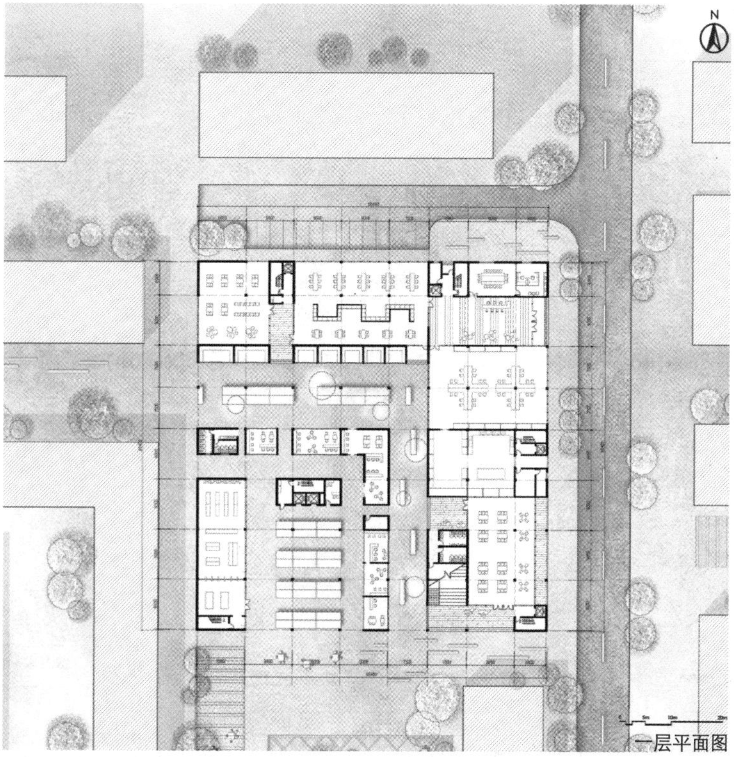

一层平面图

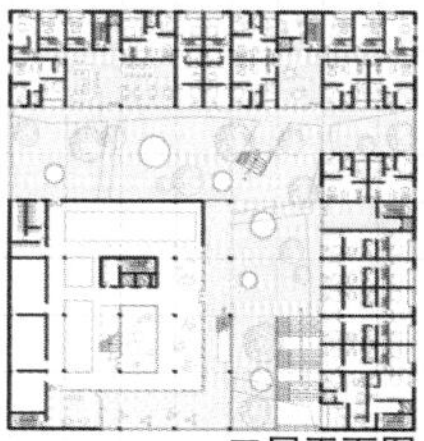

二层平面图

三层平面图

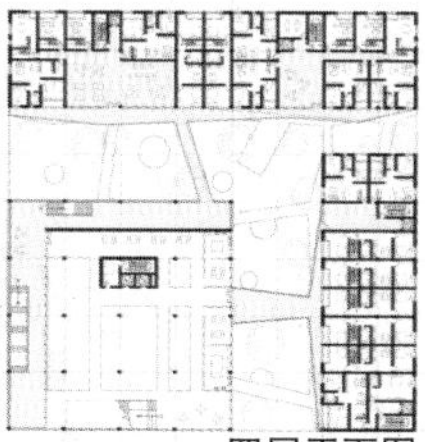

四层平面图

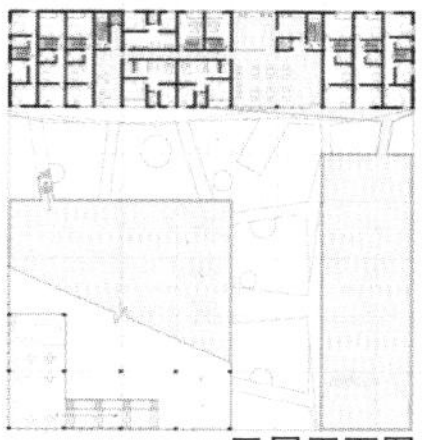

五层平面图

生产车站
Bus stop+

天津大学
设计：李文爽／唐奇靓／谢美鱼
指导：张昕楠／孔宇航／许蓁／郑颖

公交系统分析图

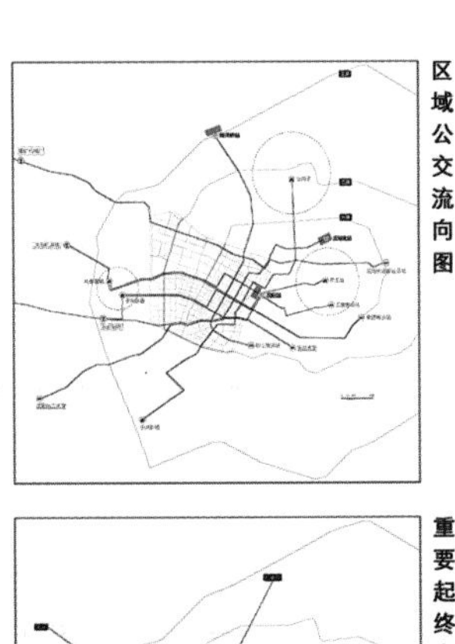

区域公交流向图

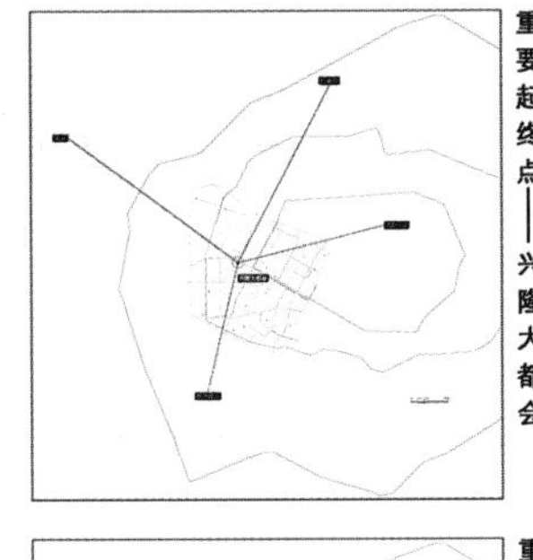

重要起终点——兴隆大都会

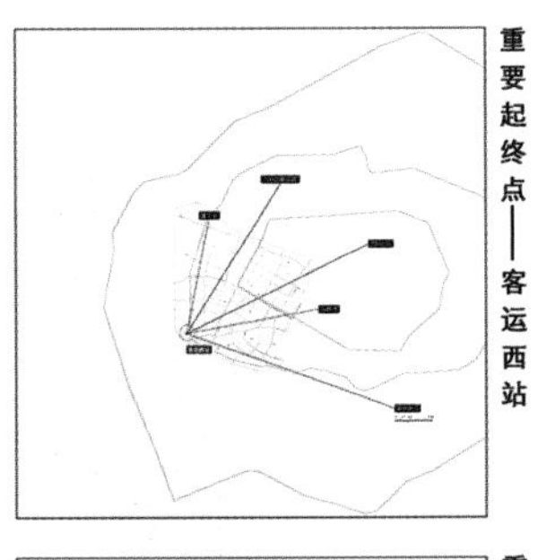

重要起终点——客运西站

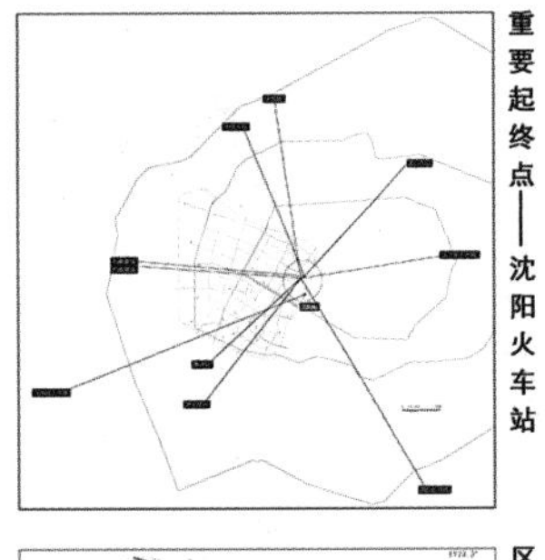

重要起终点——沈阳火车站

区内重要起终点联系图

线路串联功能分析样例

街块数据分析图

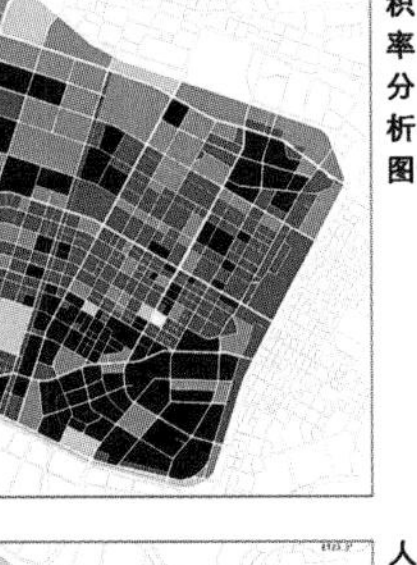

容积率分析图

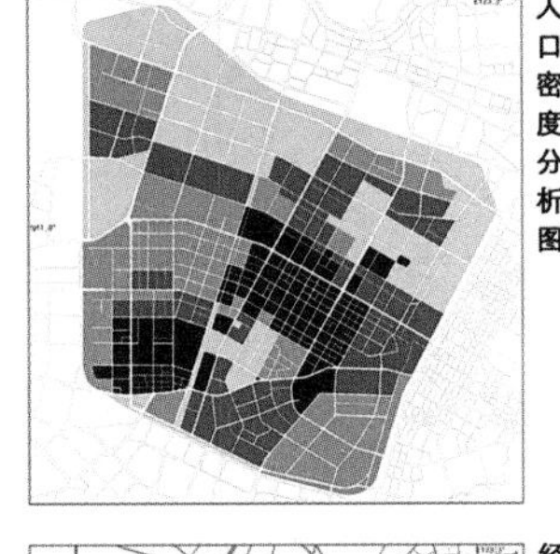

人口密度分析图

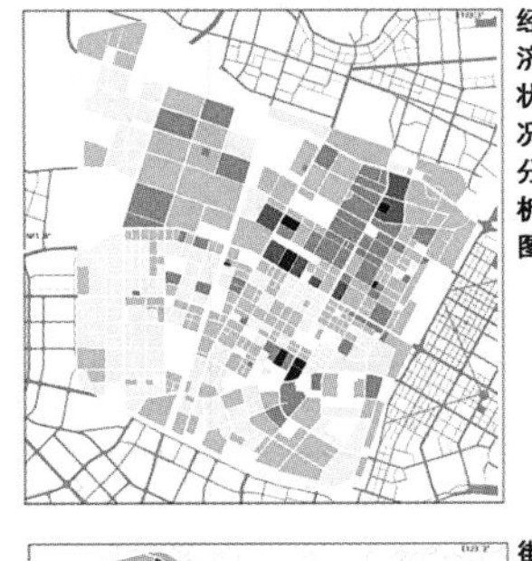

经济状况分析图

街块周边公交线路分析图

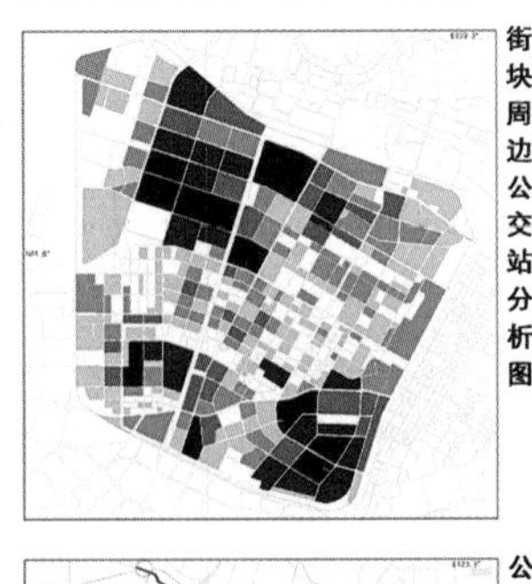

街块周边公交站分析图

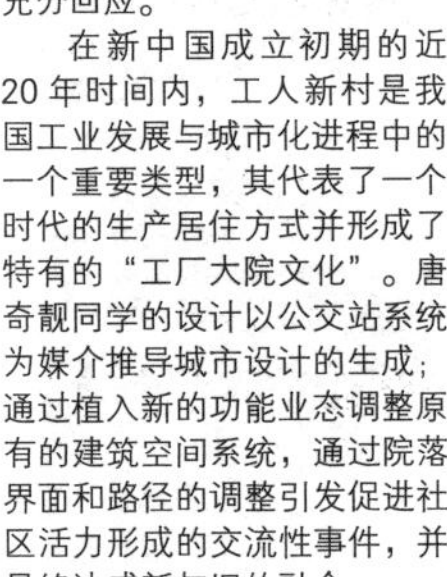

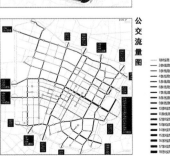

公交流量图

道路系统分析图

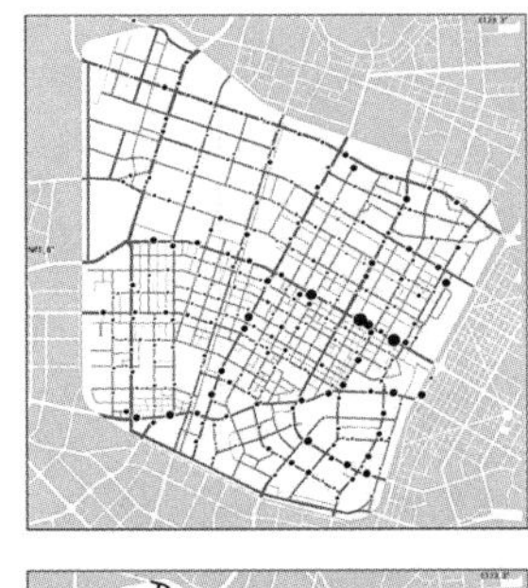

站点规模分析图

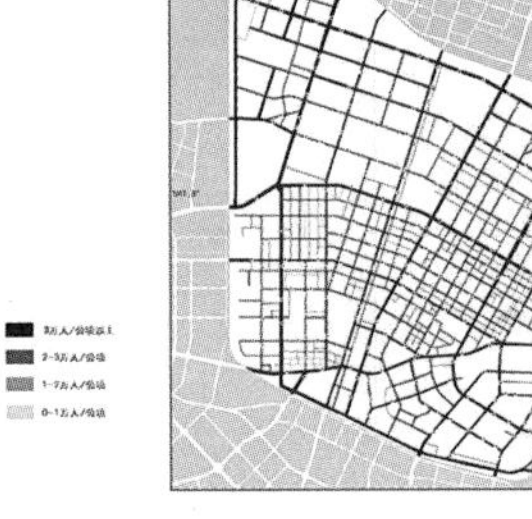

道路等级及街道高宽比图

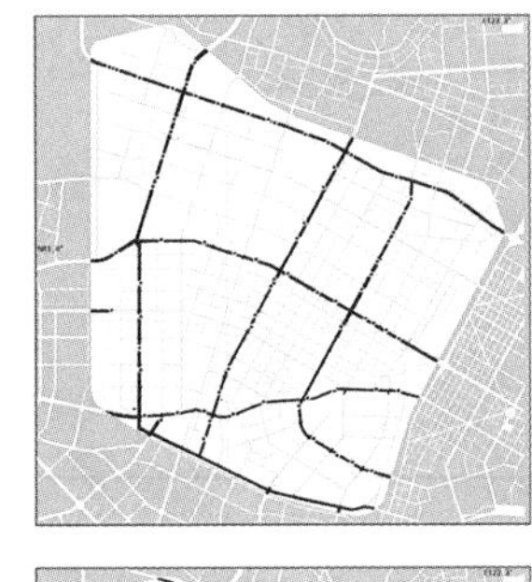

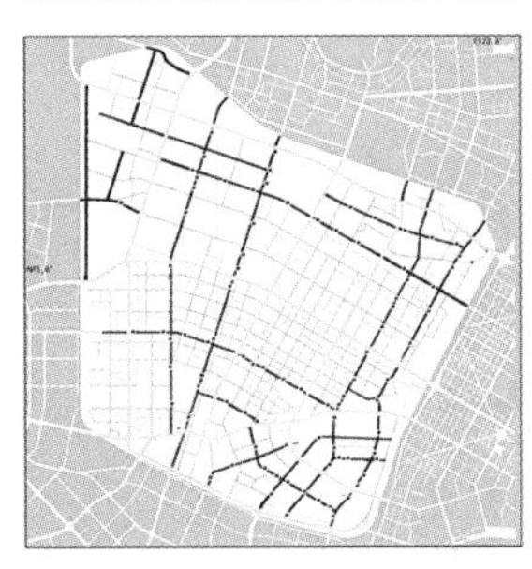

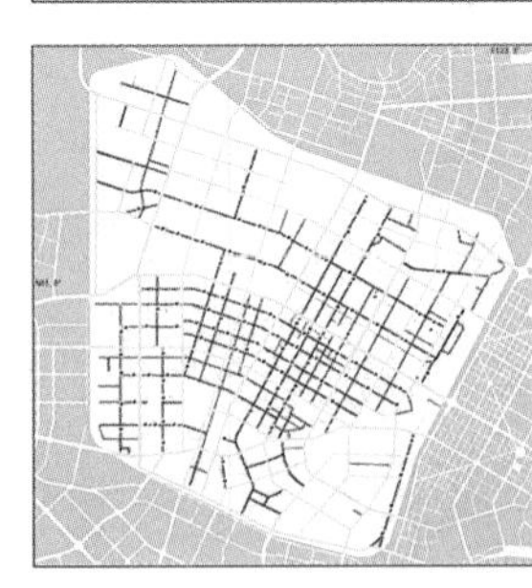
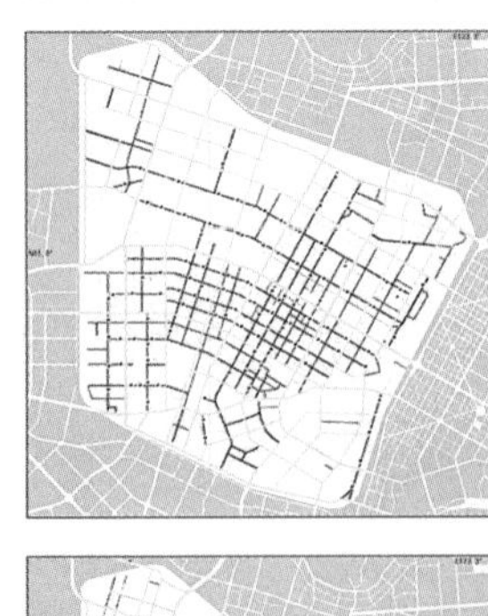

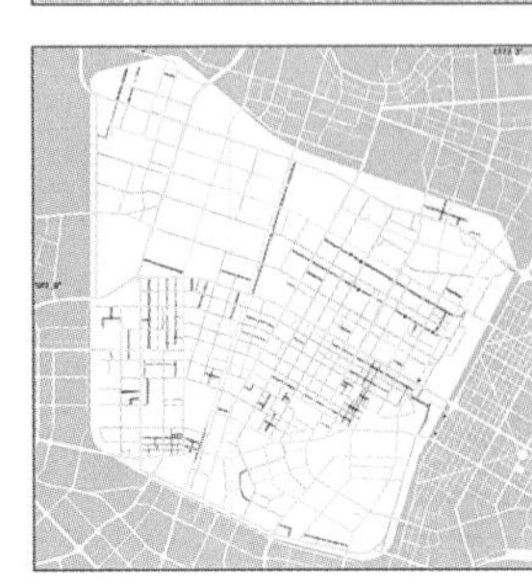

评语：

当住区化改造完成的铁西区成为设计的对象，当不同人群的社会关系成为关注的焦点，当曾经辉煌的产业被完成了解构，如何以交通网络、产业机构和社群关系进行设计讨论便成为无法回避的主题。

面对当代的商品房住区与曾经工业历史遗存的记忆相互混杂的复杂问题，李文爽同学在她的毕业设计中，以典型公交站周边老旧居民社区为设计对象，结合下岗工人再就业的产业类型、经济模式和社会融合等一系列问题展开分析，并以设计结果进行了充分回应。

面对在地的日常性与返魅的讨论，谢美鱼同学在她的毕业设计中，以典型公交站周边新住区、卫工明渠的现实条件为出发点，结合居民社区的功能需求与下岗工人再就业的产业类型、经济模式和社会融合等一系列问题展开了卓有成效的分析，并以设计结果进行了充分回应。

在新中国成立初期的近20年时间内，工人新村是我国工业发展与城市化进程中的一个重要类型，其代表了一个时代的生产居住方式并形成了特有的“工厂大院文化”。唐奇靓同学的设计以公交站系统为媒介推导城市设计的生成；通过植入新的功能业态调整原有的建筑空间系统，通过院落界面和路径的调整引发促进社区活力形成的交流性事件，并最终达成新与旧的融合。

功能分布分析图

工人住区分析图

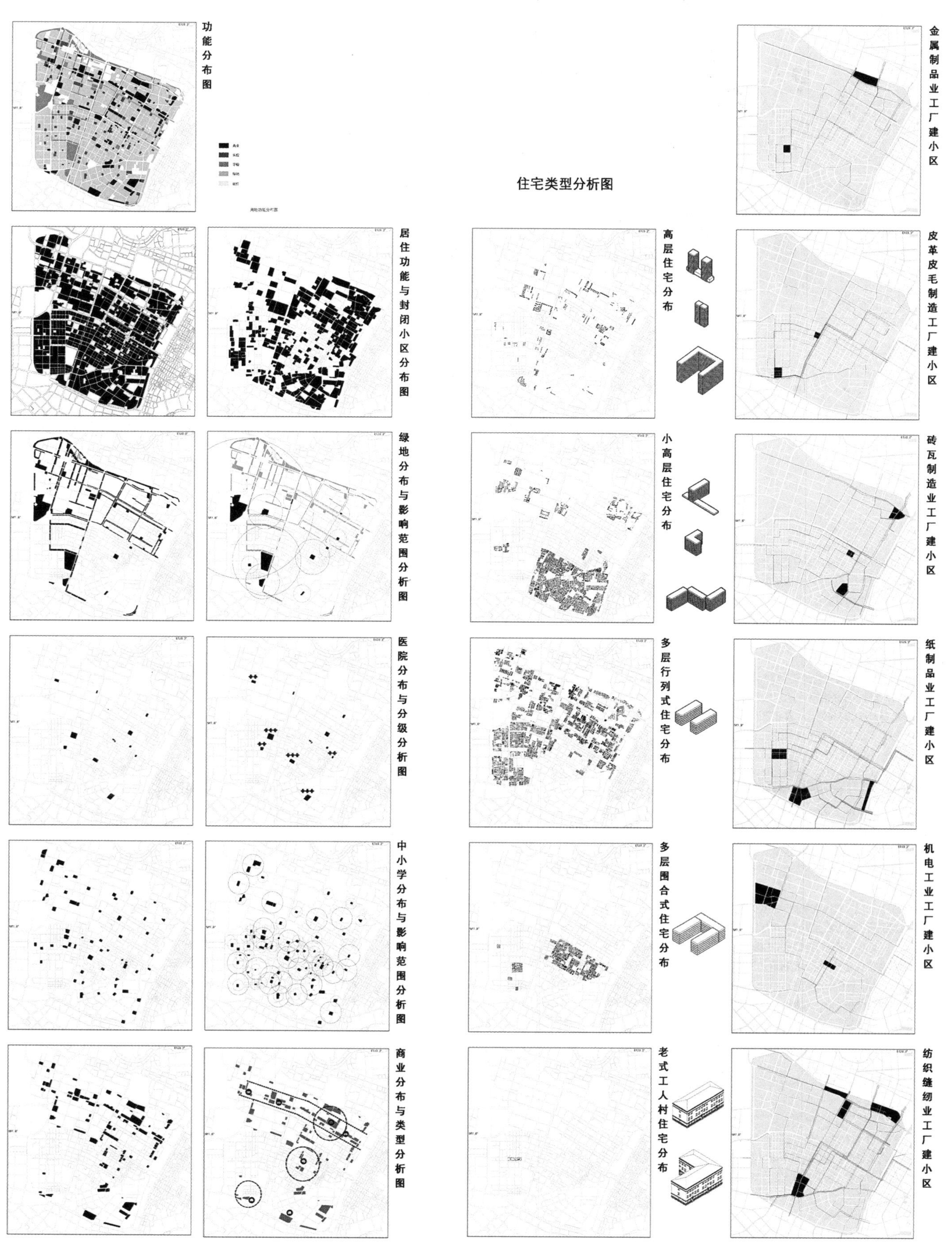

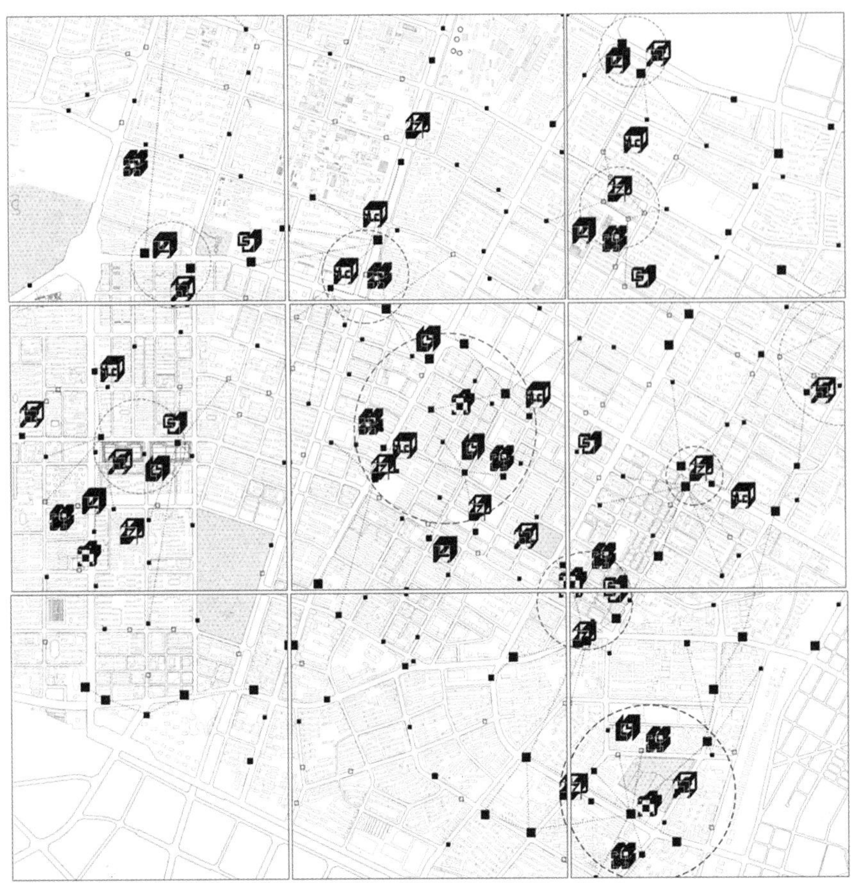

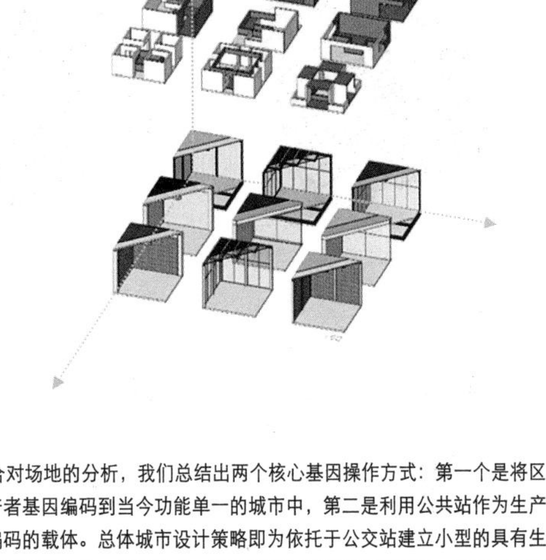

每当一个时代转折，就会出现一批失落的人和一片失落的土地。原本时代的追求就像水蒸发一样消失在空气中，时代和人群永远朝向新的宾客和新的颂扬，输光了一切的旧的失落者，走向一条不可逆反的被遗忘的道路。

沈阳是中国最重要的重工业基地，曾经被称作“共和国长子”和“东方鲁尔”。铁西区则是沈阳重要的工业区，随着改革开放，产业调整，工业渐渐衰败，随着土地置换转变为了无生气的住宅区，我们试图寻找留存的基因，企图在“适者生存”的法则下进行变化和调整，寻找更多的生存空间与发展契机。

■ 关于区域更新的分析

铁西区被作为整体进行规划是在 1934 日本侵华期间，日军在铁西区生产武器设备，并将铁西规划为南宅北厂的格局。1949 年新中国建立后，苏联援华，使这里成为新中国的工业核心。1980 改革开放以后，从计划经济转向依赖市场经济，当中国的南方已经进入市场经济时代，东北还处于指令性计划时代，依旧上交钢材、机械产品甚至财政收入。1990 年代初期，部分国企开始亏损，到 1999 年大部分工厂陆续停产。

此后，铁西区一蹶不振，地方努力为铁西区的发展寻求出路。2002 年沈阳市委、市政府做出重大决策，决定成立铁西新区，把位于老铁西的企业搬迁到新区，发展房地产，将工业用地置换为居住用地，为东北的国有企业转型提供大量资本，另一方面积极引入外资，如建设 10 平方公里的中德装备园。

由此看来，铁西区极大力度的土地置换和引入外资其根本原因是自我积累的不足，铁西区的大量产出极大比例用于支持中央，换句话说南方市场经济的快速发展一定程度上是以铁西区三十年来积累为代价的。虽然表面上看土地置换和引入外资一定程度上弥补了自我积累的不足但也引发了一系列社会问题：土地置换力度过大，使老区土地功能基本变为居住，功能单一，缺乏活力；原有工厂与企业大量被淘汰，出现大量壳公司，工人大批量下岗或挂职在壳公司。

■ 提取基因：生产者

在更新后的铁西区，我们很难发现工业时代的痕迹，但是和任何一个铁西人谈话的时候，会突然意识到自己所在的区域曾经是作为共和国长子的工业巨头，在时代转化的同时，土地功能发生改变，街道、建筑的样貌也全然改变，但是铁西人始终都是一批人，只是时代不同，他们的角色发生了改变，但他们作为生产者的技能与热爱始终没有改变。

在过去如果说工厂是一个巨大的机器，工人就是其中的螺丝钉，巨量的螺丝钉结合在一起，形成巨大的能量为全国提供产品。当机器被拆解，每个螺丝钉不再是巨大机械的一部分而是作为个体存在时，他们的身份也不存在了。我们设想，如果将螺丝钉小部分的组合在一起，可能会形成小型的生产作坊，他们开始作为社群的一部分为自己的社群提供产品，而这种提供也是可以回馈自身维持下一次运转的。于此，铁西人重新获得了生产者的身份，他们既是生产者也是消费者，依托社群完成自己的循环。

■ 提取载体：公交站

在铁西区实体存在的调研中，建筑已经完全改变，看不到过去的痕迹，街道也极大程度的被重新修整，但是我们发现道路名称有着严格的秩序。

从 1950 年代持续到当今，在南宅北厂的格局下，南北分界线称为建设路，其余东西向路名由一至十二进行编码，称为“南 / 北 xx 路”，而所有南北向路线都以“x 工街”命名，横纵道路类似坐标系进行排布。进一步调研时，我们发现其公交站的命名方式即为最近道路交口的两个路名进行叠加，于是每个公交站可以从名称上完成自己的定位。而在进行访谈时我们发现，沈阳的地铁不发达，公交车是人们出行的最常用方式，一个公交站不仅仅作为交通节点，也作为人们社交的重要场所，代表着当地人的生活模式。

结合对场地的分析，我们总结出两个核心基因操作方式：第一个是将区域的生产者基因编码到当今功能单一的城市中，第二是利用公共站作为生产者基因编码的载体。总体城市设计策略即为依托于公交站建立小型的具有生产功能的微型综合体。针对于此，笔者提出了建立载体数据库，筛选数据提出编码规则，提供编码的基本单位矩阵的工作流程。

■ 建立载体数据库

笔者首先搜集大量数据建立了当地的数据库：公交数据库（包括公交站通过的线路数量、人流量、主要人群类型），街块数据库（包括街块的面积、人口、容积率、用地功能、建筑类型、建筑功能、人群类型、活跃度），道路数据库（包括道路的尺度、界面、高宽比）

■ 筛选数据提出控制规则

将数据进行筛选，选择一定的数据决定生成建筑的一个控制因素。线路数量与人流量控制新建建筑规模，用地功能与人群类型控制新建建筑功能，城市肌理与建筑类型控制新建建筑形式，街道 D/H 与周边建筑控制新建建筑在地类型，功能关系与周边环境控制新建建筑功能模式，经济水平与生活质量控制新建结构材质。

■ 提出编码的基本单位矩阵

线路数量与人流量控制新建建筑规模：线路数在 10 以上为特大规模，面积为 500 平方米；线路数在 7-10 为大规模，面积为 240 平方米；线路数在 4-6 为中等规模，面积为 120 平方米；线路数在 2-3 为小规模，面积为 60 平方米；线路数 1 为微型规模，面积为 30 平方米。

用地功能与人群类型控制新建建筑功能：主要影响因子是医院，生产、服务功能分别为鲜花、茶馆；主要影响因子是中小学，生产、服务功能分别为文具、图书阅览；主要影响因子是艺术学校，生产、服务功能分别为乐器、舞台；主要影响因子是大学，生产、服务功能分别为首饰、理发；主要影响因子是绿地，生产、服务功能分别为食物、棋牌；主要影响因子是体育，生产、服务功能分别为生活用品浴场等等。

城市肌理与建筑类型控制新建建筑形式：根据在地的城市肌理与建筑类型选择形式类型矩阵中的合适原型；街道 D/H 与周边建筑控制新建建筑在地类型：根据街道剖面与周边环境选择在地类型矩阵中的合适原型；功能关系与周边环境控制新建建筑功能模式：根据生产与服务的关系选择在地功能模式矩阵中的合适原型；经济水平与生活质量控制新建结构材质：根据经济水平选择结构材质类型矩阵中的合适原型。

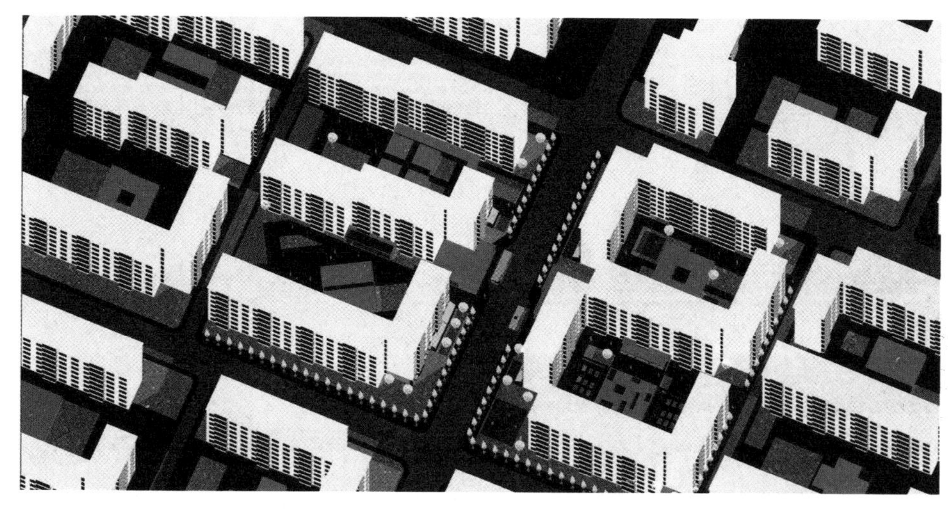

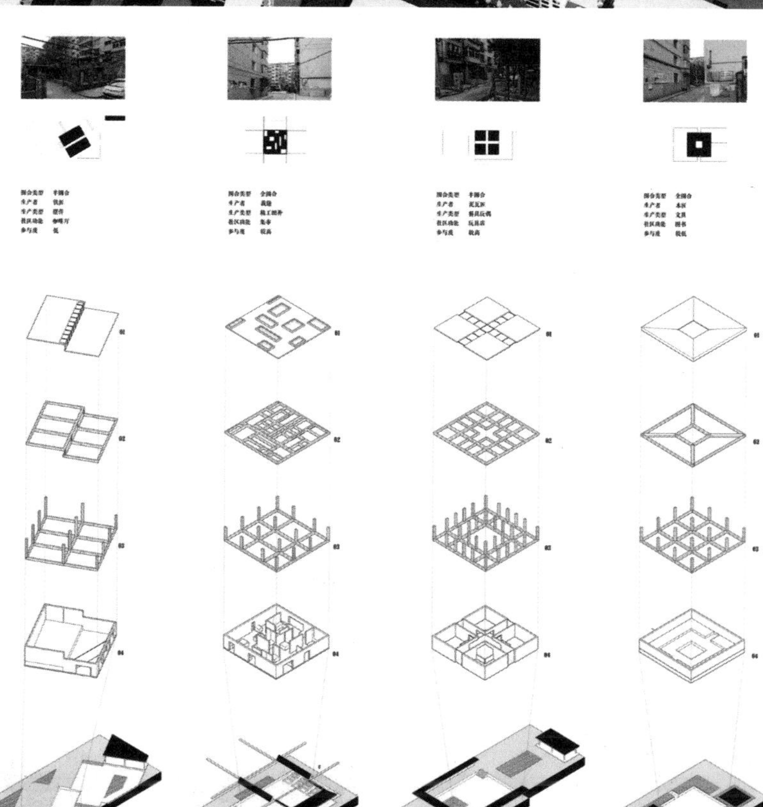

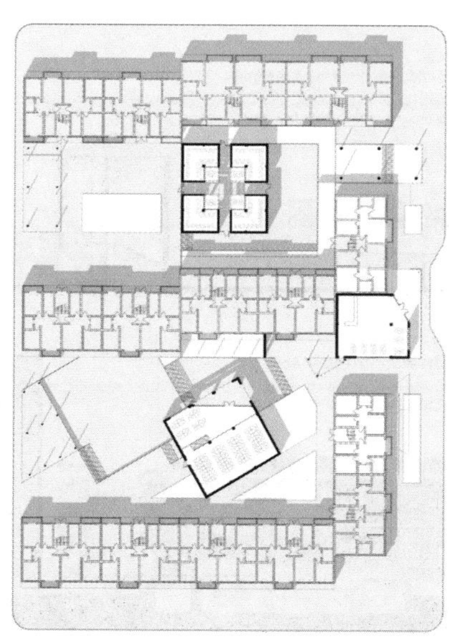

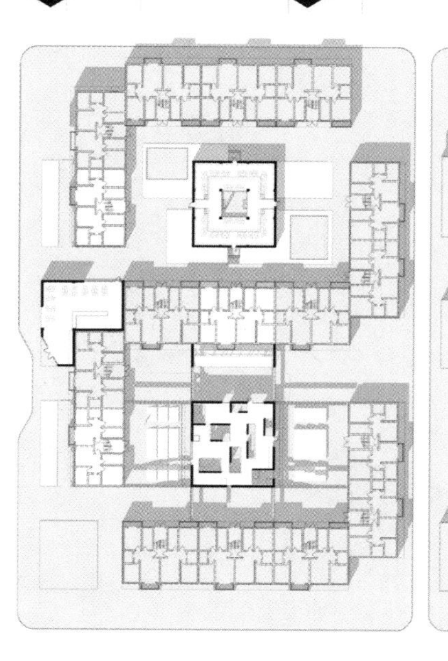

低收入社区的点式生产车站

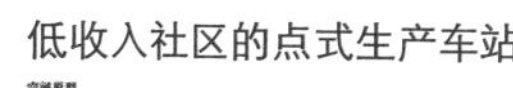

空间原型

不同的空间原型暗示了不同的关系模式，社区居民以生产者与消费者的不同身份被重新编制新的关系在植入体间不断转化，形成院落中新的生活模式

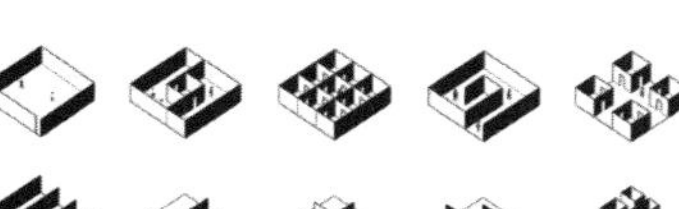

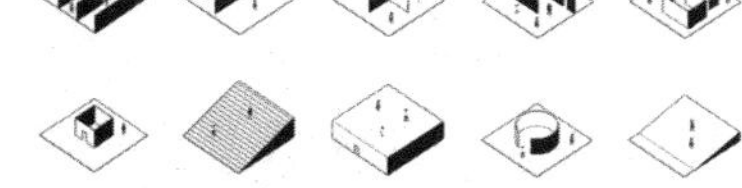

场地介绍

基地选址于沈阳铁西区云贵街道建大社区，是沈阳市中心重要的下岗工人聚集区
社区的建筑以围合式为主，对外封闭，缺少社群交流活动的场所
通过在每个院落植入微型社区中心，连接人体形成社群交往的网络体系

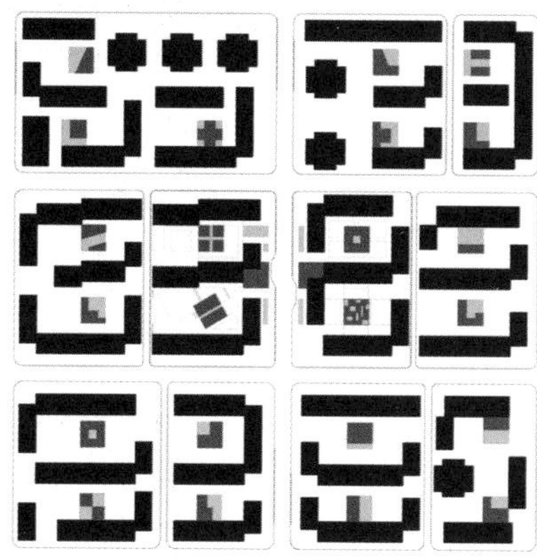

总平面图

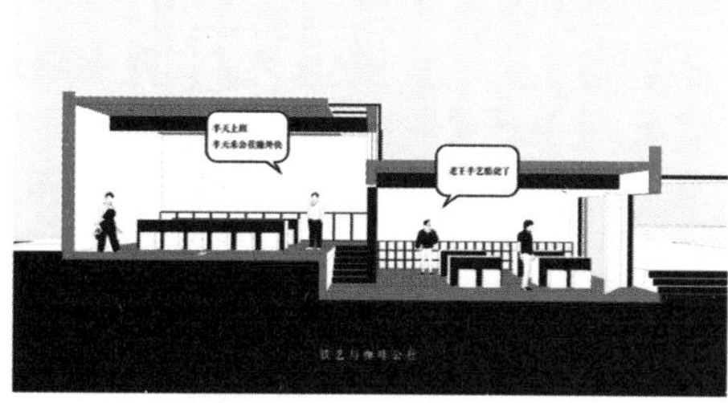

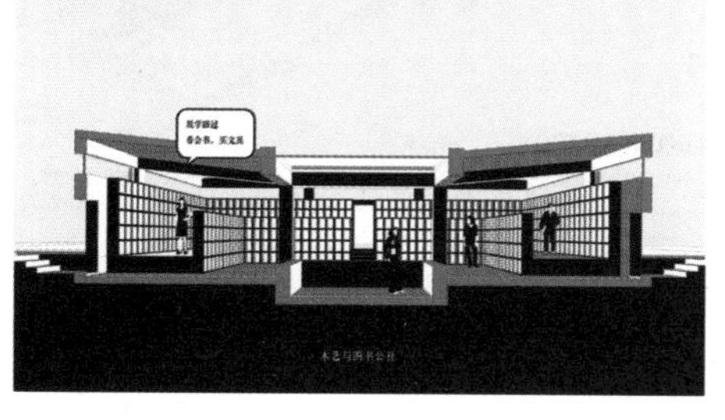

CONCEPT
The old workers village is introversive, which prevents it from communicate with surrounding environment.
To open the interface, the project uses thryee different strategies to connect the outside and inside, making new worker village the center of this area.
After making connections, several towers are put into the yard to unit the whole workers system.

SITE ANALYSIS

Although its material and spiritual industrial heritage have been preserved to some extent, reminding people of the past glory of this area, people who spared no effort to make this happened have been forgotten and abandoned. In this context, this graduation project focus on tens of thousands of laid-off workers, trying to find the appropriate way to update this area through the study of Tiexi regional gene.

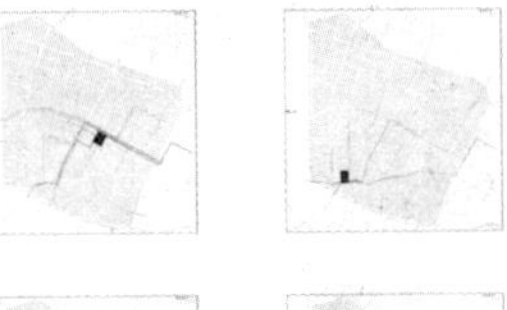
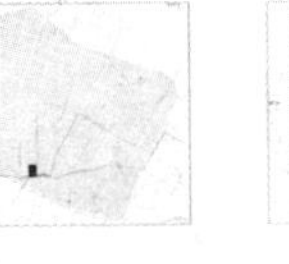

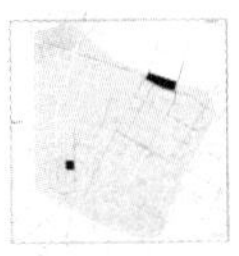
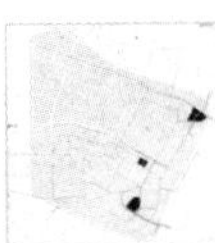

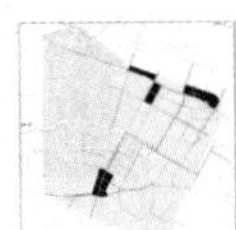

In the part of urban design, after a series of thorough site analysis, the author tries to maximize the potential of producer by using bus station and its system as a carrier.

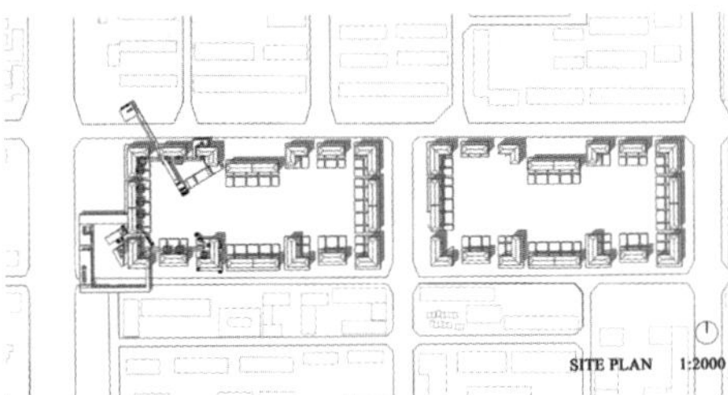

工人村遗址社区的虚线式生产车站

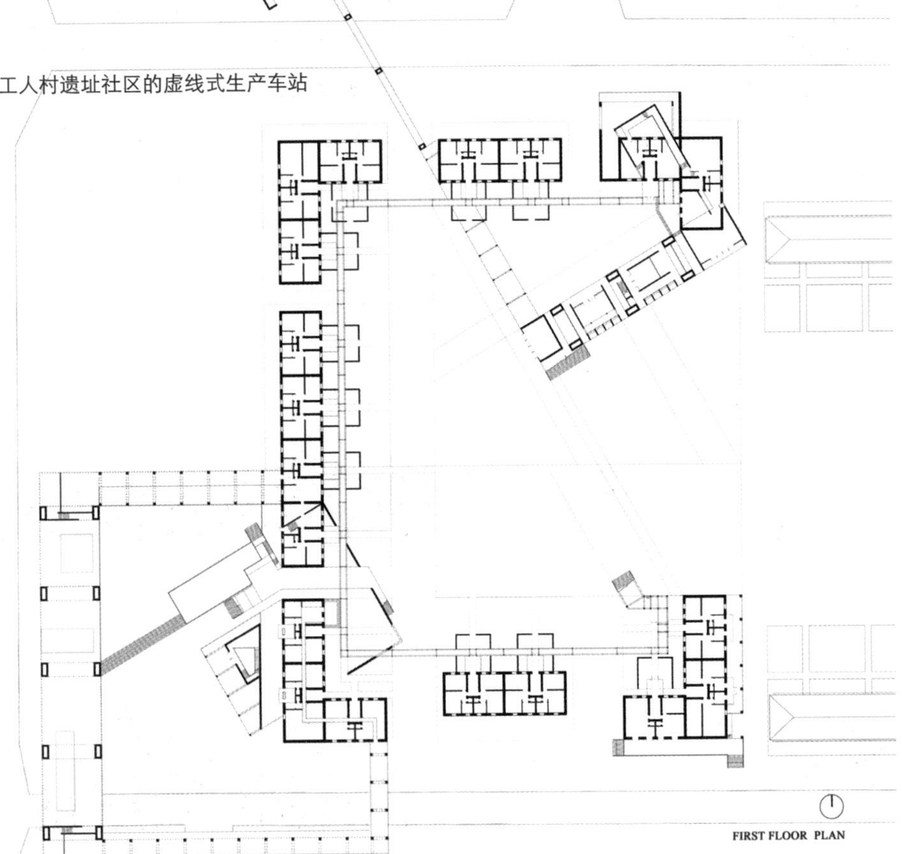

VIEW FROM WEST-SOUTHERN CORNER

In the part of architectural design, the author change the mechanism of workers village by the intervention of three production-type of micro-complex, making the village core strength of its surrounding residential area.

In the part of architectural design, the author change the mechanism of workers village by the intervention of three production-type of micro-complex, making the village core strength of its surrounding residential area.

RELATIONSHIP BETWEEN OLD & NEW PART

From left to right, there are new building, new inner yard, tower, old building with new function, new outside yard responding to nearby bus station.

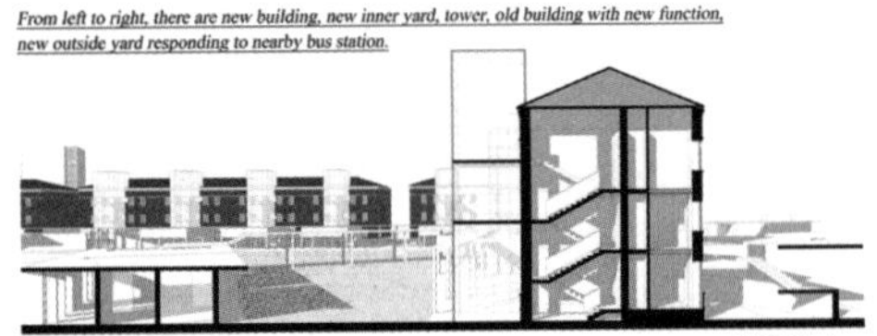

RELATIONSHIP BETWEEN OLD & NEW PART

A new sunken plaza is surrounded by different kinds of markets, solving the problem of unemployment while bringing this place a new living atmosphere.

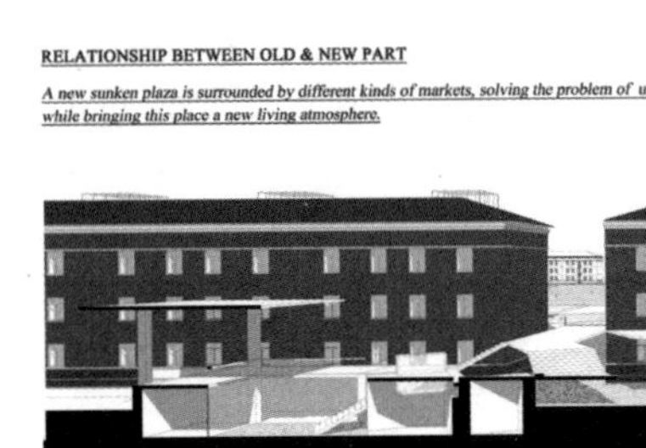

SYSTEM

INTERVENTION

First building is featured by a sunken plaza surrounded by colonnade and a lighting tower. As the main entrance of the complex, it functions as a public space for people to social.
Second building is a entertaining plaze wear workers and vistors to have fun.
Third buiding is attached to an old one, making it a playground for students nearby.

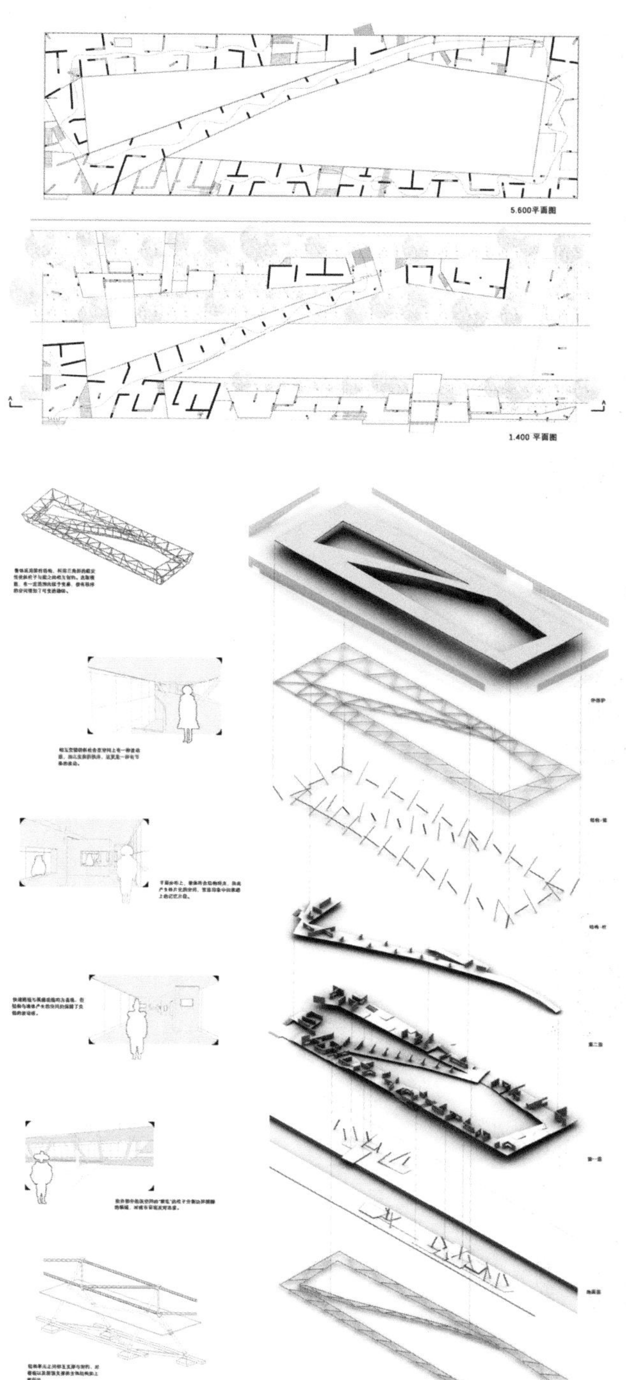

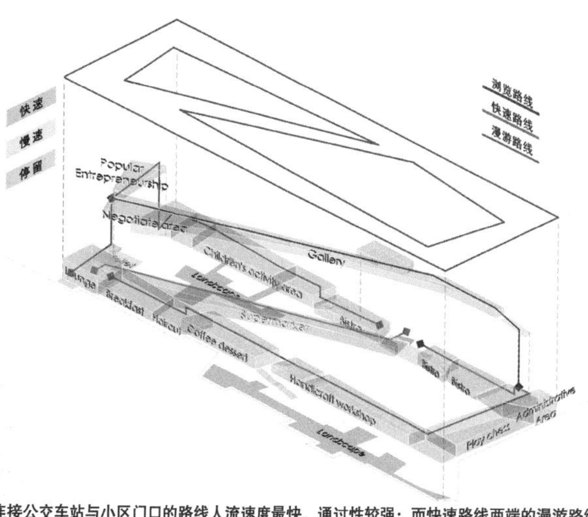

连接公交车站与小区门口的路线人流速度最快，通过性较强；而快速路线两端的漫游路线展现的是工作与家之间第三空间中的生活片段，采用迷宫式清晰的方式呈现生活原有的丰富性与戏剧性，其中包括手工作坊、小餐馆、众创空间等提供给各个年龄段的生产者的空间片段。

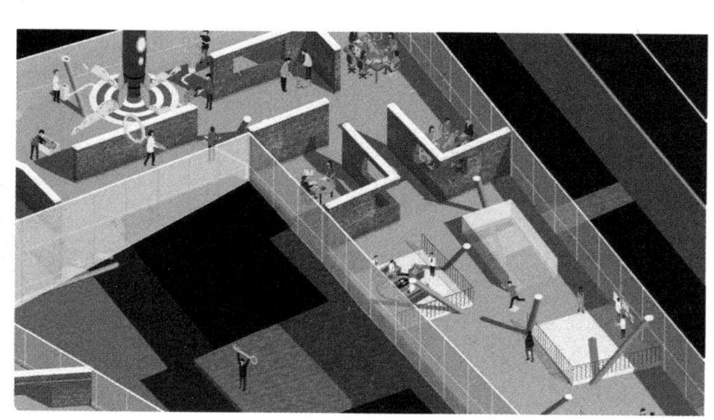

沈阳建筑大学

SHENYANG JIANZHU UNIVERSITY

指导教师

李勇

付瑶

黄勇

赵伟峰

孙洪涛

1 青MIX老·新MIX旧

铁西老城区的多元化营造

038

王欣茹

褚信坤

李熙萌

2 铁西区棚户区微改造

以共生的方式改变人的居住形态，从而改变城市

046

何幸璐

李佳欣

鲁涵岳

3 铁西+ TIE XI+

以贯穿铁西南北的卫工明渠为背景，东西两侧分别设计有生活馆、未来馆、文化馆，以求激活场所精神，连接割裂地块，再望铁西记忆

050

王文涛

白书铭

王梦茹

4 共享大院 Shared community

飞速发展的铁西区，记忆中的家属大院能否断续存在？共享单车，共享雨伞流行的今天，大院能否将共享理论继承载？望“共享大院”包罗万象、连接你我

056

马海姣

戴坤

刘宇彤

5 铁路周边消极空间的活化 Negative space activation of the railvay sicletines in TieXi

结合功能、文化、历史、环境、需求等因素激活废弃铁路周边消极空间，打造铁西新动脉

062

王璐

王思维

王芷菲

王夏秋

青MIX老·新MIX旧

沈阳建筑大学
设计：王欣茹/褚信坤/李熙萌
指导：李勇/黄勇/赵伟峰/付瑶/孙洪涛

铁西的声音

铁西区内建筑调研分析

1931~1945日伪占领时期
至今留存很多平房，现在为居住功能

1952工人村大规模建设
至今保留超过100栋红砖楼，质量良莠不齐，但历史价值高

1970~1990 新建多层住宅
沿用工人村居住模式，建筑形式进行简化这种多层住宅建筑在铁西大量留存。

2002~2017东搬西建，大规模建设
成果迅速突出，但开发理念雷同。新老并存也带来了一系列城市问题

数据调查

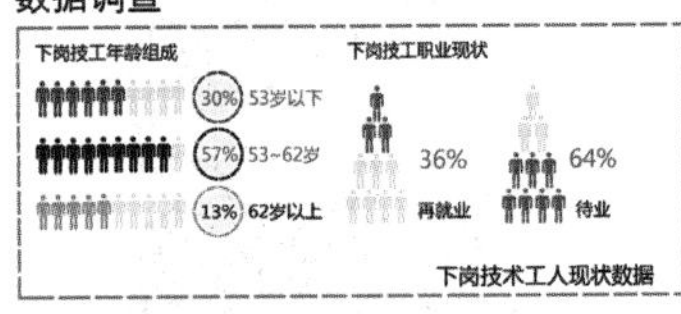

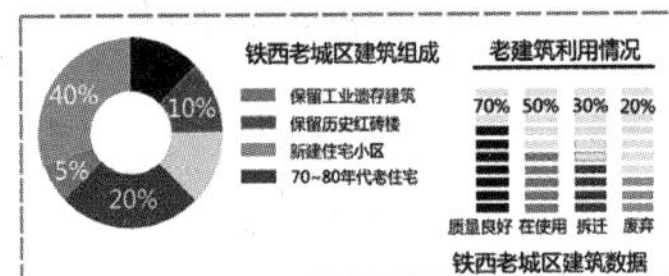

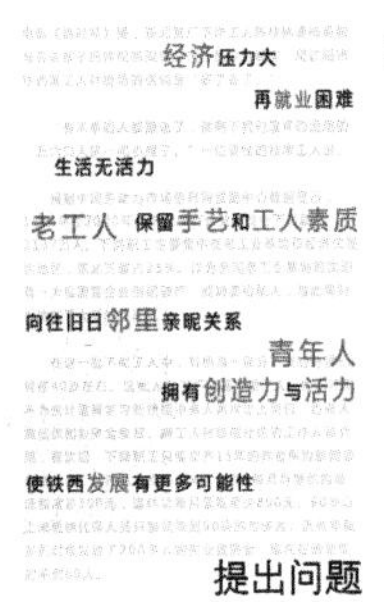

解决方式

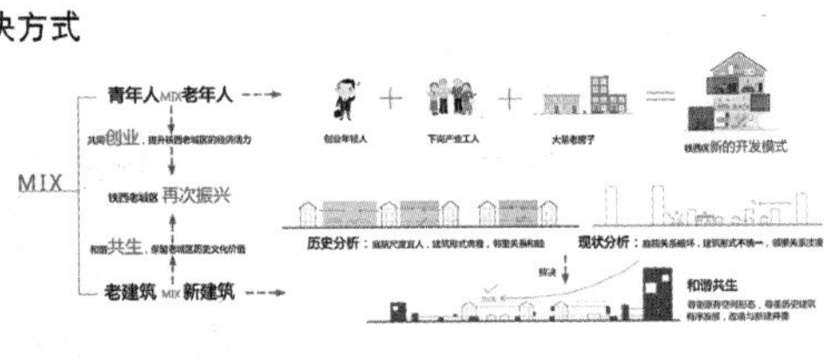

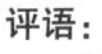

评语：

三位同学在充分调研的基础上，针对铁西区城市产业结构的发展演变过程以及现状中存在的问题，从城市与人两条主线出发，提出了Mix的概念，既新与旧Mix，老与青Mix。通过创意经济和先进制造业的植入，提升老工业区的历史与经济价值。

设计选取南六西路进行的城市更新设计，为带来创意和财富的行业提供工作空间，完善城市功能，并试图复活铁西的城市基因。重工街地块作为产业Mix选地，利用下岗产业工人的职业技能吸引有创意的年轻人前来与之合作创业。肇工街地块作为文化Mix选地，是属于青年人与老年人共同的城市客厅。启工街地块作为生活Mix选地，在铁西的老住宅区中，为青年人提供适合于他们自己的居住空间，实现老年人与青年人之间的互助。

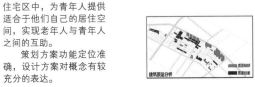

策划方案功能定位准确，设计方案对概念有较充分的表达。

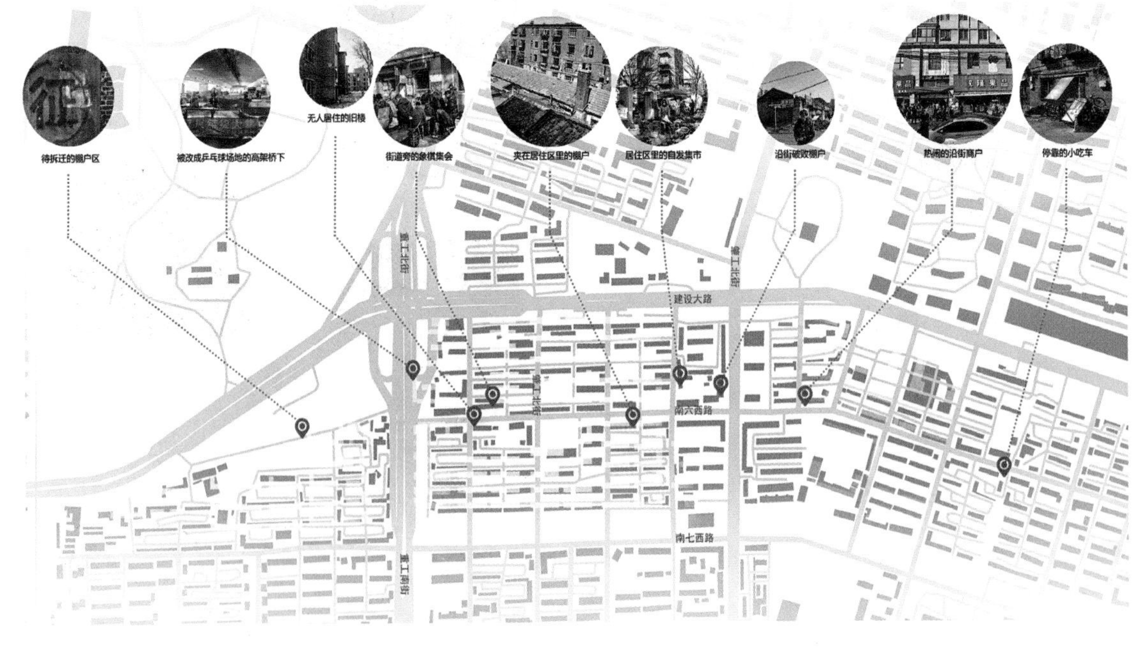

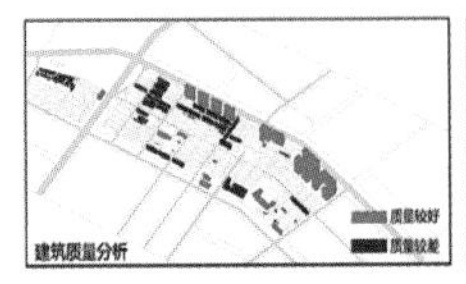
建筑质量分析

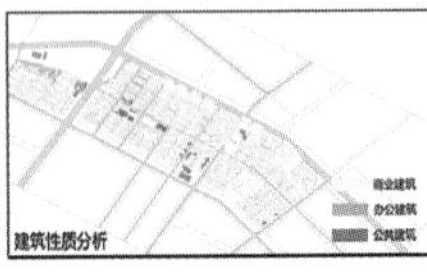
建筑性质分析

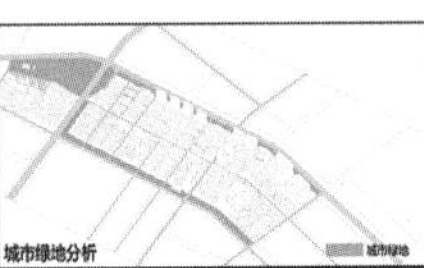
城市绿地分析

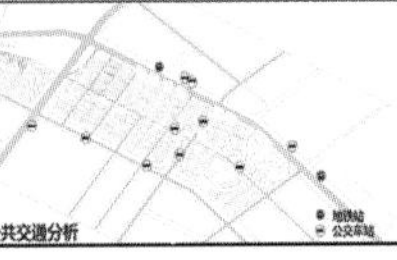
公共交通分析

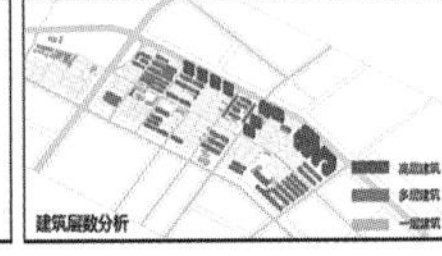
建筑层数分析

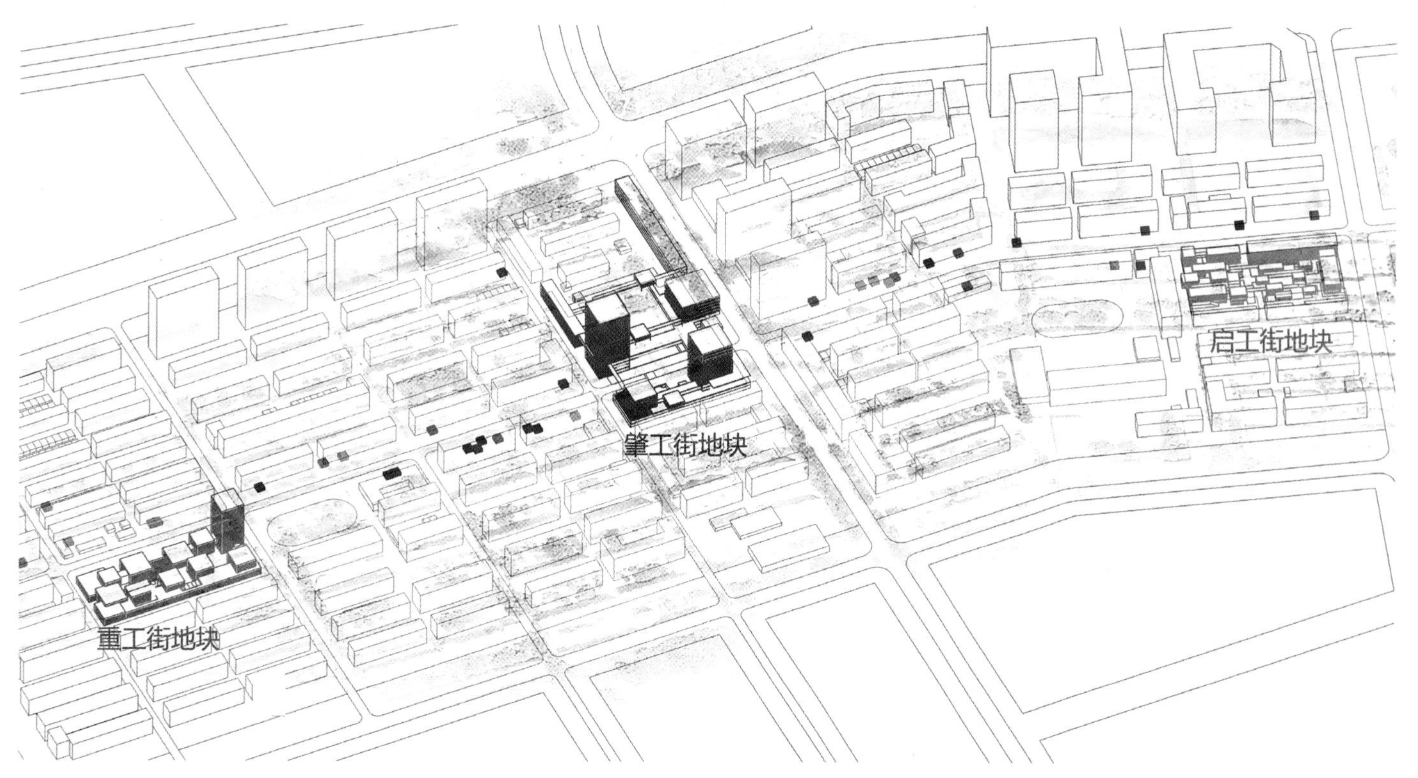

植入“城市盒子”策略

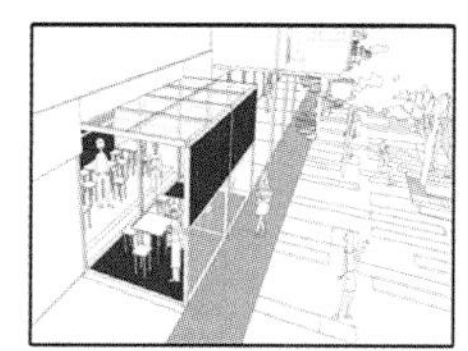

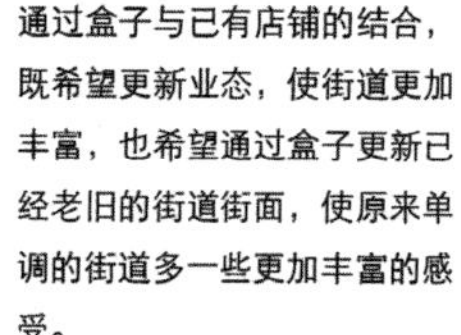

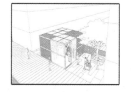

利用模数为6×6×3的盒子，针对当地人的生活，创造出许多丰富的内容：为有手艺的单位退休老工人提供更为舒适的场所；在靠近居民区的地方安置娱乐活动室，他们可以在里面打牌聊天；也有为外来年轻人提供的小工作室，小作坊……我们希望通过盒子的植入，充分激活整个街区的活力，如同催化剂一般，人们可以在这里感受到老工业区的新气息。

通过盒子与已有店铺的结合，既希望更新业态，使街道更加丰富，也希望通过盒子更新已经老旧的街道街面，使原来单调的街道多一些更加丰富的感受。

城市设计生成

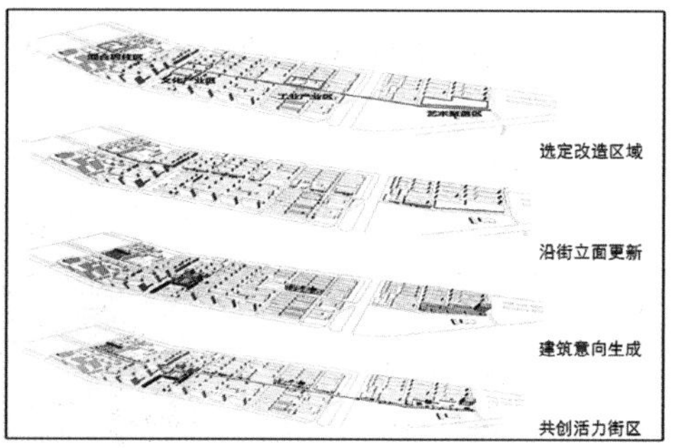

店铺界面更新策略

1.界面退后
2.雨棚
3.休息座椅
4.树木
5.作坊售卖
6.美食饮品
7.美食饮品
8.围墙
9.盆栽
10.娱乐设施
11.日常百货
12.创意工坊

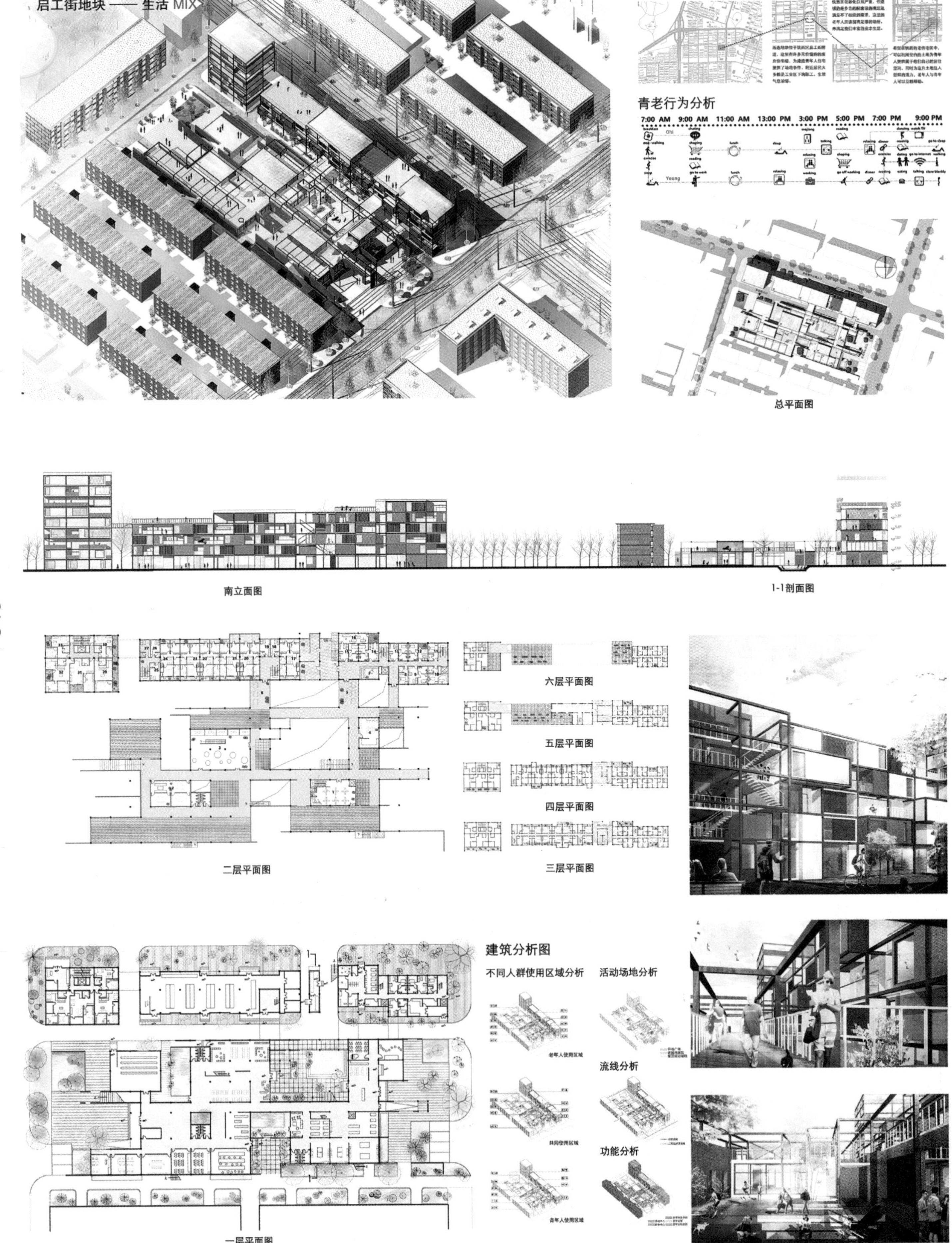
启工街地块 —— 生活 MIX
选地分析
青老行为分析
7:00 AM
9:00 AM
11:00 AM
13:00 PM
3:00 PM
5:00 PM
7:00 PM
9:00 PM
Old
Young
总平面图
南立面图
1-1剖面图
六层平面图
五层平面图
四层平面图
三层平面图
二层平面图
建筑分析图
不同人群使用区域分析
活动场地分析
老年人使用区域
共同使用区域
青年人使用区域
流线分析
功能分析
一层平面图

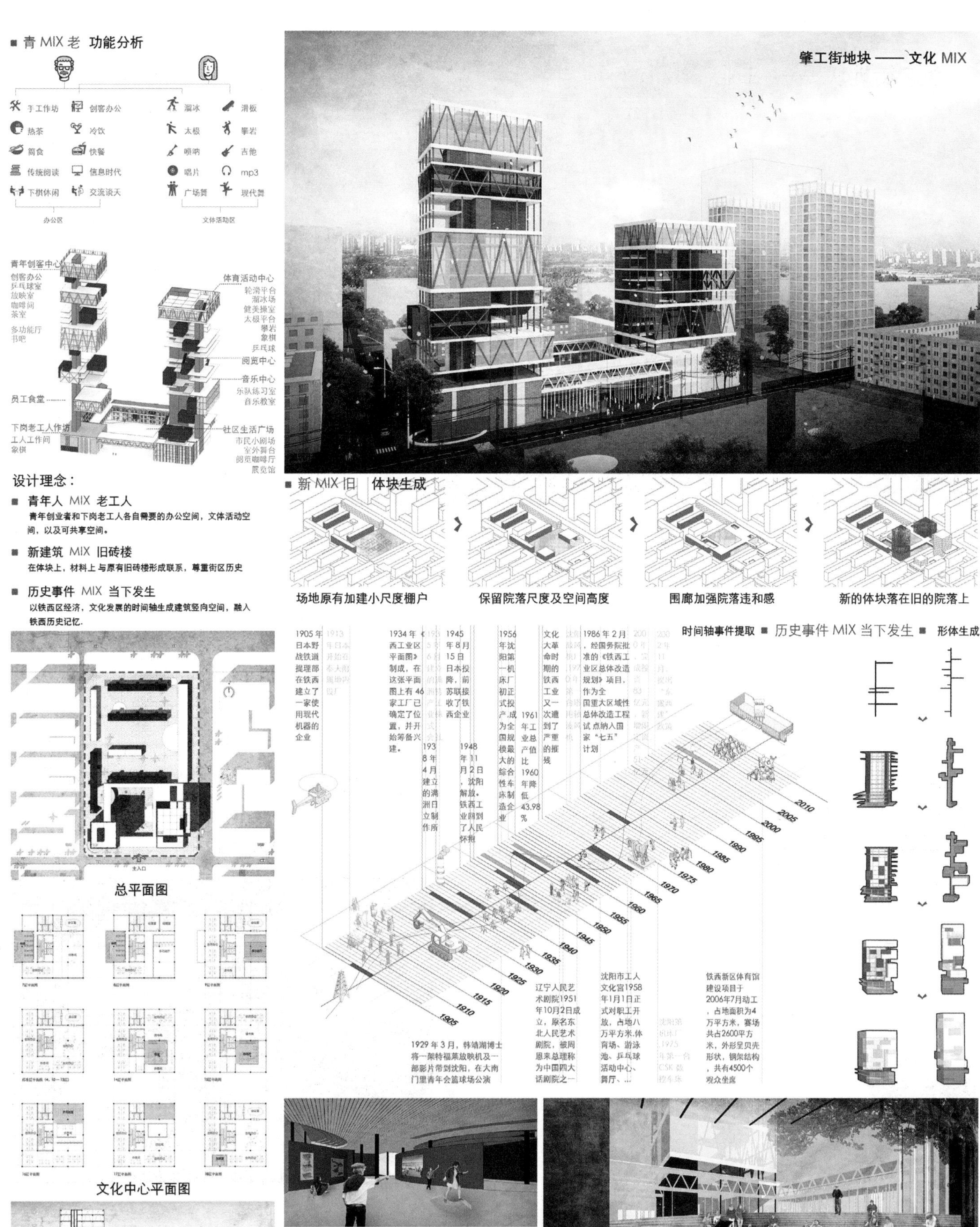

青 MIX 老 功能分析
手工作坊
创客办公
溜冰
滑板
热茶
冷饮
太极
攀岩
简食
快餐
唢呐
吉他
传统阅读
信息时代
唱片
mp3
下棋休闲
交流谈天
广场舞
现代舞
办公区
文体活动区
青年创客中心
创客办公
乒乓球室
放映室
咖啡间
茶室
多功能厅
书吧
员工食堂
下岗老工人作坊
工人工作间
象棋
体育活动中心
轮滑平台
溜冰场
健美操室
太极平台
攀岩
象棋
乒乓球
阅览中心
音乐中心
乐队练习室
音乐教室
社区生活广场
市民小剧场
室外舞台
阅览咖啡厅
展览馆
肇工街地块 —— 文化 MIX
设计理念：
青年人 MIX 老工人
青年创业者和下岗老工人各自需要的办公空间，文体活动空间，以及可共享空间。
新建筑 MIX 旧砖楼
在体块上，材料上与原有旧砖楼形成联系，尊重街区历史
历史事件 MIX 当下发生
以铁西区经济，文化发展的时间轴生成建筑竖向空间，融入铁西历史记忆.
新 MIX 旧 体块生成
场地原有加建小尺度棚户
保留院落尺度及空间高度
围廊加强院落违和感
新的体块落在旧的院落上
时间轴事件提取
历史事件 MIX 当下发生
形体生成
1905 年日本野战铁道提理部在铁西建立了一家使用现代机器的企业
1934 年《西工业区平面图》制成，在这张平面图上有 46 家工厂已确定了位置，并开始筹备兴建。
1938 年 4 月建立的满洲日立制作所
1945 年 8 月 15 日日本投降，前苏联接收了铁西企业
1948 年 11 月 2 日，沈阳解放。铁西工业回到了人民怀抱
1956 年沈阳第一机床厂初正式投产.成为全国规模最大的综合性车床制造企业
1961 年工业总产值比 1960 年降低 43.98%
文化大革命时期的铁西工业又一次遭到了严重的摧残
1986 年 2 月，经国务院批准的《铁西工业区总体改造规划》项目，作为全国重大区域性总体改造工程试点纳入国家“七五”计划
1929 年 3 月，韩靖湖博士将一架特福莱放映机及一部影片带到沈阳，在大南门里青年会篮球场公演
辽宁人民艺术剧院 1951 年 10 月 2 日成立，原名东北人民艺术剧院，被周恩来总理称为中国四大话剧院之一
沈阳市工人文化宫 1958 年 1 月 1 日正式对职工开放，占地八万平方米.体育场、游泳池、乒乓球活动中心、舞厅、...
铁西新区体育馆建设项目于 2006 年 7 月动工，占地面积为 4 万平方米，赛场共占 2600 平方米，外形呈贝壳形状，钢架结构，共有 4500 个观众坐席
1905
1910
1915
1920
1925
1930
1935
1940
1945
1950
1955
1960
1965
1970
1975
1980
1985
1990
1995
2000
2005
2010
主入口
总平面图
文化中心平面图

用地分析

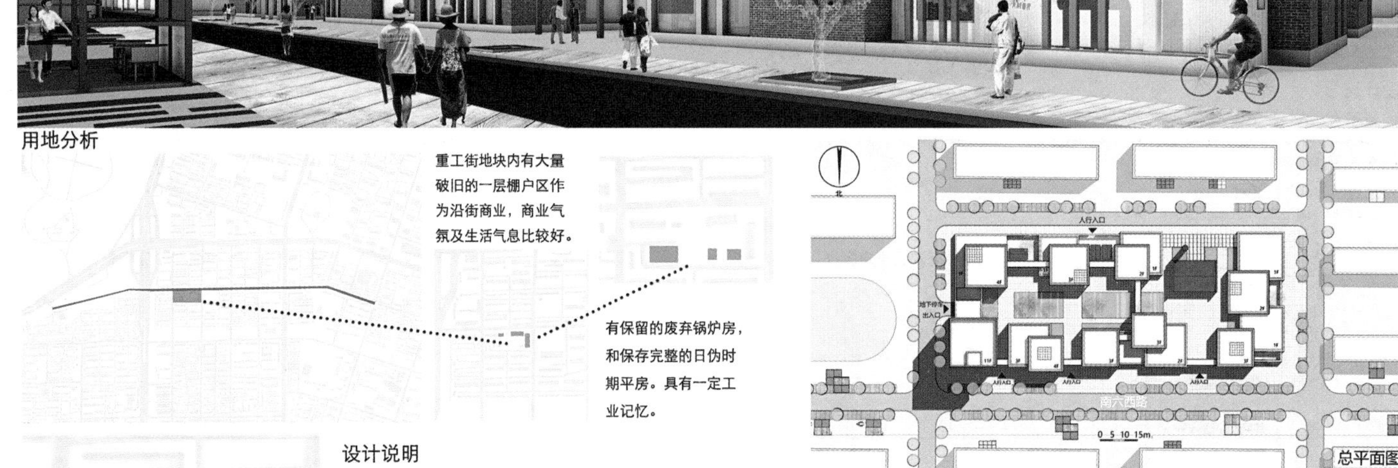

重工街地块内有大量破旧的一层棚户区作为沿街商业，商业气氛及生活气息比较好。
有保留的废弃锅炉房，和保存完整的日伪时期平房。具有一定工业记忆。
人行入口
地下停车出入口
0 5 10 15m
总平面图

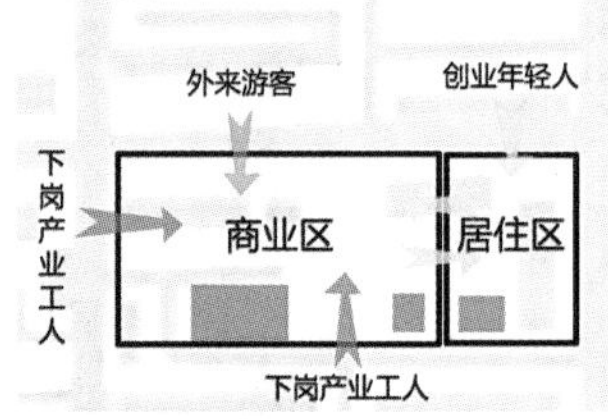

设计说明

建筑为创业年轻人及下岗老工人提供一个合作的场所。通过年轻人的创意结合老工 人的手艺，创造效益。吸引年轻人创业和提供老工人岗位，拉动铁西经济发展。

建筑提取了老厂房的尺度进行体块化处理，通过体块的错动形成了丰富的商业界面，形成了多层次的退台，退台可用做室外活动及绿化。

建筑的主要功能是，售卖老工人与创业年轻人MIX生产产品的创意商店，提供年轻人进行创意活动的创意工作室，提供老工人加工生产的工坊，提供创业年轻人居住的青年公寓及配套的休闲娱乐功能，老工人收藏展示馆。

建筑方案生成分析

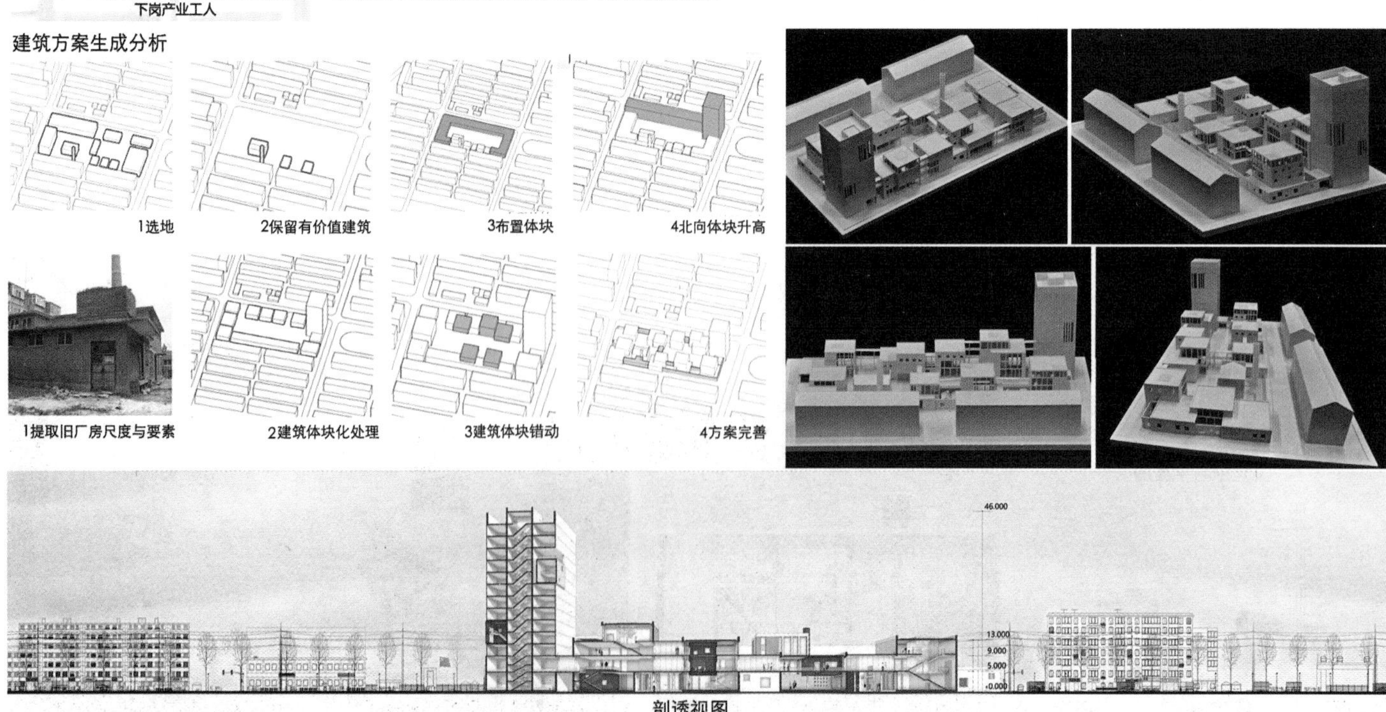

剖透视图

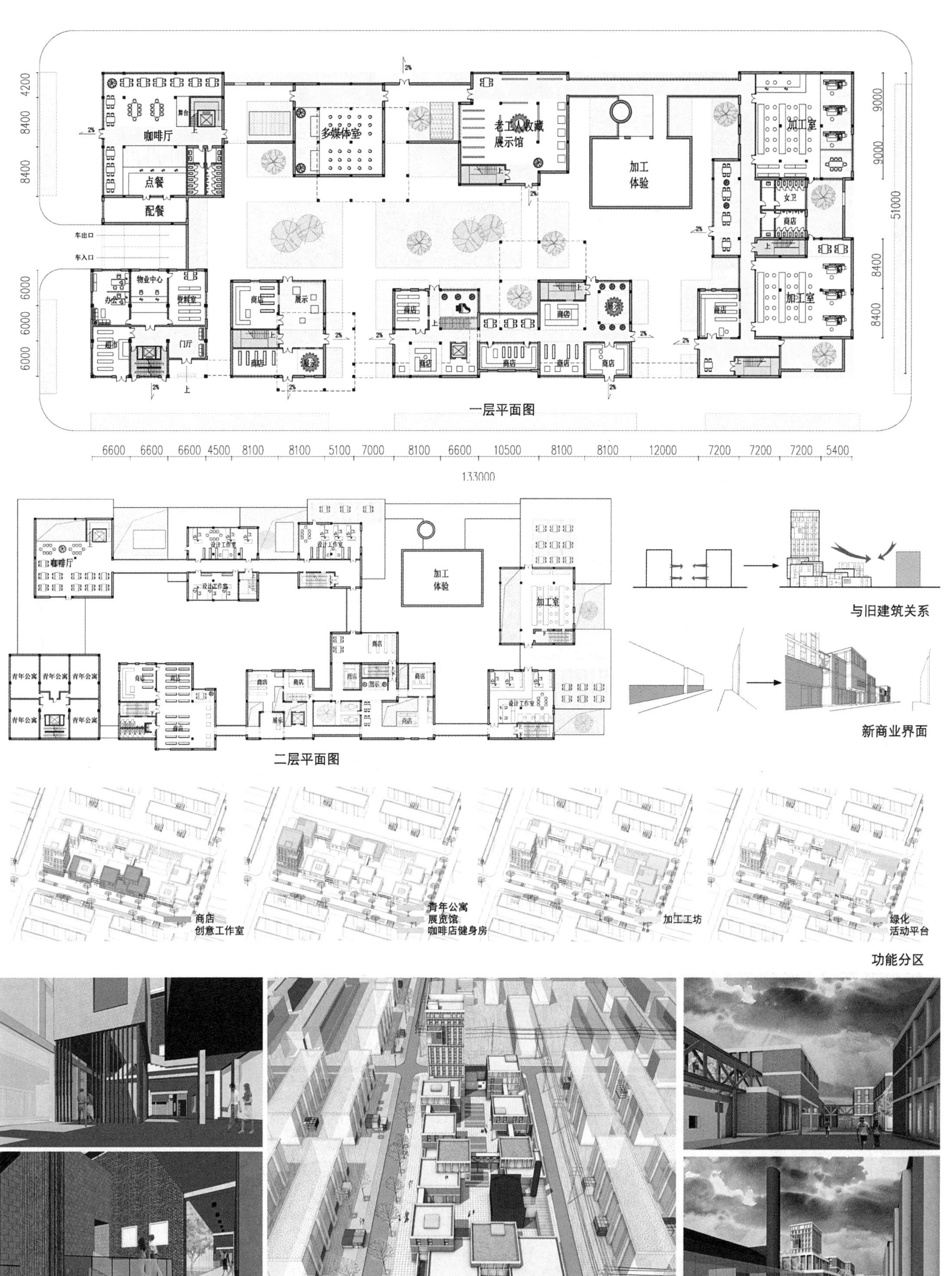

一层平面图

二层平面图

与旧建筑关系

新商业界面

功能分区

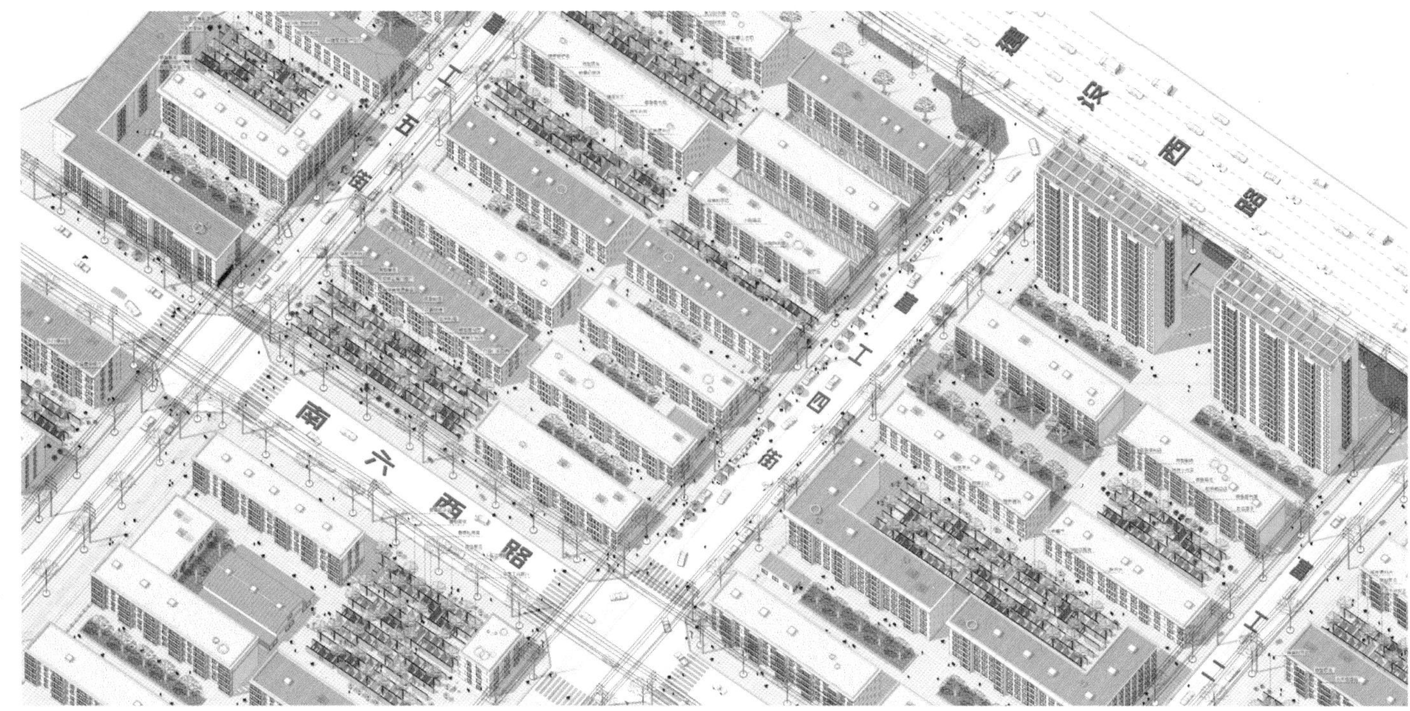

我的童年是在满是平房的大院里度过的，邻居似乎也成了家人，吃饭、玩耍都在一起。街道和邻居的家像是私人的家的延伸。现代公寓的邻里关系不言而喻，我们也一直在反思问题出在了哪里。

所谓“共和”，即共享，这里并不单是物质层面的“共享”，我们希望在这里生活的人能达到精神上的一种默契。这里的每一个空间都能成为一个契机，激发人与人更多的碰撞。不可否认，这种共享亦是以经济合理性为主要目的。

所谓“自治”，即独立。不单单是功能的独立，更有一种身处于这个时代却与外界隔绝的苍凉感。但却依然是积极的实验性项目，企图用后现代的方式挽回人们即将永久丢失的东西。

所谓“乌托邦”，即是理想。建筑驾于落后的棚户区之上，似乎在以一种霸道的方式强调这自己的主权。

那么，什么才是现代的？什么又是落后的？

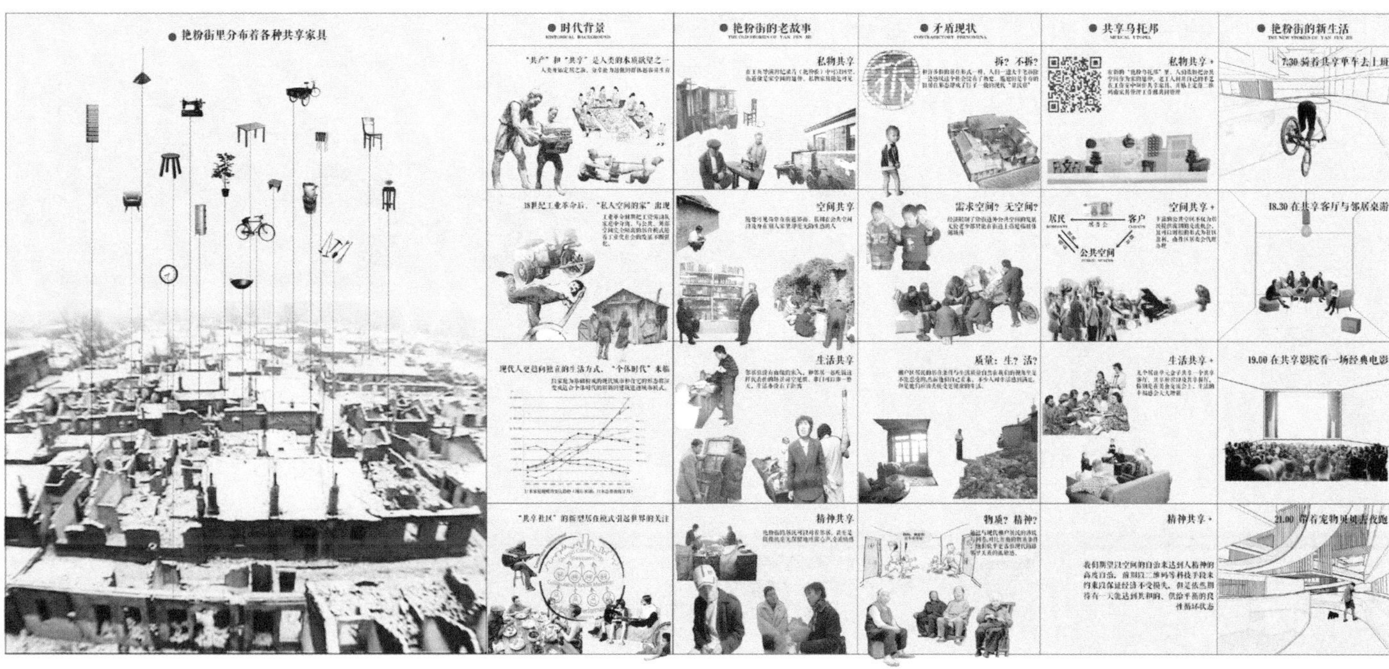

艳粉街里分布着各种共享家具
时代背景
艳粉街的老故事
矛盾现状
共享乌托邦
艳粉街的新生活
私物共享
拆？不拆？
私物共享+
7:30 骑着共享单车去上班
空间共享
需求空间？无空间？
空间共享+
18:30 在共享客厅与邻居桌游
生活共享
质量：生？活？
生活共享+
19:00 在共享影院看一场经典电影
精神共享
物质？精神？
精神共享+

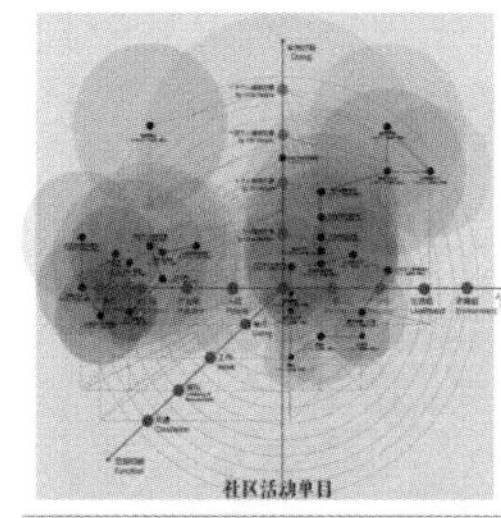

社区活动单目

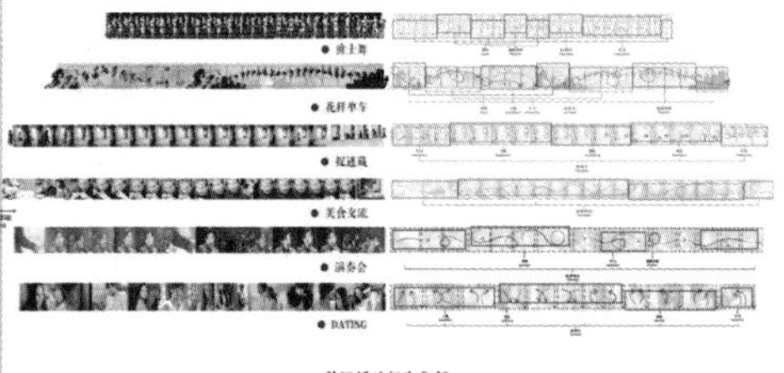

社区活动行为分解

社区活动分类层析

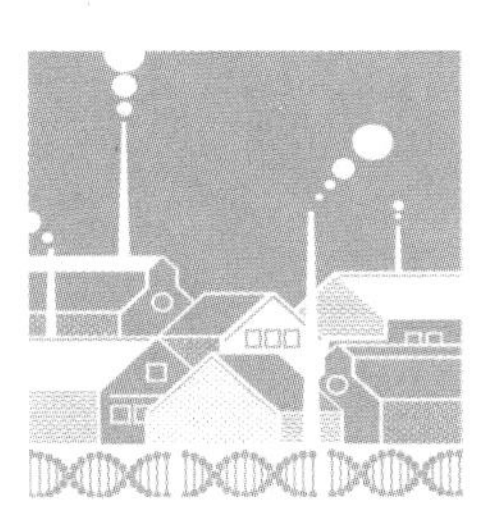

铁西区棚户区微改造

沈阳建筑大学
设计：何幸璐／李佳欣／鲁涵岳
指导：付瑶／李勇／黄勇／赵伟峰／孙洪涛

区位分析：

棚户区位于辽宁省沈阳市铁西区，主要集中于建设中路以南，随着铁西的发展棚户数量逐渐减少，现存棚户主要集中于森林公园以南三角地处以及楼房之间，环境恶劣，问题尤为突出。

发展动势分析

基地边界受限，横向发展受到制约

改变棚户区发展动势，增强棚户区垂直感

原有一层住宅可逐年微更新至二至四层

基地分析：

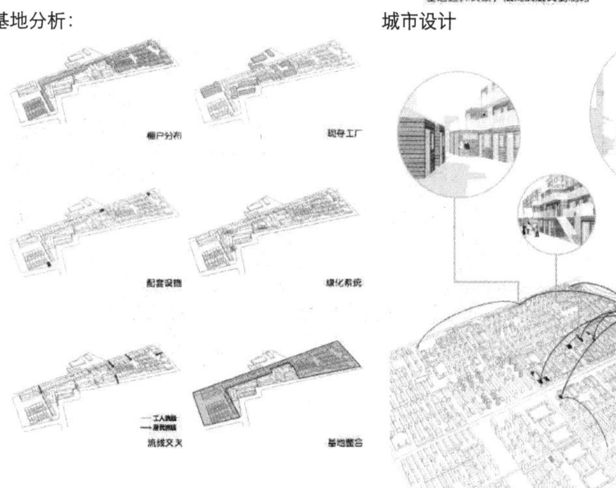

城市设计

人口变迁

居民诉求

棚户户型占比

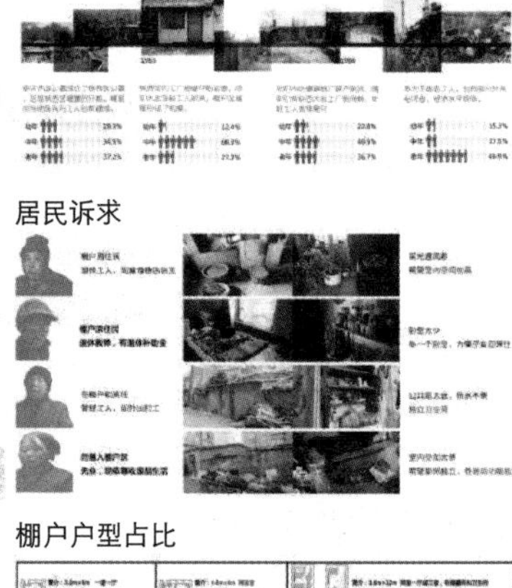

总平面图

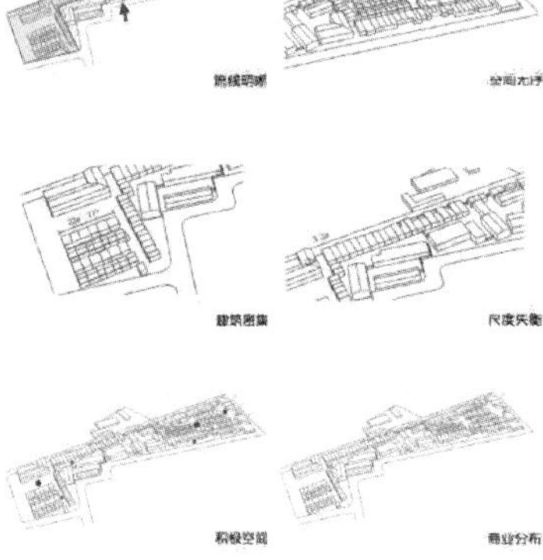

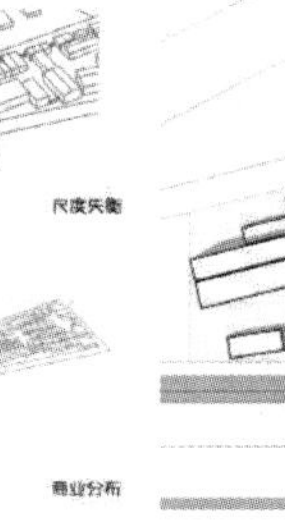

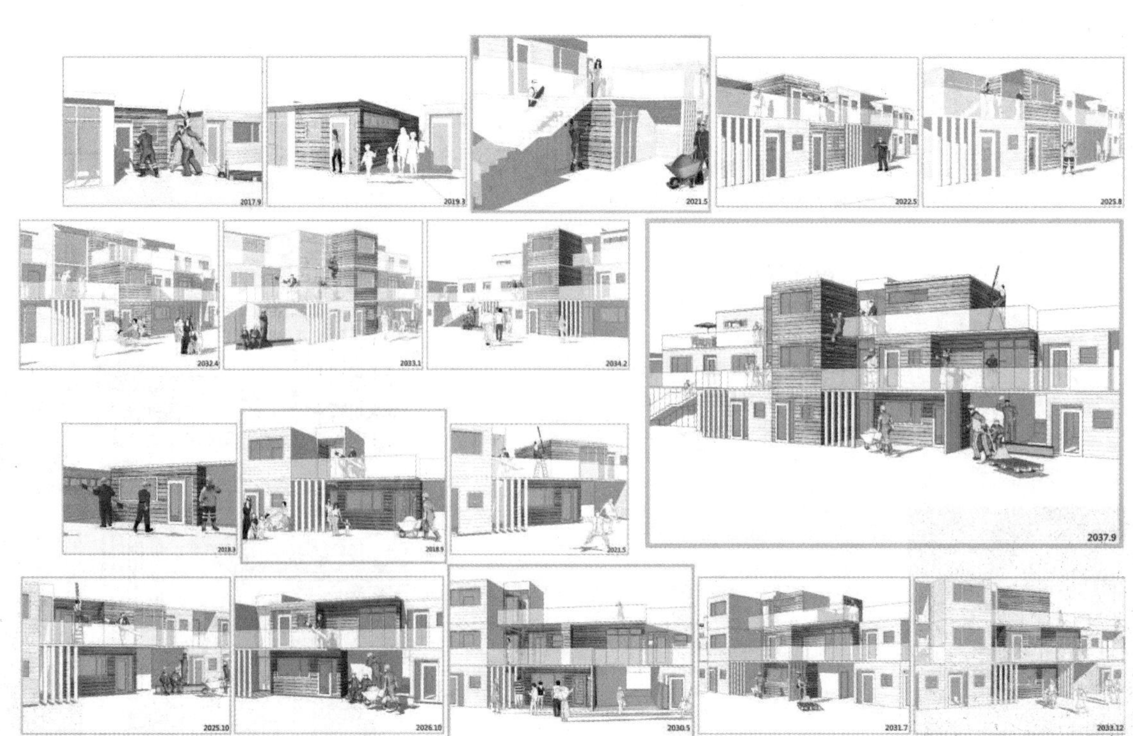

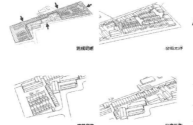

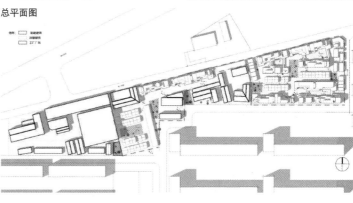

评语：

本次毕业设计选址在辽宁省沈阳市。沈阳市是中国工业化较早的城市，有着悠久的历史文化，在城市化进程中，城市保护与发展之间存在诸多矛盾，如何通过城市设计和建筑设计，从专业的角度对城市的历史、文化和物理现状进行思考与解读，力求发现城市空间组织的内在动力，解决现实或前瞻性的问题，对于提高本科毕业设计学生综合能力，具有明显的教学价值。

“基因”代表了一个城市独特的身份，地理、气候、物产、艺术、民俗等等，都是构成一个城市基因的重要元素，也使一个城市区别于其他的城市。

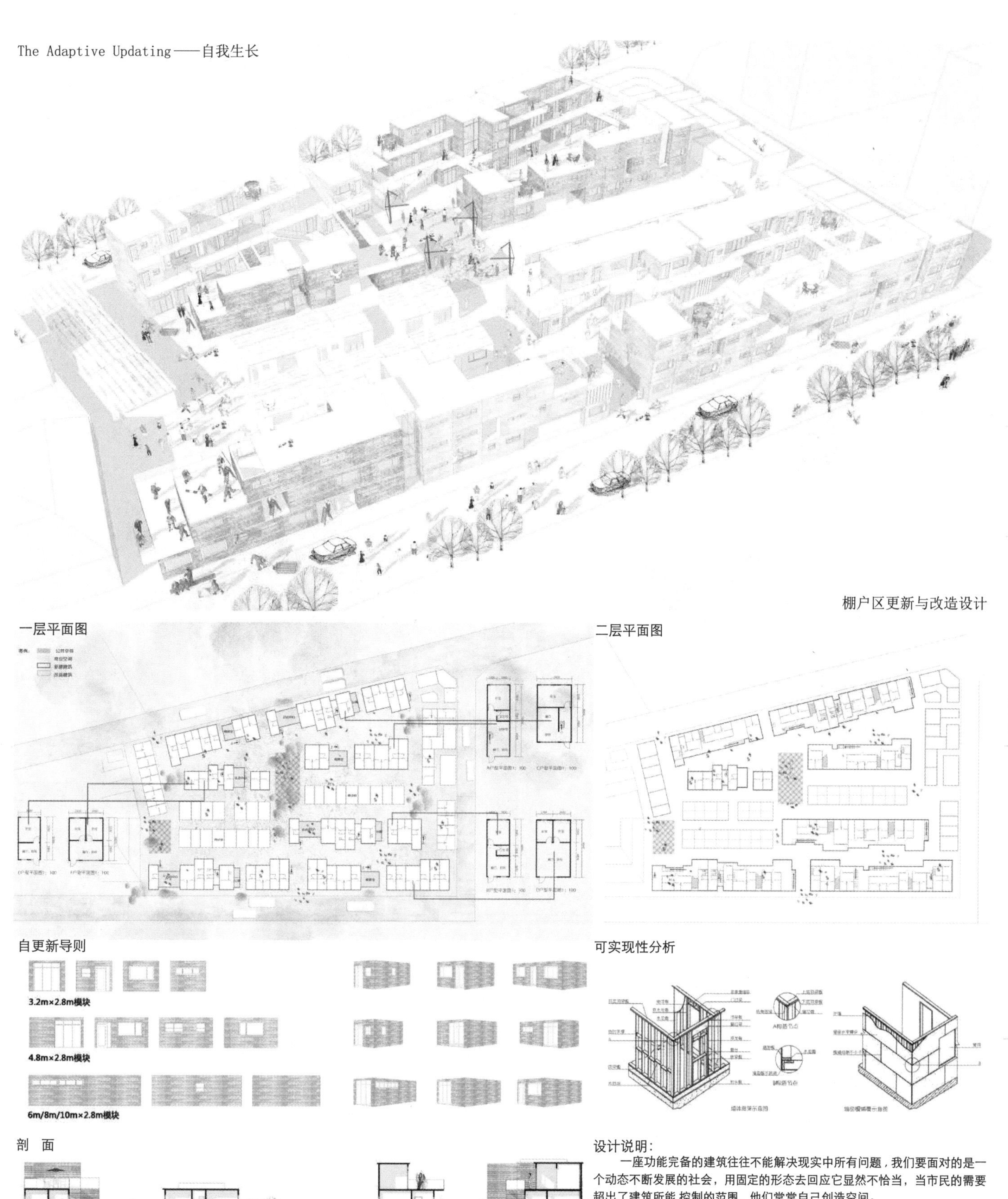

设计说明：

一座功能完备的建筑往往不能解决现实中所有问题，我们要面对的是一个动态不断发展的社会，用固定的形态去回应它显然不恰当，当市民的需要超出了建筑所能 控制的范围，他们常常自己创造空间。

对于棚户区居民来说，这样一个动态的不断生长的微社区正是他们所需要的。建筑可根据简单原则不断发展，在某阶段如当前建筑不能满足居民需求时，它的顶面又形成新地层而开始再一次的生长，以此循环。

立 面

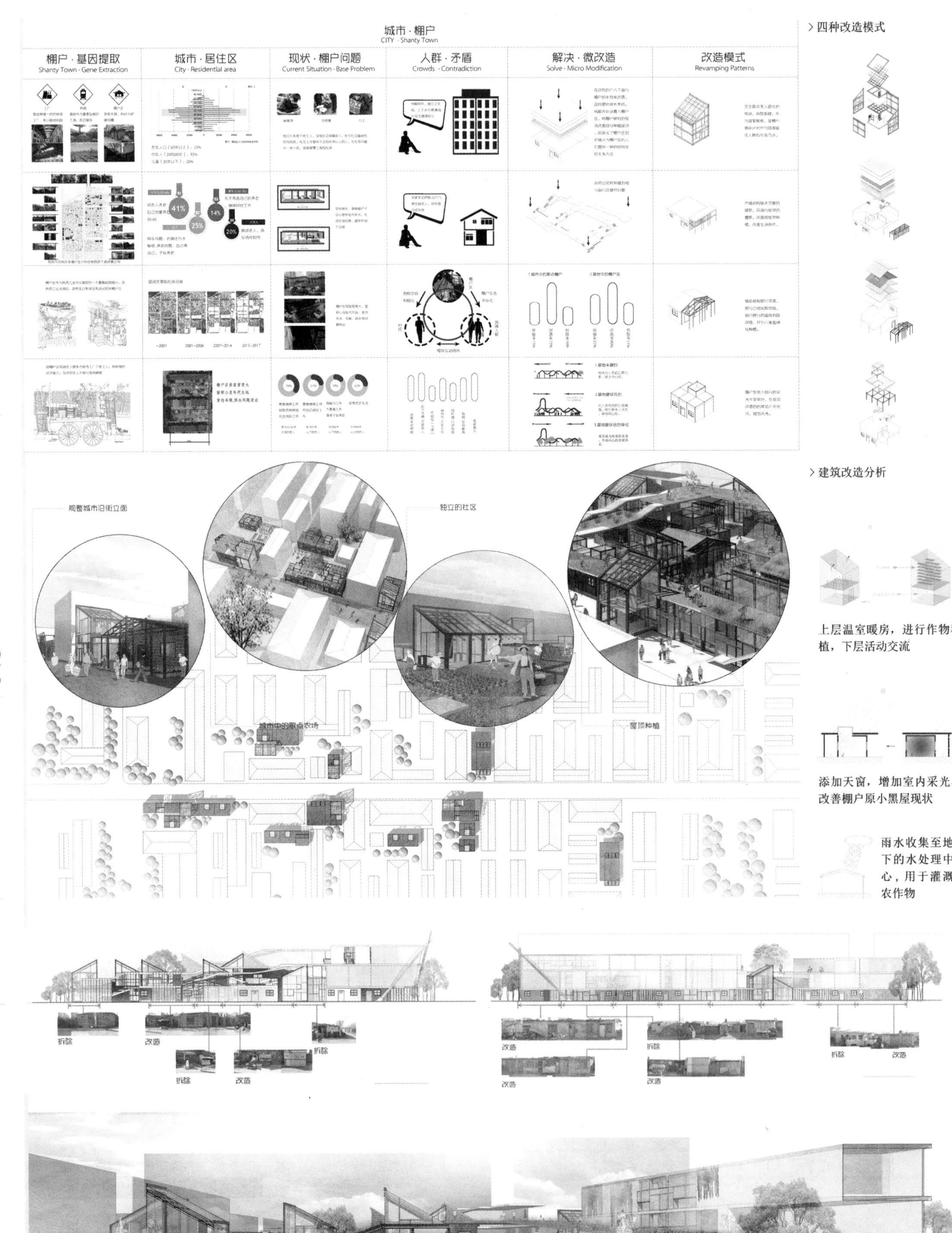

城市 · 棚户
CITY · Shanty Town
棚户 · 基因提取
Shanty Town · Gene Extraction
城市 · 居住区
City · Residential area
现状 · 棚户问题
Current Situation · Base Problem
人群 · 矛盾
Crowds · Contradiction
解决 · 微改造
Solve · Micro Modification
改造模式
Revamping Patterns
41%
25%
14%
20%
~2001
2001~2006
2007~2014
2015~2017
> 四种改造模式
> 建筑改造分析
观察城市沿街立面
独立的社区
城市中的散点农场
屋顶种植
上层温室暖房，进行作物种植，下层活动交流
添加天窗，增加室内采光，改善棚户原小黑屋现状
雨水收集至地下的水处理中心，用于灌溉农作物
拆除
改造
拆除
拆除
改造
改造
拆除
改造
拆除
改造
改造
改造

ADAPTIVE UPDATING-- 都市田园 -- 棚户区更新与改造

设计说明：

艳粉街作为铁西工业三大基因之一，由于铁西工业的逐渐没落，致使其发展成为一块弊病一棚户区，且政府无过多资金回迁。

本设计旨在引入屋顶种植来改造棚户区的居住状态，使其成为一个完整独立的社区，为其居住的人们提供一种生活方式，自给自足，在满足自己生活需求的同时增加额外收入。因棚户区的居住形态，使其居民保持了互帮互助，和谐友善，邻里关系亲密。

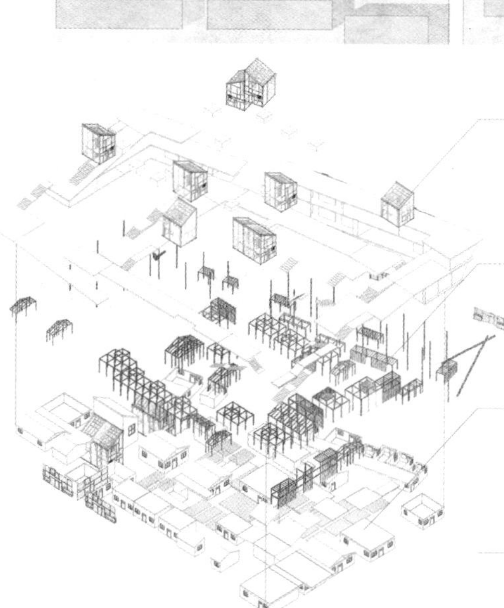

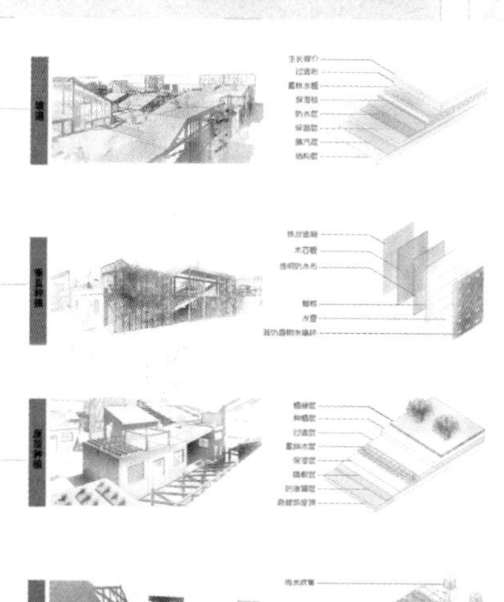

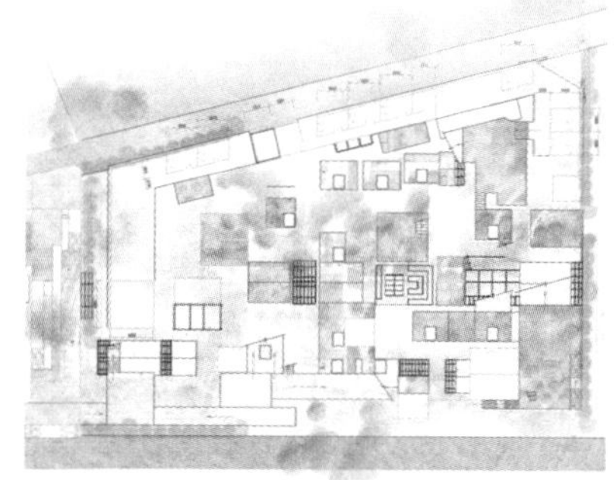

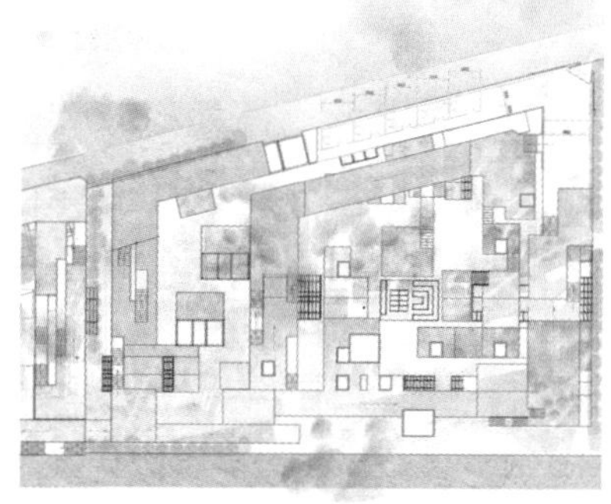

铁西+卫工明渠更新改造设计

沈阳建筑大学
设计：王文涛/白书铭/王梦茹
指导：黄勇/李勇/付瑶/孙洪涛

铸造博物馆

红梅味精厂

建设大路

工人文化宫

工人村类住宅

劳动公园

仙女湖公园

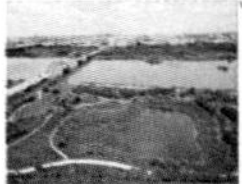

1. 背景篇
1.1 沈阳城市水域历史解读

1. 背景篇
1.2 卫工明渠历史沿革

1. 背景篇
1.4 卫工明渠改造参考实例

1. 背景篇
1.3 卫工明渠污染问题

1. 背景篇
1.5 卫工明渠现状及问题

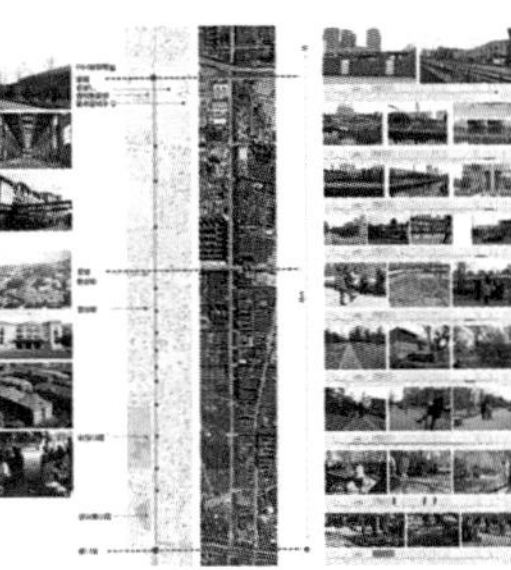

1. 背景篇
1.5 卫工明渠现状及问题

土地利用空间结构2010　区位路网分析　建筑年代分布2012

3. 策略篇
3.1 开放空间设计

露天电影院　自助农耕　步行广场　儿童戏水池

2. 规划篇
2.1 连接——加强明渠东西两侧可达性
激活明渠南北边界

南北高架绿色连廊　节点空间放大

3. 策略篇
3.3 工业节点

2. 规划篇
2.3 生态修复

2. 规划篇
2.2 活动策划

工业展示　生活体验　休闲景观

3. 策略篇
3.2 生态河床修复

2. 规划篇
2.4 市政设施优化

评语：

此方案选取铁西中一条重要的人工运河为切入点，对明渠的历史及现状经行了仔细的收集与调研，在此基础上提出了更新改造设计方案。三位同学分别从三个不同的节点选取出文化、生活、未来三个单体建筑经行深化设计。

一同学仅仅抓住场地中的十字基因这一特殊性来深化表达。二同学通过对红梅味精厂的改造来为周围社区提供服务。三同学通过一个地下的建筑形式来回应文化宫的历史性

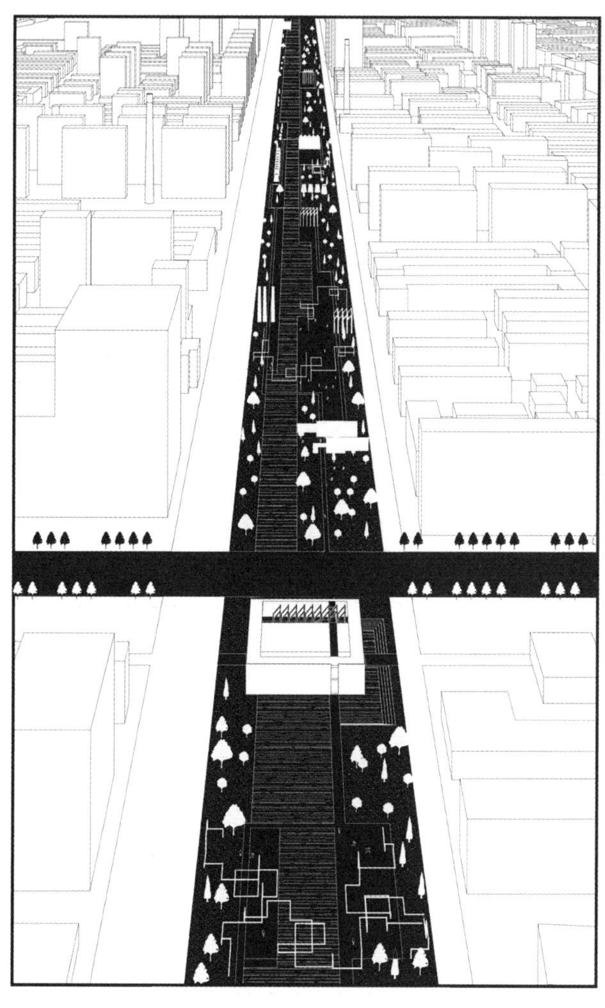

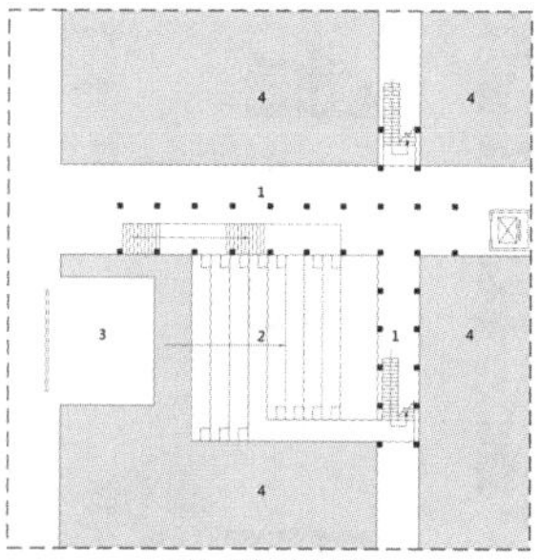

1 连桥 2 看台 3 水面 4 舞台

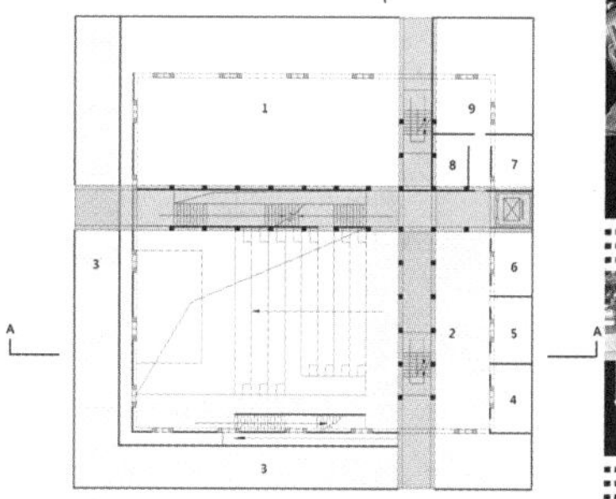

1 室内展厅 2 半室外展厅 3 展廊 4 男厕 5 女厕 6 服务 7 办公 8 办公 9 仓库

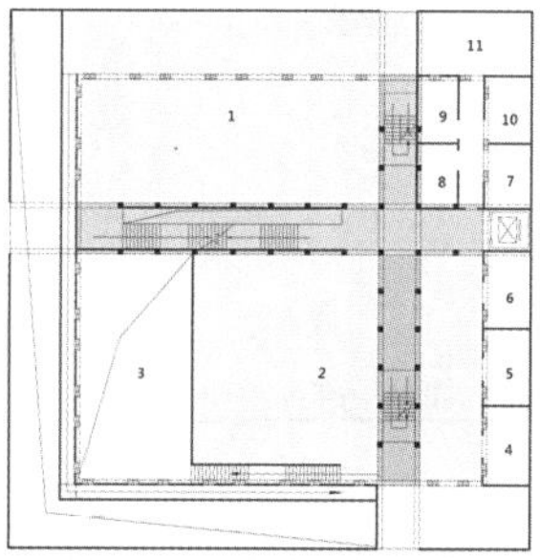

1 2 室内展厅 3 上空 4 男厕 5 女厕 6 服务 7 办公 8 9 10 办公 11 会议

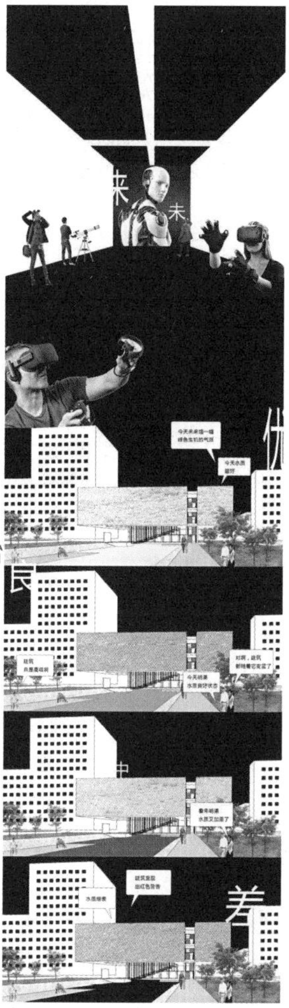

+ 未来 +

铁西未来工业与生活体验馆设计

基因，可分为物质基因和精神基因。精神基因顾名思意：铁西区的集体主义，奉献精神，劳模精神等等，而物质基因顾名思义则是那些铁西区工厂，工人村，河道，街区，等等。在沈阳铁西区的历史发展中，建设大路和卫工明渠扮演不可替代的组织基因角色。前者的划分出了铁西区很明显的南宅北厂，是工人们生活和工作的分界线。后者则是划分出了铁西区东新西旧的区域风貌。一条河与一条街十字交叉，烙下了深深的铁西基因痕迹。我的设计基于此。选址于它们十字交叉点上。发掘场地的设计条件，将十字基因套路整合，成为我设计最主要的逻辑依据。它不仅仅是我们卫工明渠上的一个旅游观光重要的一个节点，同时也是建设大路上一个街道标志性。在十字交叉点上建筑它承载的不仅仅满足功能需求，更重要的是它有着独特的纪念性和隐喻性

十字交叉基因，在设计中不仅仅扮演着建筑的结构基础，它还是渗透到建筑的每处，建筑的南北东西向的交通空间，依据十字交叉基因划分出建筑的空间格局。在结构造型方面，设计试图再次发掘铁西区基因要素，以铁西区最为代表性的重型机械厂厂房结构形式为依据，对它进行设计变形，成为建筑的十字结构形式。关于功能：结合城市设计中，卫工明渠空间节奏、和建设大路空间格局。提出未来工业和生活体验展览中心，显示我在科技下铁西区数字网络工业发展和新的工业生活方式。站在纪念性的位置瞻仰未来

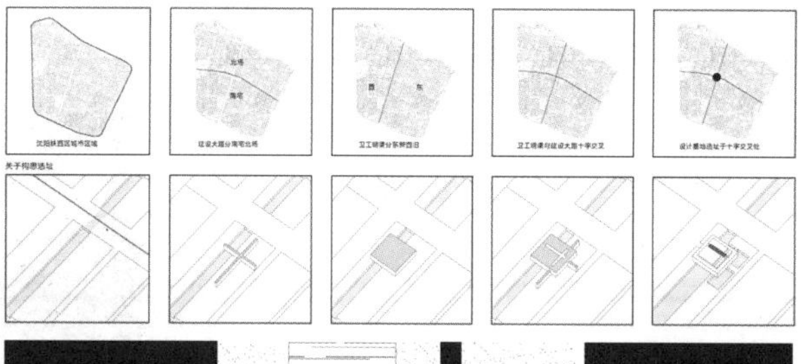

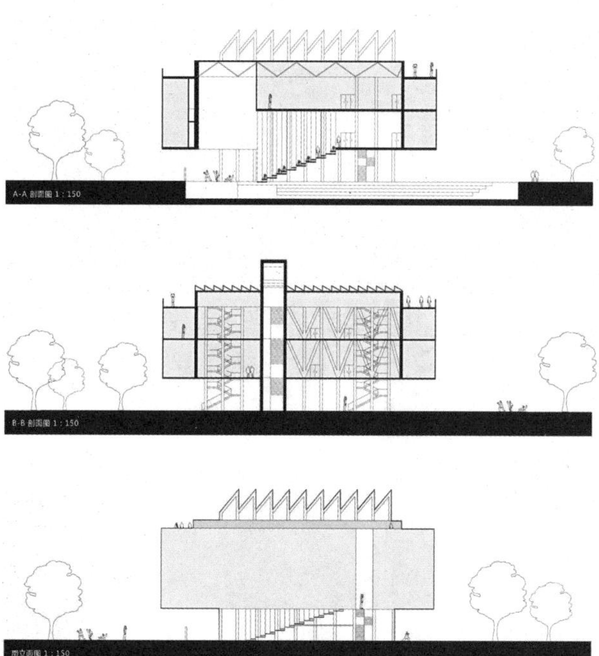

A-A 剖面图 1：150

B-B 剖面图 1：150

南立面图 1：150

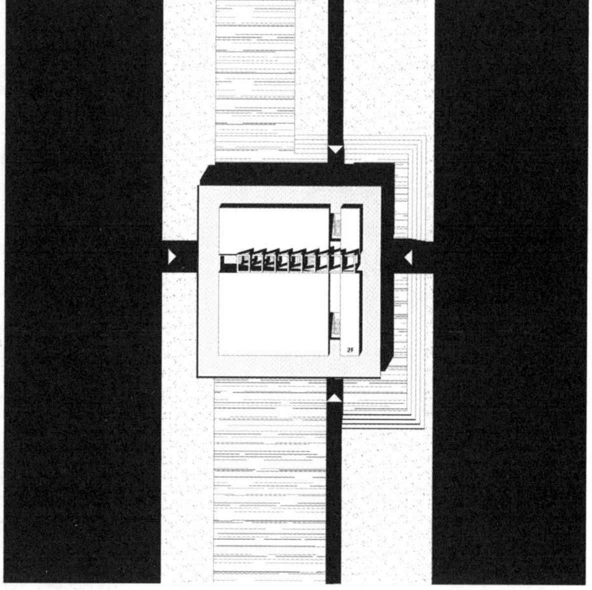

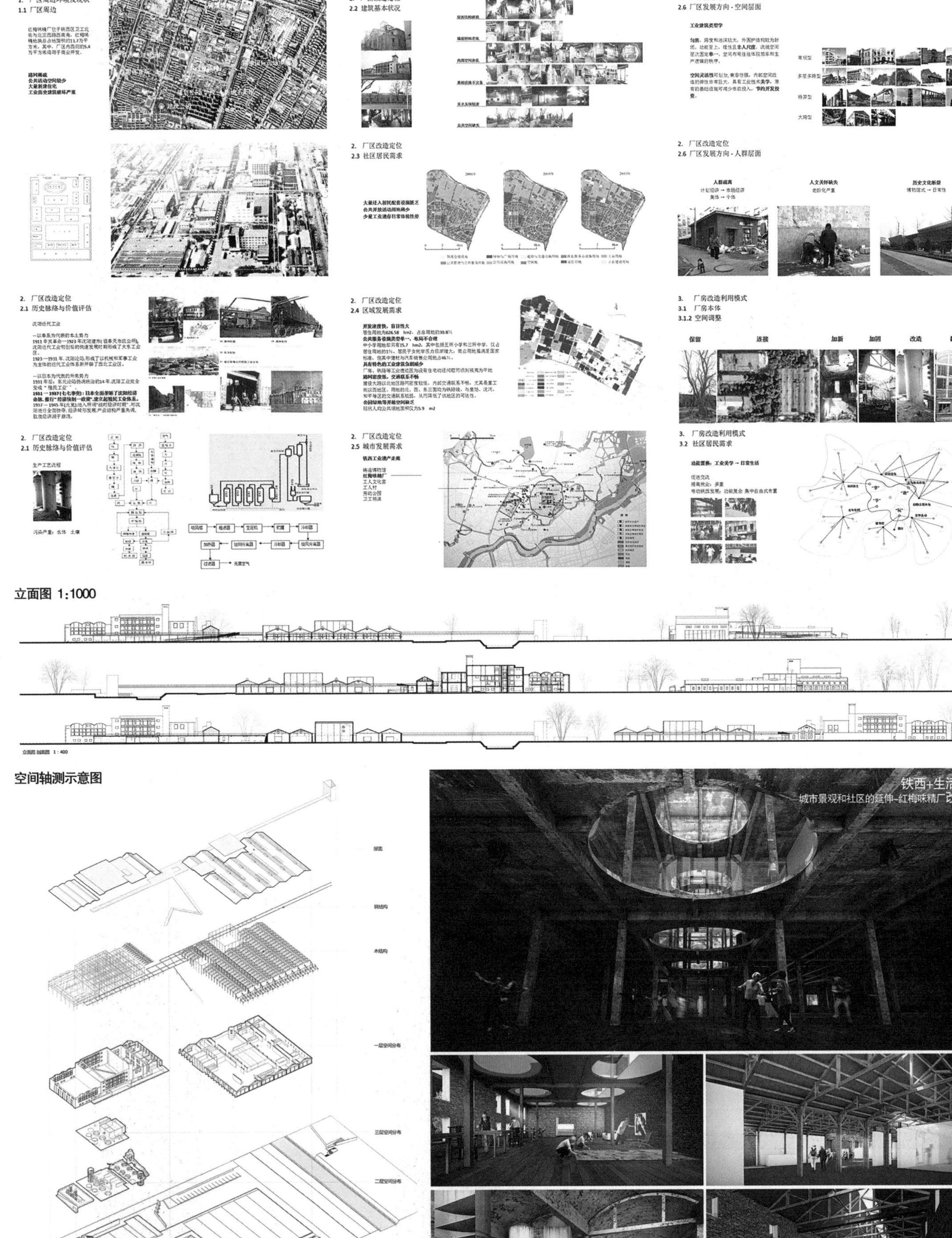
1. 厂区周边环境及现状
1.1 厂区周边
2. 厂区改造定位
2.2 建筑基本状况
2. 厂区改造定位
2.6 厂区发展方向-空间层面
2. 厂区改造定位
2.3 社区居民需求
2. 厂区改造定位
2.6 厂区发展方向-人群层面
2. 厂区改造定位
2.1 历史脉络与价值评估
2. 厂区改造定位
2.4 区域发展需求
3. 厂房改造利用模式
3.1 厂房本体
3.1.2 空间调整
保留
连接
加新
加固
改造
翻新
2. 厂区改造定位
2.1 历史脉络与价值评估
2. 厂区改造定位
2.5 城市发展需求
3. 厂房改造利用模式
3.2 社区居民需求
立面图 1:1000
空间轴测示意图
铁西+生活馆
城市景观和社区的延伸-红梅味精厂改造

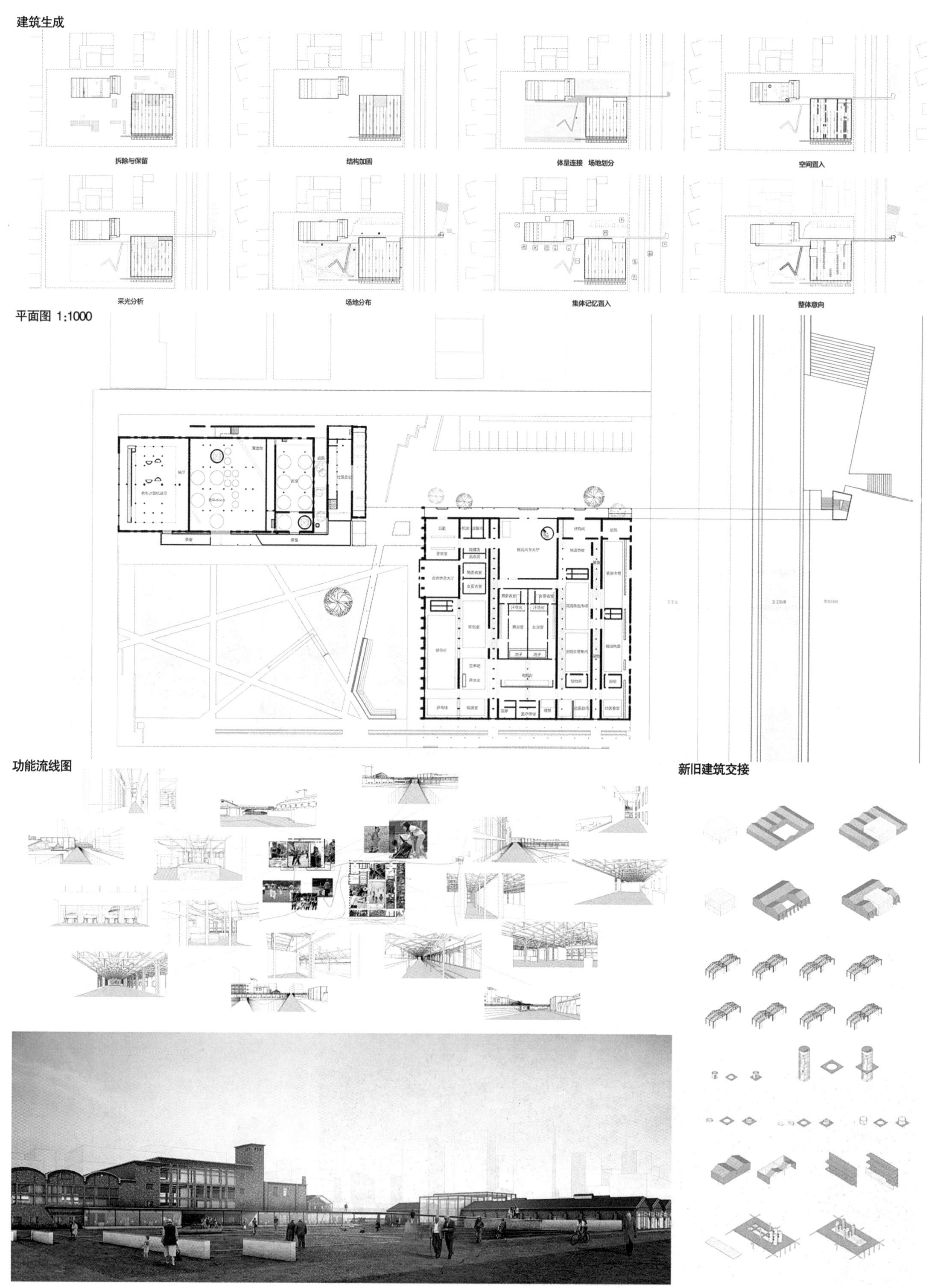

建筑生成
拆除与保留
结构加固
体量连接 场地划分
空间置入
采光分析
场地分布
集体记忆置入
整体意向
平面图 1:1000
功能流线图
新旧建筑交接

当代城市的现实是介于保护和拆除两极之间，并在这一不确定的界面上，在于历史和现实矛盾的对峙中不断更新再生。

文化宫被政府及文化局界定成受保护的不可移动文物。保护的公共目标可以按其发展阶段归结为三点，1. 启示，旨在保存于个人和事件相关的地点，是国家和地方史叙事中的重要组成部分。2. 是保护包含个体美学价值的建筑物或构成的某种历史风格的典范。3. 是最近兴起的，也是罗丝最为重视的一个方向，是为社区成员提供一个可识别、表达、建立邻里认同以及共同决定该地区新建筑该如何发展的框架。当然，这几个目标没有一个是可以简单界定的，尤其是最后一个 --- 因为历史保护不可能为过去提供一个清晰而无异议的画面供世人参考。

根据保护的分类，文化宫保护的意义在于以上的第二点和第三点，其一，它保留了苏联入侵时留下的俄式建筑，保护了殖民时期的建筑物，是一种包含个体美学价值的建筑物。其二，从文化宫的位置以及功能上考虑，它位于铁西大划分的南宅北厂的南宅区域，两面临居住小区，一面是职工文化中心，另一面临卫工明渠水系，与人流聚集地最密集的劳动公园只相距 10min 的路程，因此它是一个能够提供建立邻里认同关系，并且是一个可识别、表达的建筑物。

问题发现

人流复杂
交通复杂
老人活动空间有限
景观缺陷
文化活动消极
铸造物利用不当

经济技术指标：
用地面积：63400 ㎡
新建筑面积：5370 ㎡
旧建筑面积：12600 ㎡
容积率：0.28
绿地率：78%

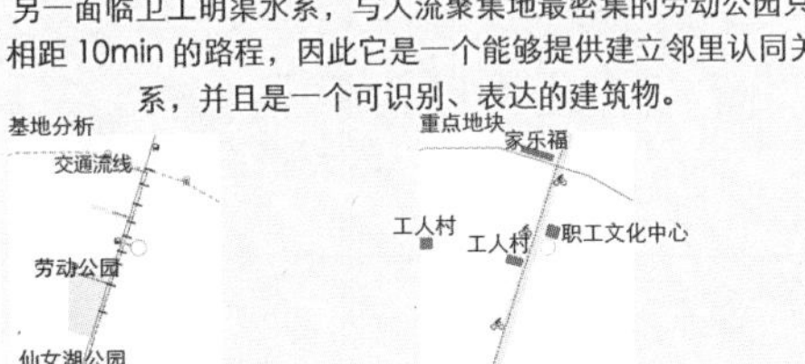

基地周围的交通系统包括地铁，公交，文化宫所处位置位于建设大路以南的中间部位。南部的绿化主要包括仙女湖公园、劳动公园和三个东西向的条状绿化带，除了文化宫之外没有能够提供人们文化娱乐的场所空间。

基地周围的重点地块主要有工人村，家乐福，职工文化中心，文化宫所处的位置在生活区的中心位置，是一个具有战略性的位置。

基地的周围的人流主要聚集在建设中路的地铁站附近的商圈，卫工街的公交车站，南部的劳动公园等公共场所，文化宫作为夹在中间部分的场地，也应该成为主要人流聚集地。

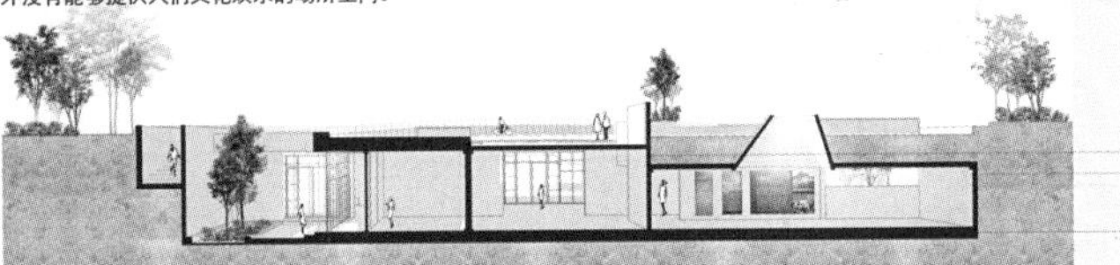

剖面图 1-1

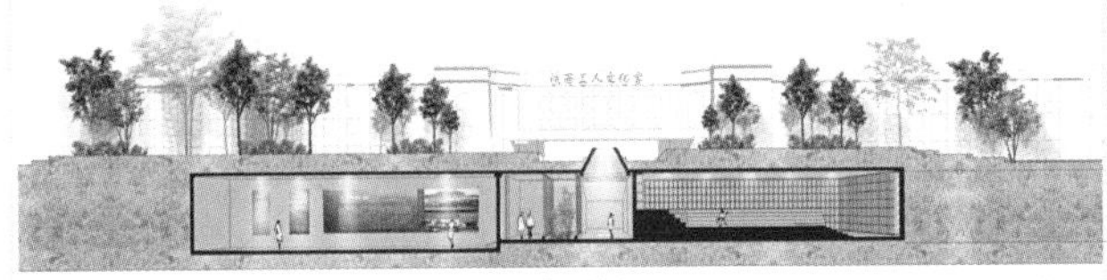

剖面图 2-2

剖面图 3-3

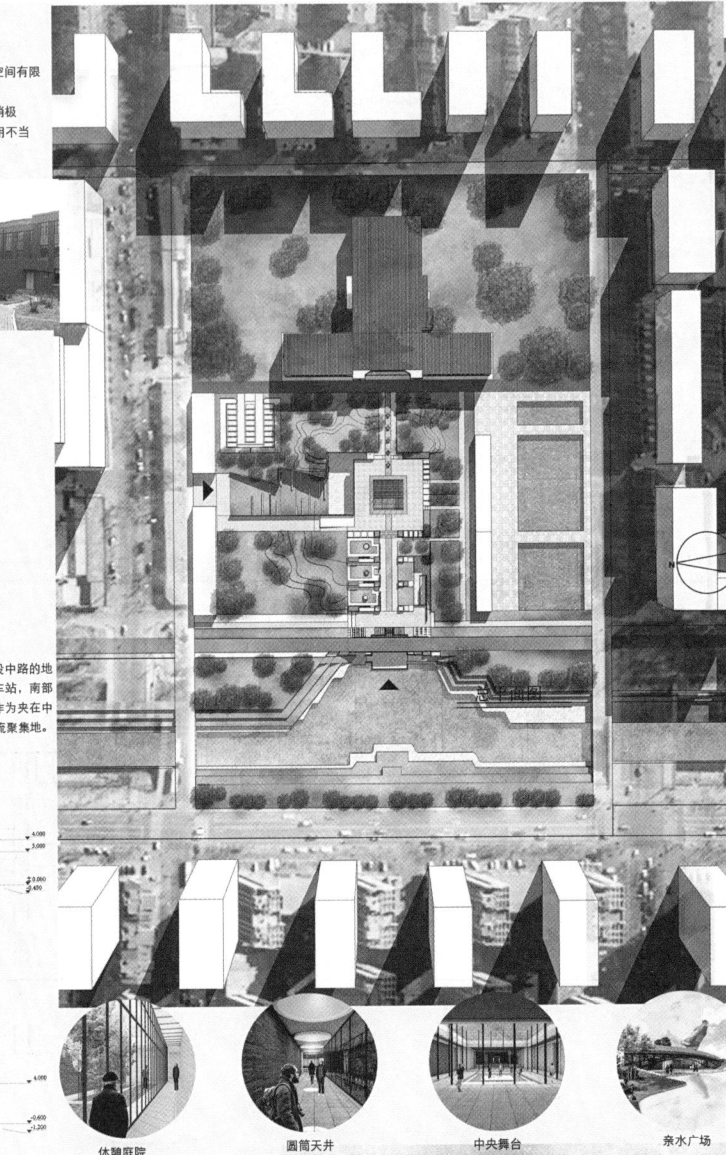

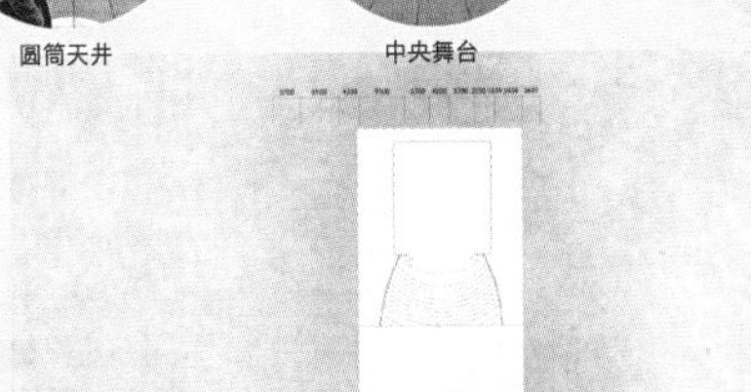

休憩庭院　圆筒天井　中央舞台　亲水广场

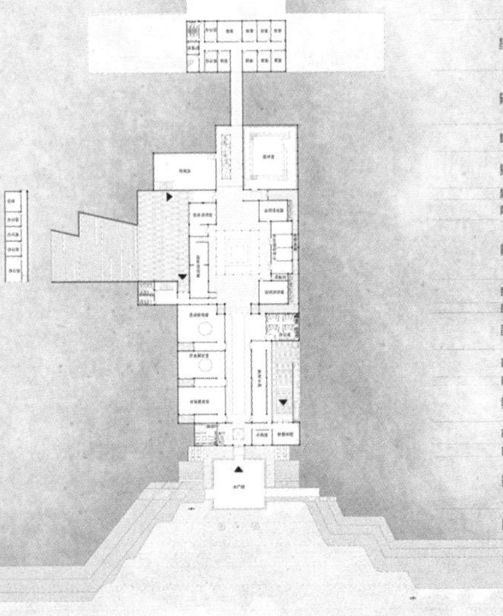

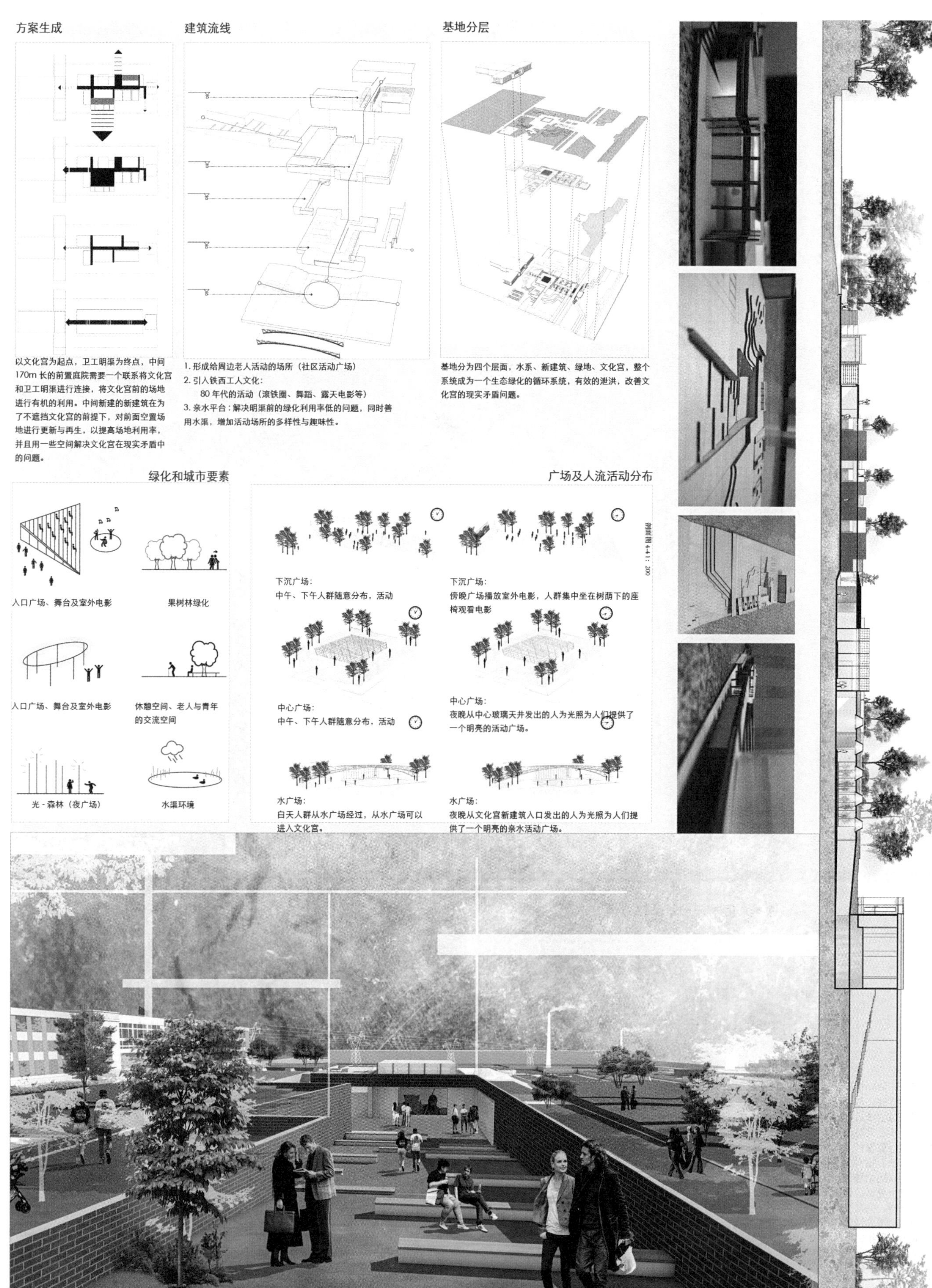
方案生成
建筑流线
基地分层
以文化宫为起点，卫工明渠为终点，中间170m长的前置庭院需要一个联系将文化宫和卫工明渠进行连接，将文化宫前的场地进行有机的利用。中间新建的新建筑在为了不遮挡文化宫的前提下，对前面空置场地进行更新与再生，以提高场地利用率，并且用一些空间解决文化宫在现实矛盾中的问题。
1. 形成给周边老人活动的场所（社区活动广场）
2. 引入铁西工人文化：
80年代的活动（滚铁圈、舞蹈、露天电影等）
3. 亲水平台：解决明渠前的绿化利用率低的问题，同时善用水渠，增加活动场所的多样性与趣味性。
基地分为四个层面，水系、新建筑、绿地、文化宫，整个系统成为一个生态绿化的循环系统，有效的泄洪，改善文化宫的现实矛盾问题。
绿化和城市要素
入口广场、舞台及室外电影
果树林绿化
入口广场、舞台及室外电影
休憩空间、老人与青年的交流空间
光-森林（夜广场）
水渠环境
广场及人流活动分布
剖面图 4-4 1：200
下沉广场：
中午、下午人群随意分布，活动
下沉广场：
傍晚广场播放室外电影，人群集中坐在树荫下的座椅观看电影
中心广场：
中午、下午人群随意分布，活动
中心广场：
夜晚从中心玻璃天井发出的人为光照为人们提供了一个明亮的活动广场。
水广场：
白天人群从水广场经过，从水广场可以进入文化宫。
水广场：
夜晚从文化宫新建筑入口发出的人为光照为人们提供了一个明亮的亲水活动广场。

共享大院 Shared Community

沈阳建筑大学
设计：马海姣/戴坤 刘宇彤/
指导：赵伟峰/李勇/黄勇/付瑶/孙洪涛

01

共享文化村——社区终生教育中心

老年大学 稀缺

创客 稀缺 向和平区偏移

图书馆 稀缺 向和平区偏移

博物馆 稀缺

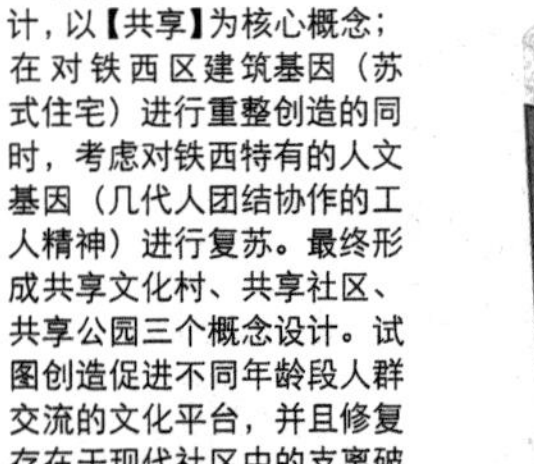

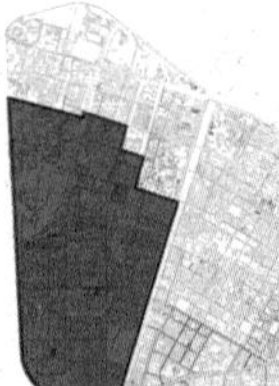

建筑设计是针对住区的设计，通过对上位规划的大致了解，将设计区域定位在铁西区西南部，大致在北二路以南，卫工街以西的区域，该区域现状说明：学校（小、中、高）均质分布，其他文化配套设施稀缺。针对老年人无老年教育基地；针对儿童课外教育设施分布零散，主要为家教复习班；针对中青年无知识扩展设施。博物馆仅铁西生活馆一处，无公共图书资源。建筑选址选在区域的中心位置，对整体区域辐射力度由中心区向区域边界均匀递减，交通便利，可达性较高。依托该区域中的文化单位铁西工人生活馆以及省级历史建筑保护单位铁西区老工人村，东南部紧邻劳动公园，距离大型人员集散场地以及城市绿地较近，人流量丰富，受众面广。

评语：

本次设计依托沈阳铁西区现有的老式红砖房进行设计，以【共享】为核心概念；在对铁西区建筑基因（苏式住宅）进行重整创造的同时，考虑对铁西特有的人文基因（几代人团结协作的工人精神）进行复苏。最终形成共享文化村、共享社区、共享公园三个概念设计。试图创造促进不同年龄段人群交流的文化平台，并且修复存在于现代社区中的支离破碎的邻里关系。

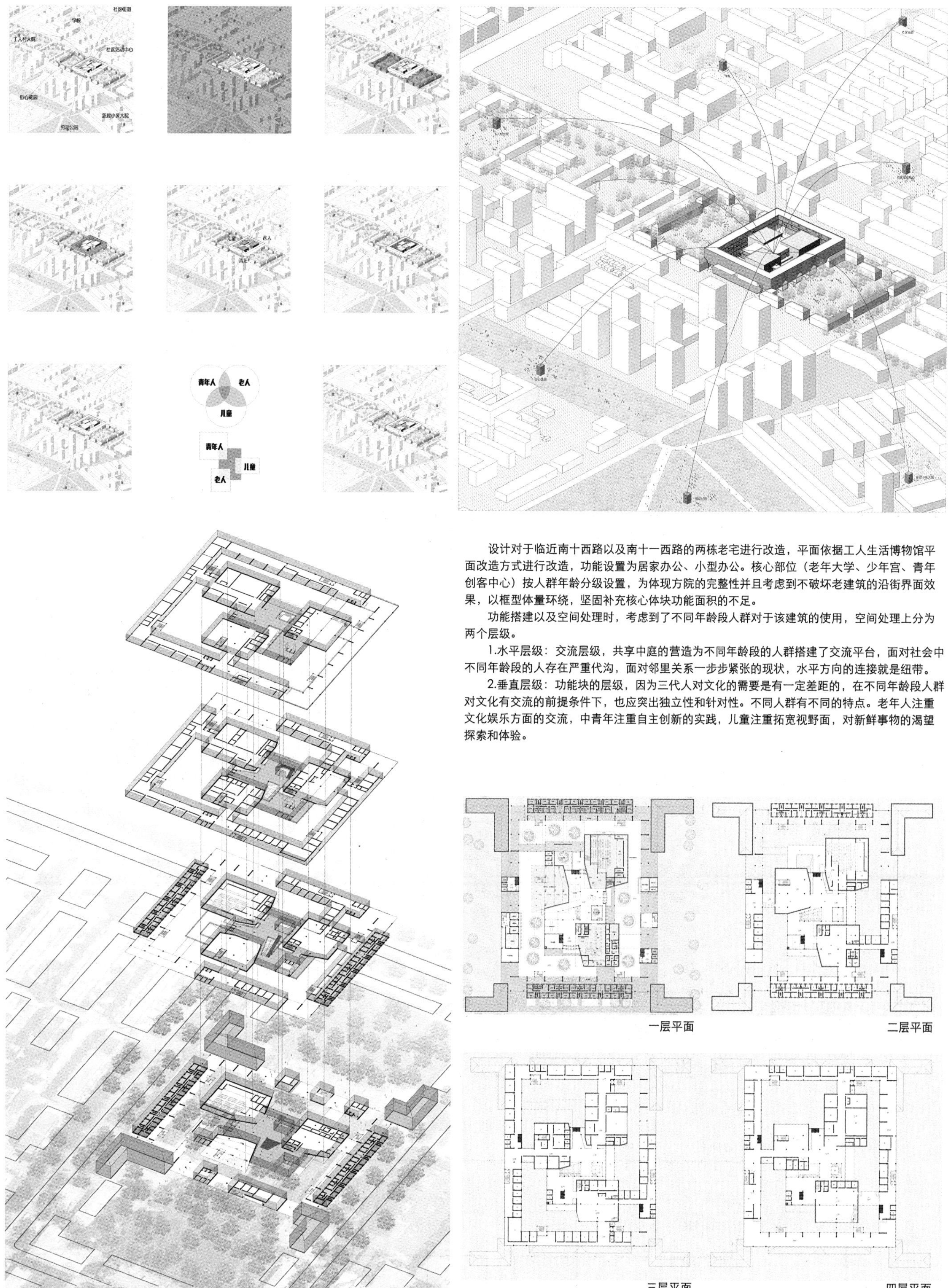

设计对于临近南十西路以及南十一西路的两栋老宅进行改造，平面依据工人生活博物馆平面改造方式进行改造，功能设置为居家办公、小型办公。核心部位（老年大学、少年宫、青年创客中心）按人群年龄分级设置，为体现方院的完整性并且考虑到不破坏老建筑的沿街界面效果，以框型体量环绕，坚固补充核心体块功能面积的不足。

功能搭建以及空间处理时，考虑到了不同年龄段人群对于该建筑的使用，空间处理上分为两个层级。

1.水平层级：交流层级，共享中庭的营造为不同年龄段的人群搭建了交流平台，面对社会中不同年龄段的人存在严重代沟，面对邻里关系一步步紧张的现状，水平方向的连接就是纽带。

2.垂直层级：功能块的层级，因为三代人对文化的需要是有一定差距的，在不同年龄段人群对文化有交流的前提条件下，也应突出独立性和针对性。不同人群有不同的特点。老年人注重文化娱乐方面的交流，中青年注重自主创新的实践，儿童注重拓宽视野面，对新鲜事物的渴望探索和体验。

一层平面　二层平面

三层平面　四层平面

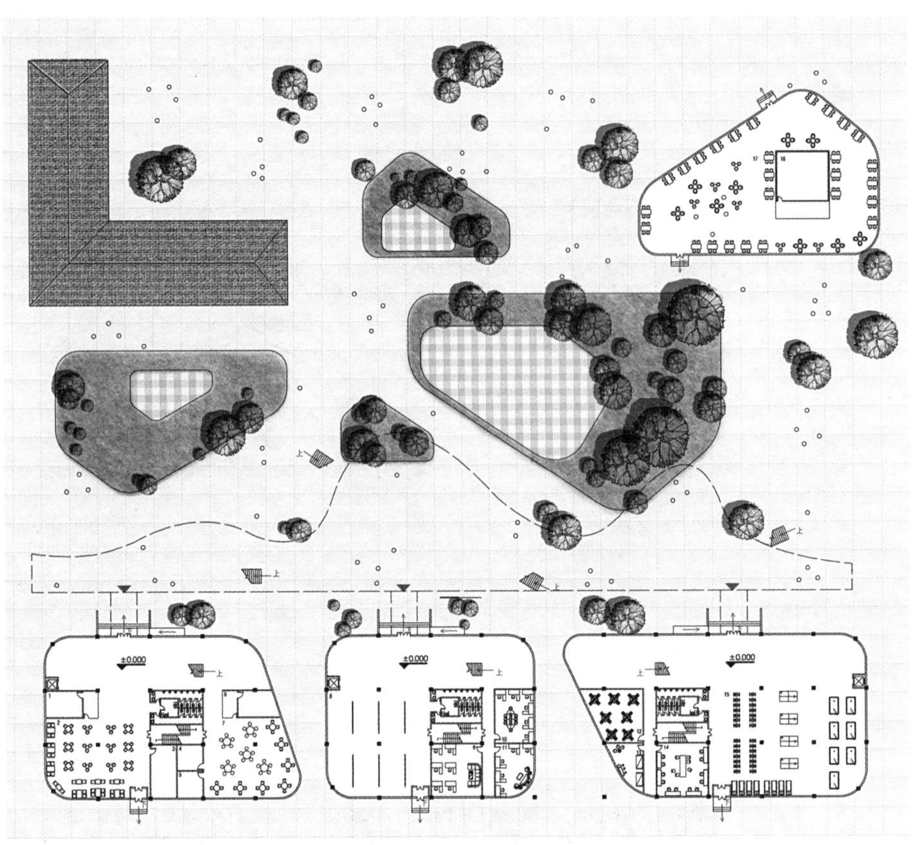

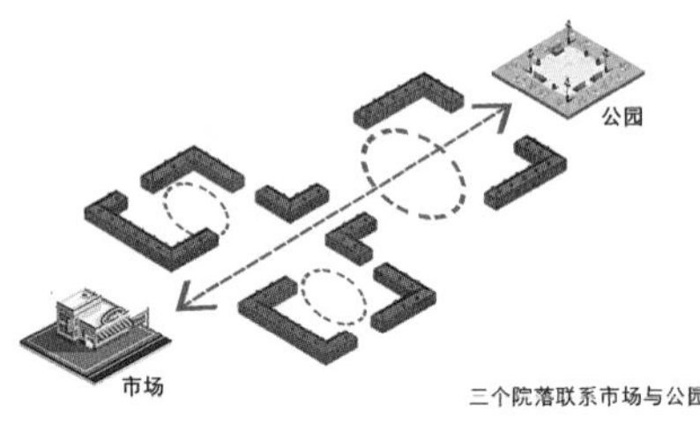

三个院落联系市场与公园

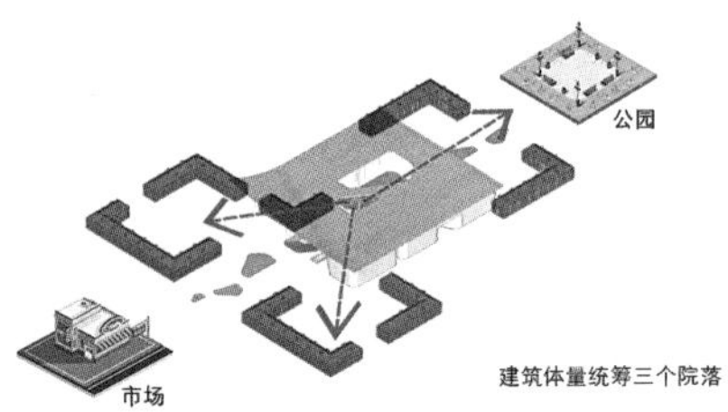

建筑体量统筹三个院落

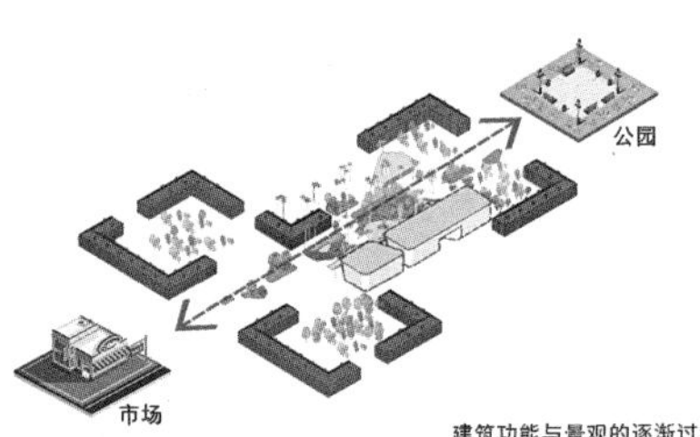

建筑功能与景观的逐渐过渡

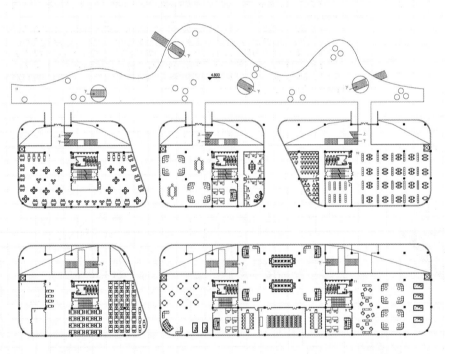

在“共享大院”的总体规划下，本设计整合并营造了三个由红砖房围合出来的院子形成铁西旧时住宅的场所感，并通过设计将位于基地两端的劳动公园与市场一条街联系起来。设计主体部分是一个半室内公园和公共活动建筑，集餐饮，创客工坊，社区公共活动场所为一体。室外景观公园由一个通透的顶界定出范围，作为人们主要的室外活动场地，并利用景观渗透将基地两端的人群向建筑引入，达到人各种人群的相互交流与融合，打破人与人之间的隔阂，最终达到“共享大院”的目的。

笔者从铁西原有工厂家属大院的住宅形式出发，将不同时期各个工厂乱建的家属楼建筑群进行整合，还原五六十年代苏式红砖房建筑群的院落特点，形成三个完整的大院，并自然地在之间形成一条贯穿东西的轴线，形成“一轴三院”的布局模式。在三个院落的中央植入方形体块统筹三个院落，加强三个院落之间的联系和过渡关系。在建筑功能的定位上，笔者在前期调研期间发现，在基地西侧的劳动公园内虽然人流量巨大，但是均呈现出群体分化的状态，即从事某种活动的人聚集在一起与其他人群的交流少之甚少；而位于基地东侧的市场反而能达到各种人群混合的状态。由此可见，具有实质性功能的场所更容易将不同群体紧密联系在一起，因此，笔者将建筑得功能定位于半室外公园和一个活动综合体，在其中赋予青年人使用的创客中心和供老年人和青年人共同使用的公共活动功能，使两者首先被动的同处一个空间下，进而主动观察对方的活动与行为，增进了解，消除隔阂，达到相互促进，相互帮助，最终达到能够完全融入彼此的朋友圈，将铁西老工人的劳动精神融入现在的信息化发展中，继续向前传承下去。

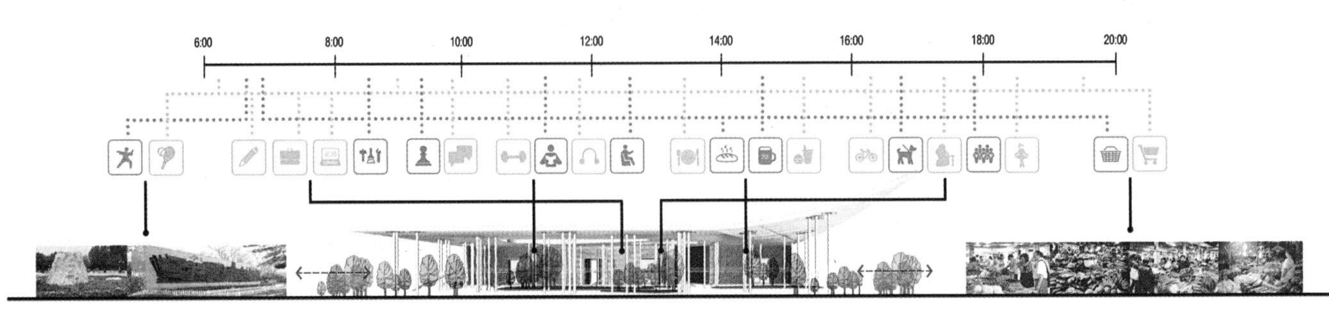

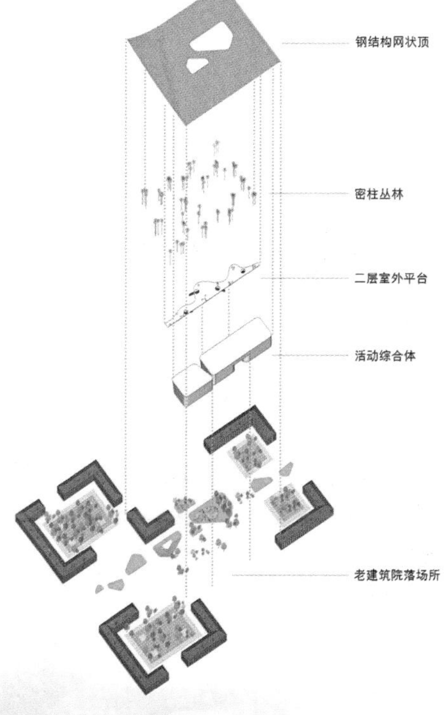

在建筑材料的选择上，考虑到铁西区的老工业基地的重要地位，笔者将这个建筑最重要的要素——顶，处理为钢结构，以突出铁西的工业特点。在建筑单体的处理上采用木格栅的表皮化处理，尽量融入周围的老房房子之中，保持一种谦卑的姿态，做到既不突兀又不妄自菲薄。

三个建筑体块向公园微微倾斜，在室内前部形成一个通高的大空间，加强了室内垂直方向上的交流，二层室外平台的设置增加了室内空间与室外公园的联系。室外公园的各个景观节点也可以提供停留点，为人群的交流创造条件。位于西侧入口处的小舞台以老房子为背景，使人们在观看演出的同时也能与老建筑产生共鸣。

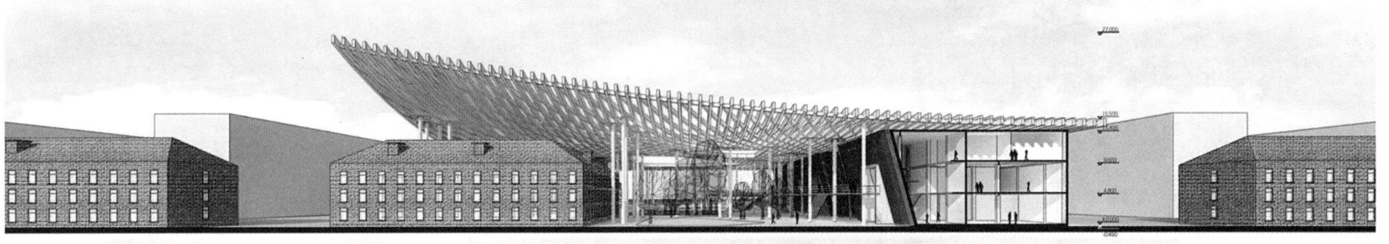

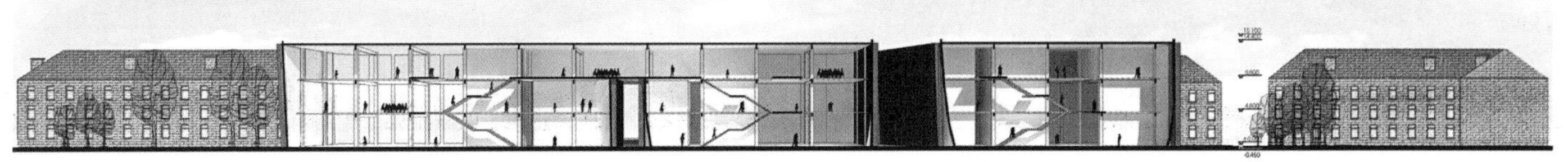

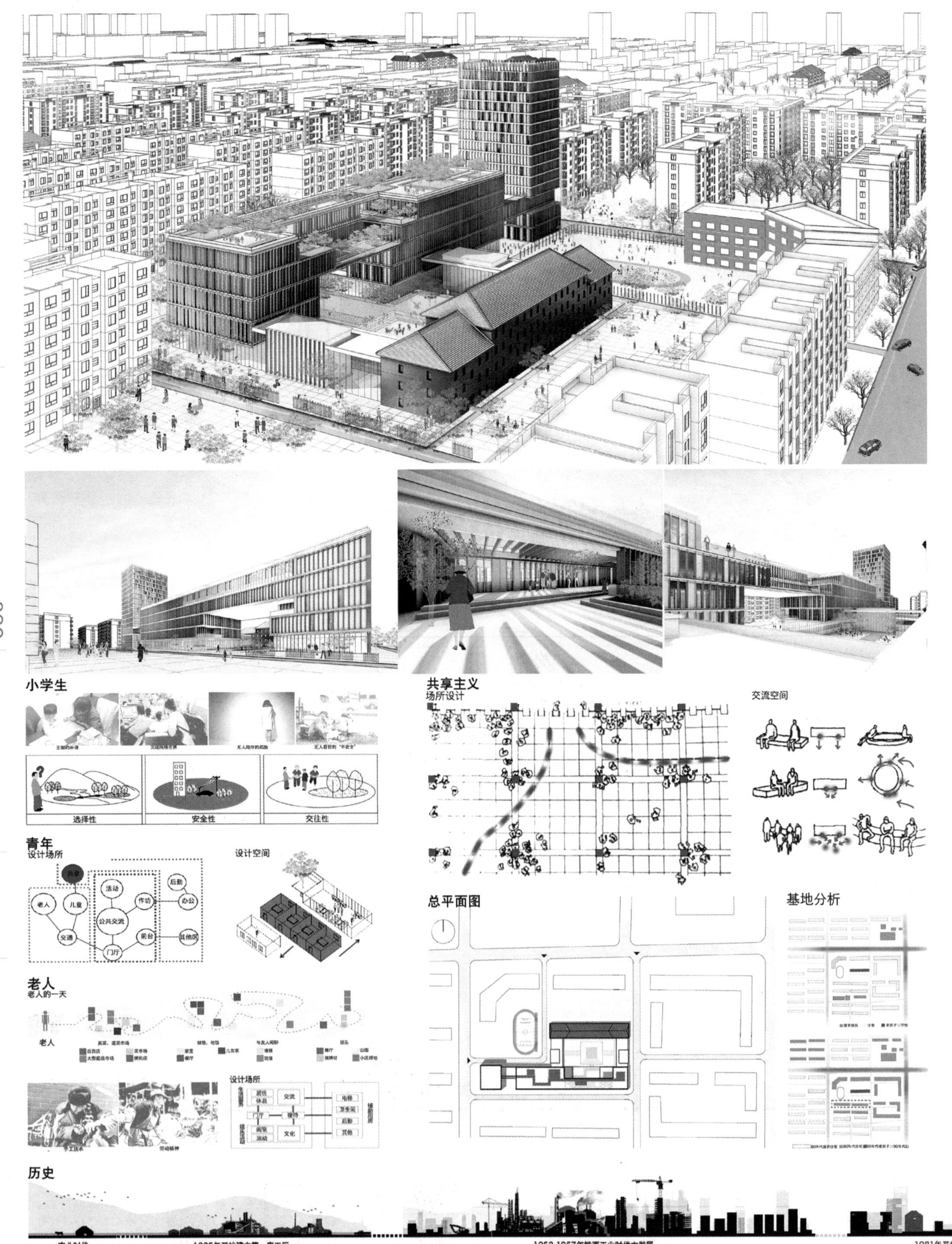

小学生
无人陪伴的孤独
选择性
安全性
交往性
青年
设计场所
共享
老人
儿童
活动
作坊
后勤
办公
公共交流
交通
前台
其他区
门厅
设计空间
老人
老人的一天
老人
儿女家
公园
小区绿地
设计场所
居住
休息
交流
门厅
接待
文化
电梯
卫生间
后勤
其他
劳动精神
共享主义
场所设计
交流空间
总平面图
基地分析
历史
农业时代
1905年开始建立第一座工厂
1952-1957年铁西工业时代大发展
1981年开始走

体块生成

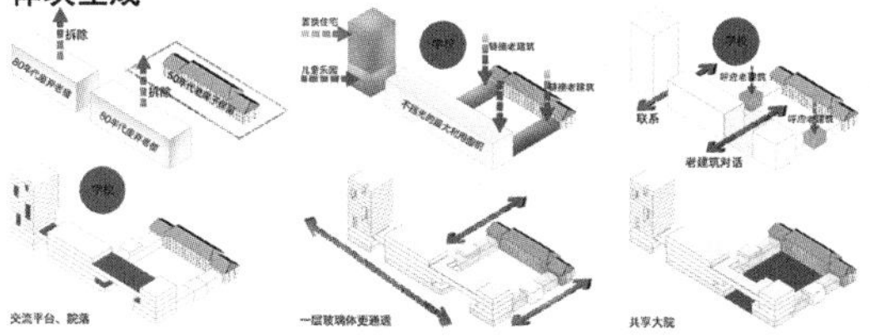

共享大院

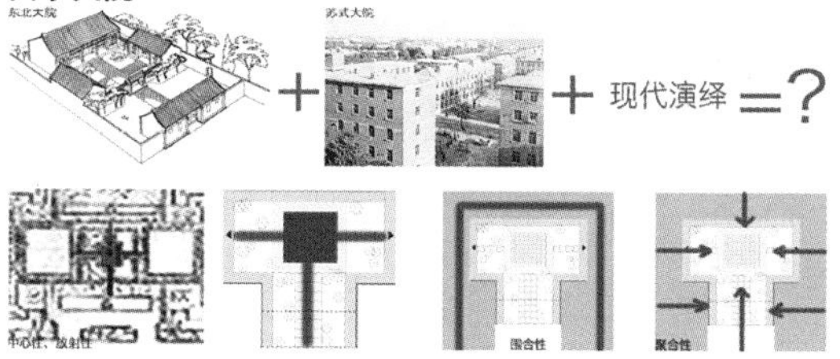

东北大院 + 苏式大院 + 现代演绎 =?

一层平面图

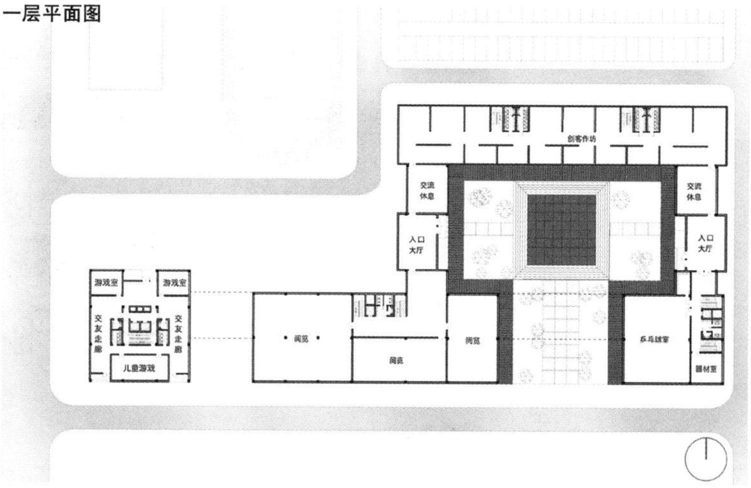

二层平面图

三层平面图

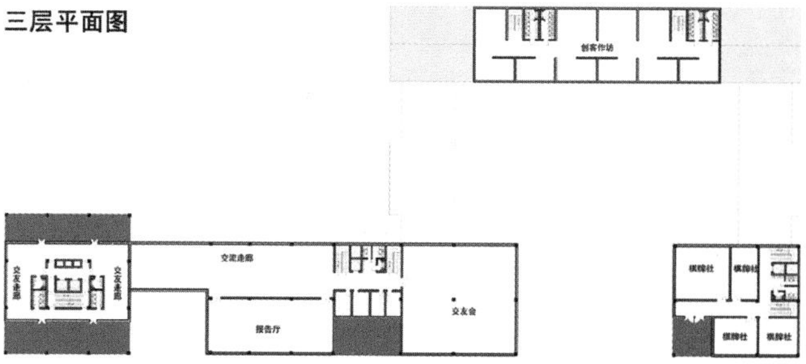

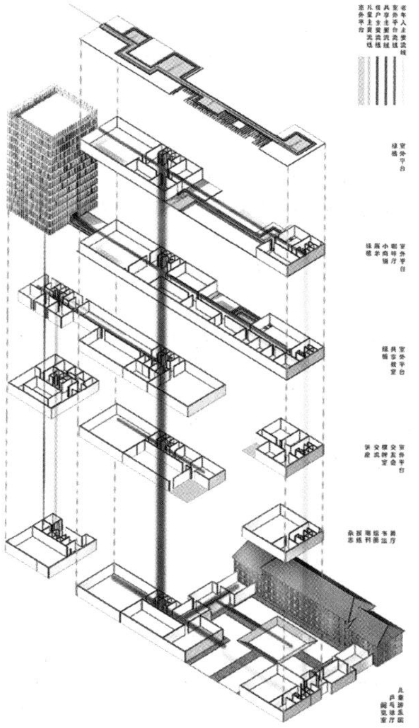

拆分轴测

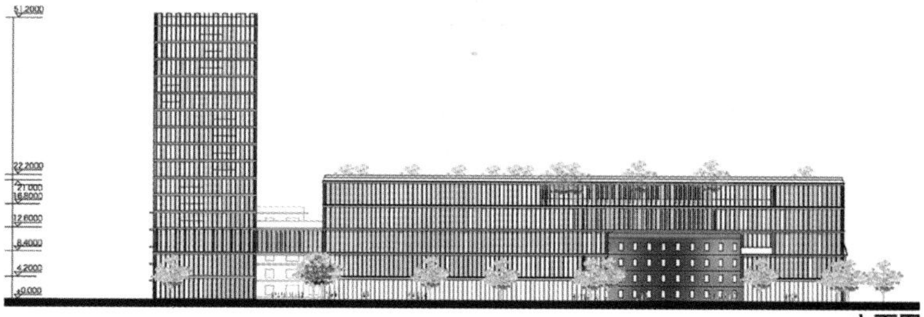

立面图

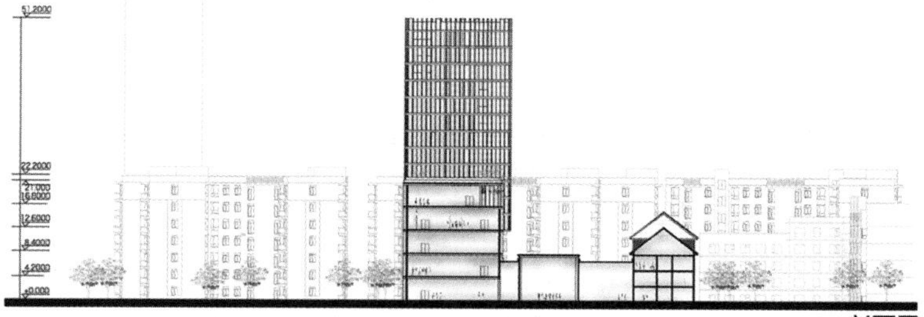

剖面图

未来

向困镜

保留工业基因，共生，共享

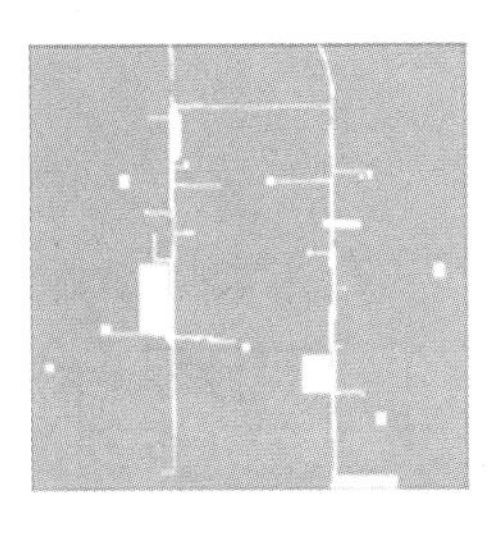

铁路周边消极空间的活化

沈阳建筑大学
设计：王璐／王思维／王芷菲／王夏秋
指导：孙洪涛／李勇／黄勇／赵伟峰／付瑶

设计方法概述：

在解决地铁周围校消极空间的处理上，通过对场地的初步调查和深入分析后，发现了其在序列空间单一，与周围建筑及规划格格不入，场地慌乱无规划，缺少停留空间，交通环境差等多方面的问题。

我们将从大体环境，历史文化，未来需要等方面对空间进行有序设计，通过点，线，面的组合手法完成对空间的重新定义。

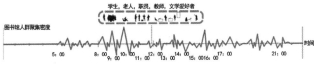

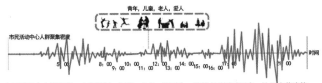

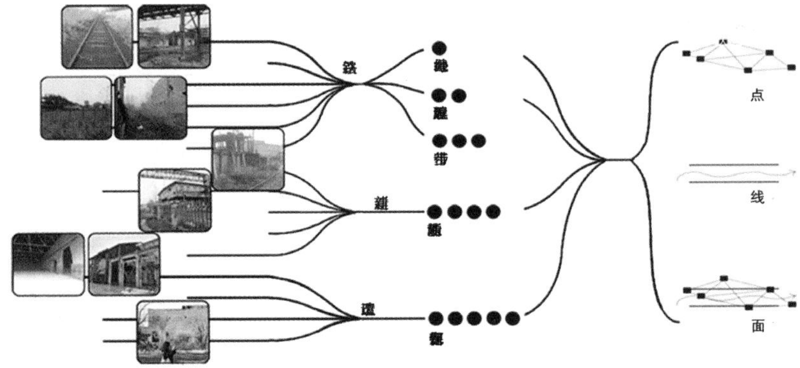
点
线
面

人群密度对比：

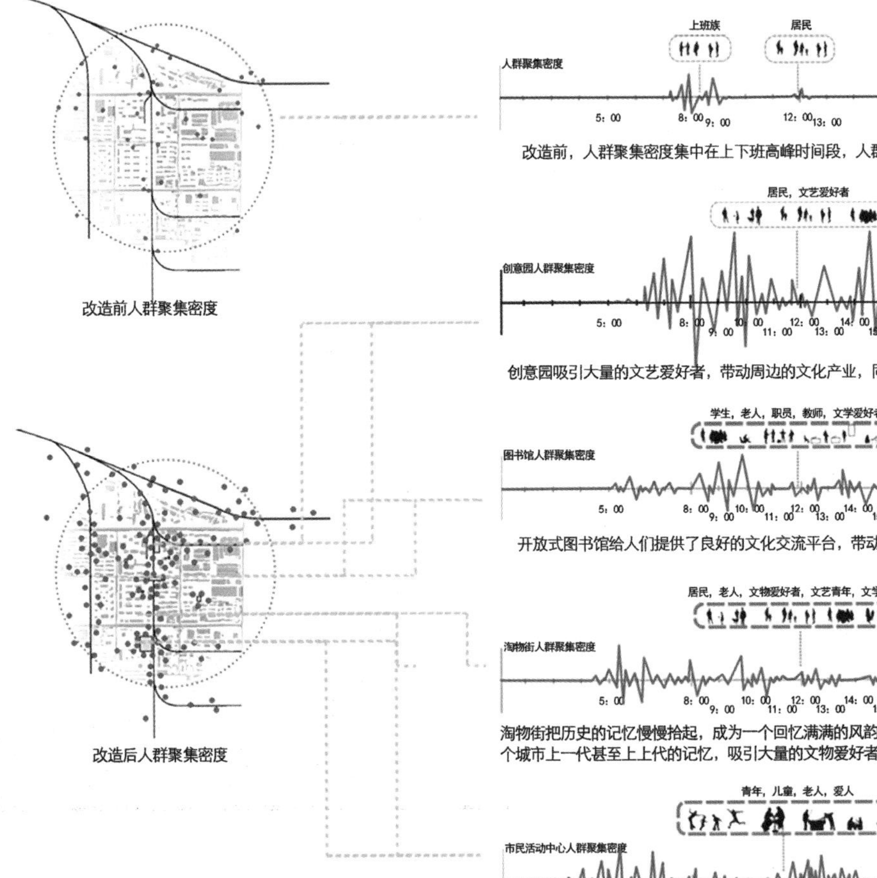
改造前人群聚集密度
改造后人群聚集密度
上班族
居民
上班族，居民
人群聚集密度
时间
改造前，人群聚集密度集中在上下班高峰时间段，人群主要为上班族或附近的居民
居民，文艺爱好者
创意园人群聚集密度
创意园吸引大量的文艺爱好者，带动周边的文化产业，同时促进了商业的发展
学生，老人，职员，教师，文学爱好者
图书馆人群聚集密度
开放式图书馆给人们提供了良好的文化交流平台，带动了周边的文化产业
居民，老人，文物爱好者，文艺青年，文学爱好者
淘物街人群聚集密度
淘物街把历史的记忆慢慢拾起，成为一个回忆满满的风韵街道，人们在这里更多地回忆起这个城市上一代甚至上上代的记忆，吸引大量的文物爱好者，文艺青年
青年，儿童，老人，爱人
市民活动中心人群聚集密度
市民活动中心提供了一个集休闲，娱乐，文化，运动为一体的公共活动平台，让原本荒凉的废弃铁路空间充满了生机和活力

建筑空间体验对比：

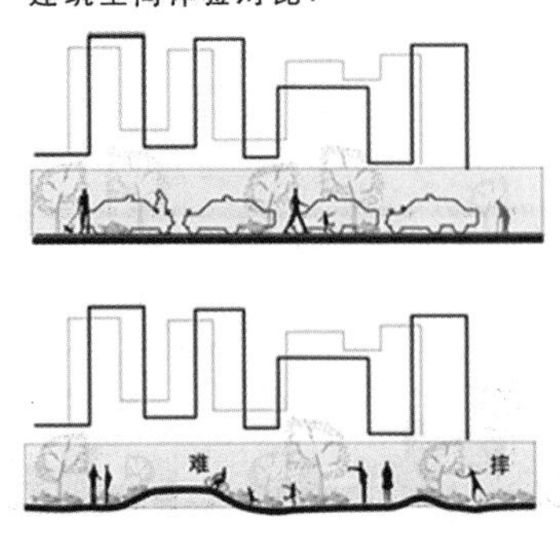
难
排

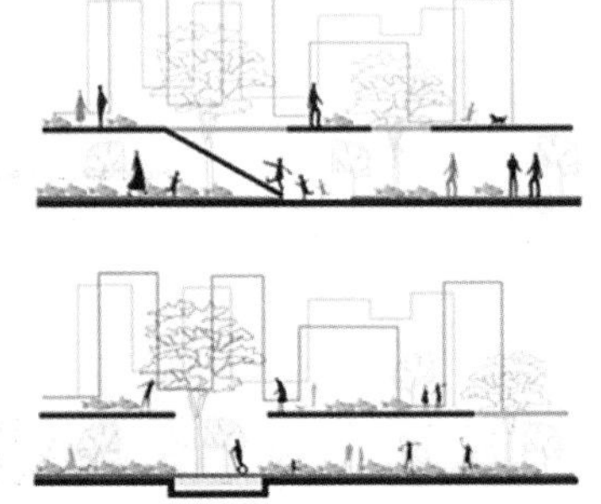

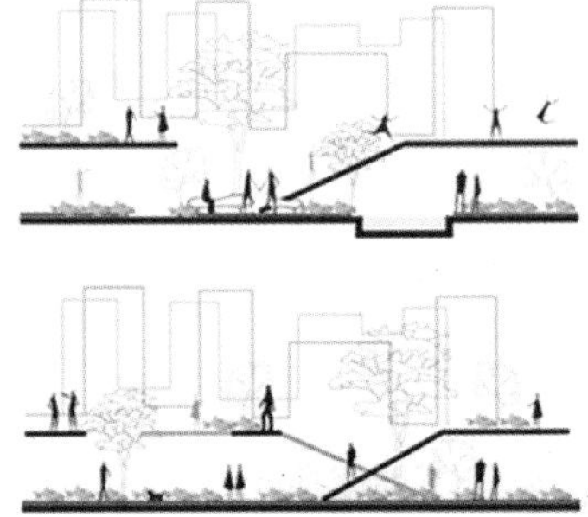

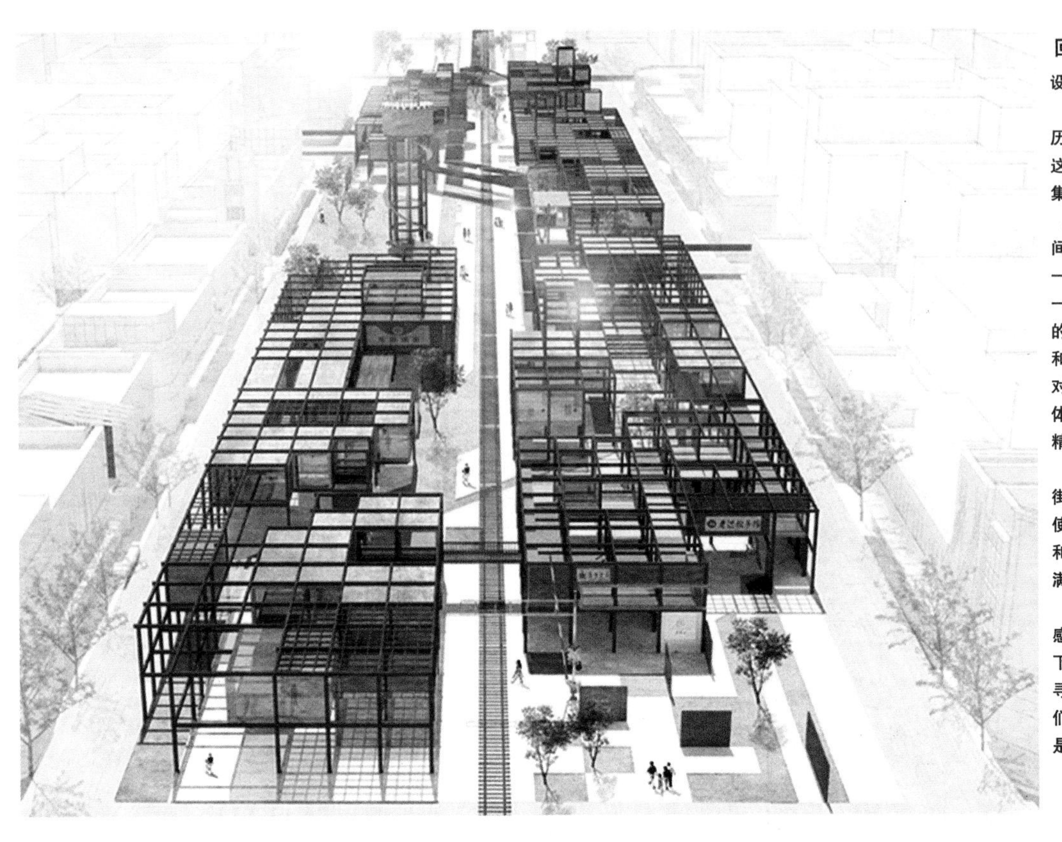

回忆杀——文化淘物街

设计说明：

此次毕业设计基地位于有着悠久工业历史，并有中国长子之称的沈阳市铁西区这片场地根据规划设计将会成为文创产业集合区。

我们以小组的形式对废弃铁路线性空间进行了研究思考及规划，欲将其打造成一条集合文化，休闲，健身，历史展览于一整体的文化景观廊道，而作为此设计中的部分淘物街，它将秉承着融合历史记忆和当代精神的景观商业街，它的主要服务对象为当地居民和一些外来旅游者，在集体主义生活的老工业精神下展现新时代的精神面貌。

这是一条坐落在铁路边上的文化淘物街，建筑错落而自由，装配式的建筑形式使得其施工简单，建造方便，可依据发展和需求而自发发展，立面形式自由而多样满足不同功能的使用要求。

在这里你可以看到遗落的工业痕迹，感受到铁西的热情，在绿色的景观下品着下午茶，聊着天，坐着观光的小火车，淘寻着一些喜欢的小物件亦可以与老手艺人们来一次精神的碰撞，找寻自由的灵感，是欢乐的聚集地。

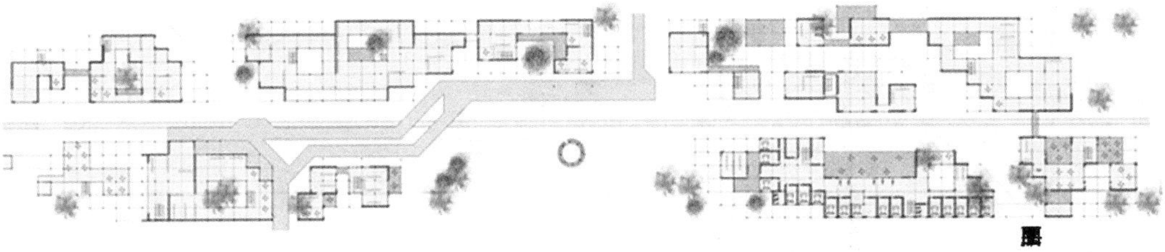

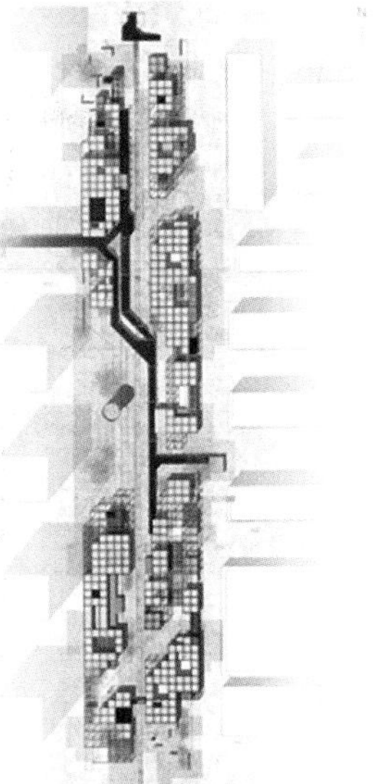

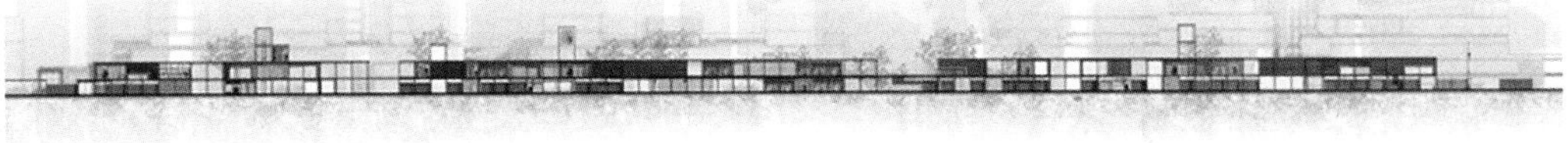

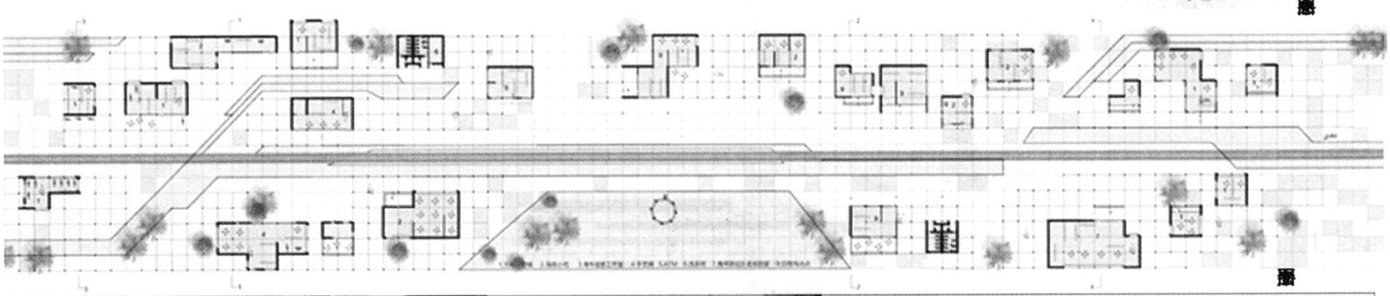

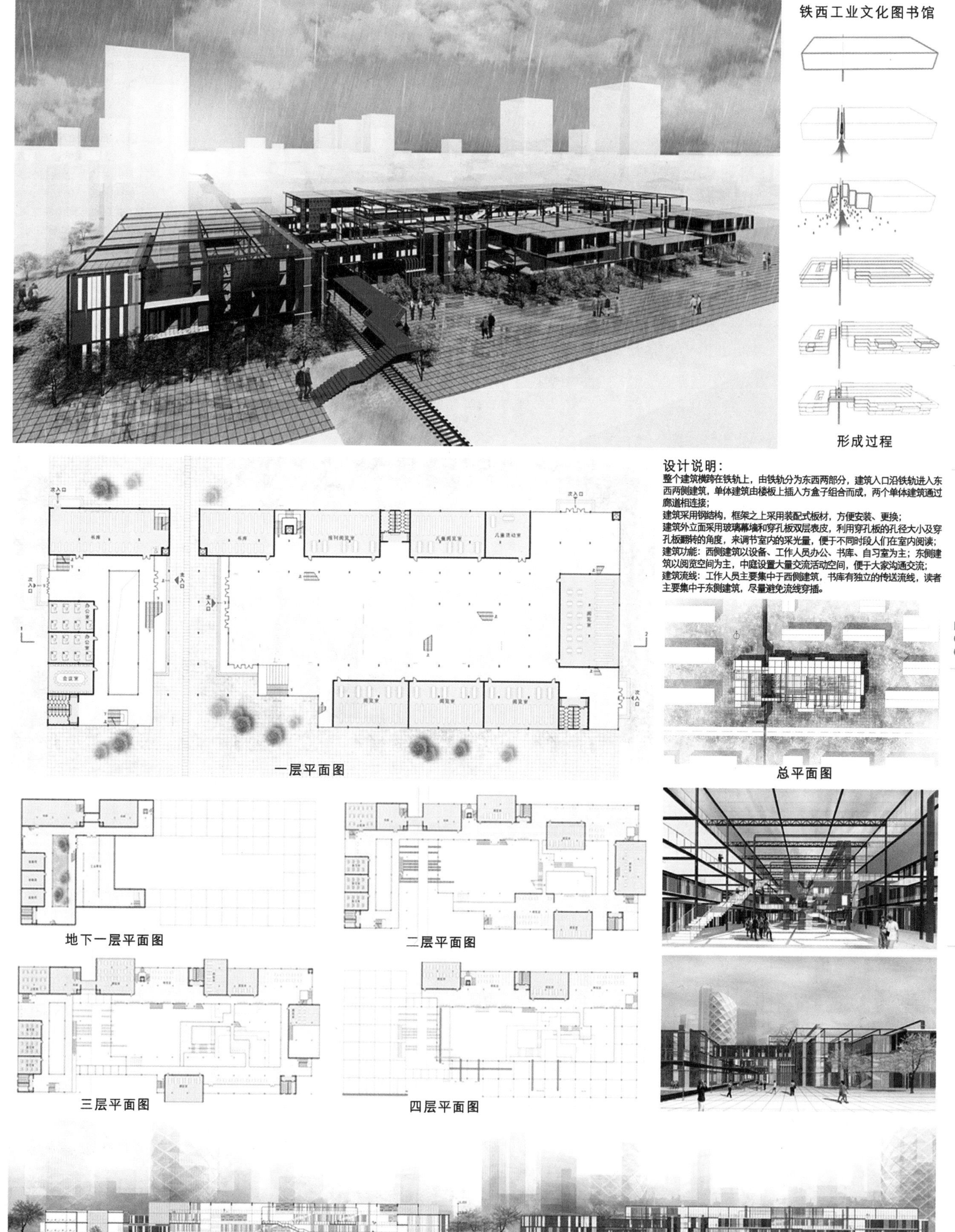
铁西工业文化图书馆
形成过程
设计说明：
整个建筑横跨在铁轨上，由铁轨分为东西两部分，建筑入口沿铁轨进入东西两侧建筑，单体建筑由楼板上插入方盒子组合而成，两个单体建筑通过廊道相连接；
建筑采用钢结构，框架之上采用装配式板材，方便安装、更换；
建筑外立面采用玻璃幕墙和穿孔板双层表皮，利用穿孔板的孔径大小及穿孔板翻转的角度，来调节室内的采光量，便于不同时段人们在室内阅读；
建筑功能：西侧建筑以设备、工作人员办公、书库、自习室为主；东侧建筑以阅览空间为主，中庭设置大量交流活动空间，便于大家沟通交流；
建筑流线：工作人员主要集中于西侧建筑，书库有独立的传送流线，读者主要集中于东侧建筑，尽量避免流线穿插。
一层平面图
总平面图
地下一层平面图
二层平面图
三层平面图
四层平面图
剖面图1-1
立面图

极乐文城

设计理念：

通过活化铁路周边的空地空间，为市民提供一个集休闲，文化，餐饮，健身为一体的综合型空间，一层架空，通过折线型的屋面给人以非人尺度体验，唤起人们对这片土地曾经存在的老工厂的记忆，为了联系轨与周边的空间，提出“轨”的概念空间，通过模拟火车似的滑轨，让人们在建筑中也感受滑轨的体验，同时打造丰富的空间，人们在这里休憩，参观，健身，娱乐，在底层展览公园休息的时候仍能感受到不时的火车经过的声音，老人们少时的记忆在这里被激发唤醒。

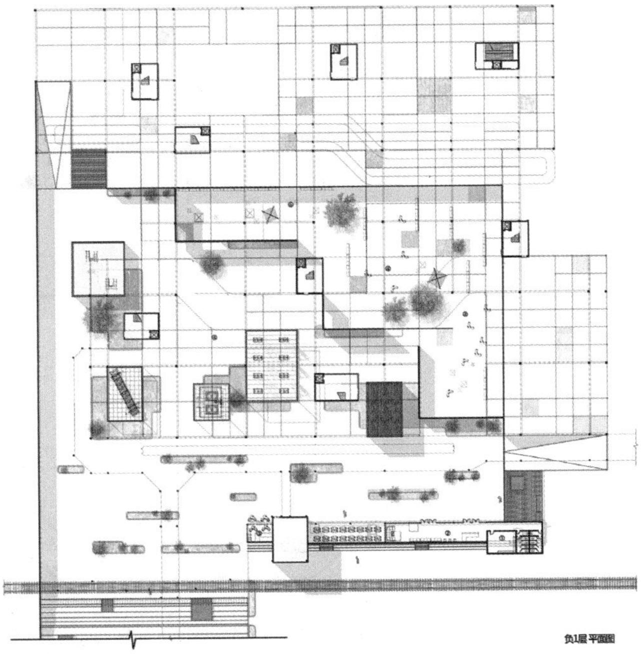

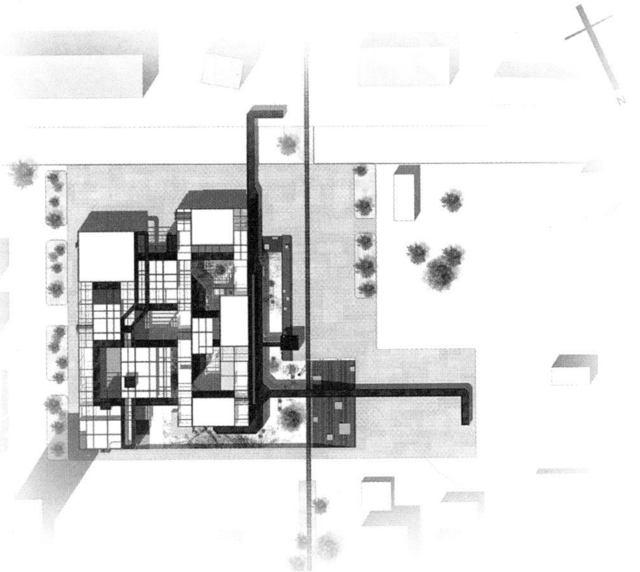

负1层 平面图

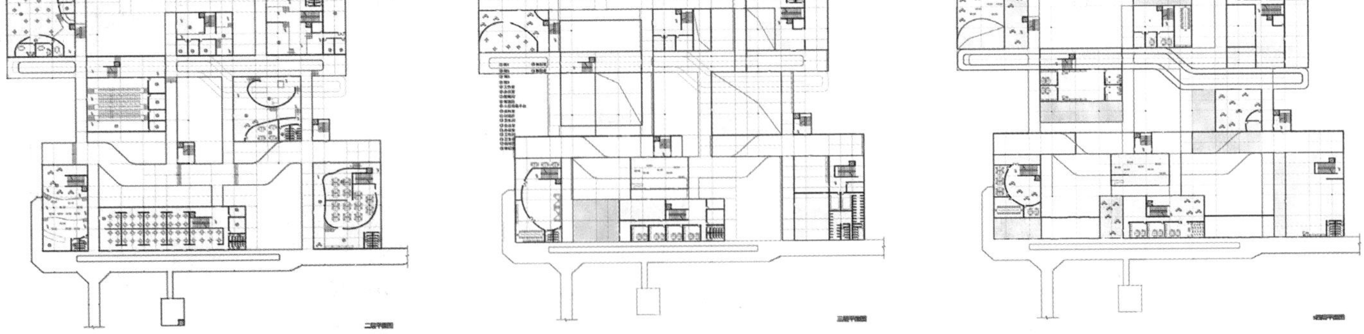

建筑生成分析

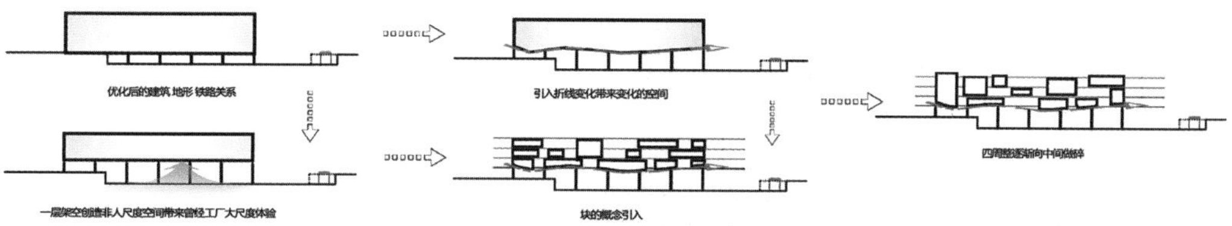

优化后的建筑 地形 铁路关系

引入折线变化带来变化的空间

一层架空创造非人尺度空间带来曾经工厂大尺度体验

块的概念引入

四周整逐渐向中间破碎

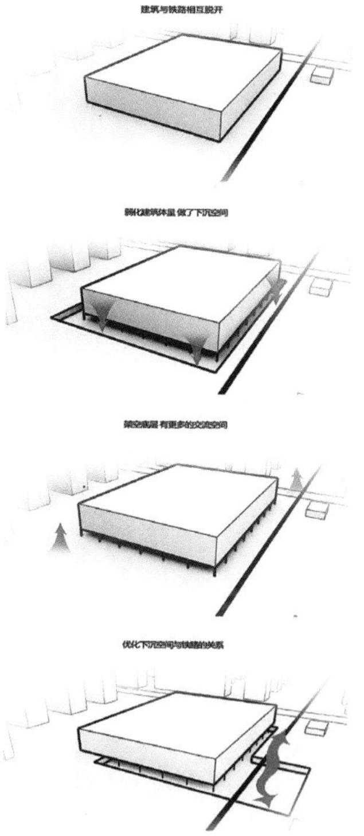

概念分析

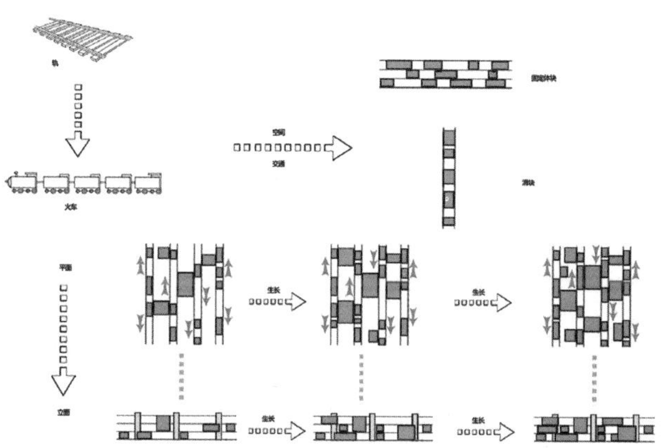

结构系统法分析

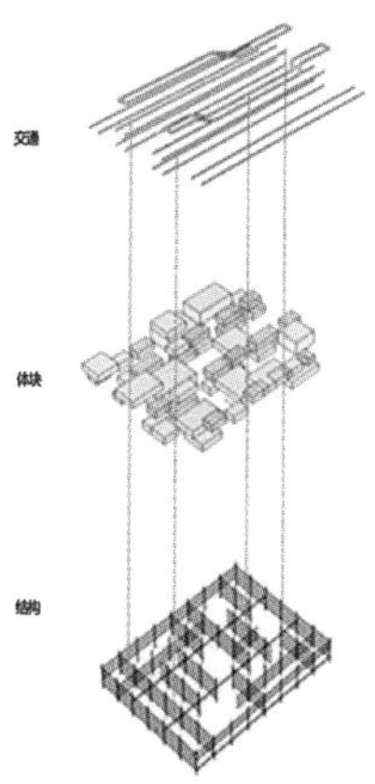

交通系统分析

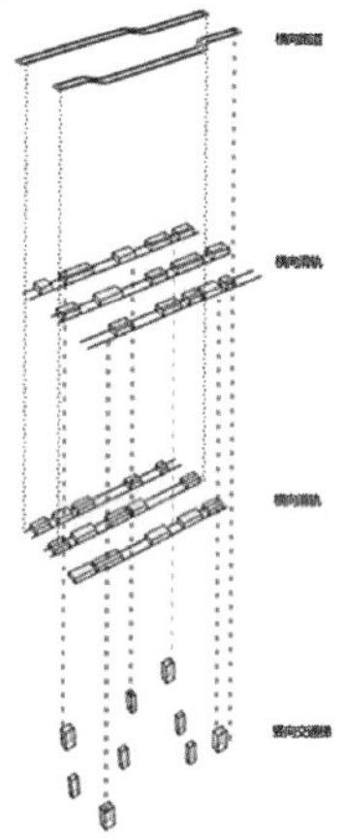

建筑 地形 铁路关系生成

建筑与铁路相互脱开

弱化建筑体量 做了下沉空间

架空底层 有更多的交流空间

优化下沉空间与铁路的关系

清华大学
TSINGHUA UNIVERSITY

指导教师

许懋彦

韩孟臻

1 归园田居 Returning to nature

营造以农业为主题的混龄社区。

丛菡

杜京良

高钧怡

2 返乡 Return Home

铁西区工业轨道遗迹改造设计

孙越

陈嘉禾

张植程

3 老工人·新生活 RETIRED WORKERS & NEW LIFE

沈阳铁西老旧服务设施更新改造

胡德民

熊芝锋

庞凌波

4 铁西·行 Walkable Tiexi · Slow System

将“北三路”的一段改造为慢行系统，使之更加适应本地居民的日常生活。

侯兰清

刘宇涵

高进赫（朝鲜）

归园田居 Returning to nature

清华大学
设计：丛菡 / 杜京良 / 高钧怡
指导：许懋彦 / 韩孟臻

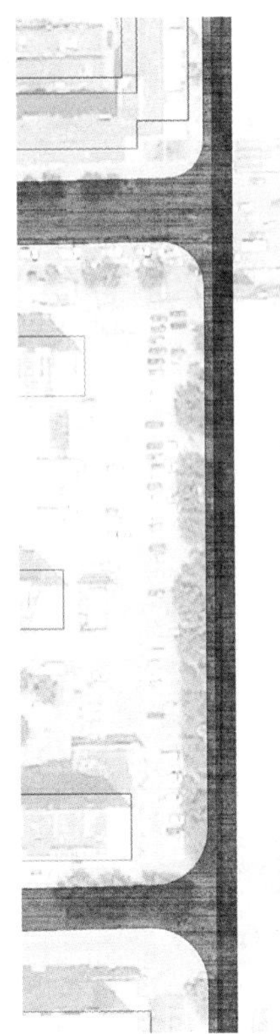

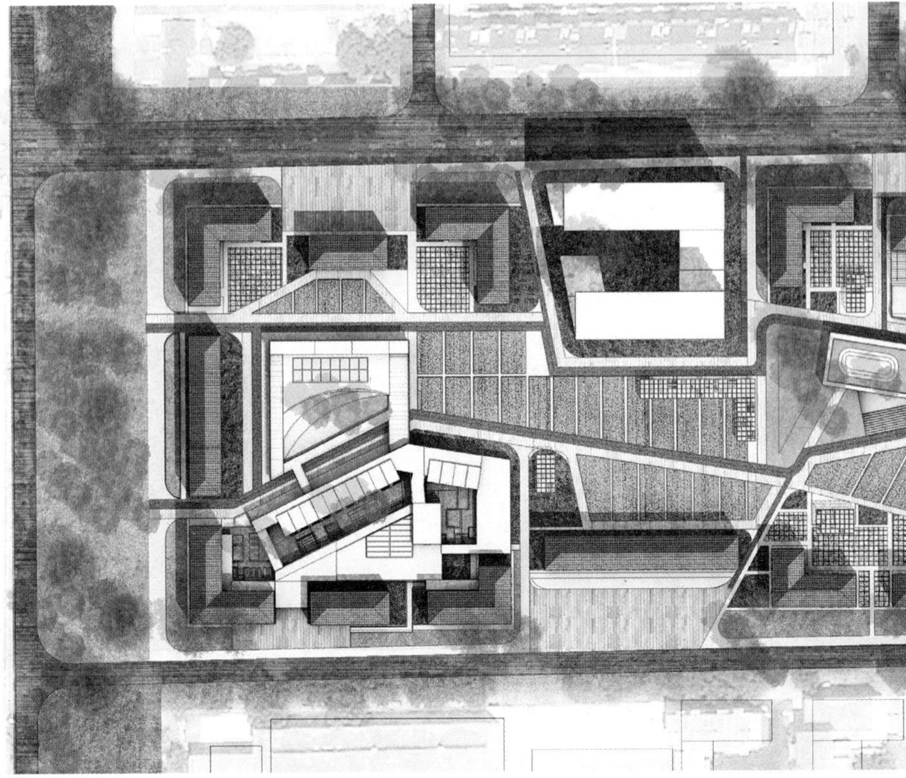

概念策划

基础设施基本齐全 / 老龄化严重 / 就业机会少
↓
老人
↓
退休生活单调 / 与年轻人交流少 / 退休后的心理落差
↓
种菜

现状平面

划分功能

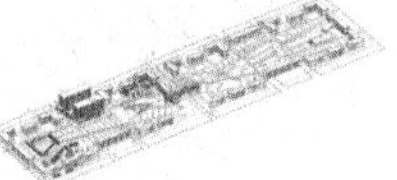

形成环路

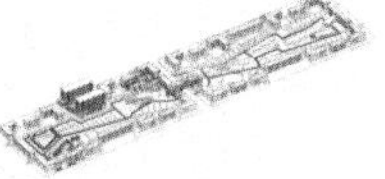

周边路口

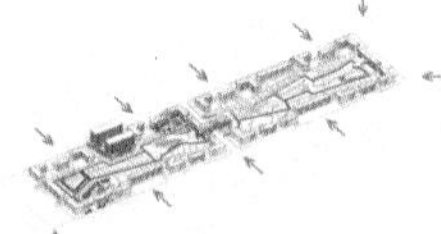

形成广场

连接环路

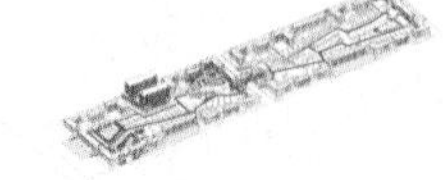

绿地种植系统

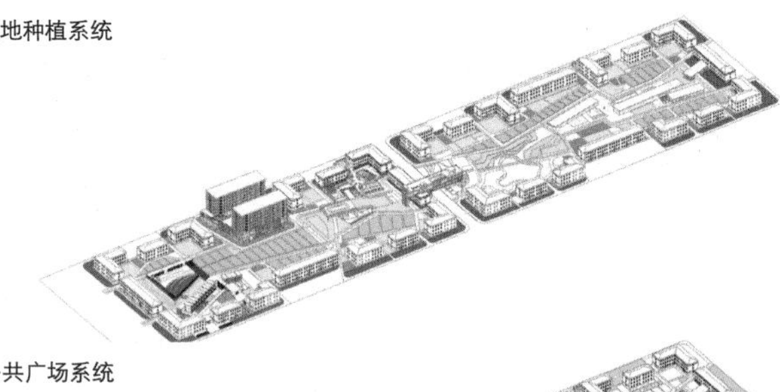

公共广场系统

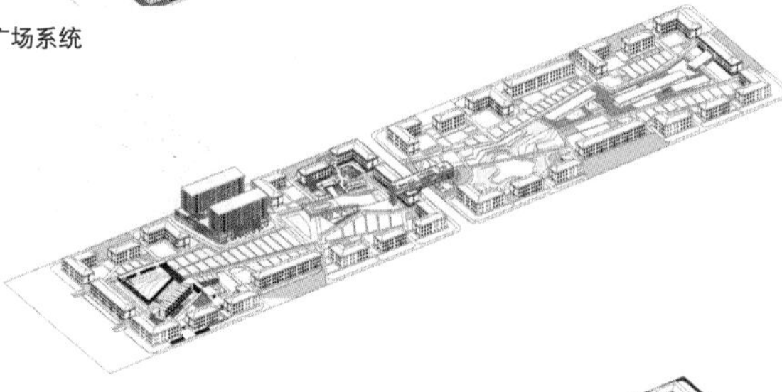

跑道步道系统

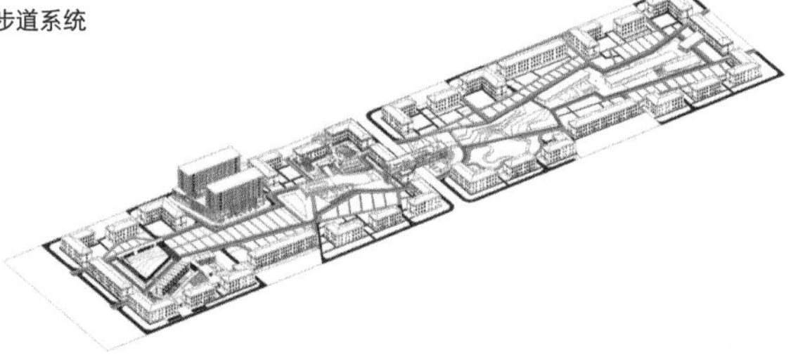

评语：

面对铁西区转型、演变的宏大背景，本组毕业设计方案选择了关注当下、关注改善本地人生活的切入点。方案引入具有参与性的社区农业作为媒介，试图将设施老旧、居民组成老龄化严重的工人村改造为更具活力的混龄社区。工人村中心的大片空地被改造为可耕作的农田。农产品的生产、交换、消费的历史性过程，为社区居民提供共同的经验，赋予社区凝聚力。建筑设计层面，三位组员分别设计了幼儿园、社区中心、老人院、混龄公寓、农业体验馆（含设施农业与市场）、餐饮等建筑单体，为社区农业与居民的日常生活提供物质空间。

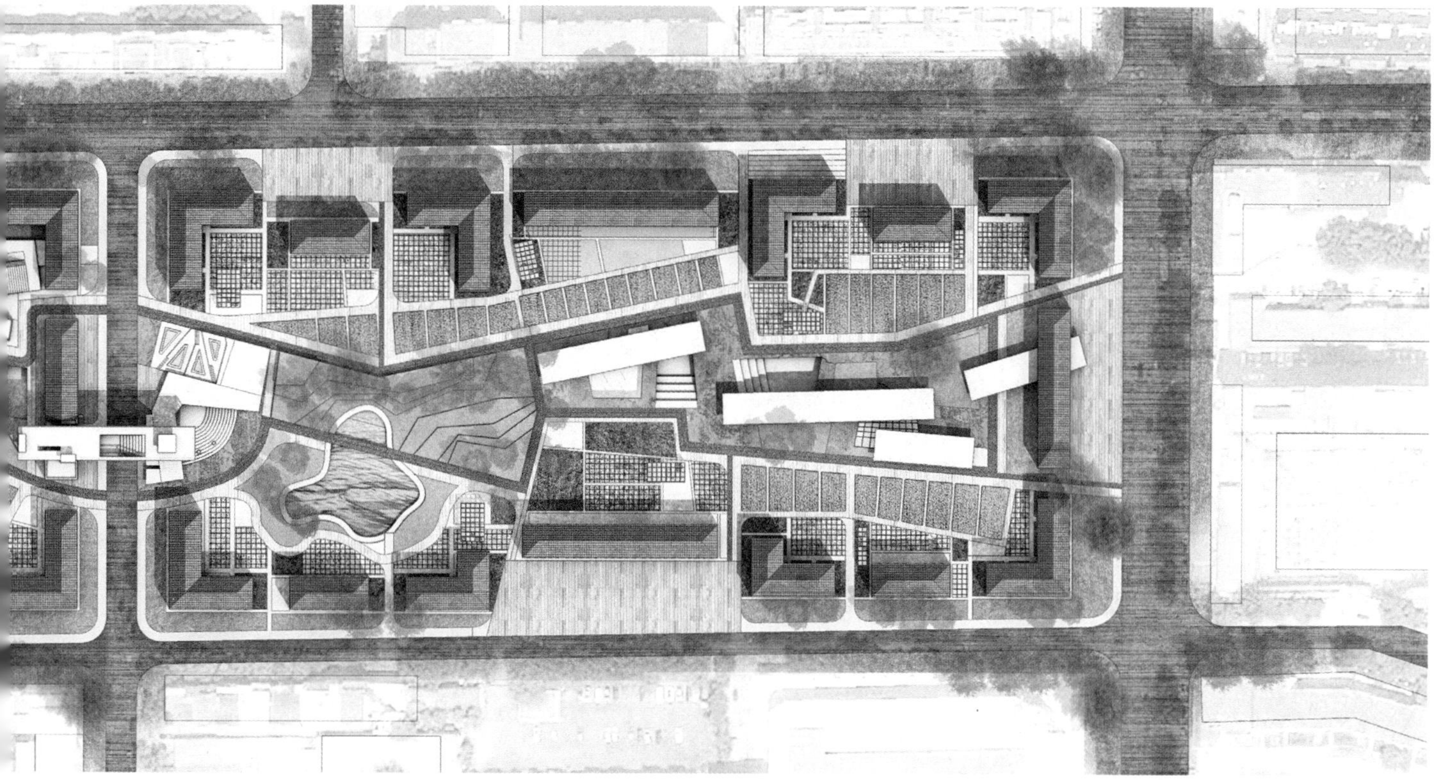

设计意象

冬季意象

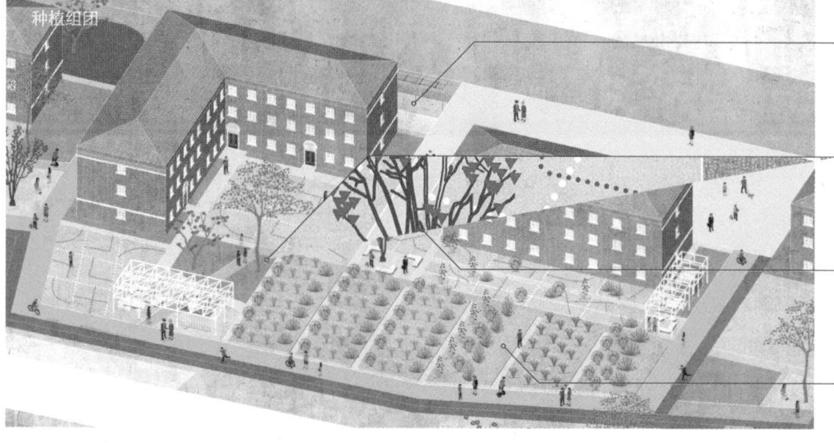

沿街绿化层级

位于最外圈，面向城市环境，采用纵向分隔，做高差处理。节点处打开为硬质铺地的城市广场。

宅间绿化层级

位于入户和宅间的小块草地，种有少量小型灌木，是住宅和菜地的过渡层级。

住户种植层级

基本上位于住户门口或楼下，划分为小块的住户种植，户均 10~20m^2 的小型菜地。

社区种植层级

社区集中农业的管理形式，消费者出钱参与并享受一部分种植成果，种植则外包给志愿者劳力。

蔬果选择

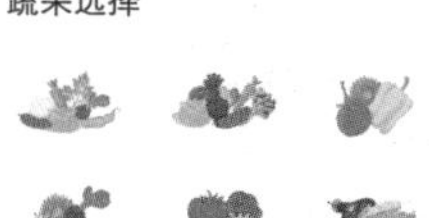

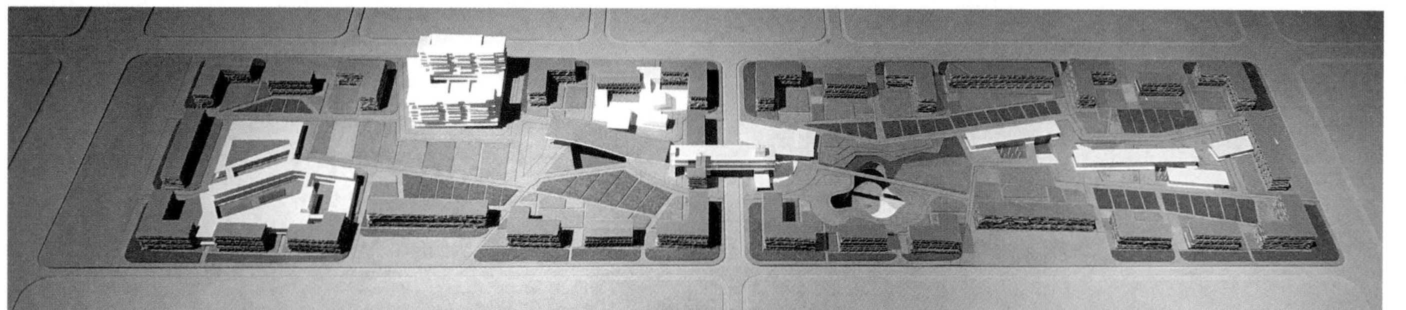

老人院 / 混龄公寓鸟瞰

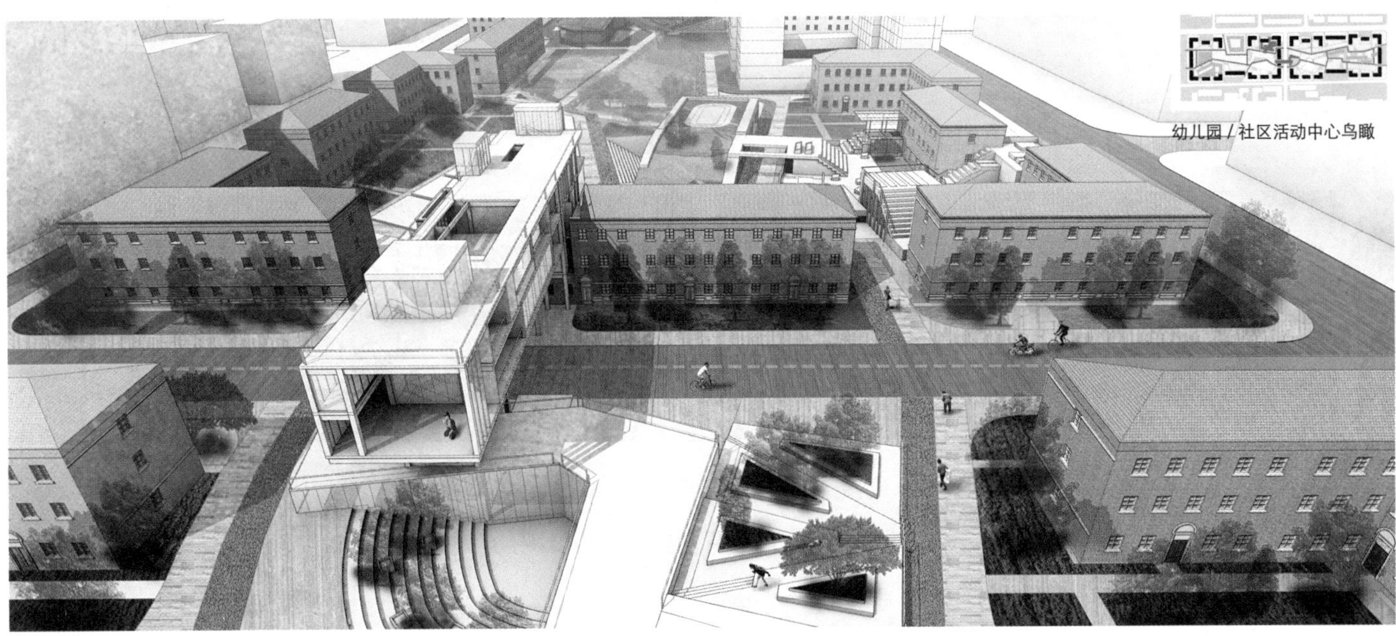
幼儿园 / 社区活动中心鸟瞰

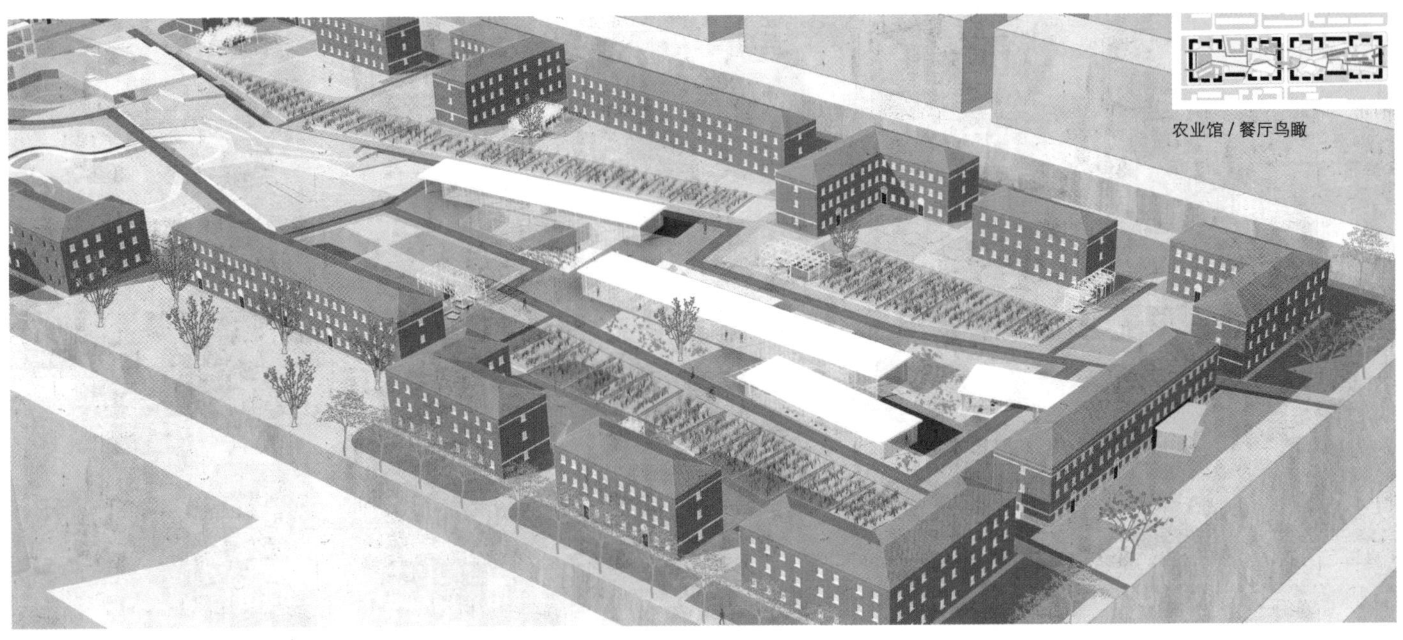
农业馆 / 餐厅鸟瞰

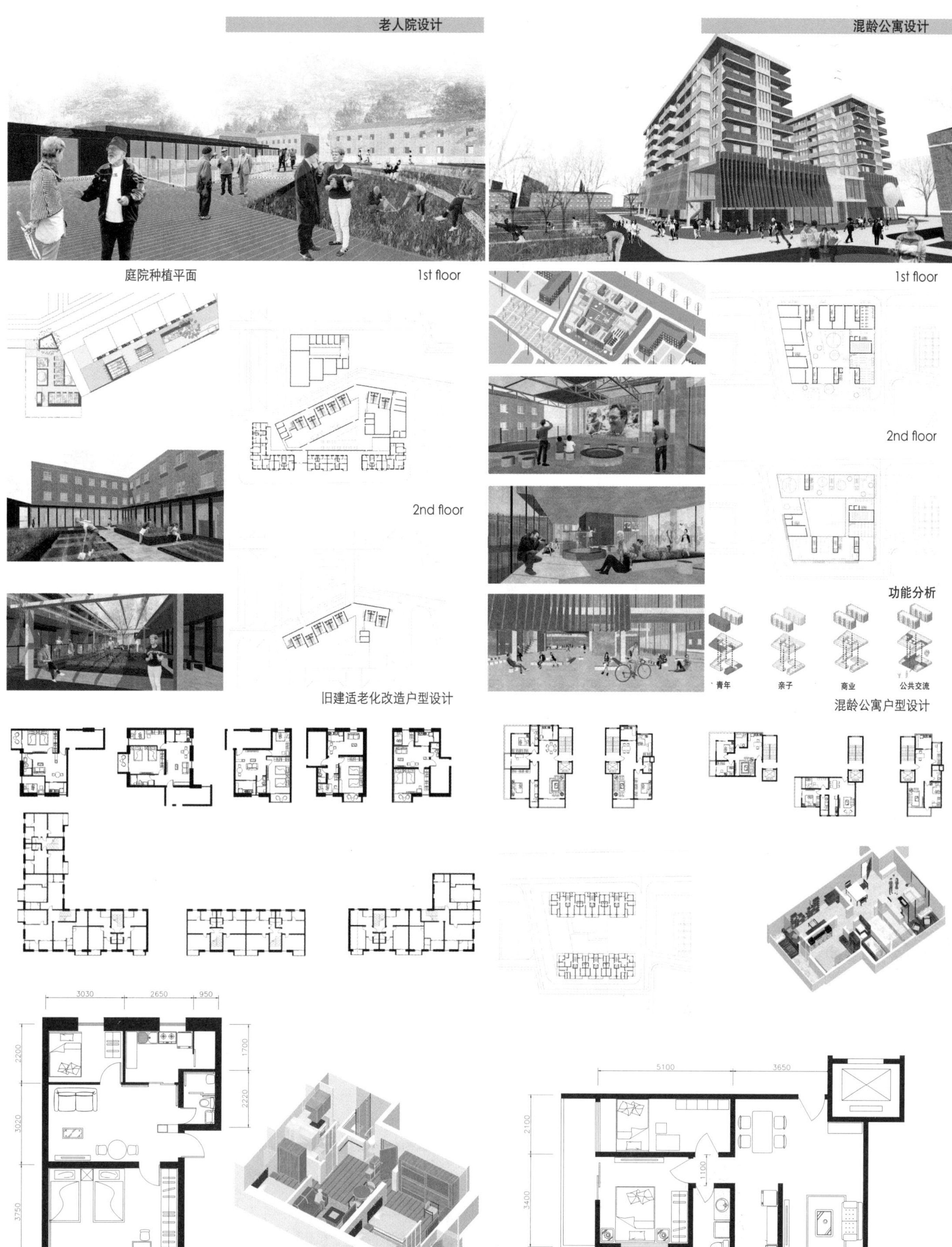

老人院设计
混龄公寓设计
庭院种植平面
1st floor
1st floor
2nd floor
2nd floor
功能分析
青年
亲子
商业
公共交流
旧建适老化改造户型设计
混龄公寓户型设计
3030
2650
950
2200
3020
3750
1200
1700
2220
3000
2530
5100
3650
2100
3400
1100
1400
3500
1600
1800
3200

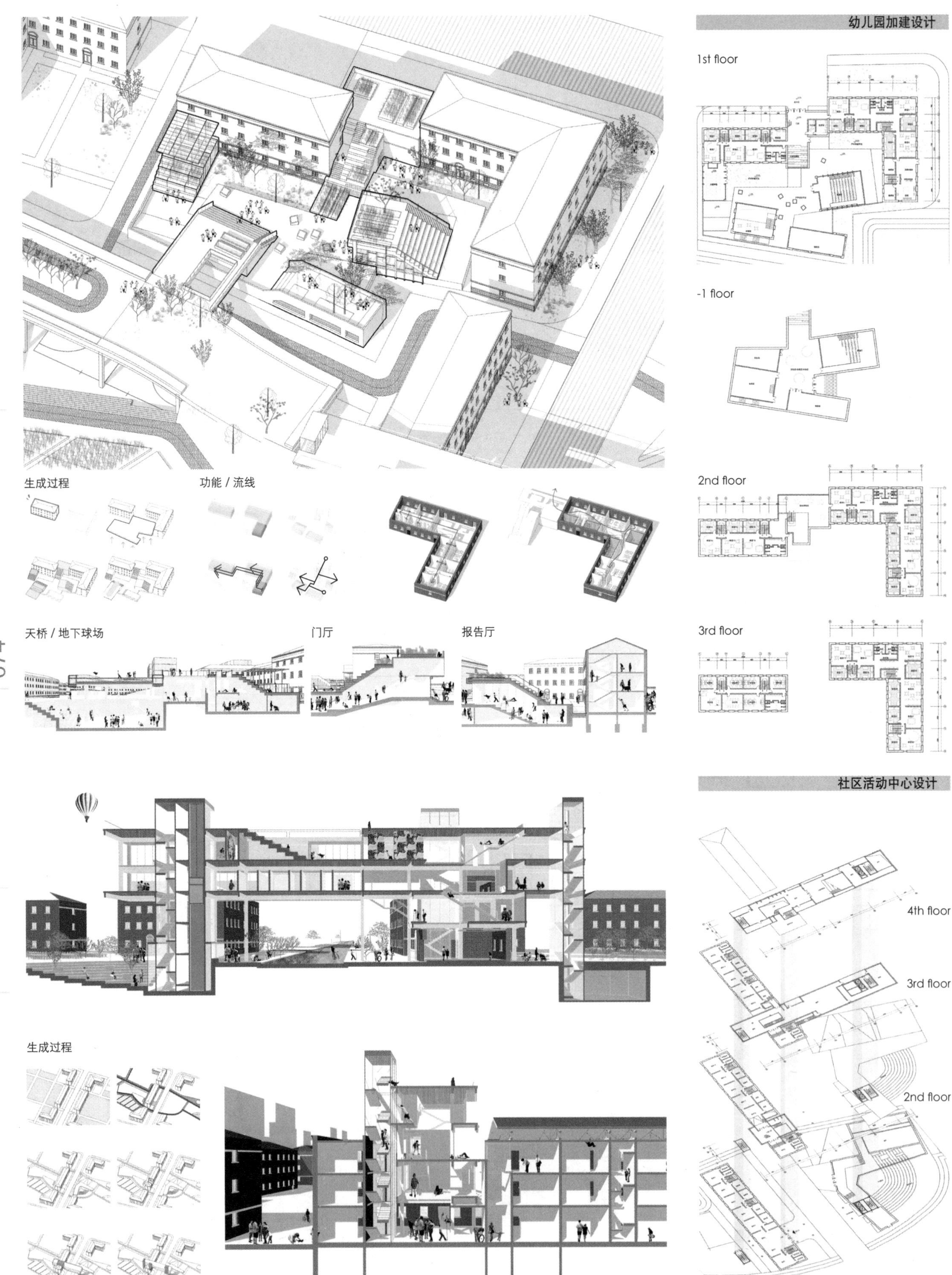
幼儿园加建设计
1st floor
-1 floor
2nd floor
3rd floor
生成过程
功能 / 流线
天桥 / 地下球场
门厅
报告厅
社区活动中心设计
4th floor
3rd floor
2nd floor
1st floor
生成过程

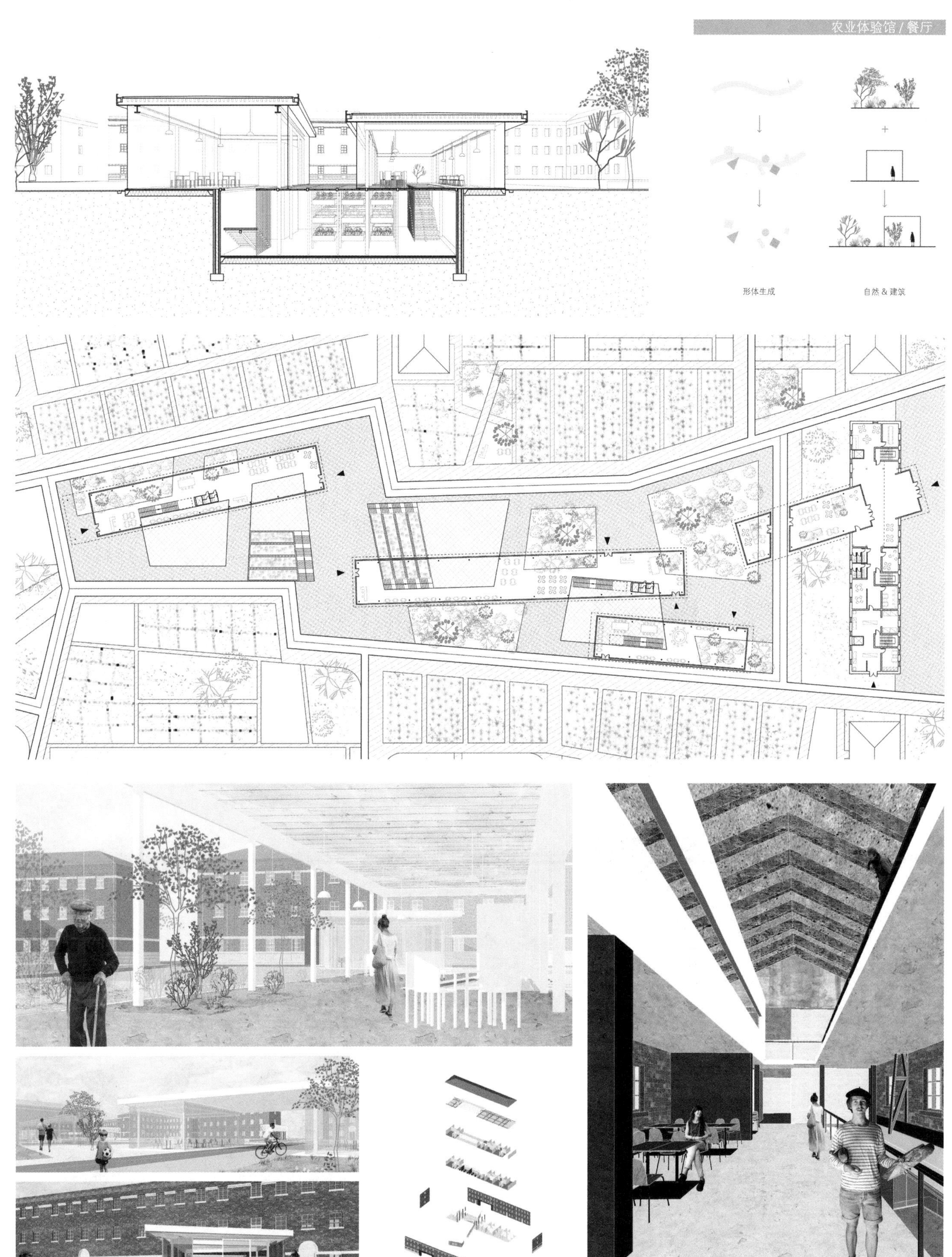
形体生成
自然 & 建筑

返乡：铁西区工业轨道遗迹改造设计

Return Home: The Retrofit Design of Tiexi's Industrial Track Sites

清华大学
设计：孙越／张植程／陈嘉禾
指导：韩孟臻／许懋彦

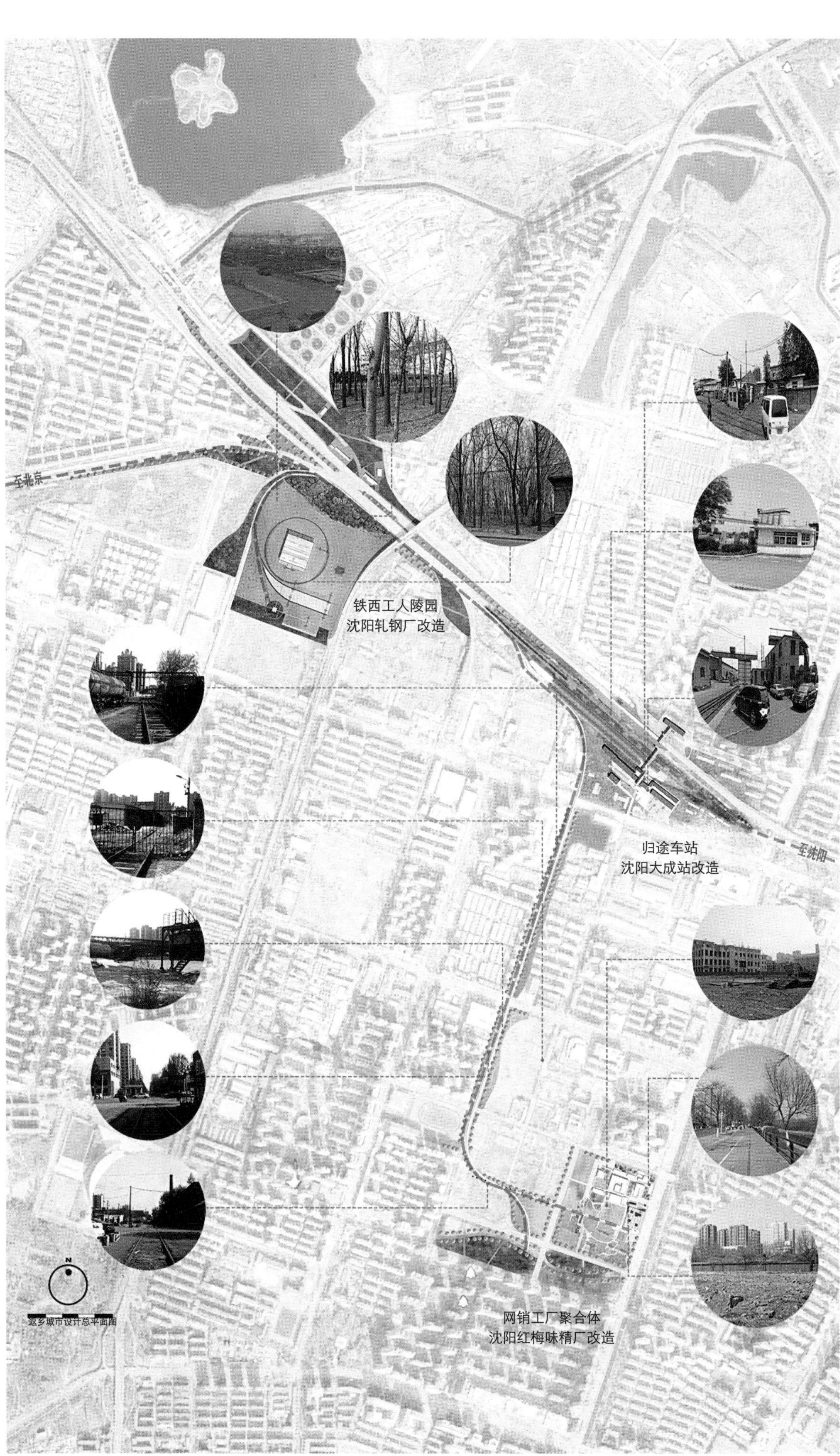

返乡城市设计总平面图

评语：

借助挖掘与理解铁西人的主观情绪，本方案试图使其城市与建筑提案能够引发当地人的精神共鸣，融入铁西的特定时空。方案选取了由废弃铁路轨道所串联起的三块地段。“归途车站”改造利用了货运编组站的部分场地与设施，将城市边缘转化为服务市民日常生活的交通节点，记录着居民的个人情感与记忆。“网销工厂”在历史工业建筑中恢复了生产性，并通过插入夹层中的展览和休闲空间，将历史与当下的生产场景展现给市民，引发“反思型怀旧”。“工人陵园”将旧厂房改造为产业工人的“纳骨堂”，以人的生死隐喻铁西区工业的兴衰。

铁西工人陵园——沈阳轧钢厂改造

归途车站——沈阳大成站改造

网销工厂聚合体——沈阳红梅味精厂改造

铁西区历史背景

铁西工业区萌芽于“日伪”统治时期，发展于新中国成立后，伴随着国有体制改革步入低谷，在老工业基地振兴策略的影响下进行了更新改造。我们在铁西看到的，是伴随国家沧桑岁月的百年历史断层。

然而随着工业熔炉冷却，铁西区面对着后工业时代的困局，当地政府提出了“东搬西建”的战略，建设了一座更大的铁西新城，容纳新兴工业，而旧铁西区则拆除工业废墟、建设大量商品房更新为纯居住的功能。

日占时期	城市起步，初步规划出现
苏占时期	原有城市遭到破坏
新中国成立前时期	工业恢复
新中国成立后	迎来发展，工业成为全国示范
下岗潮	城市衰落，人口流失
东搬西建	城市功能分化，老铁西区变为纯居住区
工业振兴	新铁西区产业激活，旧铁西区问题依然存留

铁西区历史阶段

铁西区现状照片

铁西区现状问题

密密麻麻的超高层住宅代替了当年的工业社区。过去百年中工业城市的场所精神与居住内涵渐渐隐匿消失，成为千城一面的城市。

所以我们认为铁西区目前的主要问题是，一方城市记忆在消亡，另一方面新建居住区与新的生活模式带来了更多新需求。

城市记忆的消亡

大量新建城市住房的发展&工业遗址的拆除

新建居住区与新的生活模式所带来的城市需求和问题

铁西区目前的主要问题

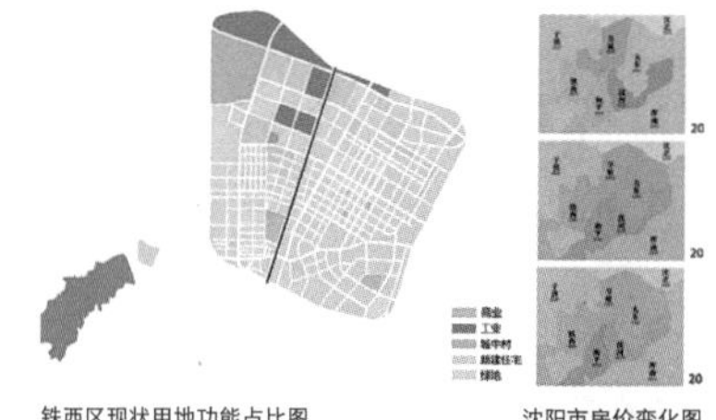

铁西区现状用地功能占比图

沈阳市房价变化图

城市设计策略

我们采用城市怀旧的策略，回溯记忆中的城市精神。怀旧其实是一种迎接未来的行为，人们在建筑中体验到的是当下的生活与城市记忆的结合，以引起他们对城市的归属感。

铁西得名自沈阳铁路站之西的地理位置。铁路一直是这个工业城市的血管，各个工厂的货物运输和工人的日常通勤都依赖铁路交通。铁路是唤醒铁西城市精神的一个纽带。这种记忆的唤醒不仅仅是保留铁路，而是让铁路交通回到人们的生活中。我们将工厂铁路一段遗址复原，赋予其客运功能，并将这段铁路与整个城市的轨道交通相连，设置沈阳站、沈阳北站到铁西区的通勤路线。

另一方面，我们在调研期间关注了铁西的各类人。这些人的故事引发了我们对如何怀旧的讨论，三个人产生了三种观点，就形成了我们的设计单体。有的人认为历史需要得到尊重，铁西逝去的老工人就是记忆的主体。有的人认为怀旧其实应该是一种渗透到日常生活的体验，铁西的车站与社区生活息息相关，是安放回忆的容器。还有的人认为在新的工业4.0时代，城市精神也应与当下的新建筑结合。

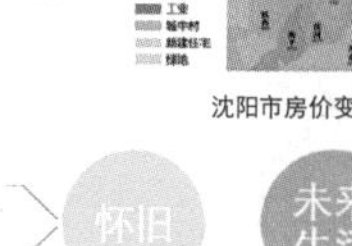

城市设计采用怀旧的策略

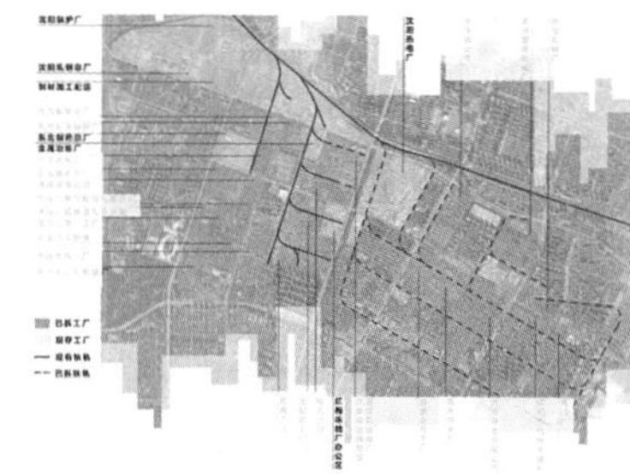

铁路一直是这个工业城市的血管

将工厂铁路一段遗址复原，赋予其客运功能

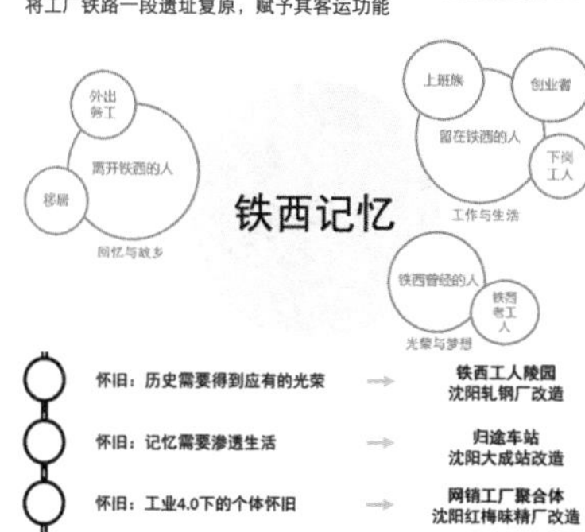

铁西的三类人和小组成员三种对怀旧的观点形成设计单体

铁西工人陵园——沈阳轧钢厂改造

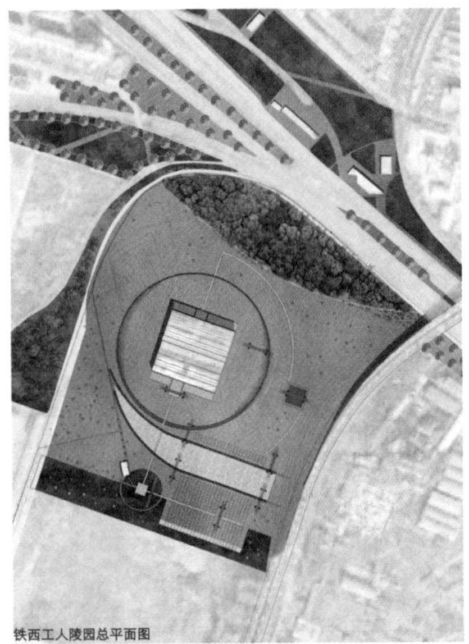
铁西工人陵园总平面图

铁西区和沈阳对铁西区工业历史中的辉煌有着强烈的执着。这种执着有时体现在城市新建设中对于纪念性和历史记忆的求索，也有时体现在城市试图忽视与重塑铁西老工业区已经一去不复返这样现实的企图与行动里。无论是对老工业区的改造还是新楼盘和产业的开发，都渗透着沈阳对铁西工业区死亡的拒绝。纪念性与对死亡的拒绝有着本质而深刻的联系，而在墓葬建筑的意图中这两者可以最自然而完全的融合。

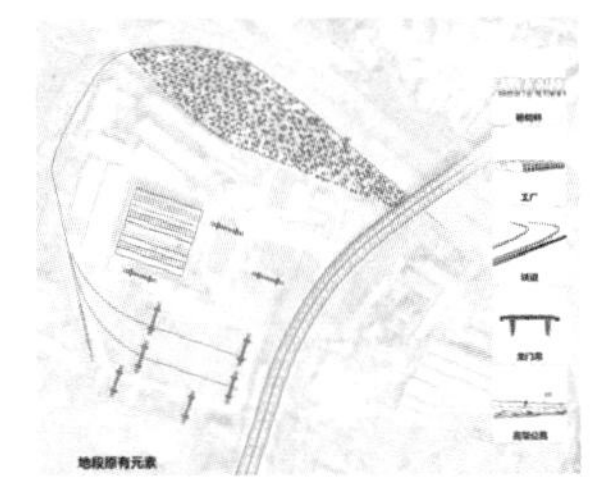

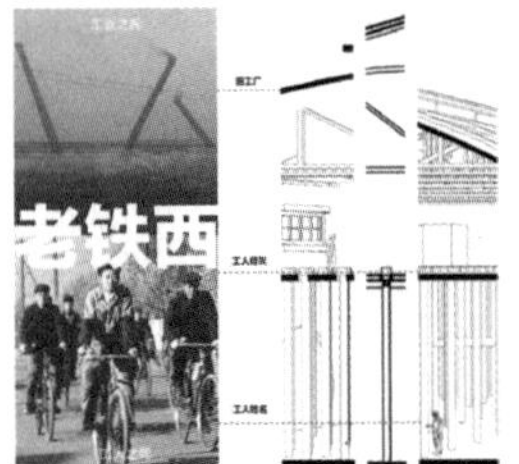

铁西工人陵园剖透视

归途车站——沈阳大成站改造

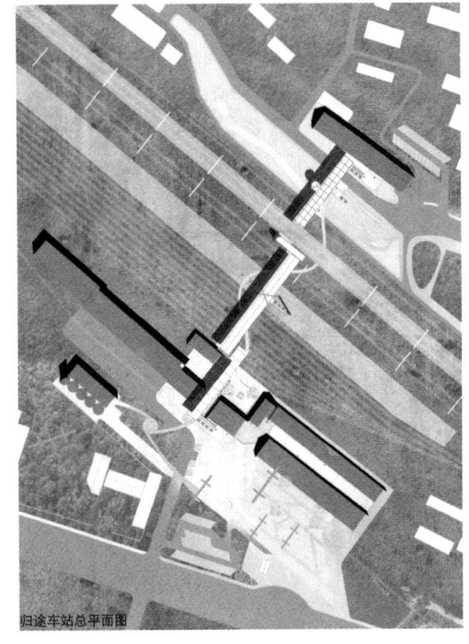
归途车站总平面图

设计为离开铁西的人回到车站时所做。有些人由于工作每天回到铁西，周而复始，而有些人也许一生才回到这里一次。希望这座车站为一个新的记忆发生器。离开铁西的人，在这座车站看到的是丰富的日常生活场景，会唤起他们内心深处的生活记忆。设计尝试明确设计的历史立场，通过研究现象学这门与建筑若即若离的哲学学说，分析如何在建筑中通过光影，材料，甚至是声音，唤起人的感官体验。

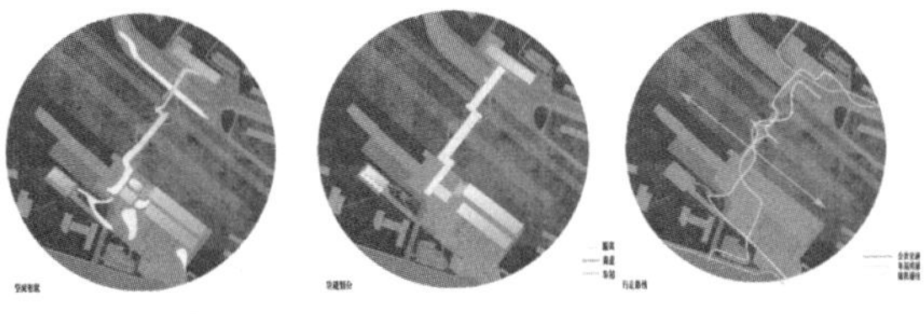

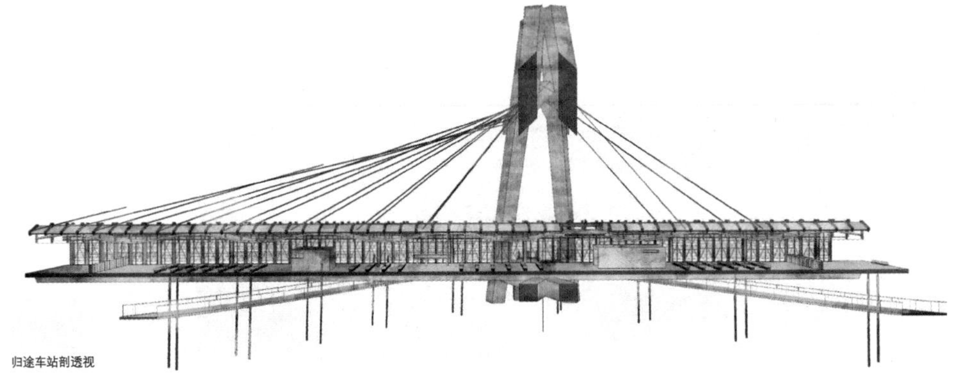
归途车站剖透视

网销工厂聚合体——沈阳红梅味精厂改造

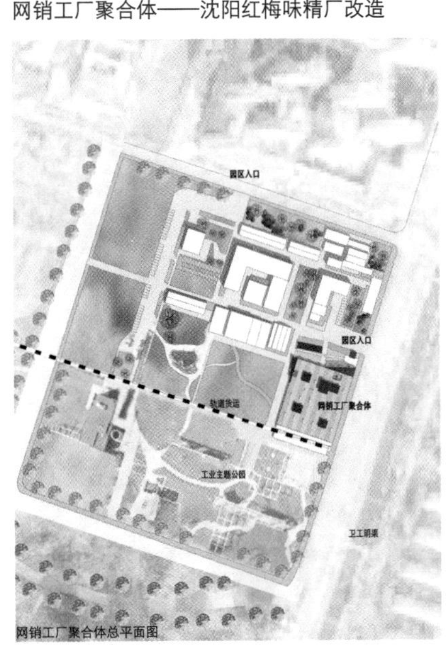

网销工厂聚合体总平面图

以反思型怀旧的视角，探讨建筑对于历史的态度。反思型怀旧强调返乡的过程，指示非重建静态的新的可塑性。通过对事件的集合记忆，场所的独特性以及表现在形式中的场所标记之间的相互关系的理解，结合历史建筑再利用的改造实践，采用当前和历史并置的设计策略，探讨当产业转型，如何在新环境中找到怀旧，如何在时代变迁中延续城市精神。

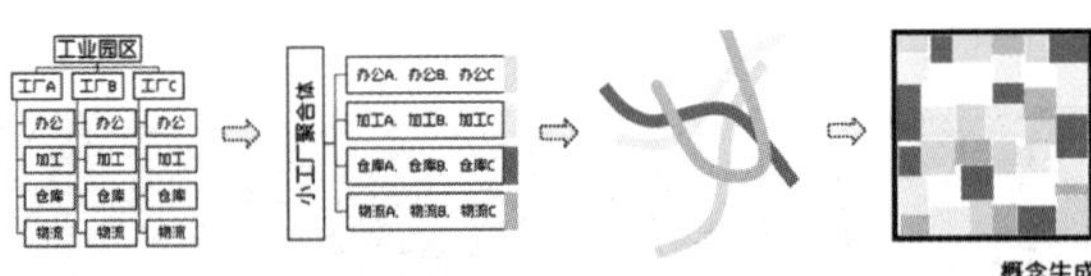

概念生成

网销工厂聚合体剖透视

铁西区和沈阳对铁西区工业历史中的辉煌有着强烈的执着。这种执着有时体现在城市新建设中对于纪念性和历史记忆的求索，有时也体现在城市试图忽视与重塑铁西老工业区已经一去不复返这样现实的企图与行动里。无论是对老工业区的改造还是新楼盘和产业的开发，都渗透着沈阳对铁西工业区死亡的拒绝。纪念性与对死亡的拒绝有着本质而深刻的联系，而在墓葬建筑的设计意图中这两者可以最自然而又完全的融合。设计将在工厂旧建筑中存放工人劳模的骨灰，并在工厂区原址上建立纪念公园。通过祭奠工人的死亡，承认和纪念铁西老工业区的逝去；通过对铁西老工业区历史的纪念，将历史与现实并置，真正拒绝一段历史的彻底死亡。

铁西工人纪念陵园的地段选在铁西区西南角轧钢厂厂区，旧厂房已被用作仓库，场地中既存的铁道、老工厂、龙门吊、杨树林在旧的场景中发挥着新的作用，安静的制造着仿佛老工人的生活仍在继续的印象。工厂旧址是铁西区密不可分的一部分，使老铁西工业区的记忆永远留作城市的一部分；但是可达性较低，市民不会觉得日常的生活受到有关死亡话题的纪念活动的侵犯。

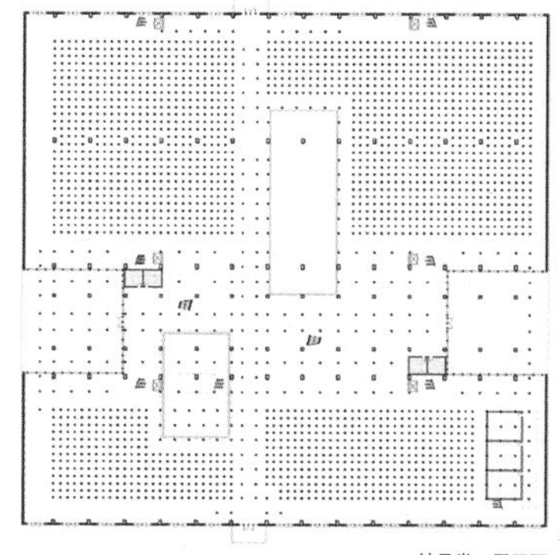

纳骨堂一层平面

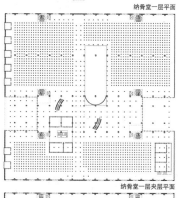

纳骨堂一层夹层平面

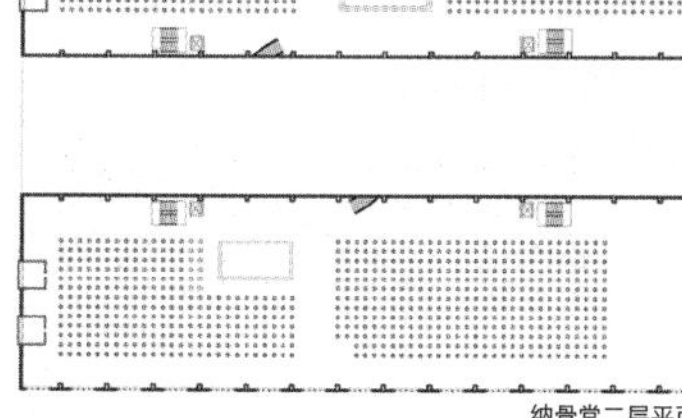

纳骨堂二层平面

通到拱顶下楼板的柱子在顶端放置骨灰盒，光通过楼板穿过柱子的孔洞倾泻下一层，在一层整齐的柱子阵列中，每根柱子代表上面一位工人劳模的骨灰、代表一位老工人。

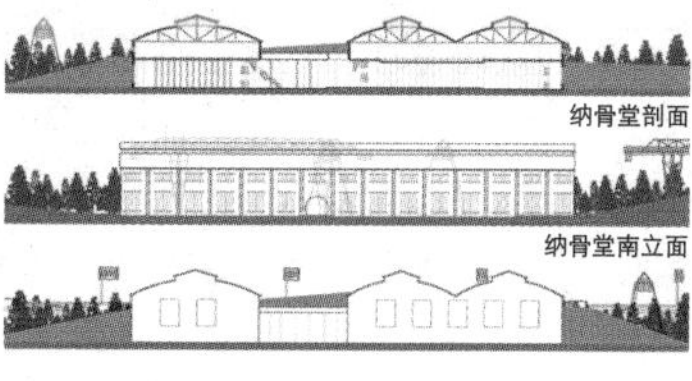

纳骨堂剖面

纳骨堂南立面

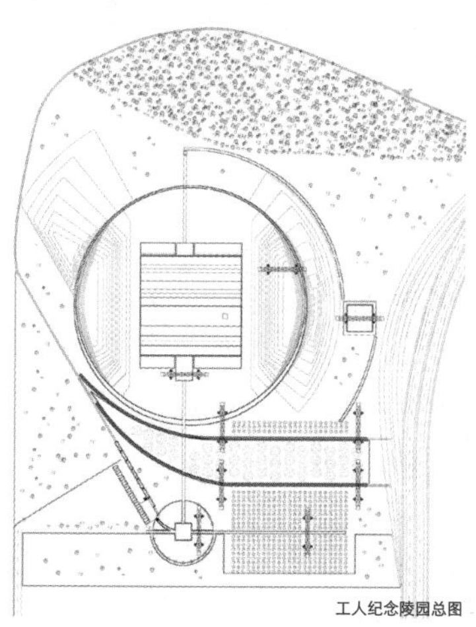

工人纪念陵园总图

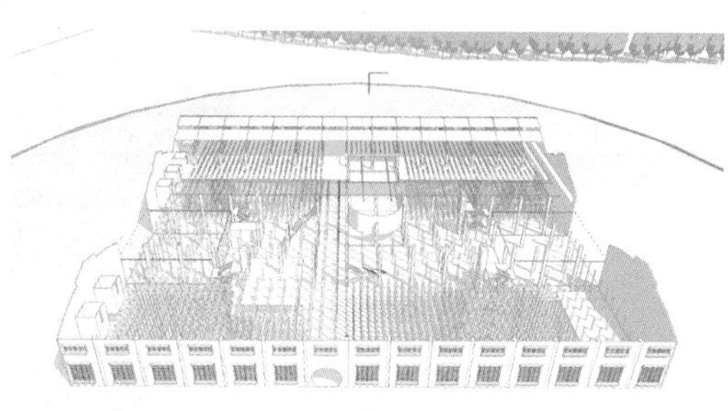

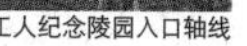

纳骨堂轴侧图

工人纪念陵园入口轴线

纳骨堂一层纪念堂

纳骨堂二层骨灰存放

纳骨堂一层工人纪念柱阵列

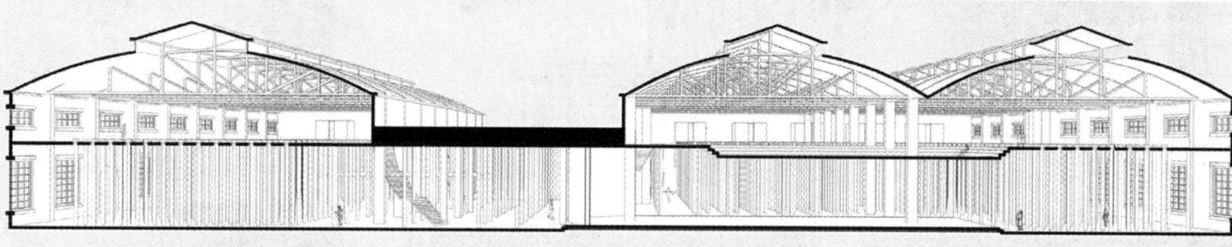

纳骨堂剖透视

纪念陵园景观 - 铁道

纪念陵园景观 - 车站

设计目的：归途车站是为那些离开铁西的人回到车站的时刻所设计的。有些人由于工作每天回到铁西，周而复始；而有些人也许一生才回到这里一次。

设计策略：设计从周边居民的生活出发，补全当地居住者的生活故事，令车站真正渗透到居民的记忆中：作为需要到城市的其他地方上班的人，他们会在车站周边购买餐食和其他生活用品。不久新生儿降生，可以托管到到车站附近的日托中心。将来孩子在周围上小学，每天在这里等待他们的父母下班回家。孩子长大后，新一轮的故事又开始了。而如果将来孩子离开铁西，这里将是他记忆深处的居所。希望这座车站为一个新的记忆发生器。

生活区域

在铁路的两侧，结合旧建筑改造设计日托中心、图书馆、青年旅社、市场、邮局和餐厅。为当地居民与回到铁西的人提供了便利的生活服务。设计着重丰富的空间漫游体验，不断缩小室内外空间的尺度，营造居所的感觉。

主体车站

空中的建筑由于地形的变化主体建筑分为三段，两侧与地面建筑相连，作为休息与通过空间；中部利用车辆编组站的驼峰设置悬索结构，是车站的主体。

细密的木材与巨构的混凝土暗示了铁西的工业时代。格栅、玻璃与墙面，希望回溯故乡的光影、尺度、空间甚至是故事的记忆。设计希望将这种北方城市日薄西山下朦胧的乡愁，传达给每一个来到这座建筑的人。

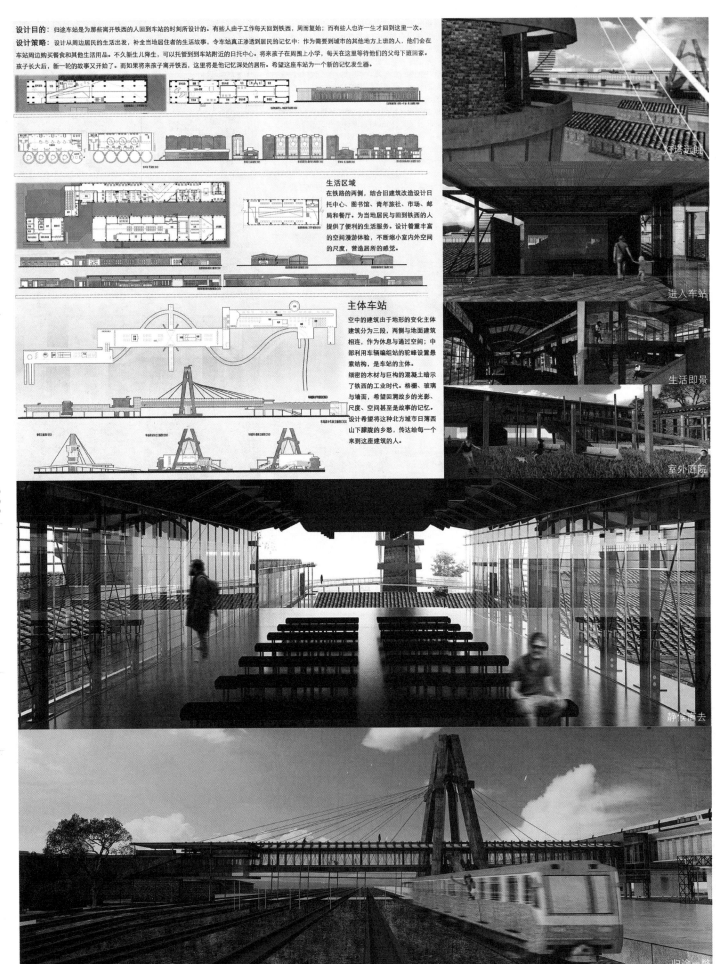

灯塔远眺

进入车站

生活即景

室外庭院

静候离去

归途一瞥

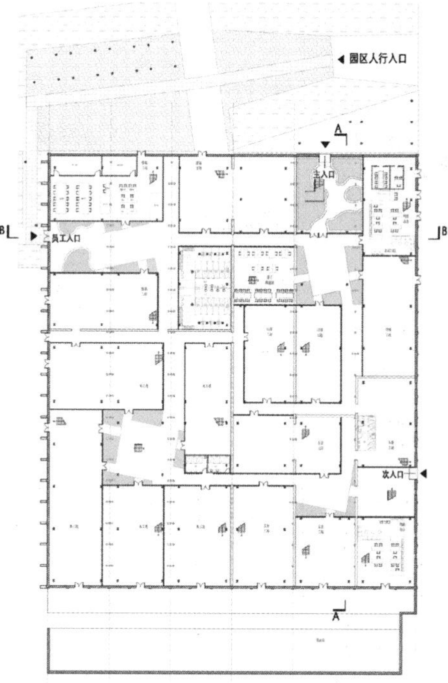

网销工厂聚合体首层平面图

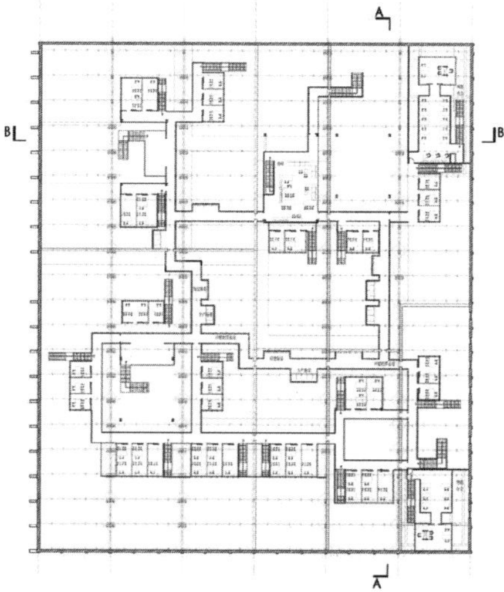
网销工厂聚合体二层平面图

网销工厂聚合体剖面图

网销工厂聚合体立面图

旧建筑再利用策略

木柱的加固采用给主要承重构件外围包裹钢板的方式；新木构件替换腐蚀木构件加固木桁架；原建筑由原结构承重，新建部分采用钢结构自承重，钢柱与相邻木柱距离 1m。

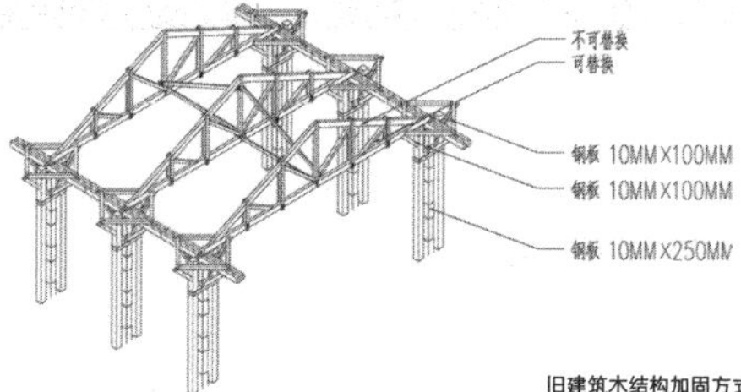

旧建筑木结构加固方式

我想探讨的怀旧是当产业转型，如何在新环境中找到怀旧，如何在时代变迁中延续城市精神。铁西区已经转型，由超一流工业产业聚集区转变为生活和第三产业主导的大居住区，但还是有生产，这些生产以网络为营销渠道，尤其是 5 人以下及 5 到 50 人这样的小规模工厂相对占比突出。“多品种、小批量、快翻新”是生产特点，这些小规模工厂散布于整个铁西区内，在不断消失的工业废墟中用新生产模式延续着老铁西区的工业文化。设计想为新的生产生活提供更便利的场所，也希望将这些凝聚着城市精神的工匠精神展示出来能够让现在一代、下一代、下几代人在其中发现这些隐藏起来的、看不见的城市元素。

设计策略

以聚合体的形式，采用了当前和历史并置的设计策略，强调一种延续，而不是替换。既有的现状和改造之后都是不停发展的空间实体的一个中间状态：

1. 新生产模式对旧生产空间再利用

让新生产重新回到旧的生产空间，是最初功能和形式重新结合，促成城市事件连续，让空间和事件带给人综合的感染力。在时代变迁中老厂房像树，荫庇着从资本主义殖民到集体主义大生产再到市场主导下的网销生产。

传统大深高的开敞式空间转换为小空间的聚合，在设计中形成四个均质组团，每一组团中心为开放的交往空间。一层是散布的生产和仓库空间和货运站，二层是网销办公、物流办公、生产办公的聚合。

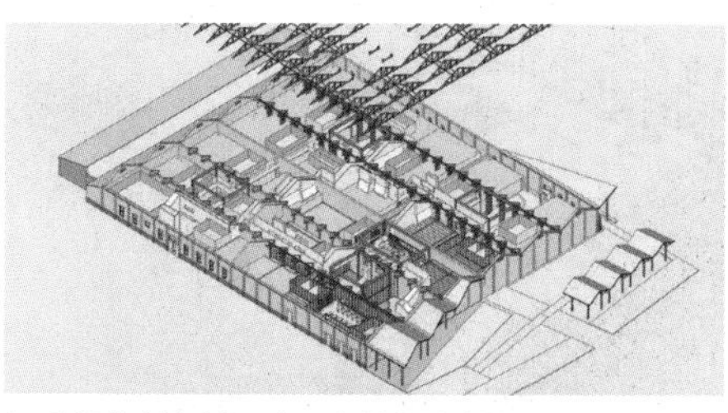

2. 当前生产性功能和怀旧的博物馆功能并置

人们总是在产业的重复的空虚中失去思考，我通过在二层的办公室组团之间引入线性的展示空间，用物件、资料展示曾经的生产场景，也展示一层的新生产场景。触发事件，引入思考，让外来参观的人包括生产者在失落的怀念中能对生产活动本身进行反思。

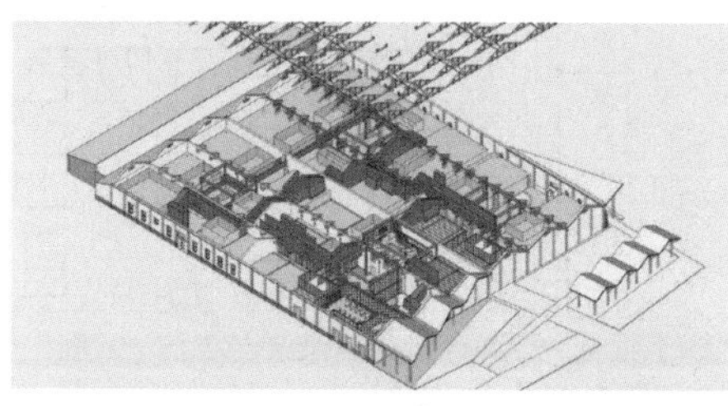

3. 当前生产场景和过去生产场景在参观流线内并置

参观者从入口就能通过显眼的楼梯上二层进入管状的参观步道，参观四类区域：

旧物件资料展示区——看到过去的生产场景，体会共和国长子的曾经的傲气和转型后的失落；

生产体验区——有向下的窗口看到一层真实的生产场景，体会延续的工匠精神；

昏暗的思考触发区——以肌肤之目感受老工厂的丁达尔效应，伴随着楼下生产的叮当声音，弱化视觉，全身心地投入到想法游走中；

途经的组团中心——欣赏网销工厂产品和生产者日常。

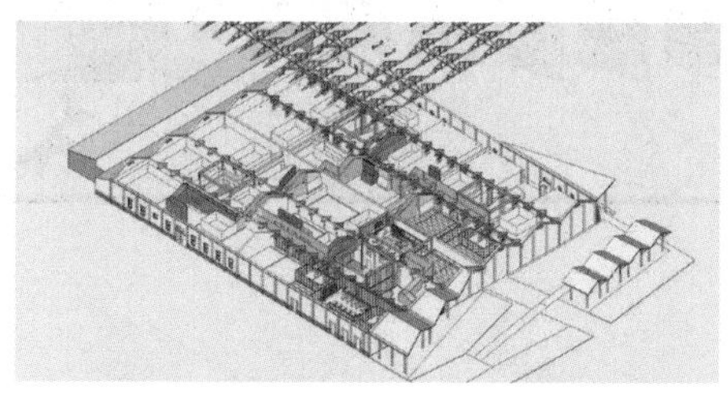

这座老厂是一个怀旧的触发器，生产者的经历和参观者的感想综合，会成为他们每一个个体对铁西的不同的印象，也就是所谓工业 4.0 时代的个体的怀旧。

新生产模式对旧生产空间再利用

参观者从入口就能通过显眼的楼梯上二层进入管状的参观步道

参观步道串联的四类空间

旧木结构与现代材料和形式的新加构件的并置让旧结构更易被建筑的使用者感知

老工人·新生活
沈阳铁西老旧服务设施更新改造
RETIRED WORKERS & NEW LIFE
RENOVATION OF OLD FACILITIES IN SHENYANG TIEXI DISTRICT

清华大学
设计：胡德民/熊芝锋/庞凌波
指导：许懋彦/韩孟臻

老工人

浴池 胡德民

中资私营浴池　公私合营转为国营企业　单位福利设施、工人浴池对外开放　国营浴池消失

日据　建国　改制　如今

1915　1925　1949 1954　1956 1958 1963　1980 1984　1985　2015.6.24

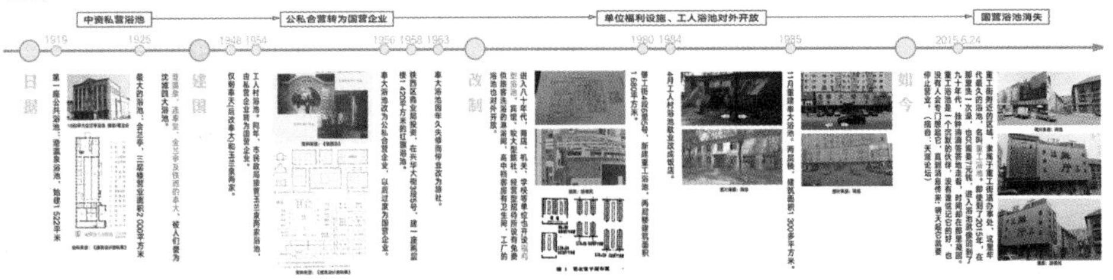

浴池的空间形式

由于东北气候寒冷，在民国时期就已经有私营浴池建筑的出现和兴起。

工厂浴池和社会公共浴池在新中国成立后到90年代期间作为特殊的公共活动场所和社区服务设施而在铁西人心中留下了不可磨灭的印象。

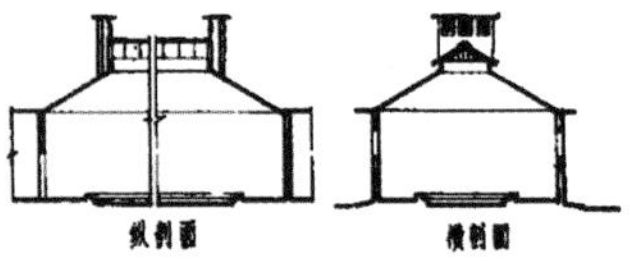

纵剖面　横剖面

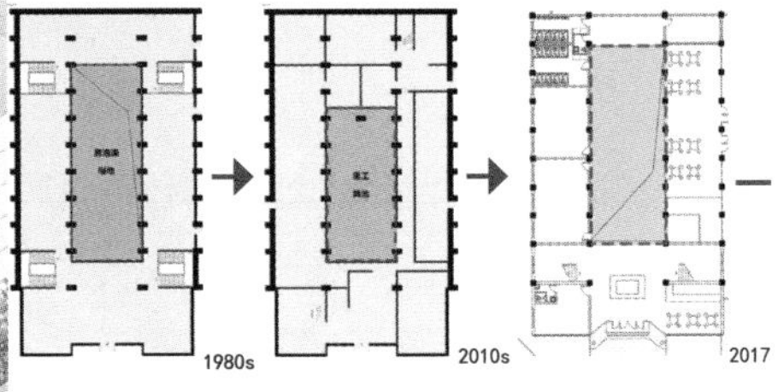

1980s　2010s　2017

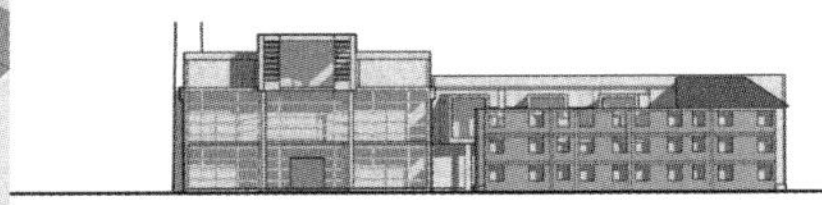

南立面图

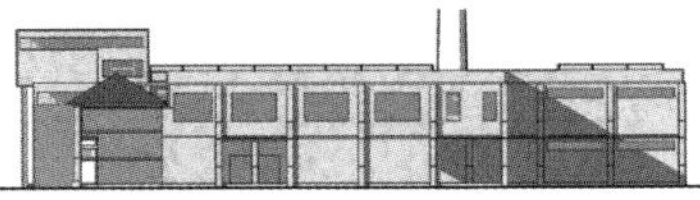

东立面图

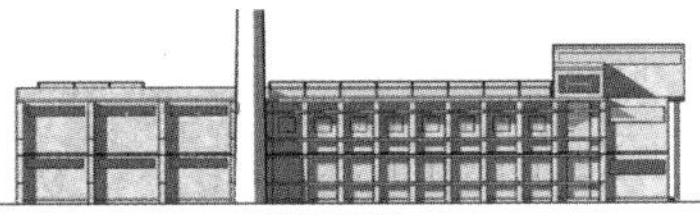

西立面图

A–A 剖面图

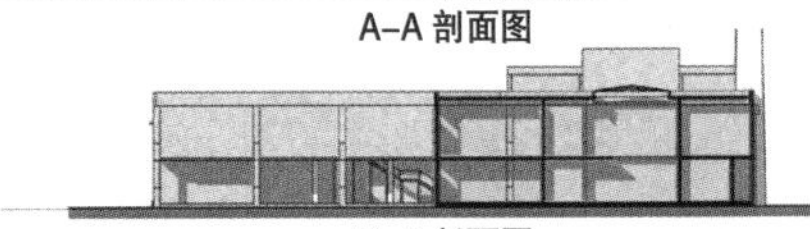

B–B 剖面图

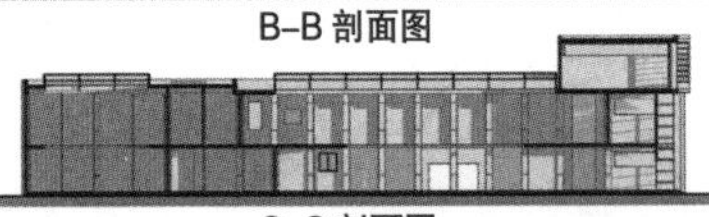

C–C 剖面图

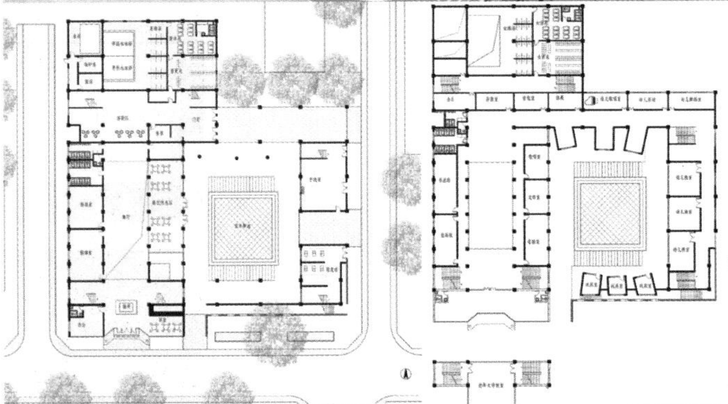

首层平面图

二层平面图

评语：

本次毕业设计选址在辽宁省沈阳市。沈阳市是中国工业化较早的城市，有着悠久的历史文化，在城市化进程中，城市保护与发展之间存在诸多矛盾，如何通过城市设计和建筑设计，从专业的角度对城市的历史、文化和物理现状进行思考与解读，力求发现城市空间组织的内在动力，解决现实或前瞻性的问题，对于提高本科毕业设计学生综合能力，具有明显的教学价值。

"基因"代表了一个城市独特的身份，地理、气候、物产、艺术、民俗等等，都是构成一个城市基因的重要元素，也是一个城市区别于其他的城市。

方案说明：重工浴池目前已经改造为舞厅和KTV，设计计划恢复浴池原有主要空间。将重工浴池原有的通高空间改为室内浴池并新建室外舞场。将重工浴池改为老年活动中心。结合原公寓楼新建儿童活动中心，和老年活动中心呼应。加建新浴池用意服务周边的老年人及居民的洗浴需要。

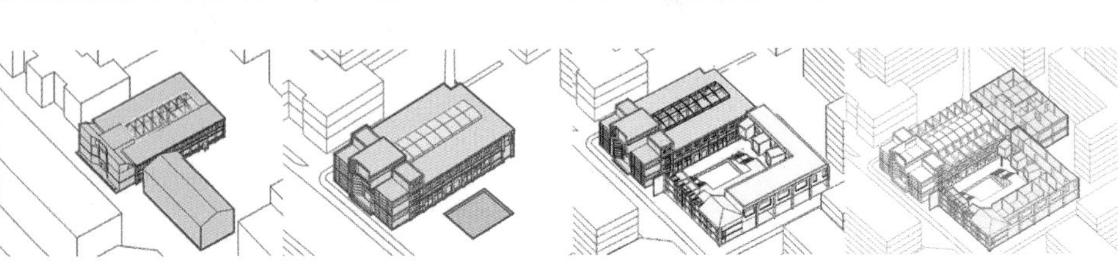

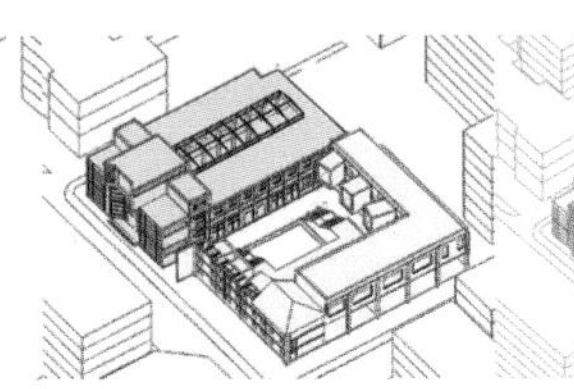

新生活

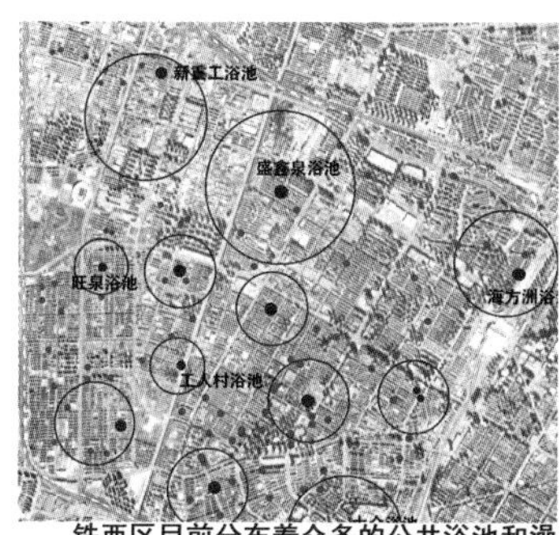

铁西区目前分布着众多的公共浴池和澡堂。规模和服务范围比较大的浴池有盛鑫泉浴池、大众浴池、新重工浴池等浴池。铁西区存在深厚的公共浴池文化背景，公共浴池在当代依然是重要的社会公共活动和社交的场所。

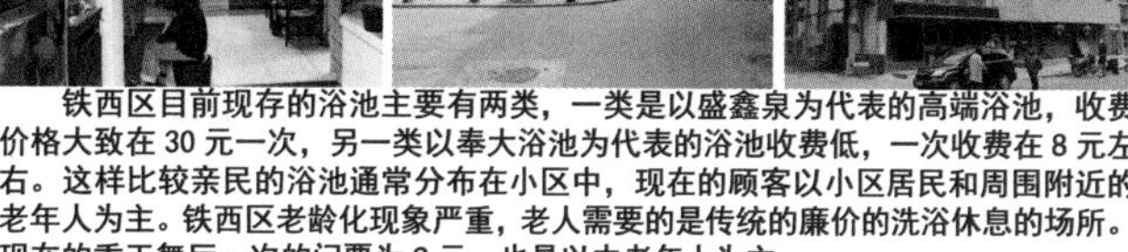

铁西区目前现存的浴池主要有两类，一类是以盛鑫泉为代表的高端浴池，收费价格大致在 30 元一次，另一类以奉大浴池为代表的浴池收费低，一次收费在 8 元左右。这样比较亲民的浴池通常分布在小区中，现在的顾客以小区居民和周围附近的老年人为主。铁西区老龄化现象严重，老人需要的是传统的廉价的洗浴休息的场所。现在的重工舞厅一次的门票为 2 元，也是以中老年人为主。

重工浴池原址位于铁西区重工社区，面对建业路，处在重工街和肇工街中间，曾经是周边众多工人村和工人住宅的核心洗浴空间。目前依然处在小区中，北边的富工一街和富工二街聚集着摆摊贩卖的小商贩。

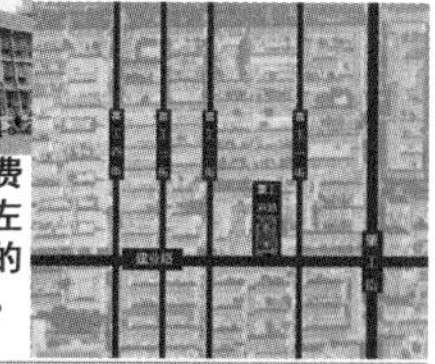

铁西区重工浴池更新和社区场地设计

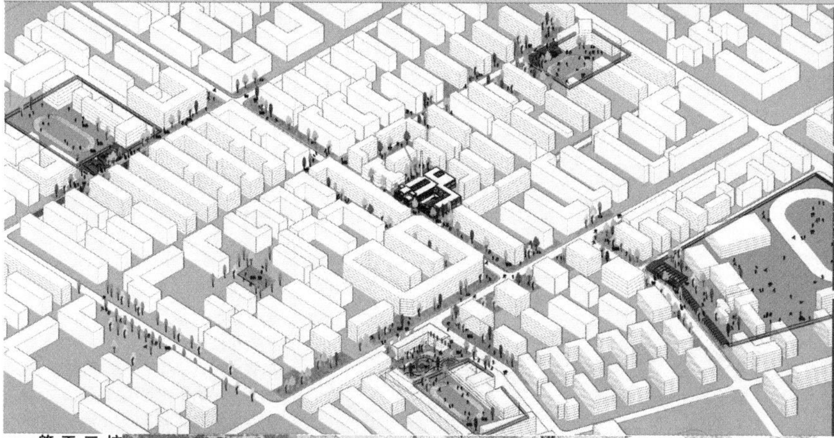

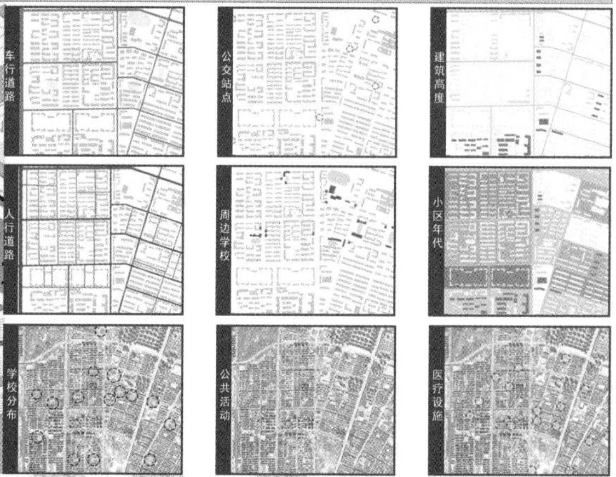

车行道路　公交站点　建筑高度

人行道路　周边学校　小区年代

学校分布　公共活动　医疗设施

肇工三校位于富工二街和南西七路的交叉口，学校操场面对富工二街，针对次场地设计考虑将学校操场对社区半开放同时新建学校操场看台。

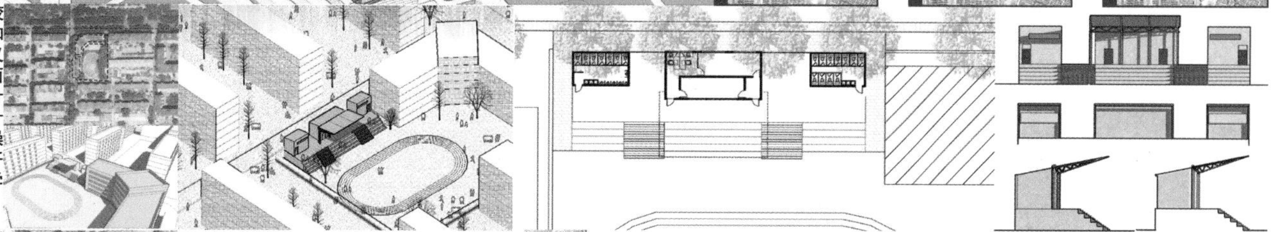

雏鹰小学位于富工四街，学校规模较小，但学校以围棋为特色，学校周边也较多围棋培训班，故结合学校门前空间设计围棋空间。

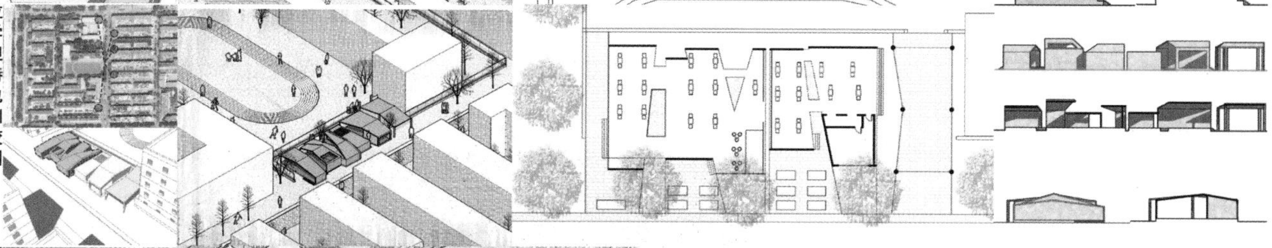

沈阳市第十二中学是铁西区较好的中学。位于南八西路。周围有铁西区滑冰协会，本设计考虑结合学校前空地设立滑冰场。

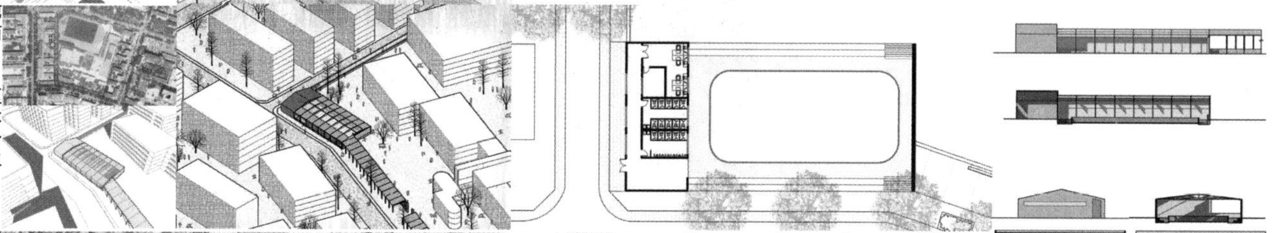

启工三校紧邻启工街，是铁西区最好的小学。学校人数多，接送家长也较多，本设计结合老年人和孩子的活动设置一个跨龄的活动场地。

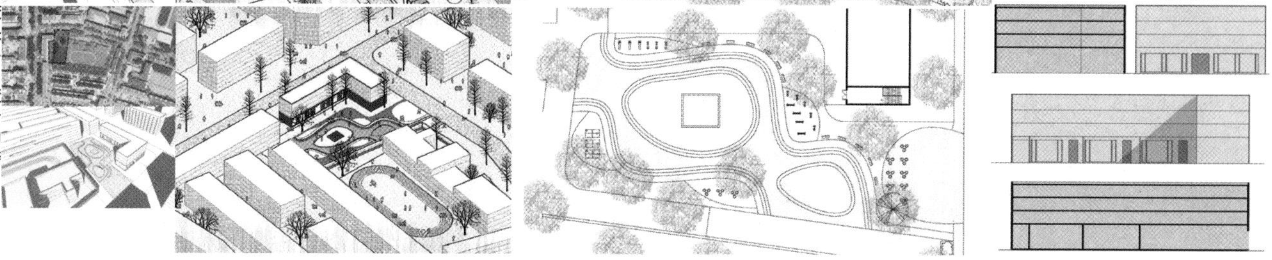

工人文化宫

熊芝锋

1921　1932　1950　1980

日据

学习活动性质的夜校、体育行会成立

资料来源：《大连日报》

建国

铁西区最早的企业俱乐部：原麻袋厂，厂内建的俱乐部，但是规模很小。每个厂的行会形成了一个统一的组织。

全总召开全国第一次工会俱乐部会议，明确规定了工人文化宫的用途。

铁西部分厂办文化宫俱乐部一览（1949-1980年）

工人文化宫的主要工作是进行政治宣传、生产鼓励、文化技术教育，并组织工人、职员群众及其家属的业余文化休息和艺术活动。

改制

工人的社会性质以此为中介形成。

改革之后，工会要继续生存，就要利用它变成一个可以盈利的项目。一开始还规定不能把它转变为其他的用途，后来只要是文化娱乐活动或者是教育类就可以，那歌舞表演、二人转都是可以的。

亲子水池
溜冰 / 活动 / 晒太阳

沿街商业
滑雪 / 休憩 / 滑板

弧形廊道
步道 / 前广场

婚礼堂
教堂婚礼 / 草坪婚礼 / 餐饮

总平面图

该场地面临的问题是过去的老工人群体在新时期怎样使用文化宫及场地，因此设计基于人群内外两个层面进行改造，即解决群体的实际需求，同时延展现有功能，提供不同人群碰撞交流的场景。

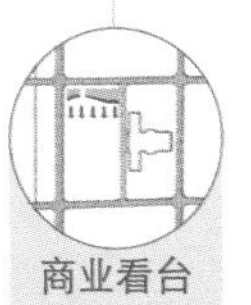

商业看台
休憩 / 活动

活动中心
活动 / 相亲 / 社区饮食

亲子内院
亲子活动 / 步道 / 户外相亲

地面停车
人车分流

文化宫未来策划

工人　曾经

工人聚会活动
集中学习

未来

青少年　现在

儿童培训学校
青年相亲

解决老工人群体的实际活动需求

老年活动中心、社区饮食

+

挖掘与年轻群体互动的可能性

亲子活动、老人为年轻人相亲

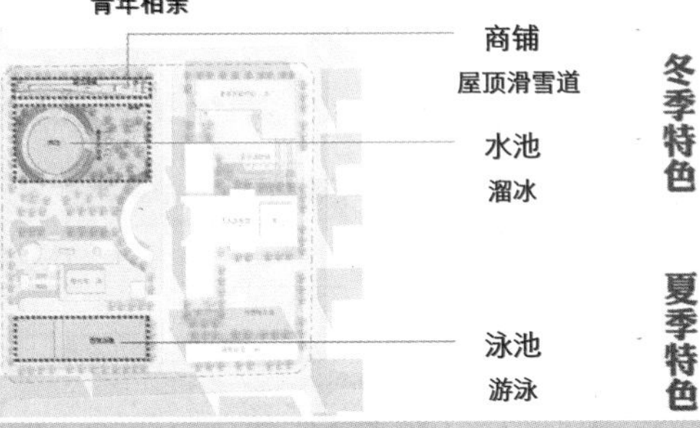

商铺
屋顶滑雪道

水池
溜冰

泳池
游泳

冬季特色

夏季特色

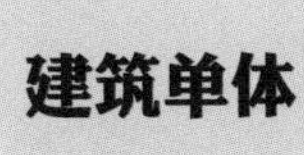

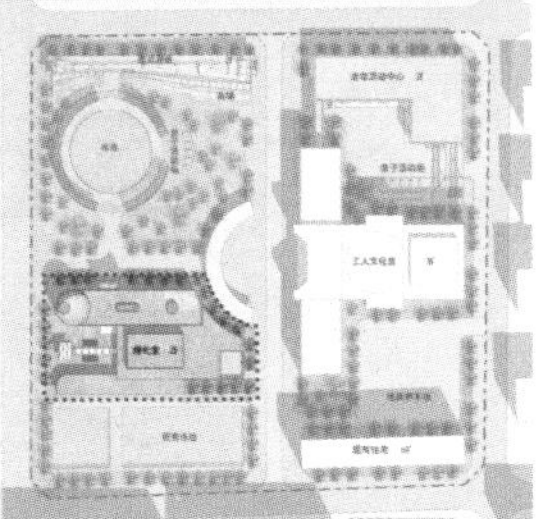

婚礼堂

相亲功能外溢，在场地中完善婚庆功能，故新建婚礼堂。结合当下年轻人的需求设计了教堂、草坪婚礼、礼拜堂等大中小不同规模的婚礼。同时还加入了餐饮功能，并为南侧泳池配套。

沿街商铺

结合亲子水池改造商铺形态，并在水池的轴线开口，增加场地内部的可达性。根据人群定位及季节分区加入屋顶滑板、滑雪的坡道，并沿场地内部设计看台，提升商铺片区的活动属性。

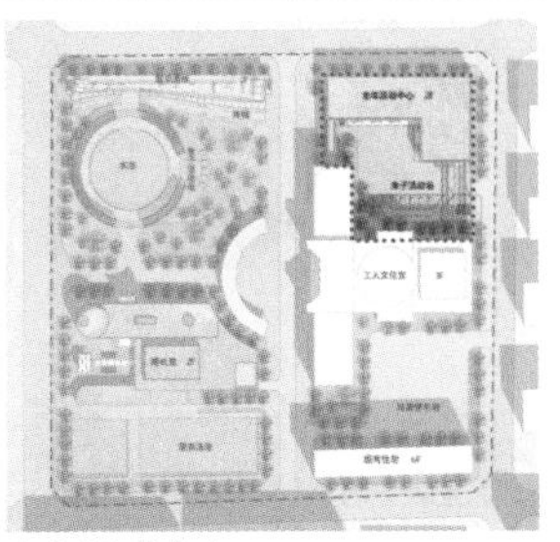

老年活动中心

原有文化宫空间状况、运营情况良好，故维持现状，呼应其建筑形态加建老年活动中心并围合出亲子活动内院。活动中心包含室内文娱活动、社区饮食，以及相亲配套功能，通过二层廊道与文化宫相亲区域连接。

新生活

文化宫现状

如今

铁西已难寻曾经大工厂的痕迹，工厂文化宫早就改建。各个遗留下来的文化宫，也已翻新并接受了新的管理，其使用主体也不再是当年的工人了。

周边交通情况较好，西侧为单行道，与卫工明渠及其绿化带相连；但场地内部的围墙使得场地与外界沟通不畅，削弱了场地的可达性。

服务职工 → 对外承包

“自收自支”

由于没有财政拨款，靠市场化运作，工人文化宫的功能由服务职工转变为对外承包，而其使用的人群也从工人群体转变为功课培训的青少年。

沈阳市铁西区工人文化宫改造探索

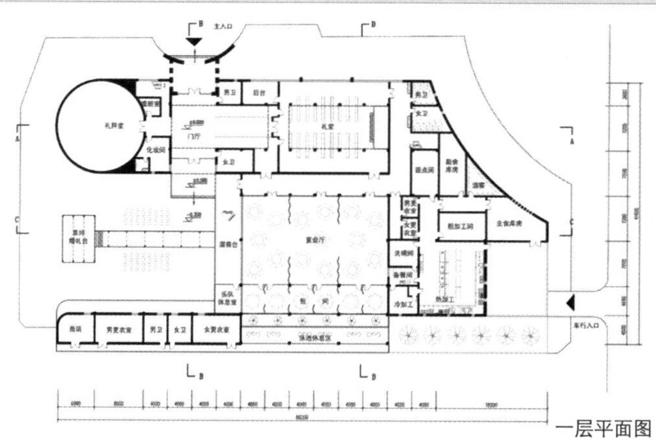

一层平面图

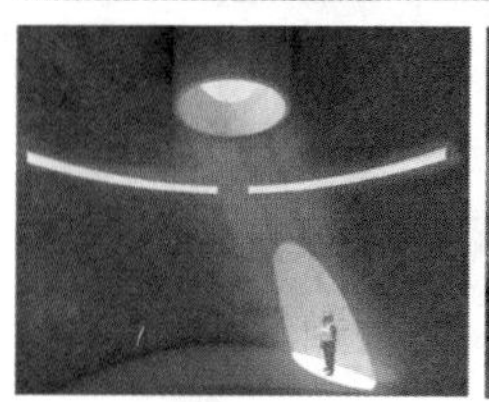

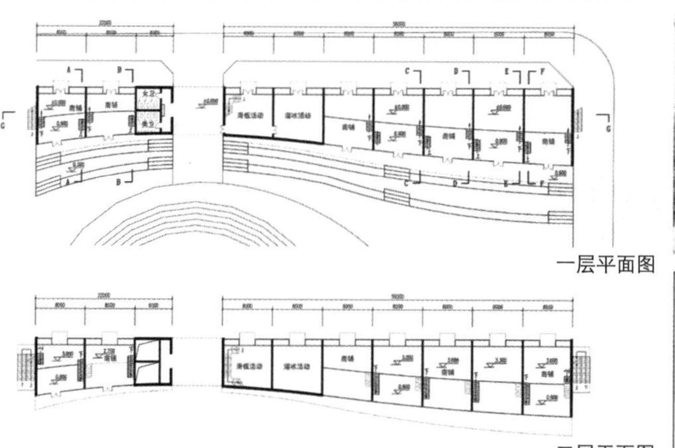

一层平面图

二层平面图

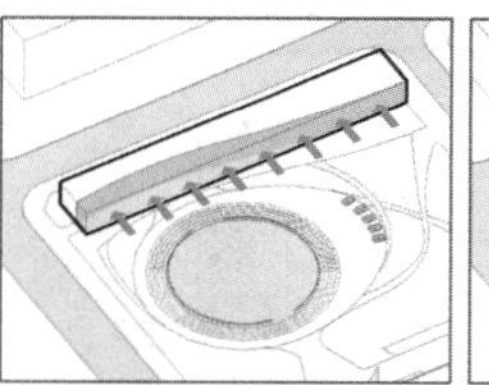

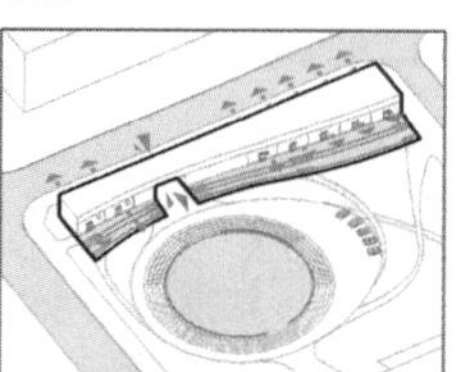

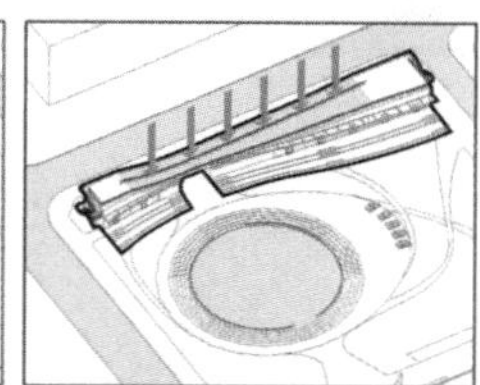

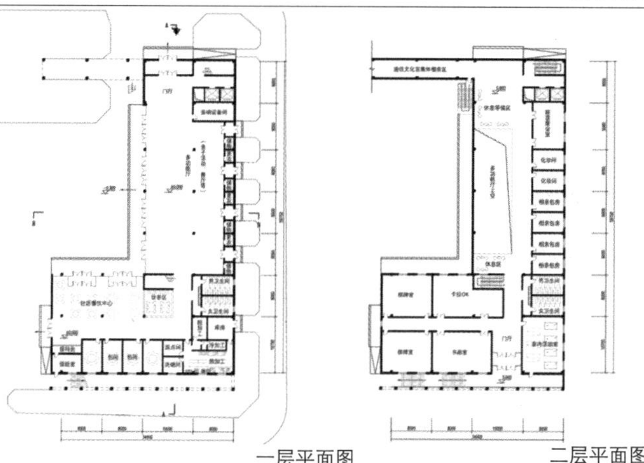

一层平面图　　二层平面图

商铺（屋顶滑道）
青 / 幼

婚礼堂（带餐饮）
老 / 青

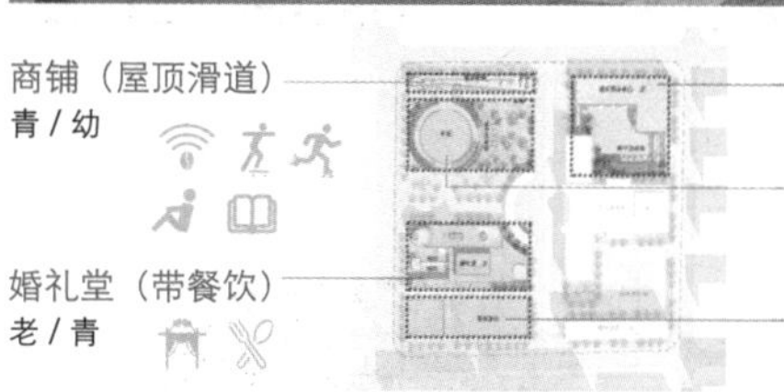

老年活动中心（亲子内院）
老 / 青 / 幼

亲子水池（下沉台阶）
老 / 青 / 幼

泳池（休憩廊道）
青 / 幼

市场

庞凌波

1906　1919　1935　1938　1950　1951　1952　1953　1956　1978　1979　1988

日据

1906：日本人建起最大最早的百货商店"七福屋百货店"。

七福屋百货店旧址（上）中谷时计店（下）

1919："西四条街"改为"春日町"，形成商圈，及至1914年，太原街一带的外国商号共有117家，其中中国人经营的商号只有两家。

1935：今中兴大厦地段建设"中谷计时店"，同年修建"春日町菜市场，圆形建筑。"

1938：新阜菜市场建成，新中国成立后改为"铁西菜市场"。1957年，改称"铁西圈楼"。

春日市场（上和中）改为和平副食商场入口（下）

建国

1950：人民政府指定成立一家国营百货商店，"中谷计时店"变为"老联营"。

太原街老联营旧照

“乡下佬进城，一身趟城，先进饭店，后进联营。”

1951：桃园副食品商店，原为扇风机厂职工消费合作社，1984年改副食品商店。

1952：建成铁西百货大楼（原名铁西百货商店）5600m²。

1953：工人消费合作社，在1956年改为工人村副食商场。

1956：西环副食商场，集体企业，原国营重工商店重工门市部。

改制

1978：十一届三中全会后，允许私人经济发展，允许多渠道组织货源。到1985年副食品销售恢复正常，商品敞开供应。

1979：一月九路市场开放，同年建工人村市场。

1988：铁西区百货88个，综合性商业46个，其他专业性商业10个……其中全民性质29个，合营性质3个。

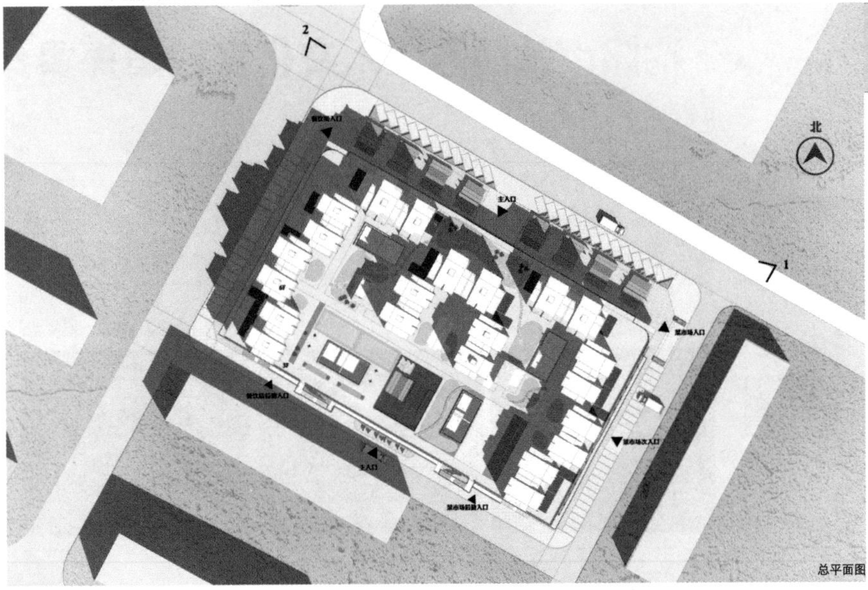

总平面图

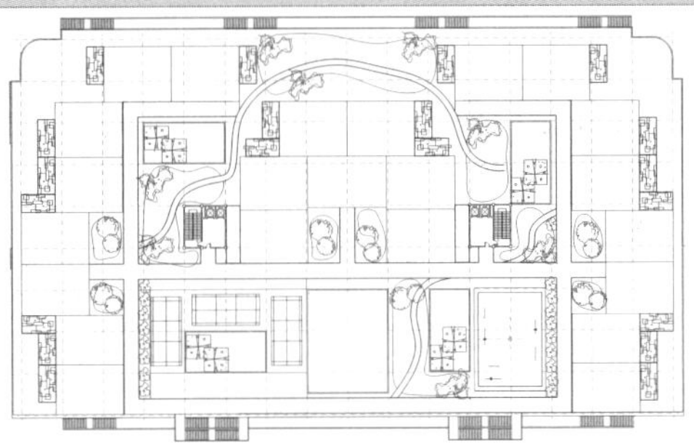

屋顶平面

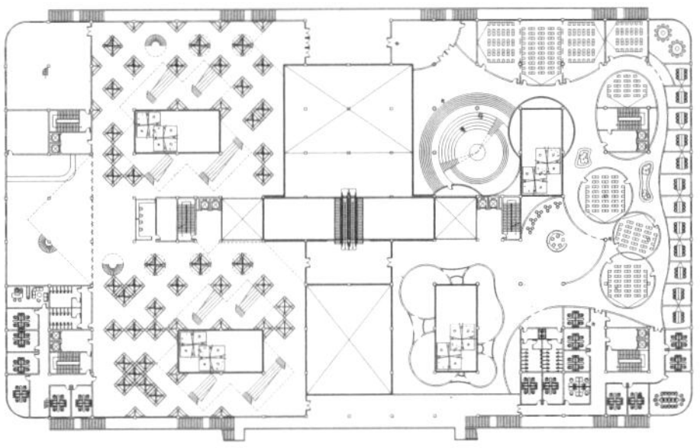

三层平面

正立面图

东立面图

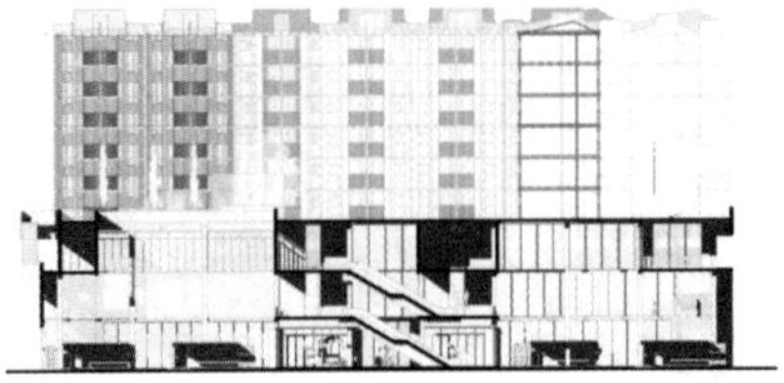

1-1 剖面

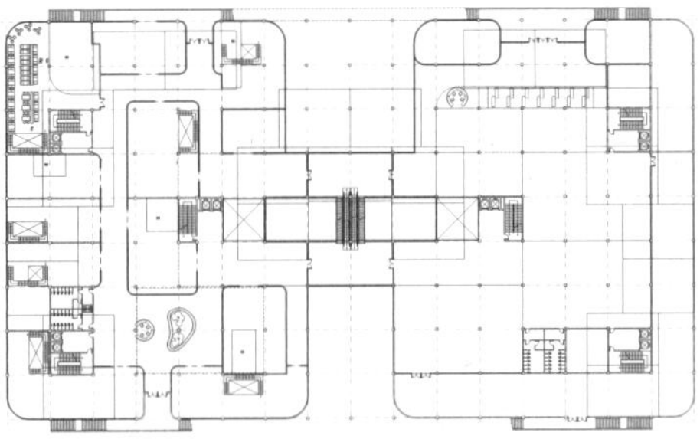

二层平面

2-2 剖面

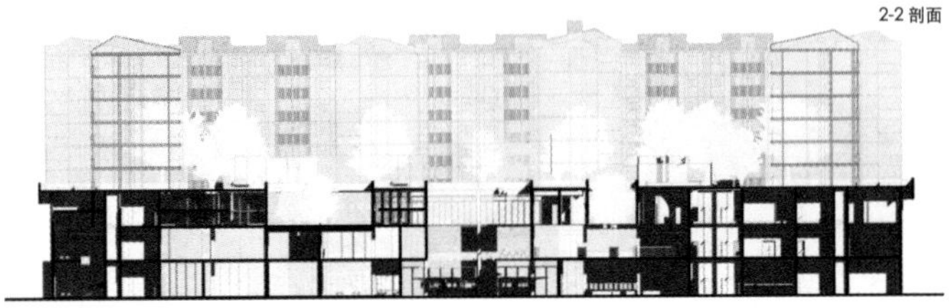

设计说明：

本设计依托于铁西历史上副食商场空间形式的研究分析，针对目前沈阳铁西区老工人对物质交换场所的需求变化，以及老旧市场在应对新经济形势的不足问题，针对性的提出现实的设计应对策略，通过对空间的改造更新，改善九路市场惨淡经营的现状，并结合商贸活动，丰富社区居民的公共社交。

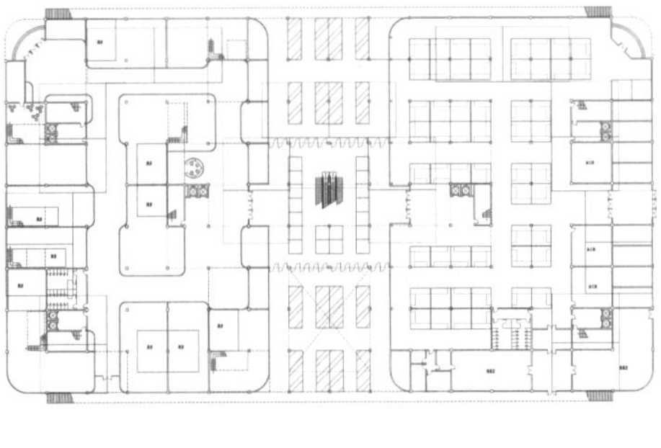

首层平面

新生活

如今

"圈楼"是那个年代沈阳人家喻户晓的第一大购物中心。如今，在我们的居民区附近，尽管有许多大小各异的新型超市，但老人们还是认当年的"圈楼"。它不是普通的建筑名称，更是老沈阳人的怀念。

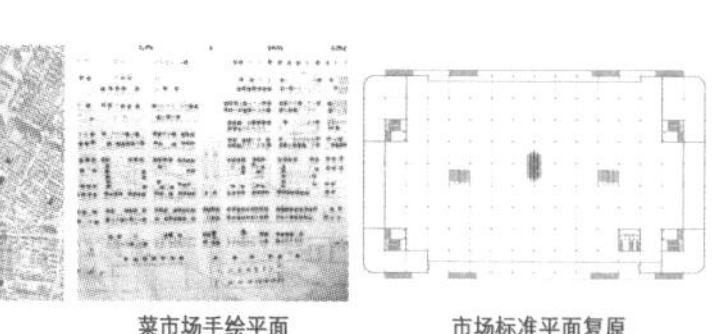

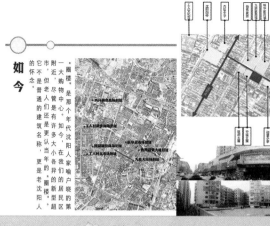

综合百货分布　副食集贸分布　副食集贸服务范围

教育资源分布　菜市场手绘平面　市场标准平面复原

沈阳市铁西区九路市场改造研究

平台活动

以入户步道规划为前提利用剩余空间规划羽乒网球场地，方便人们使用，并结合绿地规划散步廊道。

下沉庭院

将屋顶平台与下一层通过光筒相连，同时解决视线交流、下层采光、空间划分灵活等几个问题。

社交阅读

结合下沉庭院和夹层设计，以台阶形式形成社交性阅读空间，自然光条件良好，便于人们交流和欣赏景观。

培训中心

适当配置合理的教室容量，并通过增加曲线改善死板空间，增强亲和力，并配合彩色儿童活动区，寓教于娱。

流线规划

重新对平面交通空间进行规划，形成回字形集中流线，楼梯改电梯，解决无障碍问题的同时满足消防分区要求。

九路市场

缩减菜市场规模，规范菜市场分区，改善内部物理环境，保留原始市场中人们赖以交流的空间形式，保持其活力

九路"中街"

将九路市场一层南北向打通形成内部街道，化解体量过大过实的建筑空间，增加商业界面，营造良好购物氛围。

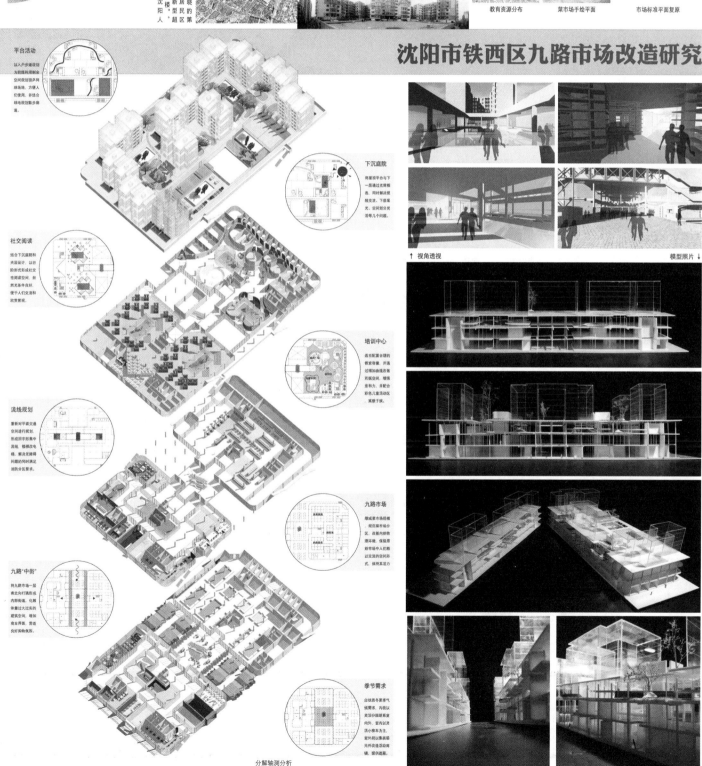

季节需求

应铁西冬夏季气候需求，内街以灵活分隔联系室内外，室内以灵活小推车为主，室外则以集装箱元件改造活动商铺，提供遮蔽。

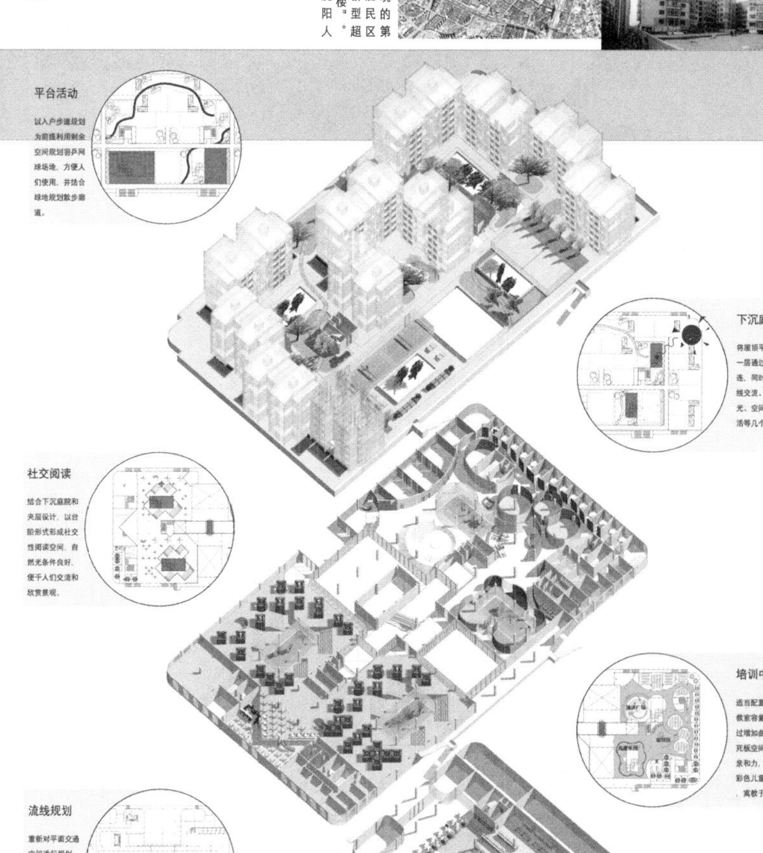

分解轴测分析

↑ 视角透视　　模型照片 ↓

三

铁西·行
Walkable Tiexi · Slow System

清华大学
设计：侯兰清/刘宇涵/高进赫（朝鲜）
指导：许懋彦/韩孟臻

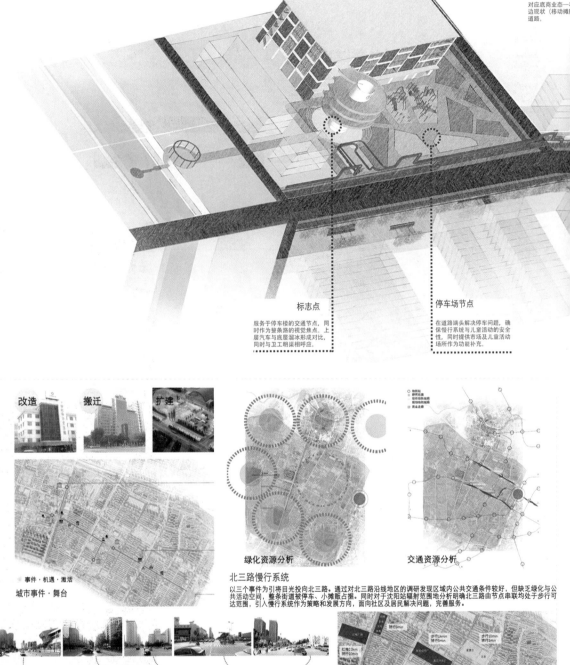

标志点

服务于停车楼的交通节点，同时作为整条路的视觉焦点。上层汽车与底层溜冰形成对比，同时与卫工明渠相呼应。

停车场节点

在道路端头解决停车问题，确保慢行系统与儿童活动的安全性，同时提供市场及儿童活动场所作为功能补充。

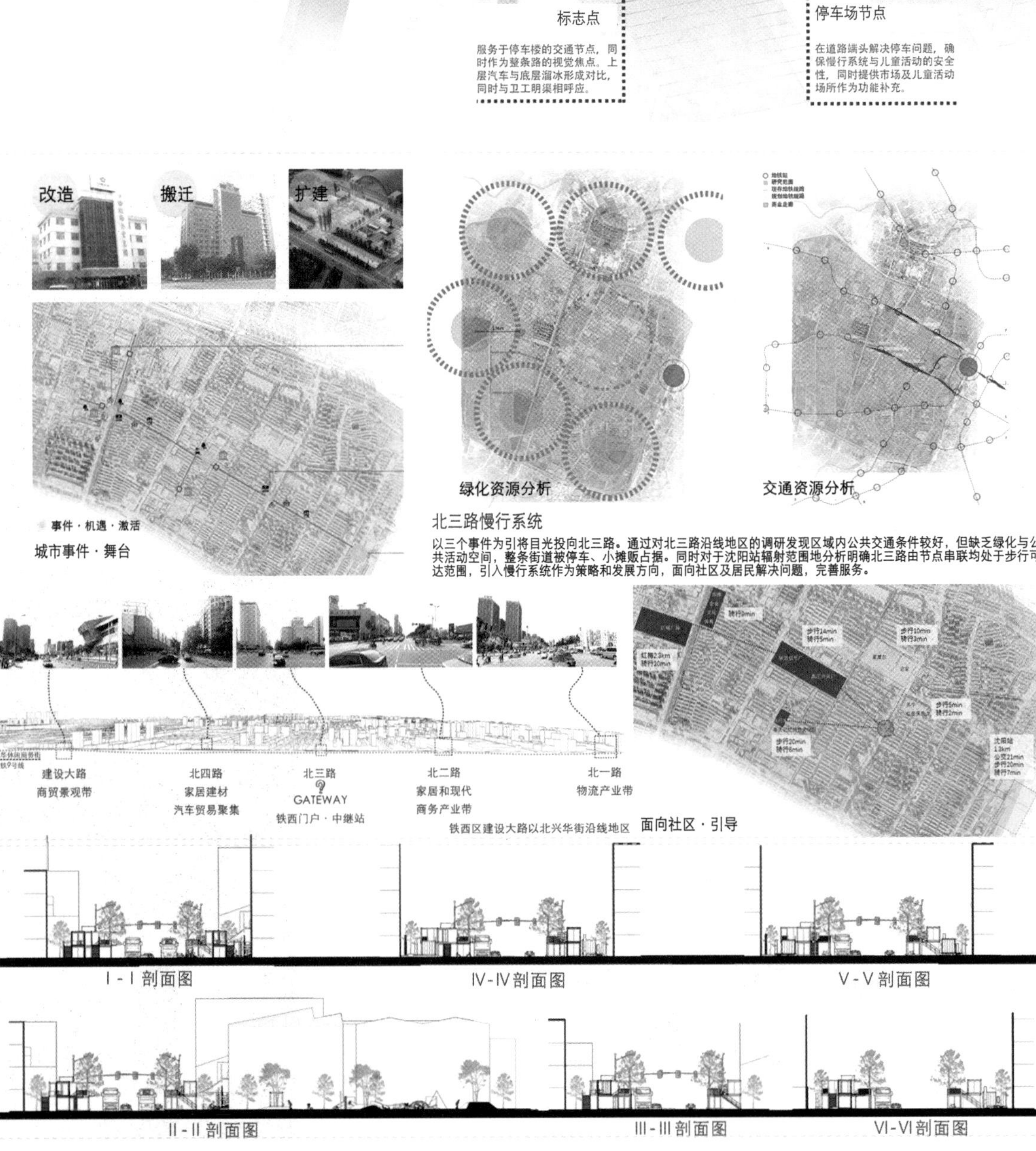

评语：

街道空间是最普遍的城市公共空间，其品质与社区居民的日常生活息息相关。结合铁西区城市发展的若干契机，本组毕业设计提出将“北三路”的一段改造为慢行系统，使之更加适应本地居民的日常生活，同时通过设计手段保留工业区的历史记忆。在设计改造街道界面的同时，结合现有的临街建筑功能，插入临时性的集装箱建筑以解决或拓展城市服务功能。以服务市民的日常性生活为主线，三个组员选取沿路地段，分别设计了停车楼与市场、市民交流与文体中心、青年旅馆和办公楼等建筑单体。

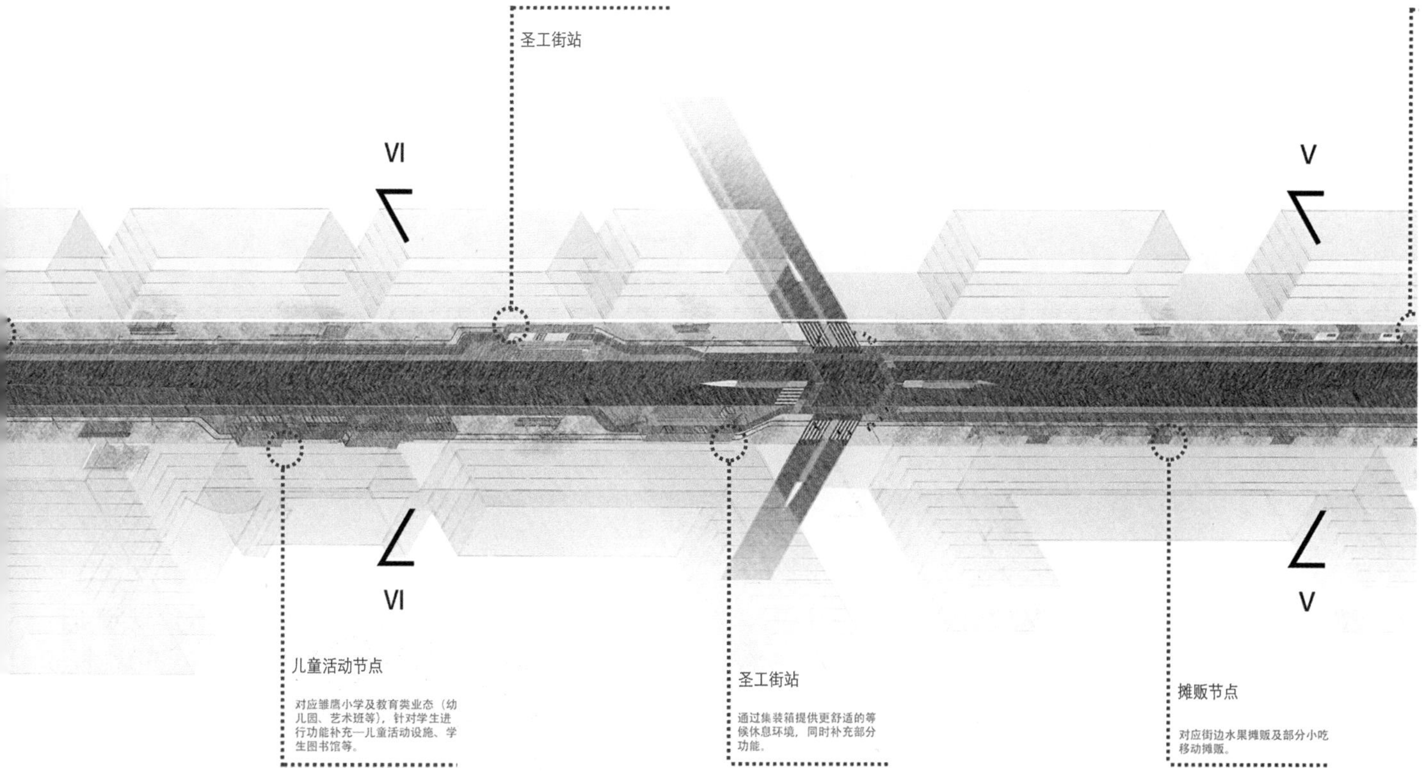

圣工街站

VI

V

VI

V

儿童活动节点

对应雏鹰小学及教育类业态（幼儿园、艺术班等），针对学生进行功能补充—儿童活动设施、学生图书馆等。

圣工街站

通过集装箱提供更舒适的等候休息环境，同时补充部分功能。

摊贩节点

对应街边水果摊贩及部分小吃移动摊贩。

停车场节点

雏鹰东校、社区便民市场、慢行系统停车

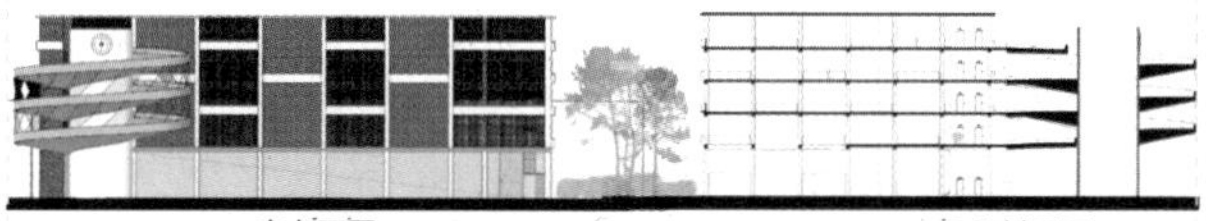

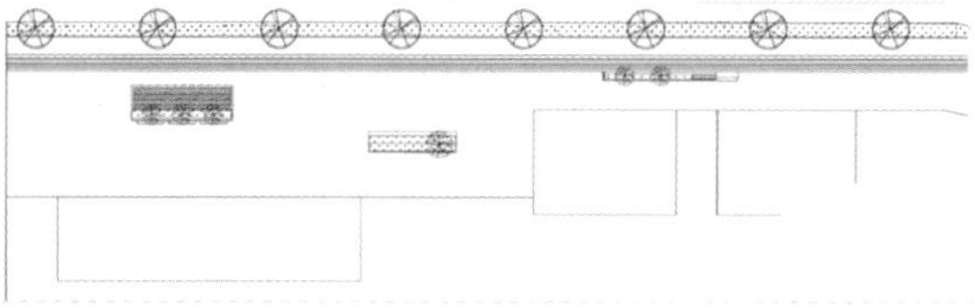

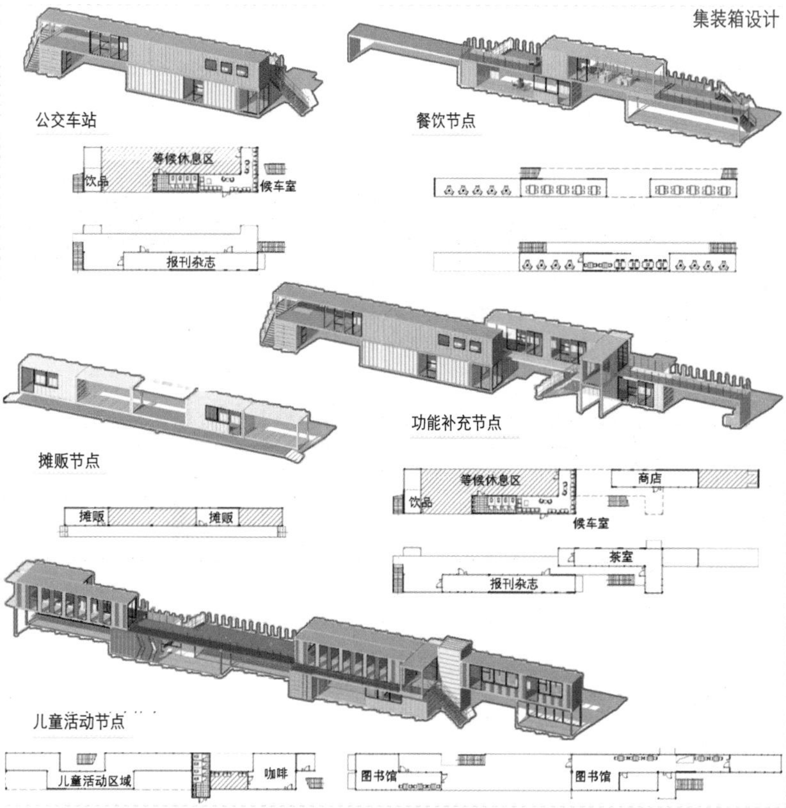

南立面图

B-B 剖面图

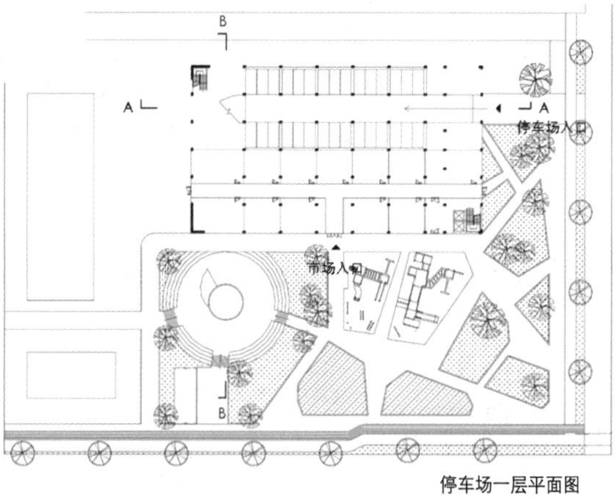

停车场一层平面图

集装箱设计

公交车站

餐饮节点

功能补充节点

摊贩节点

儿童活动节点

停车场节点透视图

绿色停车楼、交通标志转盘、儿童活动广场相结合

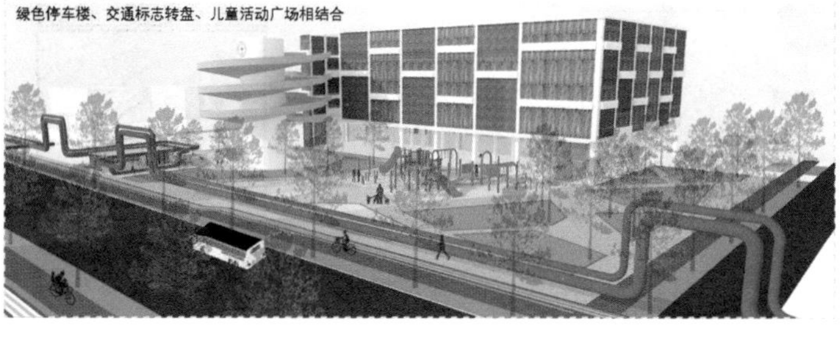

十字路口慢行系统处理方式

通过如图各种方式使慢行系统更加安全可行，让整个道路更侧重于慢行交通。

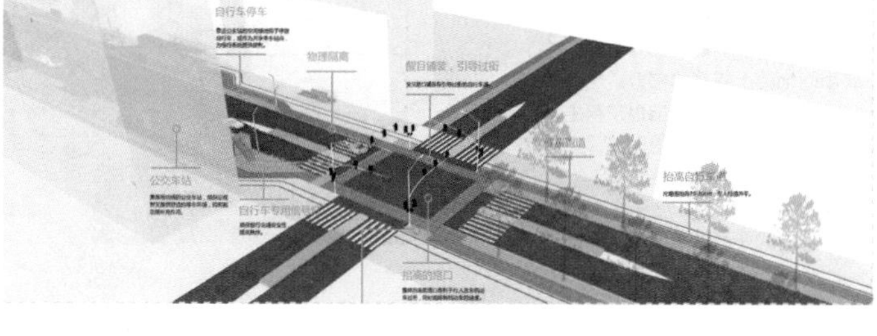

摊贩节点

对应街边蔬菜摊贩及部分小吃移动摊贩。

保工街站

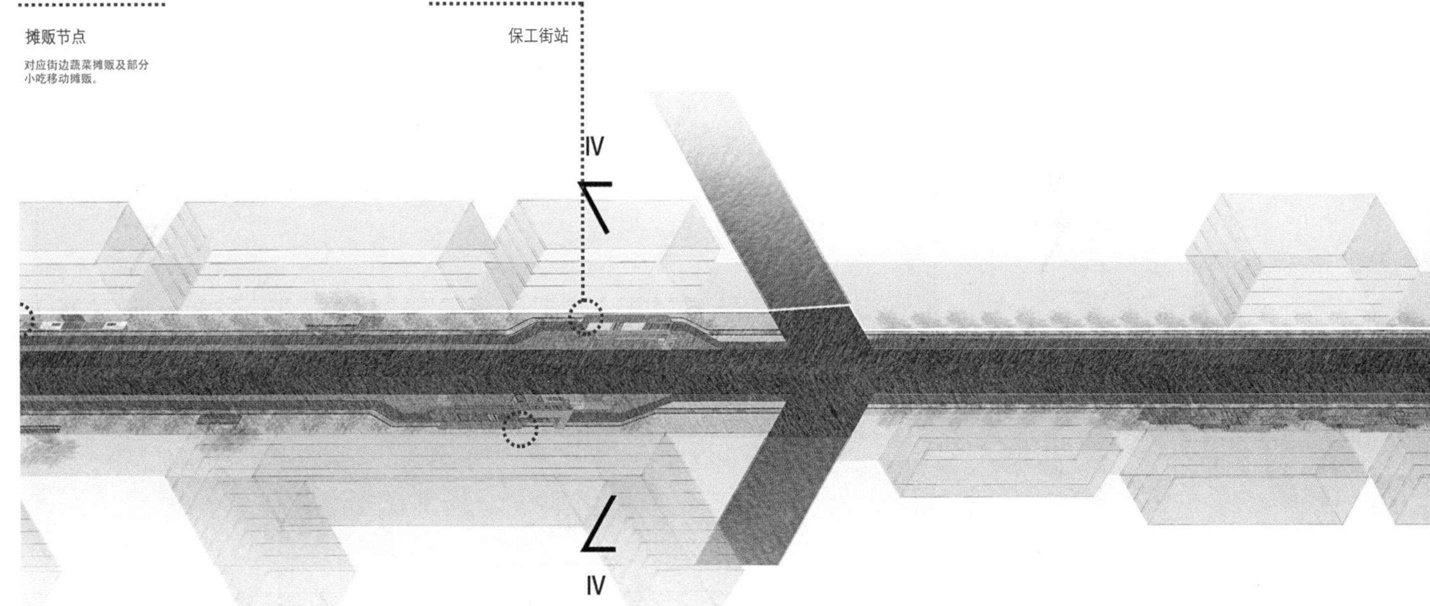

社区交流中心效果图

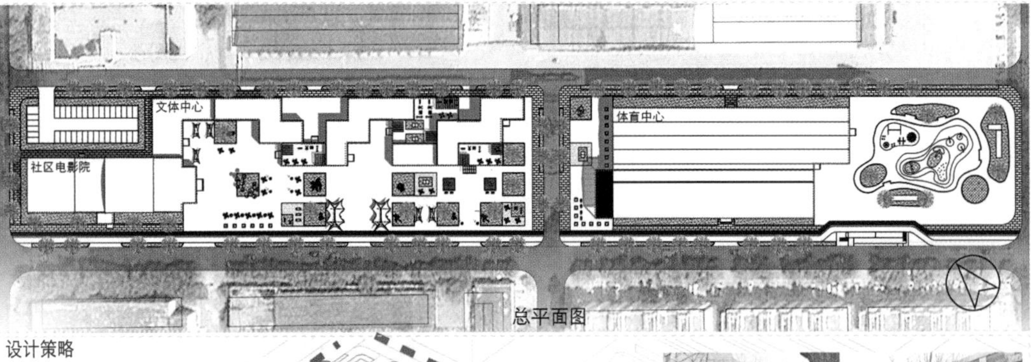

总平面图

沈阳高压厂简介：

地址：沈阳市 铁西区 景胜北街38号

单位：新东北电气高压开关公司

成立时间： 1937年

建筑类型：3层，5~6层板楼 已迁往西侧新区，原厂址保留。

沈阳高压厂总占地面积279,324m^2，建筑面积为209,323m^2（包括主厂区，虎石台试验站和东厂区）。

主厂区北院东西走向全长为1,020m；南北走向全长为110m；占地总面积为102,000m^2。

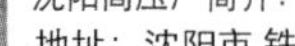

设计策略

该项目设计的目的是在以北三路作为慢行道路的基础上将旧沈阳高压厂改造为交流中心。设计范围是旧沈阳高压厂俱乐部，中型车间及夹在中间的地段。

该设计有三个部分组成，第一个部分是原沈阳高压厂俱乐部的改造设计，第二个部分是原高压中型车间的改造设计，最后部分是在旧建筑中间地段上新建的部分。

总体策略上保持着旧俱乐部主入口和旧中型车间之间的周线关系，新建部分不得妨碍周线关系。

新建部分的概念来自于管道-旧制造厂里面的生产管道组织线。

周边社区分布

地段周边半径为一公里的范围内社区分布情况如右图，该地段里可以设置生活性的服务功能。

商业发展分布

很多企业已经沿着齐贤路注入到了该地段周边地区。该地段的服务功能可以跟随这趋势。

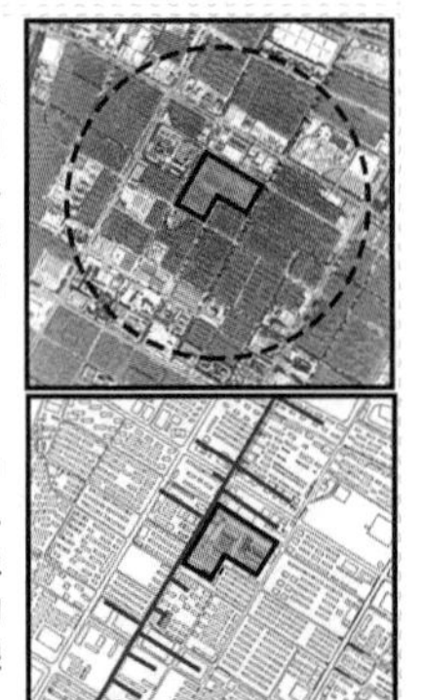

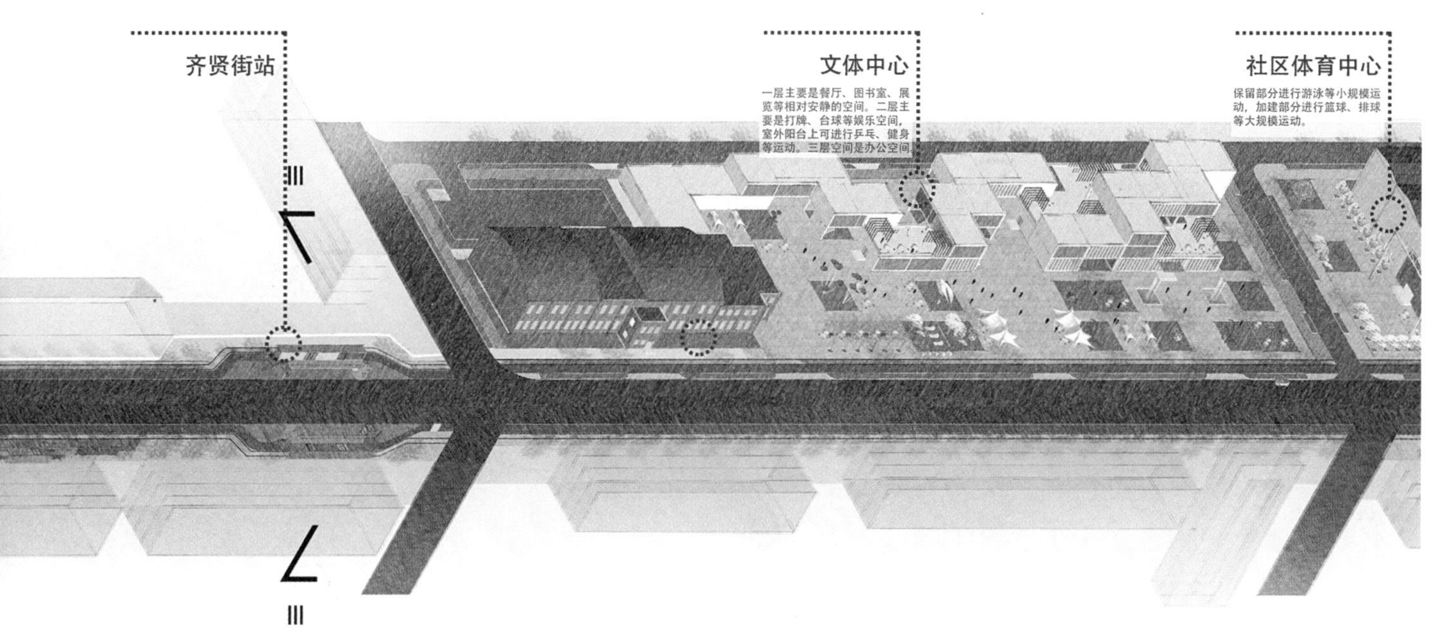

新建文体中心

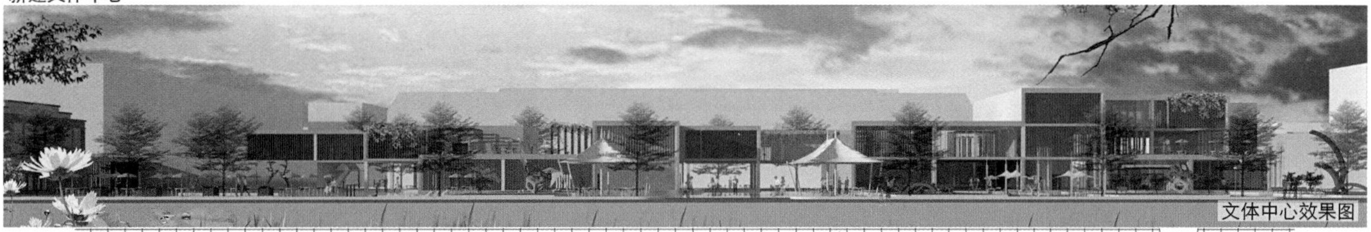

文体中心效果图

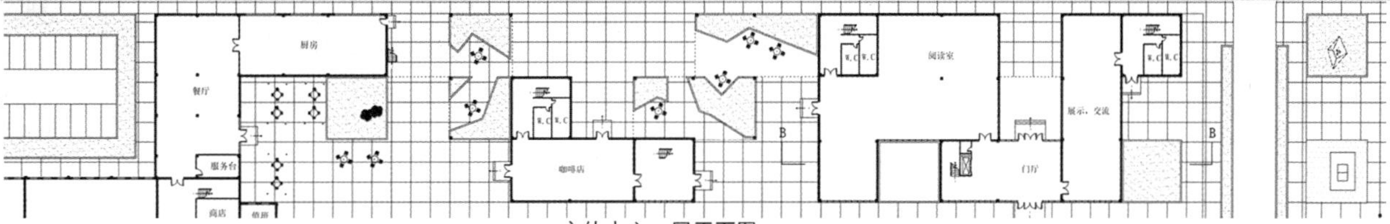

文体中心一层平面图

A-A文体中心剖面图　　B-B文体中心剖面图

改造社区电影院

社区电影院效果图

改造体育中心

体育中心效果图

电影院一层平面图

体育中心一层平面图

A-A电影院剖面图　　B-B电影院剖面图

A-A体育中心剖面图

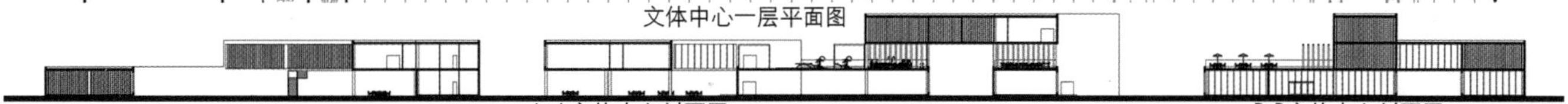

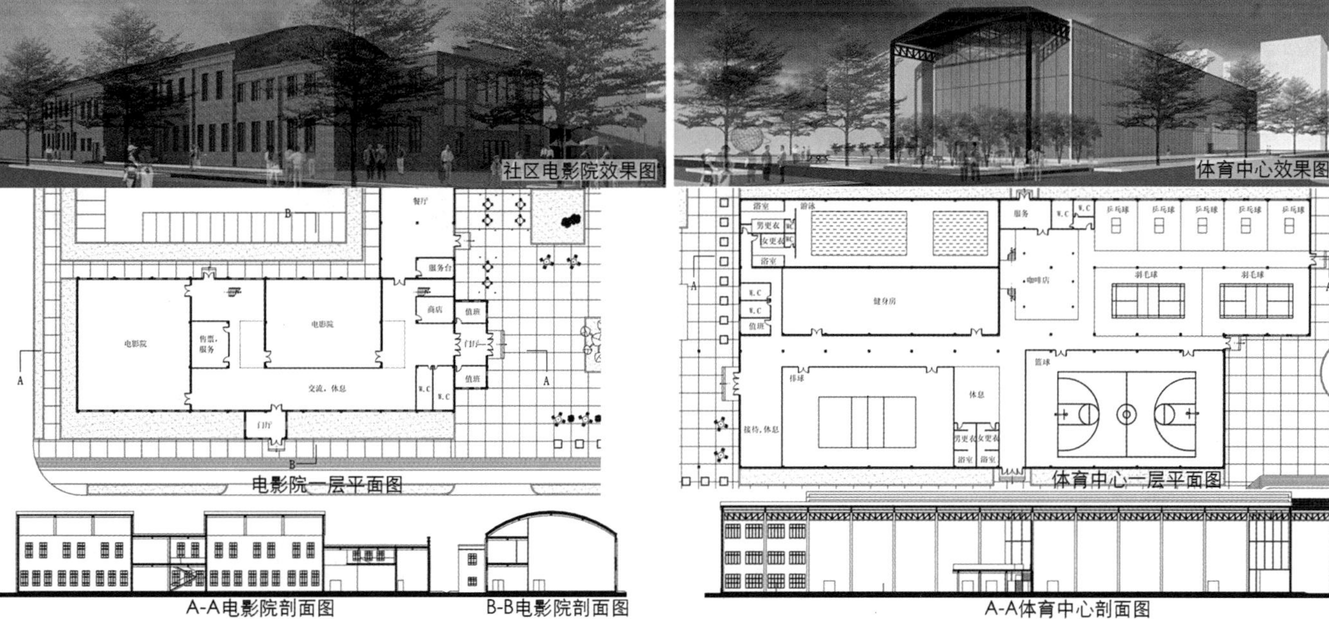

儿童活动广场

活动场地与道路以绿化相隔保证安全性，闭合环形道路为各种活动提供机会。外侧集装箱为家长提供休息观察场所，内侧提供儿童活动设施。

场地区位分析

原铁西区政府办公大楼地块改造设计

政府大楼搬迁，闲置建筑改造为酒店、办公等商业用途。围墙分隔和停车占据的场地经过设计，重新开放拥抱城市和社区，与北三路慢行系统融为一体。

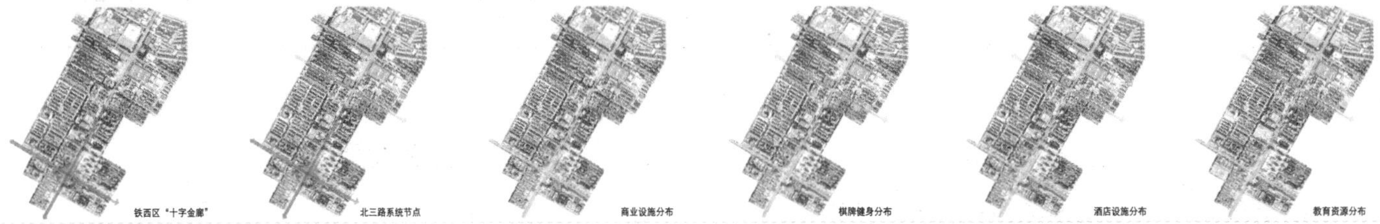

铁西区“十字金廊”　北三路系统节点　商业设施分布　棋牌健身分布　酒店设施分布　教育资源分布

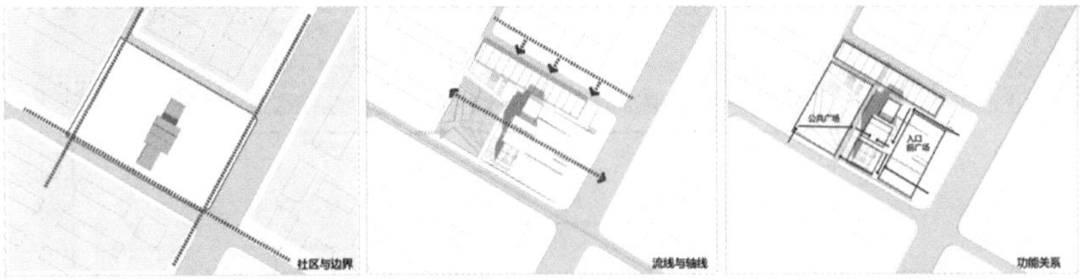

社区与边界　流线与轴线　功能关系

生成过程及功能分区

慢行系统

绿地系统

生活服务与公共活动广场

慢行街道改造

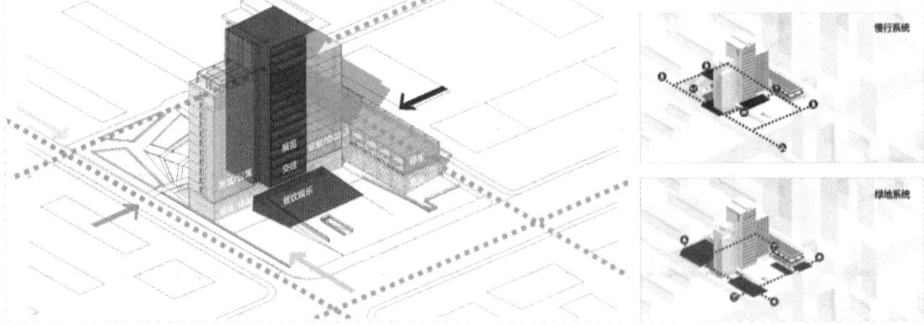

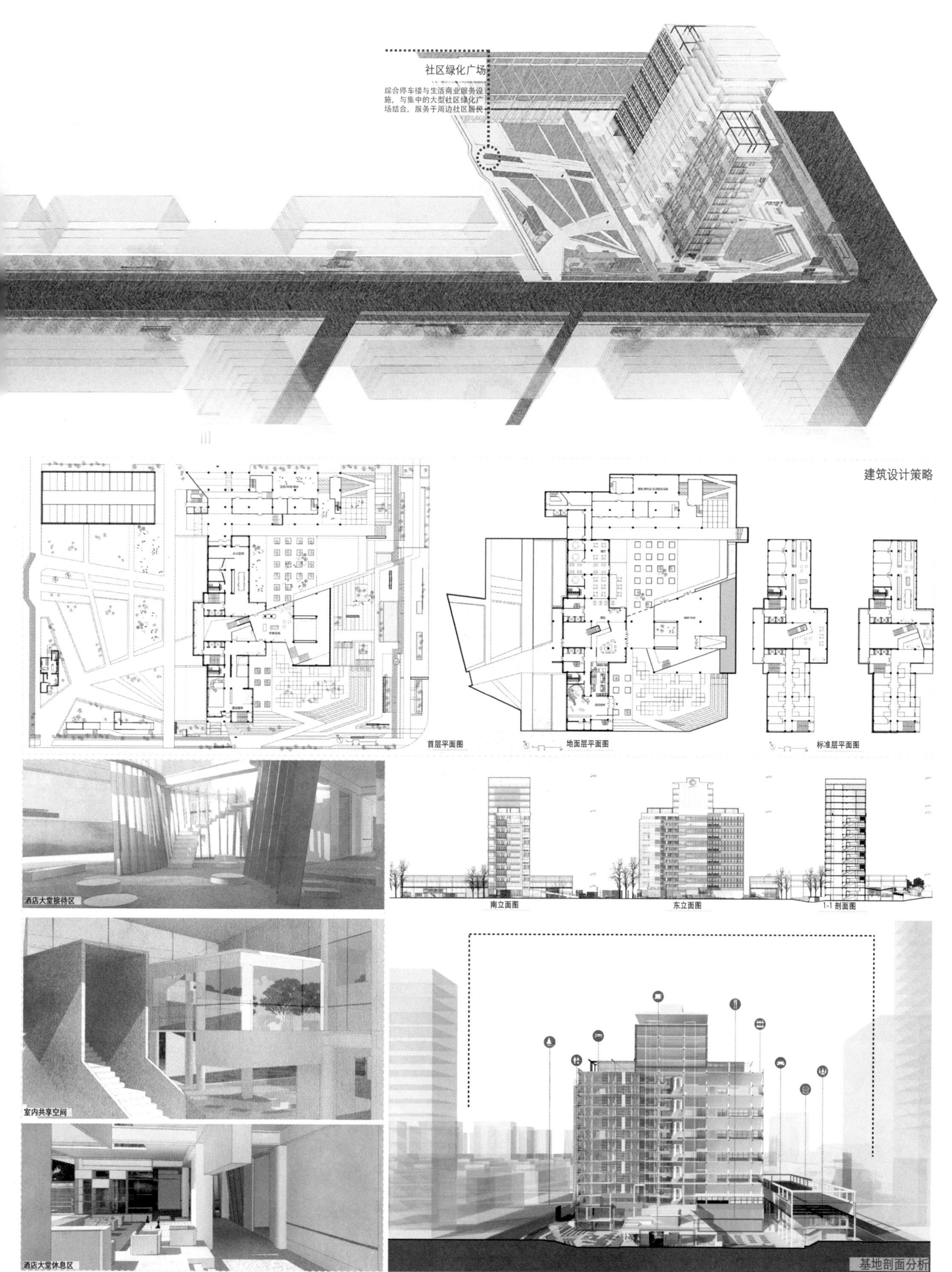
社区绿化广场
综合停车楼与生活商业服务设施，与集中的大型社区绿化广场结合，服务于周边社区居民
建筑设计策略
首层平面图
地面层平面图
标准层平面图
酒店大堂接待区
南立面图
东立面图
1-1 剖面图
室内共享空间
酒店大堂休息区
基地剖面分析

东南大学

SHOUTHEAST UNIVERSITY

1 生活容器
Life Container
096
夏晓瑜
隋明明
奚涵宇
王嘉城

2 社区填空
Space-filling in Community
106
宗袁月
陈欣涛
段一行

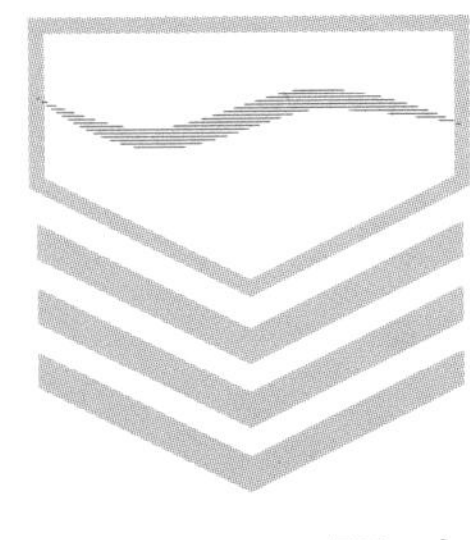

生活容器
Life Container

东南大学
设计：夏晓瑜／隋明明／奚涵宇／王嘉城
指导：夏兵／朱渊／李飚

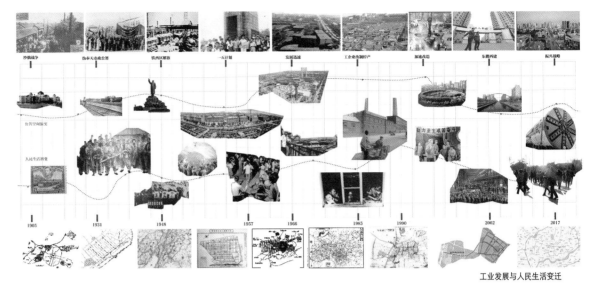

沙俄战争 伪奉天市政公署 铁西区解放 一五计划 发展迅速 工企业改制停产 加速改造 东搬西建 振兴战略

公共空间演变

人民生活演变

1905 1931 1948 1957 1966 1983 1990 2002 2017

工业发展与人民生活变迁

人群调研

场地现状调研

我们中期提出的概念是通过对高架桥下空间的改造与设计，提升沿线社区的活力。但是通过中期答辩老师的建议与我们的自我反省，我们发现高架桥并不是铁西基因的一部分，以高架桥为主线进行城市空间串联的自上而下的设计方法在这里是行不通的。

于是我们将研究重点转向充满工业记忆与老工人生活痕迹的社区本身。在城市快速更新的背景下，一方面铁西社区展现了复杂的生活状态，另一方面铁西人民对曾经辉煌的工业生活逐渐淡忘。我们希望在这种复杂的生活状态下，以曾经的工业遗产为媒介，为铁西老工人与现代化新生活提供一种复合的容器，找回工业时期大集体的归属感。

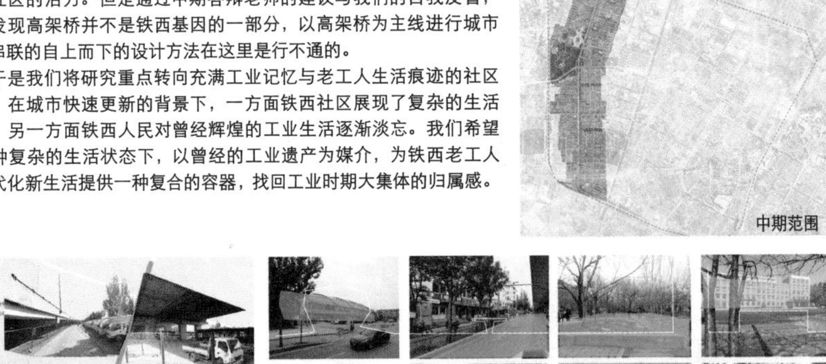

中期范围

评语：

该小组以东北经济转型背景下，广大中低收入人群的日常生活作为观察对象，从托儿养老、居住交往、锻炼健身等行为出发，利用城市原有工业遗存、工人新村社区空地以及城市基础设施周边的“废弃”用地，采取简单低技的改扩建方法，创造出具有多样城市生活层叠的“生活容器”。无论是“立交社区”方案、“立体温室”方案还是“社区中心”方案，都旨在创造公共、公平和丰富的高质量公共交流空间，从而满足广大中低收入人群日常生活的需要。

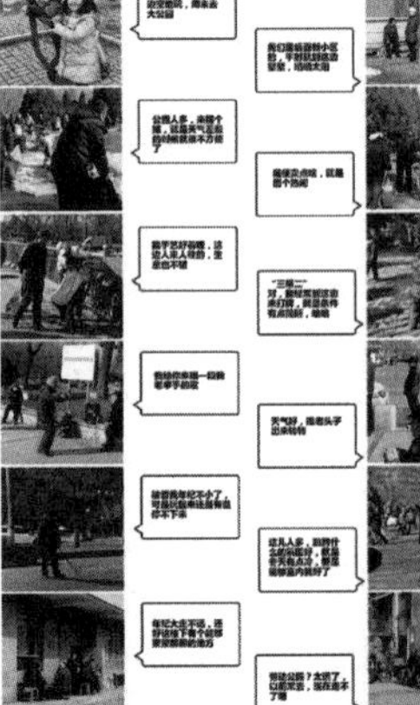

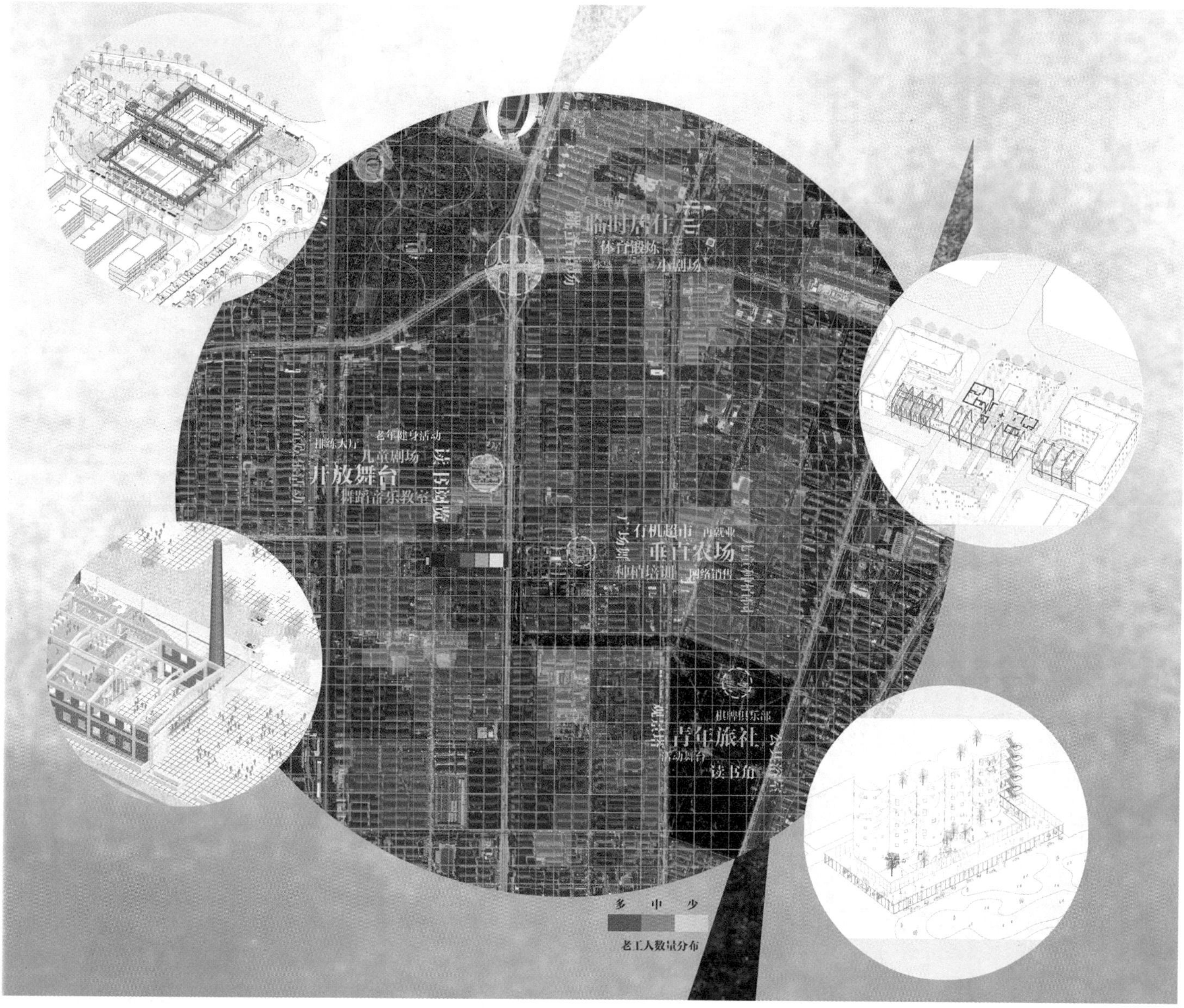

临时居住
体育锻炼
小剧场

老年健身活动
排练大厅
儿童剧场
开放舞台
舞蹈音乐教室
读书阅览

有机超市
再就业
垂直农场
种植培训
网络销售

棋牌俱乐部
观景塔
青年旅社
活动舞台
读书角

多 中 少

老工人数量分布

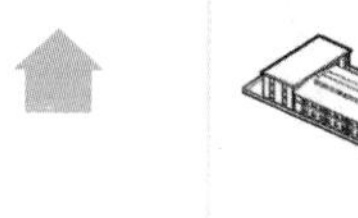

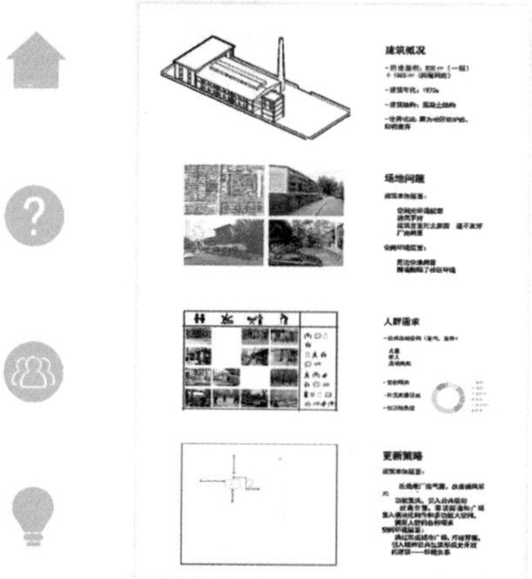

建筑概况

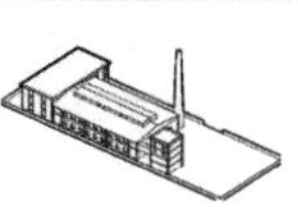
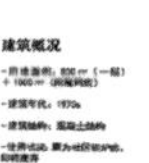

场地问题

人群需求

更新策略

现状情况

场地问题

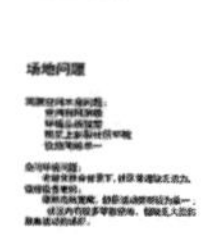

人群需求

更新策略

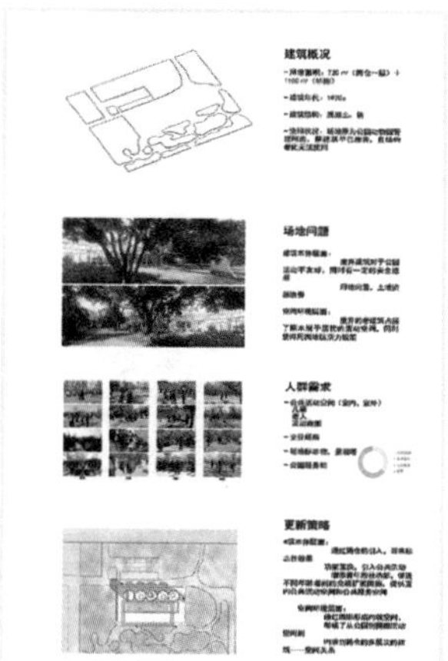

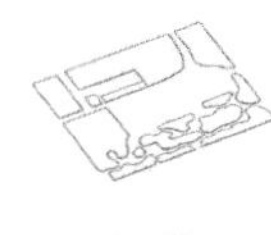

建筑概况

场地问题

人群需求

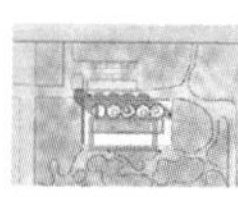

更新策略

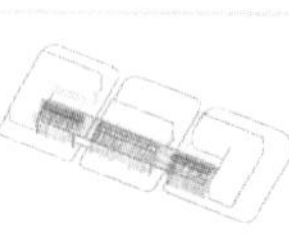

建筑概况

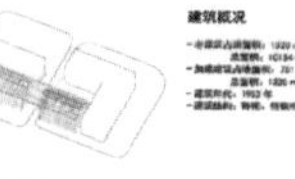

场地问题

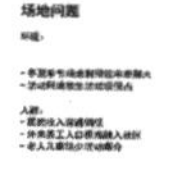

人群需求

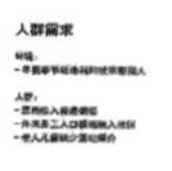

更新策略

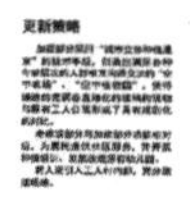

生活容器之立交社区

利用棚户区周围高架桥底下的剩余空间作为新生活的容器，创造一种混合的生活状态，重塑集体生活时期多元化的日常，加强新居民和老居民之间的互动，一方面增强流动人口的身份认同感，另一方面挽回居民日渐消逝的领域感和归属感，成为激发周围社区活力的城市起搏器。在立交社区，共享的集体记忆和生活方式将是他们对铁西城市的温暖的感知。

人口比例

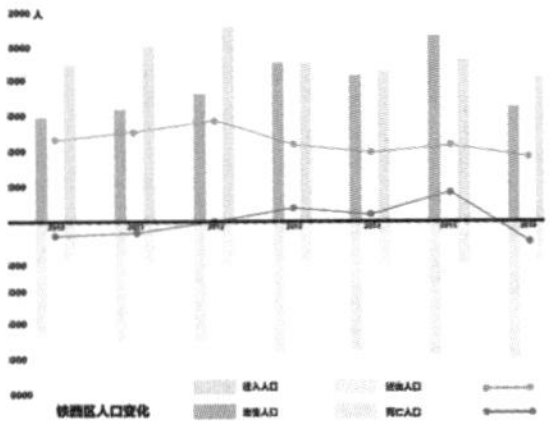

场地历史

1920s-1930s	日资先后在该地区建砖瓦厂，窑业工人就地搭建起简陋的栖身之所
1960s-1970s	砖瓦厂转为国有企业后，单位就地盖起公房，分配给本单位的工人
1990s	下岗潮来袭，工厂倒闭后，原有单位制的福利不再，该区域演变成棚户区，加剧贫困化和边缘化
2010s	政府颁布棚户区改造实施方案，但范围有限，许多区域的房屋情况和环境状况仍然堪忧

高架桥利用现状

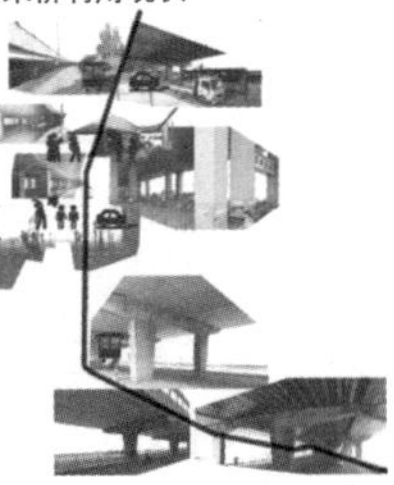

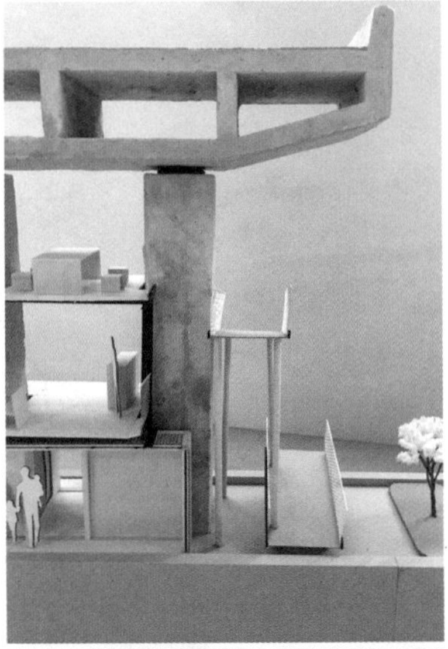

总平面图

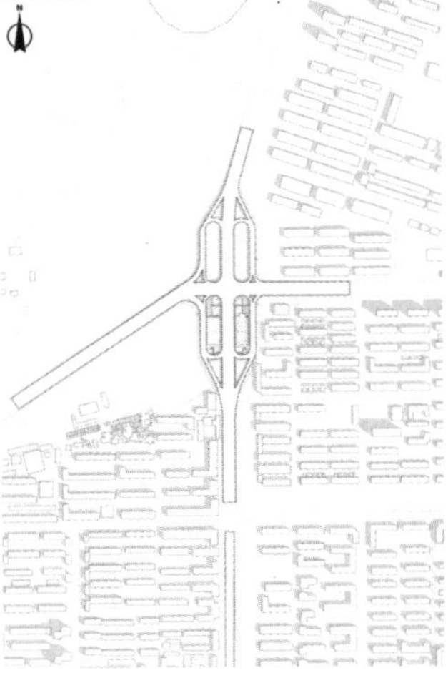

交通问题

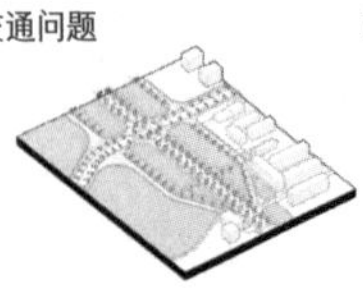

改善策略

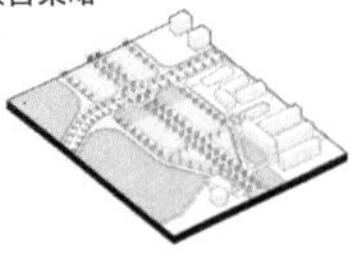

功能策划

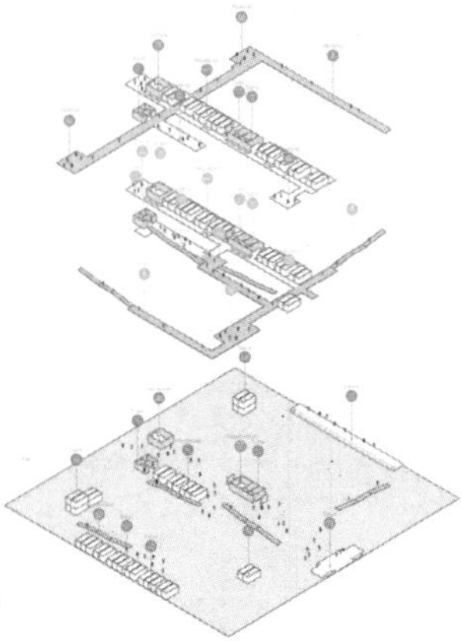

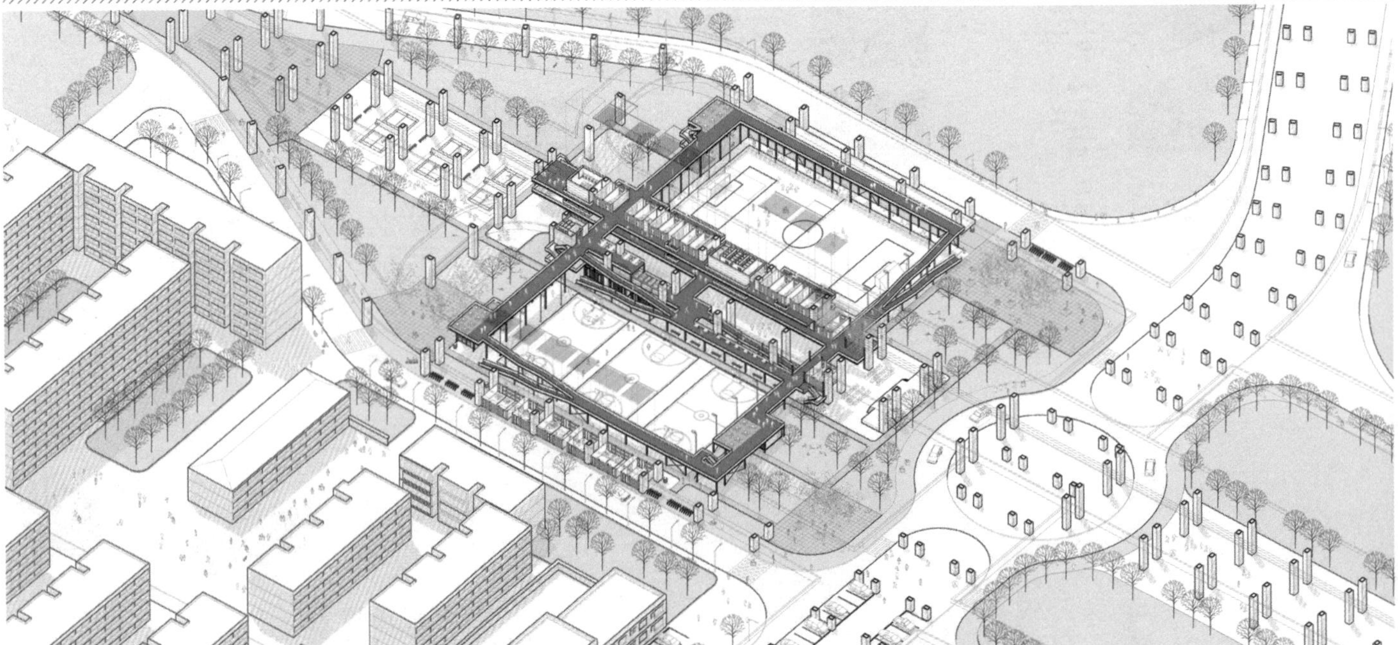

社区问题

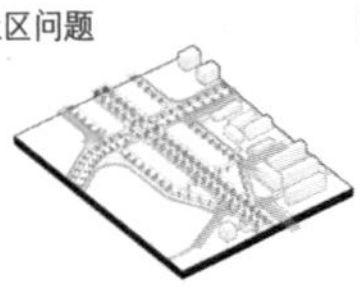

改善策略

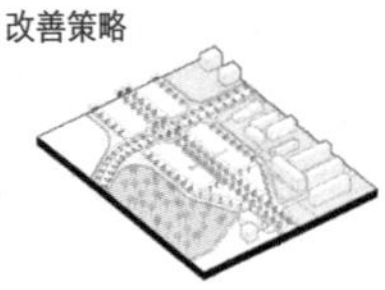

可达性问题

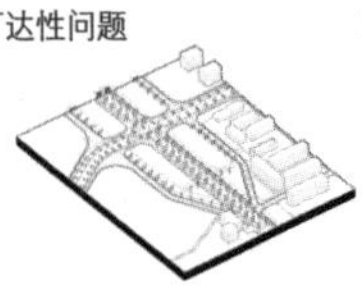

改善策略

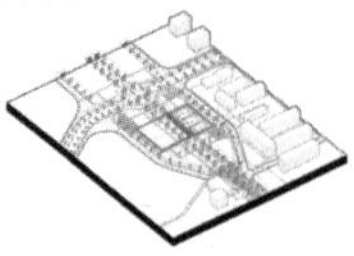

A-A 剖面图

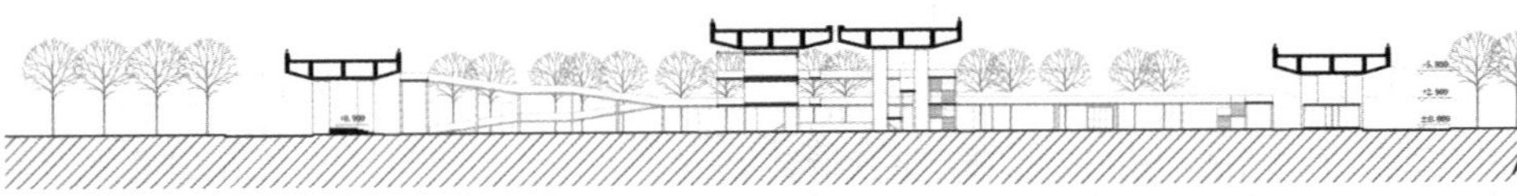

B-B 剖面图

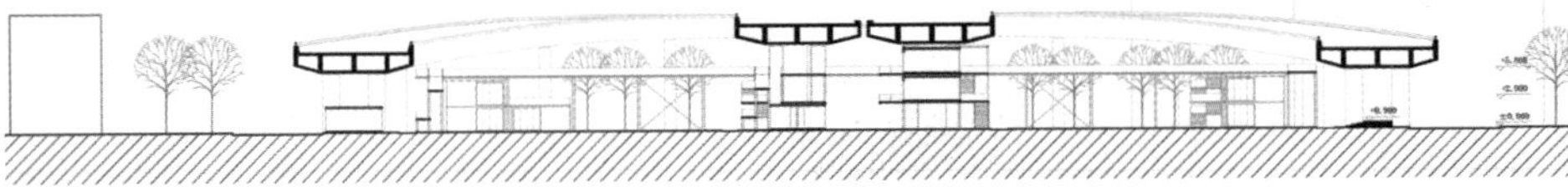

C-C 剖面图

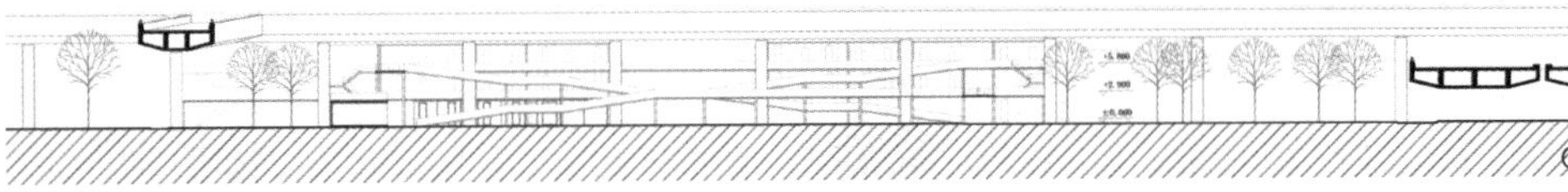

D-D 剖面图

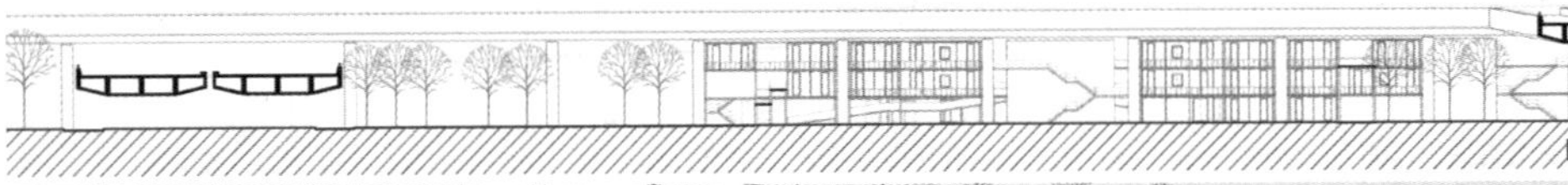

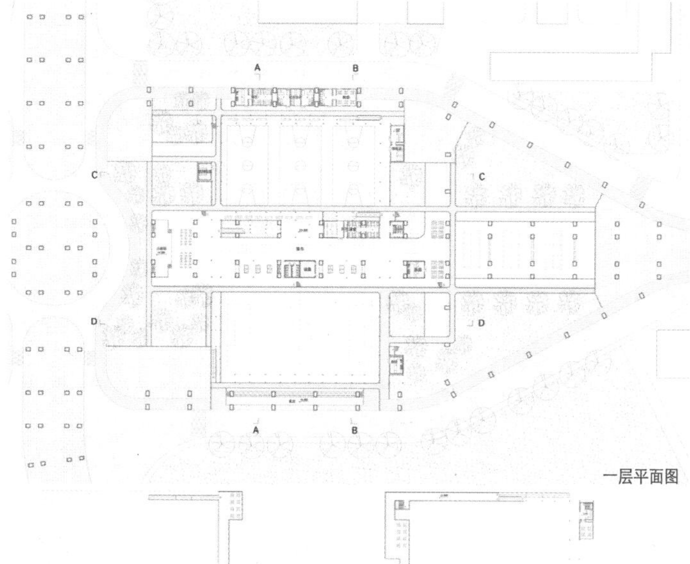

一层平面图

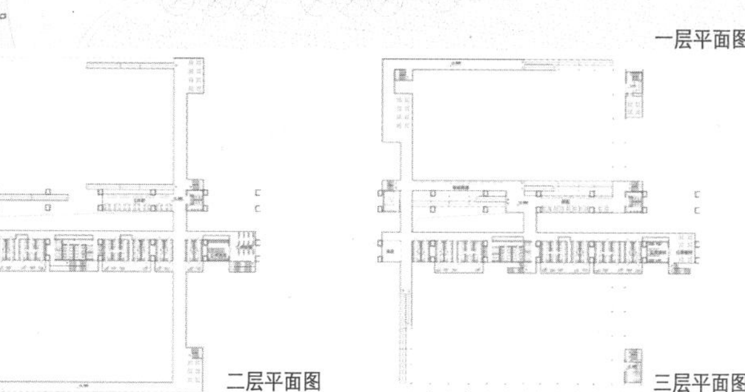

二层平面图

三层平面图

屋顶构造：
0.8mm 波纹金属板
30mm 岩棉保温板
20×20mm 钢框架
0.8mm 防水板
50×100mm 顶端框架梁

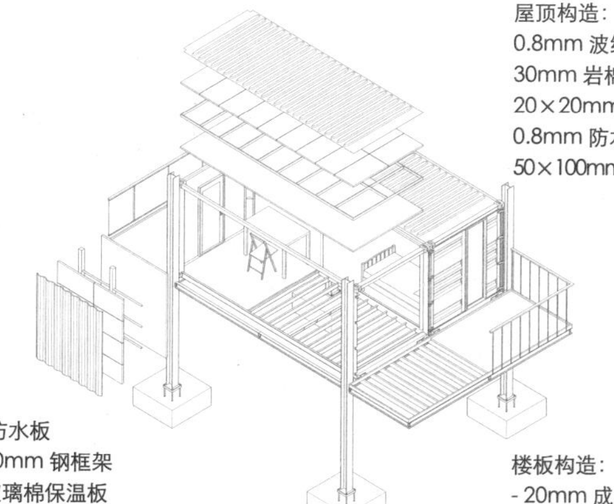

墙面构造：
- 0.8mm 防水板
- 100×100mm 钢框架
- 50mm 玻璃棉保温板
- 0.8mm 波纹金属板

楼板构造：
- 20mm 成品铺设木地板
- 45×45mmC 型底横梁

生活容器之工人村种植屋

方案以广大中低收入人群作为关怀对象，以种植活动为媒介，从幼儿托管、社区养老、交流等城市日常行为活动出发，对工人村进行适应性改扩建。方案采用加建“城市立体种植温室”的技术手段，创造出满足各种年龄层次的人群相互沟通交流的“空中农场”、“空中植物园”，通透的充满垂直绿化的玻璃构筑物与原有工人公寓形成了具有戏剧化的对比，试图激发原有社区的活力。

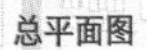

总平面图

与相连的三栋老建筑结合进行加建，选用轻钢结构。

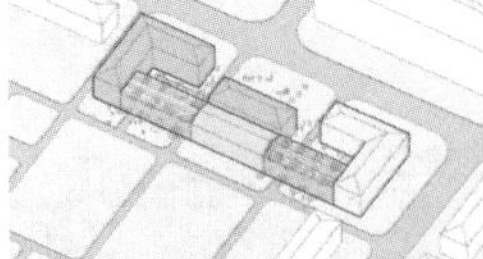

功能划分带来的形式不同，分段设计，分别与老人、社区、儿童结合。

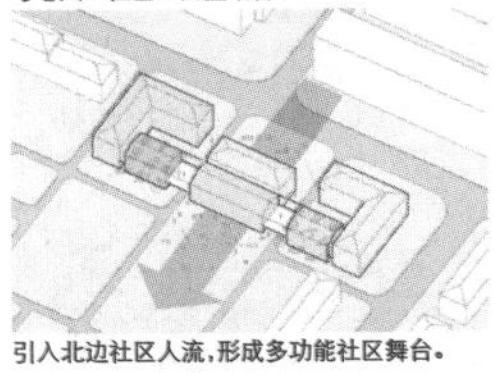

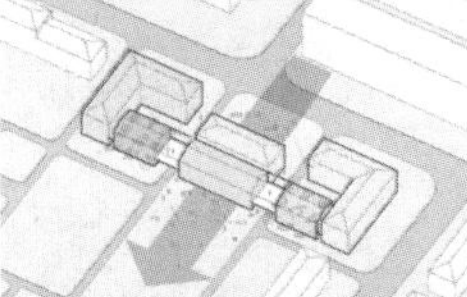

引入北边社区人流，形成多功能社区舞台。

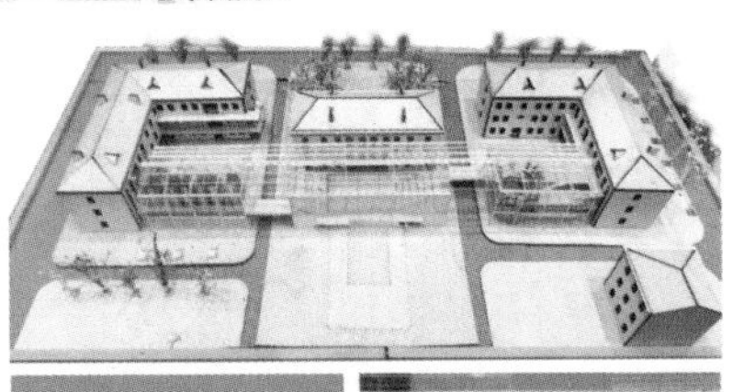

种植模式与技术

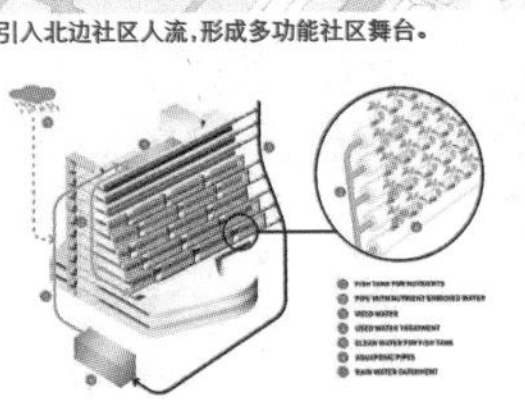

功能策划

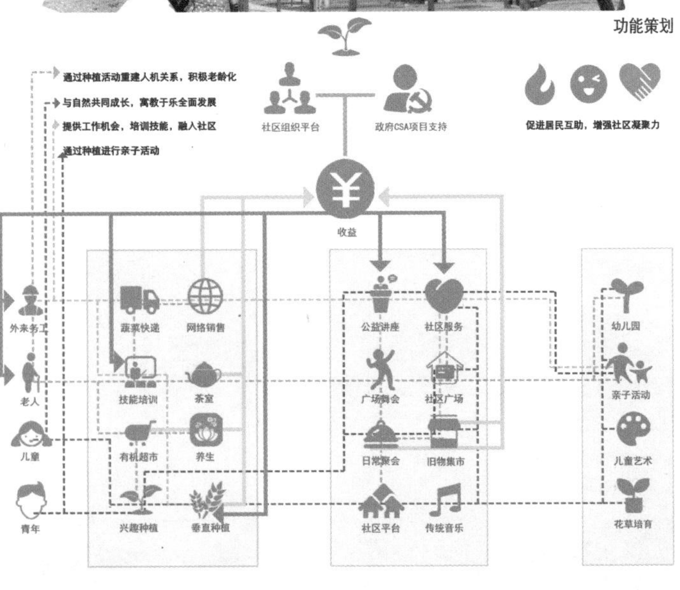

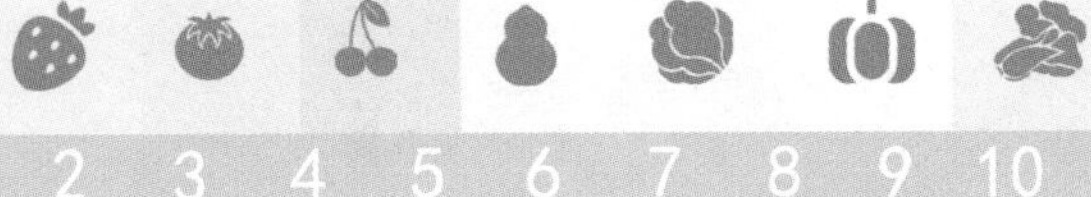

一层平面图
儿童植物园
A-A 剖面图
B-B 剖面图
社区大厅
旧物集市
公益讲座
节日宴会
轴测图
空中农场
社区舞台

活力工厂

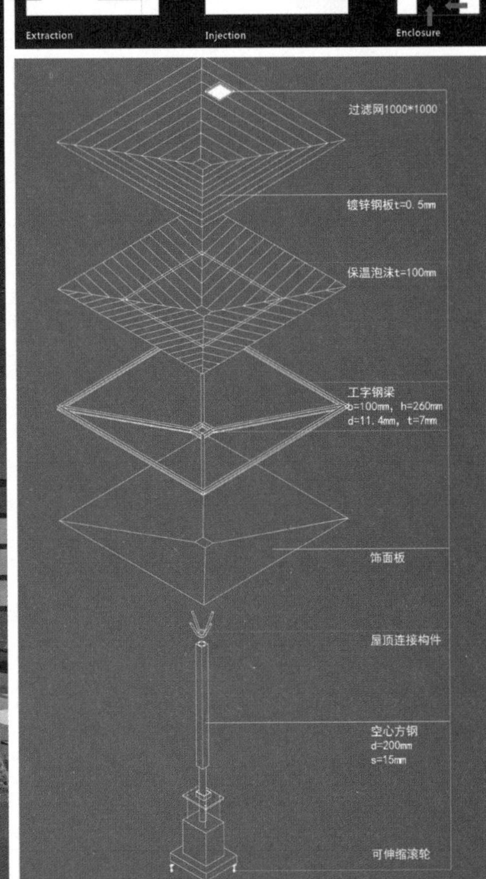
Extraction
Injection
Enclosure
过滤网1000*1000
镀锌钢板t=0.5mm
保温泡沫t=100mm
工字钢梁
b=100mm，h=260mm
d=11.4mm，t=7mm
饰面板
屋顶连接构件
空心方钢
d=200mm
s=15mm
可伸缩滚轮

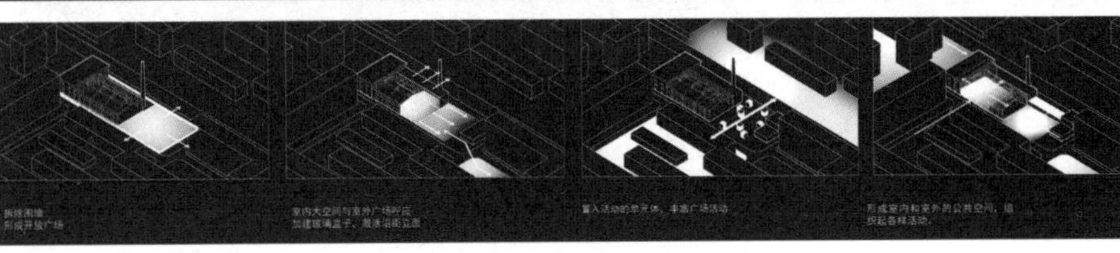

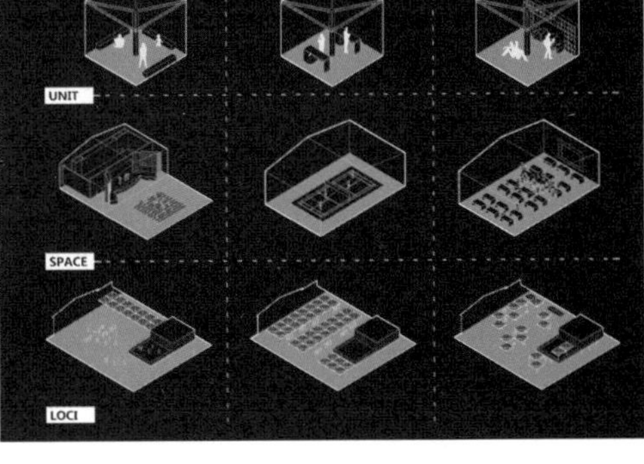
UNIT
SPACE
LOCI

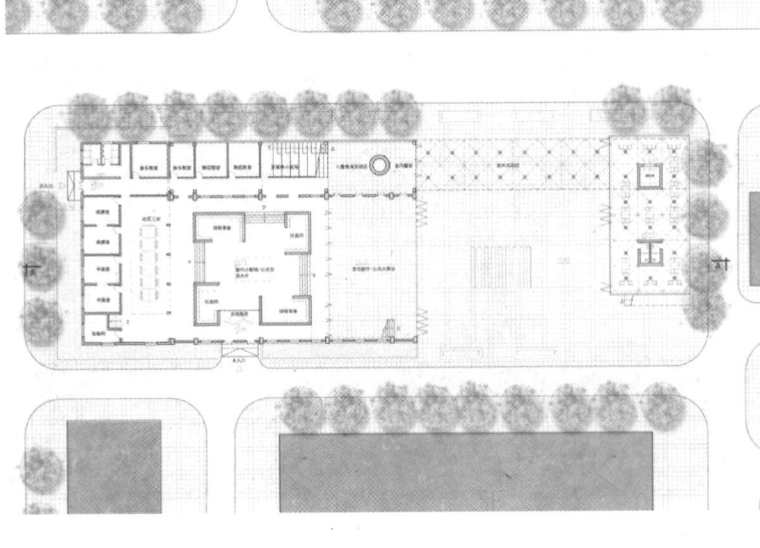

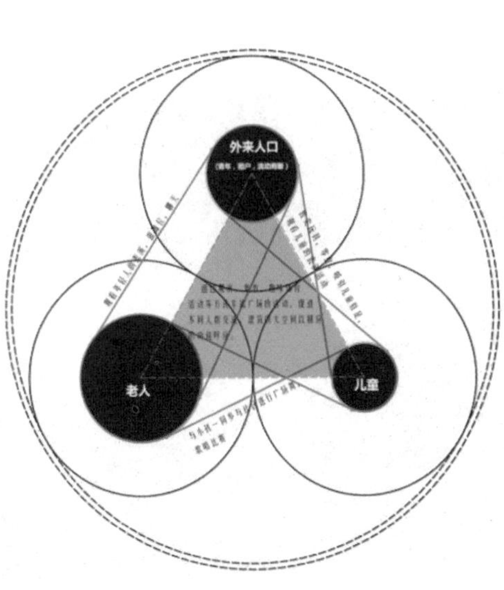
外来人口
老人
儿童

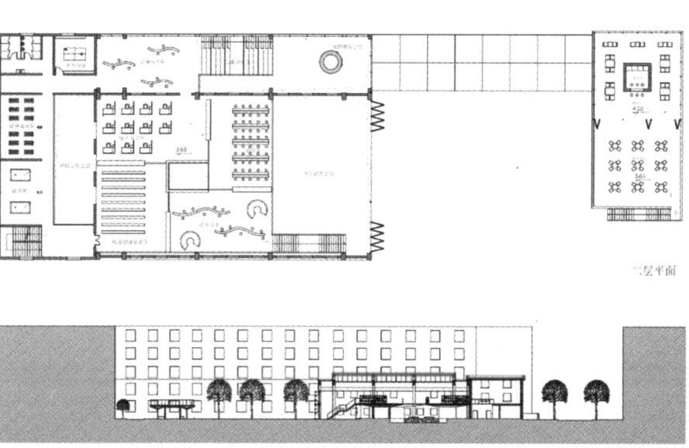
二层平面

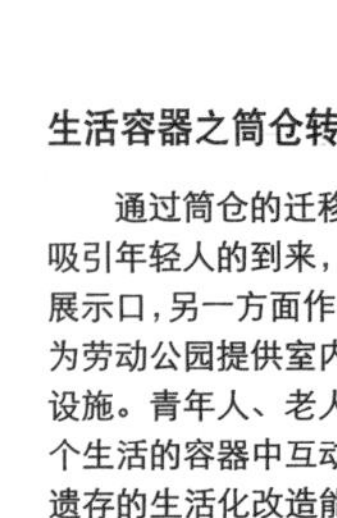

生活容器之筒仓转绎

通过筒仓的迁移改造，作为青年旅社，吸引年轻人的到来，能够作为铁西公园的展示口，另一方面作为一个公共活动中心，为劳动公园提供室内活动场所和公园服务设施。青年人、老人和儿童共同在这样一个生活的容器中互动交流。同时对于工业遗存的生活化改造能够让人们体味工业建筑所能够给予的温馨。

迁移

人群互动

总平面图

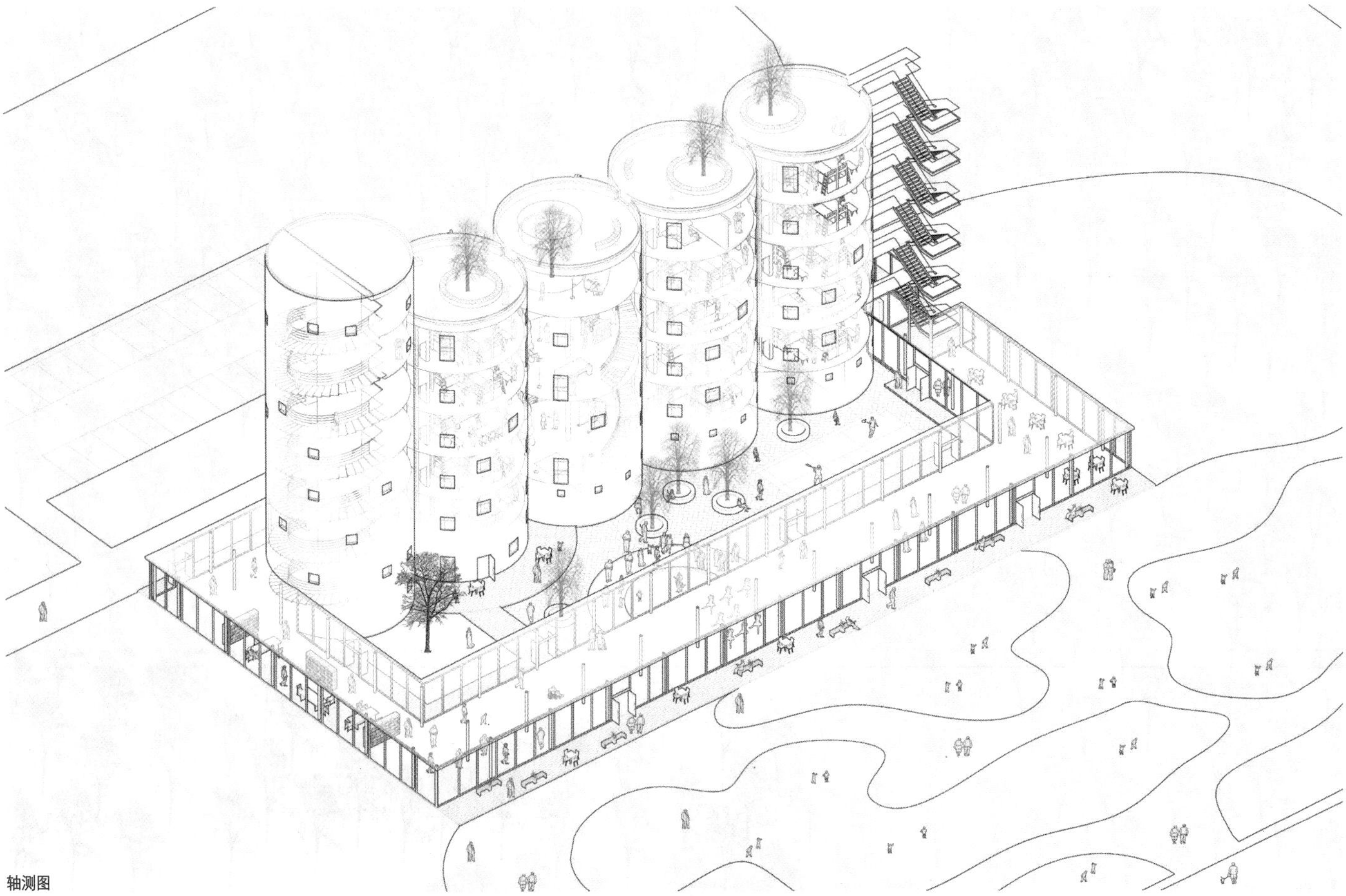

轴测图

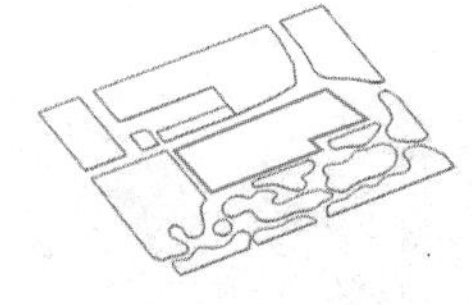

空余场地

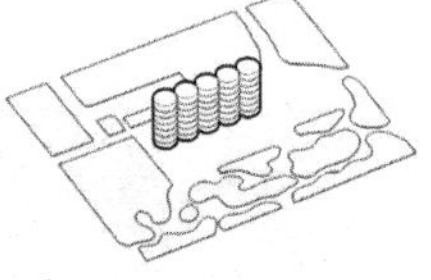

置入筒仓

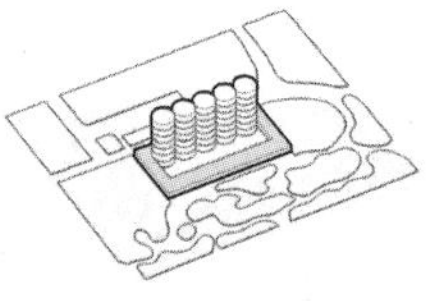

一层环廊、介入公园活动

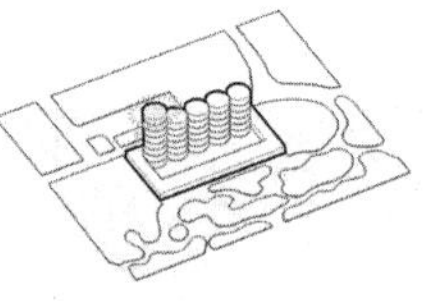

观景空间提升、凸显

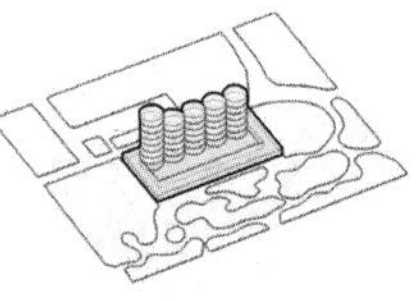

形成活动、观景、居住功能分区

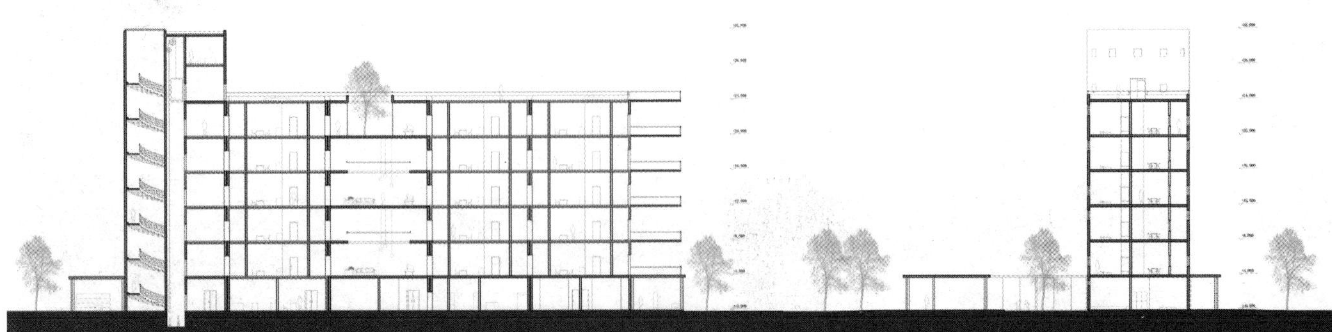

A-A 剖面图

B-B 剖面图

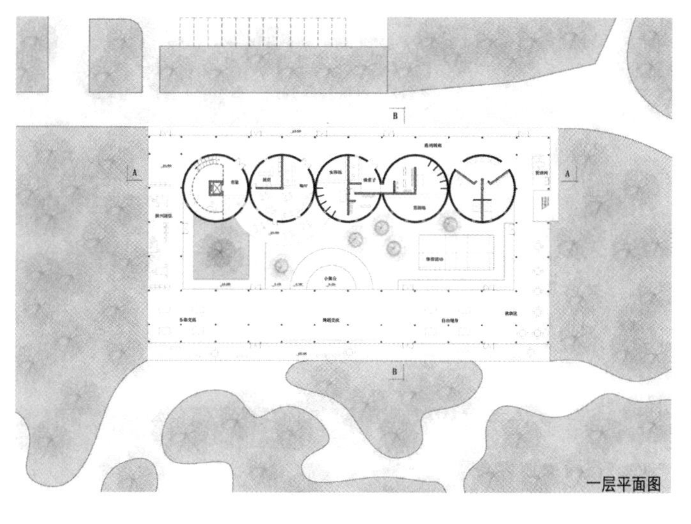
一层平面图

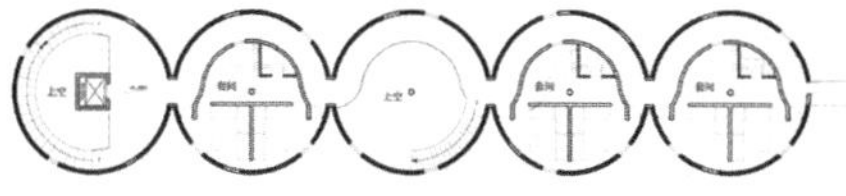
三 / 五层平面图

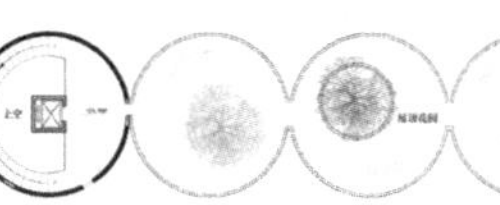

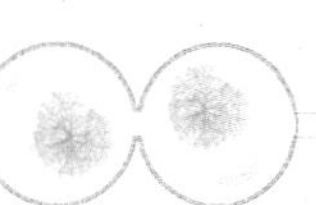
七层平面图

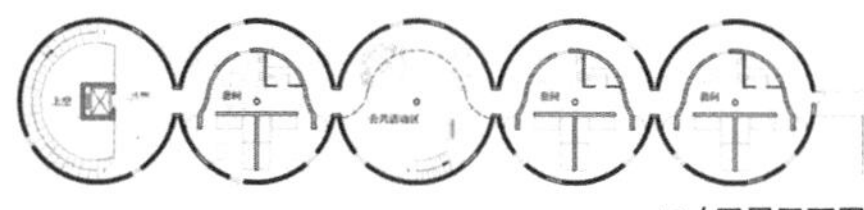
二 / 四层平面图

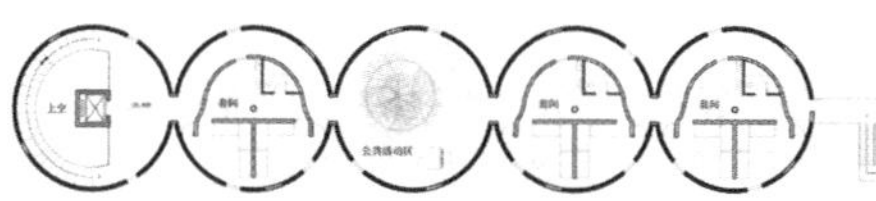
六层平面图

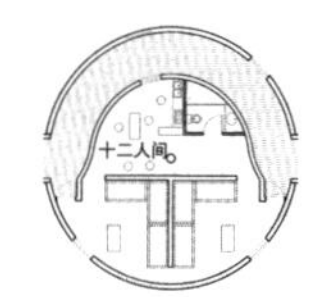

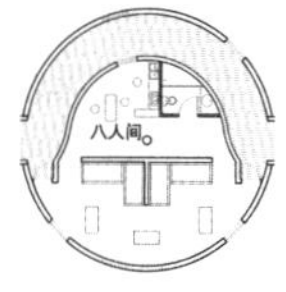

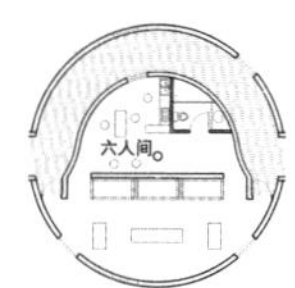

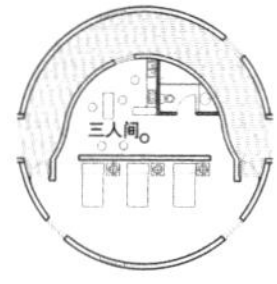

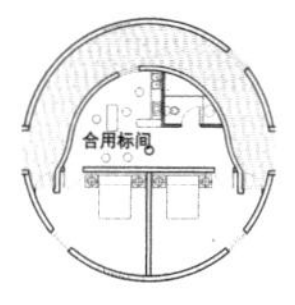

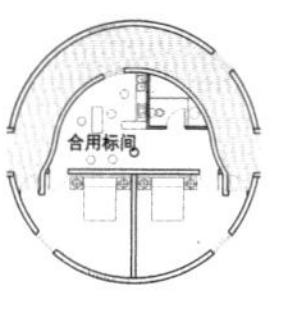

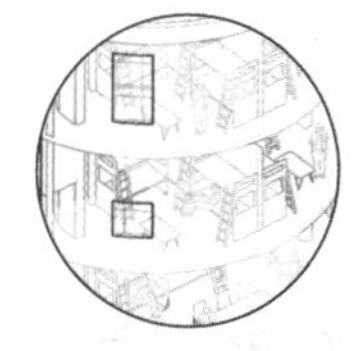

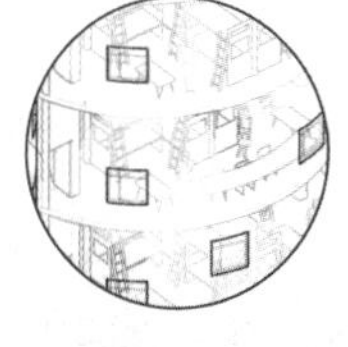

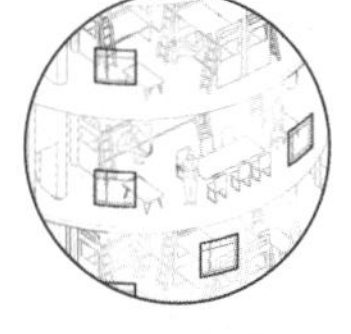

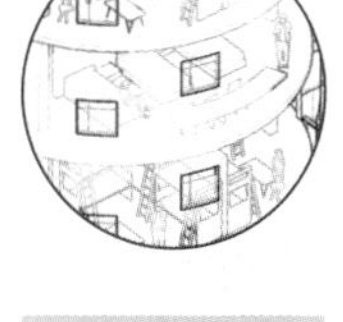

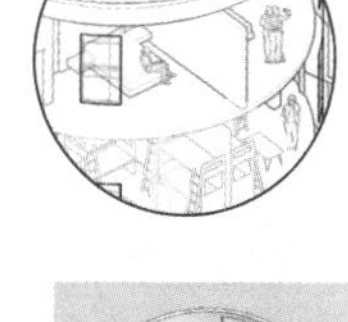

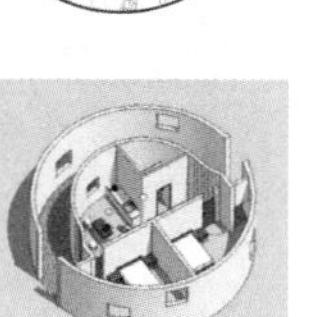

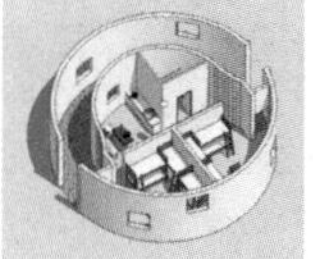

12 人间组合　8 人间组合　6 人间组合　3 人间组合　双标间组合

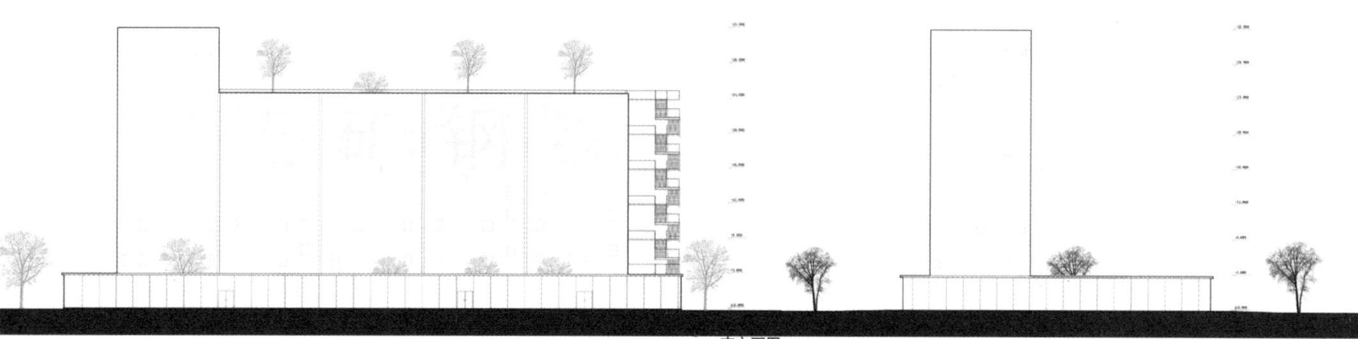
南立面图　西立面图

社区填空

Space-filling in Community

东南大学

设计：宗袁月／陈欣涛／段一行

指导：朱渊／夏兵／李飚

1 空在何处

1.1 疏离的人群

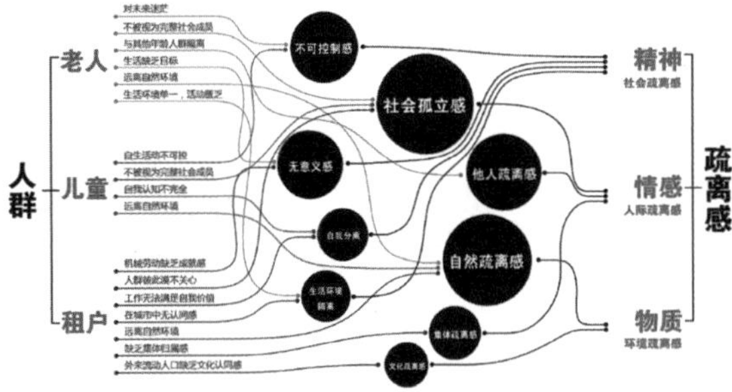

1.2 无序的空间

空间－空间

孤立的负空间

- 建筑划定空间形状
- 车行街道造成空间的地理隔离
- 围墙强制固化流动空间

空间－人群

缺乏规范的空间低效占

- 缺乏设计的公共设施隔离人群
- 交通附属空间的扩展
- 棚户等永久性加建占据
- 临时性加建强化公共空间私人归

空间－活动

无力承载活动的空地

- 不适宜的尺度拒绝日常活动的发生
- 设施匮乏的空地无法支持活动发生
- 固有思维模式限制活动的发生

1.3 异质的社区模式

2 空－间关系

2.1 场地选择

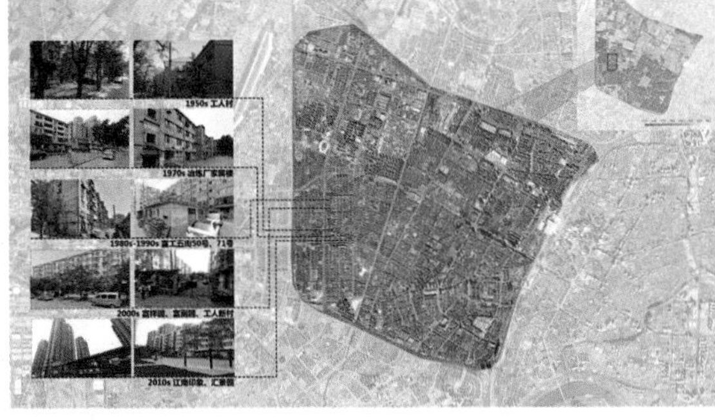

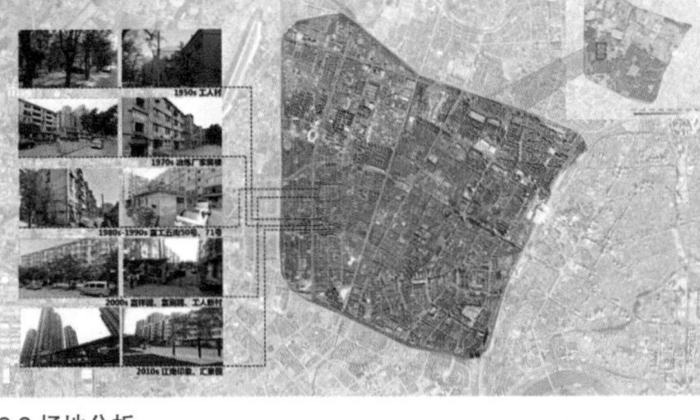

2.2 场地分析

空间形态分类分布

人群分类分布

居住区建成年代分类分布

现状业态系统分布

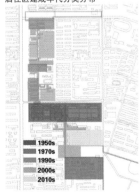

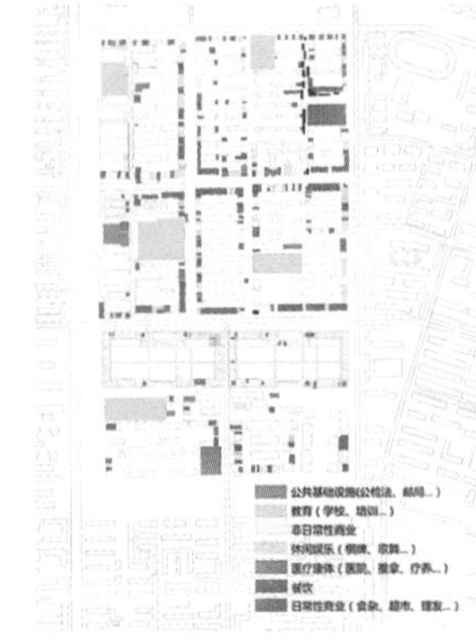

评语：

设计从铁西社区出发，旨在通过对社区消极公共空间和人的行为特色的研究，以社区日常生活不同系统的研究分析与建构，找寻社区消极空间的整合更新策略，重塑铁西记忆，引导铁西日常生活的现代演绎。

其中，日常表演、社区食堂和孩童游戏场地作为设计介入起点，结合需保留不同年代的住区空间，在设定的社区内建立不同日常系统为引导社区消极空间更新策略，最终以APP的使用引导，建立真实与虚拟生活间空间、活动与生活的感知关联。该设计从社区认知开始到系统建构，直至最后的场景重塑，体现了设计从日常系统分析和活动介入出发的社区空间更新的设计方法，并最终落实于空间互动下的社区场景空间营造。

3 互动填空

3.1 圈圈 – 社区互动 APP

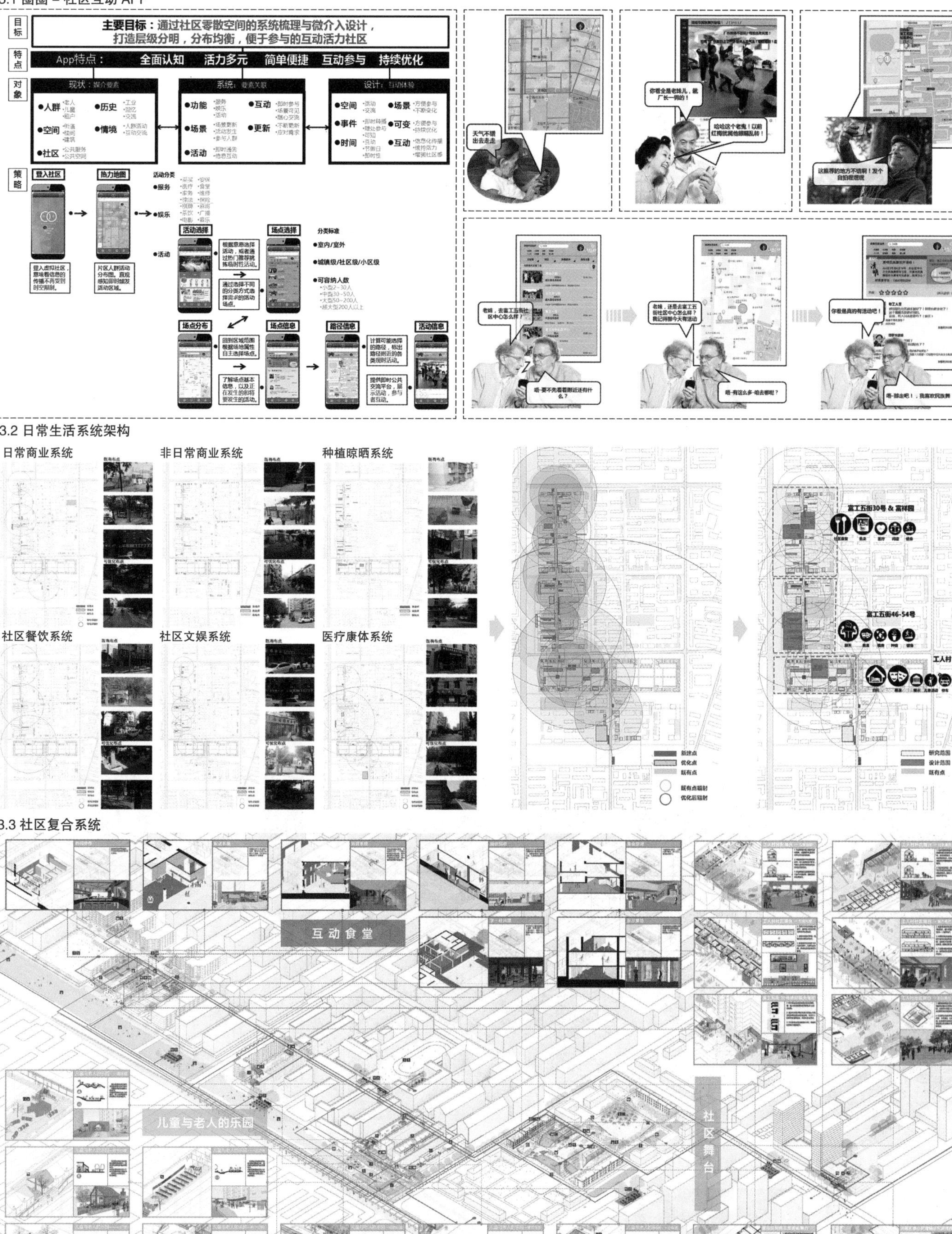

互动食堂

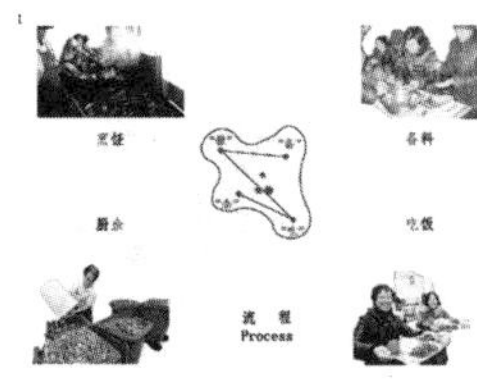

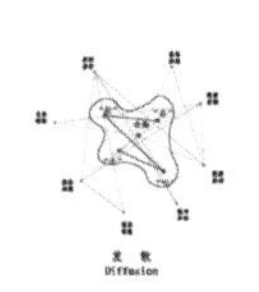

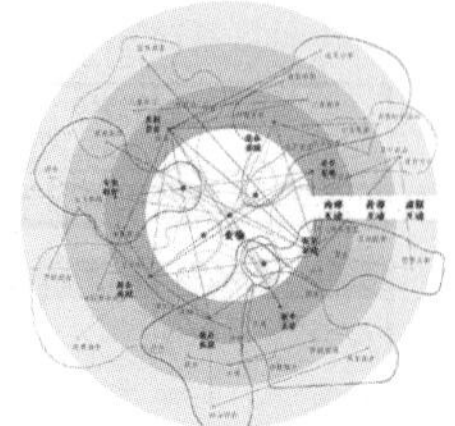

Canteen Connect Community

互动食堂激活社区价值（经济价值 · 生态价值 · 社会价值）

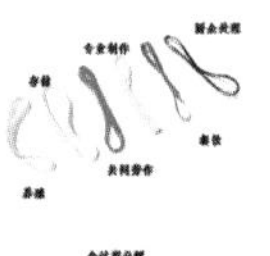

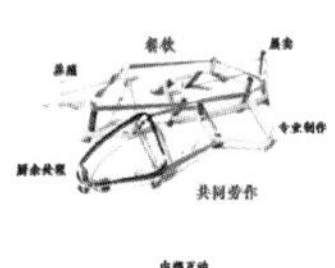

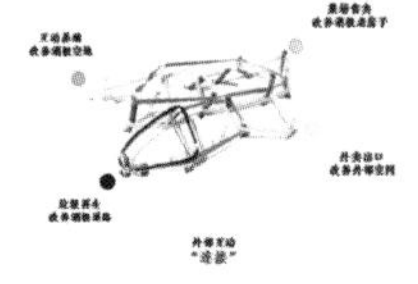

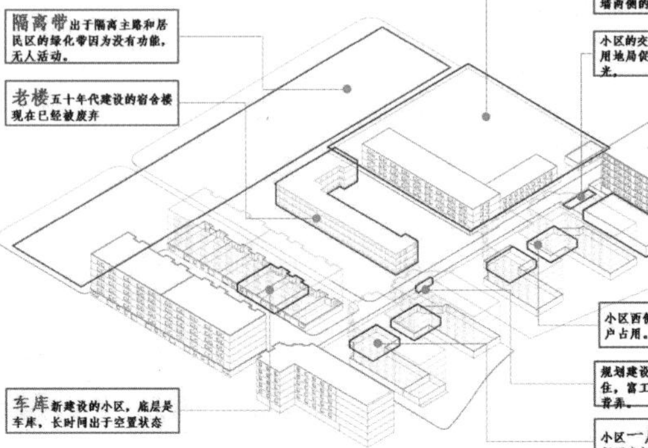

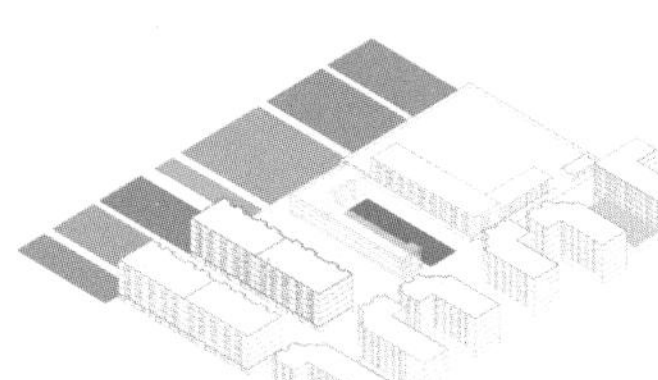

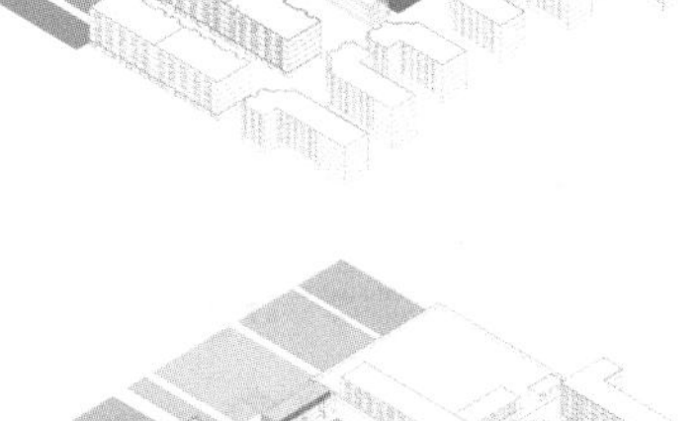

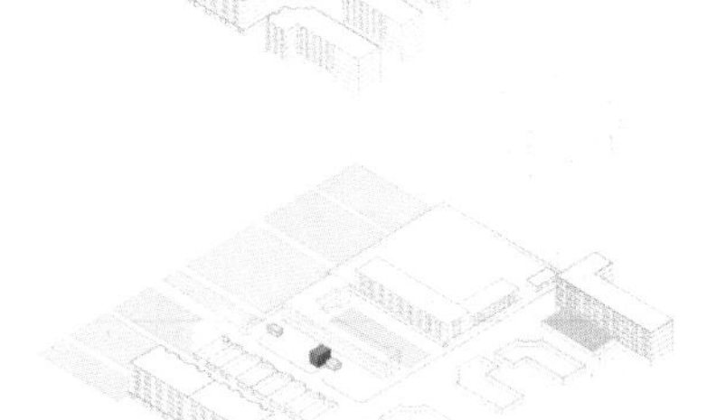

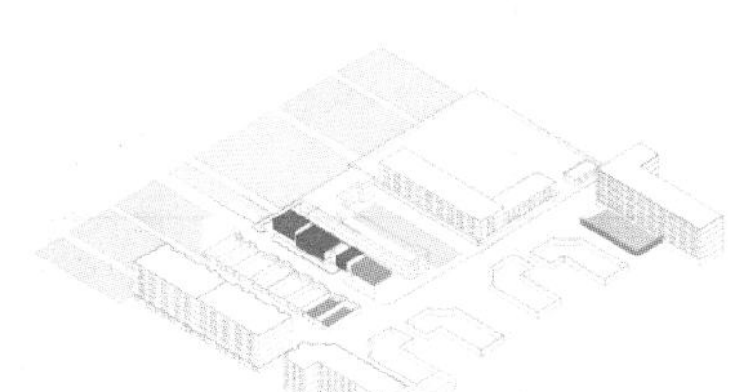

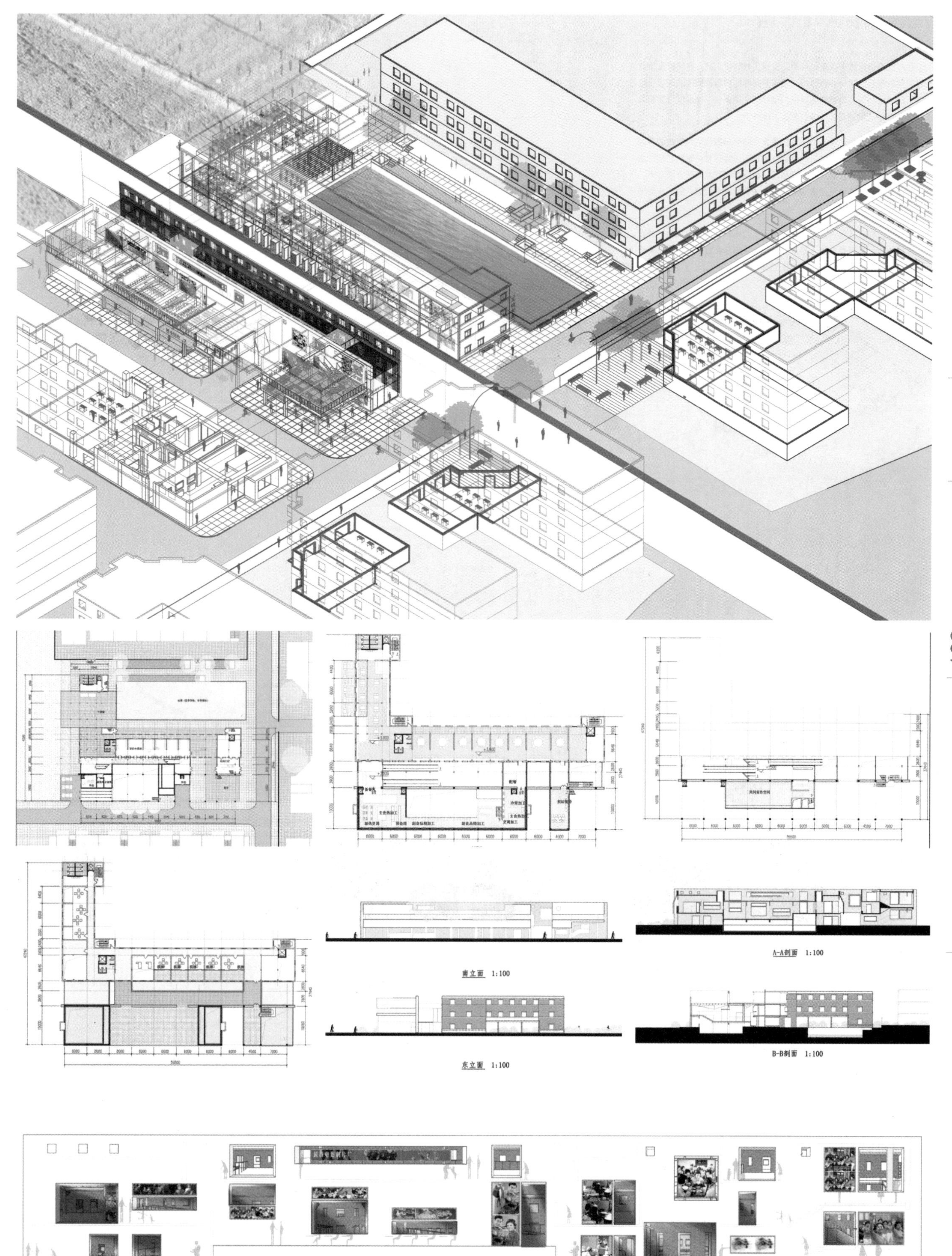
南立面 1:100
东立面 1:100
A-A剖面 1:100
B-B剖面 1:100

社区舞台－社区文娱系统节点设计

设计说明

在对铁西进行城市观察过程中，发现了社区中人群、空间以及居住方式的空白状态。进一步调研后，城市中处处体现着铁西人的表演记忆以及对表演的热情。方案试图通过优化社区文娱系统，将展演行为引入社区，填补社区内空置的场地，激发人群活动。

文娱系统设计中，首先通过对表演含义的拓展探究不同层级的展演活动，然后定位场地不同性质的消极空间，通过社区文娱系统的置入联系场地原有生活系统，通过系统和场地的相互作用联系社区文娱节点，最后形成复合的社区日常生活系统激活空间和社区内活动，进一步促进外部系统的形成和融合。

针对工人村社区舞台重点设计，区别于公园舞台和传统舞台，通过现状系统与舞台形态和功能上的复合，再定义舞台在社区中的定位和表现形式，复合场地日常系统，成为社区活动新节点。

系统模式

社区文娱系统建构

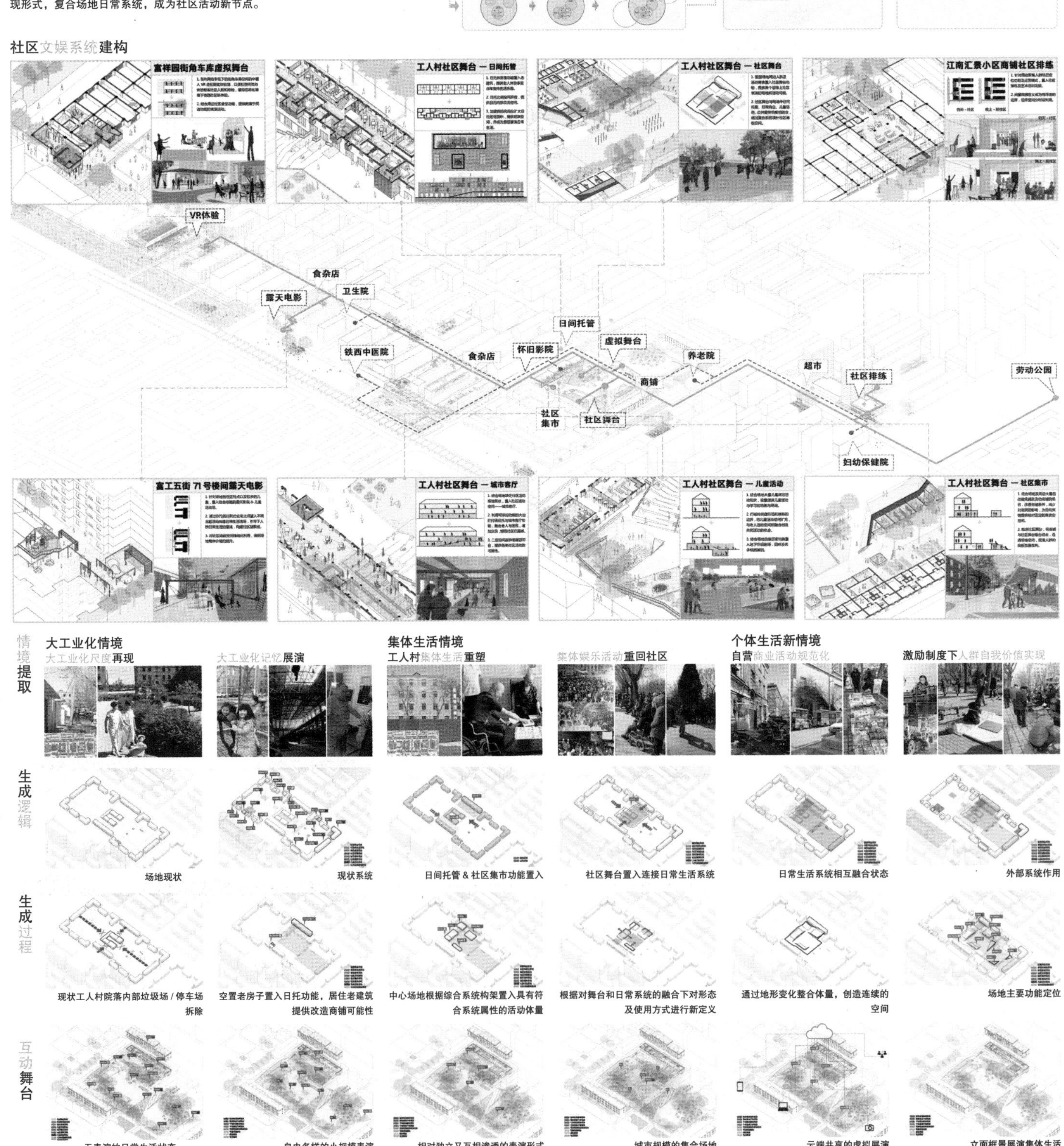

110

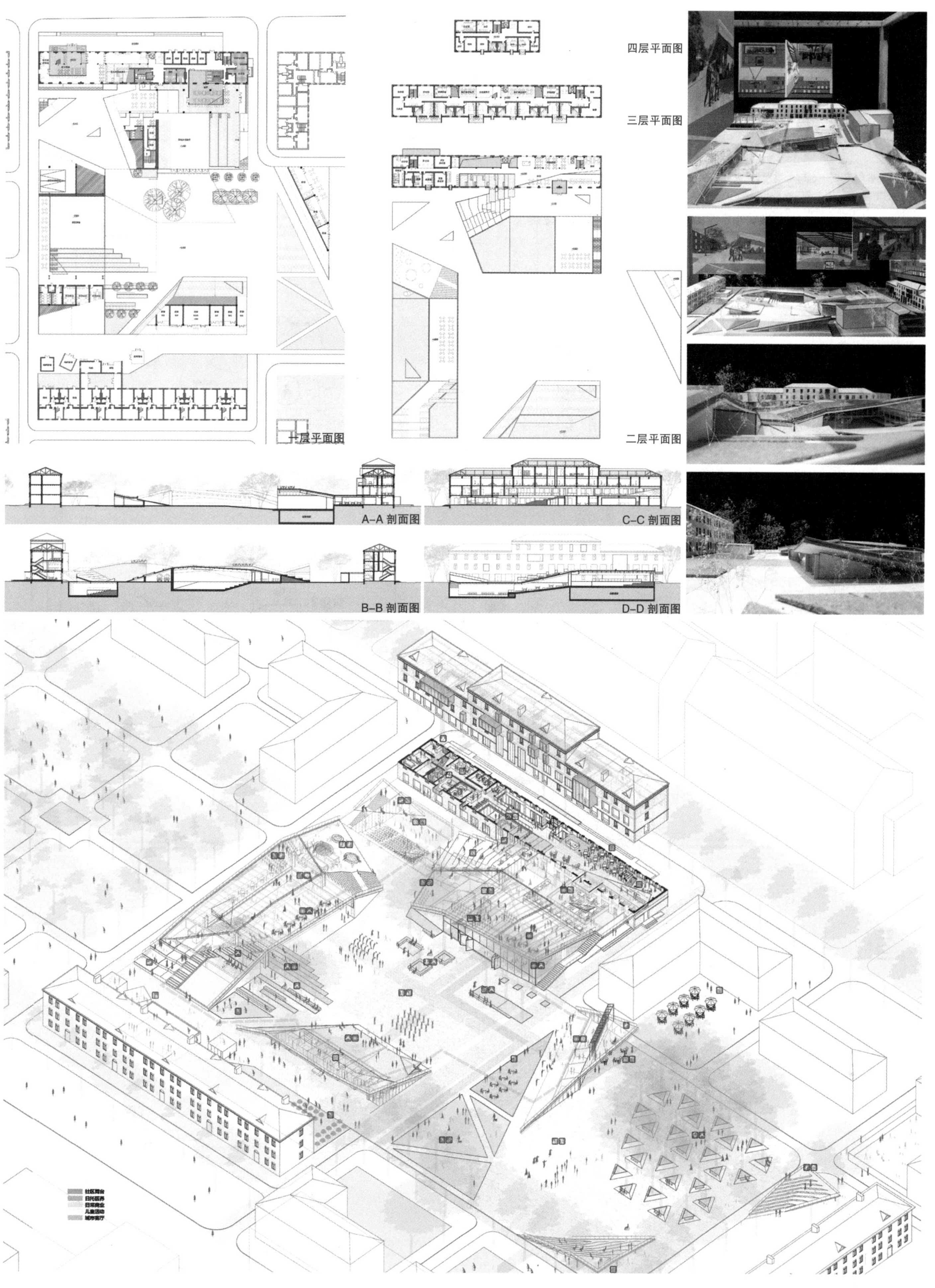

四层平面图
三层平面图
二层平面图
一层平面图
A-A 剖面图
B-B 剖面图
C-C 剖面图
D-D 剖面图

老人与小孩的乐园 – 社区综合系统改造

简介：

在对系统进行归类分析中，发现面向的人群多为老人与孩童。所以从人群作为切入点，选择老人孩子这两种群体，并了解他们的特性，将两个群体整合成为一个，相互帮助促进，迎合需求。

场地上选择各年代类型中最具普遍性的 1990 社区，通过特殊化均质社区的方法，来提升社区的活力，从而达到"填空"的目标。设计希望这种设计方法能够类型化，对这样的均质社区模式丰富化有所帮助。

操作方式上，选择使用微改造的手法，掌控尺度，用最少的动作带来最大的价值。社区本身的属性不允许大动作的限制，决定了这样一个设计的主要气质。

铁西基因的考虑

现在的铁西已经从工业区转成为居住区，场地的性质发生了巨大的改变。铁西的基因，也转变了。解决了住宅社区的问题，也是在解决现在铁西的问题。针对社区的改造，普适于当今社会，也是高速城市化缩影的一种尝试性的应对。

对象人群

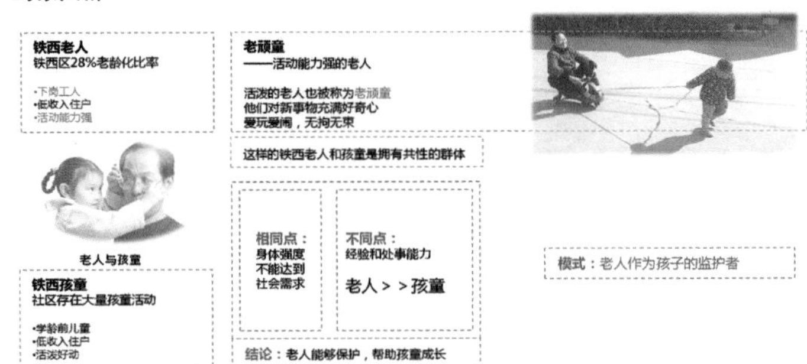

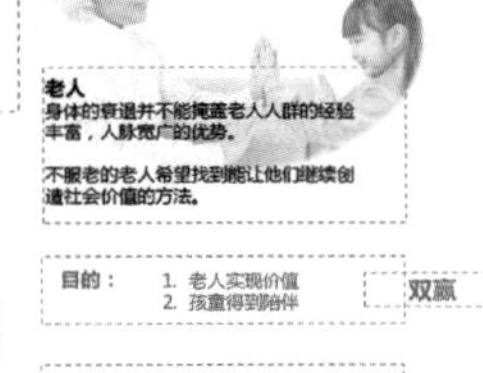

系统构成

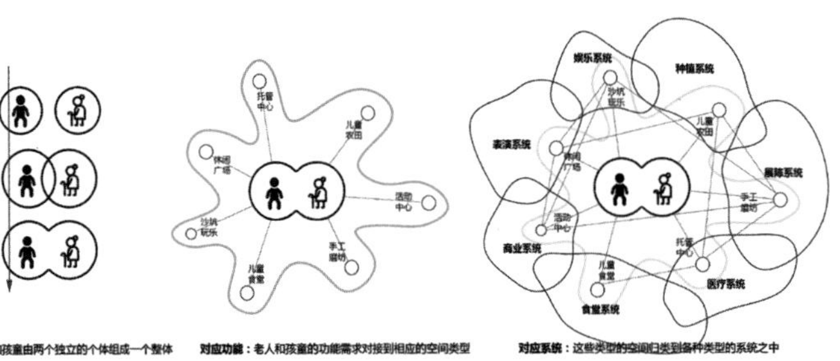

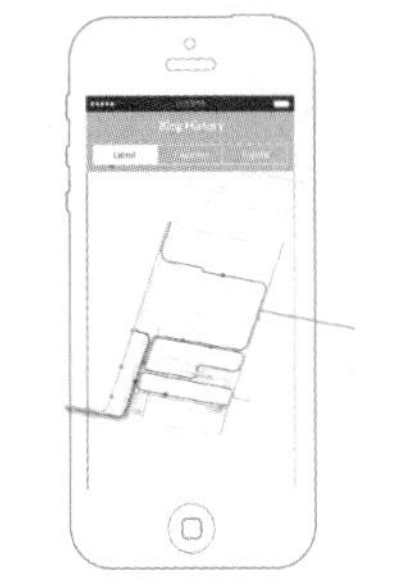

整合系统：app将这些系统之间的联系进行组织，方便使用

人群分析

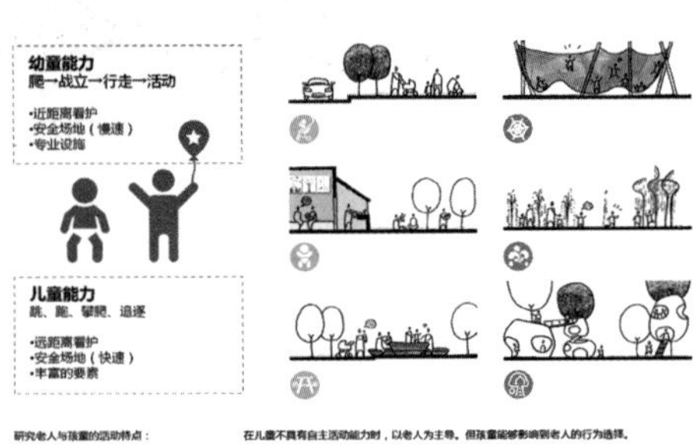

幼童能力
爬→站立→行走→活动
·近距离看护
·安全场地（慢速）
·专业设施
儿童能力
跳、爬、攀爬、追逐
·远距离看护
·安全场地（快速）
·丰富的要素
研究老人与孩童的活动特点：
在儿童不具有自主活动能力时，以老人为主导，但孩童能够影响到老人的行为选择。
在儿童具有自主活动能力时，以孩童为主导，孩童能够帮助老人产生更多活动。

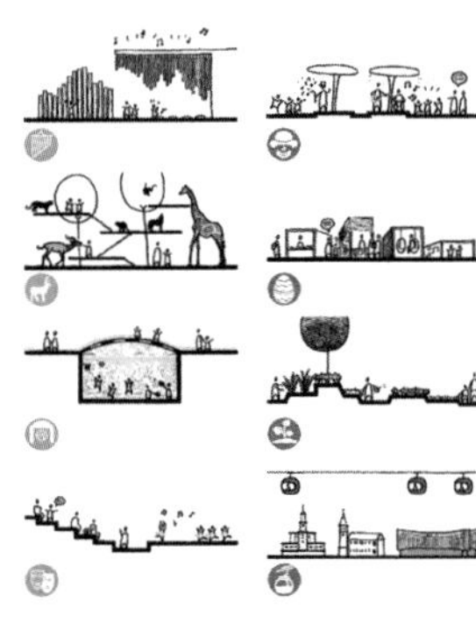

场地分析

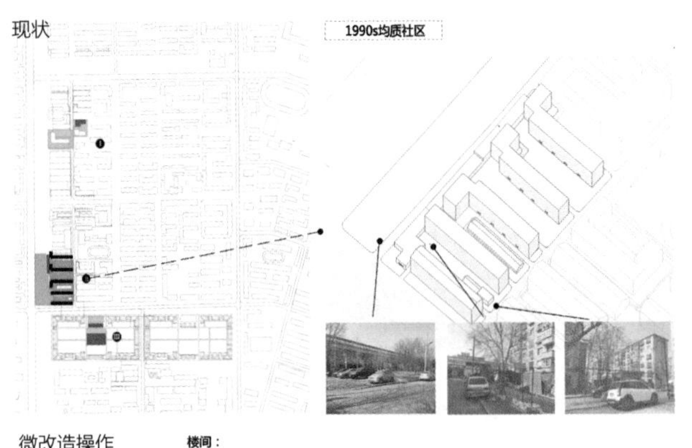

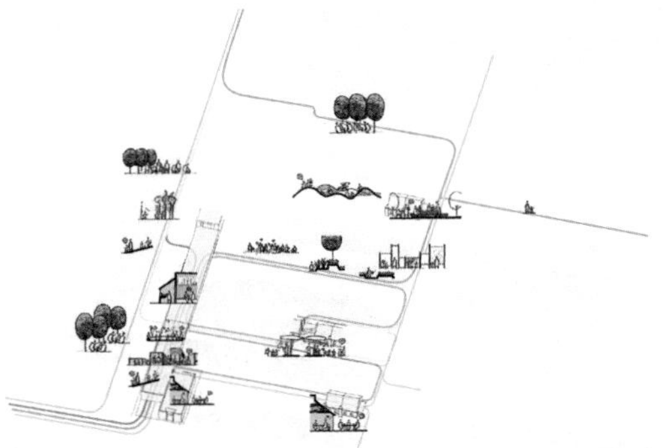

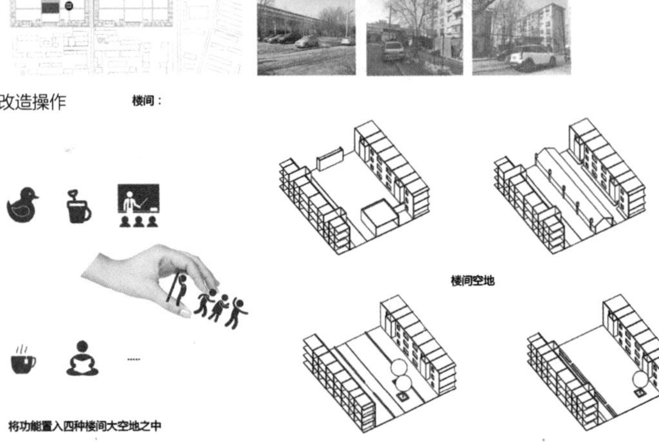

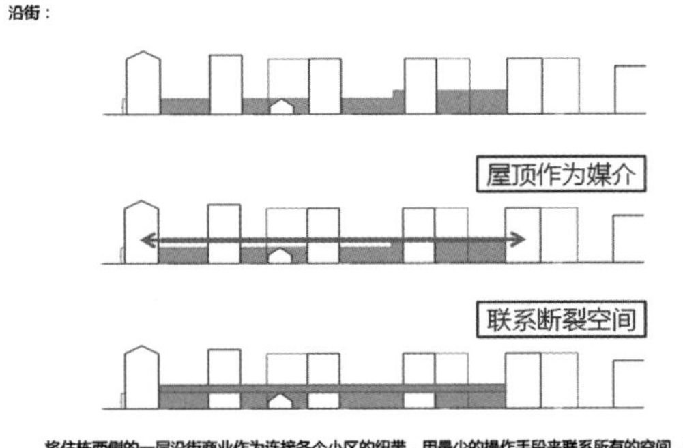

设计成果

概念性社区改造

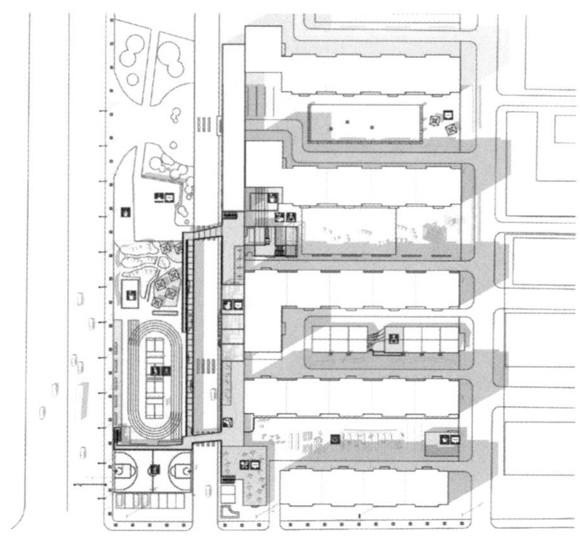

应对不同类型的消极空间：
楼间、街角、沿街绿化带、沿街商业等原先未利用空间进行介入和改造，激活社区。

针对不同人群：
发掘老人、孩子、租户的不同需求，满足各种人群活动的需要。

轴测

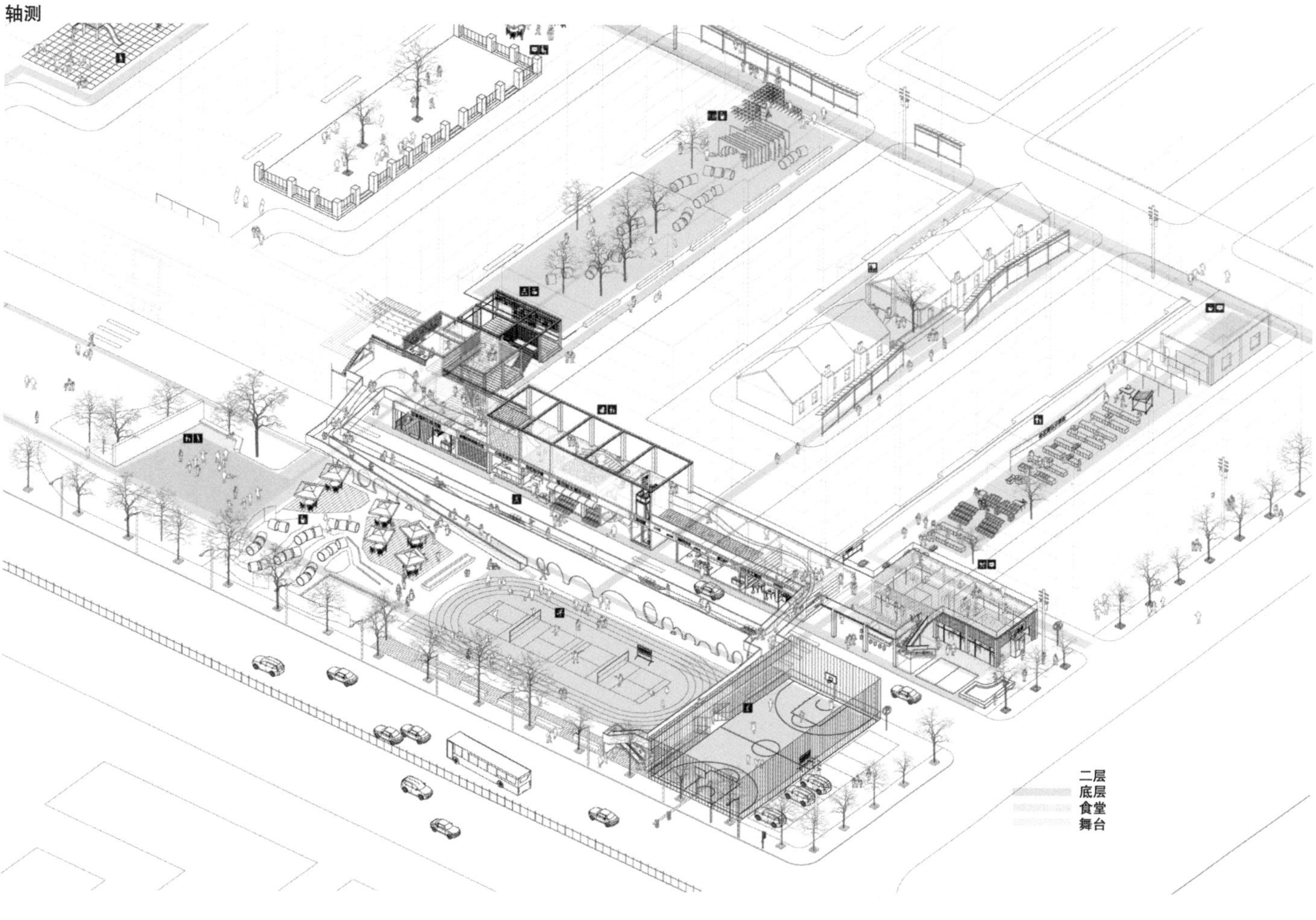

二层
底层
食堂
舞台

同济大学

TONGJI UNIVERSITY

指导教师

李翔宁

孙澄宇

1 工业·文化·旅游 Industry · Culture · Tourism

该小组同学以沈阳独特的文化基因为切入点，结合废弃的工业遗存，对目前以展示旧工业生产空间为主的工业旅游模式进行了补充，提出了“工业－文化－旅游”三者相结合的新模式。

116

鲁昊霏

朱玉

张晓雅

2 铁西后工业展示园 Tiexi Post-industrial Campus

“铁西后工业展示园”重新利用场地中的废弃铁轨，作为联结工业博物馆、机器人生产体验中心、筒仓展览馆和居住文化体验中心的复合基础设施，重塑这一靠近大成站的片区为铁西区新兴工业的示范展示区。

122

蔡庆瑜

邓浩彬

庄铭予

3 面向青年创业者——铁西区更新设计 For Young Entrepreneurs--Tiexi Regeneration

“面向青年创业者”以“舒经活络，吐故纳新”为城市策略。小组同学认识到一个城区的活化，其关键在于生活其中个体的活化，在铁西这个地区也就是处理好“引入年轻人与留守老年人”之间的共生关系，而创客工坊、公园图书馆、汽车文化中心、鲜花集市、公寓式酒店、P+R换乘中心等六个节点，则恰恰构成为之服务，试图从多个方面来支撑这一城市更新的主题。

128

侯苗苗

路秀洁

徐琛

杨挺

张治宇

胡伟林

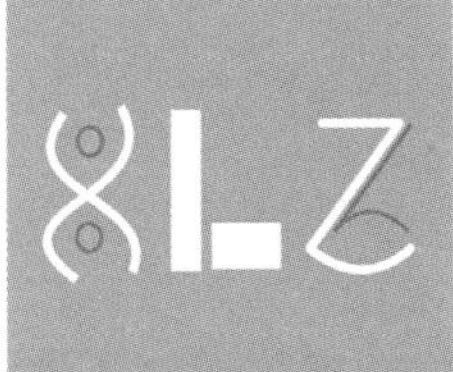

工业·文化·旅游
Industry·Culture·Tourism

同济大学
设计：张晓雅/朱玉/鲁昊霏
指导：李翔宁/孙澄宇

春天，建筑上面，阳光下绿色蔓延的户外。

风雪中的舞台——民俗二人转剧场村设计

同济大学 鲁昊霏 指导老师：李翔宁、莫万莉、孙澄宇

本设计希望设计一个具有开敞感空间的民俗二人转剧场村，这种开敞感使演员与观众，观众与自然环境取得良好的感知关系。

将剧院服务设施平铺于建筑负一层，剧场的商业休闲以及市井聚会的空间置于第一层，负一层和一层通过一个两边起翘的大斜坡，使上下两层的人与活动可以相互感知，并且斜坡也为街头二人转演员提供了临时的舞台；剧场的第二层是通往剧院和社区讲坛的商业休闲的功能，这些空间向卫工明渠完全打开，使人与外界有了良好的互动关系。

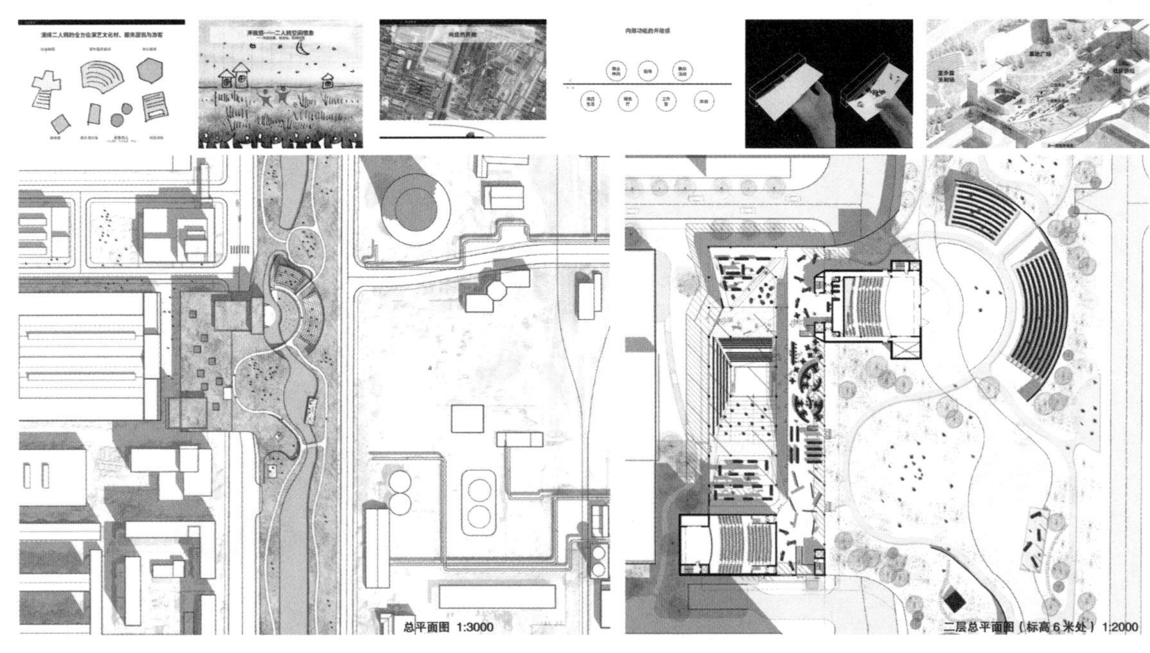

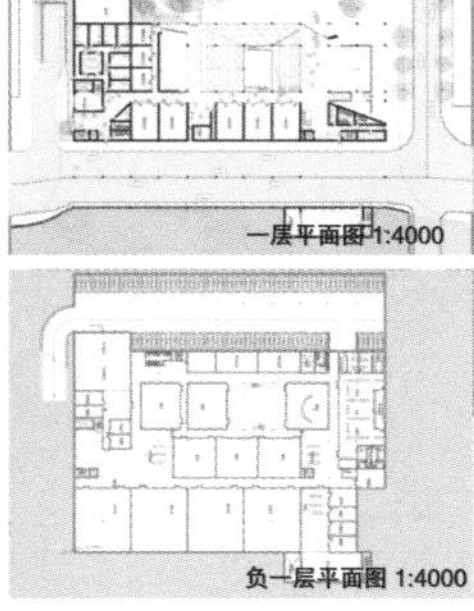

评语：

该小组同学以沈阳独特的文化基因为切入点，结合废弃的工业遗存，对目前以展示旧工业生产空间为主的工业旅游模式进行了补充，提出了“工业—文化—旅游”三者相结合的新模式。鲁昊霏同学的“风雪中的舞台”结合二人转表演，通过剖面设计形成观者与表演者之间的多元互动。朱玉同学的浴场设计利用了热电厂废坑，对工业遗存的形式结构的变形，形成了丰富而具有纪念性的洗浴空间。张晓雅同学的灰筒酒店则结合了场地中的废弃灰筒与沈阳工人新村的居住模式，以两种不同的改造策略对其进行处理，营造出独特的居住体验。

冬天，建筑下面，温室里的热闹演绎

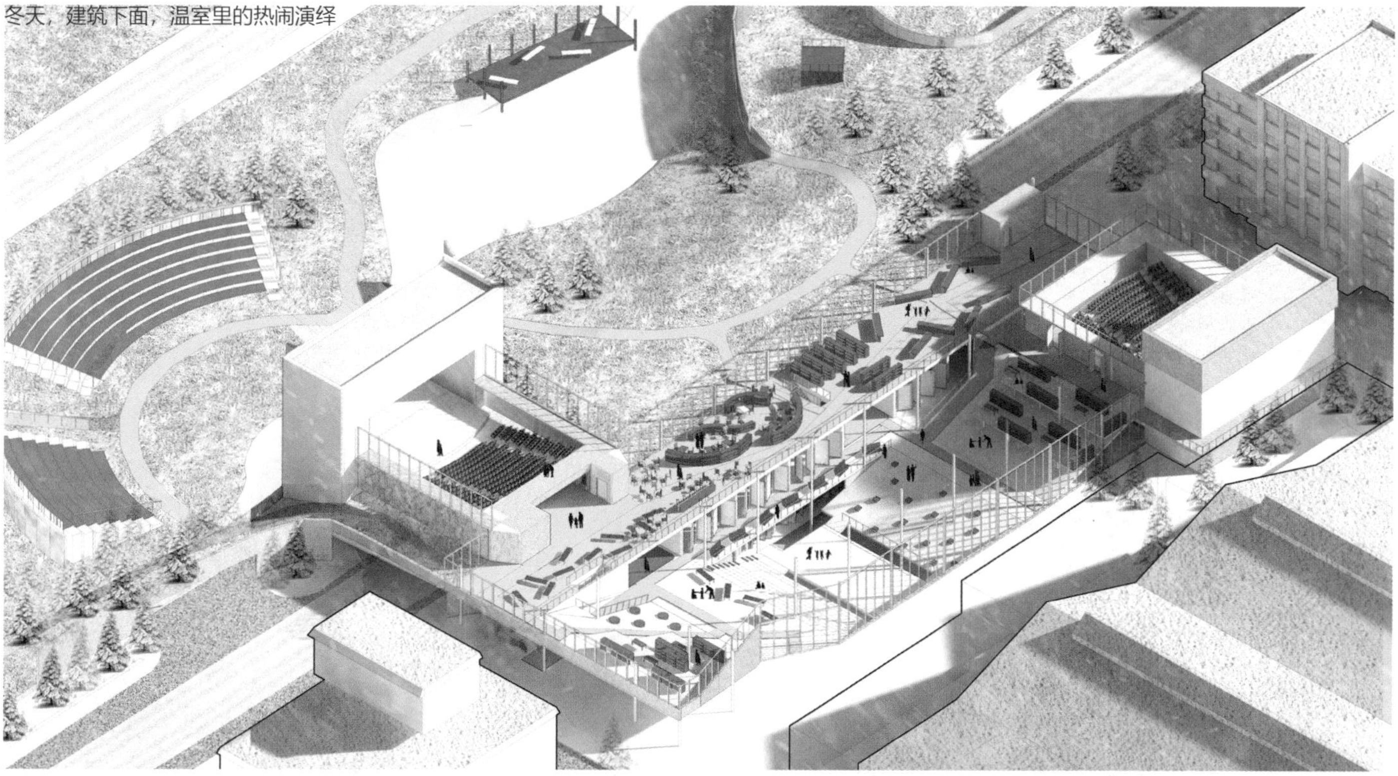

二层剧场入口透视

坡道透视

一层入口门厅透视

剧场透视

二层商业休闲透视

剖面图 1:400

腊月寒冬，大雪纷扬，世界仿佛被埋在了雪的下面。我踩着一堆又一堆的雪，废弃着的工厂仍旧沉默着……

等等，这是哪里冒出来的烟气？！！难道是从雪堆里面？！！烟气是暖的，难道，这里有一座运作中的地下工厂？

天哪，这里真有一座地下工厂！高耸的罐子林立着，对，就是他们在冒着烟，里面一定在运作着什么机密！可是，这些罐子怎么那么巨大，我猛然感到一丝压迫，是我太卑微了吗？

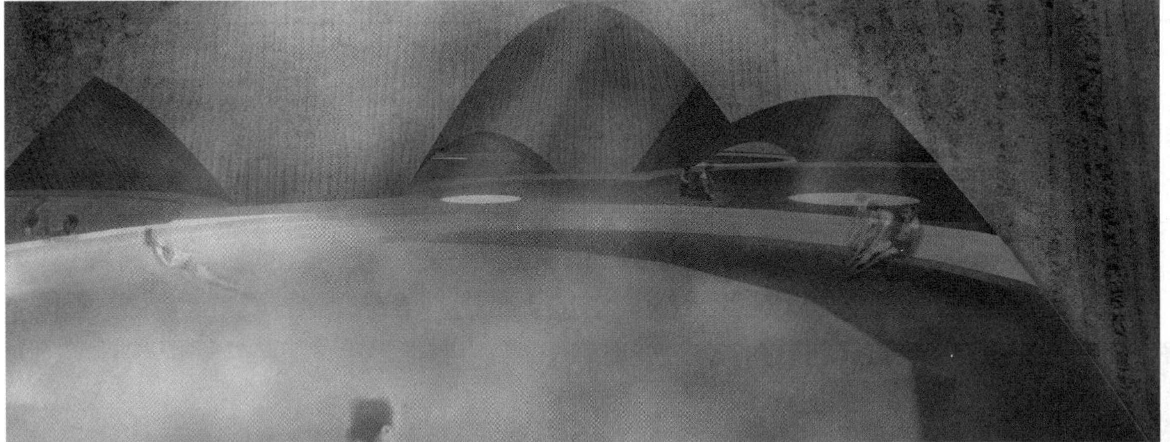

原来罐子里面竟是一个又一个的浴池！我从一个池子泡到另一个池子，除去一身寒气。

啊，这连绵的山洞，无穷无尽的池子....

带着松软的身体我上了楼。哇，这楼板竟然是悬空的！透过钢网我似乎还能隐隐约约看见下面。这一个个罐子啊是如此强势，轻薄的家具微不足道。他们如一根根林立的烟囱，如此的宏大。

呵，工业时代啊....

筒形浴场设计

同济大学 朱玉

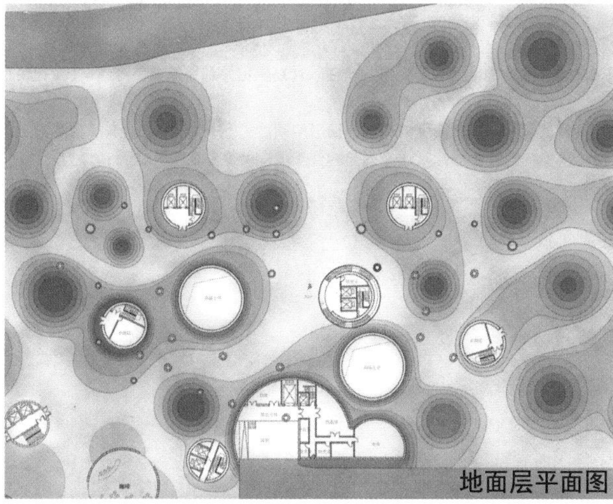
地面层平面图

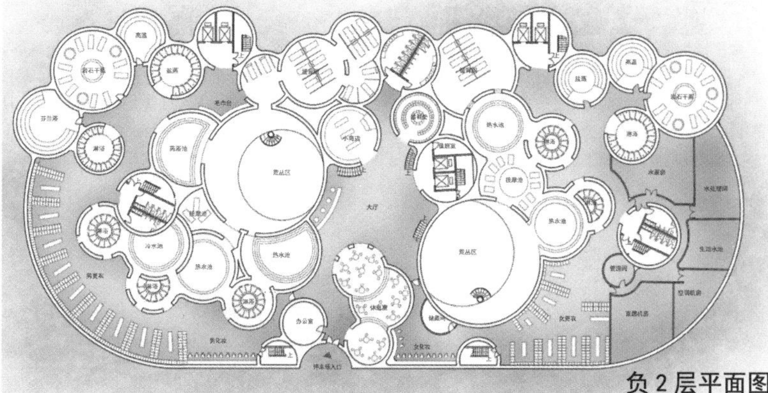
负 2 层平面图

负 1 层平面图

场地分析

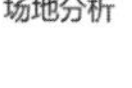

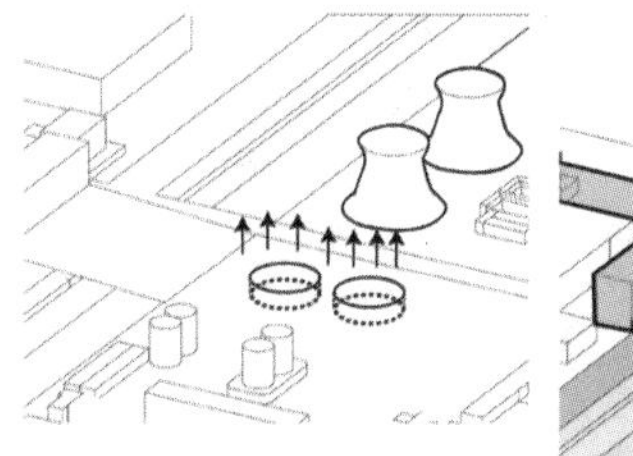
场地为两个冷却塔被炸掉后剩下的 10 米大坑，对面的两个冷却塔仍在使用中。

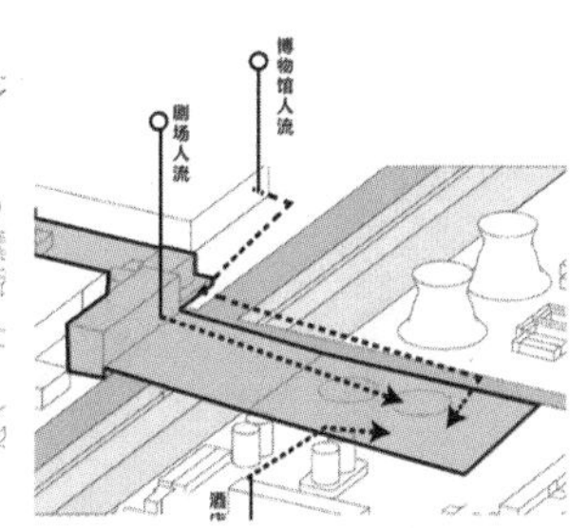

场地为于铸造博物馆轴线和沿河绿化轴线的交点上，有大量的人流。

概念生成

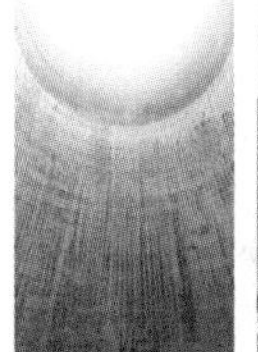
冷却塔内部充满张力的空间

冷却塔被炸毁，工业时代的结束

荒丛的状态，历史的见证者

概念：1. 连绵雪景广场下的温暖浴场
2. 体验工业时代的筒形空间，膜拜其宏大，致敬工业时代
3. 感受工业时代衰落后剩下的荒凉废墟，感叹时代转折的无奈，教育小孩子这段历史

策略

在以前坑的基础上继续挖

筒形缩小，下埋

地面上连续起伏的雪景广场
地下连续的洗浴空间
洗浴时可以感知到到荒丛状态

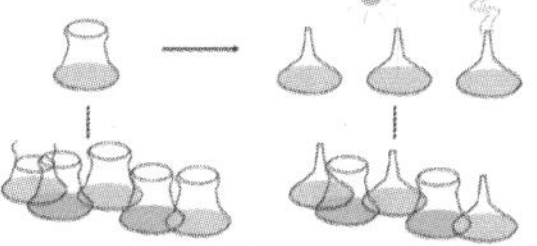
筒向上缩减成柱子，筒为结构，既满足空间利用，又满足采光

形态推敲过

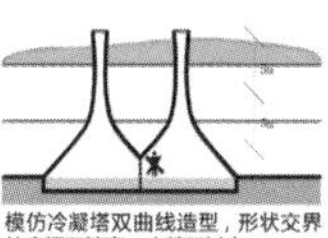
楼仿冷凝塔双曲线造型，形状交界处空间不够高，人跨不过去

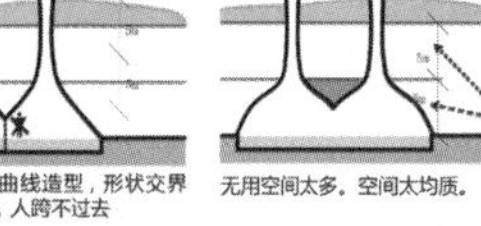
无用空间太多，空间太均质。

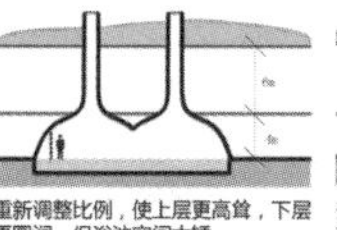
重新调整比例，使上层更高耸，下层更圆润，但浴池空间太矮

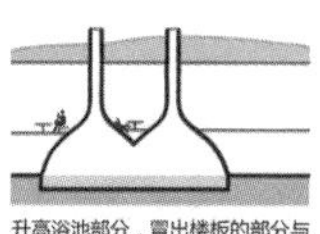
升高浴池部分，冒出楼板的部分与家具结合。但楼板对罐子横向切割严重，罐子形体不完整。

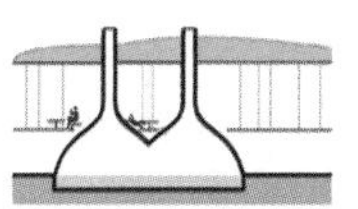
楼板与罐子完全脱开，悬挂起来。楼板采用钢网板，水平向轻盈通透，竖直向厚重，突出罐子形体。

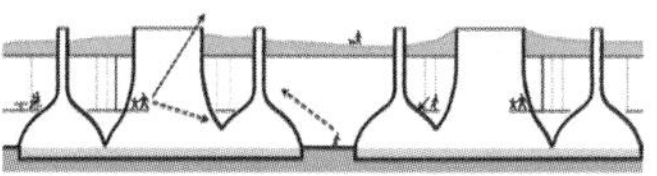
人先进入大厅，感受罐子完整的尺度，体验工业时代的宏大。

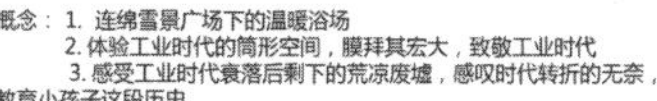

灰筒酒店 同济大学 张晓雅

本设计为主要服务于整体工业文化展示区和铸造博物馆区的旅游人群而设计的酒店，同时希望能够展现工业遗存的魅力空间和工人精神所在。计划保留并利用原有废弃热电厂内部的灰库作为设计的出发点，并由于南北向公共性的差异希望将两个灰筒设计呈现不一样的氛围。

北向面对小组成员的浴场，承接浴场地面广场的公共性，引入商业，展厅，报告厅等公共空间，利用小尺度筒形空间簇拥保留灰筒形成有趣的筒形空间体验，并在中央保留灰筒功能记忆，是工业大空间的展示，也作为工人文化的展示。南向为酒店的主体空间，利用均质化，向心性的空间再现集体精神，内置的楼梯廊道空间是曾经工人间共享交流关系的再现。力图展现过去功能空间精神和新工业空间更新间的对比，铭记辉煌，也铭记悲剧，也继续走向新的生活。

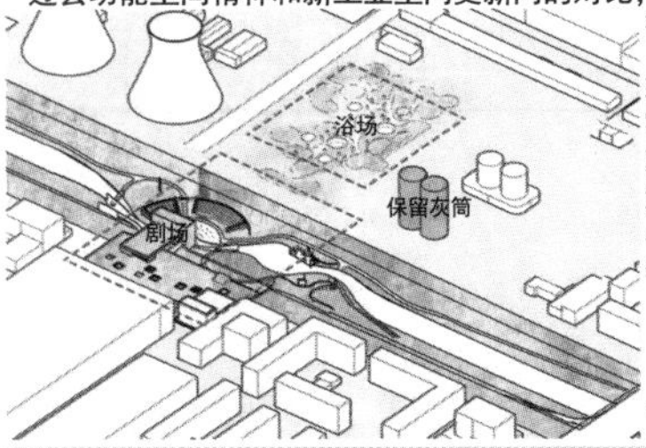

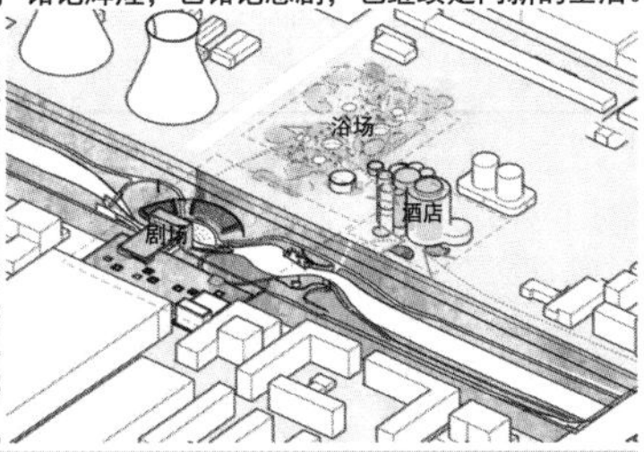

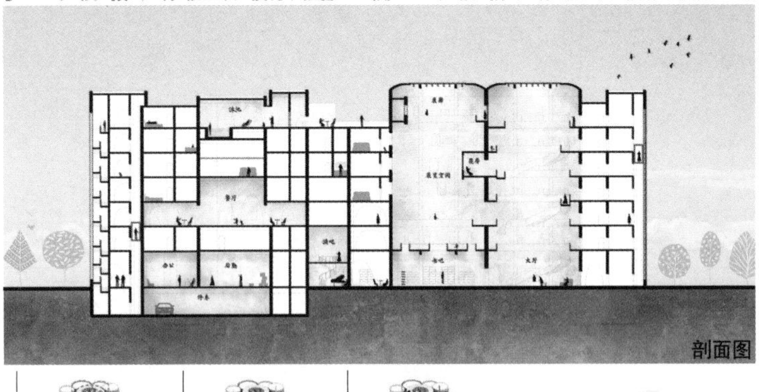

剖面图

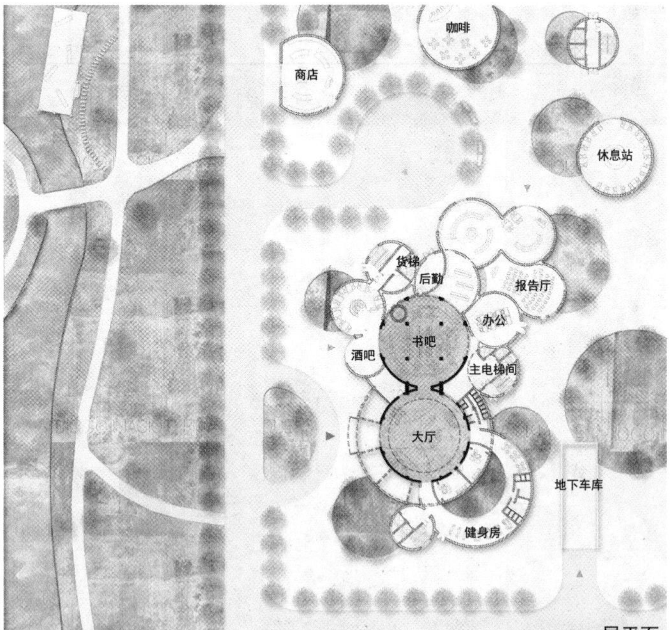

一层平面

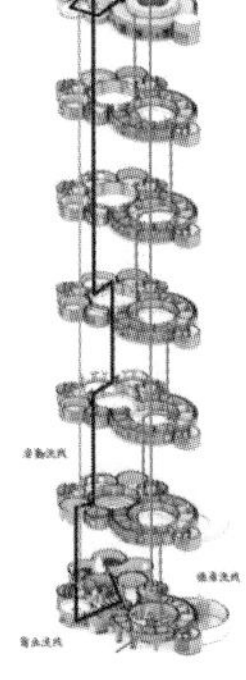

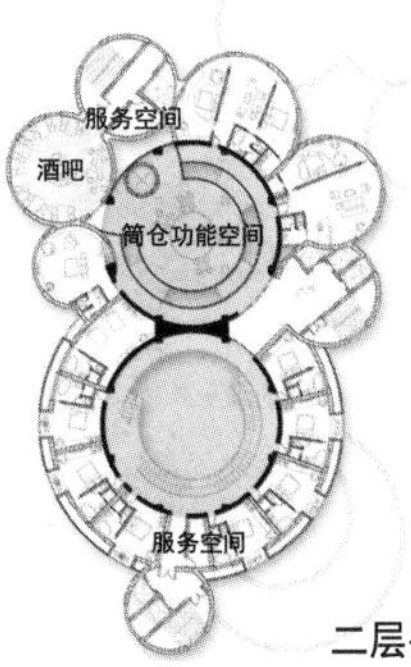

二层平面

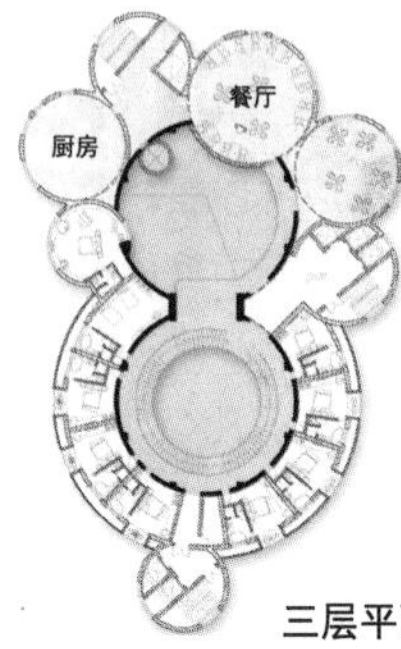

三层平面

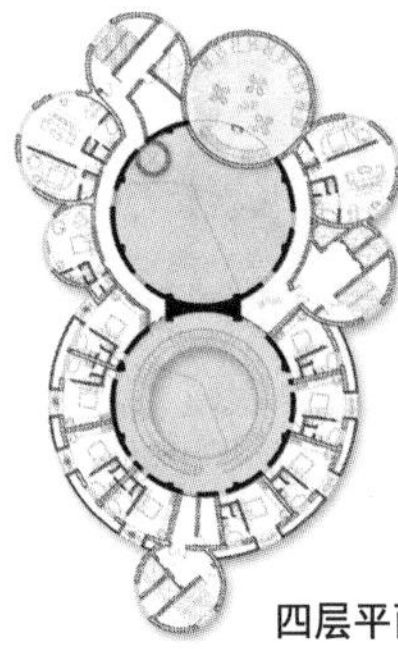

四层平面

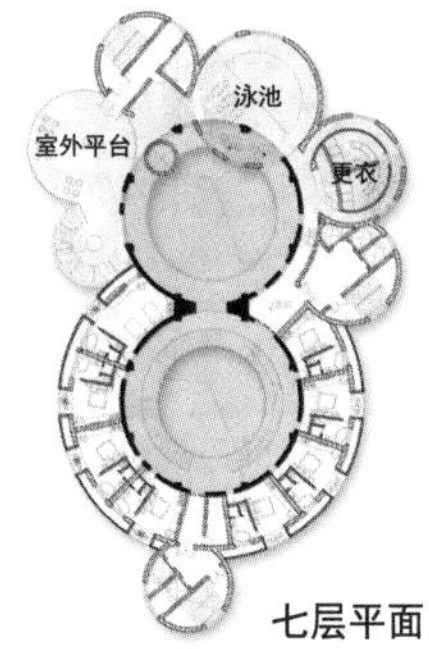

七层平面

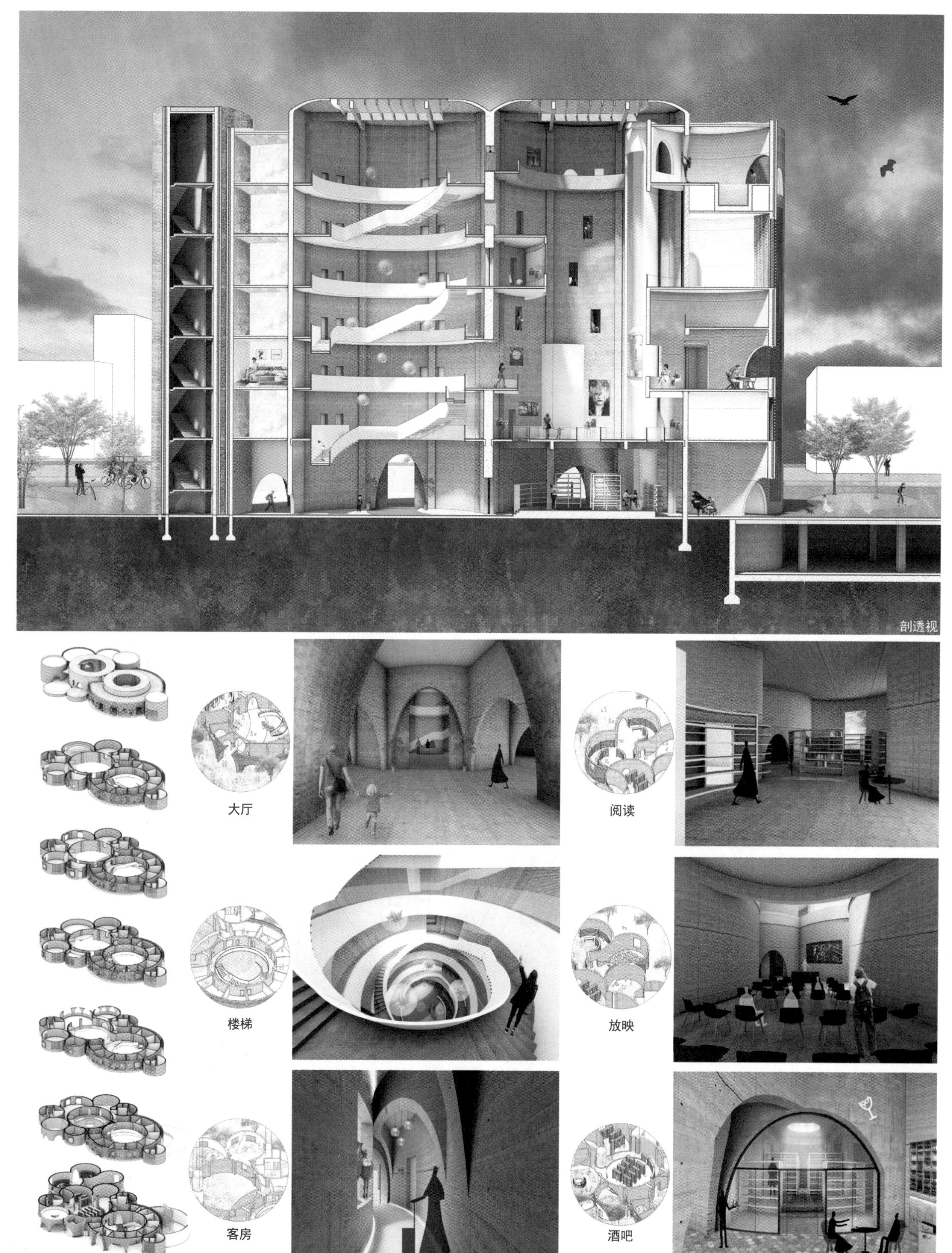
剖透视
大厅
阅读
楼梯
放映
客房
酒吧

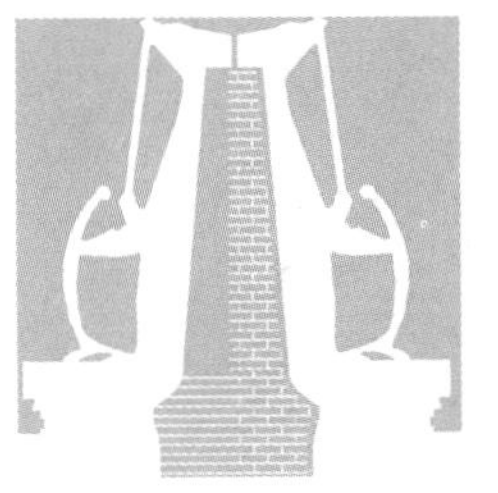

铁西后工业展示园
Tiexi Post-industrial Campus

同济大学
设计：庄铭予/邓浩彬/蔡庆瑜
指导：李翔宁/孙澄宇

旧厂房植入新工业
机器人生产体验中心设计
庄铭予

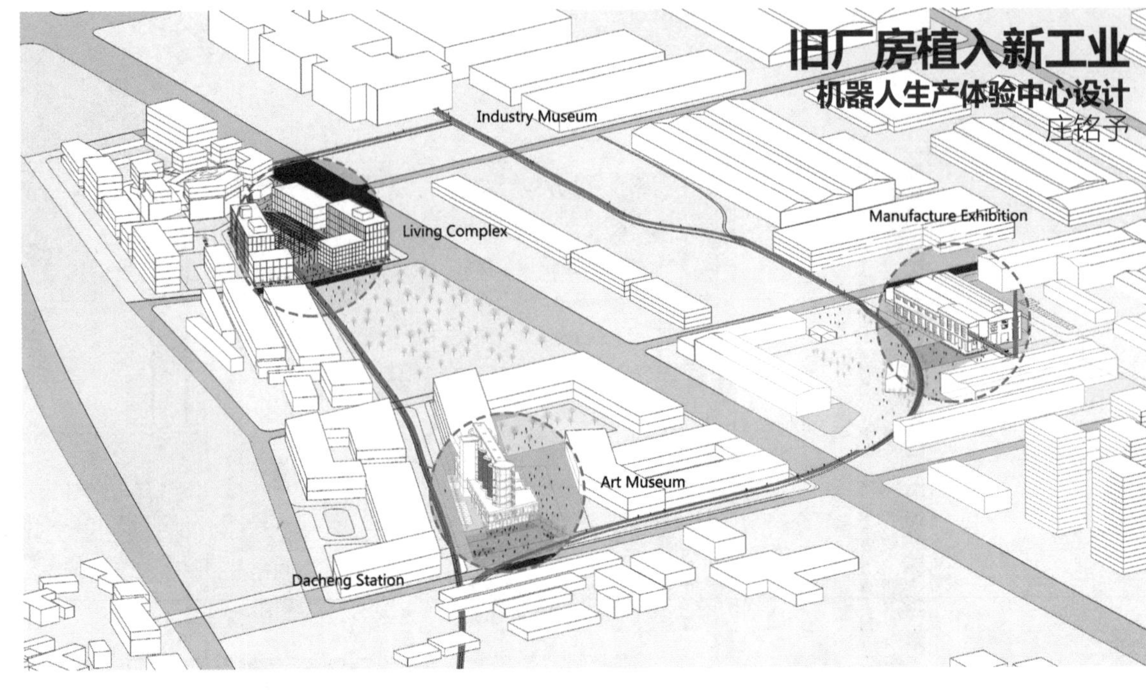

本设计拟将废弃的沈阳冶金机械厂改造为机器人生产体验中心。功能主要为工业机器人制造小型机器人的生产过程的展示。

它将作为铁西新工业的展示窗口，与工业博物馆、铁路大成站串联起来，形成一条工业旅游线路。以此为中心，建立铁西新工业展示园，打造铁西区的新门面。

机器人产业是铁西区生产服务业中的重要部分，它能充分发挥铁西原有工业优势，并服务于沈阳经济技术开发区内的多种产业。机器人研发过程和成品的展示有助于塑造铁西的新形象，增强铁西人的自信心，并吸引更多青年人才的加入。

? 如何充分利用旧厂房的空间特质，如何使展示的生产流线既体现新工业的特点，又强化旧厂房的空间氛围，形成独特的新旧工业空间交织的游览体验

总平面图

区位图

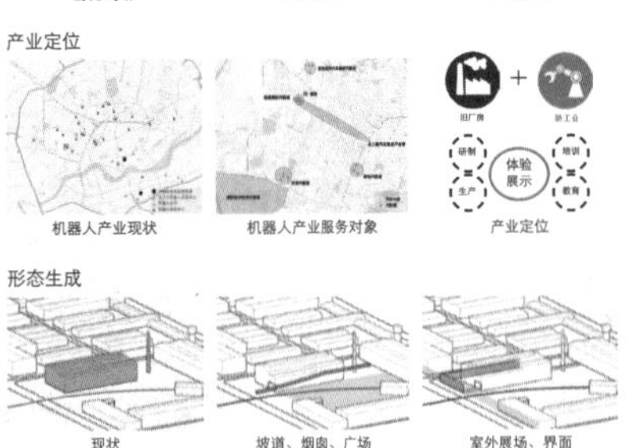

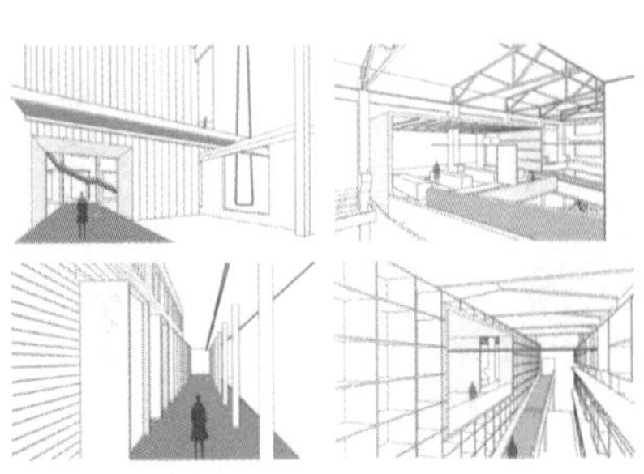

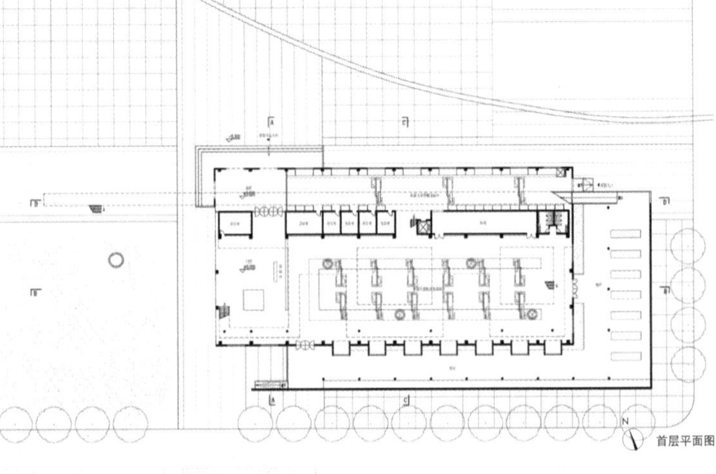
首层平面图

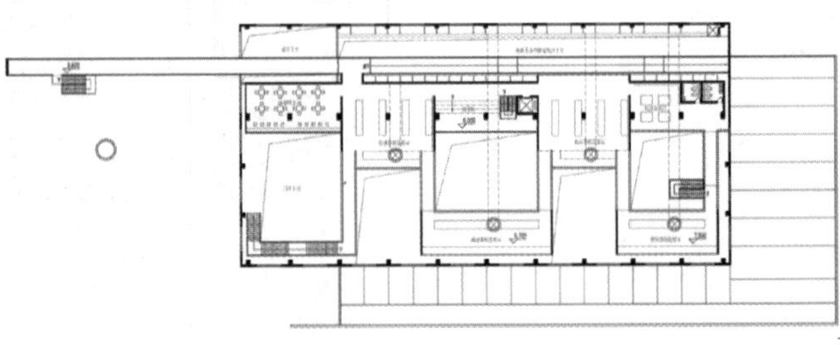
二层平面图

评语：

该小组同学重新利用场地中的废弃铁轨，作为连接工业博物馆、机器人生产体验中心、筒仓展览馆和居住文化体验中心的复合基础设施，重塑这一靠近大成站的片区为铁西区新兴工业的示范展示区。庄铭予同学的机器人生产体验中心结合铁西区现有的机器人生产研发中心，打造了集生产、展示与体验为一体的空间体验，变旧工厂为新空间。邓浩彬同学的筒仓展览馆通过设计介入，再现了工业遗存的空间魅力，蔡庆瑜同学的居住文化体验中心，对沈阳独特的居住类型和工业记忆进行转译，通过形式语言与材料性的类比，使之成为记忆的容器。

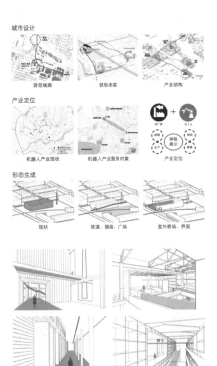

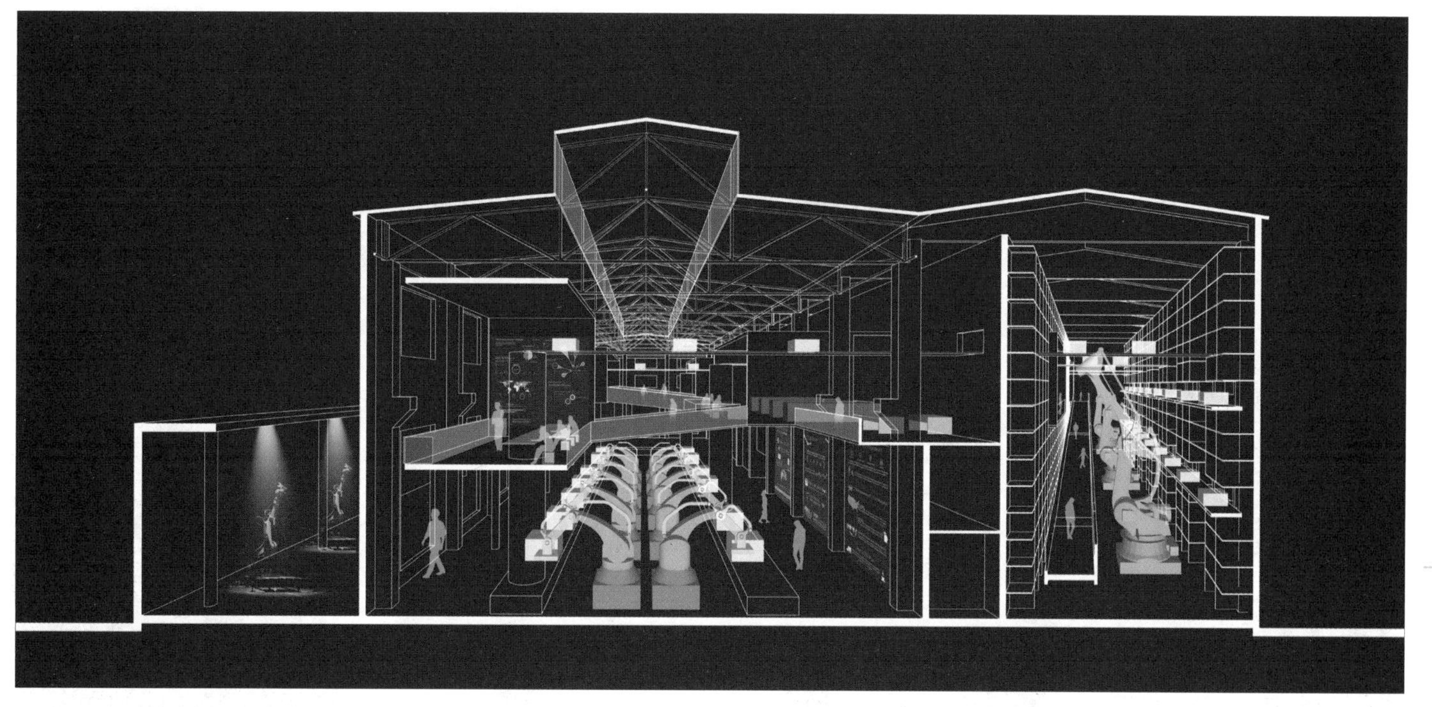

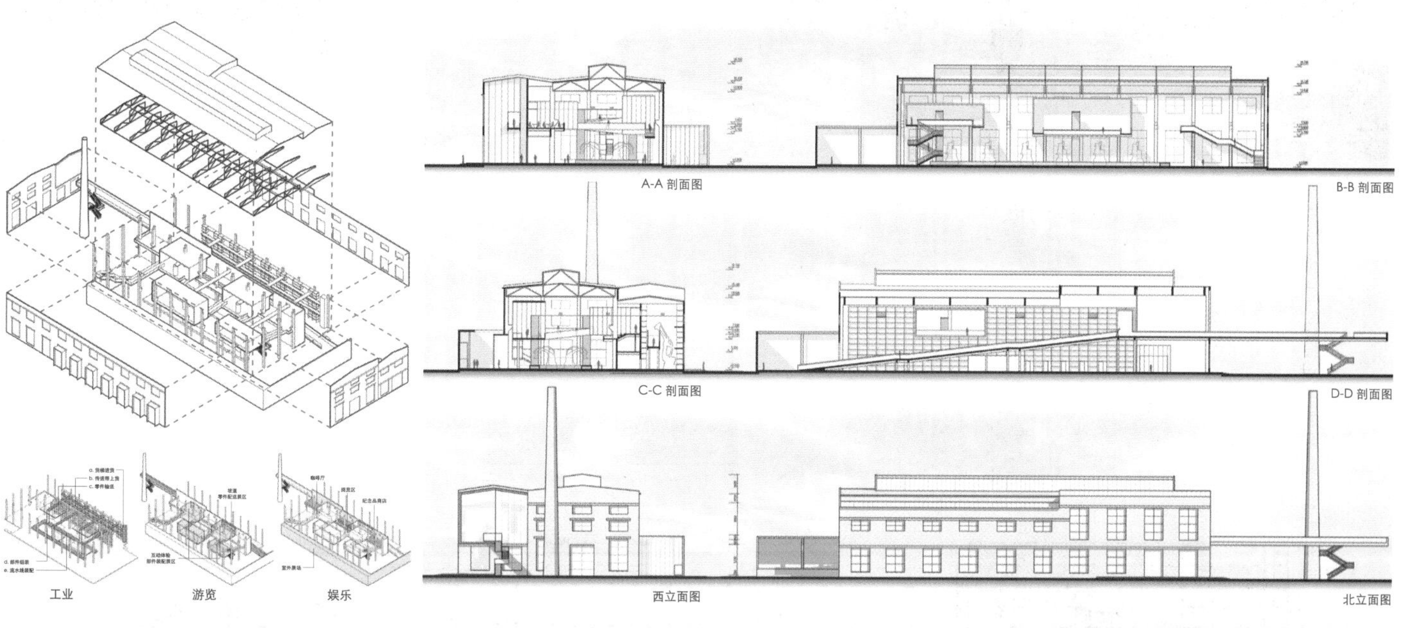
A-A 剖面图
B-B 剖面图
C-C 剖面图
D-D 剖面图
工业
游览
娱乐
西立面图
北立面图

筒仓改造与更新设计

同济大学 邓浩彬

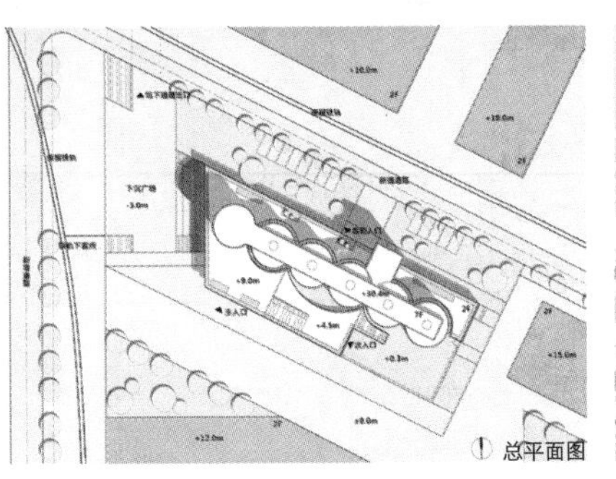
总平面图

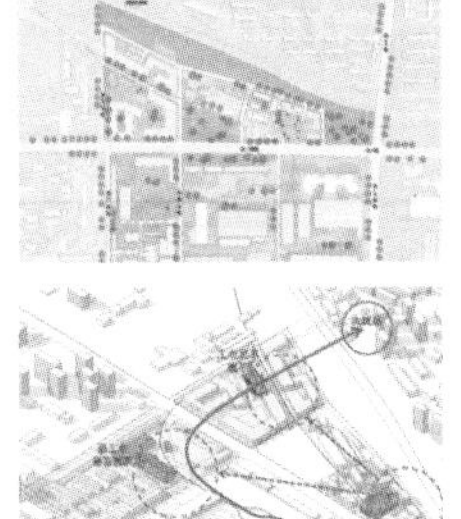

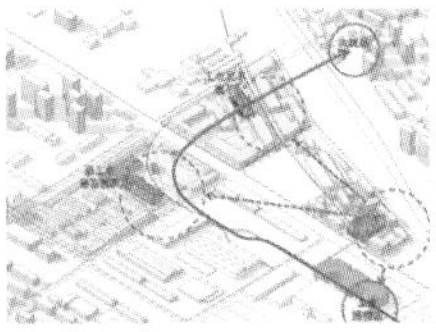

基地介绍：基地位于铁西区北一西路的北侧，沈阳大成站的南侧。基地内现为大成钢铁市场，有废弃筒仓以及若干物流仓库。现将对基地所处的整个片区进行改造，将拆除物流仓库作为新建办公楼的建设用地以及保留废弃筒仓，将其改造成具有复合功能的博物馆。

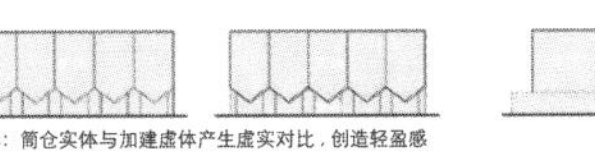
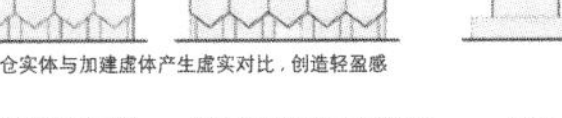

漂浮：筒仓实体与加建虚体产生虚实对比，创造轻盈感

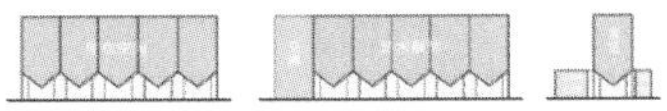

脱开：新旧结构的脱开处理，两侧加建体量的不同功能考虑

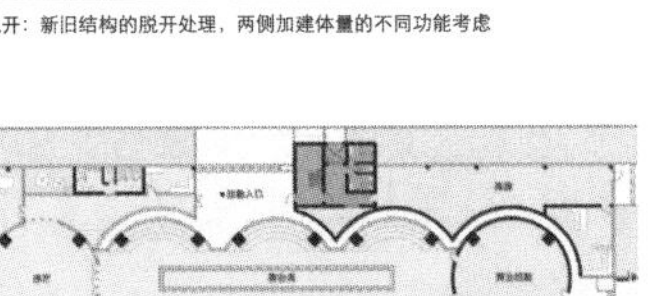

原筒仓近景

原筒仓街景

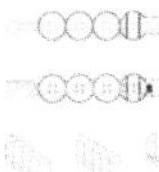

参考案例深圳大成面粉厂筒仓改造：对筒仓外墙的处理方式

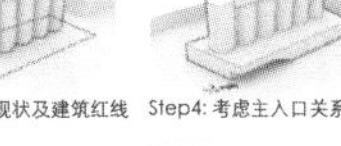

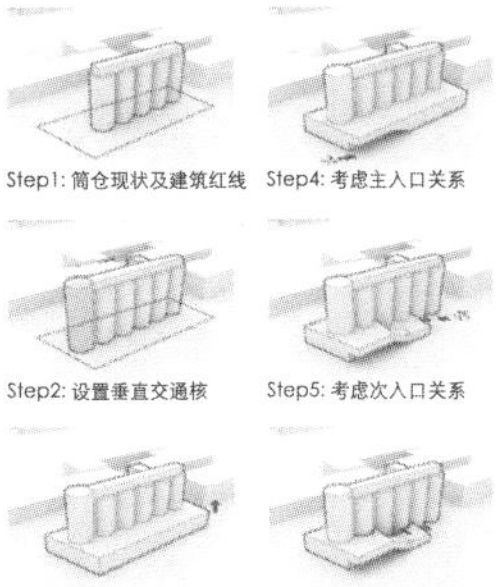

Step1：筒仓现状及建筑红线

Step4：考虑主入口关系

Step2：设置垂直交通核

Step5：考虑次入口关系

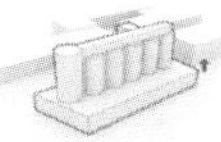

Step3：加建体量拉升

Step6：新旧体量脱开处理

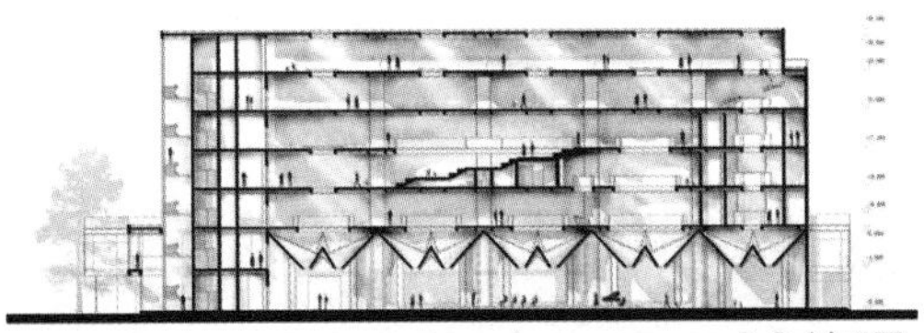

B-B 剖面图

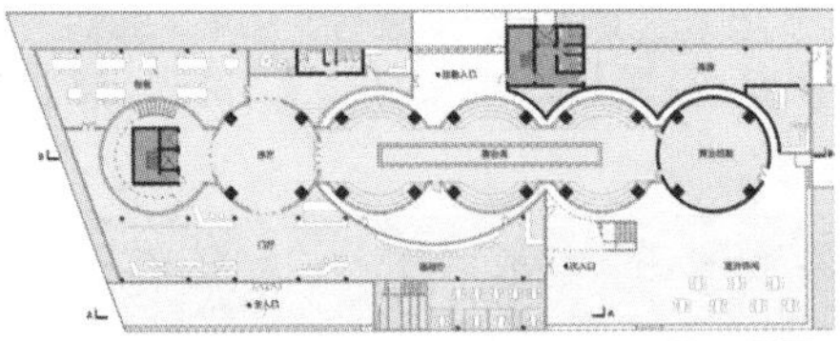

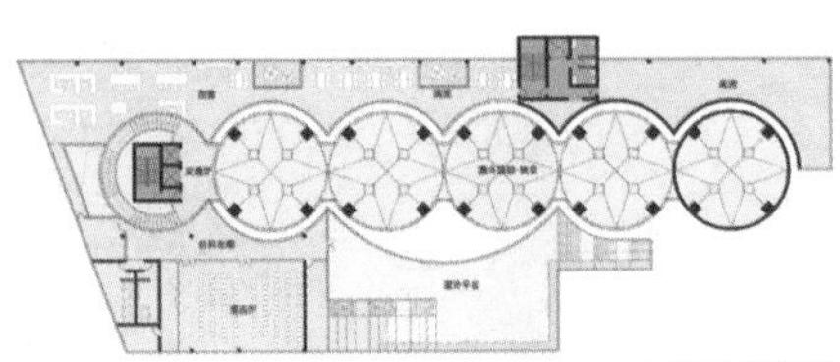
一层平面图

四层平面图

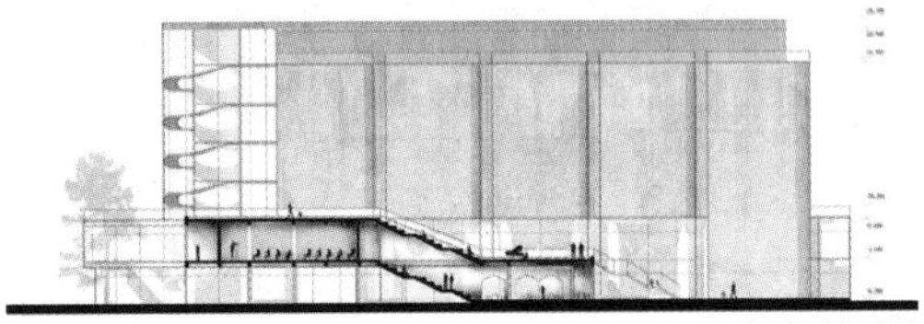

A-A 剖面图

二层平面图

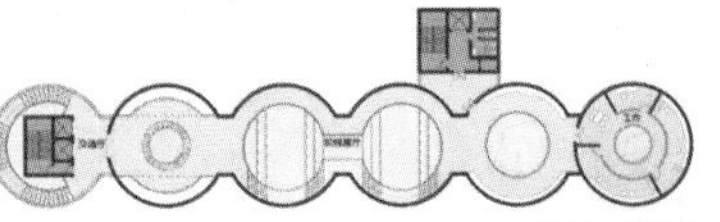
五层平面图

六层平面图

北立面图

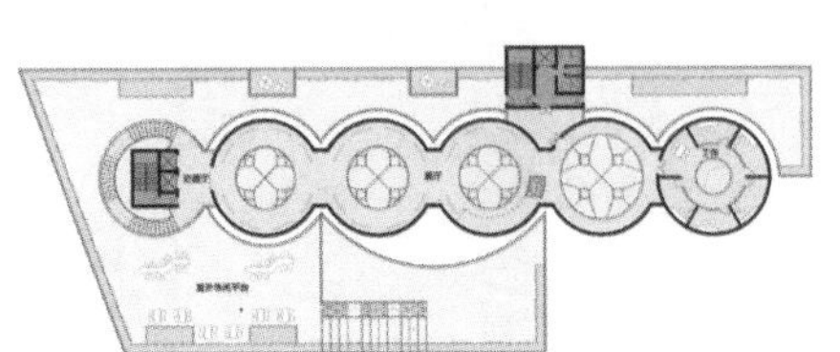
三层平面图

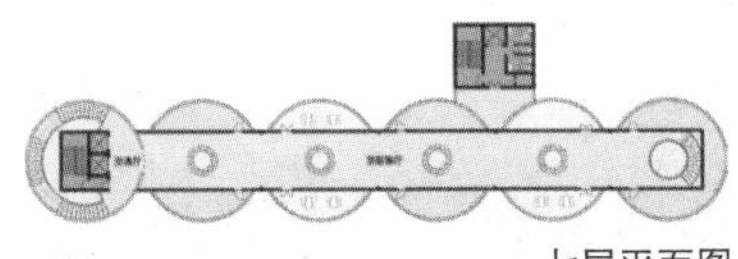
七层平面图

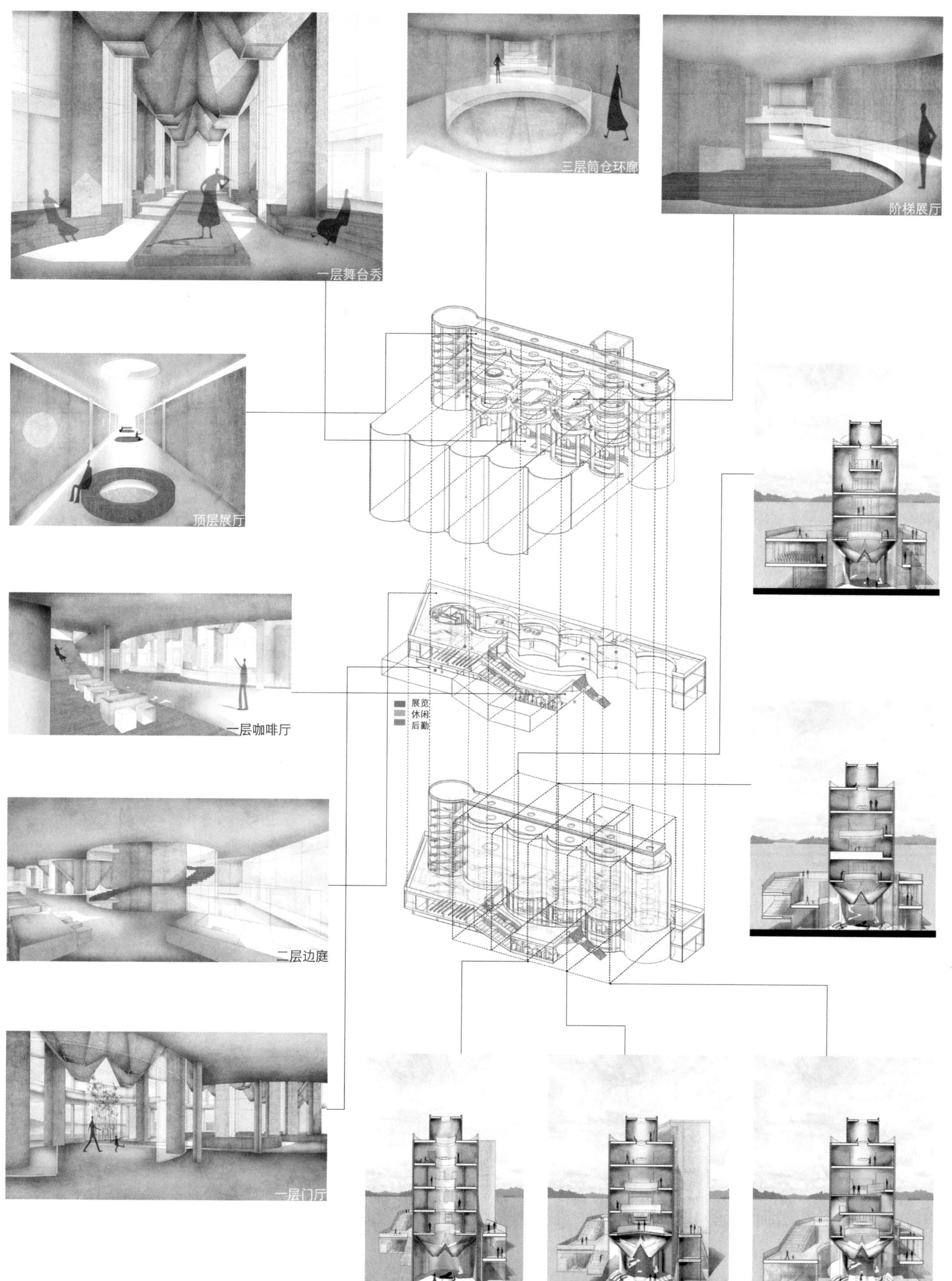
一层舞台秀
三层筒仓环廊
阶梯展厅
顶层展厅
一层咖啡厅
展览
休闲
后勤
二层边庭
一层门厅

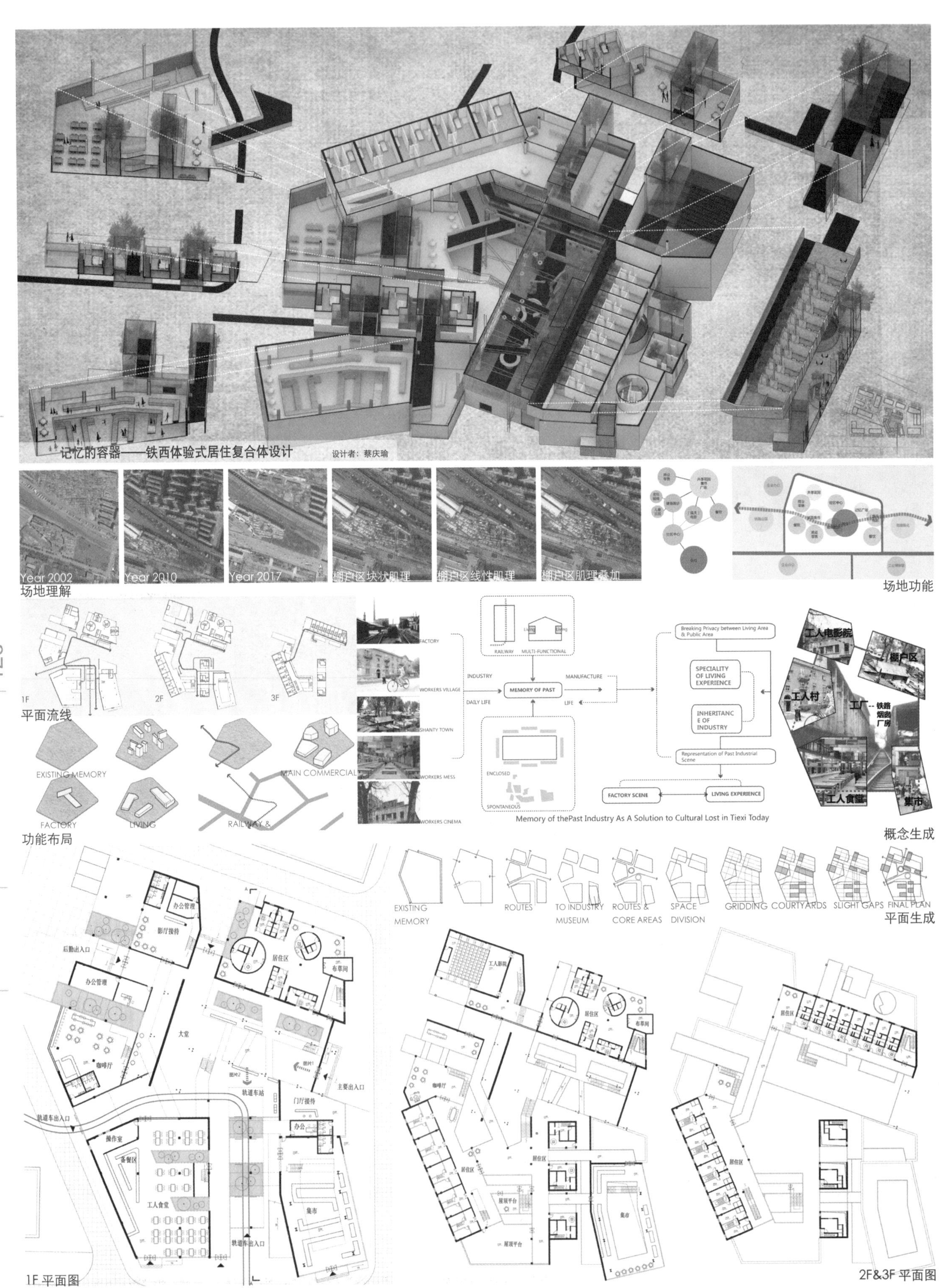

记忆的容器——铁西体验式居住复合体设计
设计者：蔡庆瑜
Year 2002
Year 2010
Year 2017
棚户区块状肌理
棚户区线性肌理
棚户区肌理叠加
场地理解
场地功能
1F
2F
3F
平面流线
EXISTING MEMORY
MAIN COMMERCIAL
FACTORY
LIVING
RAILWAY &
功能布局
FACTORY
WORKERS VILLAGE
SHANTY TOWN
WORKERS MESS
WORKERS CINEMA
RAILWAY
MULTI-FUNCTIONAL
INDUSTRY
DAILY LIFE
MEMORY OF PAST
MANUFACTURE
LIFE
ENCLOSED
SPONTANEOUS
Breaking Privacy between Living Area & Public Area
SPECIALITY OF LIVING EXPERIENCE
INHERITANCE OF INDUSTRY
Representation of Past Industrial Scene
FACTORY SCENE
LIVING EXPERIENCE
Memory of thePast Industry As A Solution to Cultural Lost in Tiexi Today
工人电影院
棚户区
工人村
工厂
铁路
烟囱
厂房
工人食堂
集市
概念生成
EXISTING MEMORY
ROUTES
TO INDUSTRY MUSEUM
ROUTES & CORE AREAS
SPACE DIVISION
GRIDDING
COURTYARDS
SLIGHT GAPS
FINAL PLAN
平面生成
办公管理
影厅接待
后勤出入口
居住区
布草间
咖啡厅
大堂
主要出入口
轨道车站
门厅接待
轨道车出入口
操作室
备餐区
工人食堂
办公
集市
1F 平面图
工人影院
屋顶平台
2F&3F 平面图

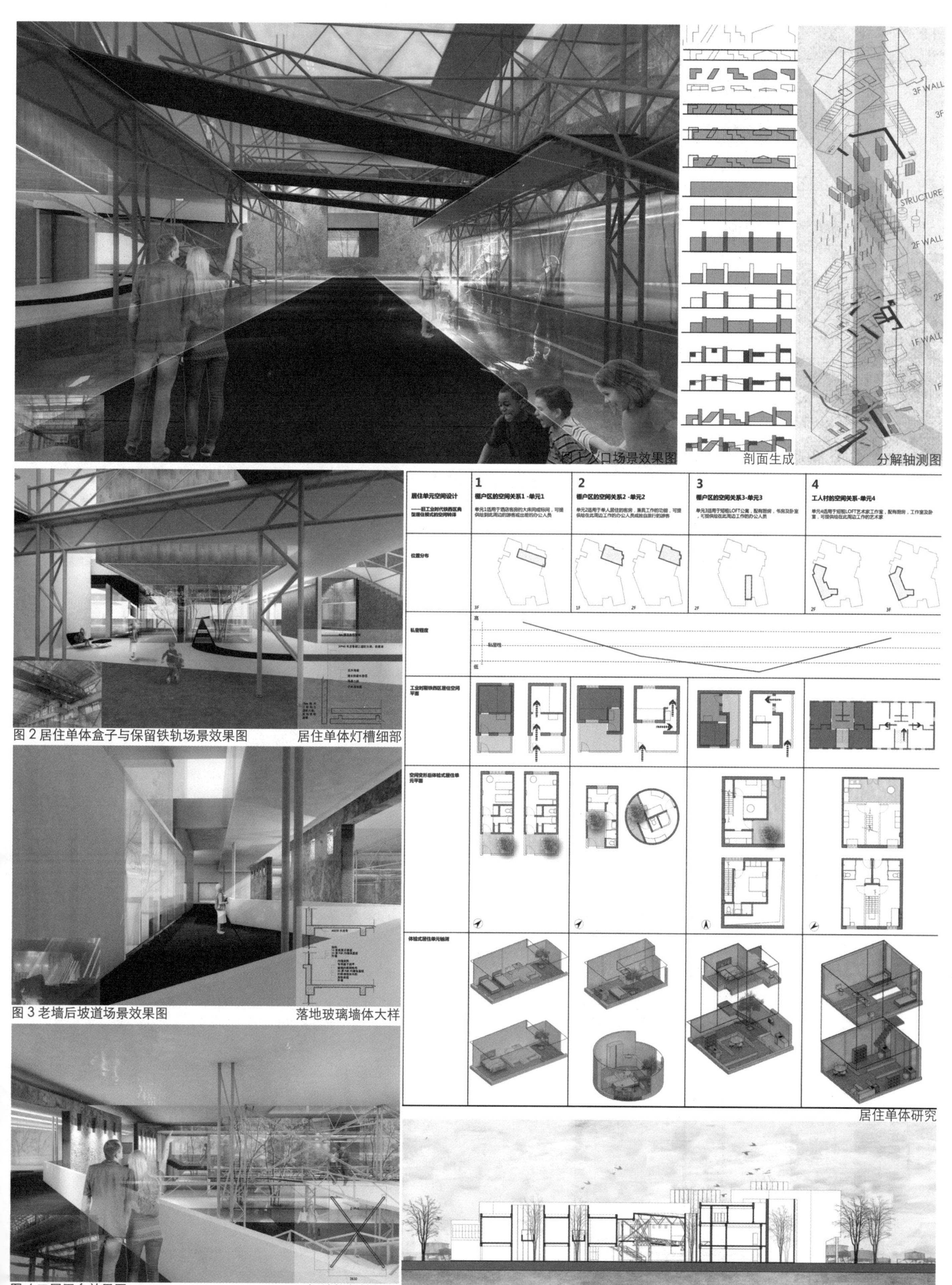

图1 入口场景效果图

剖面生成

分解轴测图

图2 居住单体盒子与保留铁轨场景效果图

居住单体灯槽细部

图3 老墙后坡道场景效果图

落地玻璃墙体大样

图4 二层平台效果图

钢结构斜撑细部

居住单体研究

剖面图

面向青年创业者——铁西区更新设计

同济大学
设计：侯苗苗／徐琛／张治宇／胡伟林／路秀洁／杨挺
指导：孙澄宇／李翔宁

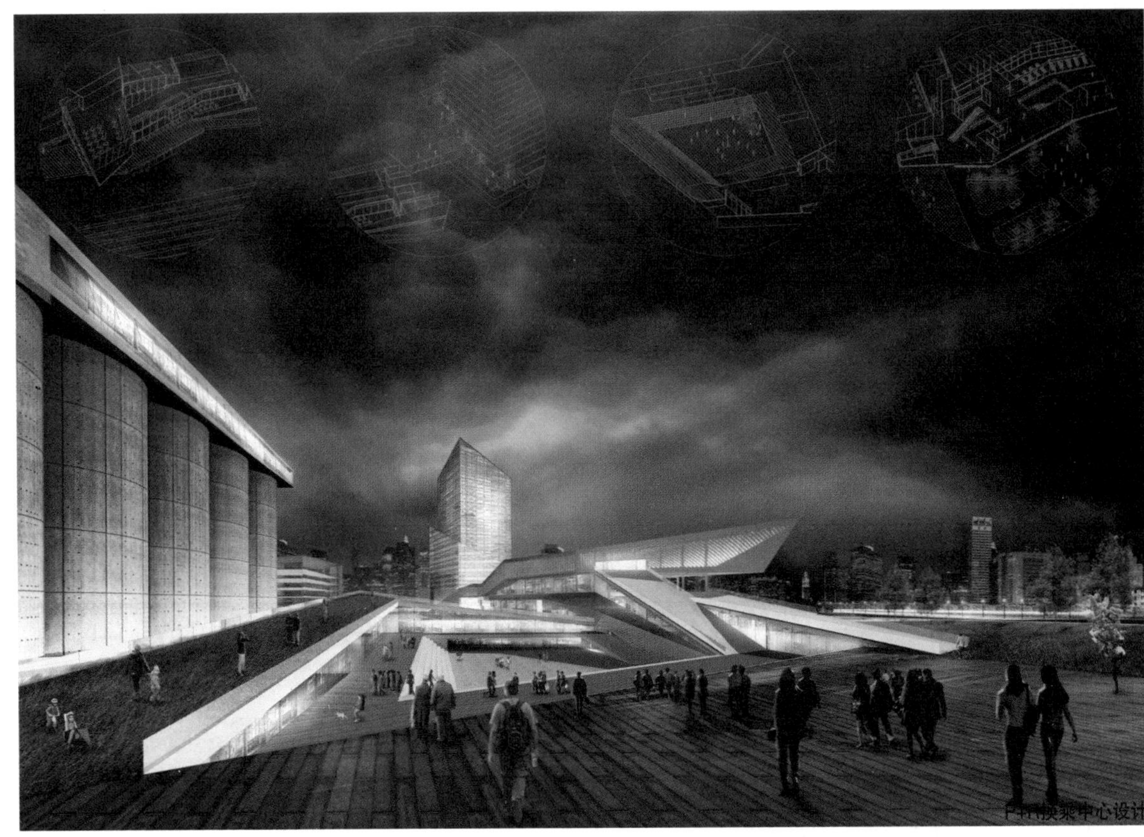

评语：

该组设计由6名同济大学建筑学四年制本科毕业班同学共同完成。他们仅凭极其有限的前期现场调研，以及后续的在线资料收集，在2周的时间内完成了对于沈阳市铁西区的基本认知，并将工作聚焦于卫工明渠西侧的南北带状区域。由于毕业设计任务“城市设计＋建筑单体”的设定，小组在内部进行了多轮城市更新概念比选后，最终统一到了“舒经活络，吐故纳新”的思路上来。他们认识到一个城区的活化，其关键在于生活其中个体的活化，在铁西这个地区也就是处理好“引入年轻人与留守老年人”之间的共生关系。显然，年轻人不会凭空到来，他们需要相应的工作岗位、适宜的居住条件、文化生活设施等等。而老年人也需要与年轻人互动的平台，否则两种人群就反而会产生冲突。这里的创客工坊、公园图书馆、汽车文化中心、鲜花集市、公寓式酒店、P+R换乘中心等六个节点，正是为之服务，试图从多个方面来支撑这一城市更新的主题。正因为这六个设计发端于城市更新概念的六个子系统，所以其具有较为明确的单体设计任务限定，较为务实。单体设计也就秉承了这种务实的作风，多从形态生成、流线梳理、功能组织、结构优化、材料选用、表皮设计、节点推敲等，从整体到局部的建筑设计问题推进工作。就成果而言，较为全面地展示了同济四年级本科生的基本工作能力。当然，在这一设计过程中还有不少遗憾。比如，对于来自南方的学生而言，北方建筑的在地性有明显的欠缺；受限于毕业设计的客观规模要求，几个单体的设计任务书尚有讨论的空间；本人担任指导教师也经验不足，未能在更抽象的建筑理论的指导下做好引导工作，所以设计的思辨性与批判性不足。这些，都希望能够在今后的继续摸索中不断改善以提高。

P+R换乘中心设计

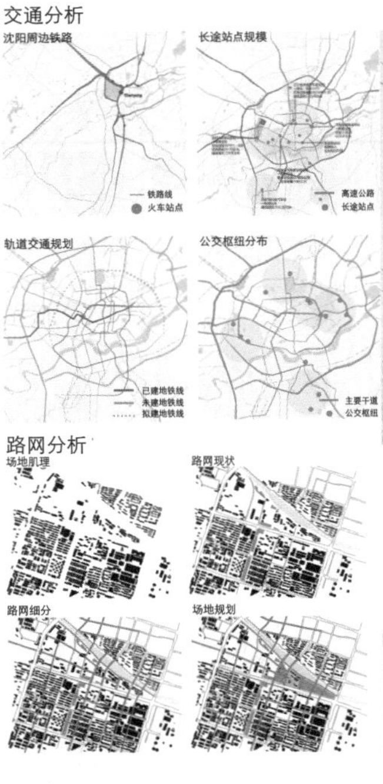

交通分析
沈阳周边铁路
长途站点规模
铁路线
火车站点
高速公路
长途站点
轨道交通规划
公交枢纽分布
已建地铁线
未建地铁线
拟建地铁线
主要干道
公交枢纽
路网分析
场地肌理
路网现状
路网细分
场地规划

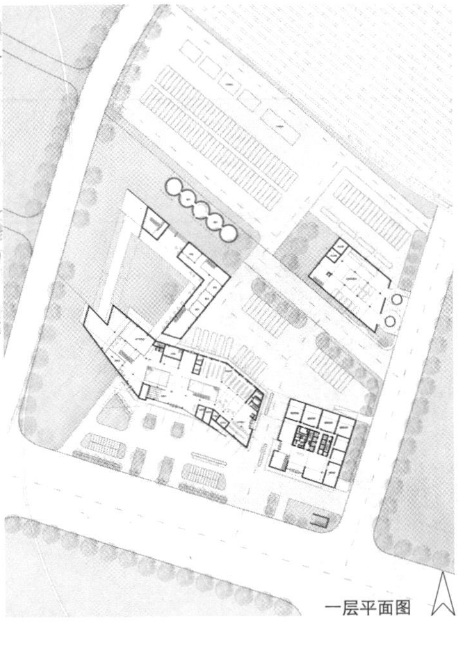

一层平面图

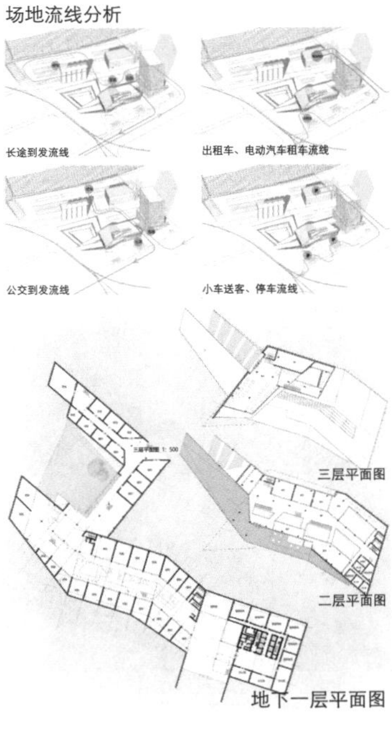

场地流线分析
长途到发流线
出租车、电动汽车租车流线
公交到发流线
小车送客、停车流线
三层平面图
二层平面图
地下一层平面图

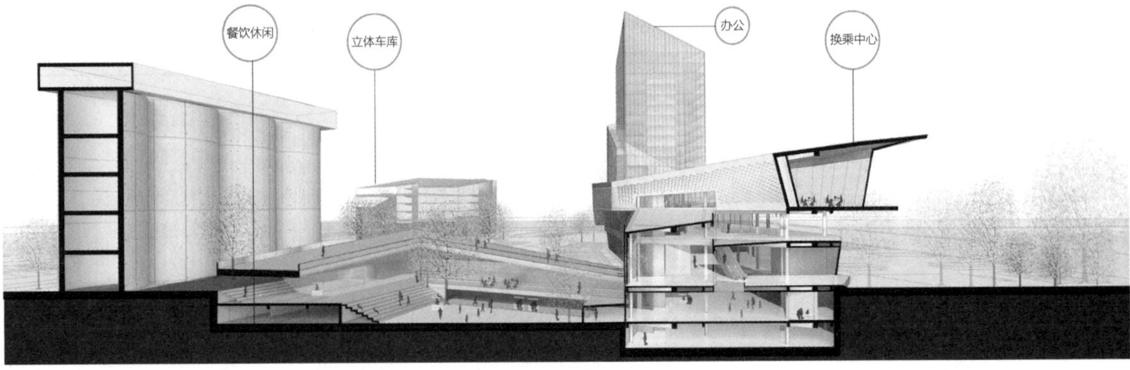

餐饮休闲
立体车库
办公
换乘中心

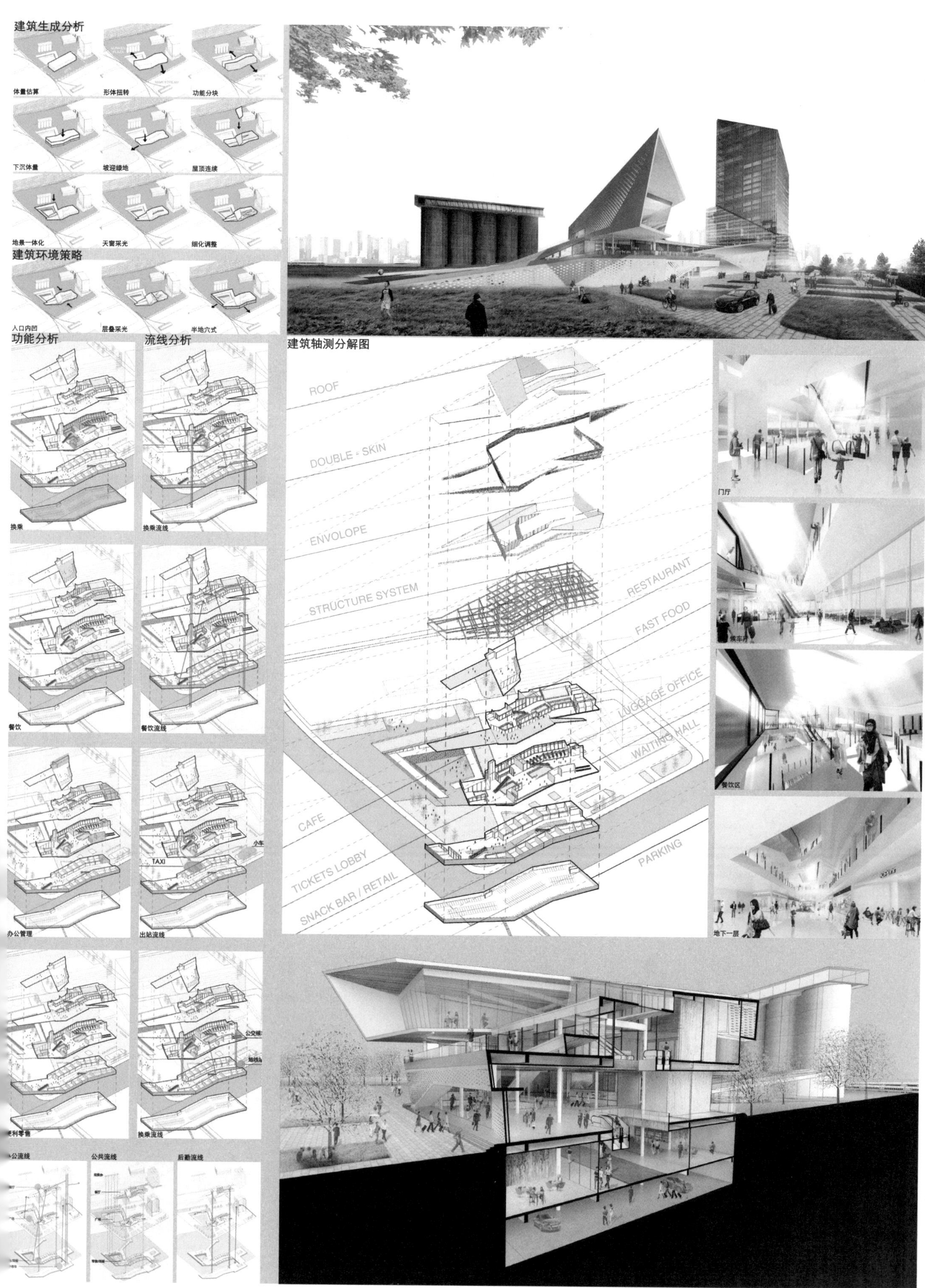
建筑生成分析
体量估算
形体扭转
功能分块
下沉体量
坡迎绿地
屋顶连续
地景一体化
天窗采光
细化调整
建筑环境策略
入口内凹
层叠采光
半地穴式
功能分析
流线分析
换乘
换乘流线
餐饮
餐饮流线
办公管理
出站流线
TAXI
小车
便利零售
换乘流线
公交
地铁
办公流线
公共流线
后勤流线
建筑轴测分解图
ROOF
DOUBLE - SKIN
ENVOLOPE
STRUCTURE SYSTEM
RESTAURANT
FAST FOOD
LUGGAGE OFFICE
WAITING HALL
CAFE
TICKETS LOBBY
SNACK BAR / RETAIL
PARKING
门厅
候车厅
餐饮区
地下一层

创客产业园区机械工坊设计

通过对铁西区的文献及现场调研，沈阳目前面临产业衰退，有大量技术工人下岗，铁西区原来的工厂也外迁到技术开发区，而铁西区的新型设计产业发展刚刚起步。面对这种现状提出对沈阳铁西区的工业废弃用地进行更新，成为一个机械主题的创客产业园区，成为年轻创客与当地下岗技术工人交流合作的平台、机械文化与创客文化推广的平台，促进铁西区产业的更新和发展。希望能够使创客产业园区与城市充分融合，提升街区整体活力，同时保留历史地段的特征，达到历史建筑与新建筑有机结合的效果。

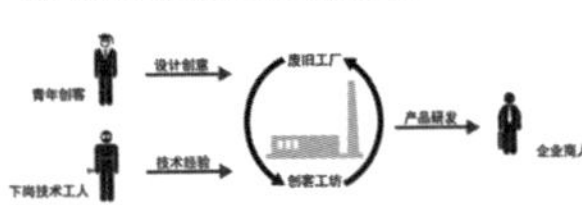

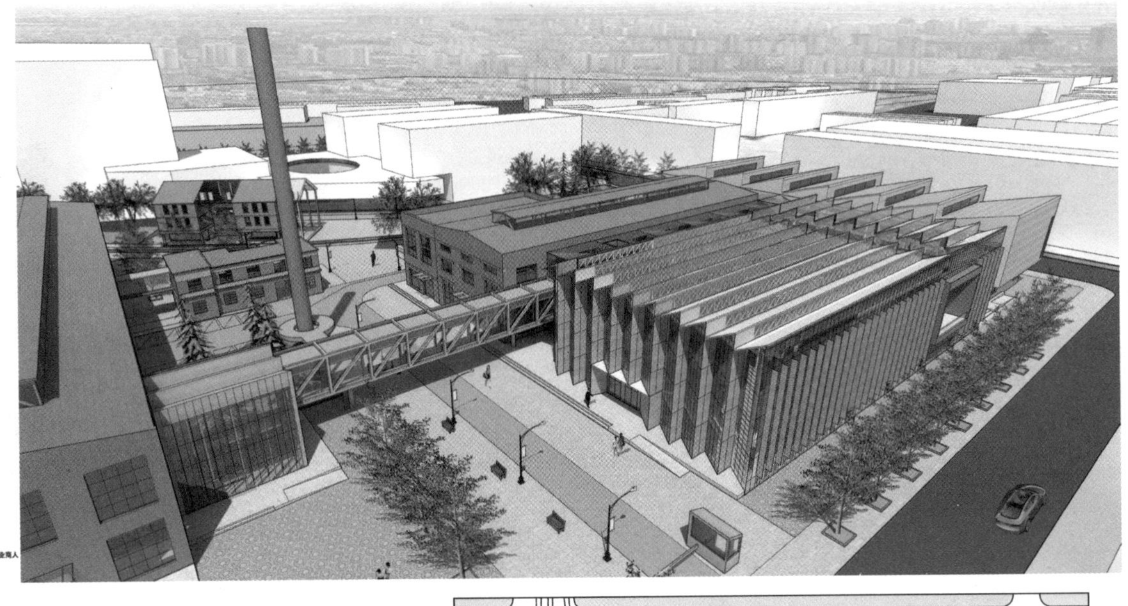

场地设计

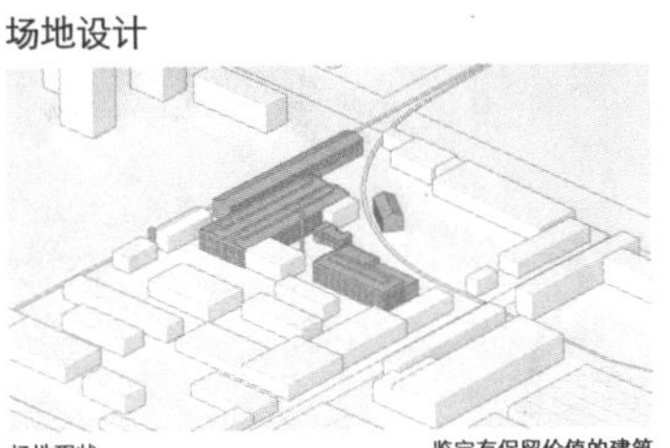

场地现状　　鉴定有保留价值的建筑

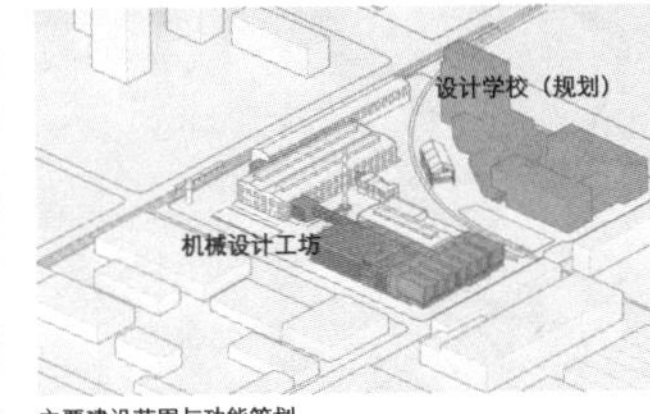

主要建设范围与功能策划

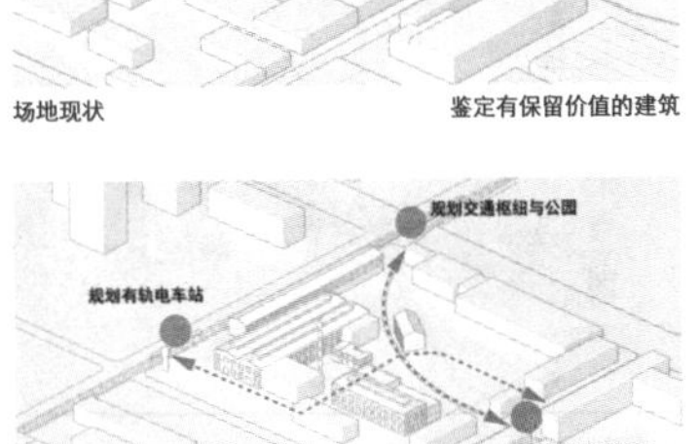

公共路径　　人群主要来源点

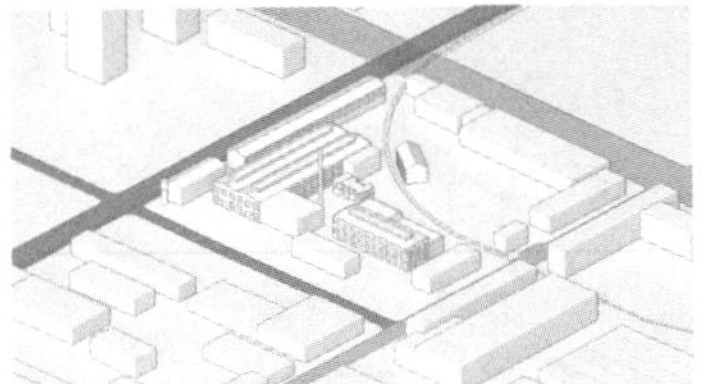

划分基地　　路网加密 街坊呈 200×200m

车行流线

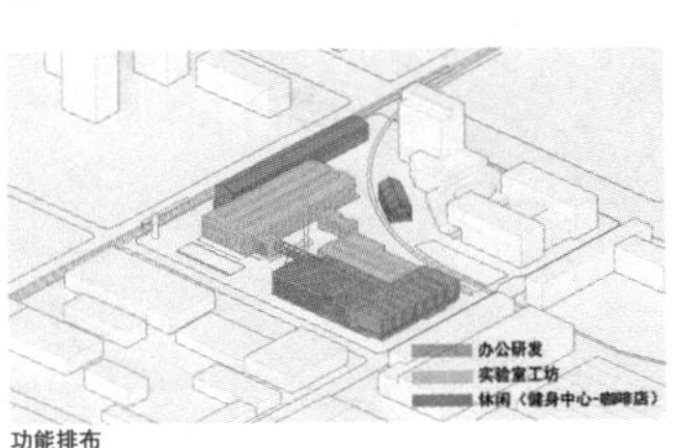

功能排布

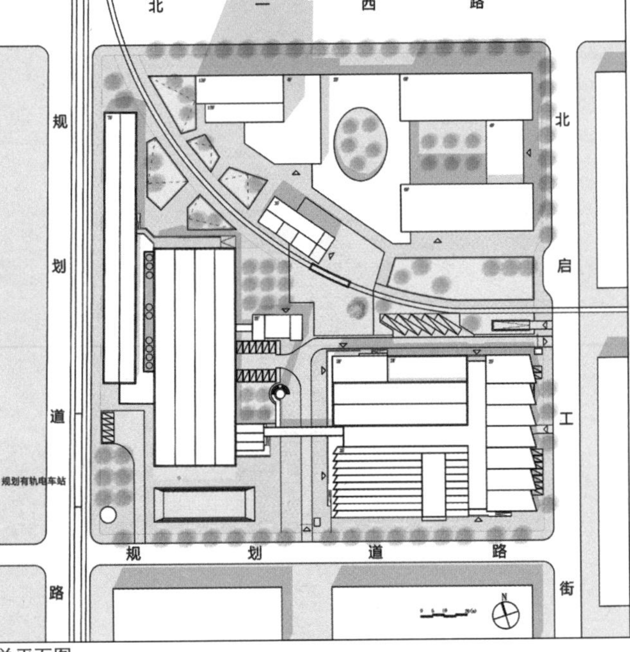

总平面图

图底关系与场地节点

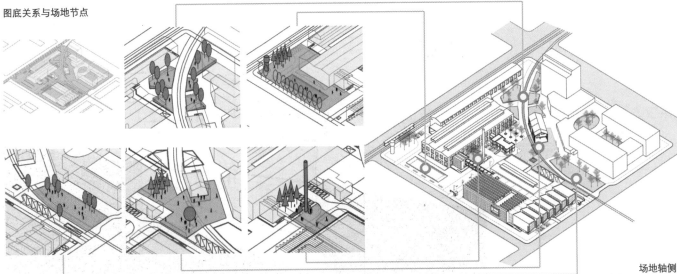

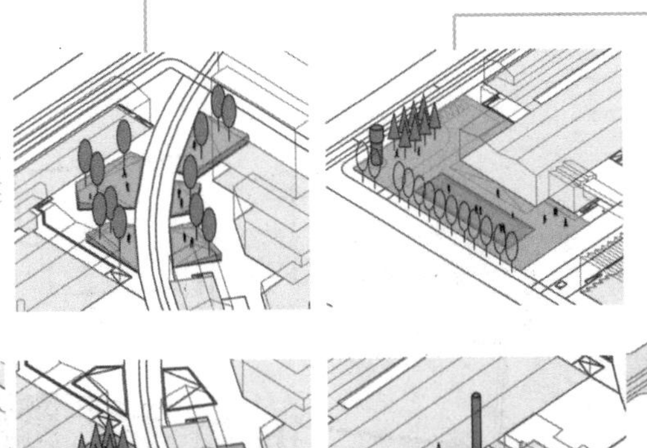

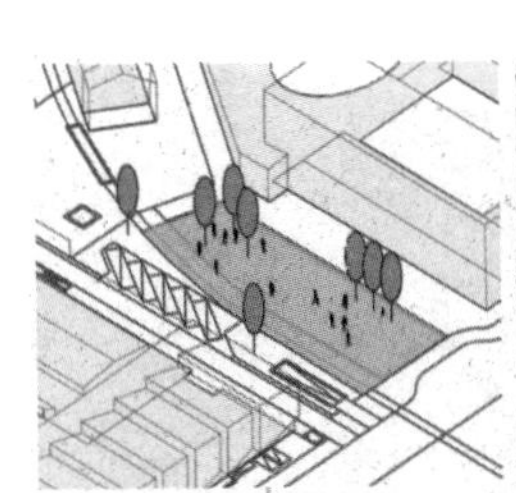

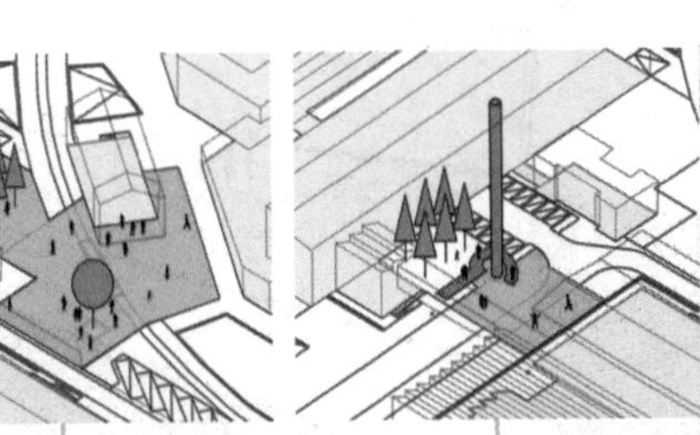

场地轴侧

建筑生成

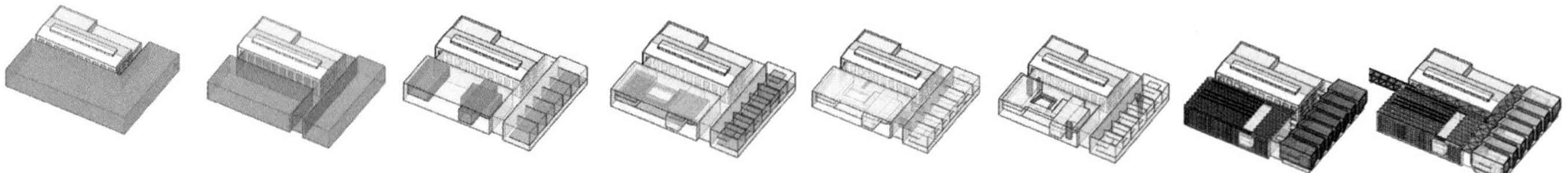

体量控制　体量演化　景观朝向—剧场—图书室　开敞办公位 - 团体办公空间　连廊　垂直交通　工业意象的形象　工业意象的形象

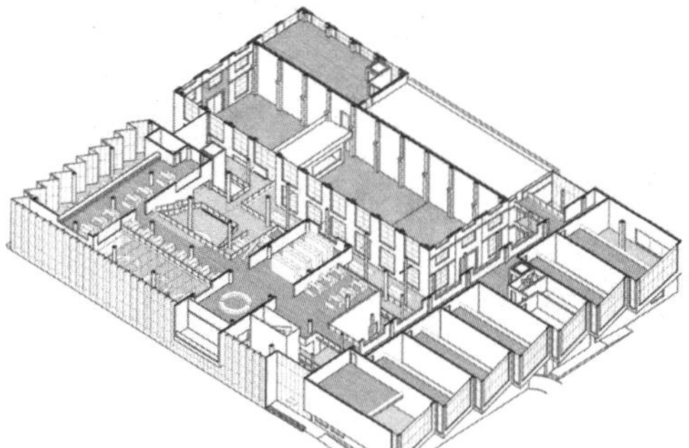

+11.50m 剖轴测

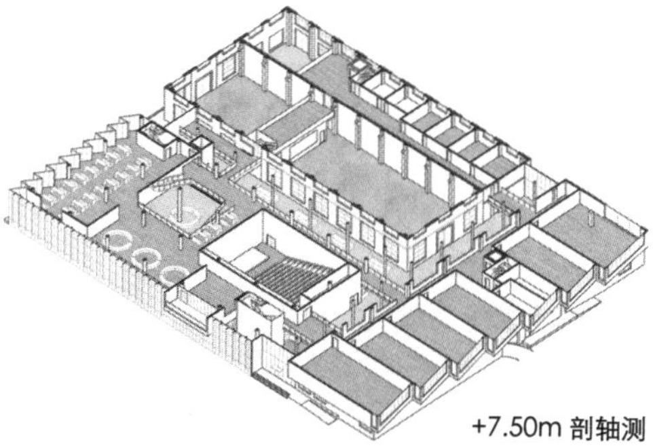

+7.50m 剖轴测

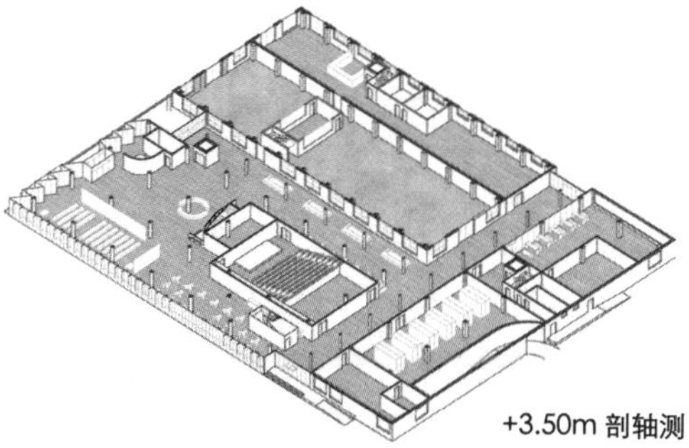

+3.50m 剖轴测

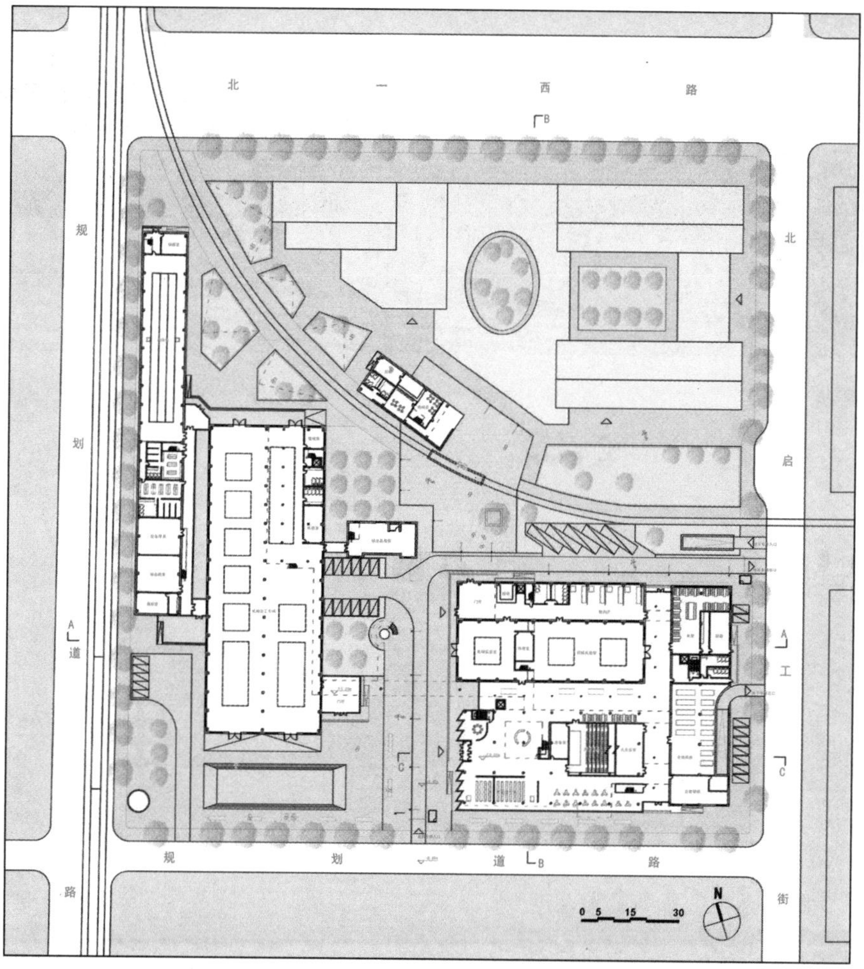

一层平面图

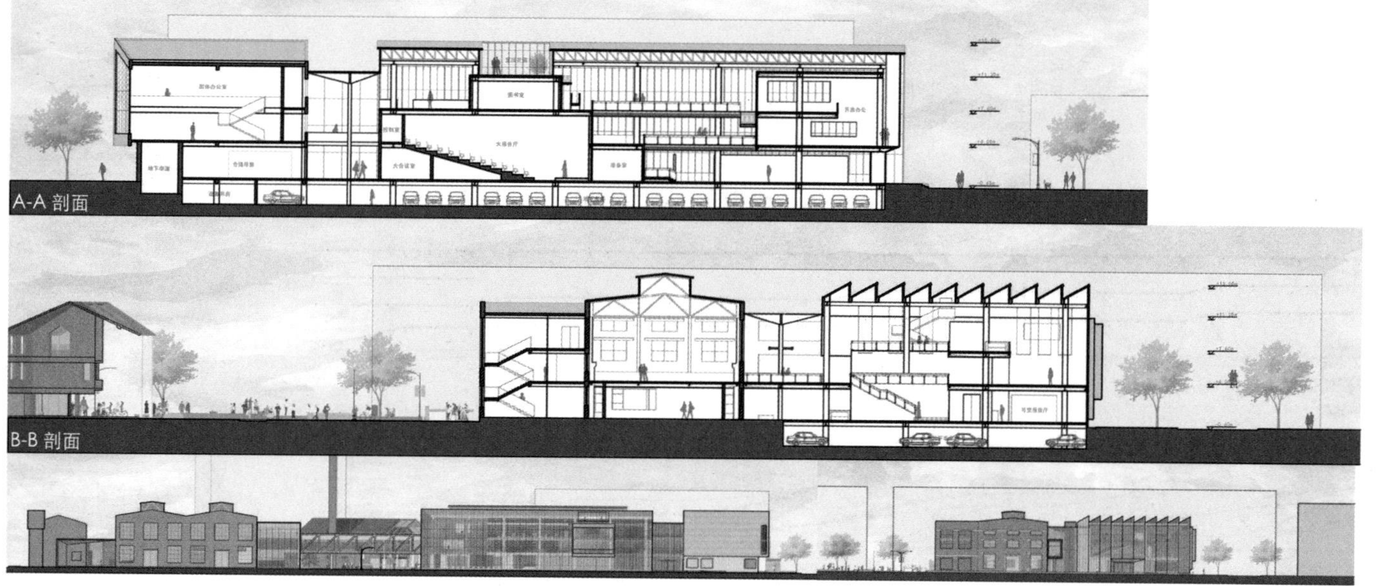

汽车文化中心设计

汽车博物馆效果图

产业激活策略

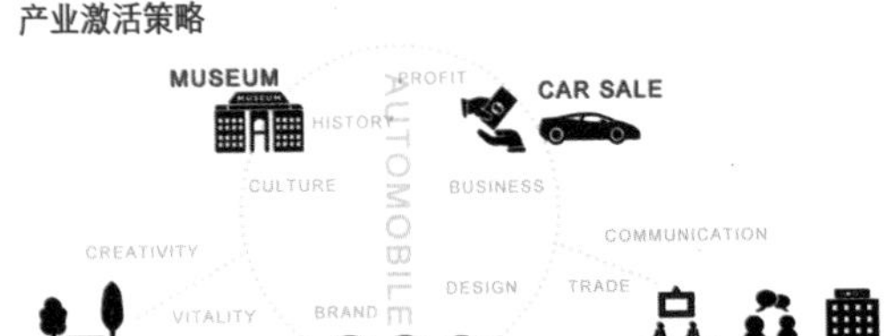

产业激活策略是希望通过博物馆为产业注入历史文化内涵，通过品牌展示馆展现企业设计理念，进而带动汽车销售使之盈利。同时布置会展中心为创客提供一个展示、交流的场所，以及一个广场为城市注入活力和创造力。希望这样的一个汽车文化中心能够形成一个良好的产业文化交流平台。

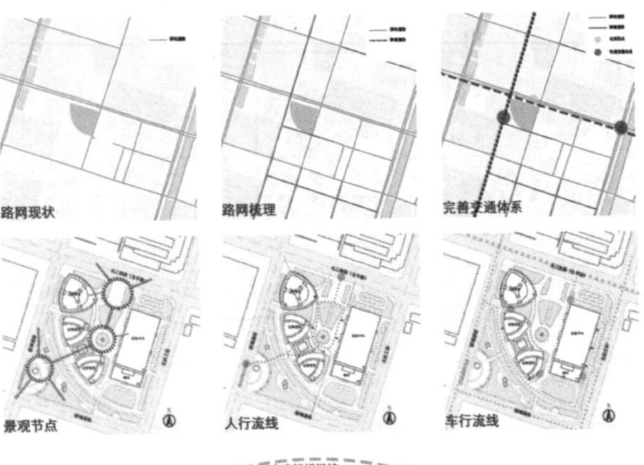

总图布局策略

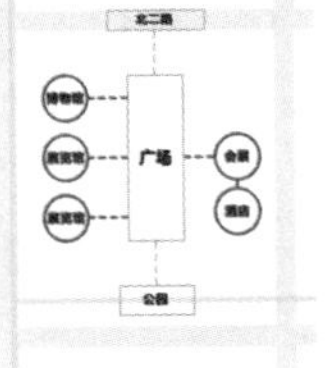

北二路作为主要的道路，由此进入中心广场，再与南面的公园相连接，其他建筑功能围绕广场布置。

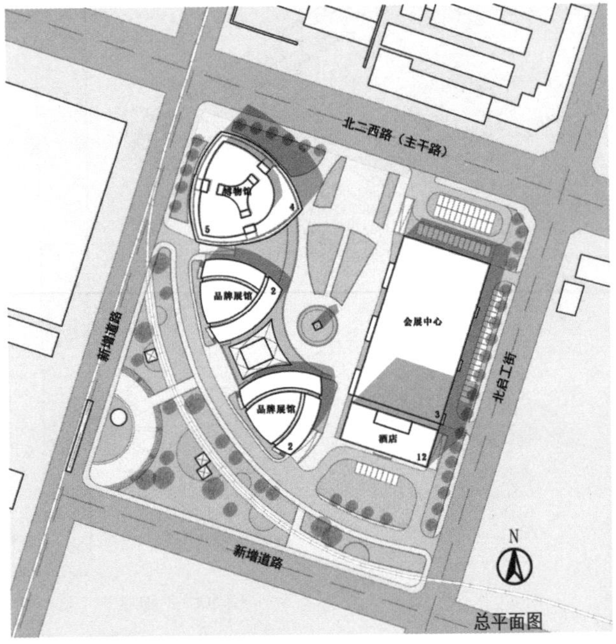

总平面图

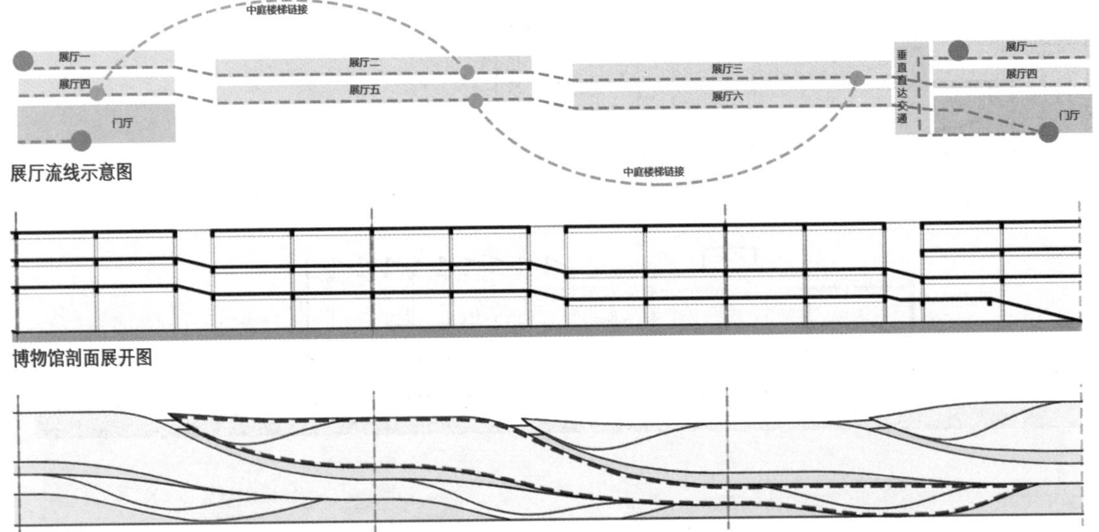

展厅流线示意图

博物馆剖面展开图

博物馆立面展开图

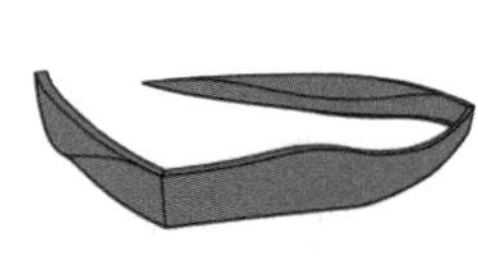

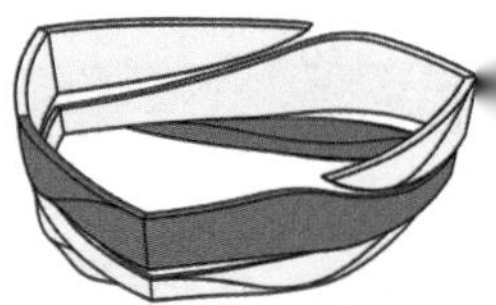

概念生成

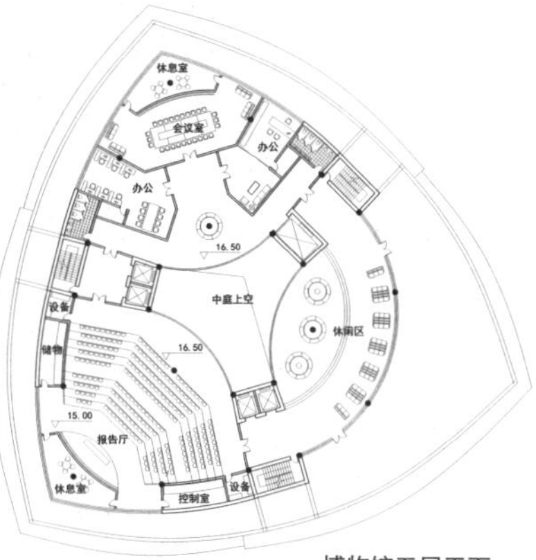

博物馆五层平面

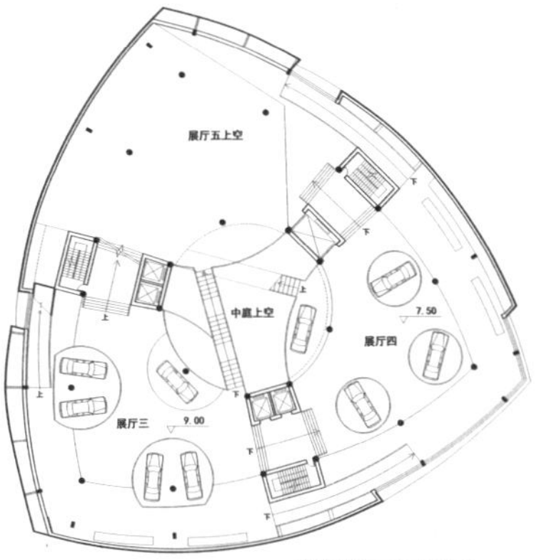

博物馆三层平面

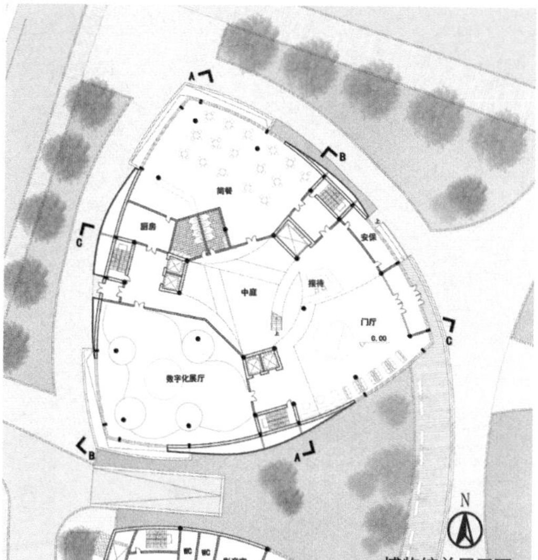

博物馆首层平面

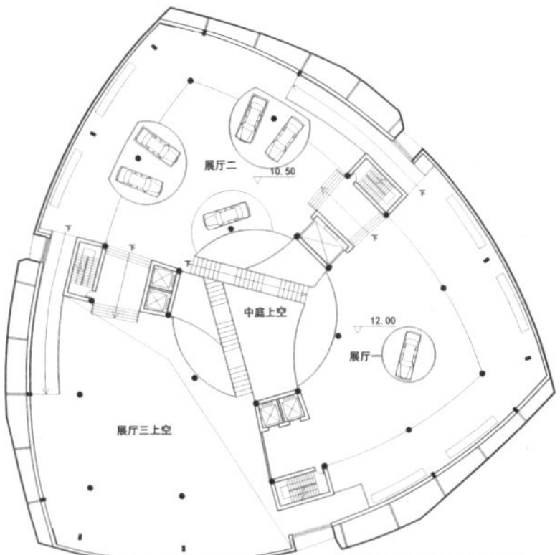

博物馆四层平面

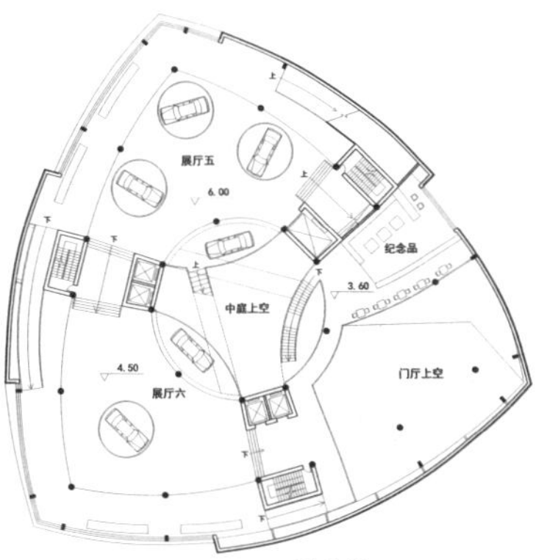

博物馆二层平面

门厅室内效果图

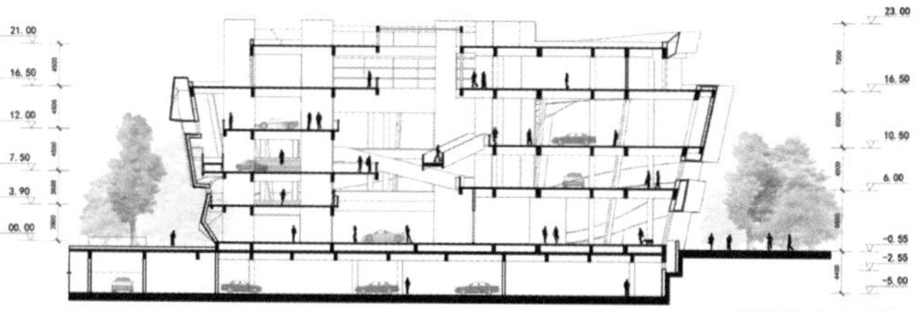

博物馆 A-A 剖面

入口门厅
简餐
中庭
地下库房

简餐室内效果图

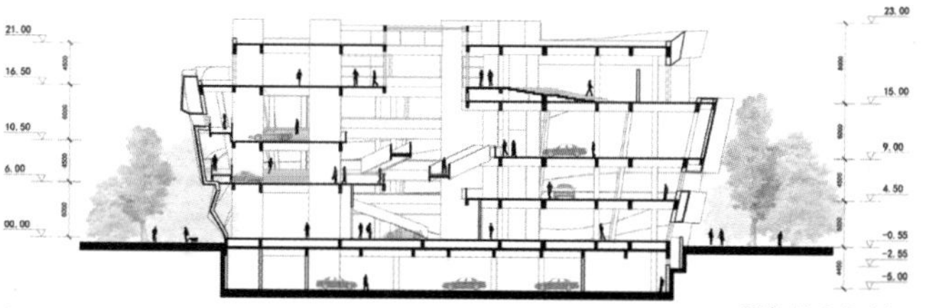

博物馆 B-B 剖面

展厅
中庭

展厅
中庭

中庭室内效果图

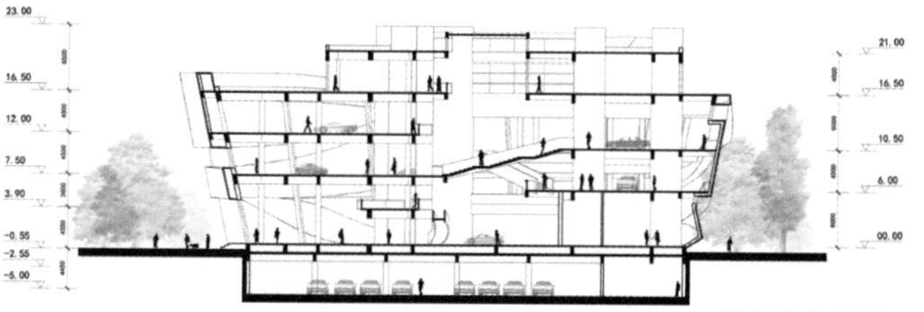

博物馆 C-C 剖面

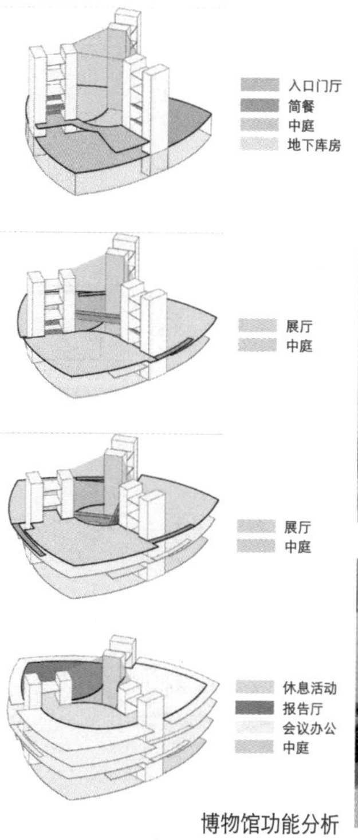

休息活动
报告厅
会议办公
中庭

博物馆功能分析

展厅室内效果图

博物馆东北立面

博物馆南立面

应对创客产业的混合居住社区设计

南部铁轨公园场景

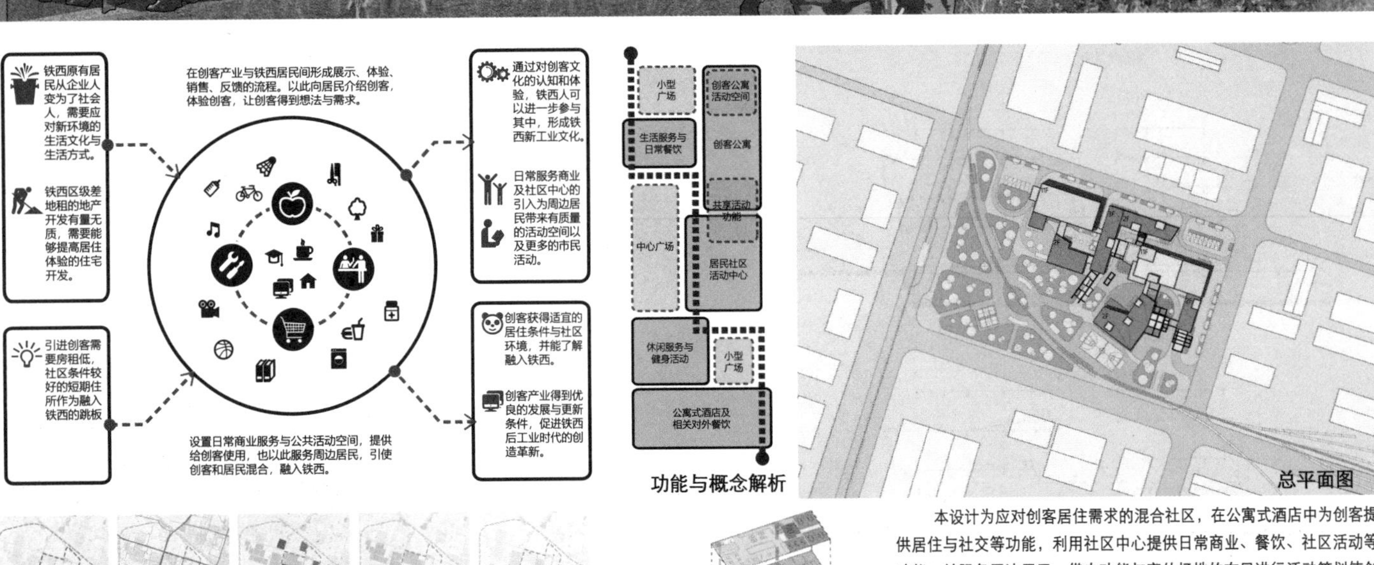

铁西原有居民从企业人变为了社会人，需要应对新环境的生活文化与生活方式。
铁西区级差地租的地产开发有量无质，需要能够提高居住体验的住宅开发。
引进创客需要房租低，社区条件较好的短期住所作为融入铁西的跳板
在创客产业与铁西居民间形成展示、体验、销售、反馈的流程。以此向居民介绍创客，体验创客，让创客得到想法与需求。
设置日常商业服务与公共活动空间，提供给创客使用，也以此服务周边居民，引使创客和居民混合，融入铁西。
通过对创客文化的认知和体验，铁西人可以进一步参与其中，形成铁西新工业文化。
日常服务商业及社区中心的引入为周边居民带来有质量的活动空间以及更多的市民活动。
创客获得适宜的居住条件与社区环境，并能了解融入铁西。
创客产业得到优良的发展与更新条件，促进铁西后工业时代的创造革新。
小型广场
创客公寓活动空间
生活服务与日常餐饮
创客公寓
共享活动功能
中心广场
居民社区活动中心
休闲服务与健身活动
小型广场
公寓式酒店及相关对外餐饮

功能与概念解析

总平面图

本设计为应对创客居住需求的混合社区，在公寓式酒店中为创客提供居住与社交等功能，利用社区中心提供日常商业、餐饮、社区活动等功能，并服务周边居民。借由功能与室外场地的布局进行活动策划使创客与当地居民发生交流，更好地融入铁西。创客带来的相关产业与文化也可以在居民中展示体验宣传，引导居民学习参与，形成新的铁西工业文化。

计划的建筑总量为 18000 平方米，由公寓式酒店与社区中心组成，分两期完成。具体设计的一期部分为总户数 100~120 户的创客公寓式酒店，与面积约 6000 平方米的社区活动中心。

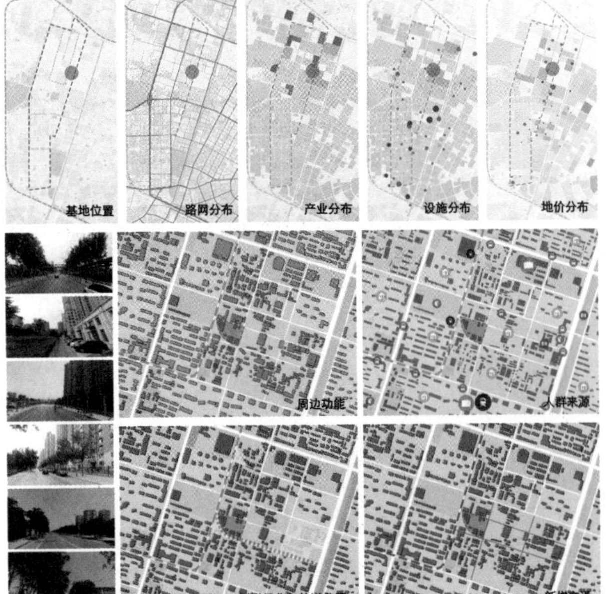

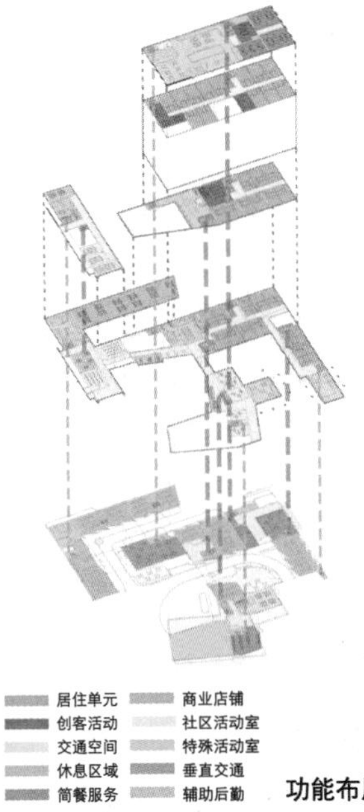

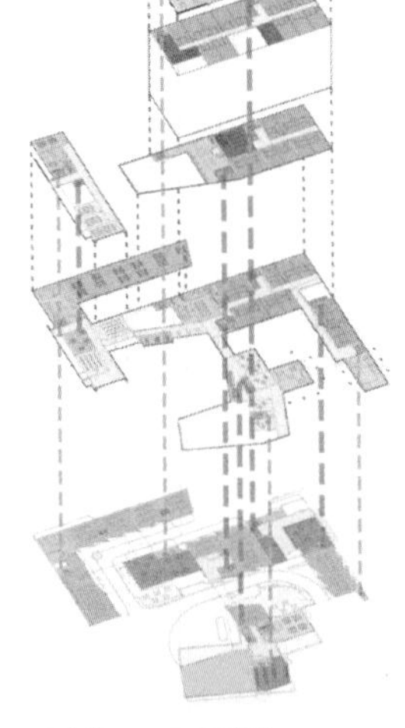

功能布局

户型平面图

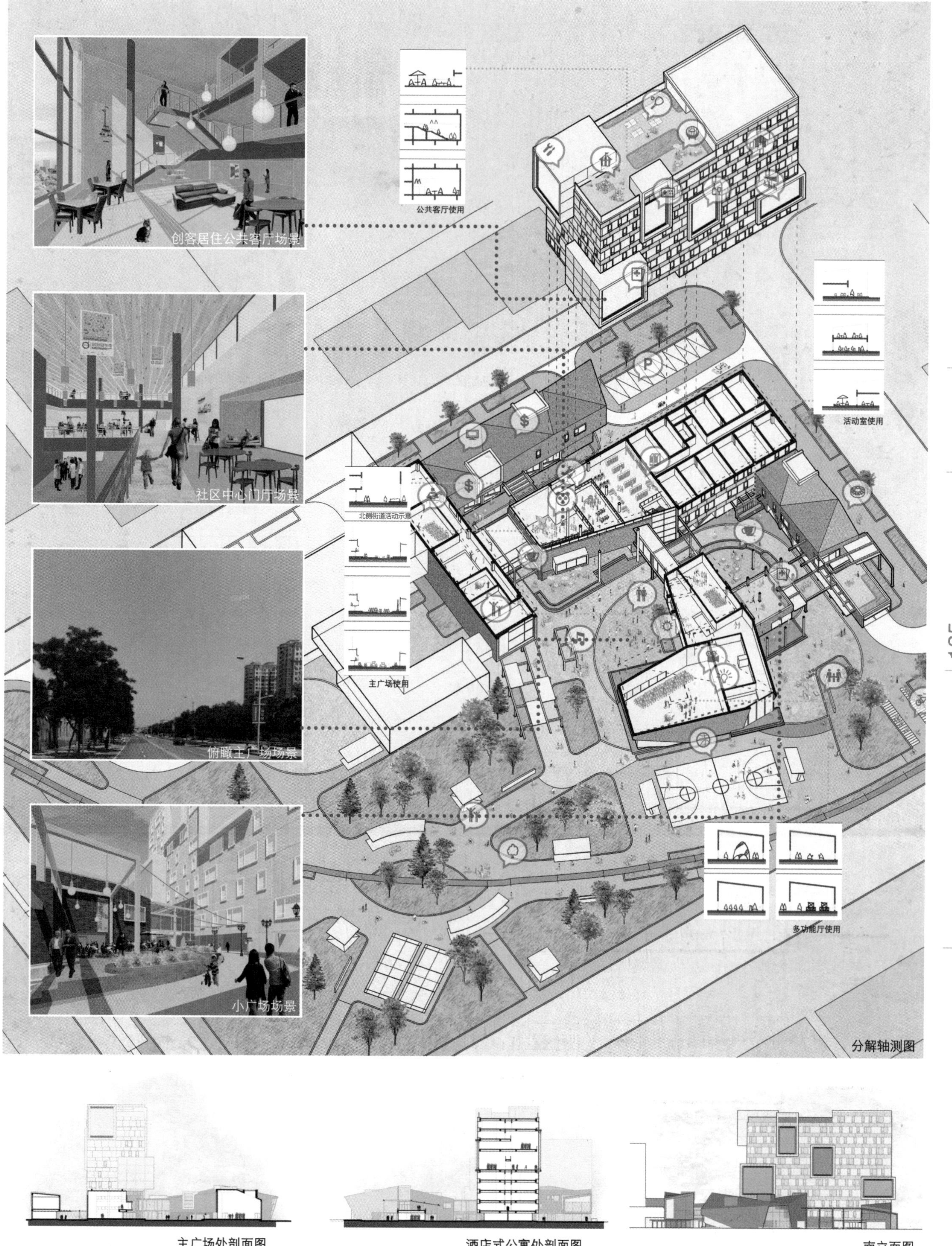

主广场处剖面图

酒店式公寓处剖面图

南立面图

铁西区生态文化公园及图书馆设计

设计人：路秀洁

总平面图

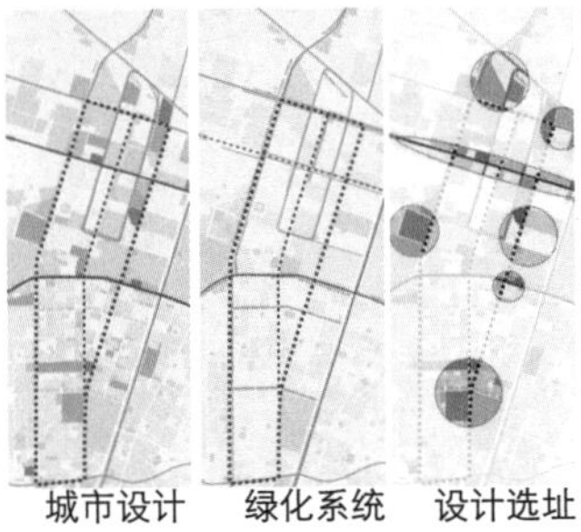

路网规划及基地选址

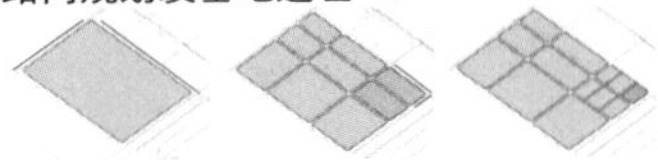

基地分析

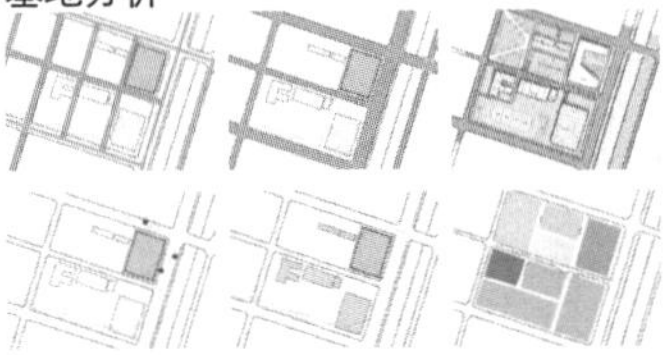

城市设计　绿化系统　设计选址

建筑功能分区

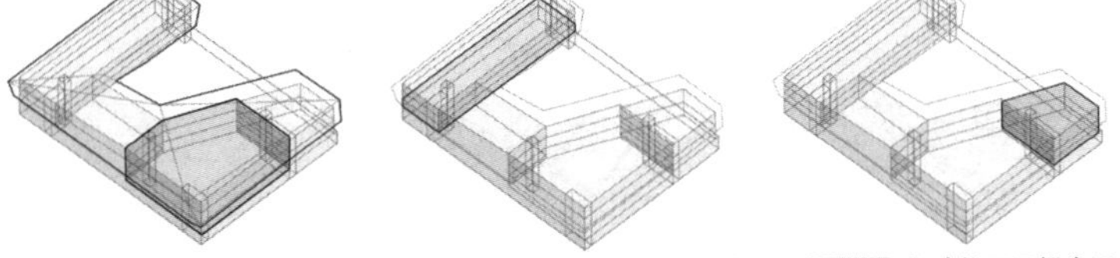

阅览空间　办公后勤　多功能厅及报告厅

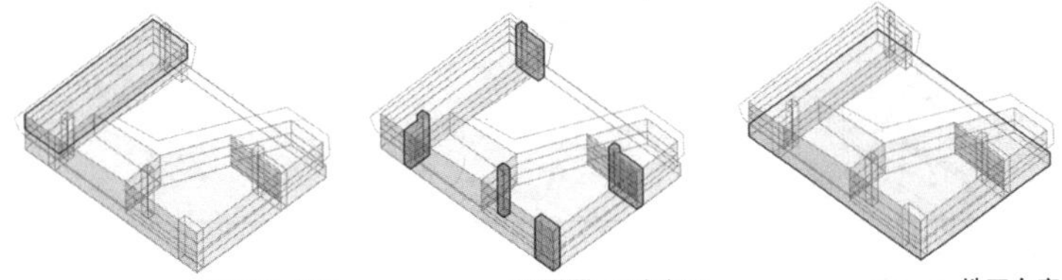

书库　垂直交通　地下车库

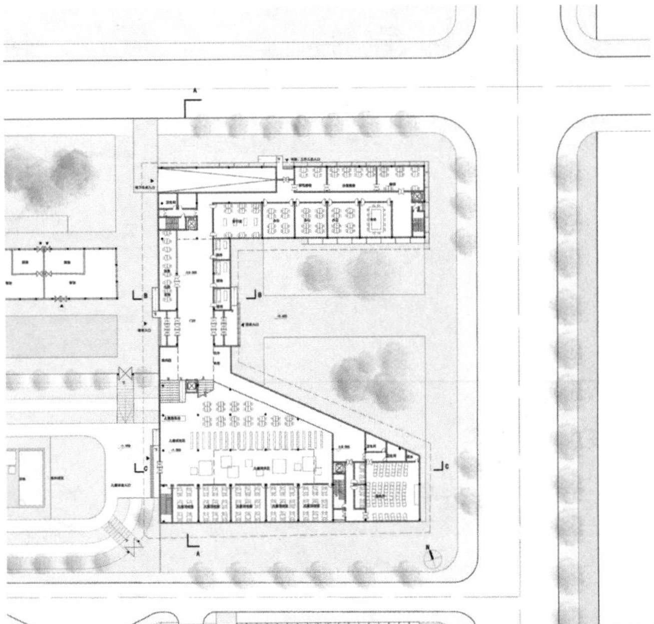

AA 剖面图

一层平面图

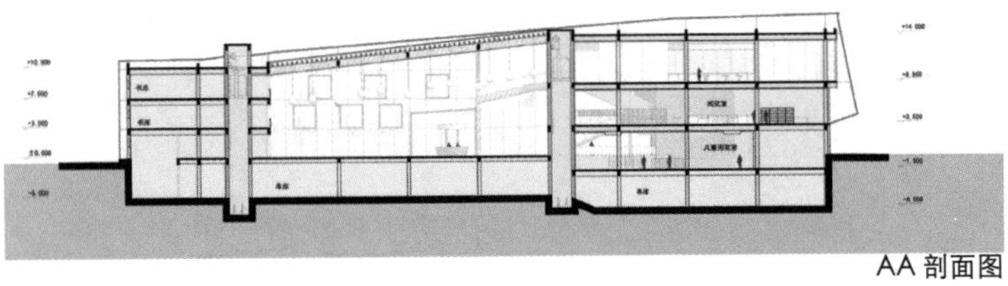

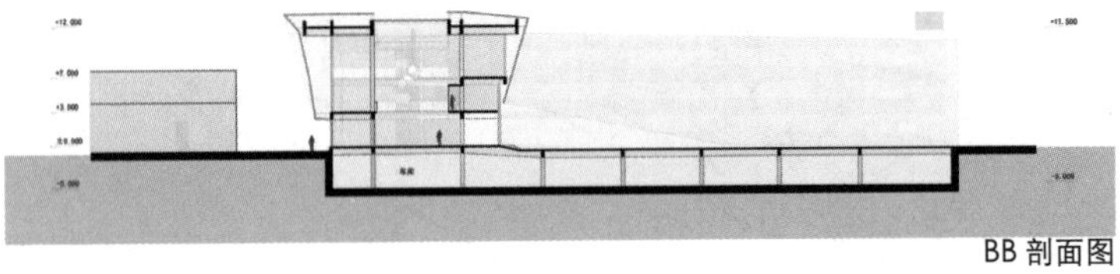

BB 剖面图

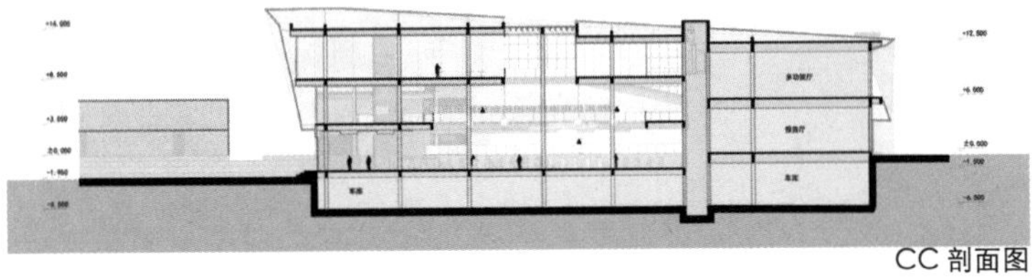

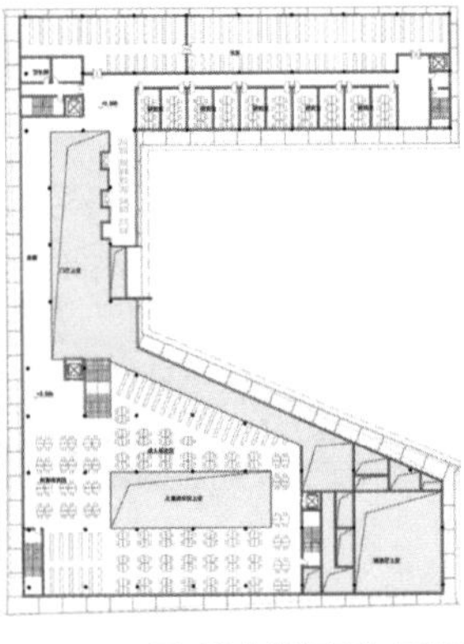

二层（3.5 米标高）平面图

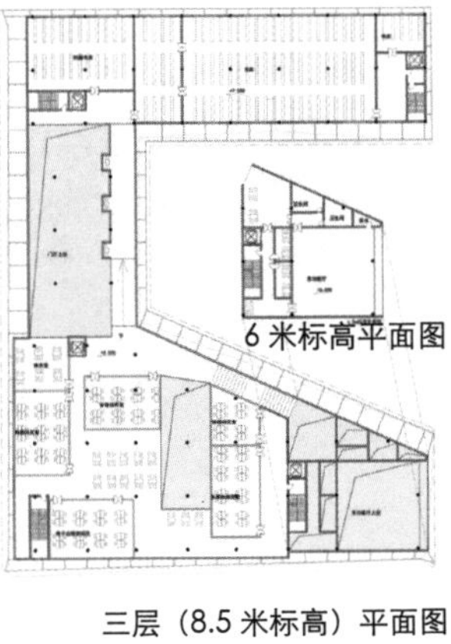

6 米标高平面图

三层（8.5 米标高）平面图

CC 剖面图

西立面图

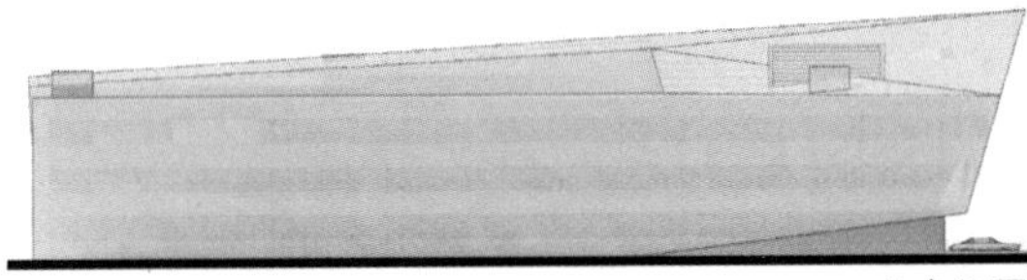

北立面图

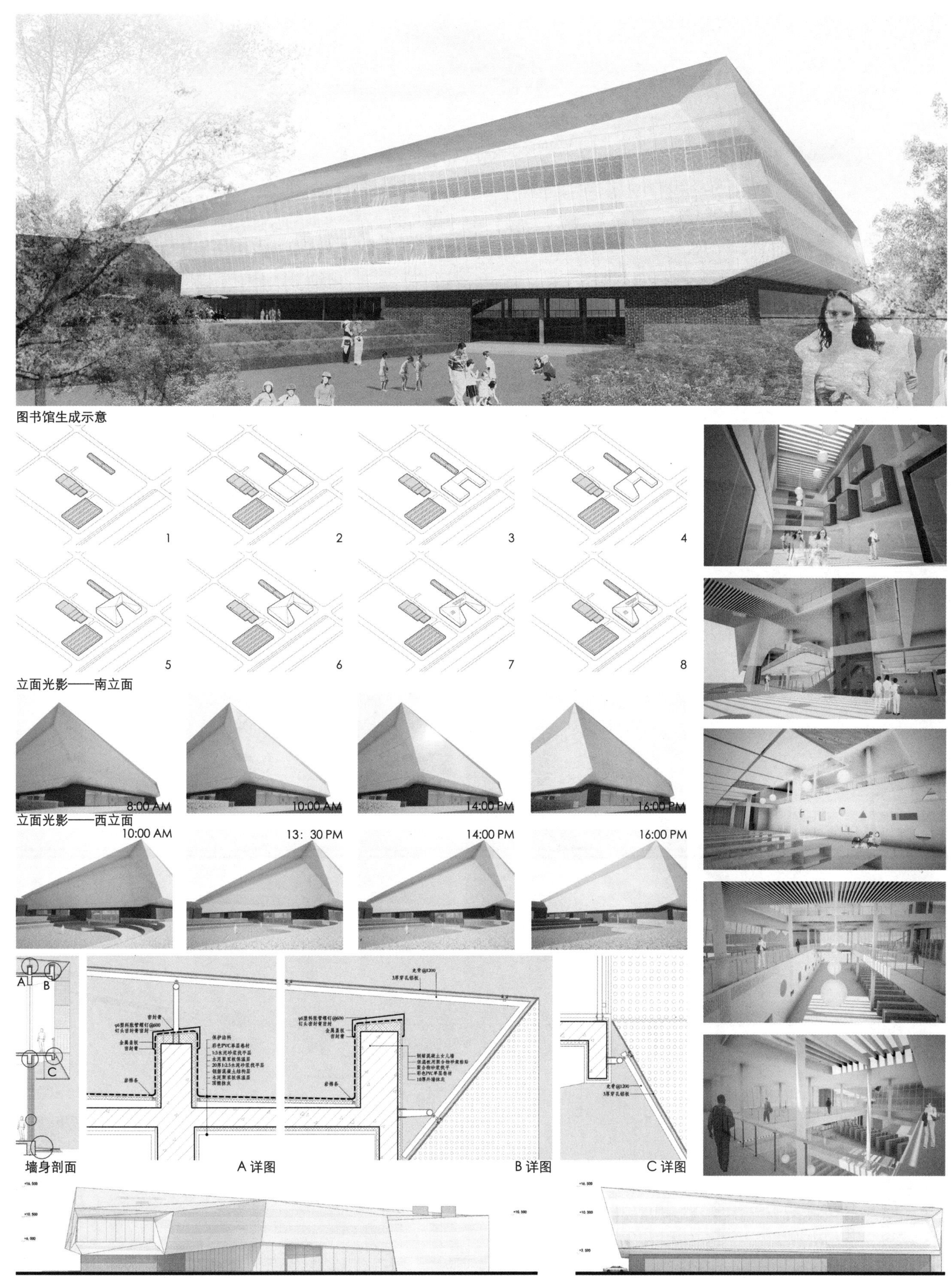
图书馆生成示意
1
2
3
4
5
6
7
8
立面光影——南立面
8:00 AM
10:00 AM
14:00 PM
16:00 PM
立面光影——西立面
10:00 AM
13：30 PM
14:00 PM
16:00 PM
A
B
C
墙身剖面
A 详图
B 详图
C 详图
东立面图
南立面图

工人村鲜花广场——为创客与居民提供有品质的日常生活

主街道透视

剖面分解

功能分解图

花市剖透视

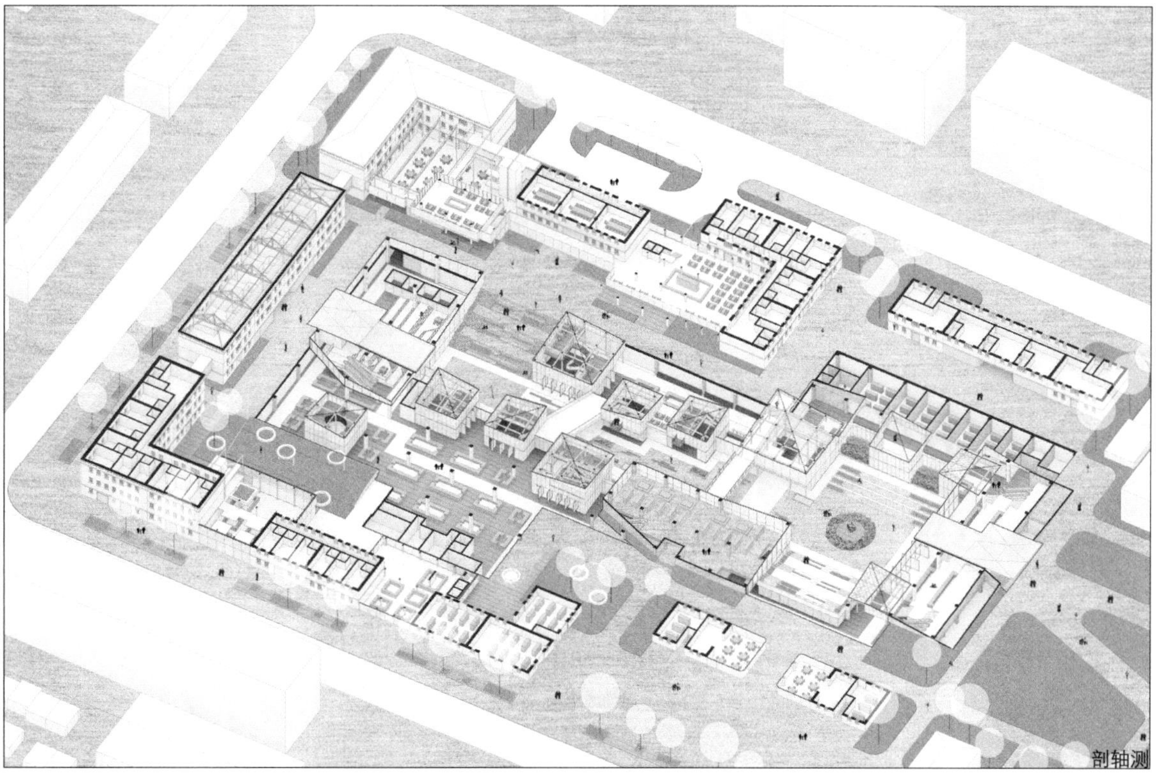

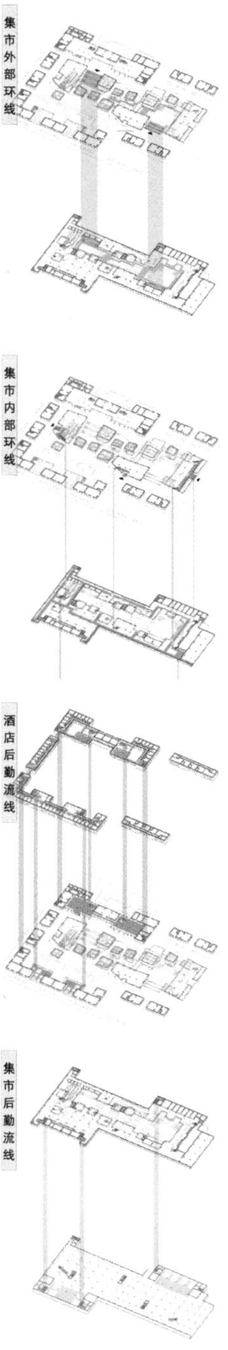

集市外部环线

集市内部环线

酒店后勤流线

集市后勤流线

流线分解图

剖轴测

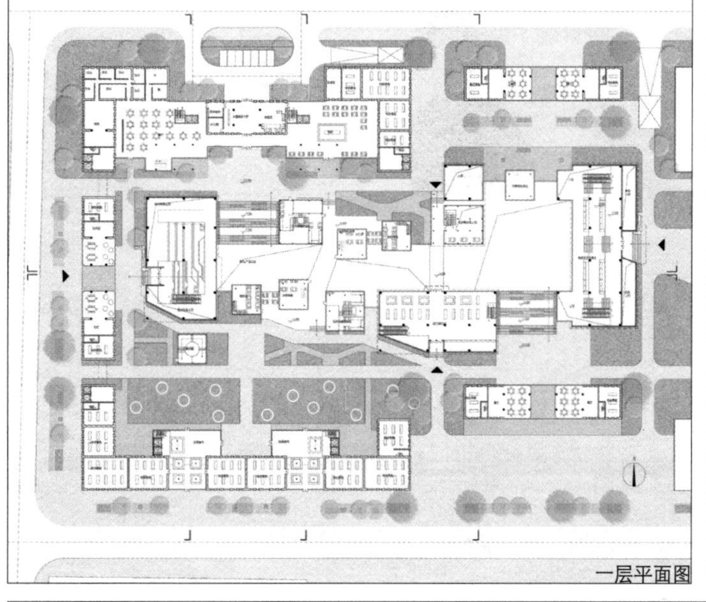

一层平面图

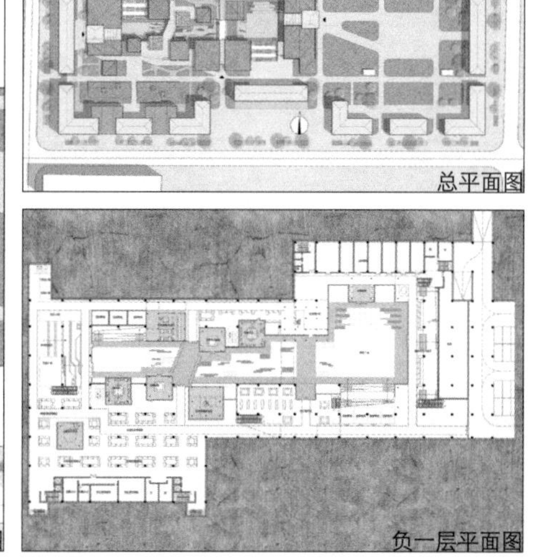

总平面图

负一层平面图

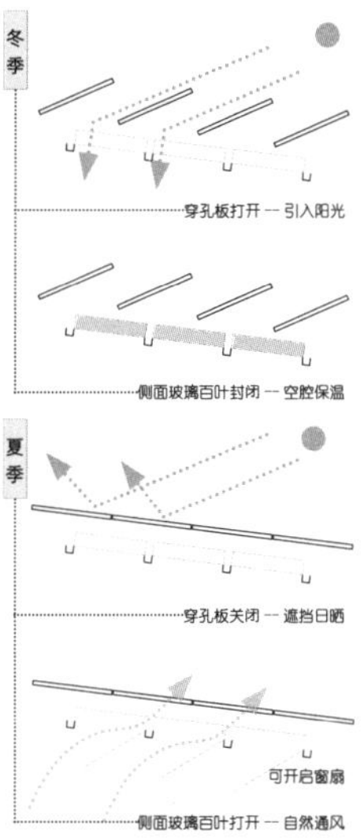

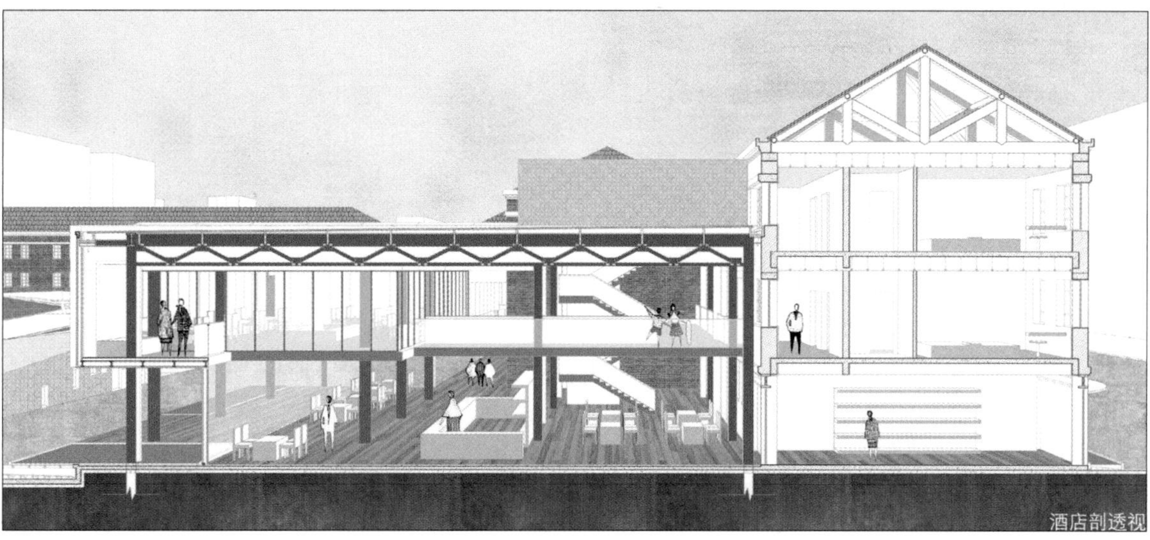

酒店剖透视

重庆大学

CHONGQING UNIVERSITY

指导教师

龙灏

左力

1 MIXTOPIA

新集体主义时代的都市景观农业公社

142

邱融融

田晓晓

朱丹妮

2 沈阳格勒人之家

Shenyanggrad people's home

148

李世熠

游晋

赵鹤湾

3 卫工明渠：重回有机

Weigong River: Regain Organism

154

康阔

谭琛

张昊

4 转轨营城

Reform of Railway To Renew The City

160

刘圣书

王苇

石晏榕

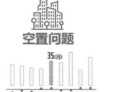

MIXTOPIA 新集体主义时代的都市景观农业公社

重庆大学
设计：邱融融/田晓晓/朱丹妮
指导：龙灏/左力

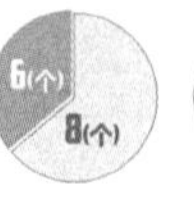

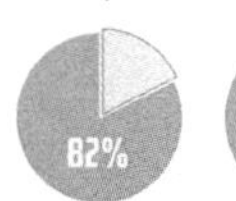

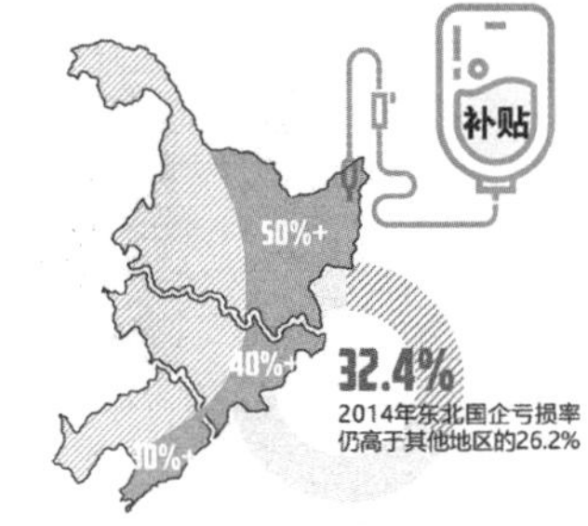

【研究背景】

铁西的困境始于1980年代，工业衰退和产业转型使得铁西像很多城市一样，面临着去工业化的痛苦过程。2002年进行的东搬西建，虽大大改善了居住环境，但是城市功能比例失调使得就业机会严重不足，人才引进吃力，老龄化严重，社区活力缺失，产业基础薄弱，陷入恶性循环。资源枯竭、投资下滑、产能过剩、补贴不济、工人危机导致的经济衰退成了全球去工业化进程中，中国东北城市呈现的困境表征。

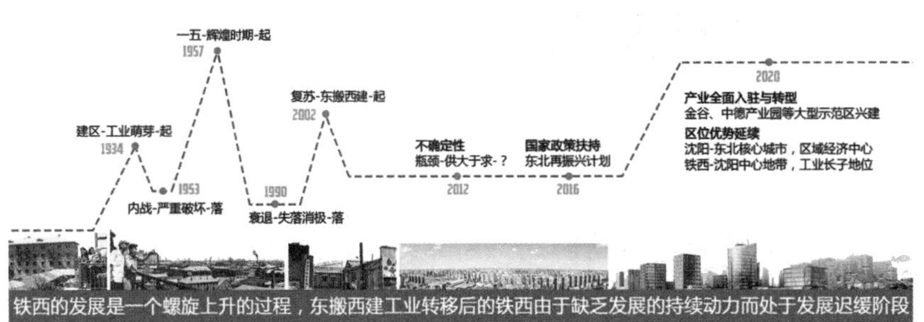

铁西的发展是一个螺旋上升的过程，东搬西建工业转移后的铁西由于缺乏发展的持续动力而处于发展迟缓阶段

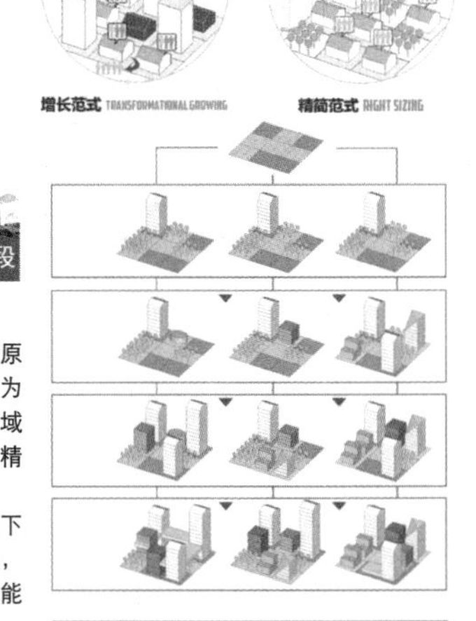

关注当下，阶段建设，提升品质，适当存蓄

19世纪末期开始，全球许多以制造业为主要经济发展动力的工业城市因政策推动、产业转移、资源枯竭等原因展开去工业化的进程，随之带来郊区扩张、产业转型、环境更新、城市职能转变等新发展方向。去工业化成为工业城市发展道路上的转折点和新起点。面对去工业化通常有两种范式，一种是尝试通过产业转型的方式为区域重新注入活力的增长范式；另一种是承认并正视区域收缩的事实，合理精简，缩小规模，目标优化社区生活的精简范式。

然而上述两种范式在中国的国情面前有一定的不适应性，铁西在政策扶持下拥有巨大的潜力和前景，但当下发展较为迟缓，并非万事俱备可以高速发展，不需要一步到位地快速建设，我们的态度是关注当下，阶段建设，提升品质，适当存蓄。从一个较为长远和缓慢的过程看待它的发展，以渐进的方式，不盲目建设，让这片土地能在漫长的时间里筛选出最适合的发展方向而发挥最大的价值。

评语：

去工业化背景下，城市的发展在空间上会呈现扩张与收缩同时存在的状态，基于老铁西片区所处的城市空间发展进程的判断，设计提出以“精简范式”替代“增长范式”，以弹性的土地开发应对变化的城市需求的总体思路。“MIXTOPIA”建构了城市收缩背景下，铁西老城区城市空间更新的在地策略，利用城市腾空的土地，将都市景观农业引入住区，建设高度集约化、综合化、人性化的城市垂直住区，组织策划与农业相关的公共活动，重建社区邻里关系，同时，景观农业空间存续的土地为城市的后续发展提供足够的空间和可能性。

选题
社区重构，邻里回归

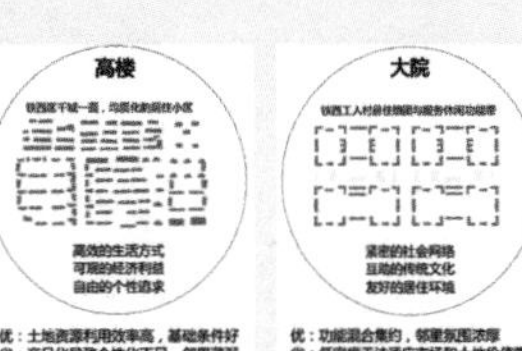

东搬西建后的铁西作为开发区配套居住区，工厂大规模置换为居住小区。对于城市持续性发展而言，经济上升至关重要，但在新产业新机遇尚未落位的当下，恰是在经济发展趋于缓和阶段为城市环境改善、居住品质提高、区域内涵深化创造的良好时机。针对现阶段区域特征，关注人性化的居住社区营造，将提前预防或即刻解决城市高速发展阶段被忽视或遗留的问题。

扩展研究区：工人村旧宅区0.9km²
核心研究区：在拆工人村，18公顷。

选地位于铁西区西南在拆的工人村旧址，场地一方面是承载工业时代辉煌记忆和衰败历程的见证者，另一方面目前被规划为新的居住区，我们希望在这个有规划无建设的阶段介入思考，重新思考这片土地的利用方式，并借此地对铁西当前城市发展中的土地利用和住区更新方式提供新思路。

理论参考

新城市主义特点

1、 适宜步行的邻里环境；
2、 连通性；
3、 功能混合；
4、 多样化的住宅；
5、 高质量建筑和城市设计；
6、 传统的邻里结构；
7、 高密度；
8、 精明的交通体系；
9、 可持续发展；
10、 追求高生活质量。

精明增长核心内容

1、用足城市存量空间，减少盲目扩张；
2、加强对现有社区重建，重新开发废弃、污染工业用地，以节约基础设施和公共服务成本；
3、城市建设相对集中，空间紧凑，混合用地功能，鼓励乘坐公共交通工具和步行；
4、保护开放空间和创造舒适的环境，通过鼓励、限制和保护措施，实现经济、环境和社会的协调。

紧凑城市理论要点

1、高密度的城市卡开发；
2、混合的土地利用；
3、优先发展公共交通。

【城市策划】新公社空间设计指导原则

1、传统延续。呼应传统的街区结构和城市肌理，回应和保留城市文脉。
2、可持续发展。渐进开发，土地适时高效利用。
3、提倡慢行。控制街区尺度，保证街道连通性和步行舒适，配置适量公共交通。
4、高密度。提高效率和社区活力，营造社区氛围。
5、功能混合。社区居住为主，配套功能多样，满足城市和社区便捷需求。
6、多样化住宅。供给不同条件和需求人群多选择。
7、追求较高生活质量。丰富社区活动，良好社区环境，特色社区文化。

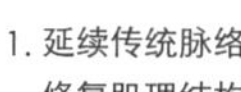
1. 延续传统脉络
修复肌理结构

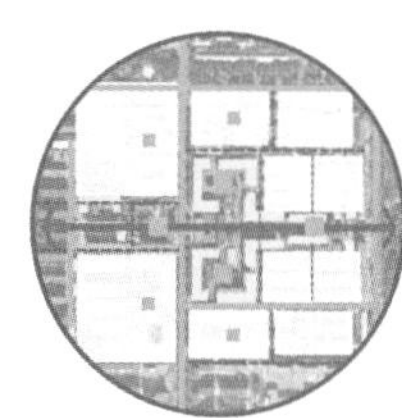

2. 复合集约高效
提升社区活力

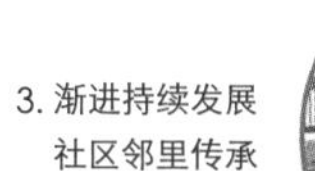
3. 渐进持续发展
社区邻里传承

4. 慢行系统构建
景观农业媒介

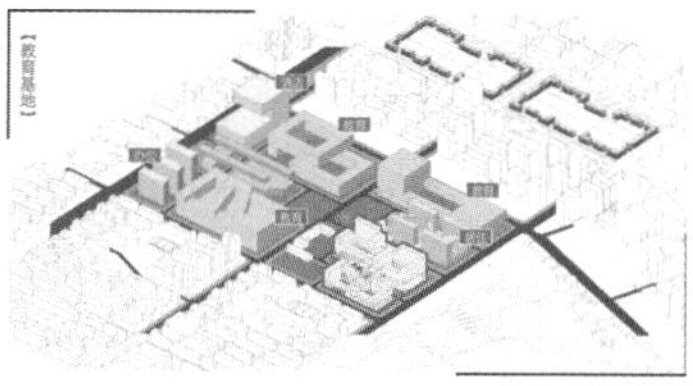

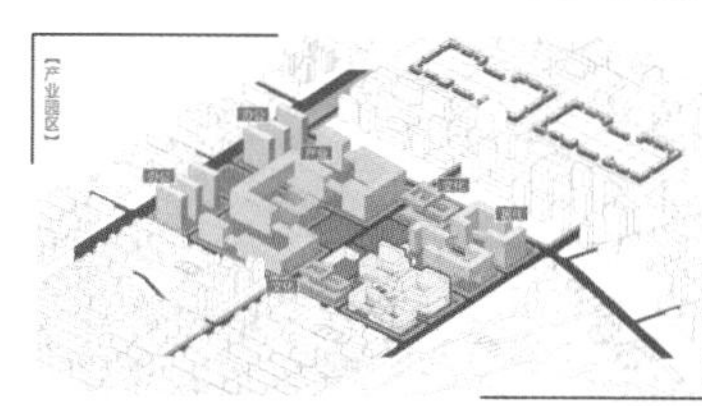

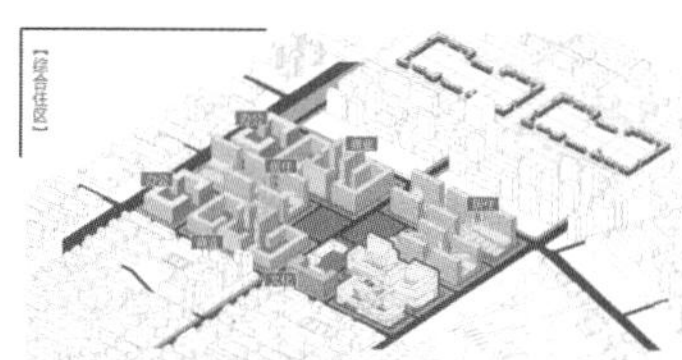

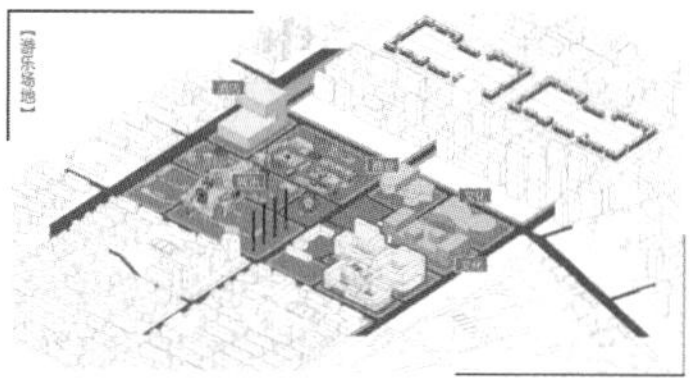

基于铁西产业方向不明确和基础薄弱的现状，未来发展的方向具有一定的不确定性，因此设想了几种未来阶段可能的进驻的功能。

城市设计原则：

①基于对土地价值、场地潜力等的思考，城市设计阶段借鉴新城市主义、紧凑城市等现代城市发展理论对场地做出地块大小、街道尺度、街区大小、景观系统、历史保护等方面的控制，为场地各地块的未来发展制定基本空间原则，以利于最终形成较为和谐统一的区域。

②作为居住区和居住建筑新模式的探讨，建筑设计基于城市设计阶段提出的渐进发展和人性化可持续发展的思想，对现阶段设计的居住区进行密度、规模、尺度、街道关系等方面的控制，内部强调高密度、功能混合、多样性，外部强调慢行、传统延续，整体希望营造积极的社区氛围和丰富的社区文化。

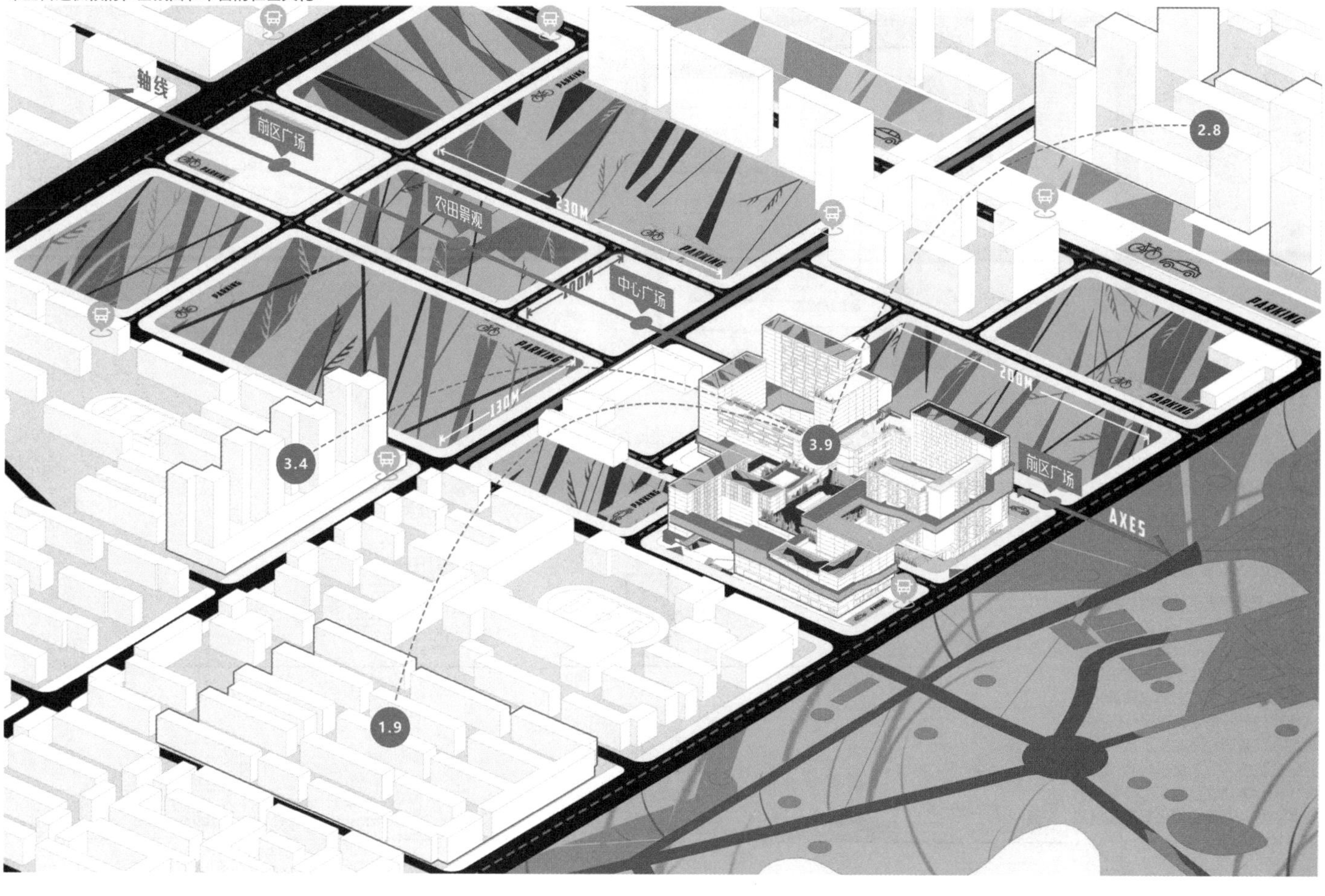

核心事件：工厂生产作为社区建立的基础，共同的劳动方式构建人与人交谈和活动的主题，自然触发社区交往。

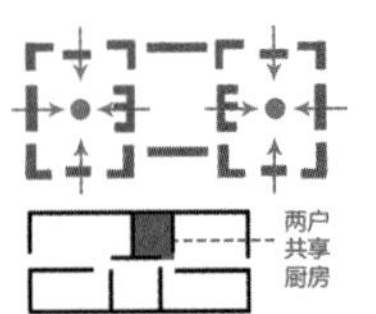

空间辅助：围合式社区空间形成中心共享院落，利于交往活动集中发生；共用居住空间利于邻里互助与交流。

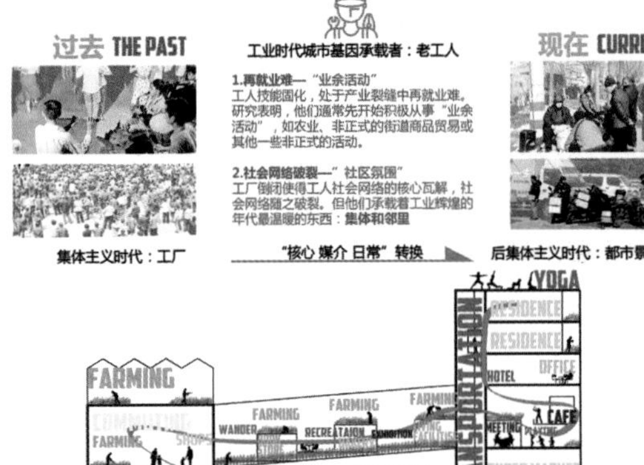

【建筑策略】

在工业繁荣的时代，工厂、生产是生活的核心，当时的社会文化提倡先生产后生活，空间布局原则也是以工业生产为核心配套布置住宅、百货、文化宫等各种城市功能。这种时代背景下，无论是生活模式还是空间模式都带有强烈地向心性，工厂生产成为社会网络的核心和纽带，成为社区成立的基础，共同的生活劳作和生活话题使得那个年代的邻里交往格外亲密。因此我们提取集体主义时代邻里形成的方式，以"核心触发"和"空间辅助"两点为原则进行社区的设计。

我们的概念是将工业时代城市基因的承载者：老工人作为集体和邻里记忆的传承者保留在社区，并根据对去工业化城市下岗工人日常活动的全球研究得出的，下岗工人通常从事农业、摆摊等业余活动的结论，用都市景观农业替代工厂生产，成为新的生活核心和纽带，重建温情社区的邻里氛围。形成 MIXTOPIA，以都市景观农业作为日常核心事件触发符合时代需求的人群与功能高度混合的活力社区。

基于对人群及其活动需求的分析，我们得出了一种空间模式，将种植事件与必要性交通结合在一起，同时将各类人群需要的各种必要功能，比如便利店，早餐店，快递，运动等也置入其中，这些功能保证了与种植相关的必要性交通空间的活力，从而让利用这种空间组织和促进交往成为可能。

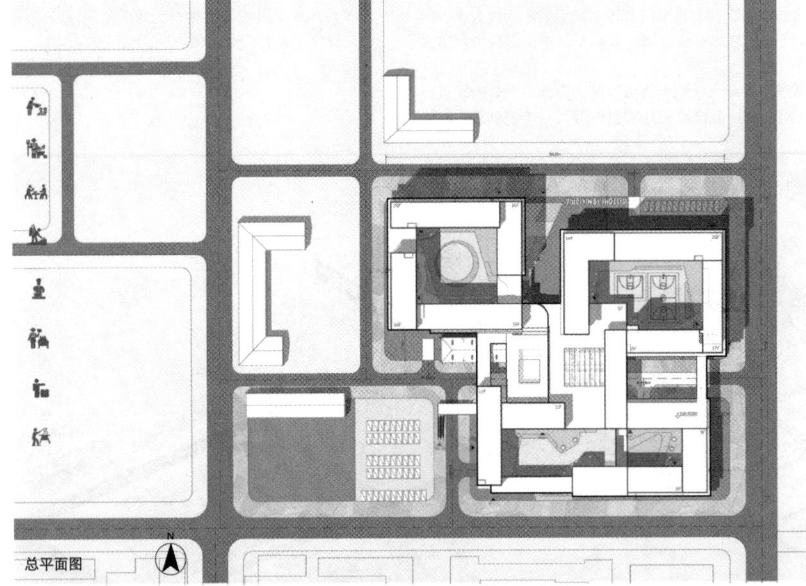

总平面图

方案总用地面积 32820m^2，建筑密度 55%。外部场地在现阶段用于营造农业景观，社区借助农业景观和季节特征开展丰富多彩的文化活动和节庆活动，如：以季节为主题的系列活动：新春运动会、工农故事会、金色丰收季、民俗大舞台，以二十四节气为主题的民间传统习俗学习、体验和推广，以及以社区服务为主题的文化、艺术、体育活动等。

立面设计考虑了沈阳寒冷的气候特点与种植的需求。封闭式阳台与阳台内部的外墙形成双表皮，同时也是阳光房，满足了北方建筑保温隔热的要求。大面积的玻璃满足了植物对阳光的需求，也使外界可以通过玻璃看到绿意盈盈，欣欣向荣的社区氛围。为了使不同套型和谐统一，公寓的立面采用有节奏感的均质的划分，使各组团都有相同立面元素。

东立面图

南立面图

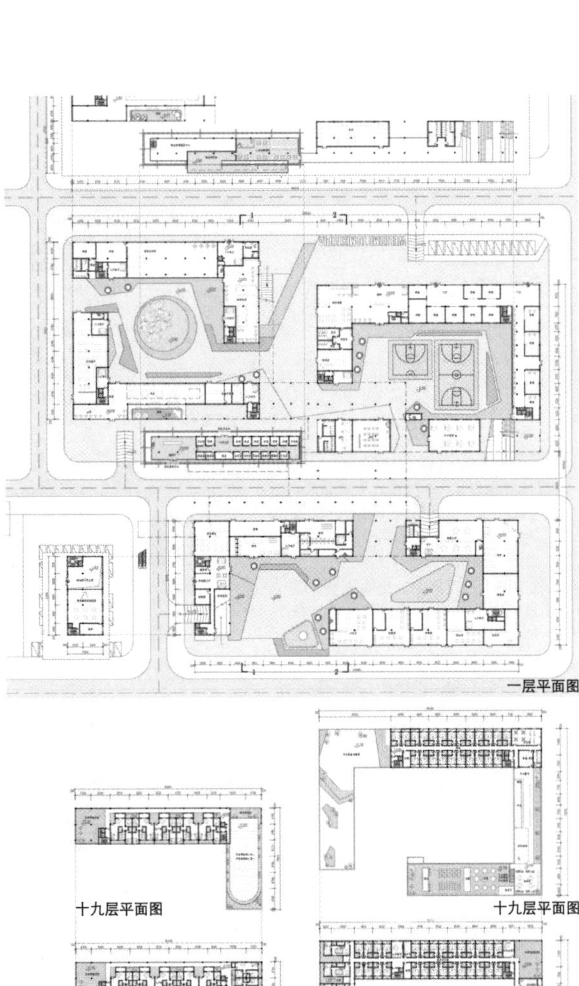

一层平面图

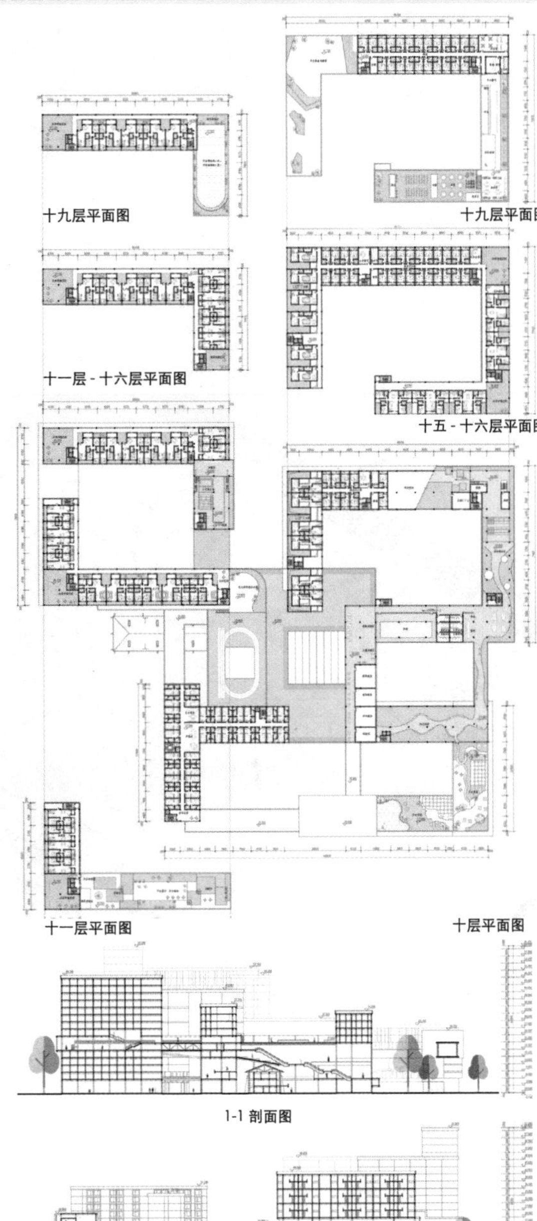

十九层平面图

十九层平面图

十一层 - 十六层平面图

十五 - 十六层平面图

十一层平面图

十层平面图

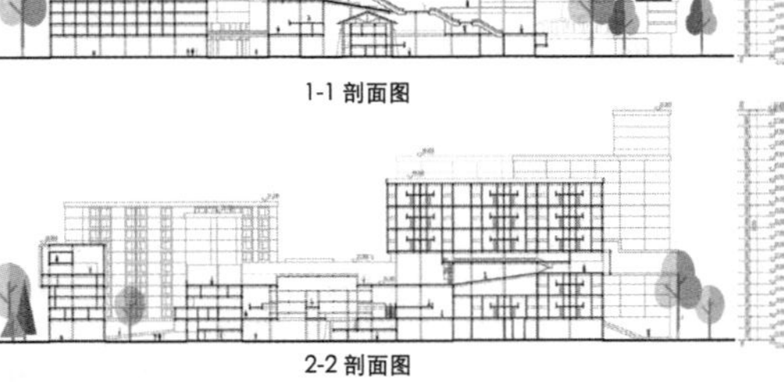

1-1 剖面图

2-2 剖面图

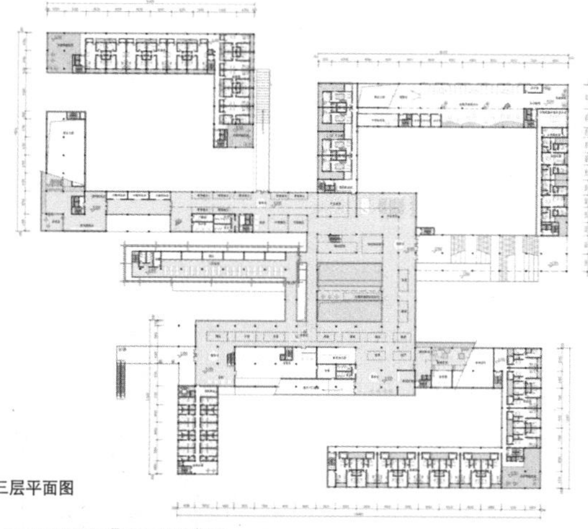

三层平面图

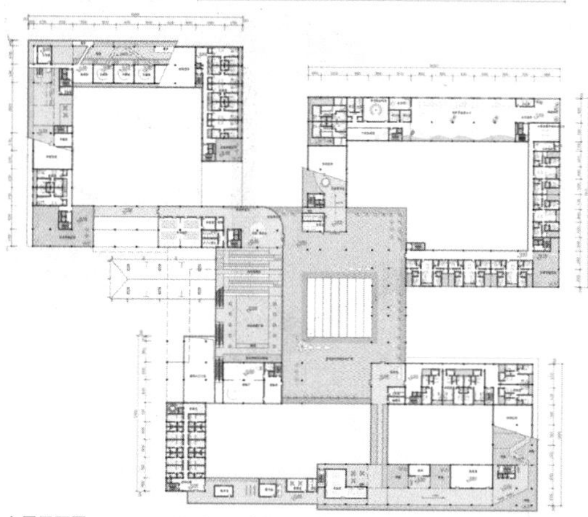

六层平面图

【功能空间分级】

城市开放：底商（和顶层酒店，从交通上单独设置互不干扰。

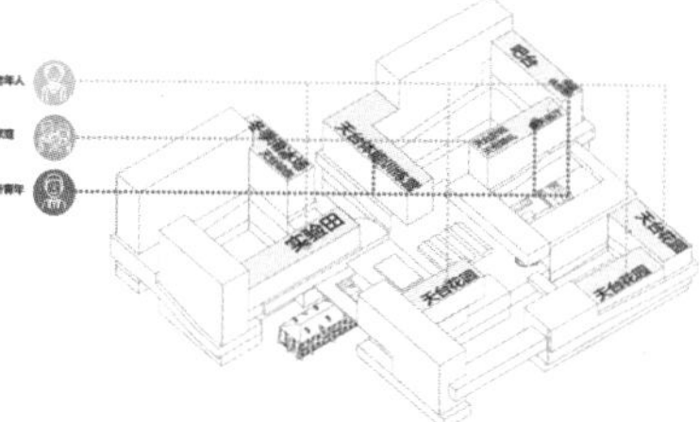

组团共享：每栋单体屋顶层的多样利用，设置了诸如天台电影、天台运动场、天台酒吧等。

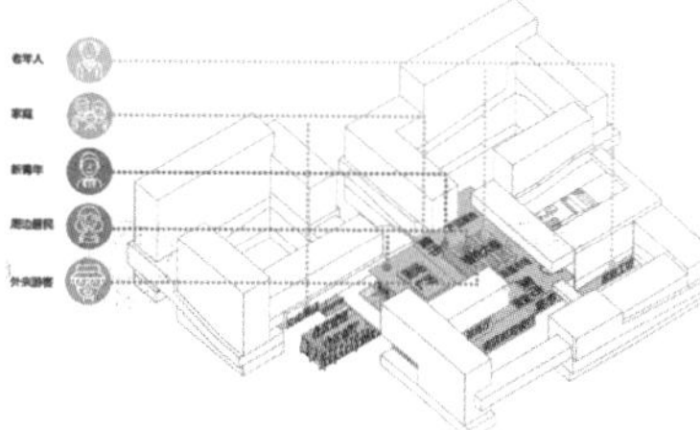

社区开放：三层开始的中间集市为主，与各个建筑之间的出入口相接，成为公共枢纽空间。

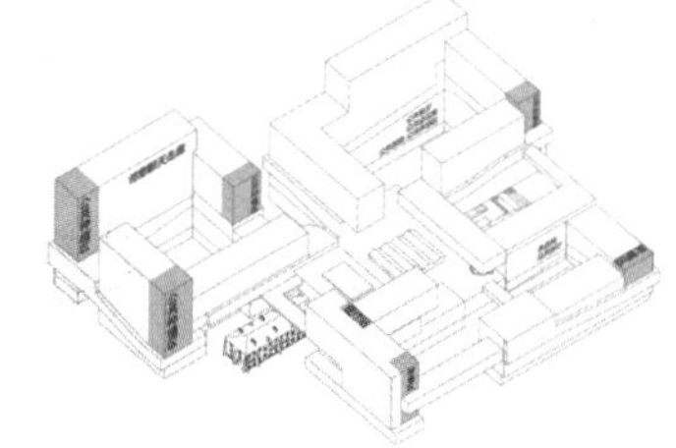

邻里共用：楼层公共空间、交通空间前区、各种放大空间为主，结合种植活动呈现。

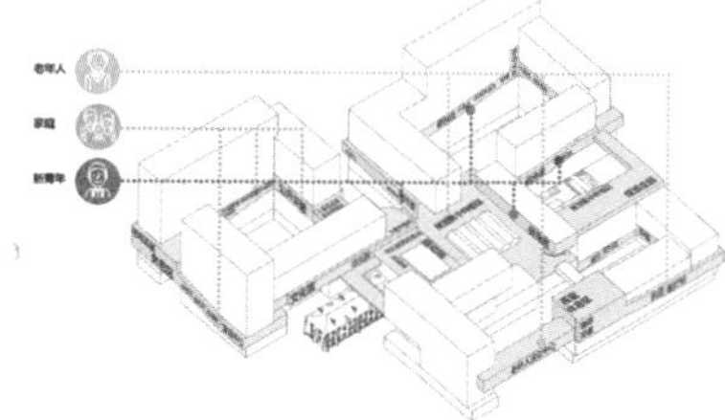

社区共享：盘于各建筑区域的连贯封闭坡道和集市顶层绿化为主，建筑单体复合性必要交通空间。

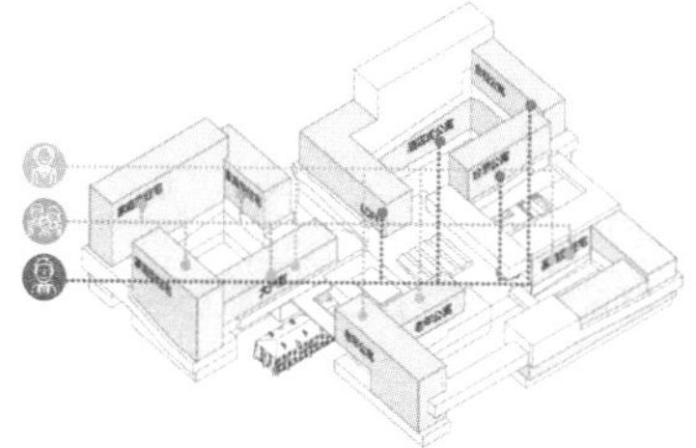

私人空间：各自套型内部的空间，针对不同人群的居住需求和特点，设置了不同的种植阳台形式。

平面采用围合式，由三个院落组成。院落尺度呼应传统的肌理关系，并在原场地的道路节点位置设置社区的中心——集市和剧场。建筑体量根据轴线关系与出入口的设置进行退让，在东南西北四个方向均有主要的出入口进入社区和集市。

在底层，沿着建筑外边界布置对城市开放的养老院以及商业，包括百货、智能生活馆、超市、餐饮等，以功能对外界进行承接。沿肇工南街100巷，布置了对社区开放的功能，并重新利用了一栋保护现状较好的工人村老建筑。功能主要以社区生活服务和体验型配套为主，包括社区卫生站、社区餐厅、社区酒吧等。

三层是集市层，从集市层开始通过四个接口联系了三个组团中间的坡道层。以集市为中心，布置了植物大棚、剧场、澡堂、幼儿园、文化馆。集市、剧场、澡堂、幼儿园、文化馆、坡道层互相紧密联系，形成社区完整的公共服务、交流、种植、交通的系统，是社区的核心空间。集市的屋顶为社区集中种植的区域，以满足种植的量的需求。坡道层既作为交通体又作为社区配套和种植交流空间存在。各个组团根据各自组团的特点和主要人群布置他们所需求的生活配套功能。同时坡道也成为促进社区交流的纽带。

坡道层以上是住宅和公寓。在靠东北的组团部分还布置了办公和酒店。在住宅的走道、垂直交通以及部分套型之间结合种植和生活配套如老人所用的医疗站，形成邻里公用的小型公共空间。本方案设计了多种住宅的套型，以满足不同人群的需求，使社区能够真正地成为多人群混合的社区。屋顶空间同样被用做公共活动的空间。包括有屋顶花园、滑冰场、天台餐厅、天台影院、实验田等。

【流线分析】

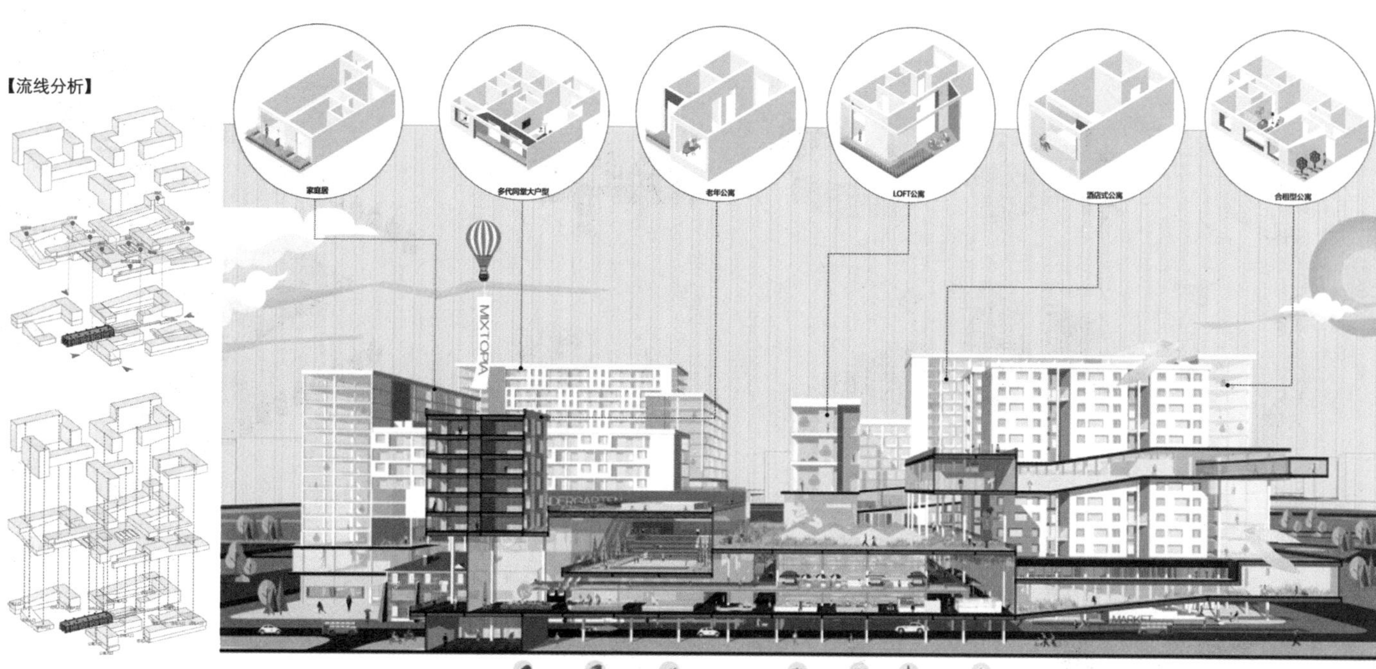

社区内部人群类型除了保留在社区的老工人，还将有优廉房租吸引的创业和打工青年以及购房迁入的家庭。针对这些人群各自的生活习惯和需求，提炼他们日常活动，并按照生活服务类需求、个人生活需求和集体生活需求分类，并试图从中找到规律，从而用行为指导空间设计。

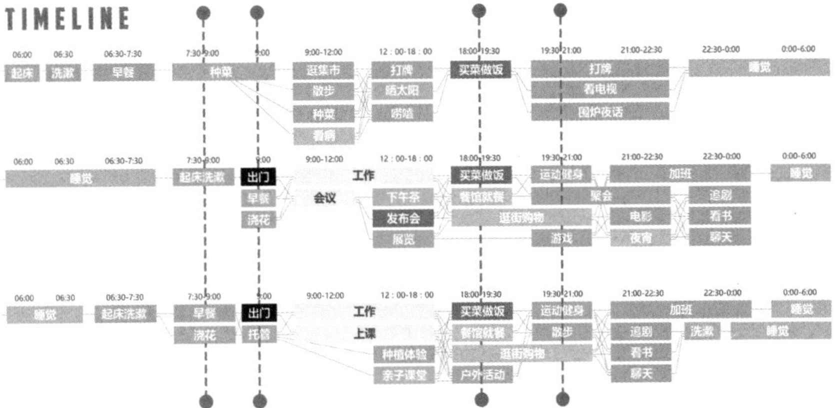

分析发现，不管哪一类人，共有的活动包括外出、种植和节庆活动。外出这件行为本身不构成活动，只是一个行为动作，但却涉及空间中的必要性交通，我们以必要性交通为载体置入种植这种核心活动，通过脚步和视觉的可达性塑造场景，触发自发性的交往。而节庆活动则作为一种集体参与的有组织的盛会，升华和巩固邻里关系，从而在自发和组织两方面形成交往的条件和氛围。

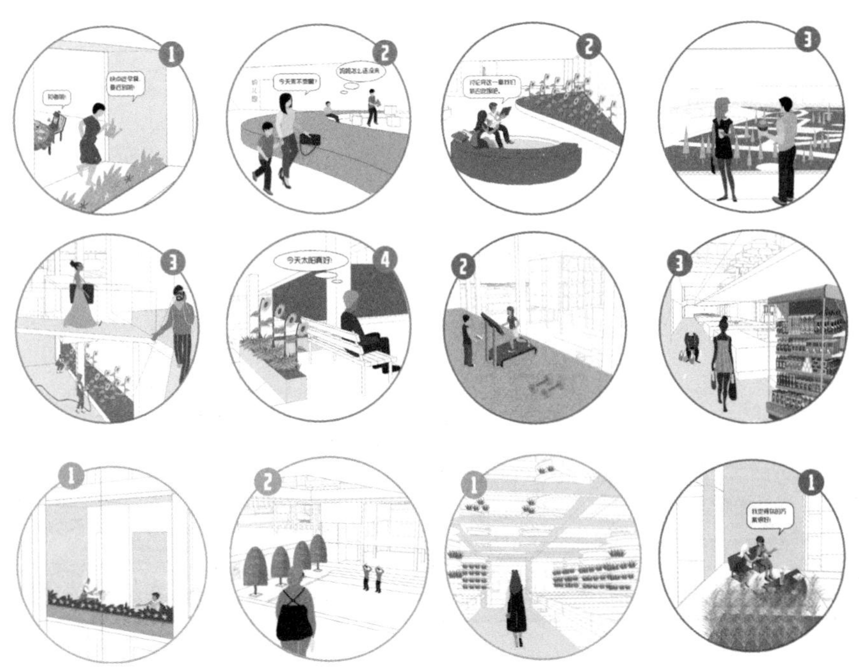

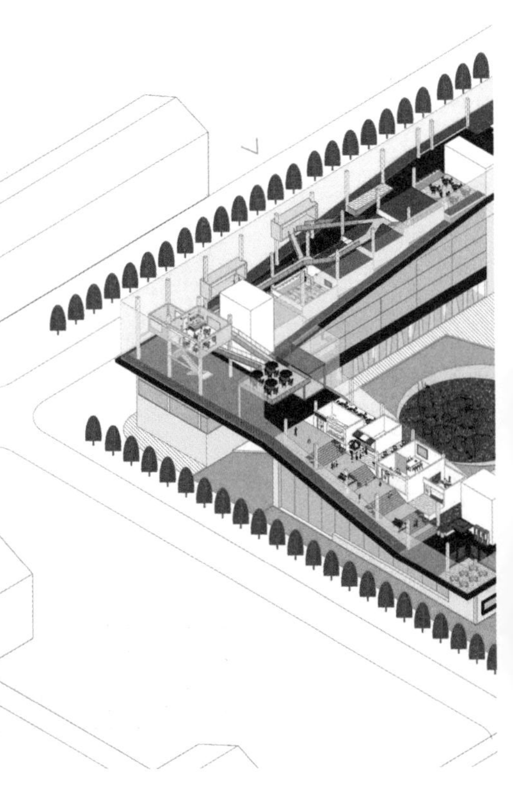

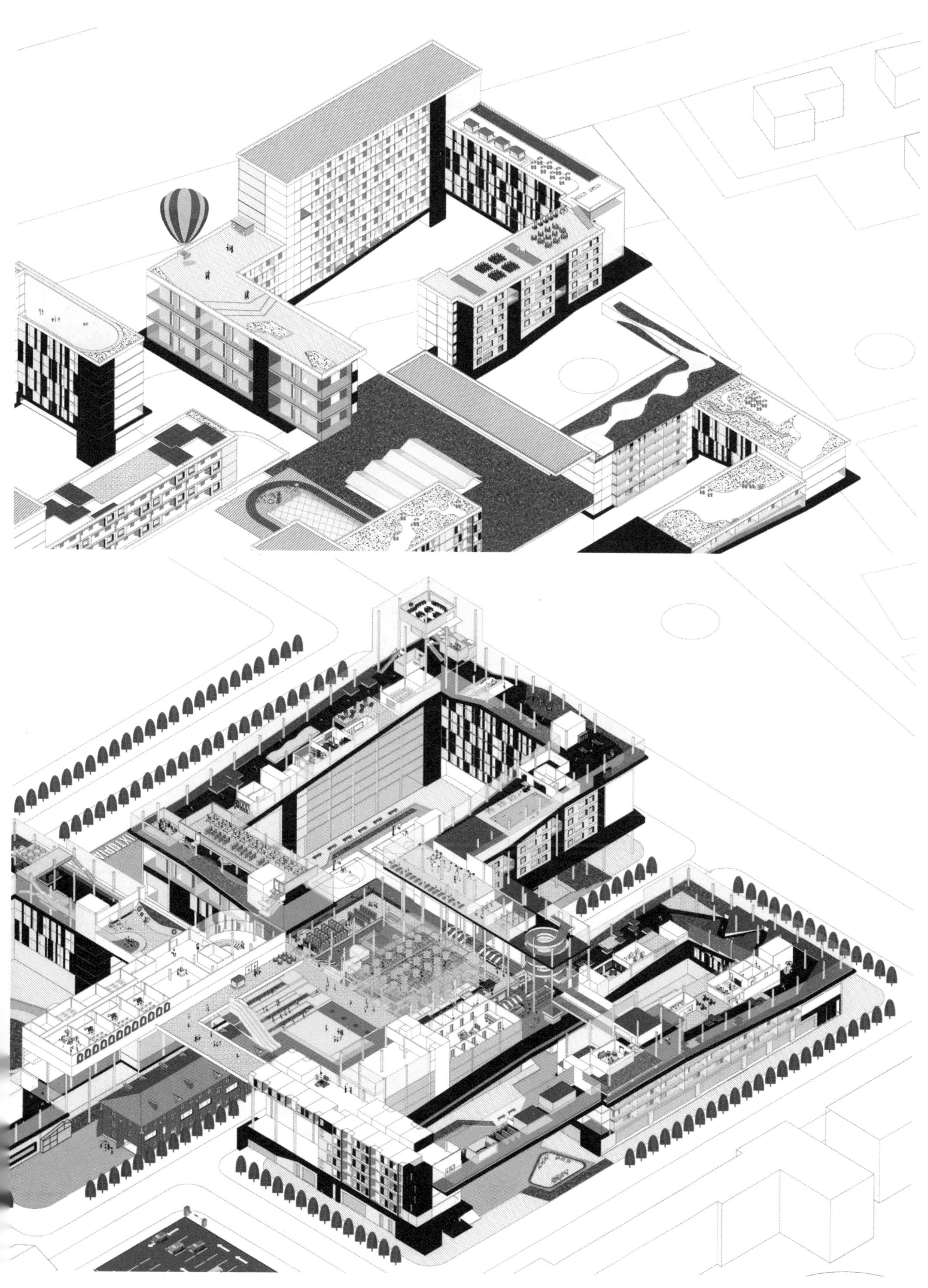

沈阳格勒人之家

Shenyanggrad People's Home

重庆大学
设计：李世熠／游晋／赵鹤湾
指导：龙灏／左力

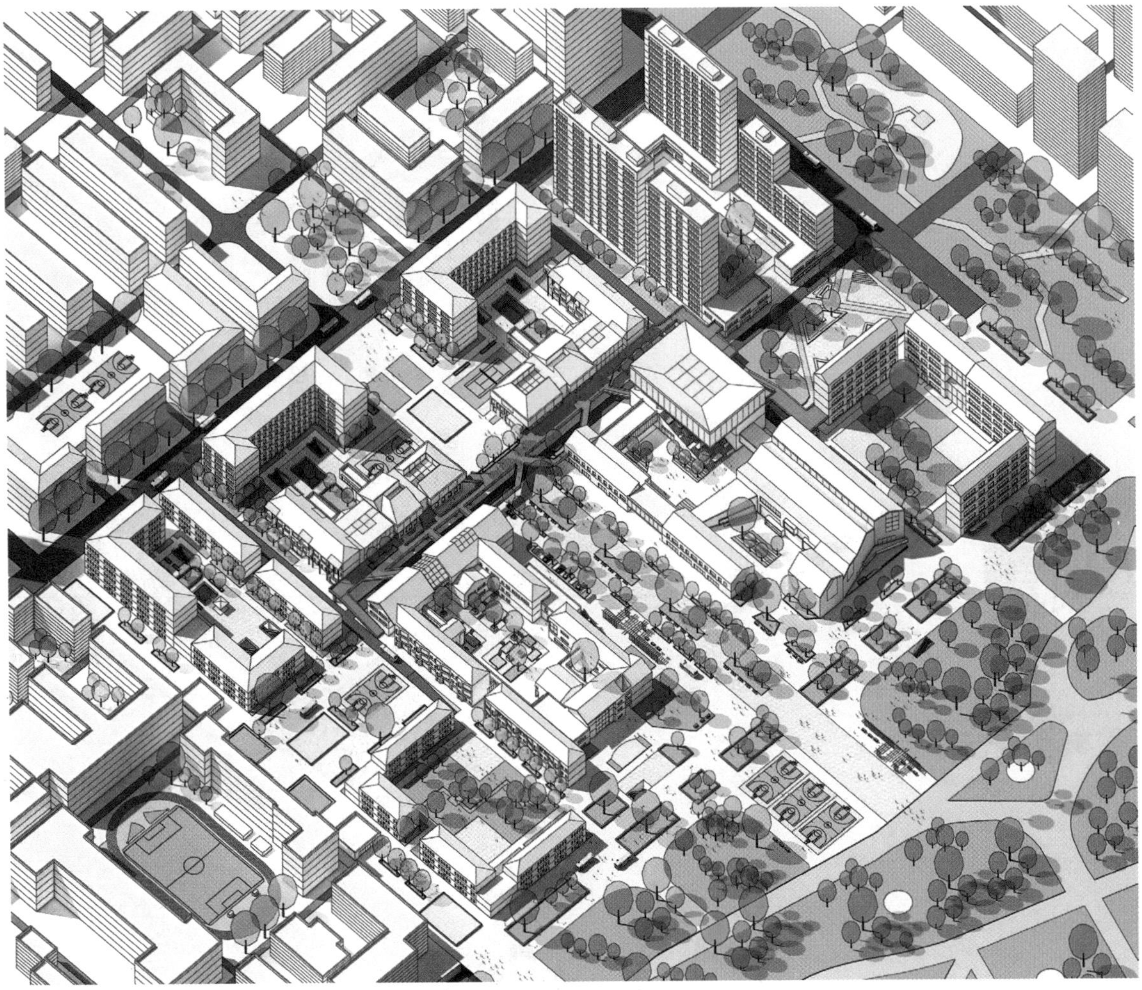

PART 1 解题——城市整体策划阶段

沈阳铁西区是中国城市化较早的城市，其城市建设曾经受殖民和战争的影响，有着曲折的历史发展进程。目前，铁西工业区的城市更新已经进行了15年的时间，虽然城市面貌焕然一新，但是在物质环境得到改善的同时，当地居民的生活状态是否得到了相应的改善值得我们思考。

本设计从铁西的特定人群入手，通过查阅资料，我们认识到这样一类人群——沈阳格勒人，其是对铁西城市发展和工业发展的见证者。沈阳格勒人是对在铁西区原工厂的老工人及其家属的特定称谓。

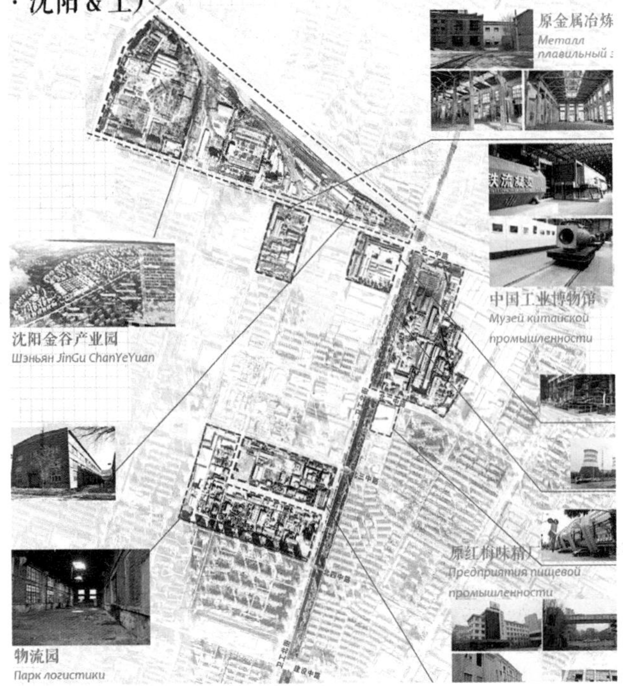

评语：

这里的家具备双重含义，可以被理解为家庭，构成社会的基本单元，一个社会学的基本概念，也可以被理解为家园，即一种人文主义的价值观念，可以被具象化为社会文化领域具有共同价值观的特定人群构筑的文化共同体，文化共同体具有时间上的连续性和空间上的确定性，是延续城市历史，塑造文化特征的载体。设计以“沈阳格勒人之家”为题，正是基于对特定人群所呈现的强烈工业文化印记的认知，通过转译与重构铁西大工业时代的社区文化要素和居住空间要素，激活铁西的城市居住生活，弥合割裂的历史文化联系，重塑社区共同价值观念。

·沈阳格勒

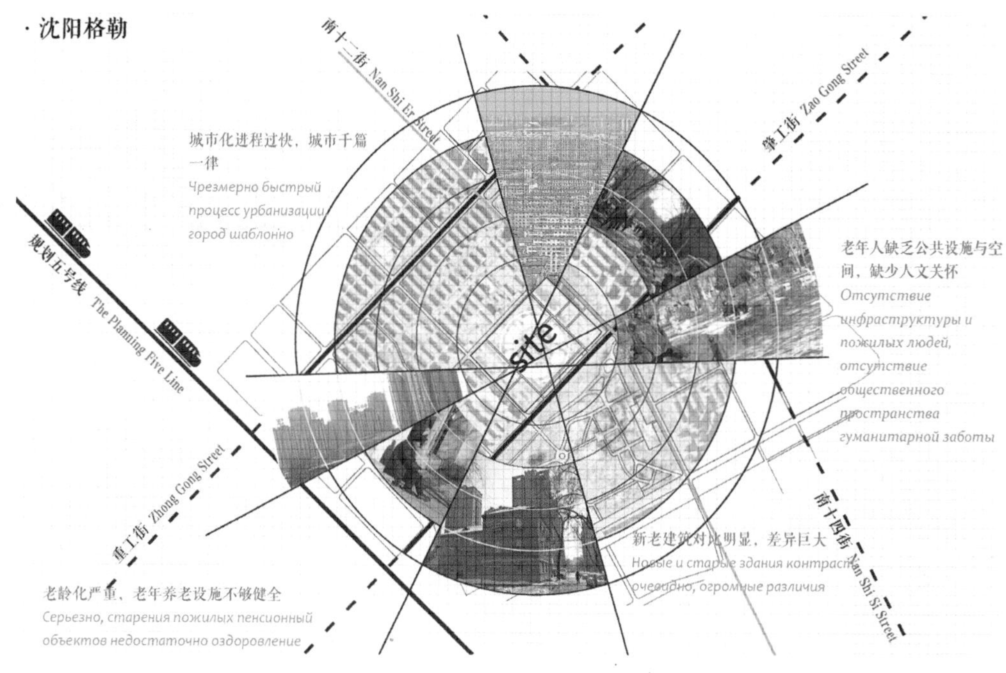

南十二街 Nan Shi Er Street
肇工街 Zao Gong Street
规划五号线 The Planning Five Line
重工街 Zhong Gong Street
南十四街 Nan Shi Si Street
site
城市化进程过快，城市千篇一律
Чрезмерно быстрый процесс урбанизации город шаблонно
老年人缺乏公共设施与空间，缺少人文关怀
Отсутствие инфраструктуры и пожилых людей, отсутствие общественного пространства гуманитарной заботы
新老建筑对比明显，差异巨大
Новые и старые здания контрастно очевидно, огромные различия
老龄化严重，老年养老设施不够健全
Серьезно, старения пожилых пенсионный объектов недостаточно оздоровление

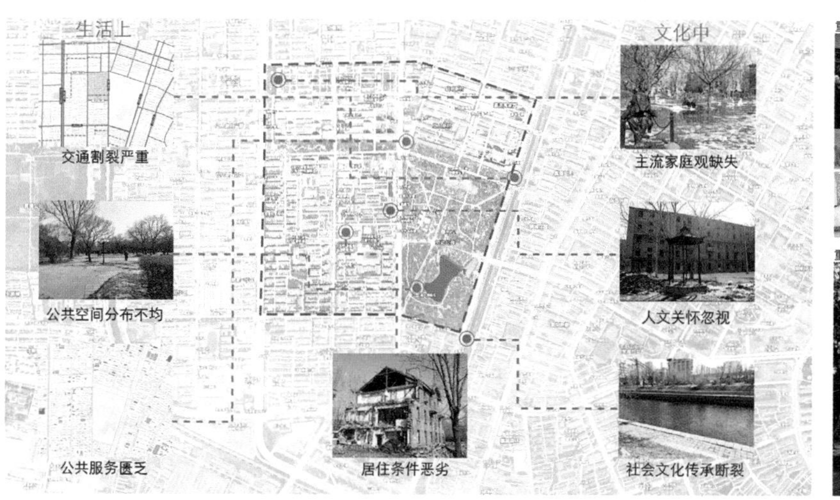

重铸——健康的主流价值观

重现——熟悉的传统社区生活

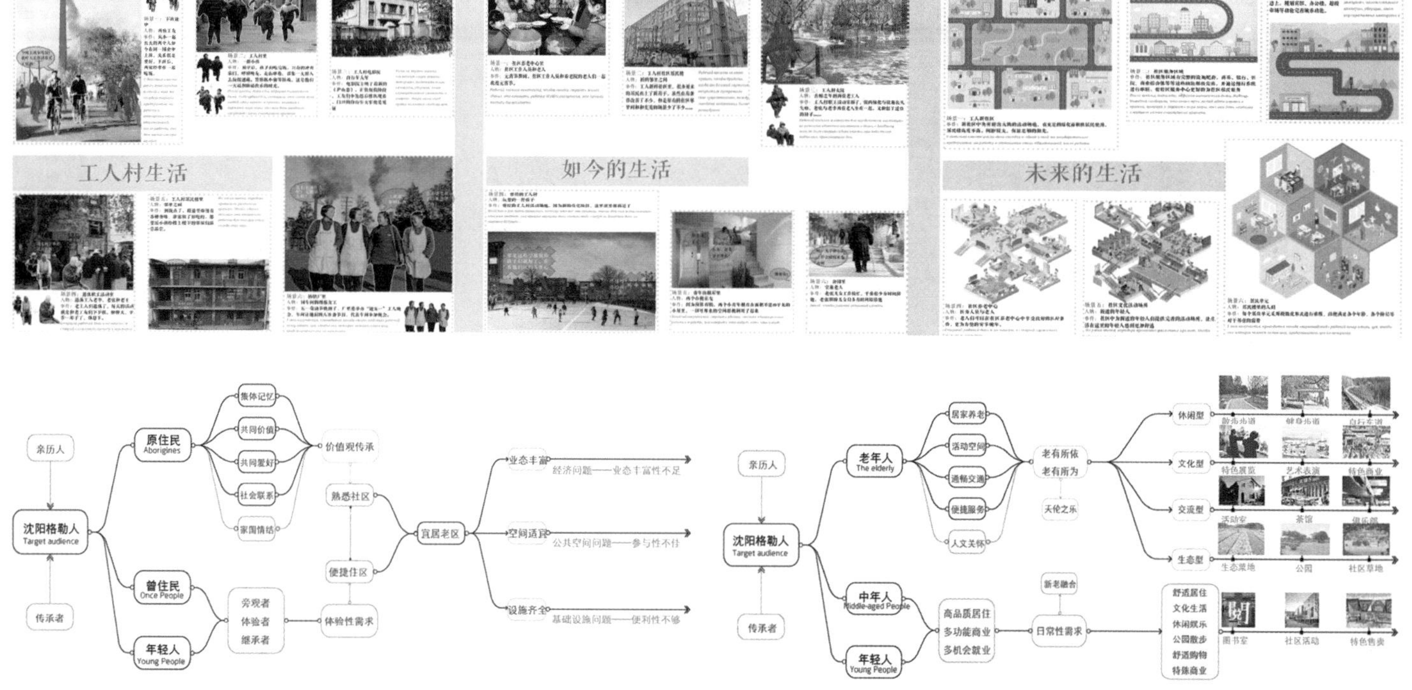

由于历史原因，目前生活在铁西老工业区内的“沈阳格勒人”共分为四种类型，第一种是曾经在铁西老工业区工厂工作的退休老工人；第二种是在年代末铁西老工业区开始衰落的时候参加工作，而在年代中后期下岗的中年人，目前从事个体经营工作或仍然无业。第三种是曾经不在铁西工厂工作，但是长期居住于此，对铁西认识较深的老居民，这部分居民年龄同样较大，但是其中也有一部分中年人，第四种属于曾经在铁西工厂工作的老工人和技术人员，城市更新后继续为原工厂工作，这部分人属于经济状况较好的“沈阳格勒人”。综上，这四类居民共同组成了设计概念中的“沈阳格勒人”。

本次设计的选址位于铁西区西南片区的一处工人新村，作为沈阳格勒人曾经的生活居住社区，是铁西区城市空间重要且具有特色的组成部分，其空间格局和形态肌理有着深厚的历史根源和现实意义。

社会转型发展后，工人新村较为封闭独立的空间与城市发展产生的矛盾越来越突出，使得工人新村大院的各项公共服务设施也开始走向社会化。其空间承载着当年人们的记忆，特有的形态布局及建筑形式、风格能使活动在内的人群回忆起当年的社会主义下集体生活的“苦难与光荣”。

因此不该让这样的城市空间随着城市发展就此消失，而是应该解决其与城市间的矛盾，将大院落空间进行合理的重构，我们希望找到合理的重构方式。选择从城市层面到社区层面分系统进行研究，将工人新村的形态特点和空间元素视为沈阳格勒人之家的重要基因，铁西区城市发展的重要基因进行重组与再编，达到关怀、继承沈阳格勒人并使之与新人群合理融合的目标，打造新时代的沈阳格勒人之家。

整体策略：

首先，以沈阳格勒人的视角构建视野，继续传承他们对家、国的独特理解。重铸健康的主流家庭价值观。

其次，传统集体生活已变成回忆，如何传承集体记忆和共同价值是思考的重点。重现传统社区生活，更新设施与空间品质，让沈阳格勒人精神在此继续传承。因此，以沈阳格勒人的视角构建视野，以“针灸”的方式激活社区生活。

PART 2 城市设计阶段

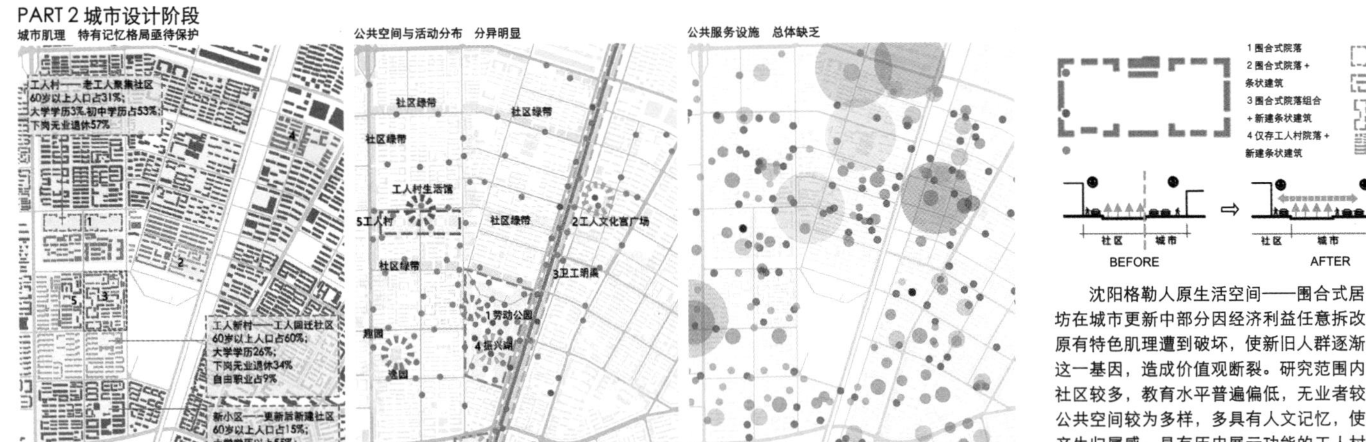

沈阳格勒人原生活空间——围合式居住街坊在城市更新中部分因经济利益任意拆改建，原有特色肌理遭到破坏，使新旧人群逐渐遗忘这一基因，造成价值观断裂。研究范围内老龄社区较多，教育水平普遍偏低，无业者较多。公共空间较为多样，多具有人文记忆，使人群产生归属感。具有历史展示功能的工人村生活馆孤立，对外吸引力较弱。人群活动类型较为丰富，以劳动公园和卫工明渠为主要聚集地，分布以带状和块状为主。

总平面图

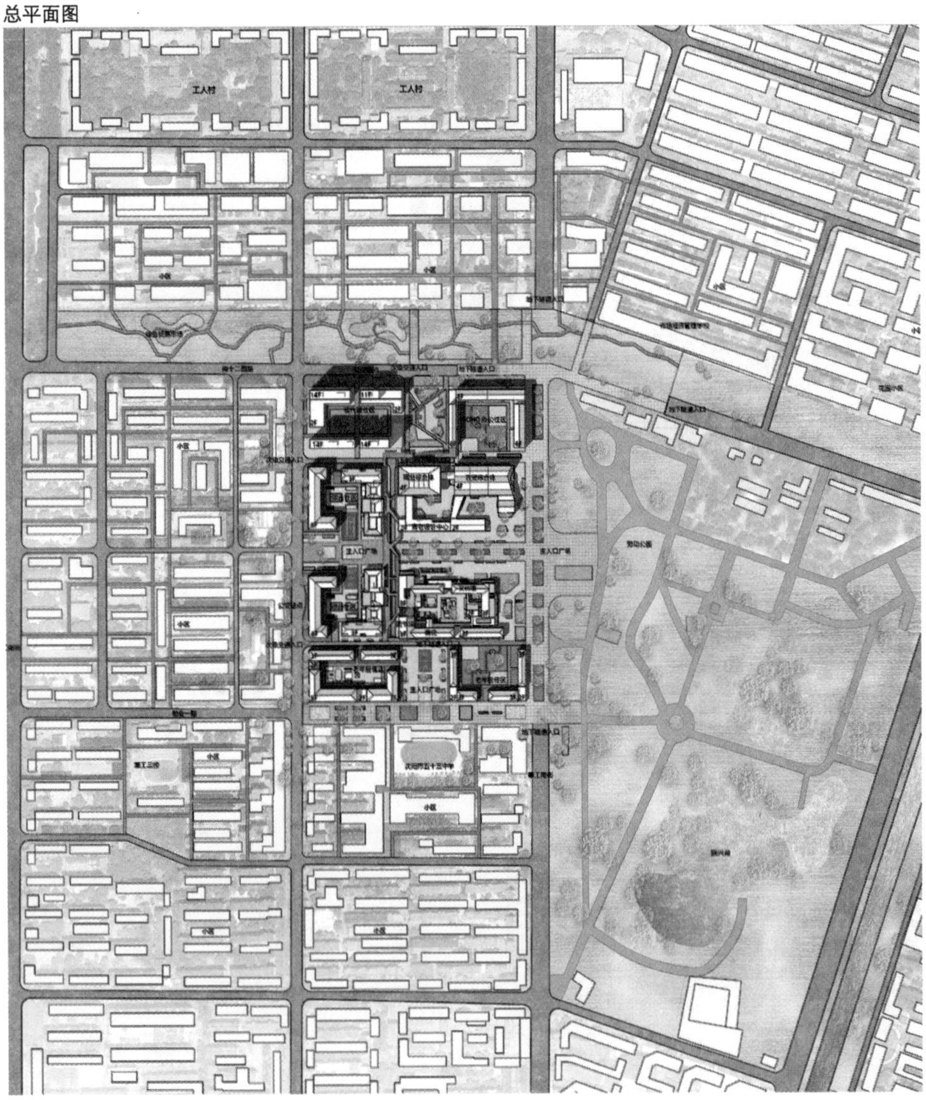

宏观策略

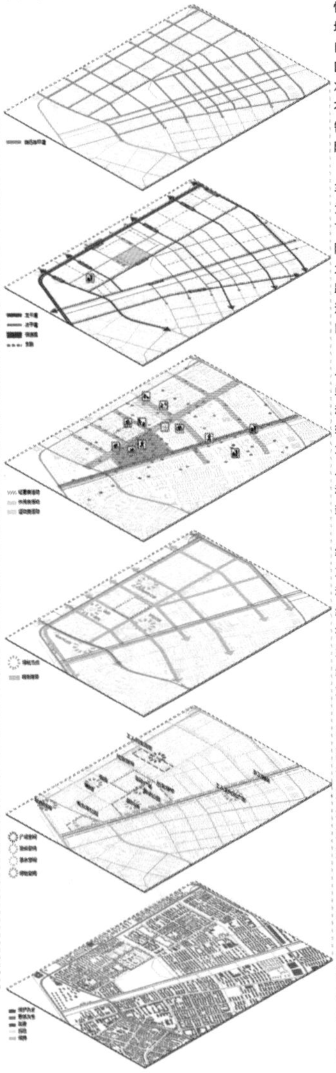

慢行交通
增加慢行系统——自行车环线联系社区，解决快慢交通冲突、老年人出行不便等问题，同时需要配置合理的无障碍设计

车行交通
为城市建成时保留下来的，道路压力随车流量增加而增大，应合理管理道路交通，将部分车道拓宽，以促进社区间的交流

人群活动
亟待完善老年人活动空间，并考虑年轻人、幼儿活动需求，创造沈阳格勒人与新人群共同活动的空间，以促进新旧人群融合

绿化景观
加强较为独立的劳动公园与周围城市绿化的联系，打开社区绿带，增加小型公园，连接城市绿色空间，提高景观资源价值

公共空间
改善具有历史人文记忆的公共空间，加强设计与管理，增强公共空间的开放性和联系，提升整个片区的领域感

城市肌理
结合实际进行工人村肌理、院落空间保护与更新，在城市范围形成联系，从而重塑沈阳格勒人曾经充满生活记忆的场景

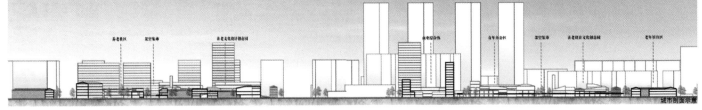

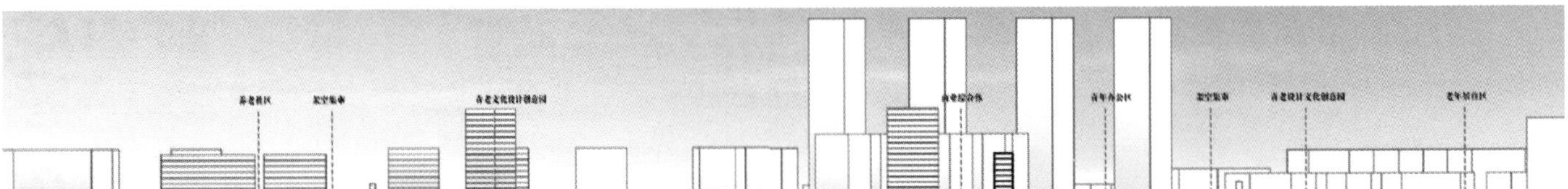

城市剖面示意

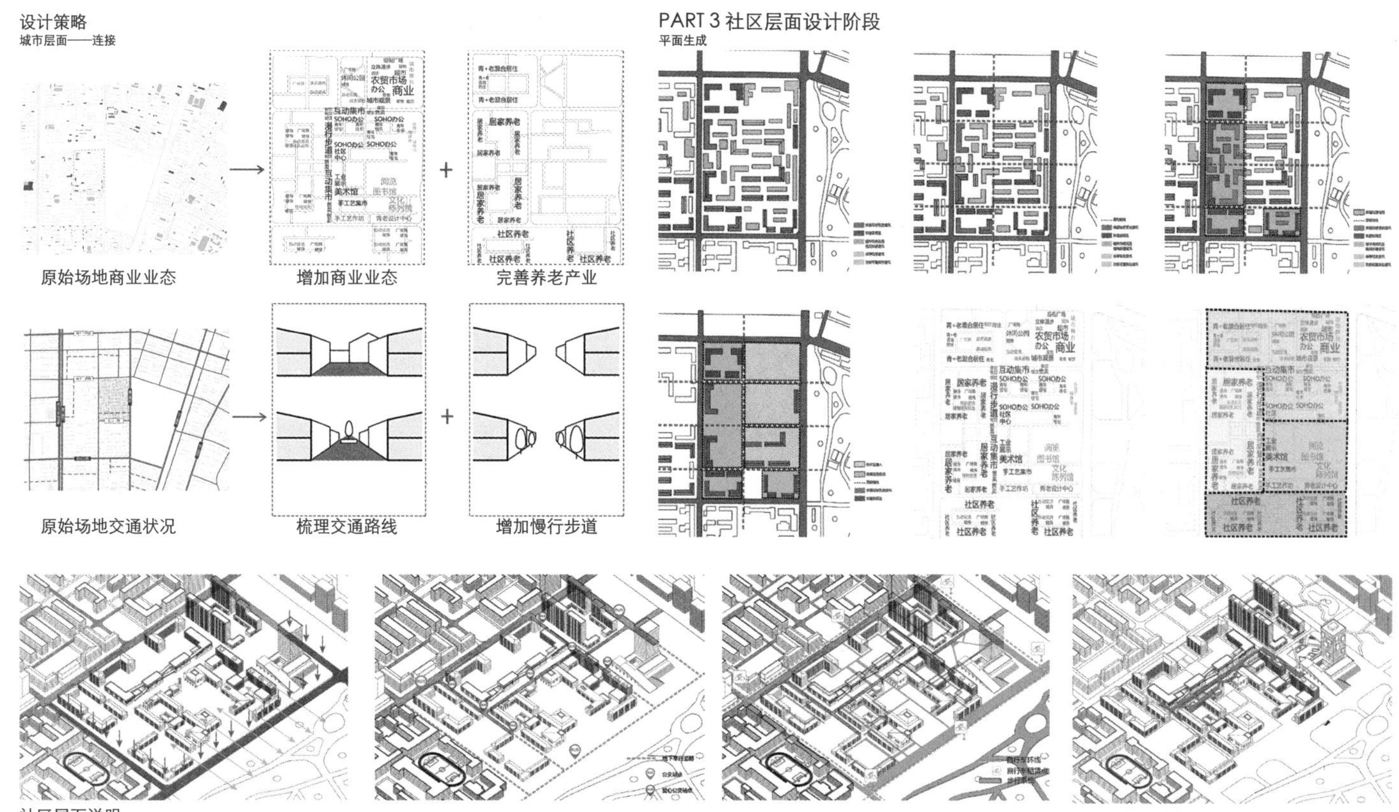

社区层面说明

社区系统的构建基于原始场地的原有规划和轴线的基础之上，通过建筑种类属性的划分拆除部分建筑，通过更新、扩建、加建等方式植入新的功能，将场地通过不同的定位划分为社区养老示范区，文化展示区，文娱乐园，现代社区示范区等社区。利用步行系统为主，交通下穿，绿化带蔓延等方式，构建以慢行系统为核心的社区交通系统。

通过活动策划的方式，试图追溯逝去的记忆，提取原有要素进行场景重组，解析与重构。熟悉的场景记忆更能与格勒人的生活经历产生共鸣。

过程感言：

从整个铁西区大的历史格局出发，本设计试图以一种微介入的方式来实现一个衰落的工人村院落的更新与重构。聚焦于格勒人家园的主题，我们试图以一个格勒人的视角去凝练我们的价值观，提炼他们共同家园的核心要素。关于抽象价值观向实体规划设计转变的过程是我们需要解决的难点问题。针对传统空间形式与格勒人生活方式演变的逐步解析，我们慢慢找到问题的切入点，并制定出单体设计的核心导则，对接下来的单体设计分工有指导性的意义。

PART 4 单体导则：

遵循城市设计阶段的策略，在一定程度上延续原居住区的大院空间的特点和空间元素等，首先，保留围合式院落形式，保持院落中建筑间距与建筑高度的比值为二，同时保持内静外动的院落氛围。其次，在建筑高度上应该顺应城市空间关系，建筑高度均小于等于4层，居住建筑高度小于15米，商业建筑由于功能需要适当增高，但小于22米。在建筑形式上，以坡屋顶建筑形式为主，并探寻坡屋顶的不同做法。在建筑外立面材料的选取上，旧建筑改造部分应该以原有材质——红砖为主，新加建部分结合原有材质，进行新材料的尝试。考虑建筑的开放性，适当打开界面，并结合功能营造部分适合集体活动的大空间。

单体设计A 工人村的复兴——多人群混居模式探索

工人村印象

总平面图

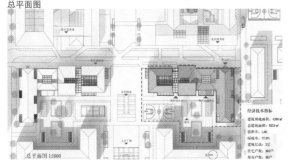

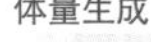

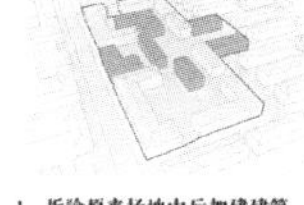

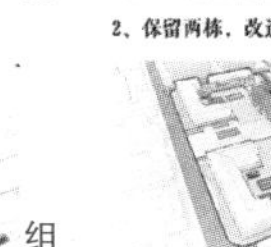

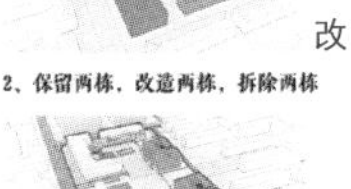

体量生成

拆 改 围

1、拆除原来场地中后加建筑　2、保留两栋，改造两栋，拆除两栋　3、新规划采用院落围合的方式

组 合 连

4、利用新结构新层级的方式组合　5、新建建筑以围廊方式为主　6、利用社区服务中心连接新旧建筑

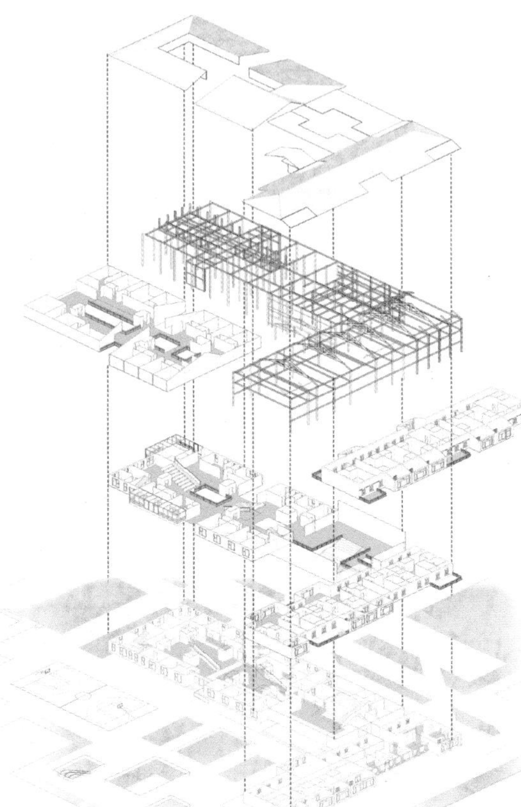

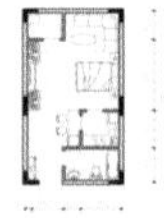

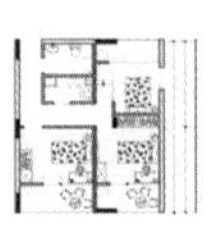

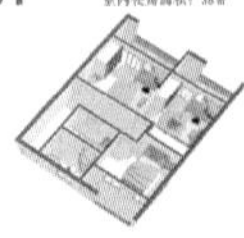

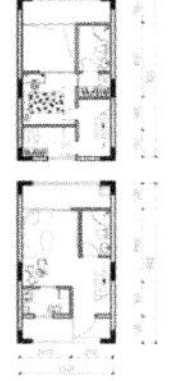

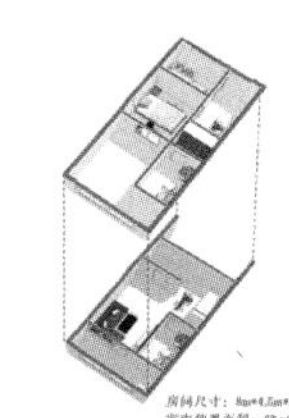

1x1 居住模式

1x1.5 居住模式

1x2 居住模式

2x1 居住模式

2x1 居住模式

设计说明

工人村聚落是沈阳工业史的衍生产物，具有较高的保护价值。基于对生活在此及周边的“沈阳格勒人”居住的问题，与对当时社会历史条件下出现的筒子楼、工人村、棚户区等独特的混居现象的研究和对群体生命力的内在机制的研究，希望重构一种空间范式，满足不同群体的需要，以实现群居模式中人与人关系的重构。

居住模式变化

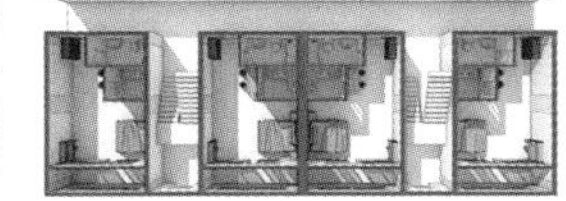

现代公寓居住形式

新邻里——共享居住模式

单体设计C 社区商贸综合体

设计说明：

经济活动空间作为沈阳格勒人重要的情感化空间之一，将其植入新社区，即引入商业服务组团。这一组团满足沈阳格勒人的需求，同时侧重为新人群服务；解决城市中商业功能种类匮乏、位置分散的问题，也提供部分旧有人群再就业、新人群就地就业的空间，最终达到新老人群融合、社区更新激活的目标，从而增加铁西西南片区人群凝聚力并缓解老龄化严重等问题。

本设计以菜场和社区超市为主要功能，希望能重现大院商业活动空间中的记忆。菜场曾经是商业活动空间，而现在为某些曾经在工厂工作的退休工人提供就业机会，使该空间具有了办公属性。因此也希望这个建筑能唤起他们共同工作的记忆，同时促进新旧人群交流互动、协作共生，从而激活整个社区。

菜场

工厂

总平面图

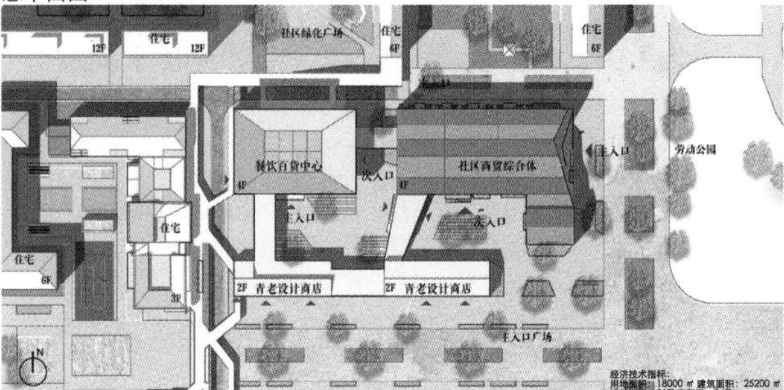

体量生成

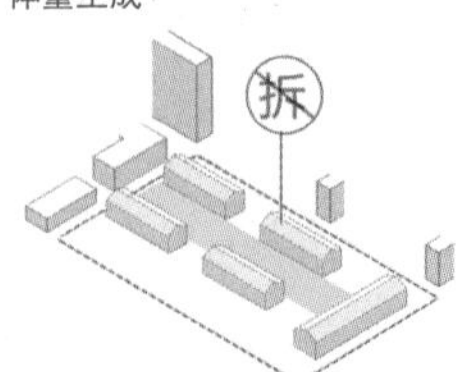

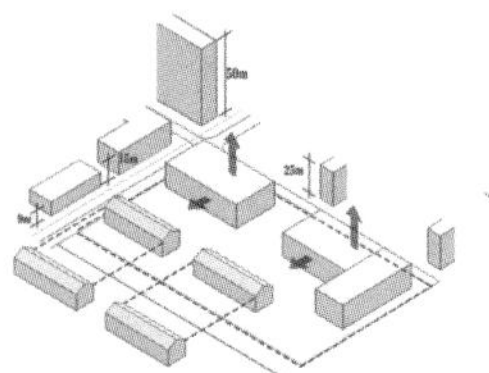

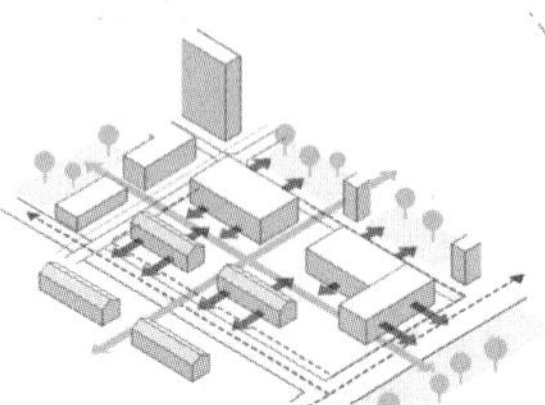

围合式院落空间＋条状建筑形式已经成为过去，随着城市发展，象征着团结奋进的集体空间消失，场所感、归属感丧失。

弥补难以满足新人群需要的缺陷（建筑高度过矮而浪费用地、间距过大而内院空间消极），并重塑富有感情记忆的布局方式。

打开界面，使建筑具有开放性，充分利用景观资源并结合人流动频繁、聚集多的地方设置开放界面。

单体设计 B　文化综合社区——复兴的围院

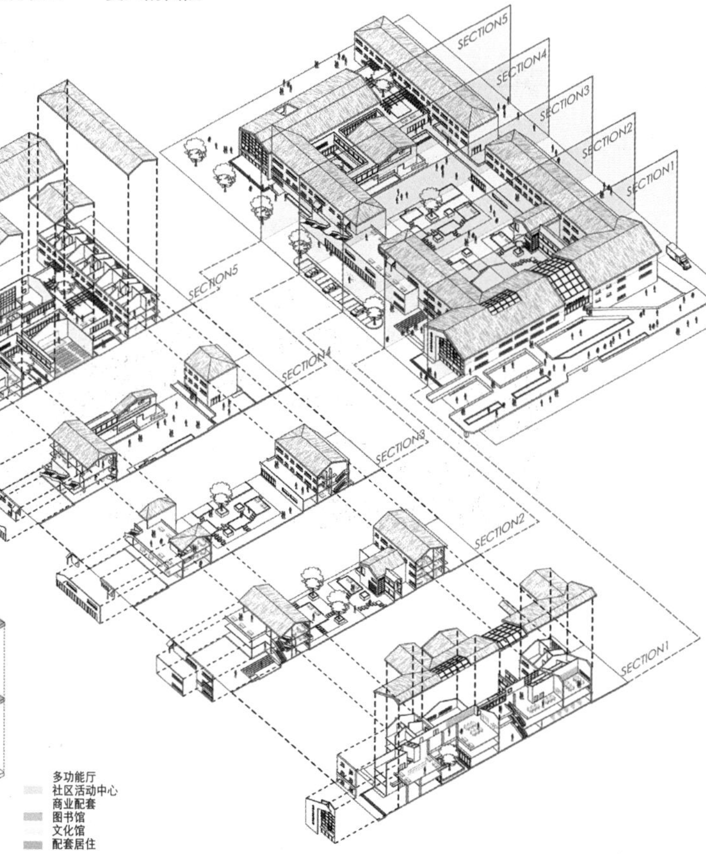

问题与策略

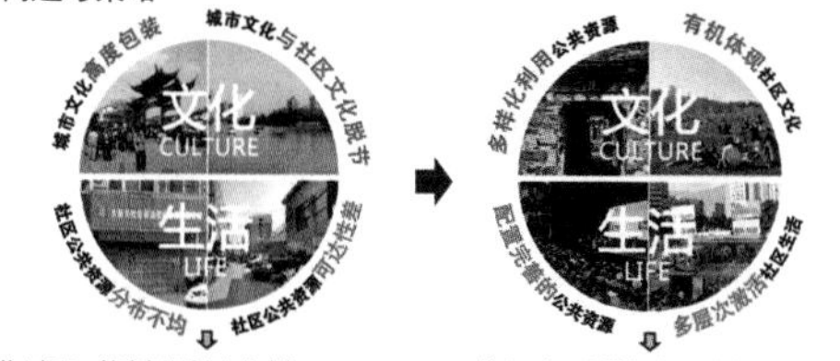

核心问题：被遗忘的城市文化功能
被忽视的社区生活内涵

核心目标：多样化利用公共资源
多层次激活社区生活

总平面图

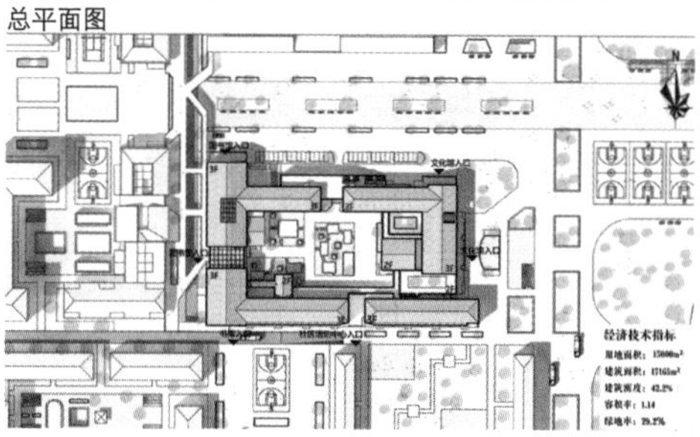

功能分解

多功能厅
社区活动中心
商业配套
图书馆
文化馆
配套居住

方案推演

文化综合社区利用保留原有工人村保留较好的四栋居民楼的基础上进行加扩建并进行功能置换。通过多样化利用公共资源，来多层次的激活社区文化生活。

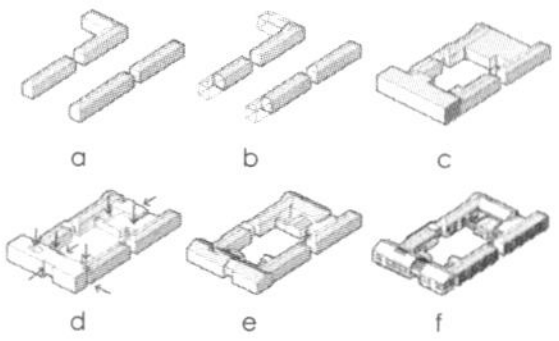

立面与表现

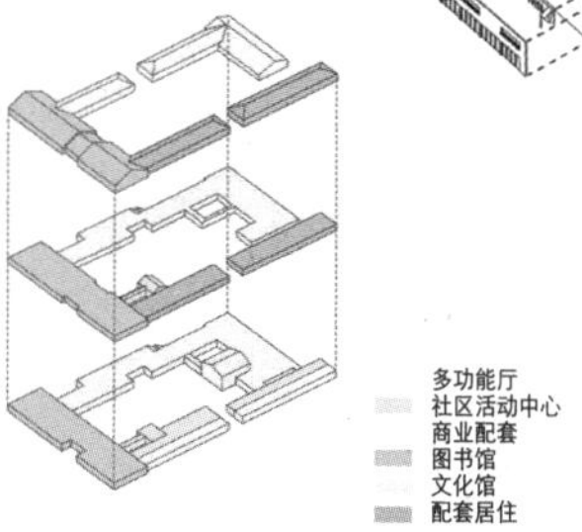

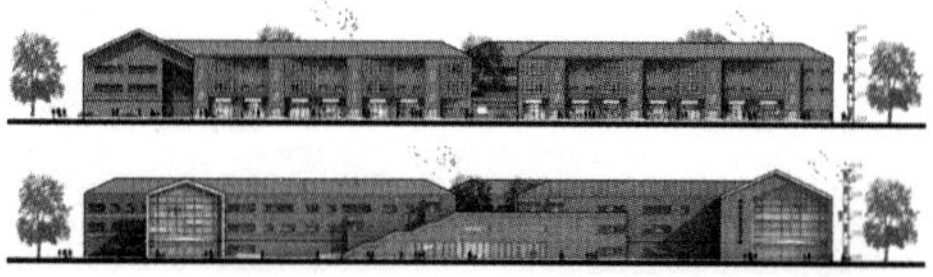

空间改造

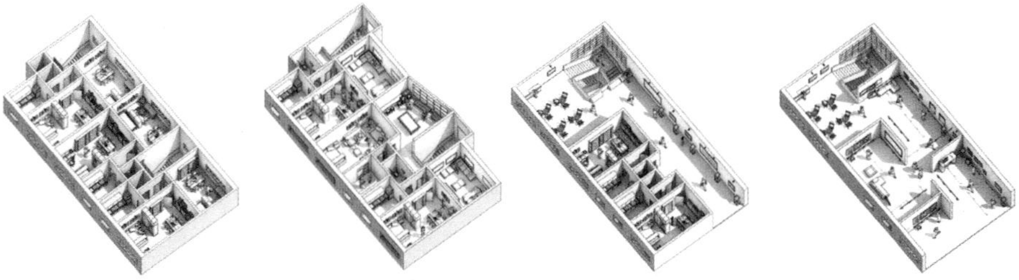

原始户型 劣势：生活空间拥挤，缺乏公共活动空间。

改造户型 变化：传统一梯四户变成一梯三户，增加公共活动空间。

功能置换 1 生活馆展示区保留局部居住空间，展示不同年代居住环境。

功能置换 2 历史馆展示区保留局部砌砖墙面，同时引导空间流线。

形式意向来源

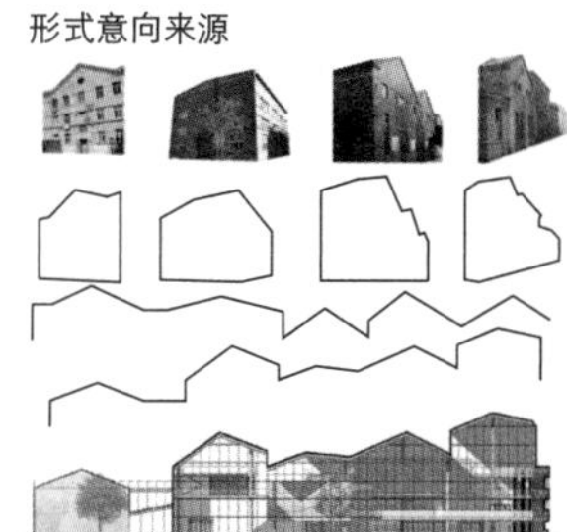

空间意向来源

完整性大空间内置入高低起伏、大小不一的矩形体量，源于工厂大空间、工作平台和操作室的空间意向，为工作者营造集体活动、协作共生的空间，重新唤起曾作为工人的部分沈阳格勒人往日在工厂内共同承担着“苦难与光荣”的记忆。

室内效果

功能与流线

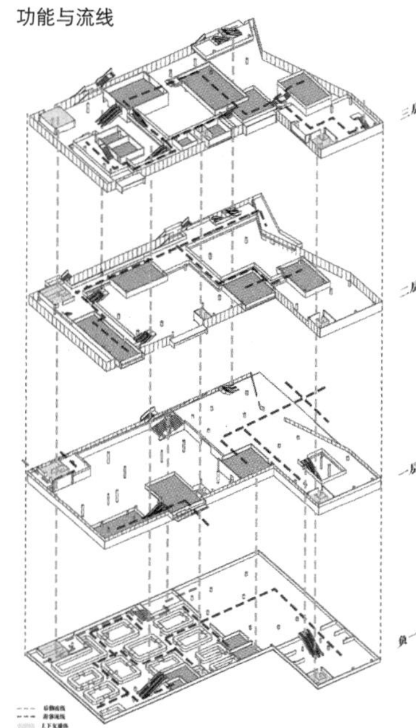

围护与结构

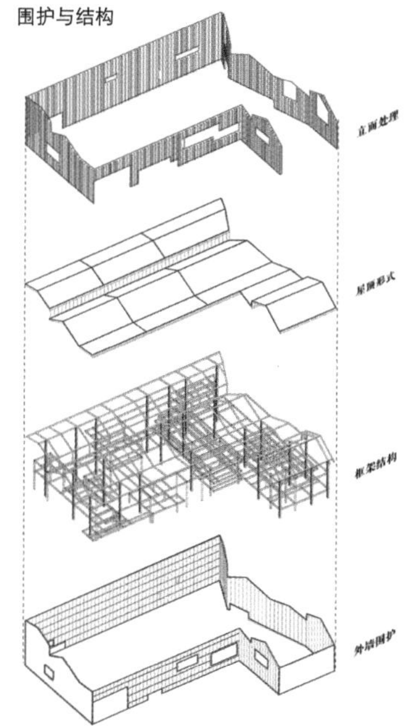

卫工明渠：重回有机 Weigong River：Regain Organism

天津大学
设计：康阔/谭琛/张昊
指导：龙灏/左力

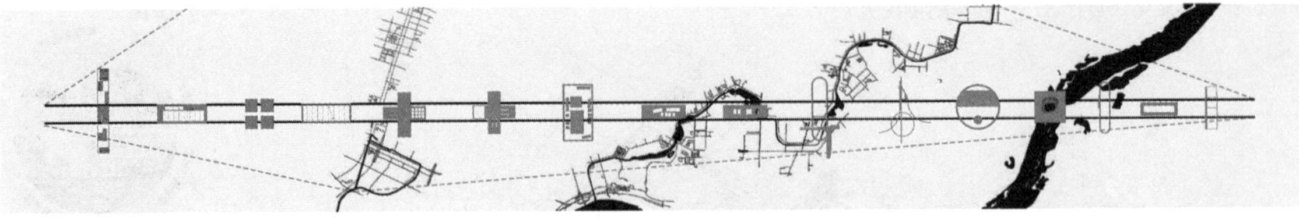

· Part 1 设计历程

“一切适得其所的建筑最美丽，即所以事物能连贯成一体，环环相扣。”——彼得·卒姆托

中国近年来的城市建设呈现着自新中国成立以来前所未有的规模，我们由此面临城市本土文化断裂甚至丧失的重大挑战。更为严峻的是，中国城市的发展总是以牺牲环境为代价，发展经济与保护环境的博弈总是交织在进退两难的困境中，上述现象在沈阳铁西区尤为突出。在前期分析中，我们选取了以“卫工明渠”生态设计作为媒介，植物和水体作为载体，成为整个复兴和再生的“种子”和“催化剂”。不管是城市设计还涉及建筑设计本身就不是一朝一夕便能完成，是一个动态的演绎过程。而设计最耐人寻味地便是演绎过程中的不断反思和取舍以找到自己主动介入社会实践的最佳方式。

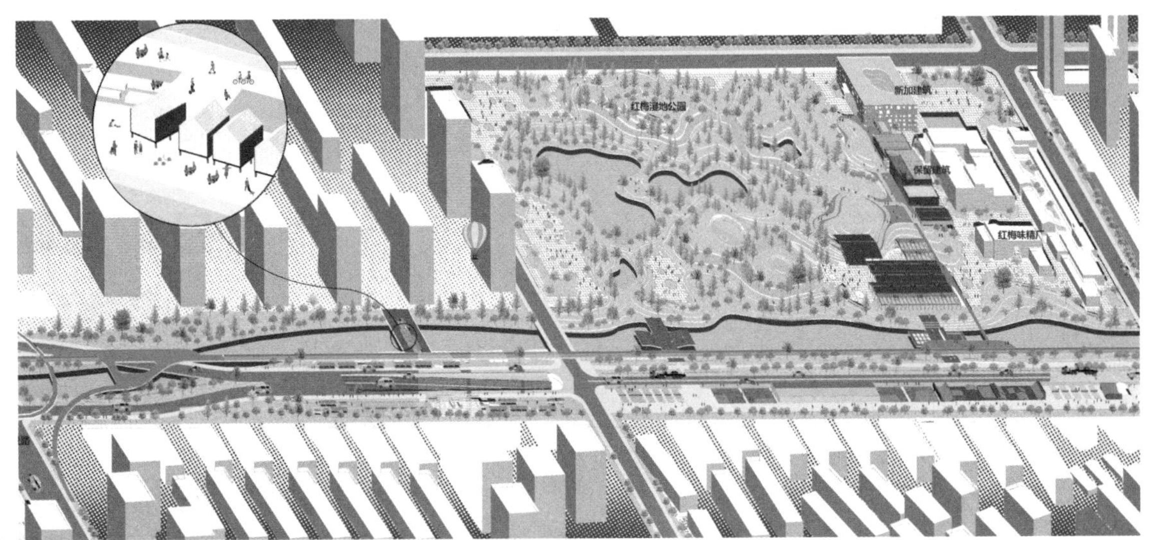

· Part 2 解题——铁西的城市背景

沈阳市铁西工业区曾是中国工业的代名词，是工业现代化的发动机。作为共和国的工业“长子”，也是新中国工业发展的符号，见证了沈阳工业发展的历史。也正因此，铁西工业区成为沈阳人乃至全国人的骄傲。因此，铁西工业区在人们心中的分量及其巨大的价值不仅存在于那些高大的厂房和壮观的设备之中，也存在于工人们至高无上的身份和地位之中，存在于轰轰烈烈的工业化氛圈之中。

老工业基地的发展几乎代表了中国工业化的全部特点和进程，为新中国的建设与发展作出了重大贡献。但是，老工业基地曾有的辉煌是以牺牲环境为巨大代价的。而在沈阳铁西区，发展过程中面临诸多问题：环境污染、城市基础设施落后以及经济衰退。

而且在当今社会以消费和需求吸引人气和资本的规律下，生产型产业不再成为主流，铁西由此面临巨大转型。我们以此为契机，意图改善城市环境，构思未来以居住为主要服务对象的城市公共空间。

评语：

卫工明渠是铁西区最重要的城市水系，极端天气导致的城市洪水和工业排污使得水渠两岸成为消极的城市空间。设计充分研究了卫工名渠的历史发展过程，以解决城市问题为导向，拟定了多元化、多层次的设计目标，确立了恢复水系生态功能，引导文化产业入驻，活化利用废旧厂区，激发周边社区活力四大设计策略。设计借助景观都市主义的理论视野，通过建立长达7公里涵盖卫工明渠主要流域段的生态景观系统，建筑自然化的处理方法，使得城市、建筑及人的活动与水环境和谐共生，实现城市滨水生活重回有机。

面对铁西逐渐缺失的认同感以及过度同质化的城市意象，结合城市旧工业区更新的实施类型，考虑到城市设计本身与城市文化背景的紧密联系，尝试此次设计作为一个城市活力提升的范例。

铁西区的城市公共空间除了道路两边之外基本都被围合了起来。例如位于小区中的空地，学校的操场，厂区内的空地等，而这些空地严格意义上说都不是公共的。所以我们需要将河岸两边的城市空间重新组织，使其成为亲切、适用的城市公共空间。

铁西的城市道路设计的优先级已经从自行车—人—车演变成车—自行车—人。城市为行人所提供的活动空间和设施越来越少，导致整个城市道路交通系统周边已经没有太大活力，尤其是卫工明渠作为景观和公共空间本身，也难以聚集人气。

而卫工明渠两侧的城市空间格局呈三段分布，北侧的工业氛围更浓，中部主要是住宅区，南部则有很多绿地。每个区域的特点较单一，各自也有不合理的要素。若将卫工明渠作为整体看待，把这三段街区各自的特征相互融合交错，将会形成更加丰富，更有活力的城市空间。

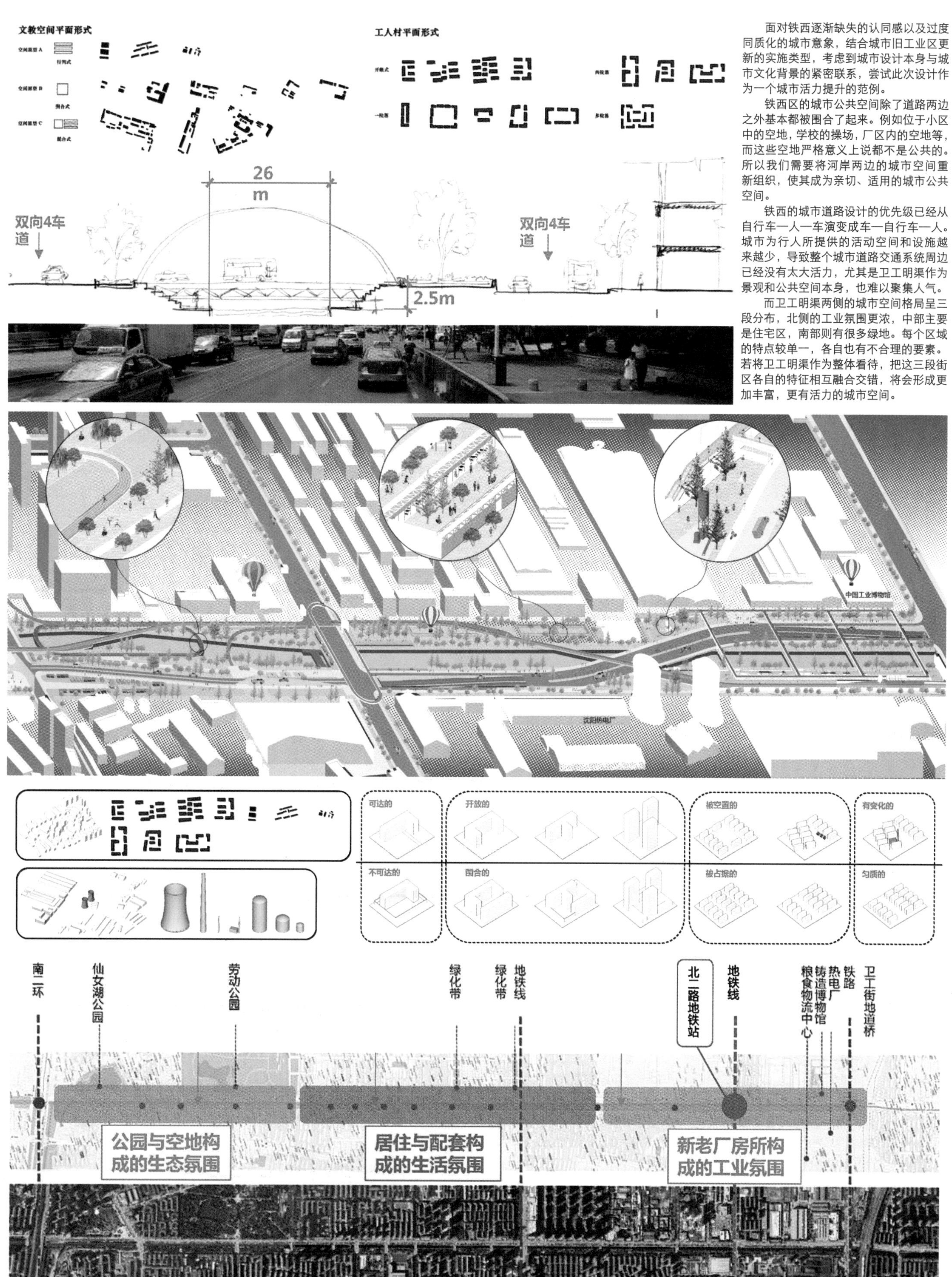

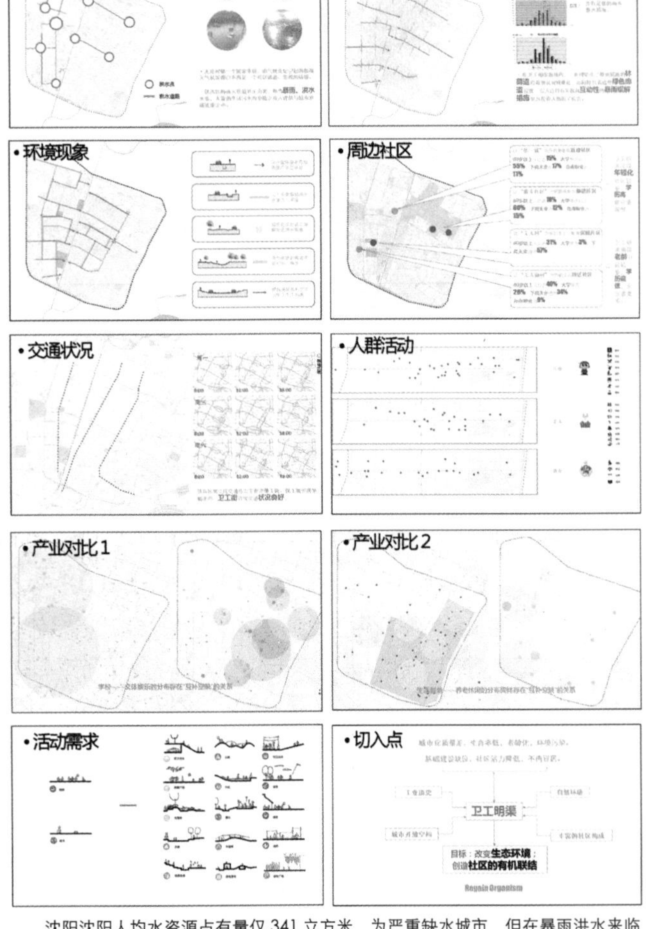

沈阳沈阳人均水资源占有量仅 341 立方米，为严重缺水城市，但在暴雨洪水来临之际，积洪现象仍尤为严重，合理的泄洪蓄水措施应作为城市建设首要的内容；并且，景观化的、自然手法处理的城市蓄水场地也可以为整个地区发掘活力。

并且，产业布局也考虑周边的居民区隔。针对建设路北以新小区，还迁户、外来住户为主的中青年社区与南部的老小区，即老工人为主的社区，我们进行了不同的城市空间设计。不管是学校教育产业、娱乐产业，还是生活服务、养老产业都存在着以卫工明渠为界限，东西两侧互补空缺的情况。一方面，面对铁西区社区活力降低的现状；另一方面，综合考量工业历史、自然环境、城市开放空间和丰富的社会构成等因素。我们确立了以“卫工明渠”为切入点，通过改善其生态环境，以较低的前期投入撬动整个地区的发展，从而推动场地的再生，产生巨大的社会和经济效益，进而创造社区的有机联结。

· Part 3 设计——卫工明渠两岸

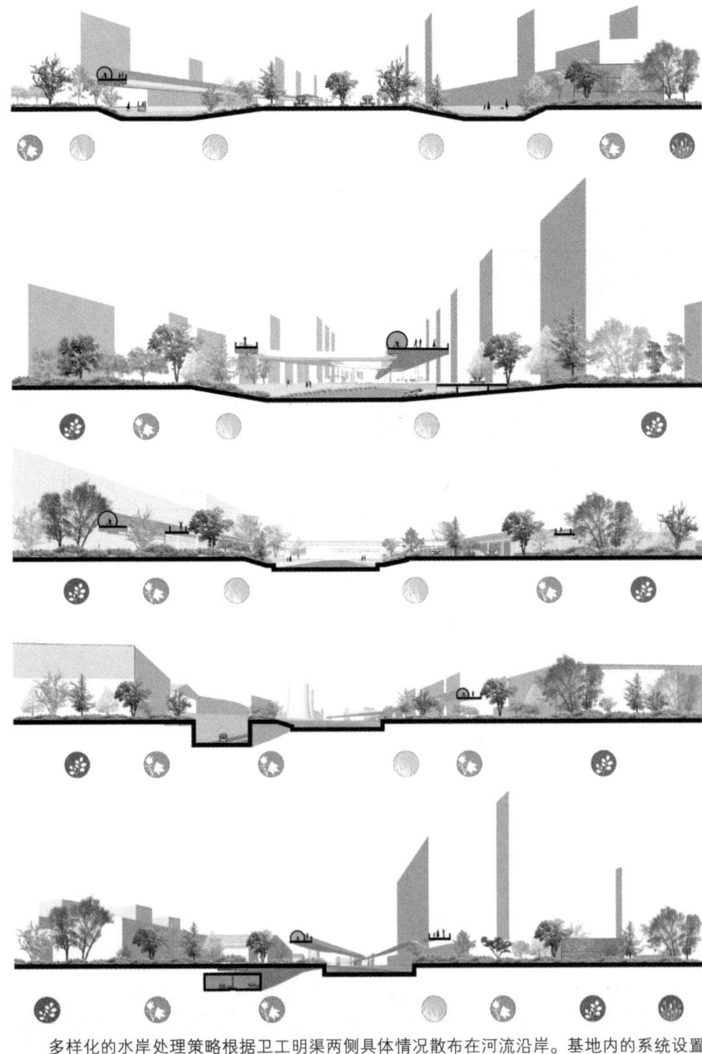

多样化的水岸处理策略根据卫工明渠两侧具体情况散布在河流沿岸。基地内的系统设置着重于减轻卫工明渠分洪河道的压力，并通过修复其子流域重现足以调、滞、续水的湿地区域，引导雨水自然疏导，降低洪涝发生的概率。从北侧的工业文化区到南段的公园区，三三两两的岛屿状平台布置在这条景观条带之上。各有特色的岛屿统领着其周边区域，形成了丰富的层次和多样化的功能区域划分。

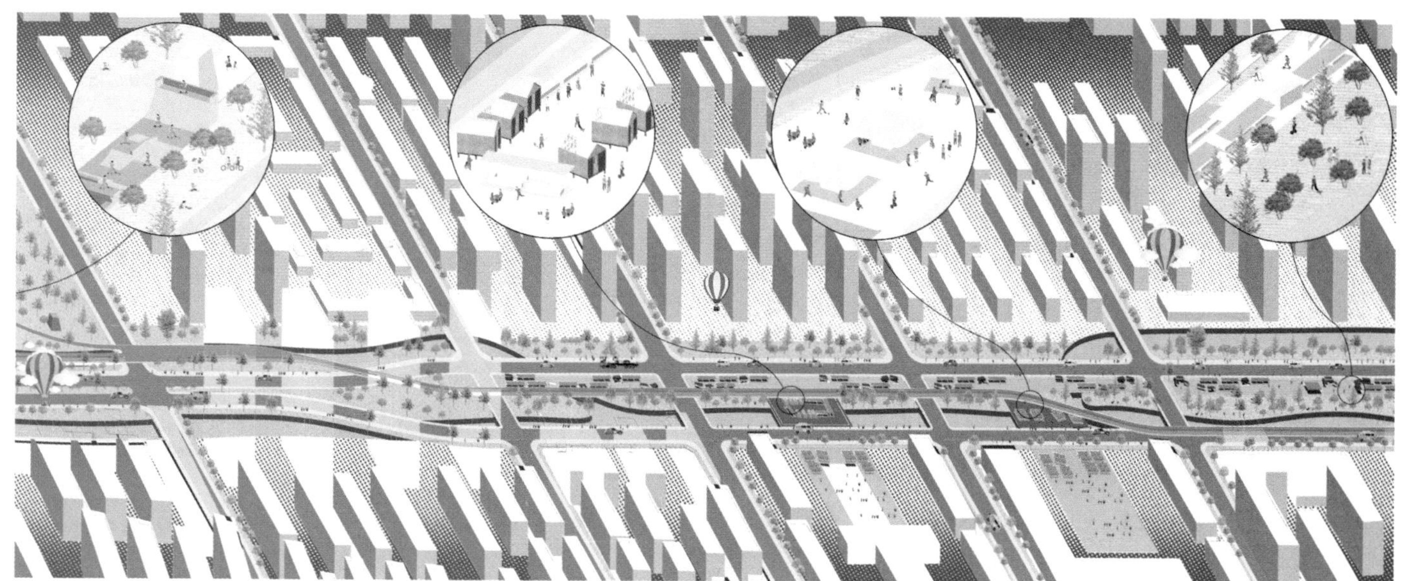

通过资料收集和调研分析，我们选取了“卫工明渠”作为切入点，通过创造一条7公里长的线性公园系统，将铁西区114万城市居民连接起来。

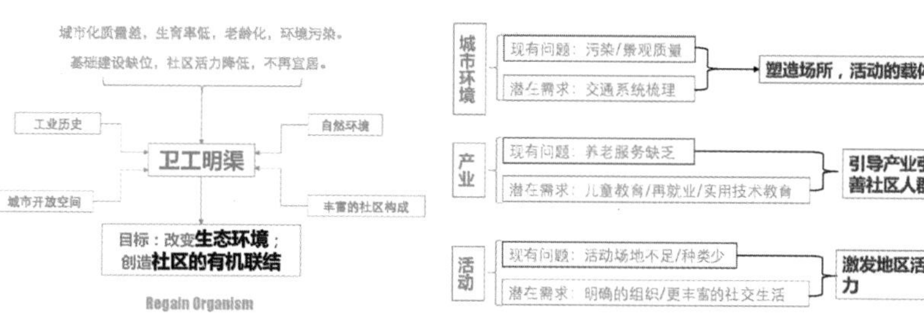

· 生态改造　　· 交通处理　　· 产业布置

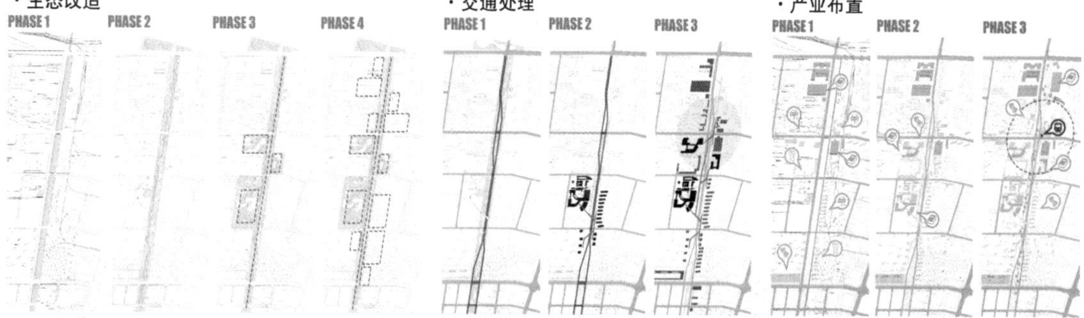

在生态改造方面，第一阶段，将清淤净水硬质河岸改造成自然河岸；第二阶段，利用绿地汛期泄洪，同时打造自然景观；第三阶段，将泄洪区域扩展至周边（自然洼地、水池）；第四阶段，继续扩大辐射范围。交通处理方面，第一阶段，车行道路与河岸景观结合；第二阶段，用构筑物连接慢行路径、增加河岸两侧的可达性；第三阶段，建立完整的慢行系统，分流未来地铁站建成后大量的人流，加建临时建筑，进行一部分建筑改造。产业布置方面，第一阶段，完善以汽配行业为中心的产业布局；第二阶段，在社区之间发展教育与商业，新增或改造建筑以增加办公用地；第三阶段，地铁周边以商业替换原有的汽配行业，同时促进汽配行业升级，增加文化与展览的用地，更多的商业以散点的形式布置在卫工明渠周边。

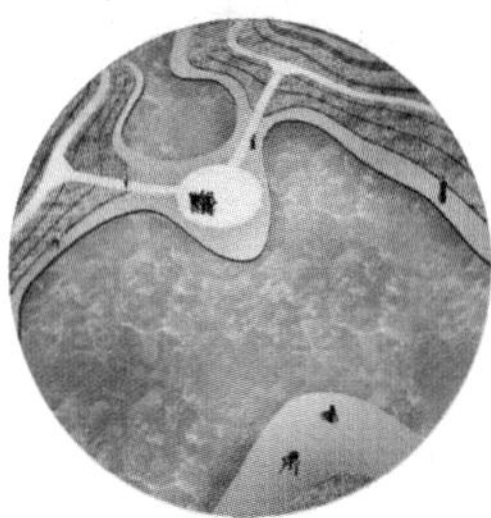

第一阶段，主要以基质改造为主，将卫工明渠从硬质河道改成自然河道；将卫工街进行景观改造。

第二阶段，在红梅味精厂部分引入生态湿地系统及教育产业。卫工明渠上方开始搭建慢行系统（步行天桥和单车快速道）。

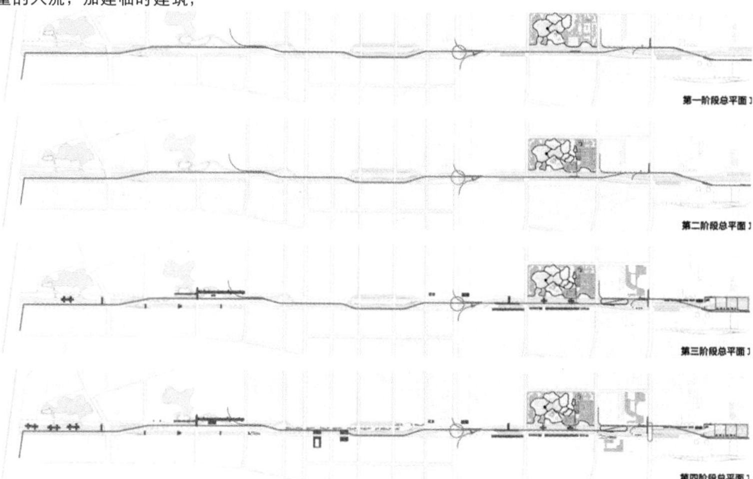

第三阶段，红梅味精厂部分业态完善，并向河岸衍生出各色功能的嵌入体。地铁站附近引入文化展览业态。

第四阶段，卫工明渠两侧业态更新完成，生态慢行体系向环城水系蔓延。

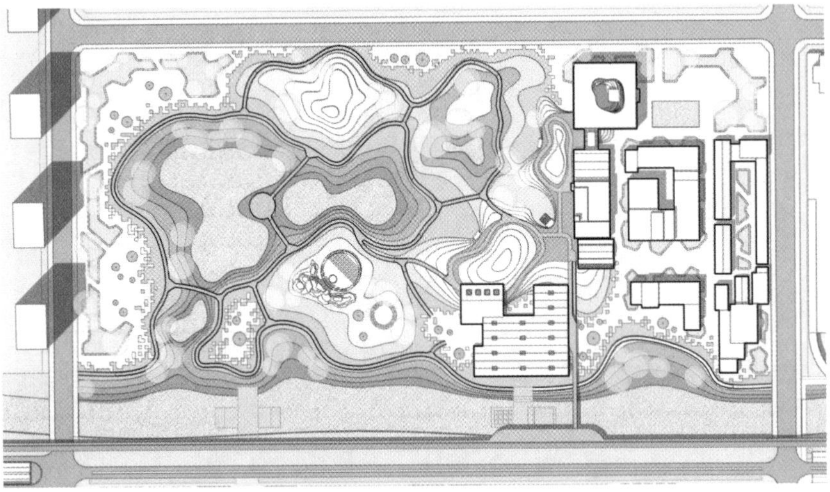

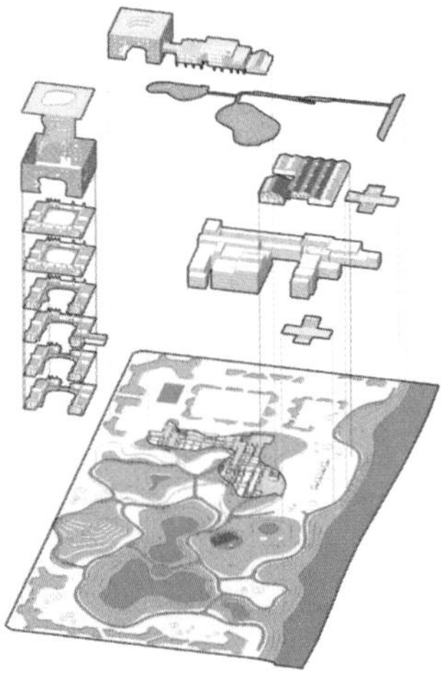

湿地公园

红梅味精厂改造主要分两个部分，西侧为生态湿地公园，东侧为建筑改造部分。作为生态改善和城市更新的催化剂，红梅味精厂公园打造了一片前所未有的湿地及林地栖息地，为这座逐渐远离自然体验的城市重塑了自然环境。该项目中的景观策略对已有的人工化运河形态发出了挑战，它不仅会改善卫工明渠水质，更可以重建该地区的水生生态系统，从而提高生物多样性。

方案希望通过打造自然的生态公园改善城市环境，从而带动周边地区的活力。

方案通过细致严格的空间布局、地形利用、种植策略、水体设计和盛行风利用，该项目可提高空气质量及热舒适度，利用微气候的营造来缓解城市热岛现象。通过多模式公共交通系统、公园振兴计划及与周边地区的城市肌理的重新缝合，以及适宜的教育产业的置入，希望吸引年轻活力人群，项目相邻地区的发展也得以促进。

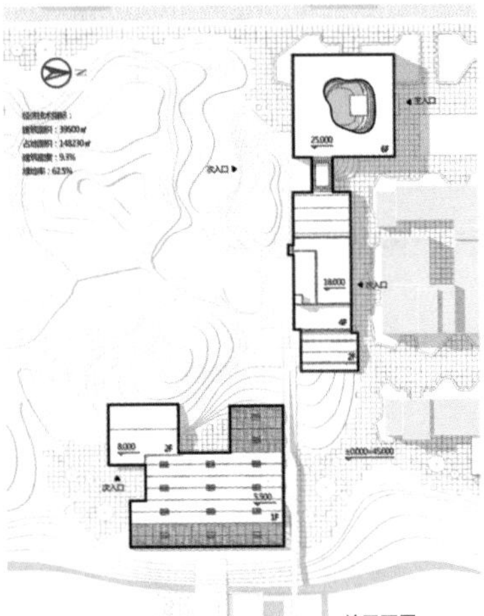

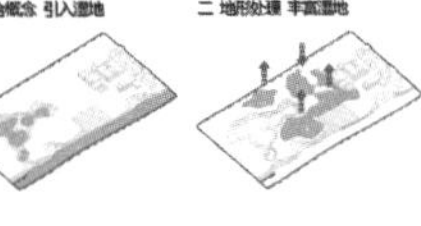

总平面图

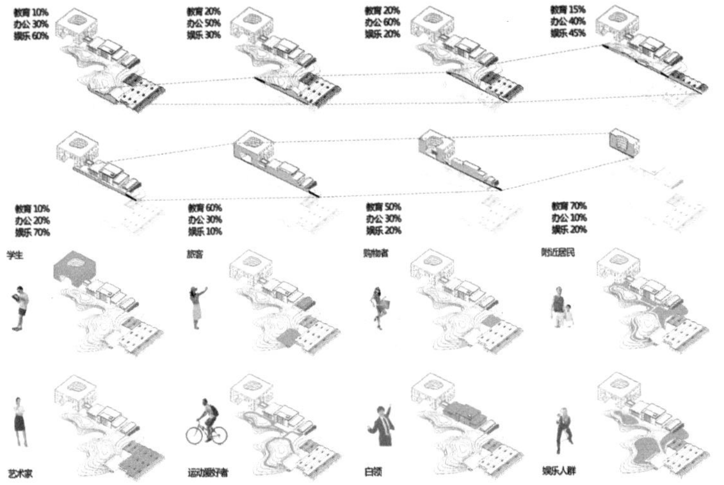

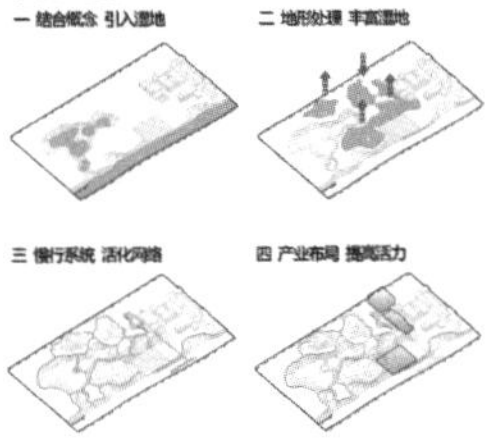

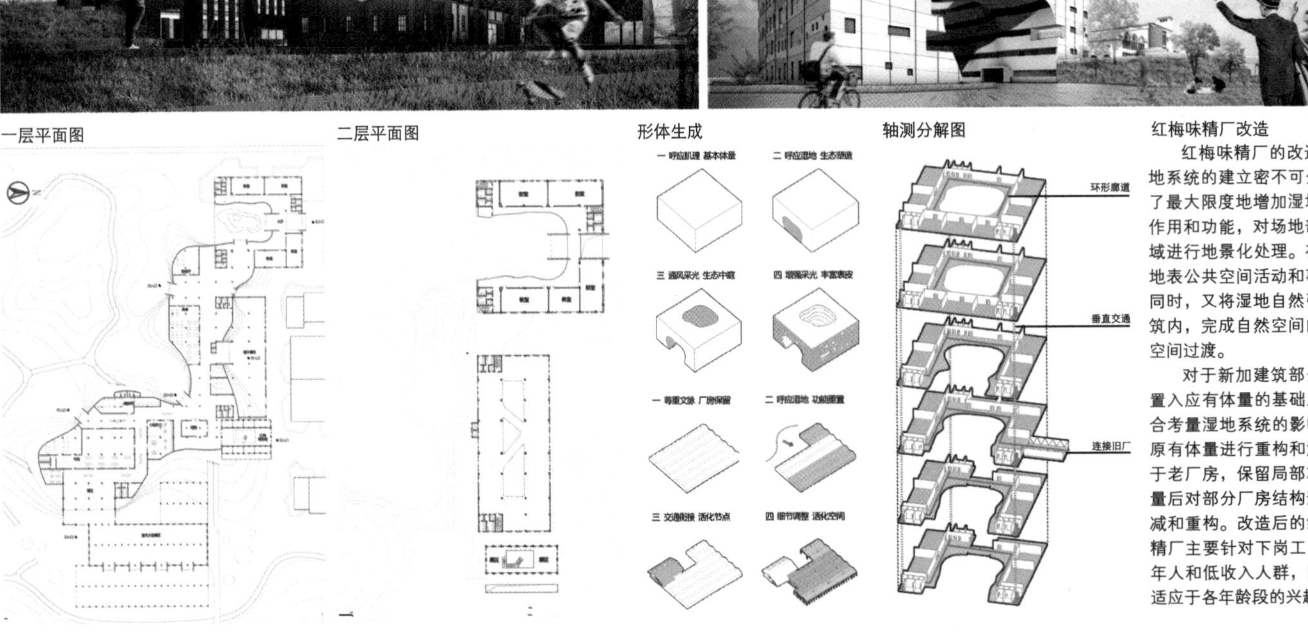

红梅味精厂改造

红梅味精厂的改造与湿地系统的建立密不可分，为了最大限度地增加湿地系统作用和功能，对场地部分区域进行地景化处理。在丰富地表公共空间活动和事件的同时，又将湿地自然引入建筑内，完成自然空间向城市空间过渡。

对于新加建筑部分，在置入应有体量的基础上，综合考量湿地系统的影响，对原有体量进行重构和演绎。于老厂房，保留局部功能体量后对部分厂房结构进行删减和重构。改造后的红梅味精厂主要针对下岗工人、老年人和低收入人群，同时有适应于各年龄段的兴趣班。

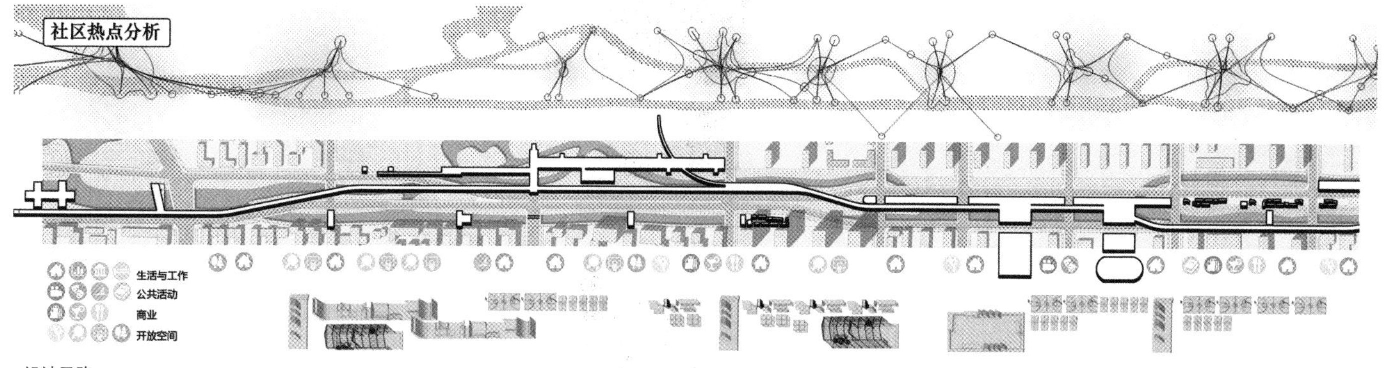

设计思路

嵌入体的分布在居民可达性最高的热点附近。分布结果使用 Grasshopper 中的 Kangaroo 插件工具进行初步计算。这种逻辑比较类似于弗雷　奥托的湿棉线方法。而后将这些热点分布与真实地图相互重叠，最后以此为依据进行嵌入体的布置。

嵌入体主要放置在以下几个地区，这些地区有各自强烈的场所氛围以及优良的可达性，这些公共空间的激活将释放出卫工明渠周边居民区大量的活力。

根据城市设计的产业分布，我们可以将自组织活动大致分为：办公、餐饮、会面、展览、售卖和运动。通过演绎不同的功能各自的空间形态，我们归纳出几种不同的嵌入体单元体量。

类型分析 The Typologies

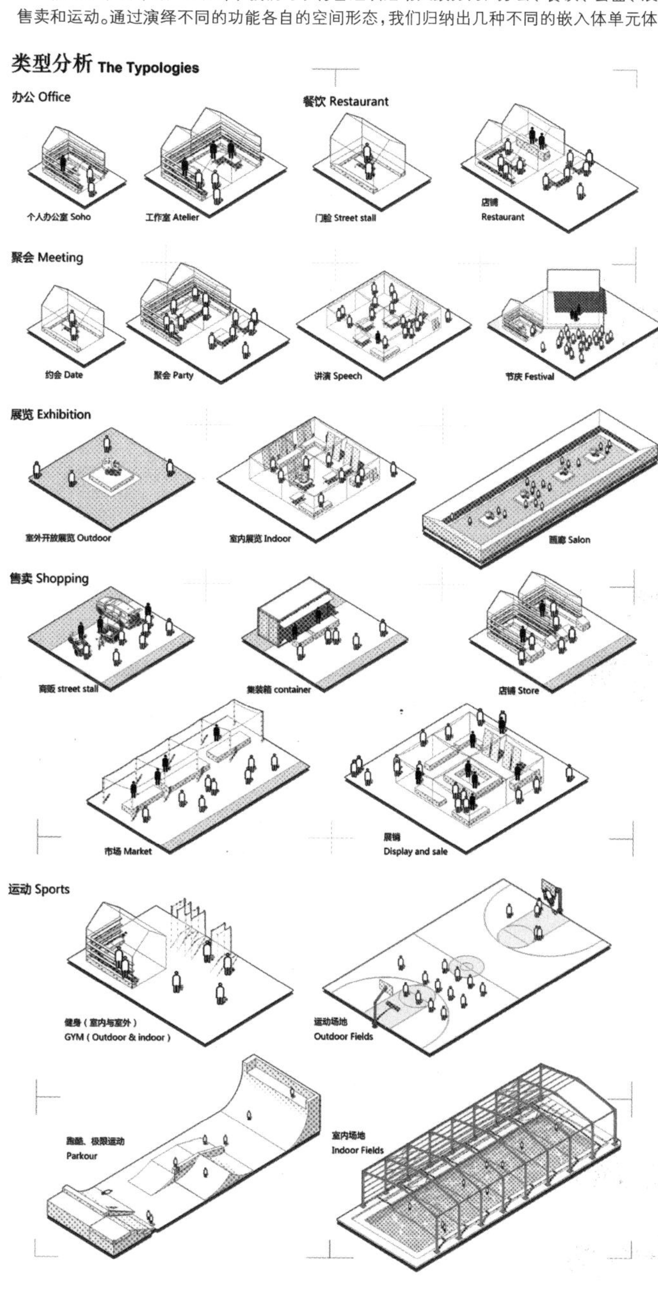

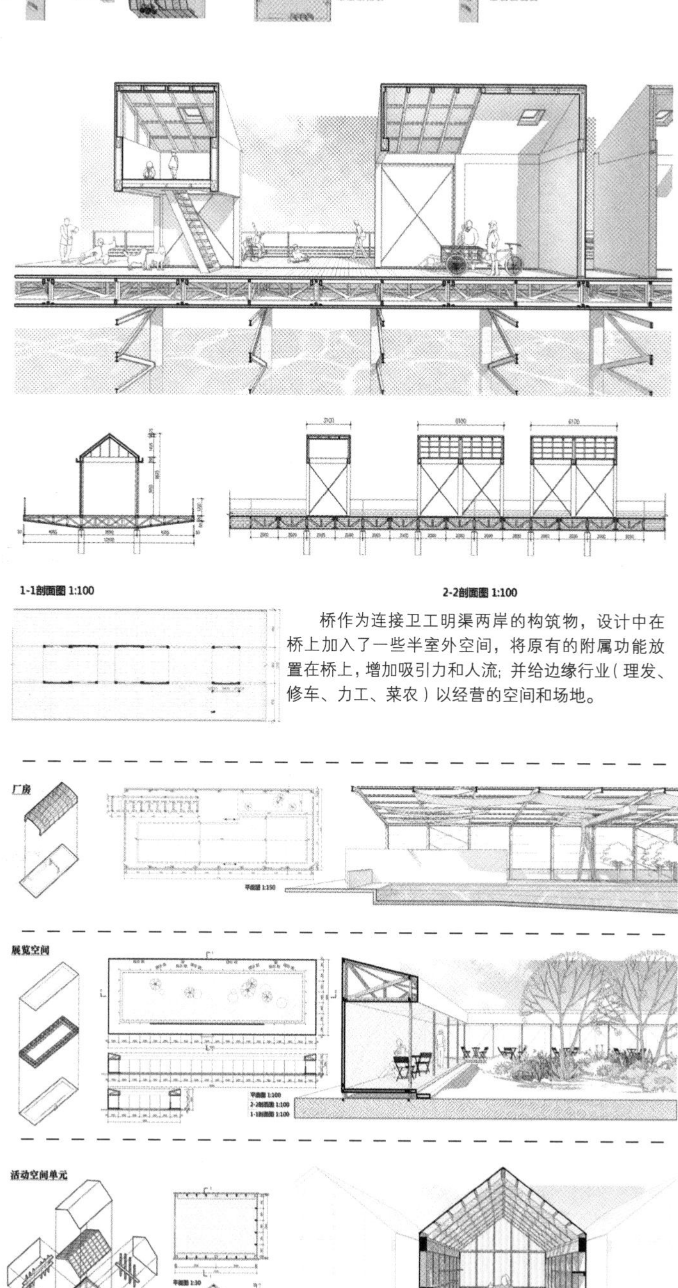

桥作为连接卫工明渠两岸的构筑物，设计中在桥上加入了一些半室外空间，将原有的附属功能放置在桥上，增加吸引力和人流；并给边缘行业（理发、修车、力工、菜农）以经营的空间和场地。

我们依次设计了可以灵活装配的展览空间和可以将厂房改造成为一种多用途的半室外活动空间的方案。最终我们设计了一种可以自由组合的活动单元，这是一种可以灵活组织的单体和连续体，亦可作为附属空间安放在路边。这些结构都使用模块化的构件，可以进行非常简单的装配，在冬季可以增加保温层，确保能够在冬日极端的室外环境下使用。

转轨营城

转轨营城
Reform of Railway To Renew The City

重庆大学
设计：刘圣书／王苇／石晏榕
指导：龙灏／左力

设计历程

2017.2.28 沈阳 设计开题

实地调研

确定选题

2017.3 月 重庆 初步设计

确定城市整体策划

初步城市设计

2017.4.8 天津 中期答辩

2017.4 月 -5 月 重庆 深化设计

答辩总结互撕

城市设计完善

精细化组团设计

单体建筑设计

2017.6.10 沈阳 终期答辩

沈阳建筑大学开题
铁西公园内讨论设计方向
确定以铁路作为设计出发点
初步设计构思，设计环线
提出转轨营城概念
确定功能布局与初步总图
天津大学布展答辩
继续深化设计
中期答辩总结互提意见
完善渐进式更新概念
设计广场与建筑之间的关系
各自深化单体
于工业博物馆布展答辩

设计层次概述

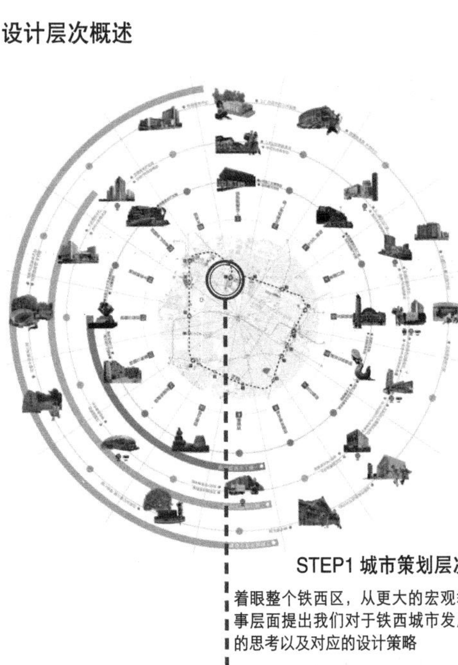

STEP1 城市策划层次

着眼整个铁西区，从更大的宏观叙事层面提出我们对于铁西城市发展的思考以及对应的设计策略

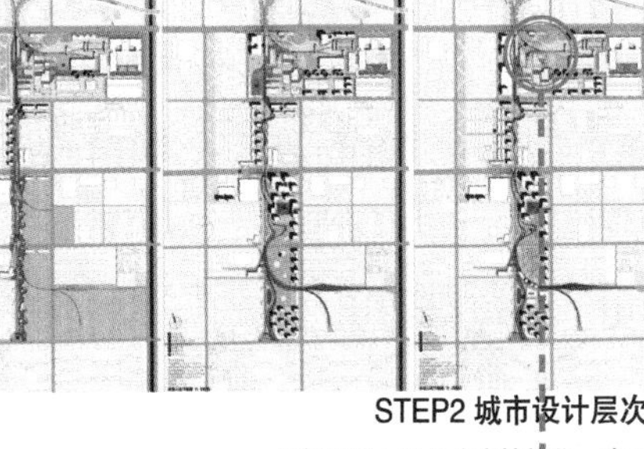

STEP2 城市设计层次

选择环线上最具代表性的北一路工业博物馆地块进行城市设计层面的操作，进行渐进式城市设计

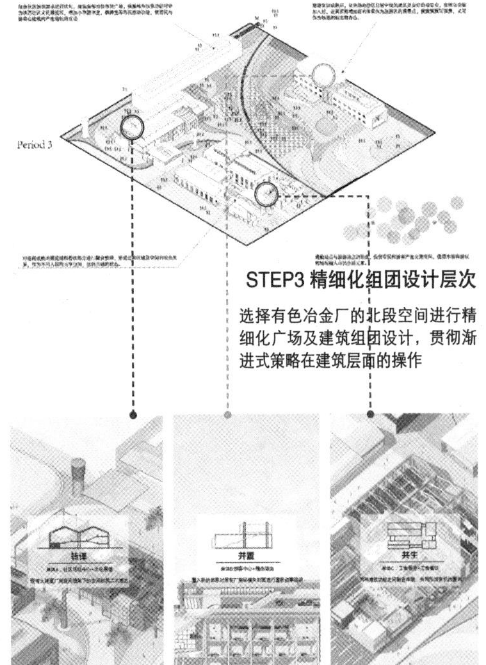

STEP3 精细化组团设计层次

选择有色冶金厂的北段空间进行精细化广场及建筑组团设计，贯彻渐进式策略在建筑层面的操作

STEP4 建筑单体设计层次

单体层面的设计我们选择了三组厂房，在同一背景下进行各自不同的演绎，达到不同的空间目的

评语：

铁路以西谓之“铁西”，铁西因铁路而得名，铁路是铁西的城市显性基因。设计以铁路功能更新作为撬动城市发展的一个支点，重新定义老铁西后工业时代铁路交通的内涵与外延，探讨城市发展模式转轨背景下城市空间营造的应对策略。设计摒弃了城市发展终极蓝图的宏大叙事，重点针对铁西城市空间更新建立了转轨、建城、营市三个阶段的在地性发展目标，立足老铁西产业更新、城市再开发、社区营造和文化传承视角，从宏观、中观、微观三个不同尺度层次展开了建筑学的本体层面对城市与街区、群体与单体、公共与私密、保护与更新等议题的探讨。

PART1 解题——城市整体策划阶段

铁西，铁路之西，古老的工业城区，这片城区伴随着新中国的计划经济而兴起，又因为市场经济的改革而没落，如今的铁西正遭遇发展的瓶颈，面临城市剧烈转型后的阵痛，处于历史的十字路口。

在现场调研中，铁西区中存在老龄化严重、人才流失、公共空间消极、配套缺失、交通潮汐、工业遗存大量消失等问题严重影响着铁西区的发展。通过对 2002~2012 年铁西区“东搬西建”政策的分析和反思，我们认为铁西区已经通过外延扩张的方式实现了“量变”的转型过程，而接下来应该是注重区域内涵提升的“质变”转型，如何发掘其内涵是关键所在。

通过史料收集可以发现：铁路，是这座城市最明显的显性基因之一，它伴随着城市的发展，深刻地记录下了这座城市的人文记忆，也将自己的痕迹烙印于城市格局之中。然而，从 20 世纪初南满铁路与京奉铁路的最初建成带动铁西工业发展，铁路与城市空间形态同一相容的状态，到如今铁西面临产业升级转轨，铁西“东搬西建”由工业到居住的功能置换，铁路与城市空间形态愈发异质割裂，曾经作为曾经城市发动机的铁轨被大量拆除，仅存的几段遗存也被遗忘于地区边缘，铁路的“去”与“留”成为急需解决的城市问题，因此我们决定将其作为整个设计的出发点。

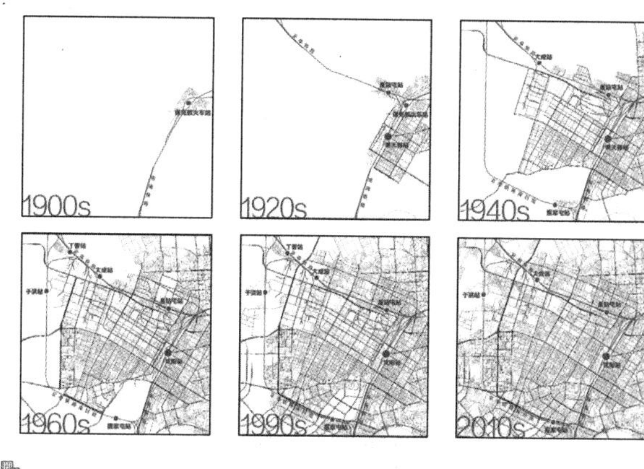

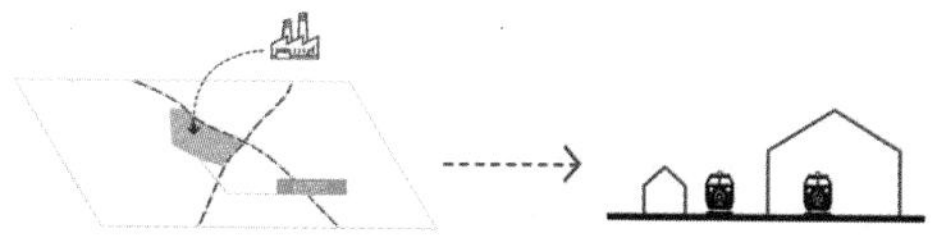

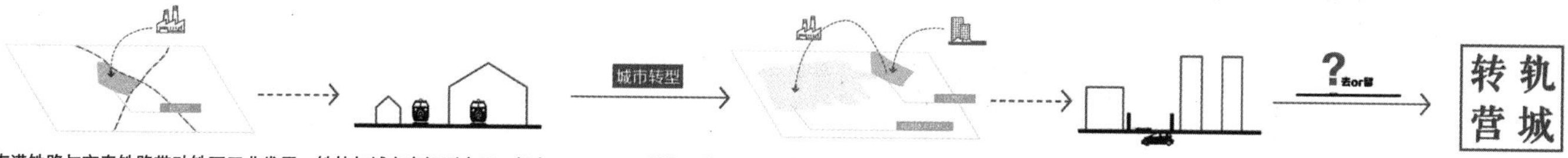

城市转型

?去or留

转轨
营城

南满铁路与京奉铁路带动铁西工业发展，铁路与城市空间形态同一相容

城市面临产业升级转轨，铁西东搬西建，铁轨与城市空间异质割裂

以铁轨功能转型带动城市更新

在前述背景下，我们提出了“转轨营城”的总体城市设计策略，希望“以铁轨城市功能的转变带动城市更新”，并尝试从建筑学角度的不同尺度层面探讨其可能性。铁路作为撬动城市发展的一个支点，对其进行功能的重新定位与梳理，可以带动城市发展，激活城市活力，营造适合时代发展的新铁西。

基于整个沈阳市的城市发展需求，我们对铁西区铁路环线的功能提出了“工业旅游激活”、“城市交通连接”、“带动城市更新”三个目标定位。

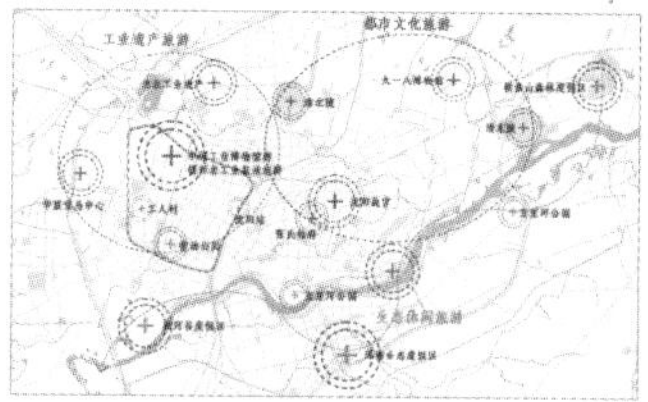

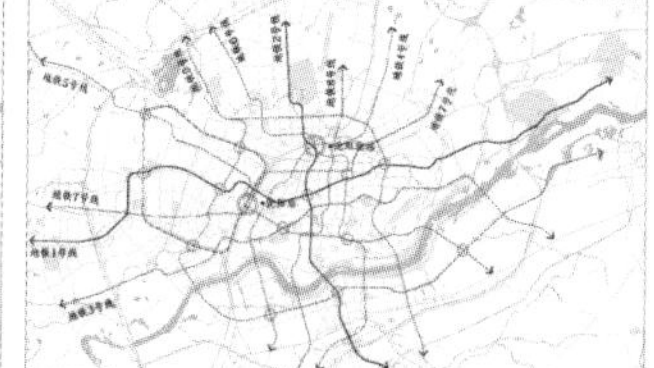

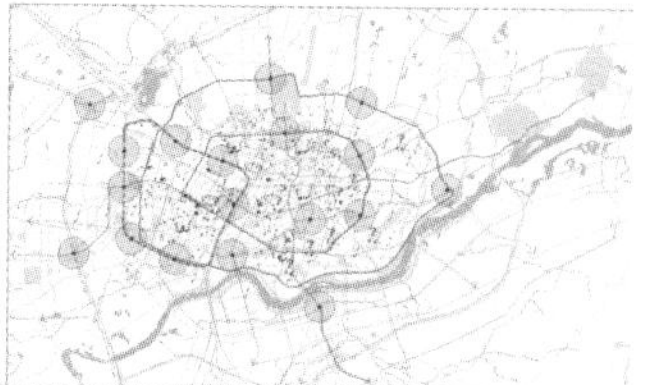

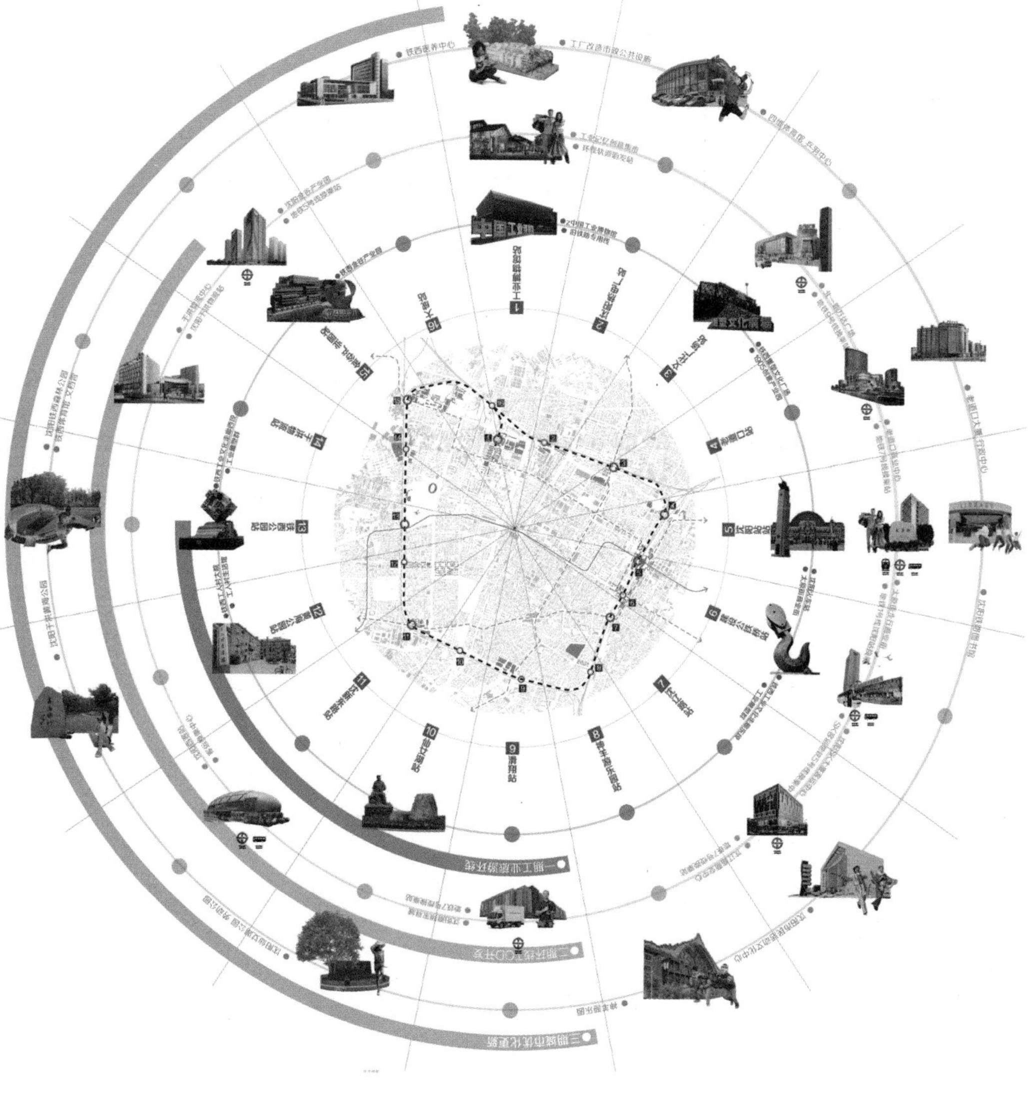

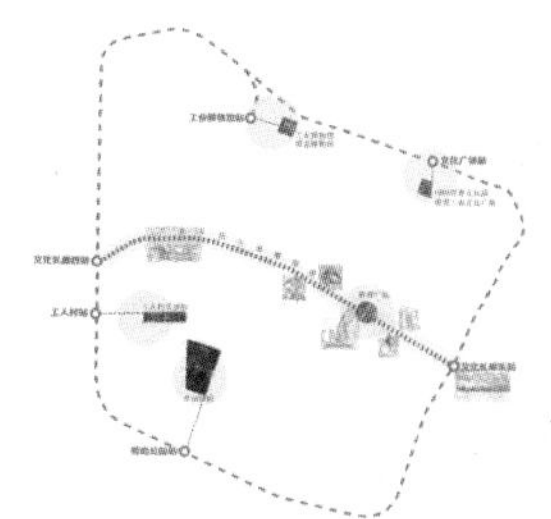

一期旅游环线：串联零散分布在铁西区的历史文化旅游景点，形成具有吸引力、整体性的旅游环线的目标。

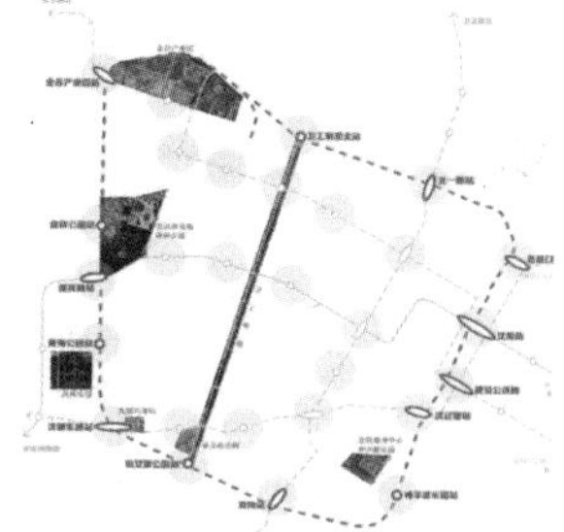

二期通勤环线：形成通勤用环线，提高边缘地带进入城市轨道交通可达性，并借鉴 TOD 模式促进沿线经济开发。

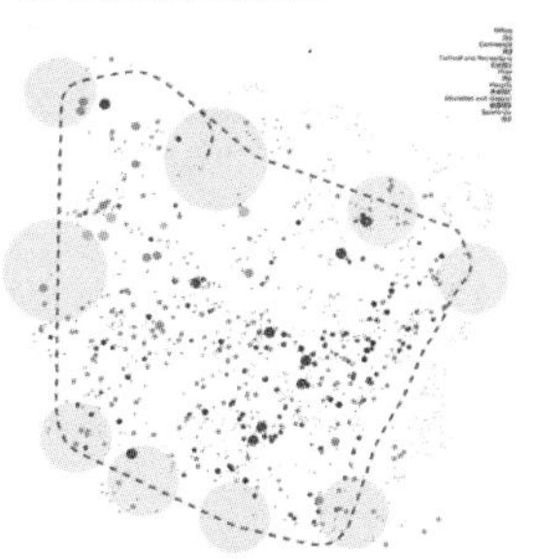

三期城市优化：环线的形成可能为城市站点附近空间开发带来新的潜力，促进铁西区城市空间的再生与营建。

PART2 展开——城市设计阶段

在沈阳市“东搬西建”政策实施以前，铁西建设大路以北地区是大型国有企业集中区。这一政策在该区域取得了明显的改造成效，但随着改造步伐加快，大量住宅的建设导致了公共服务设施不足，交通联系不畅，工业遗产保护不力等问题。

选址位于建设大路以北中西部一环与二环之间，相较于一环以内的区域，改造进程相对滞缓，如果完全复制之前的改造思路，现有问题可能愈加严重。选定的核心设计区约 14 公顷，包括原有色冶金机械厂部分和现存北启工街西铁路专用线两侧废弃区域；综合研究区 128 公顷，北起北一路，南至北四路，西起肇工北街，东至卫工北街。

选址中包含环线的始发终点站，与环线紧密联系，工业旅游资源丰富，工业博物馆、废旧厂房、废弃铁路等都是可合理组织的设计对象，我们希望通过对该场地的渐进式城市设计，可以作为城市策划的三个时期在城市空间尺度上演变过程的一种呈现，并对该区域的改造策略提出另一种新的发展思路。

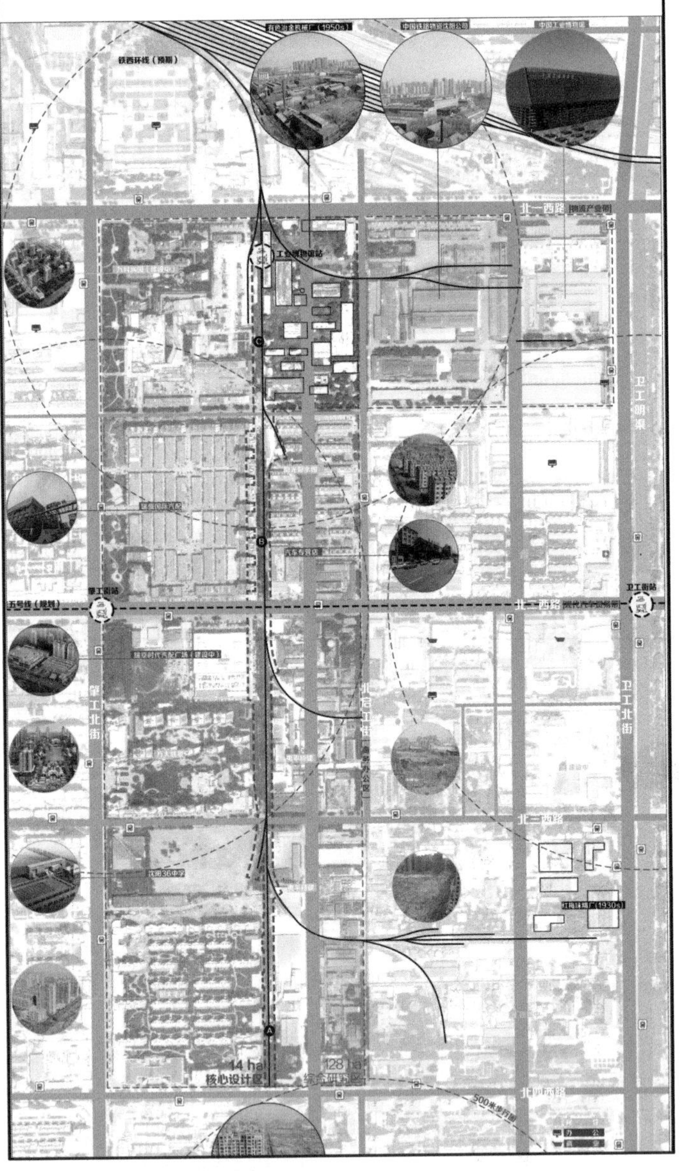

Period 1：转轨

区域转型阶段

（2017 年—2020 年）

该阶段由政府主导，开发商介入，民众参与，媒介宣传。具体策略有：

A. 以 1 期铁西火车旅游环线的形成作为引擎，依托中国工业博物馆，改造工业遗存与保留铁路，打造铁路特色工业主题游园；

B. 保留旧铁路专用线，形成公共空间，通过一系列活动策划形成品牌效应，结合媒体宣传吸引人气，拉动场地区域活力。

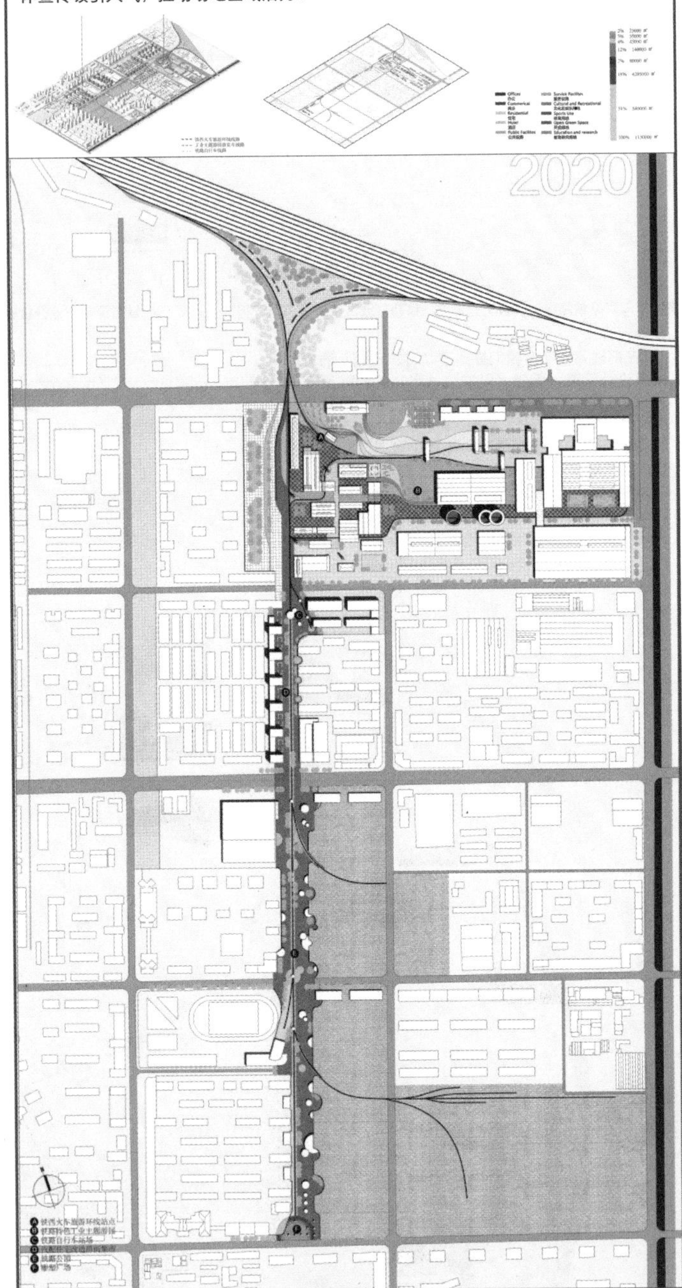

PART3 深化——精细化组团设计阶段

选取城市设计中环线轨道交通车站周边区域作为精细化设计范围，其位于原有色冶金机械厂厂区北区，三处旧厂房围合形成的广场将成为游客观光、日常通勤、市民生活、办公商贸等多方面活动融合的场所，并和三处功能各异的厂房改造单体一起伴随城市更新的步伐，在时间维度上发生的变化，在空间与行为的尺度上演绎“转轨营城”的概念。

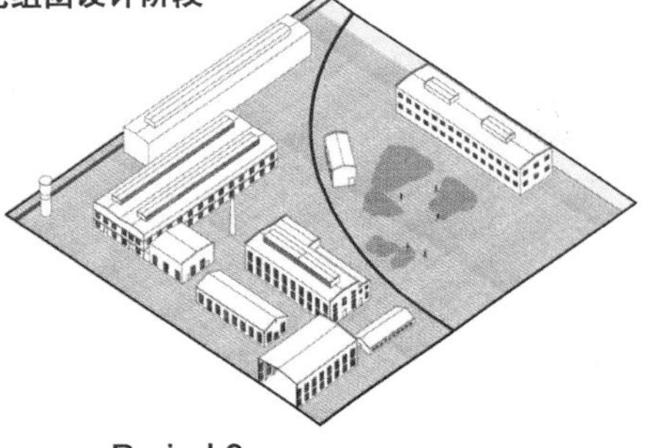

Period 0：

冶金厂停产后，原场地作为煤料堆放地使用。没有很好的规划，杂草丛生，环境恶劣。

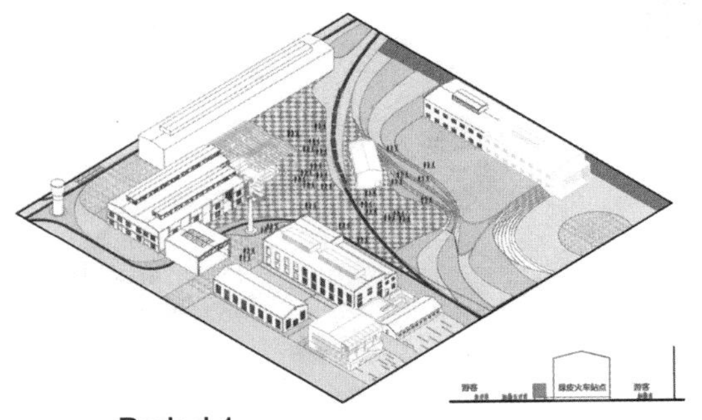

Period 1：

旅游环线站点形成，绿皮火车既是交通工具又是体验项目。站点附近形成广场，成为事件发生场所。

Period 2：建城

经济开发阶段

（2020 年—2025 年）

该阶段由开发商主导开发，随轨道环线建成而进行城市开发建设。具体策略有：

A. 基于旅游产业发展成熟，园区周边地块价值提升，进行以经济效益为导向的旅游地产开发建设；

B．随着城市轨道交通系统的完善，铁西通勤环线以及地铁 5 号线通车，结合商务办公区的上位规划，进行高效集约 TOD 模式的城市开发建设。

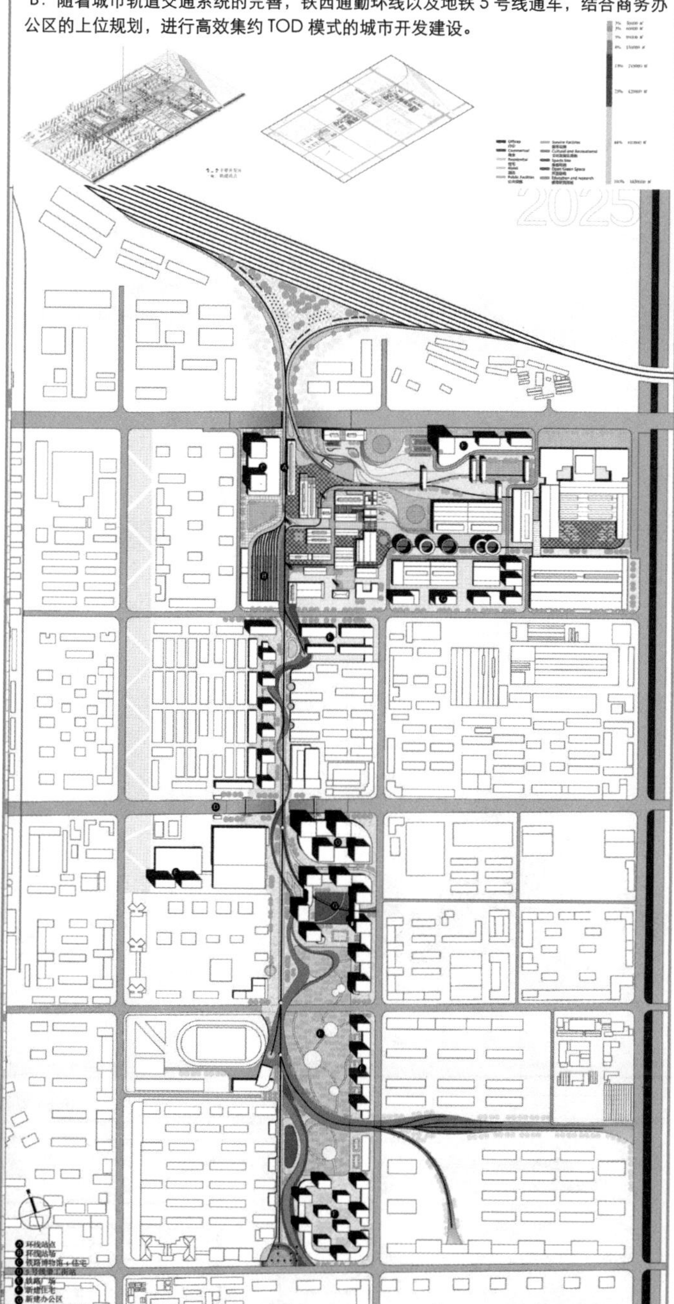

Period 3：营市

市井融生阶段

（2025 年—未来）

该阶段以改善居民生活为目标，“市井”文化自下而上融入城市空间。具体策略有：

A. 在区域活力和经济提升基础上，完善社区配套，以旧铁路沿线为线索，加强带状公共空间与周边社区公共场所的渗透关系，改造旧建筑；

B．同时将日常社区活动引入工业主题游园，融合旅游—经济—社区发展，丰富市民生活，优化城市景观。

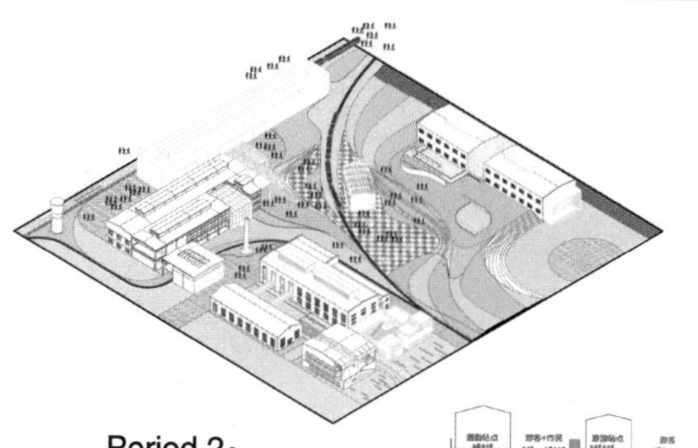

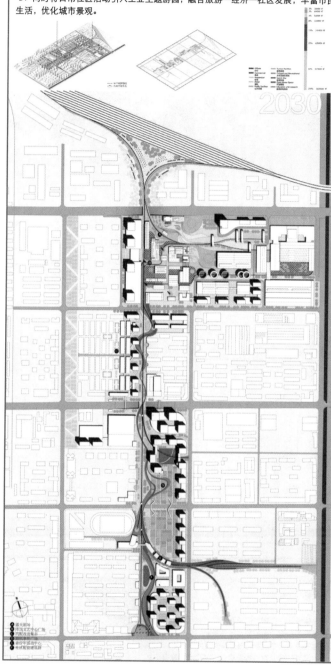

Period 2:

在旅游环线基础上开通通勤线路，为市民使用。站点周边及广场成为游客与市民发生交集产生互动的场所。

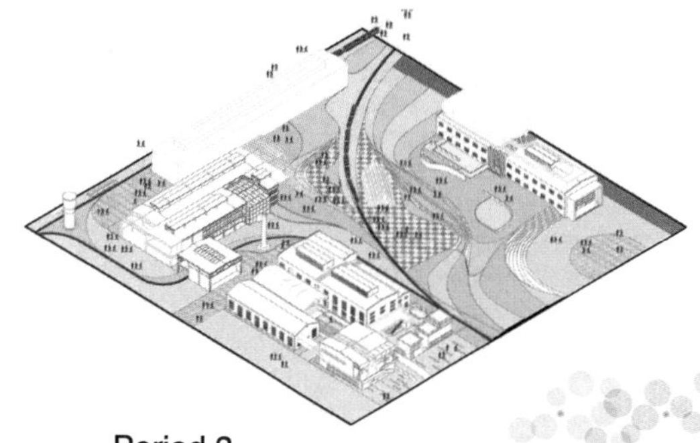

Period 3:

通勤站点和旅游环线的形成，促进市民与游客产生互动及积极的反应，使游客游览空间融入生活元素。

PART4 回归——建筑单体设计阶段

单体设计 A——“转译”

社区活动中心＋文化展厅

结合厂房所在区位与其之于城市设计中定位，将厂房改造最后的功能设定为社区文化中心及文化类展览。

本次改造策略确定为“转译”，意为在原厂房框架内的对原有厂房的结构，功能，材料等各方因素进行重新组织与利用，在原厂房的空间限定内进行空间操作。本次设计基本基于原厂房的空间结构进行设计，内部新置入结构体系采用钢结构，对原来的大空间进行二次划分与再组织，根据功能合理组织其空间形态布置，并由功能形态确定其立面划分与材质选用。

改造厂房原址位于游客主要活动的铁路广场与市民主要活动的文化广场之间，建筑设计兼顾两方面的使用需求，将市民活动部分功能与游客活动部分功能合理组织于同一建筑体量内，使其产生积极互动与联系同时又彼此脱开。

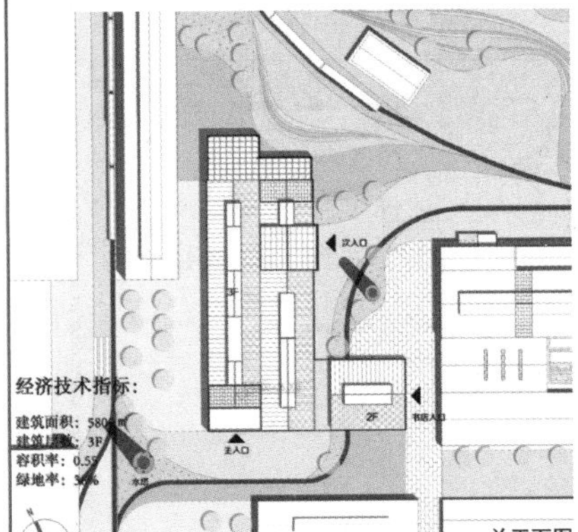

总平面图

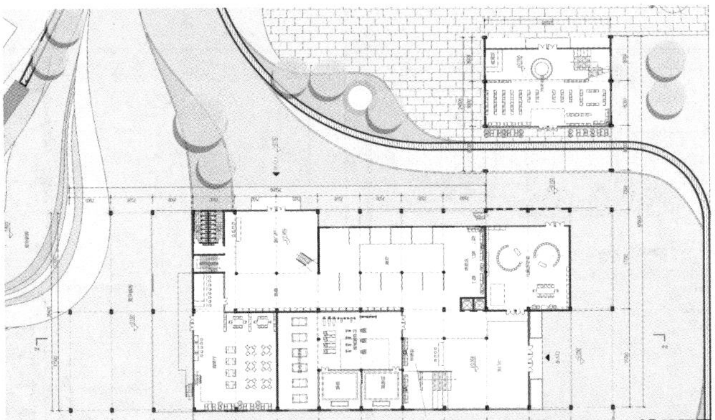

1F 平面图

总图关系 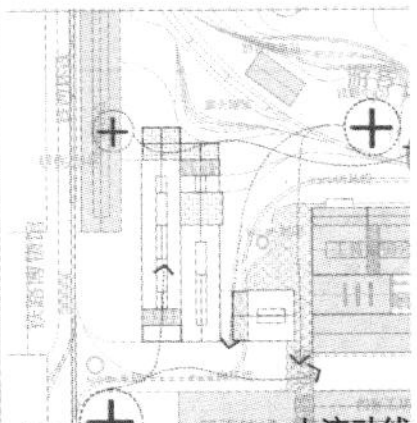　人流动线 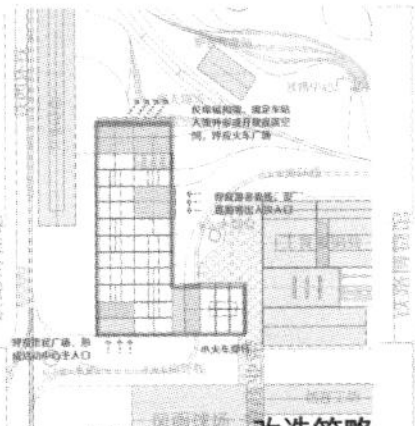　改造策略 　功能叠合

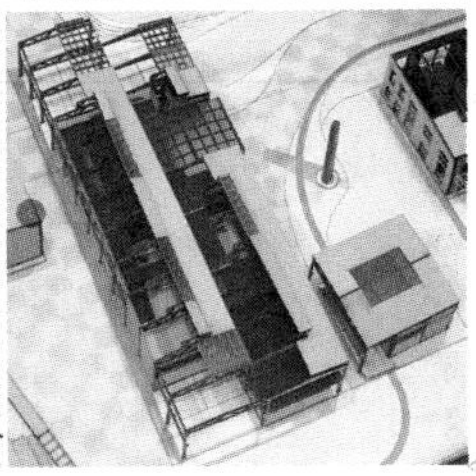

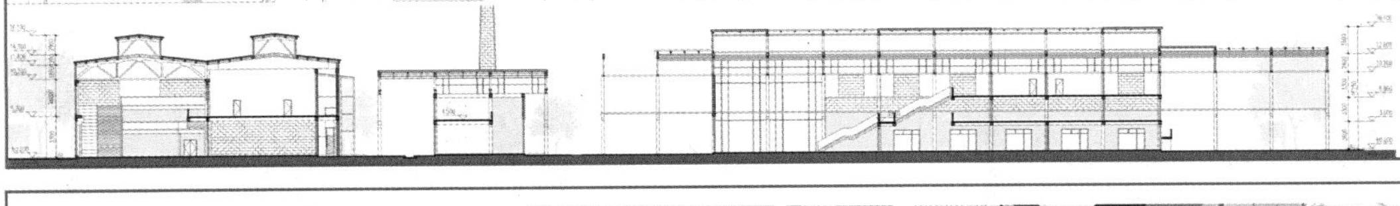

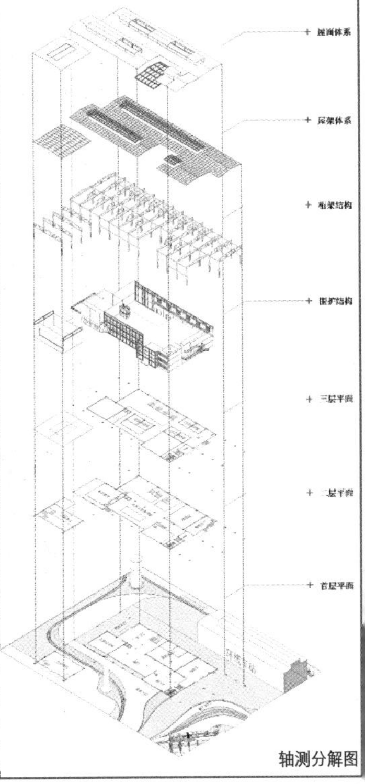

轴测分解图

单体设计 C——“共生”

工食展览＋工食餐饮

单体设计主要探讨展览和餐饮两种功能在原有厂房框架和空间中的相互渗透关系，以达到两种功能区块既独立运营又相互共生的目的。

对三处厂房关系进行梳理后，将两大功能有序置入其中，并在此基础上新置体量及结构框架。根据厂房及新置框架的不同特点，采用不同的联系方式。在西侧较大型的完整厂房中，两种功能体量分别使用不同材质包裹，并退让出共享区域作为二者相互交流的空间。在较小型的完整厂房中，两种功能采用上下分层的方式处理，通高部分成为二者的联系空间。两个完整厂房之间新增坡顶结构框架作为联系，坡屋顶下覆盖着互为里外的两大功能部分。东侧部分厂房框架分别用一榀和两榀界定两部分功能，中间空出一榀相隔，形成相互对望的关系（餐饮环境与展区内容形成对比）。

两大功能部分整体呈现双“L”形的咬合关系，使厂房及新置部分联系成一个整体，并通过多种方式进行相互渗透，“共同生长”。

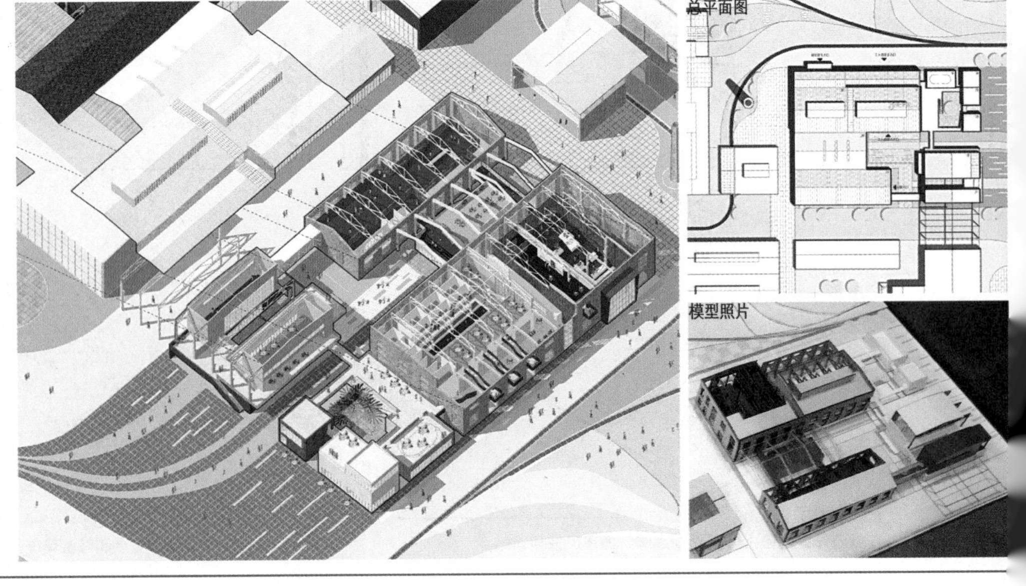

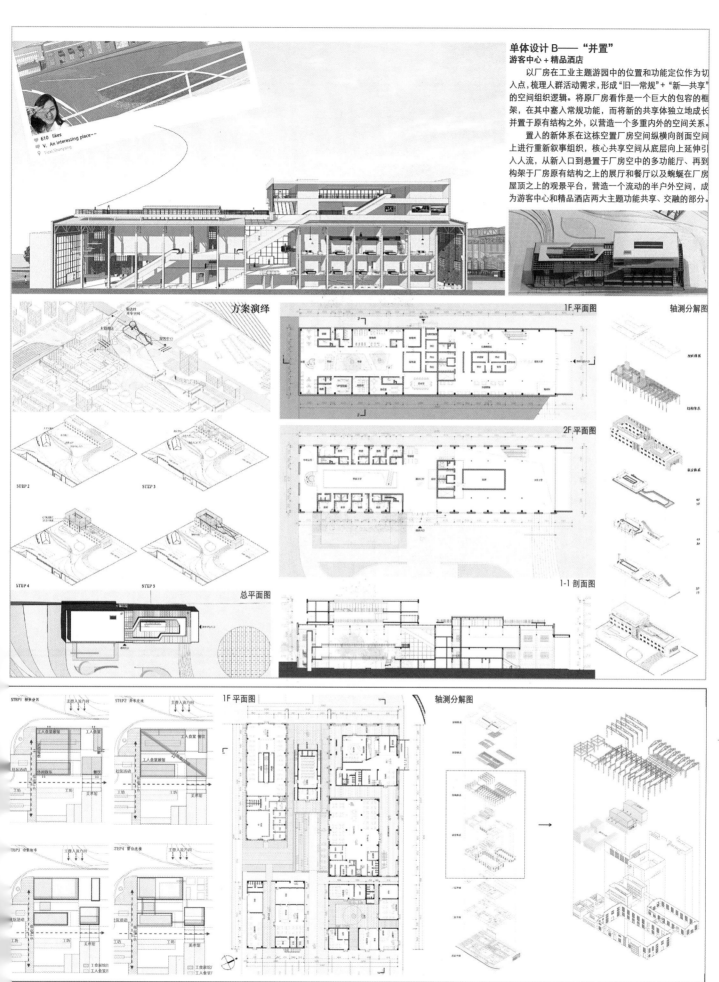

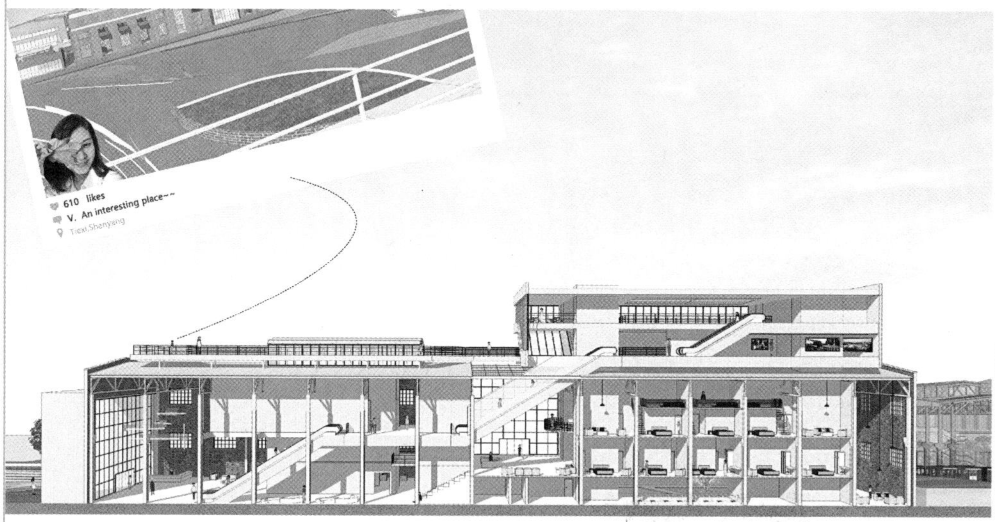

单体设计 B——“并置”

游客中心 + 精品酒店

以厂房在工业主题游园中的位置和功能定位作为切入点，梳理人群活动需求，形成“旧—常规”+“新—共享”的空间组织逻辑。将原厂房看作是一个巨大的包容的框架，在其中塞入常规功能，而将新的共享体独立地成长并置于原有结构之外，以营造一个多重内外的空间关系。

置入的新体系在这栋空置厂房空间纵横向剖面空间上进行重新叙事组织，核心共享空间从底层向上延伸引入人流，从新入口到悬置于厂房空中的多功能厅、再到构架于厂房原有结构之上的展厅和餐厅以及蜿蜒在厂房屋顶之上的观景平台，营造一个流动的半户外空间，成为游客中心和精品酒店两大主题功能共享、交融的部分。

方案演绎

总平面图

1F 平面图

2F 平面图

1-1 剖面图

轴测分解图

1F 平面图

轴测分解图

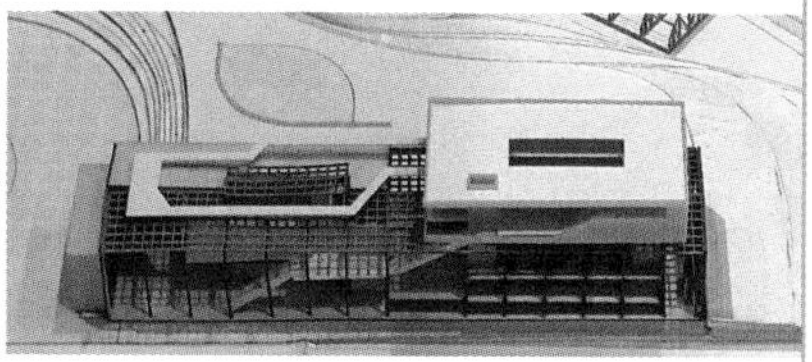

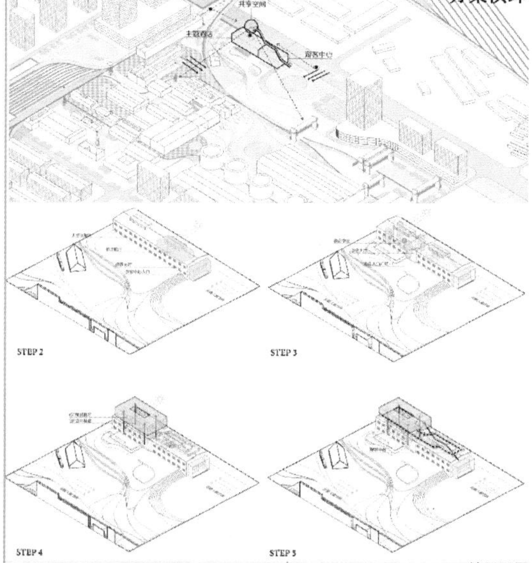

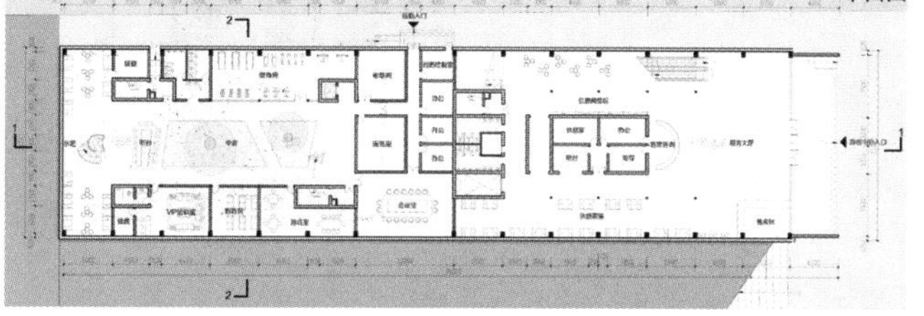

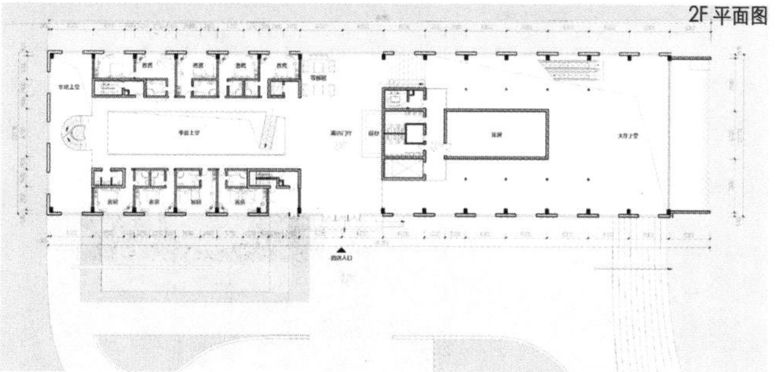

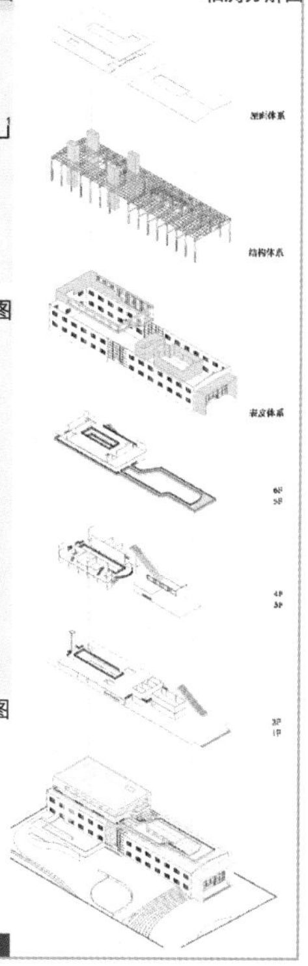

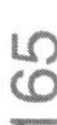

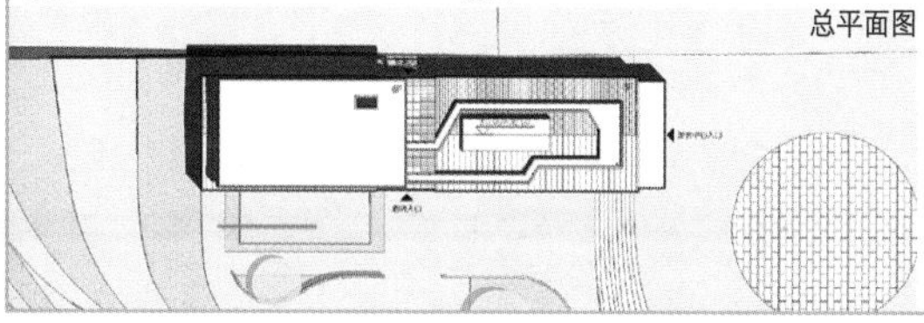

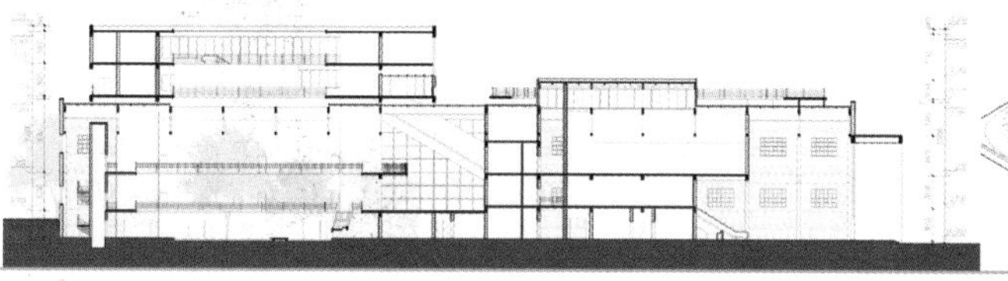

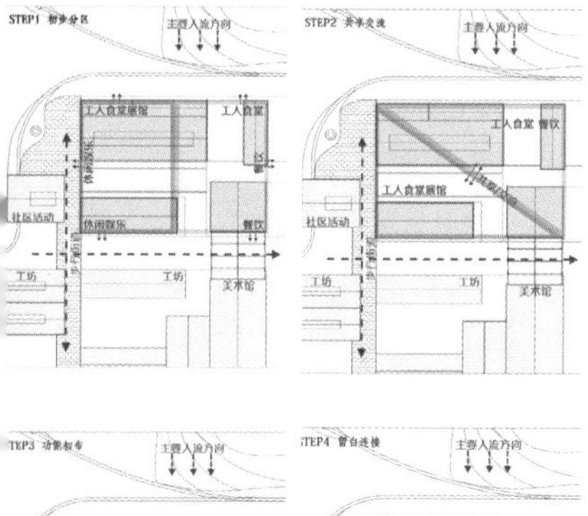

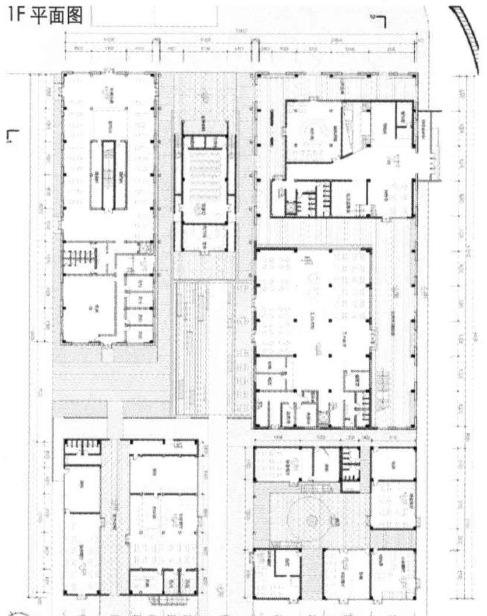

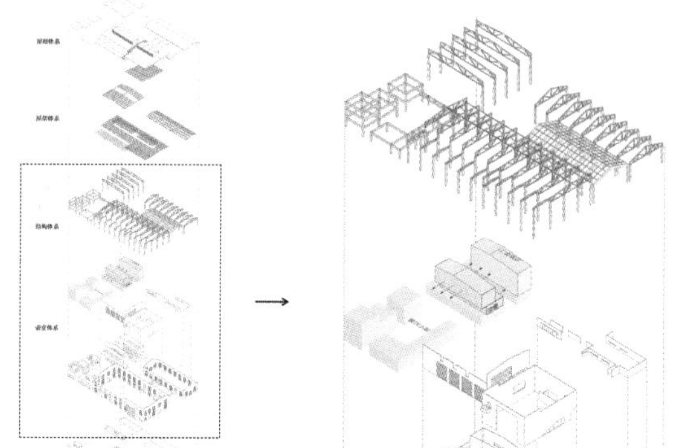

浙江大学

ZHEJIANG UNIVERSITY

指导教师

罗卿平

贺 勇

浦欣成

1 工人村和旧铁路
Worker Village & Old Railway

高佳妮

徐 沛

王译羚

马钋尔

2 铁西基因生活化
Lead Gene of Tiexi into Life

诸梦杰

陈函遥

施行健

梁俊

3 城市游戏
Urban Games

苏思玮

郭璐炜

张凡

武威

工人村和旧铁路反哺——工人村更新

Regurgitation-feeding——Reform of Worker Village

浙江大学
设计：高佳妮
指导：罗卿平

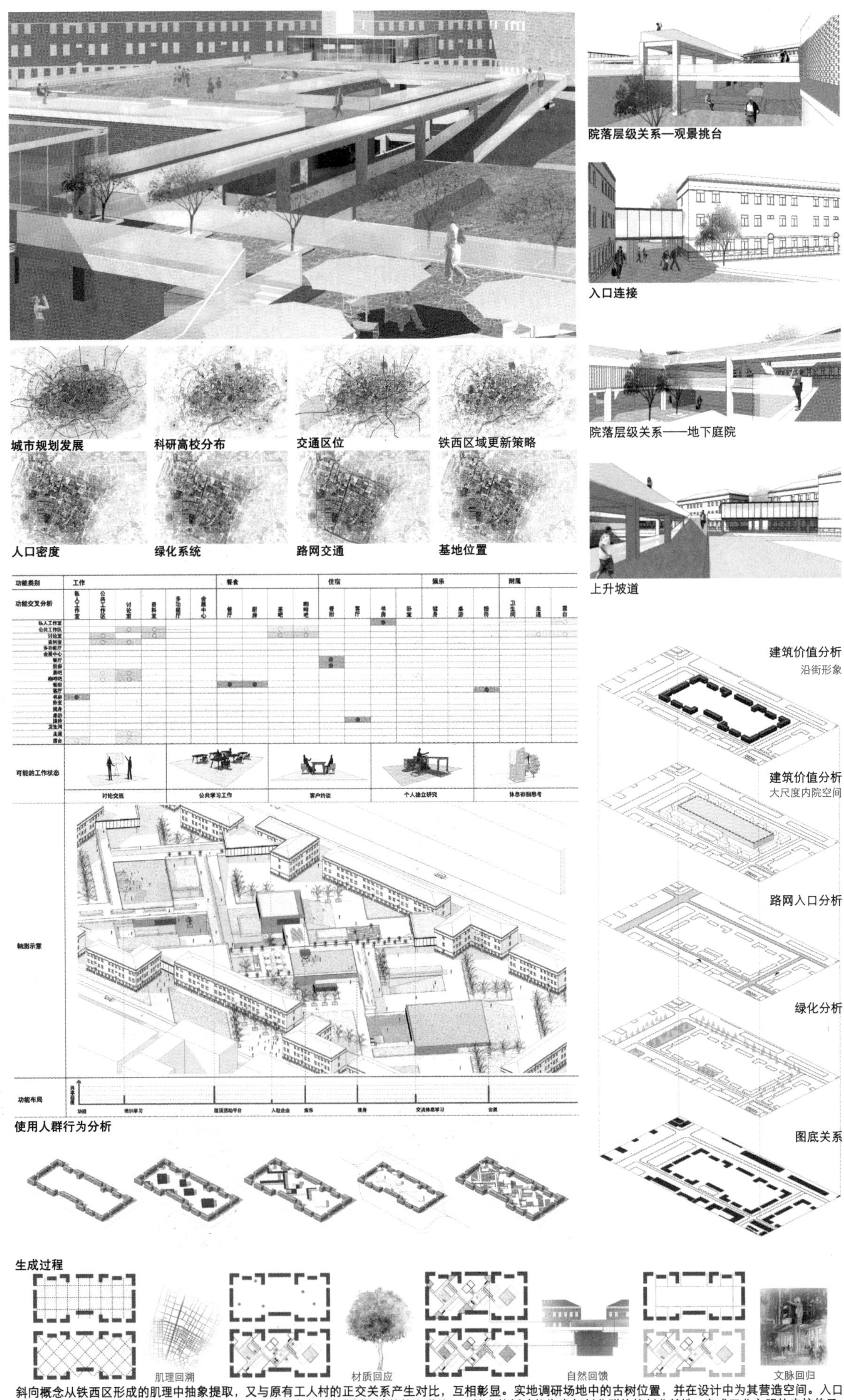

评语：

沈阳市是中国工业化较早的城市，有着悠久的历史文化，在城市化进程中，城市保护与发展之间存在诸多矛盾，该毕业设计以植入产业型服务业的思路介入沈阳铁西老工业区的复兴，结合工人村现存的空间格局，将功能定位为青年创新创业园区。在一定程度上完成了对工业文明的内核传承。

设计从前期分析到后期设计相对比较严谨而完整，相对而言，设计表现略为欠缺。

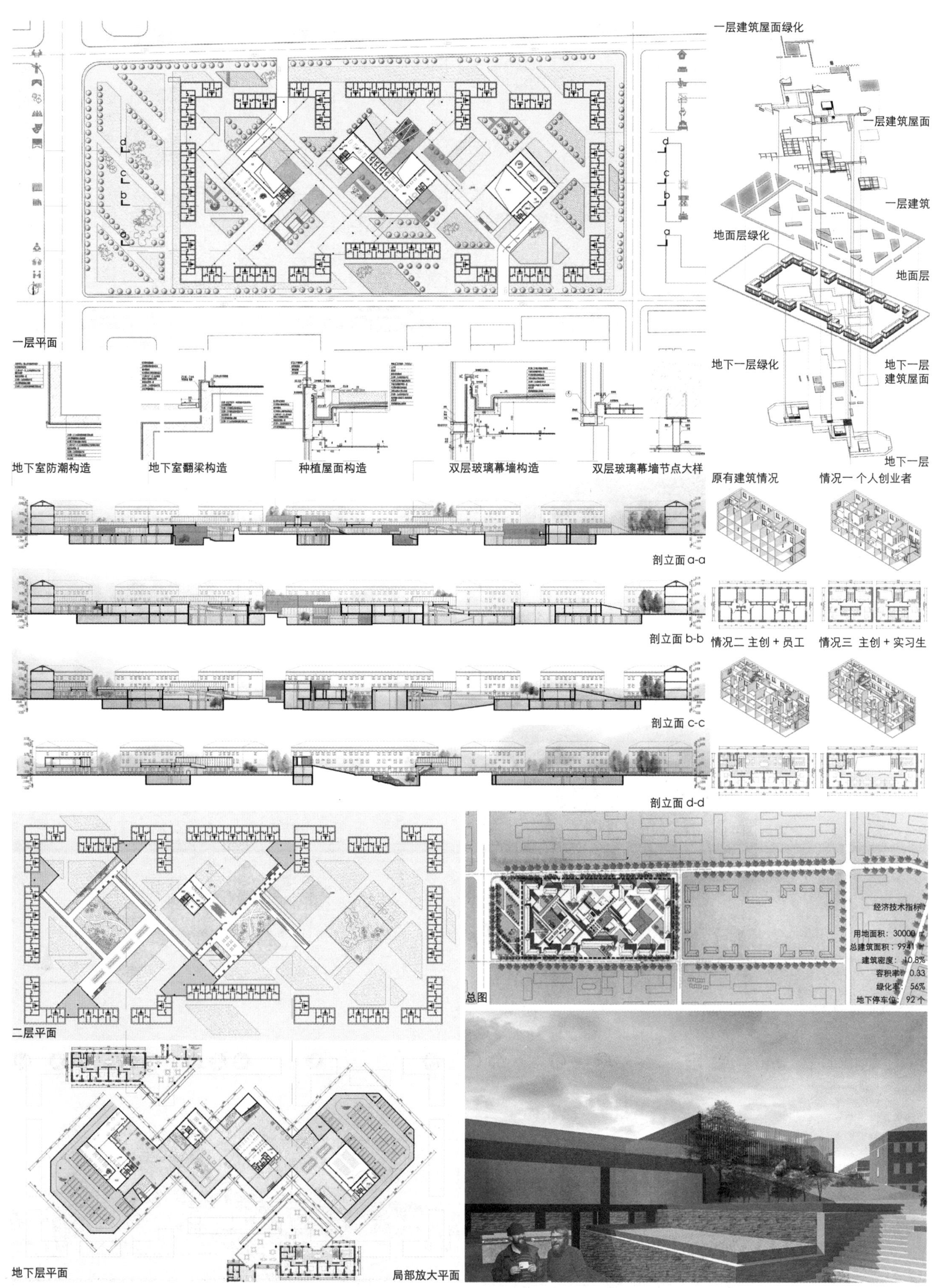
一层平面
一层建筑屋面绿化
一层建筑屋面
一层建筑
地面层绿化
地面层
地下一层绿化
地下一层
建筑屋面
地下一层
地下室防潮构造
地下室翻梁构造
种植屋面构造
双层玻璃幕墙构造
双层玻璃幕墙节点大样
原有建筑情况
情况一 个人创业者
剖立面 a-a
剖立面 b-b
情况二 主创＋员工
情况三 主创＋实习生
剖立面 c-c
剖立面 d-d
二层平面
总图
经济技术指标
用地面积：30000㎡
总建筑面积：9941㎡
建筑密度：10.8%
容积率：0.33
绿化率：56%
地下停车位：92个
地下层平面
局部放大平面

学习型老年社区中心设计——铁西区工人村改造

Design of learning community center for the aged : Reconstruction design of Workers Village in Tiexi District

浙江大学
设计：徐沛
指导：罗卿平

铁西区区位图

住宅分布　　教育资源分布

绿化分布　　路网分布

调研照片

三层平面图

二层平面图

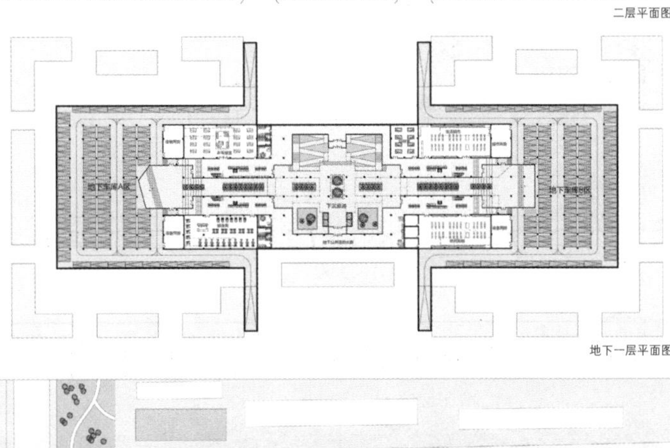

地下一层平面图

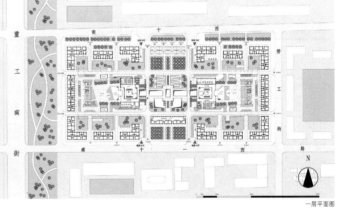

一层平面图

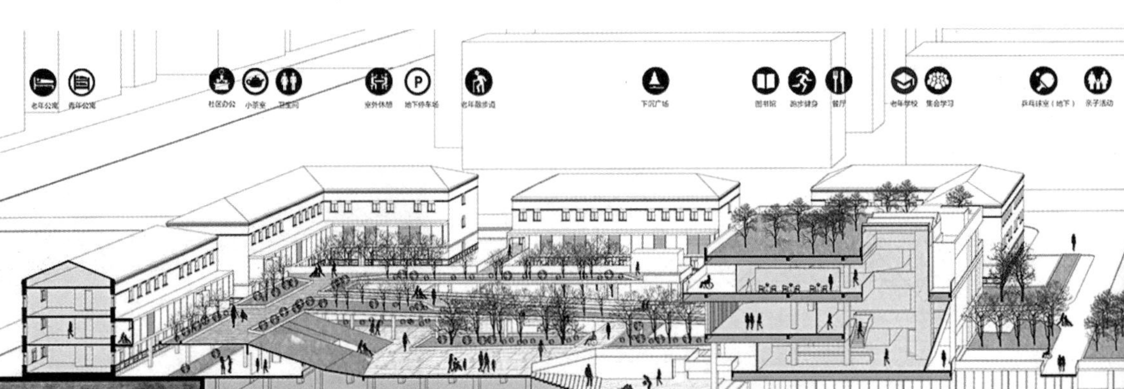

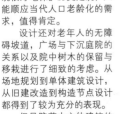

评语：

该设计能够充分尊重铁西区工人村的历史文脉，从工人大院最原始的设计草图出发寻找灵感。将逐渐没落的住宅大院改造成为充满活力的学习型老年社区中心，既很好地保护历史建筑，又能顺应当代人口老龄化的需求，值得肯定。

设计还对老年人的无障碍坡道，广场与下沉庭院的关系以及院中树木的保留与移栽进行了细致的考虑。从场地规划到单体建筑设计，从旧建改造到构造节点设计都得到了较为充分的表现。

但是院落中主体建筑的体量偏大，对于周边历史建筑和院落的压迫感较强，立面略显单调，是设计的不足之处。

原始户型图
改造后户型图
构造 1
构造 2
构造 3
中央庭院透视
场地轴测图
总平面图
主要经济技术指标：
用地面积：49000 平方米
总建筑面积：41307 平方米
地上新建建筑面积：19407 平方米
地上改建建筑面积：7800 平方米
地下新建建筑面积：14100 平方米
建筑基底面积：8241 平方米
容积率：0.843
建筑密度：16.8%
建筑高度：13 米
绿地率：62.4%（含屋顶 5.2%）
机动车停车位：220 辆　A 区地下停车库：110 辆
B 区地下停车库：110 辆
小场景透视图
寒冬　盛夏
场地剖透视图

浙江大学

设计：王译羚

指导：罗卿平

废弃铁路地改造
Regeneration of Abandoned Railway Lines

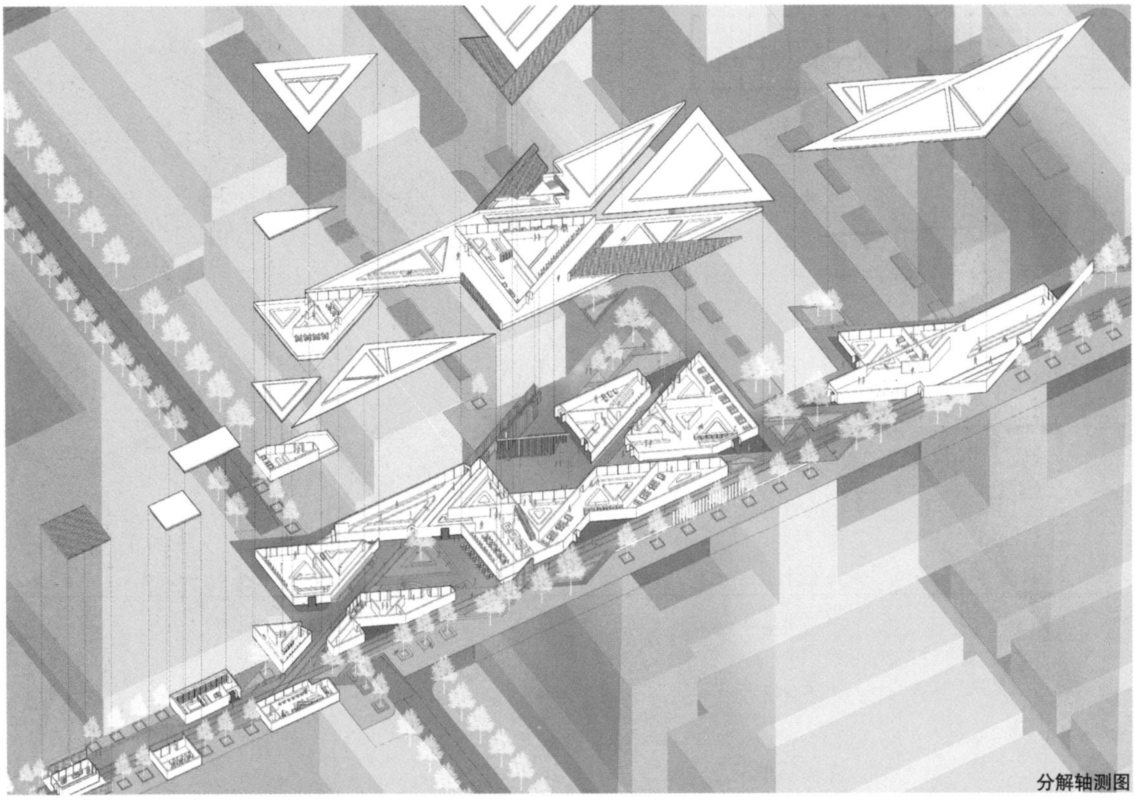

分解轴测图

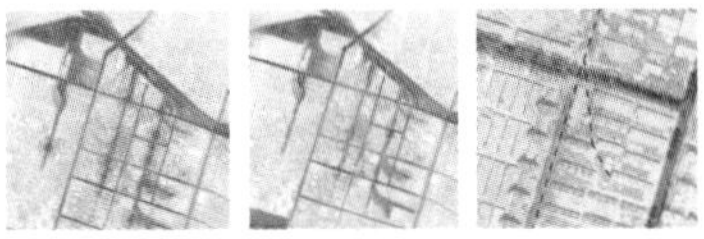

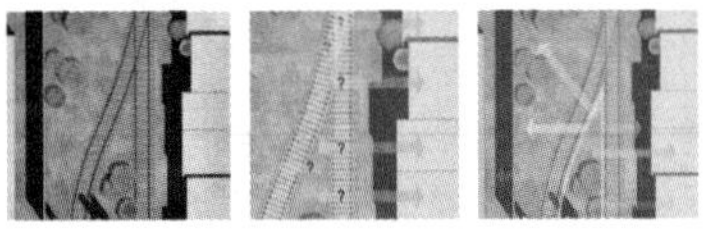

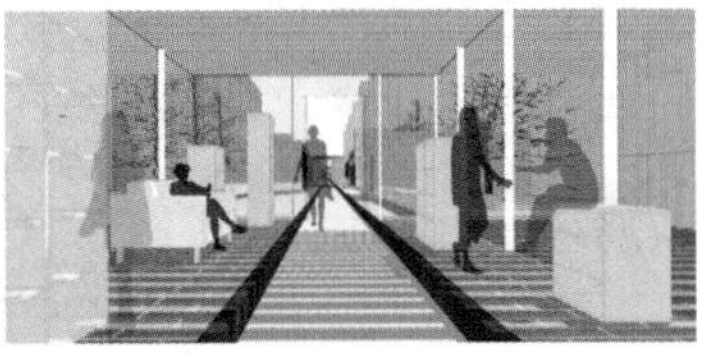

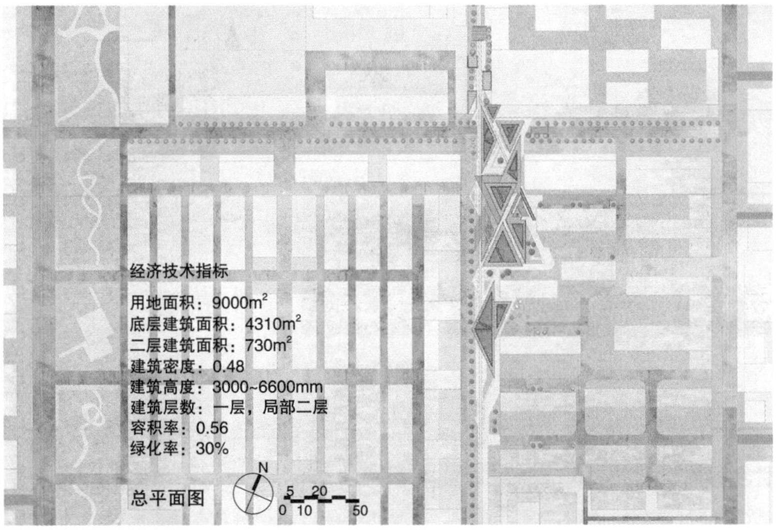

经济技术指标

用地面积：9000m²
底层建筑面积：4310m²
二层建筑面积：730m²
建筑密度：0.48
建筑高度：3000~6600mm
建筑层数：一层，局部二层
容积率：0.56
绿化率：30%

总平面图

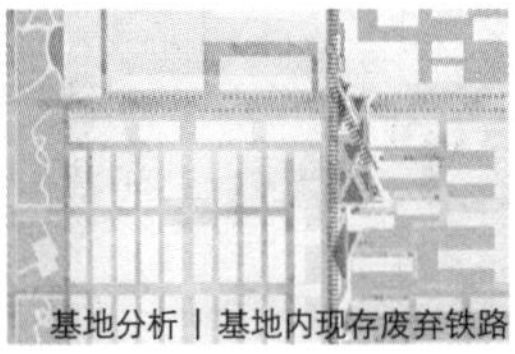

基地分析丨基地内现存废弃铁路

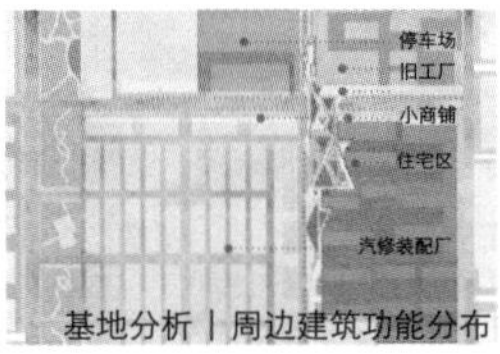

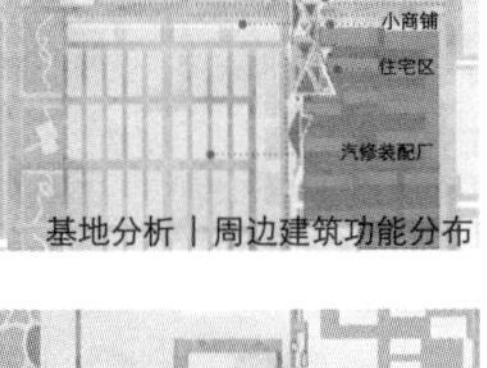

基地分析丨周边建筑功能分布

基地分析丨人行入口

设计分析丨参考线的选取

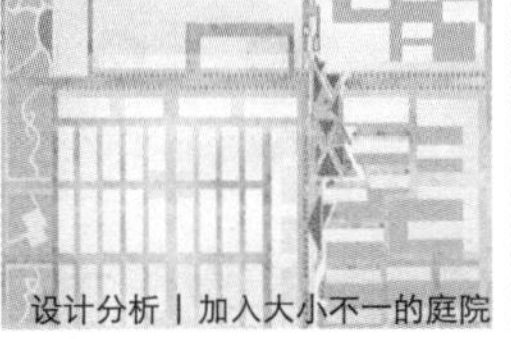

设计分析丨加入大小不一的庭院

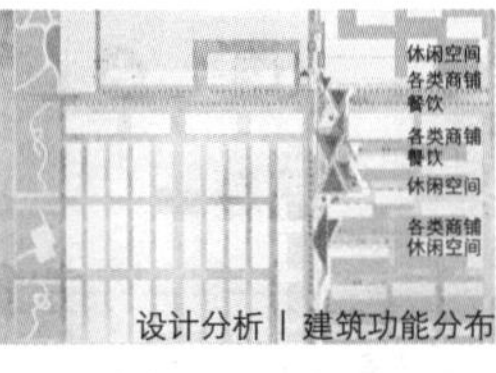

设计分析丨建筑功能分布

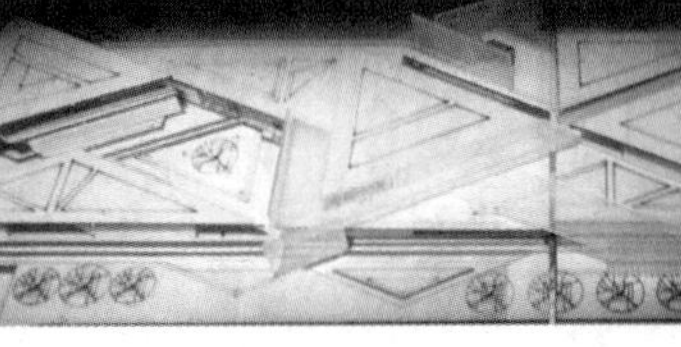

概念剖面图

设计说明：

铁西区有很多原本用于工厂运输物资的铁路。随着产业结构的改革，铁路周边因搬迁而废弃的工厂逐渐被棚户区、居民区等生活区所取代。人们希望能够在铁路沿线进行各项活动，但是这些废弃的铁路杂草丛生、容易引起磕绊摔倒，让人望而却步。铁路沿线最终变为无人问津的荒地，成为低效的城市公共空间。

基于上述背景，本设计探讨的问题是如何能够在保留原有铁路的工业象征意义的同时，通过合理的规划与设计，将铁路沿线开发成为高效合理的城市公共活动空间。

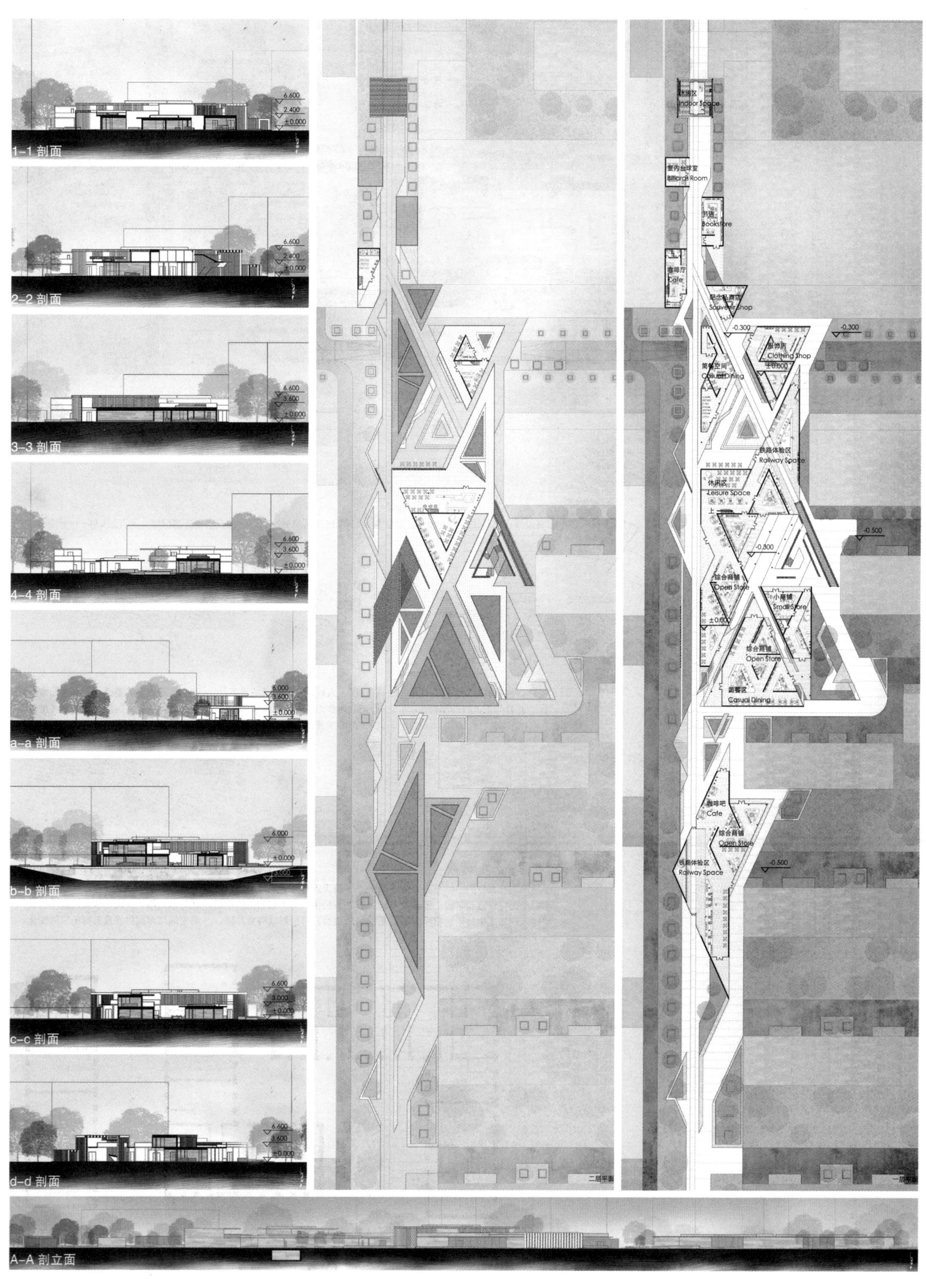

1-1 剖面
2-2 剖面
3-3 剖面
4-4 剖面
a-a 剖面
b-b 剖面
c-c 剖面
d-d 剖面
A-A 剖立面
休闲区
Indoor Space
室内台球室
Billiard Room
书店
Bookstore
咖啡厅
Cafe
纪念品商店
Souvenir Shop
服饰店
Clothing Shop
简餐空间
Casual Dining
铁路体验区
Railway Space
休闲区
Leisure Space
综合商铺
Open Store
小商铺
Small Store
综合商铺
Open Store
简餐区
Casual Dining
咖啡吧
Cafe
综合商铺
Open Store
铁路体验区
Railway Space
二层平面

工人村再活化
Reform of Worker Village

浙江大学
设计：马鈊尔
指导：罗卿平

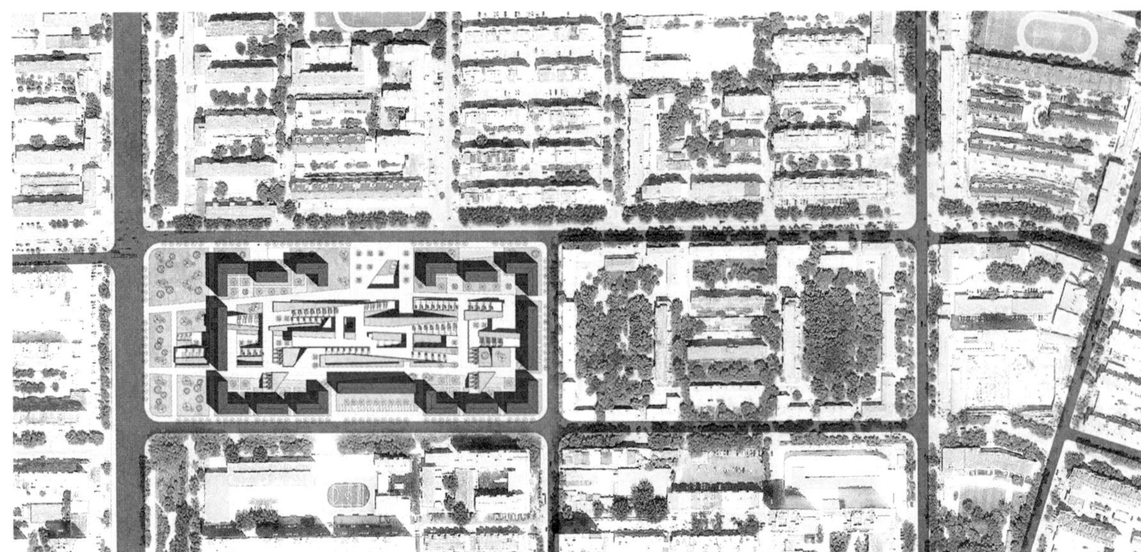

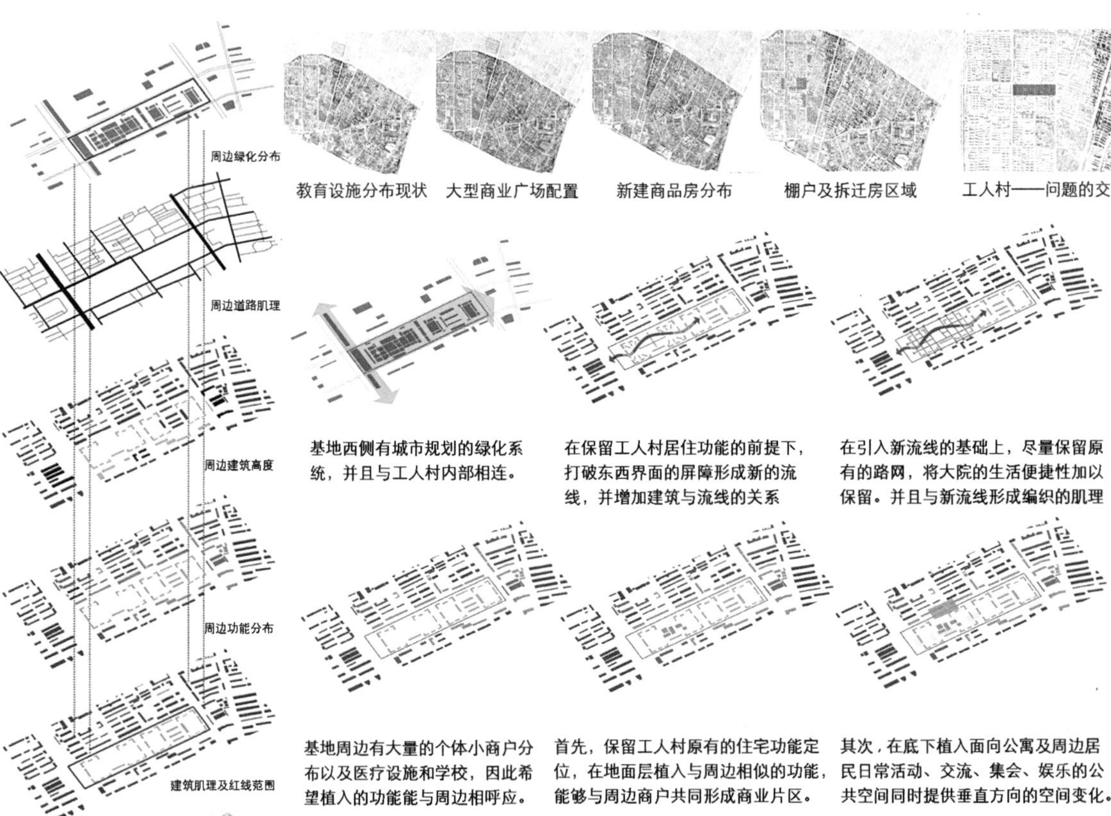

基地西侧有城市规划的绿化系统，并且与工人村内部相连。

在保留工人村居住功能的前提下，打破东西界面的屏障形成新的流线，并增加建筑与流线的关系

在引入新流线的基础上，尽量保留原有的路网，将大院的生活便捷性加以保留。并且与新流线形成编织的肌理

基地周边有大量的个体小商户分布以及医疗设施和学校，因此希望植入的功能能与周边相呼应。

首先，保留工人村原有的住宅功能定位，在地面层植入与周边相似的功能，能够与周边商户共同形成商业片区。

其次，在底下植入面向公寓及周边居民日常活动、交流、集会、娱乐的公共空间同时提供垂直方向的空间变化。

评语：

该设计提出了"反制"的概念，希望通过吸引年轻人并改善年龄结构来促进铁西区的再繁荣，思路上比较新颖。

从操作手法上来看，该方案选择了与现存的古典手法形成对比的现代风格，场地的改造较为活跃，符合青年群体的定位。将新建筑穿出西侧展览馆并将入口与周边绿化环境等进行综合的考虑，也体现了一定的巧思。

通过营造地下空间和院落来控制建筑高度以求得对老建筑的尊重和凸显，同时适应北方的气候条件也是较好的处理手法。

该方案在现实建造层面还需要解决诸多技术困难，因而还可以对技术细节进行深入设计。

商铺 / 超市
娱乐 / 运动
餐饮 / 交流
交通 / 辅助
青年公寓
历史展馆

物流交通核
人流交通核
室内流线

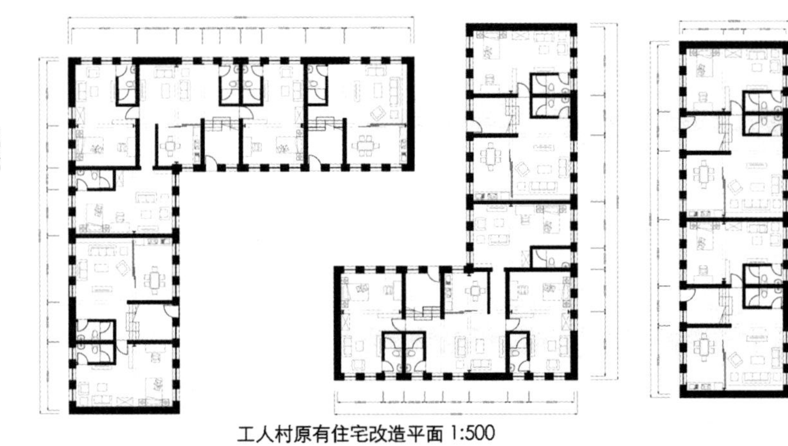

工人村原有住宅改造平面 1:500

地下层平面 1:2000

及一层平面 1:2000

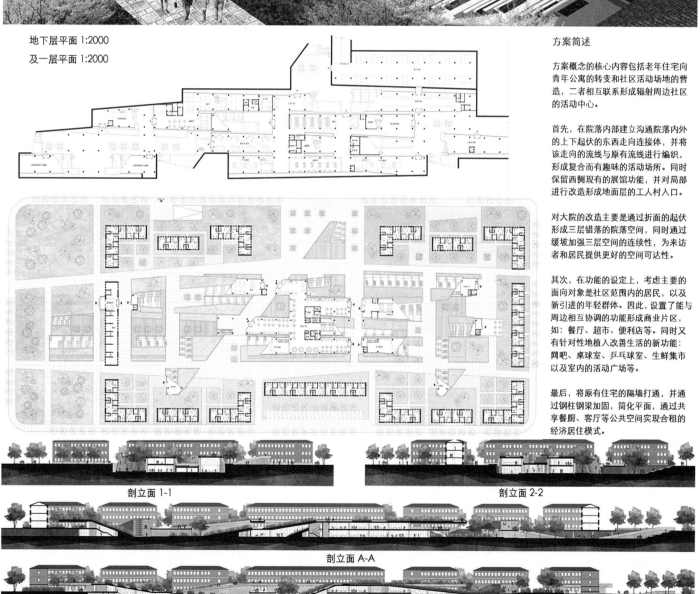

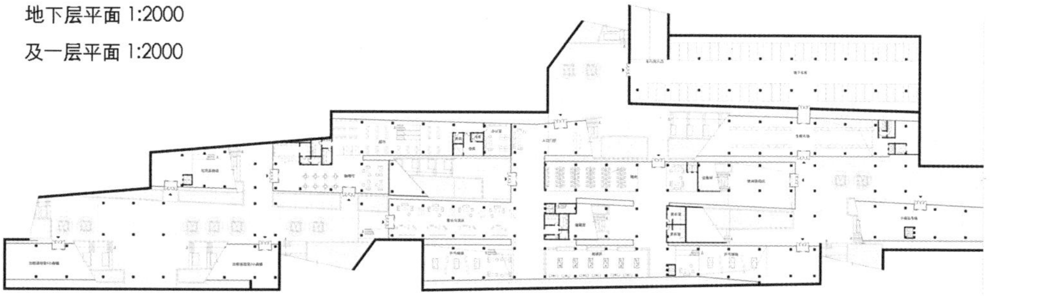

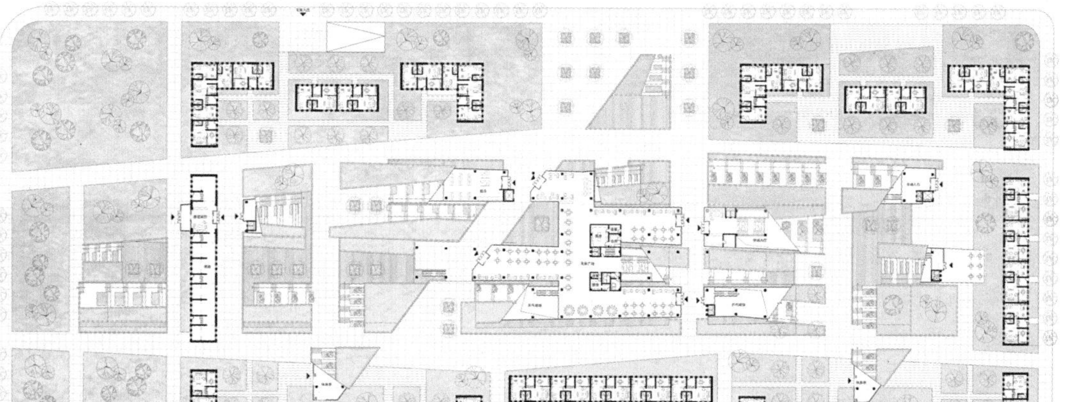

方案简述

方案概念的核心内容包括老年住宅向青年公寓的转变和社区活动场地的营造，二者相互联系形成辐射周边社区的活动中心。

首先，在院落内部建立沟通院落内外的上下起伏的东西走向连接体，并将该走向的流线与原有流线进行编织，形成复合而有趣味的活动场所。同时保留西侧现有的展馆功能，并对局部进行改造形成地面层的工人村入口。

对大院的改造主要是通过折面的起伏形成三层错落的院落空间，同时通过缓坡加强三层空间的连续性，为来访者和居民提供更好的空间可达性。

其次，在功能的设定上，考虑主要的面向对象是社区范围内的居民，以及新引进的年轻群体。因此，设置了能与周边相互协调的功能形成商业片区，如：餐厅、超市、便利店等。同时又有针对性地植入改善生活的新功能：网吧、桌球室、乒乓球室、生鲜集市以及室内的活动广场等。

最后，将原有住宅的隔墙打通，并通过钢柱钢梁加固，简化平面，通过共享餐厨、客厅等公共空间实现合租的经济居住模式。

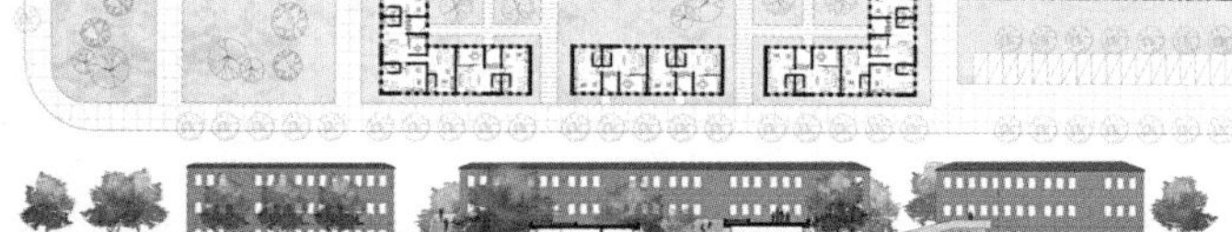

剖立面 1-1

剖立面 2-2

剖立面 A-A

剖立面 B-B

铁西基因生活化 铁西大院

Tiexi's Compounds

浙江大学
设计：诸梦杰
指导：贺勇

设计说明：

本设计从铁西人日常商业需求出发，将铁西人丰富的日常生活以及富有特色的小规模商业置入到工人村中，从而对铁西的城市空间进行修复。

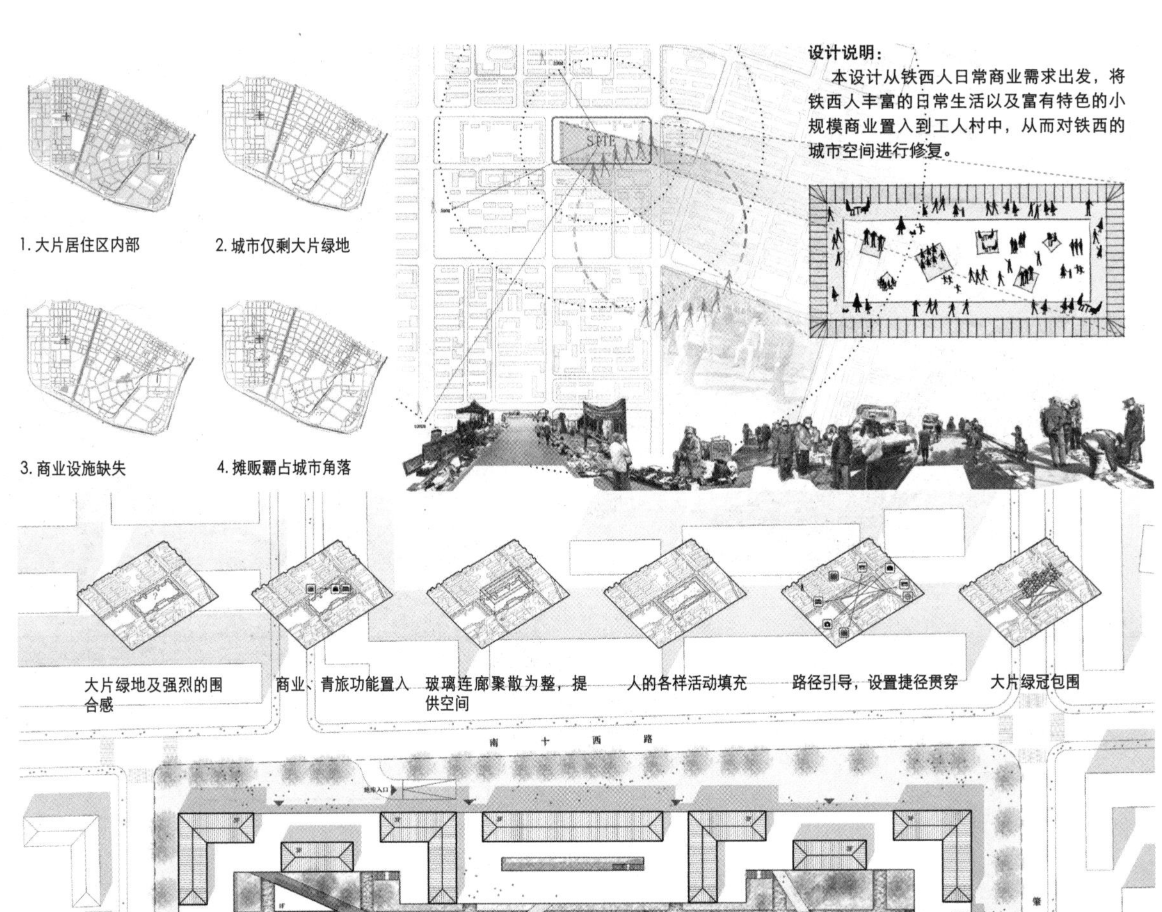

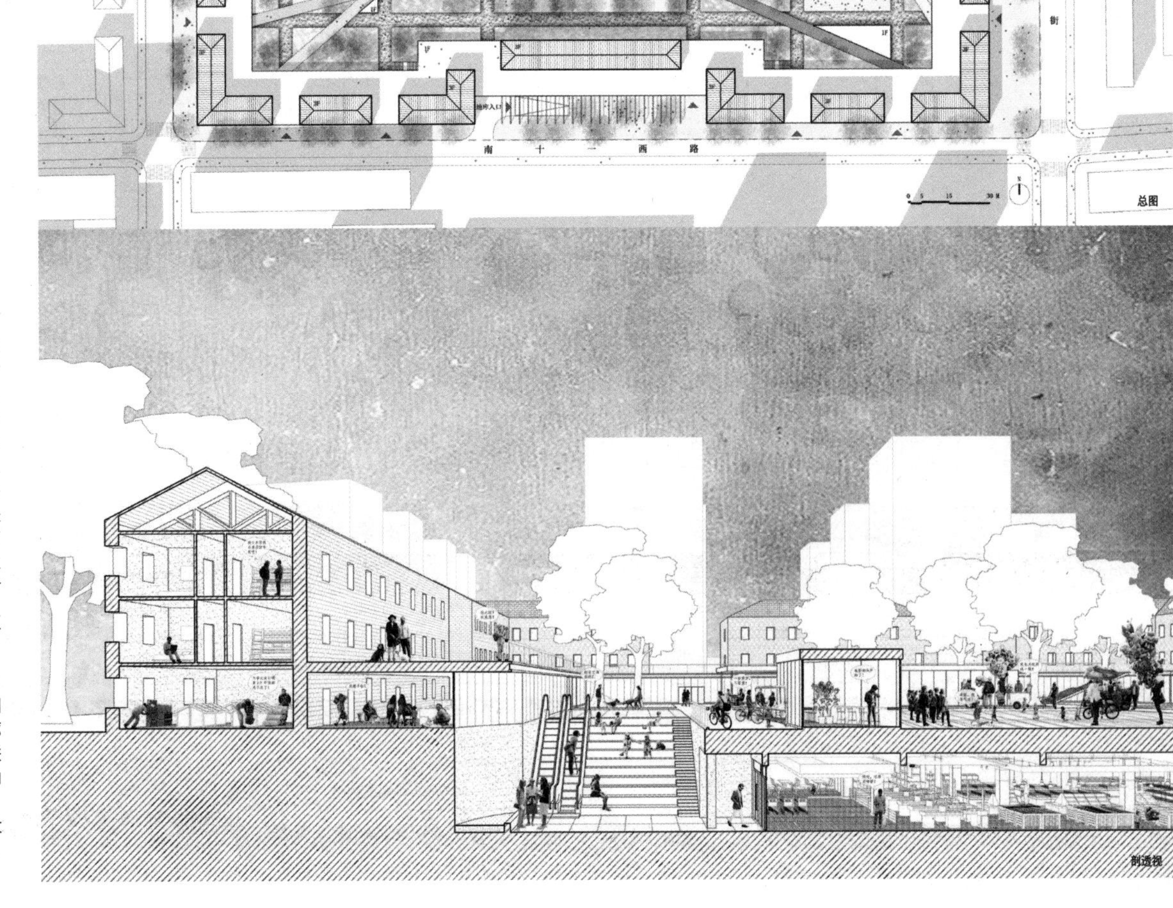

评语：

面对铁西区老工业基地衰败、亟待复兴的城市大背景，本方案希望通过铁西人日常的生活景象去填补和修复这些濒临死亡的工业空间。该同学通过对铁西商业的第一印象——小规模街头商业模式，希望为铁西人提供一个有别于现代化高端商业、符合铁西氛围的商业大院，同时置入铁西人日常活动交往的公共空间，将工人村大院激活，成为铁西的市井大院。

本方案通过简单却有力的手段，将原本的居住空间置换为商业空间，通过连廊空间将原本散布的工人村联系起来。在尊重场地原有的历史信息与价值的基础上，实现了新建建筑的介入。设计概念有趣生动，视角独特，设计策略具有可实施性。

住区置换

工人村原为工人住宅，一梯四户的格局，两户人家共用厨房及卫生间，狭小的居住空间早已不适合如今人们的生活习惯，在改造过程中将原来的居住空间改为旅社单身公寓等商住空间，更为合理地利用原来的格局。

商业引入

结合铁西自身有趣的小成本商业模式，将其引入工人村地块，并在地下设置大型超市，为人们提供日常的生活设施，同时结合旅游业的发展，在工人村地块营造铁西市井大院的气氛，同时希望建议旅游业激活整个地块。

层层渗入

通过加建连廊的方式将原本独立分散的 16 幢红砖房联系起来，在旧建筑与大院之间实现一个灵动自由的过渡空间，旧建筑底层局部打通，设置卫生间、仓库以及固定商铺；连廊成为人们自由活动交流的室内空间，而大院则是更为开放、自由的活动与商业空间。

漫游体验

在改造设计中希望实现人们商业与交流更深的购物体验。通过对休息空间的设置，实现人们在漫游的时候，可以随时随地进入商业空间，原本呆板的直线空间将变得生动。

新与旧

整个设计在尊重场地原有信息的基础上，保持了工人村原有强烈的围合感以及郁郁葱葱的大院氛围，同时尊重了原有的规划信息。新的连廊为虚，旧的砖房为实，自由的新建道路与规整的原始道路互成对比，擦出了新旧碰撞的火花。

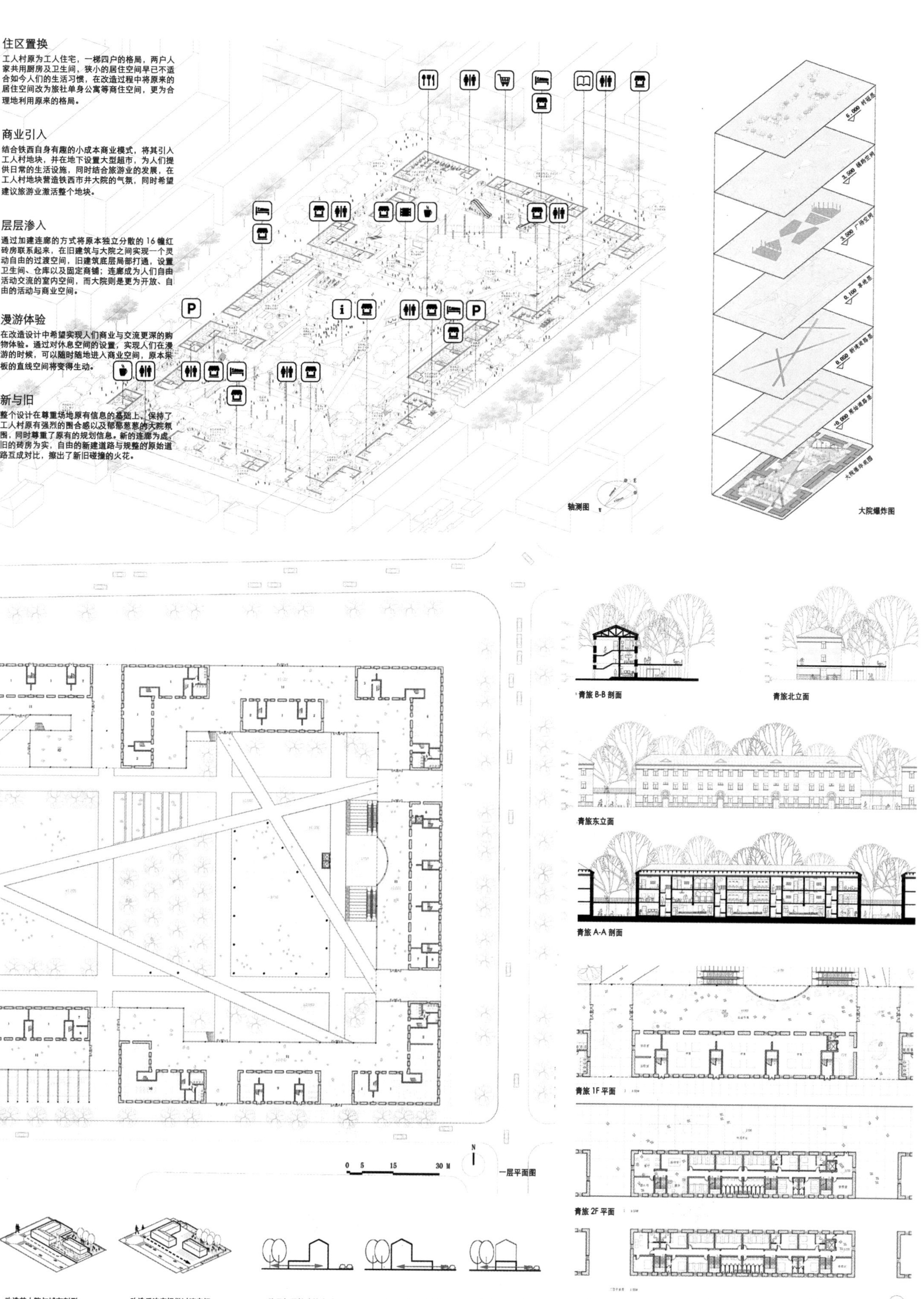

轴测图

大院爆炸图

一层平面图

青旅 B-B 剖面

青旅北立面

青旅东立面

青旅 A-A 剖面

青旅 1F 平面

青旅 2F 平面

青旅 3F 平面

改造前大院与城市割裂

改造后连廊提供过渡空间

院子与原始建筑渗透

原始建筑与城市渗透

院子与城市渗透

花径——棚户区改造 Reform of Slum

浙江大学
设计：陈函遥
指导：贺勇

轴测图

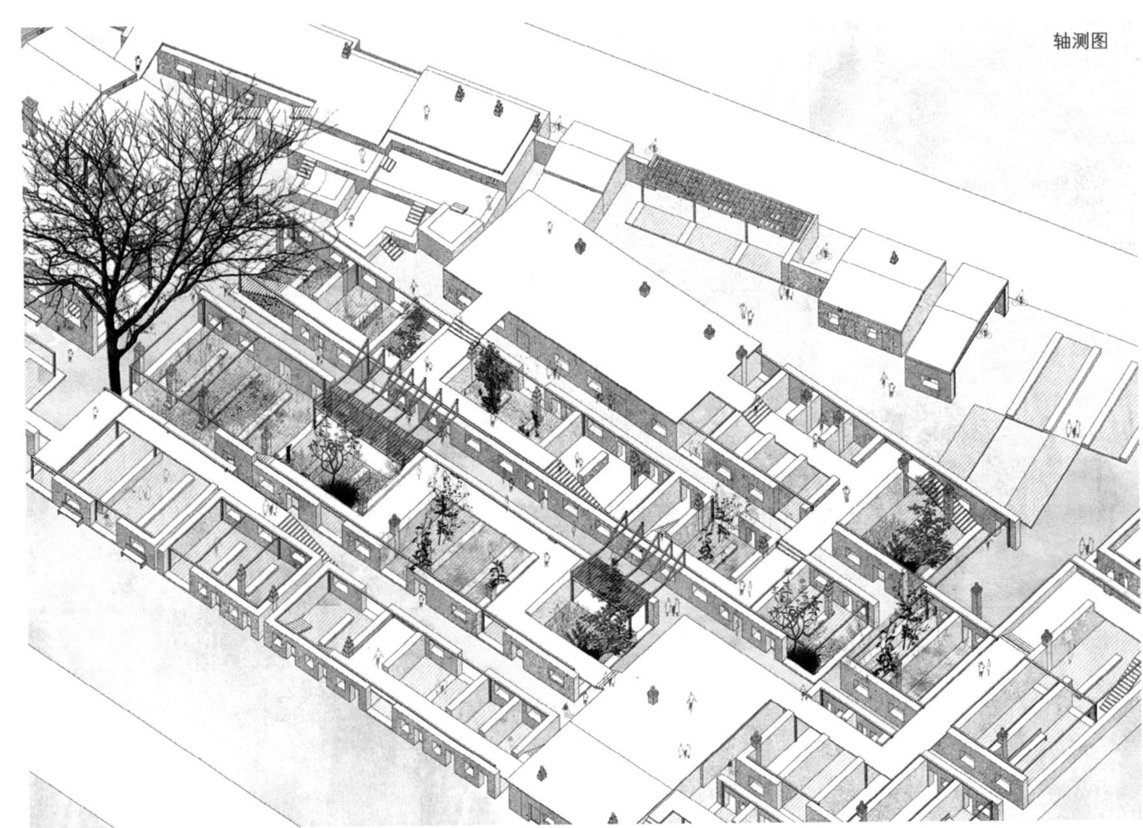

基地分析

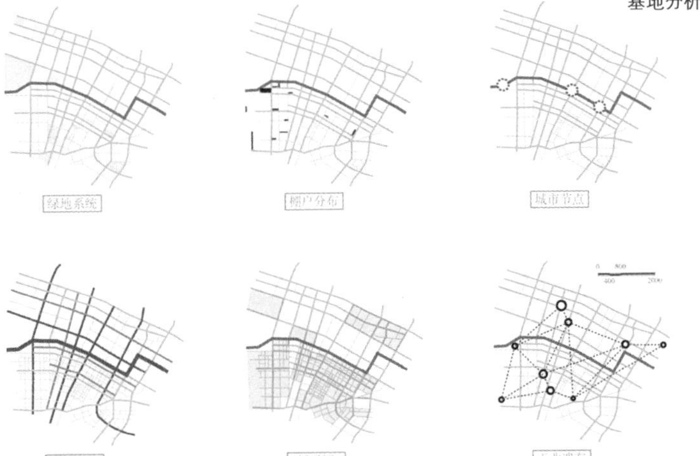

本设计依托于在铁西区十分常见的棚户区，希望其能够以更加美好的姿态重新融入城市。不同于普通棚户区的概念，铁西的棚户区是由于工业时代建筑的破败而形成的，具有一定的建筑肌理和历史价值。本设计通过对棚户区历史的挖掘和对建筑价值的取舍分析，旨在将城市绿地的功能重新置入于破败的棚户区，使其能同时服务于东侧和南侧的居民区以及北侧的城市。在城市绿地的设计中，结合棚户过往作为花圃的城市功能，置入一条以花为主题的小巷空间——花径，借以表达棚户区新生的意向。

棚户分析

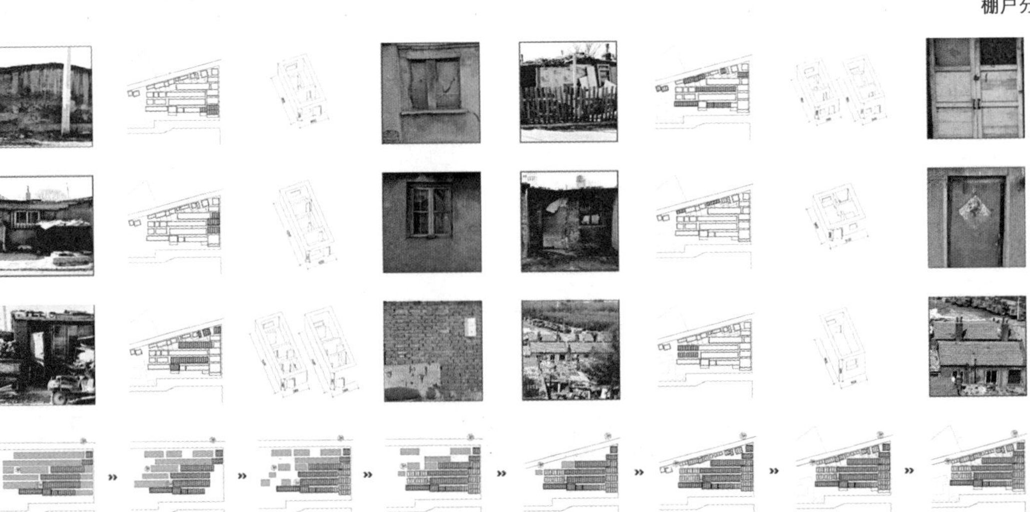

评语：

作为我们组内唯一一个对于棚户区的改造设计，它很好地挖掘了棚户区的价值和内涵。意识到除了贫民窟，铁西区的棚户区可作为历史遗存被保留。同时，结合场地内原有的大树，对场地的主路径进行了有针对性的设计。破败的如同废墟一般的棚户区与大树、花朵等美好的意向结合，在表达了设计本身之余也能够充分展现"普通历史也有被保留记录的价值"这一态度。

但是，在设计成果的最终展现中，对建筑部分的展示还不够充分，而过多倾向于景观设计。建议在设计中增大建筑设计的比例，同时能思考人在其中发生各种活动的可能性。

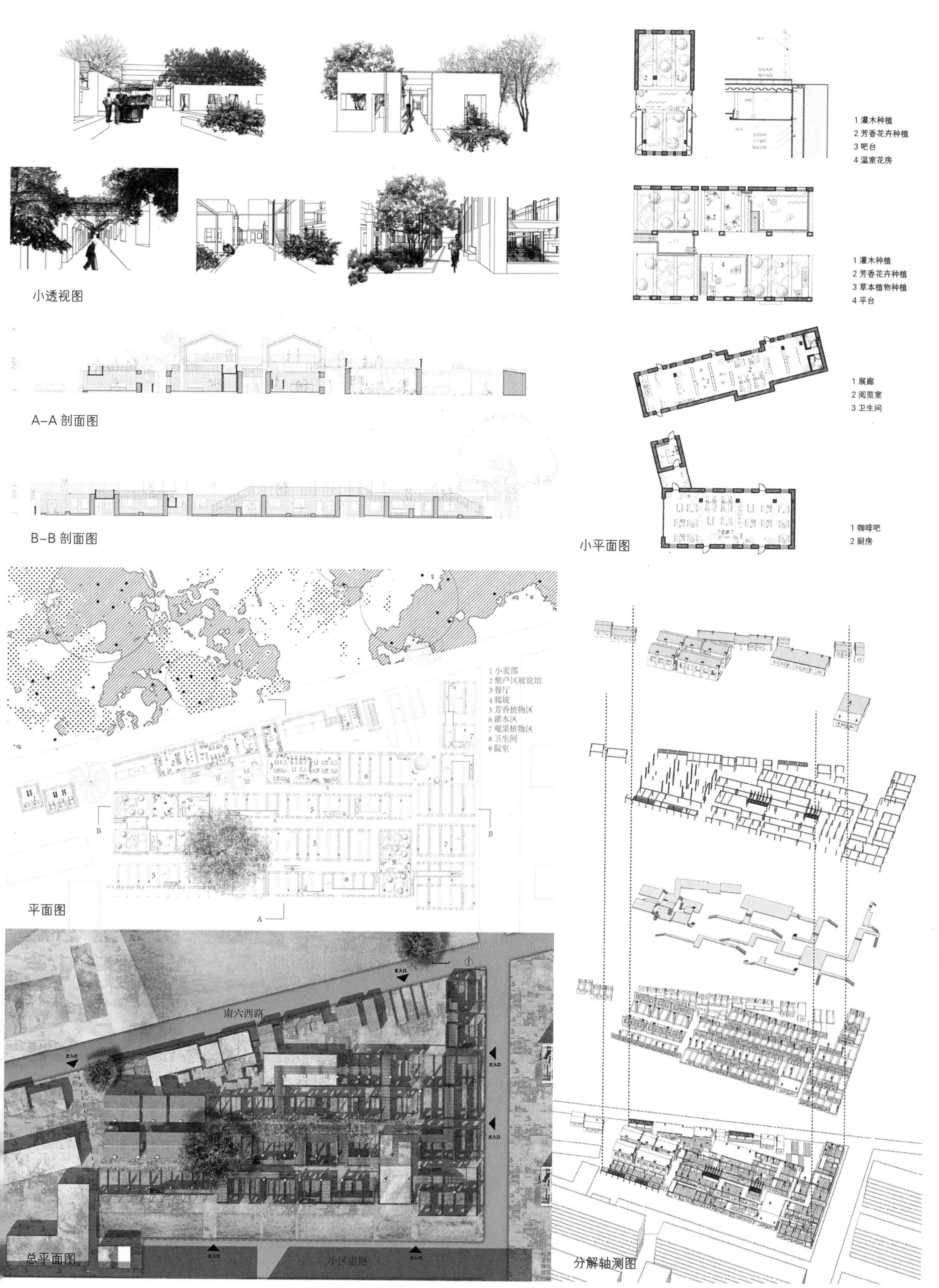
小透视图
A-A 剖面图
B-B 剖面图
1 灌木种植
2 芳香花卉种植
3 吧台
4 温室花房
1 灌木种植
2 芳香花卉种植
3 草本植物种植
4 平台
1 展廊
2 阅览室
3 卫生间
1 咖啡吧
2 厨房
小平面图
1 小卖部
2 棚户区展览馆
3 餐厅
4 爬坡
5 芳香植物区
6 灌木区
7 观果植物区
8 卫生间
9 温室
平面图
南六西路
次入口
主入口
小区道路
总平面图
分解轴测图

X廊——工厂更新 Reform of Factory

浙江大学
设计：施行健
指导：贺勇

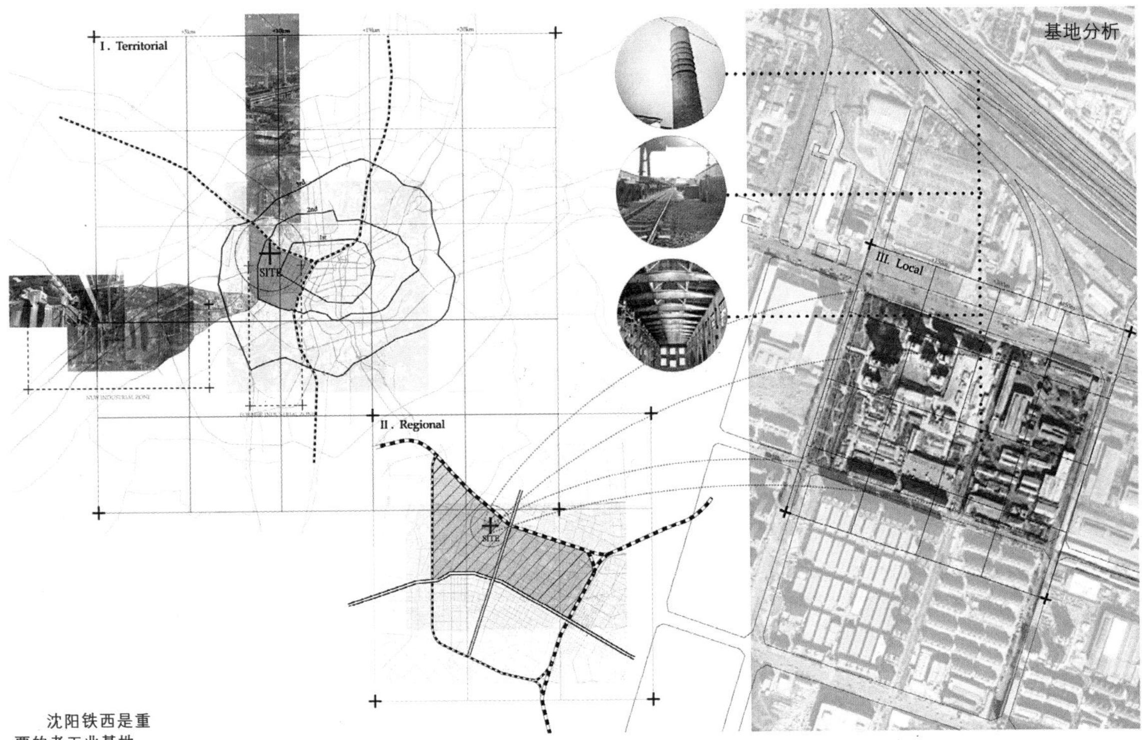

沈阳铁西是重要的老工业基地，在城市发展和产业转型的过程中，铁西大量的工厂关停、废弃甚至拆毁。在这条几乎是所有工业城市的必经之路上，幸存的工业遗产如何融入现代城市成为了本设计方案主要思考的问题。

十年之间，铁西在工业用地上大量兴建住宅。铁西各方面对现代商住城市系统的适应大大滞后于粗放型开放所导致的过于快速发展的城市更新。本设计基于城市分析，提出逐步介入的更新策略，并通过在废弃的厂区重建一个积极的城市界面的方式，作为厂区整体更新的开端。

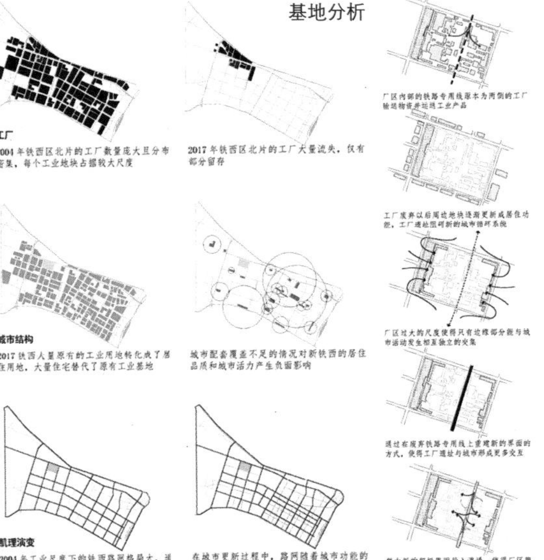

基地分析
工厂
2004 年铁西区北片的工厂数量庞大且分布密集，每个工业地块占据较大尺度
2017 年铁西区北片的工厂大量流失，仅有部分留存
城市结构
2017 铁西人量原有的工业用地转化成了居住用地，大量住宅替代了原有工业基地
城市配套覆盖不足的情况对新铁西的居住品质和城市活力产生负面影响
肌理演变
2004 年工业尺度下的铁西路网格局大，道路稀疏
在城市更新过程中，路网随着城市功能的转变而逐渐细分为适合商住的尺度
厂区内部的铁路专用线原本为两侧的工厂输送物资并运送工业产品
工厂废弃以后周边地块逐渐更新成居住功能，工厂遗址阻碍新的城市循环系统
厂区过大的尺度使得只有边缘部分能与城市活动发生相互独立的交集
通过在废弃铁路专用线上重建新的界面的方式，使得工厂遗址与城市形成更多交互
借由新的积极界面导入渗透，使得厂区微地逐渐完成更新

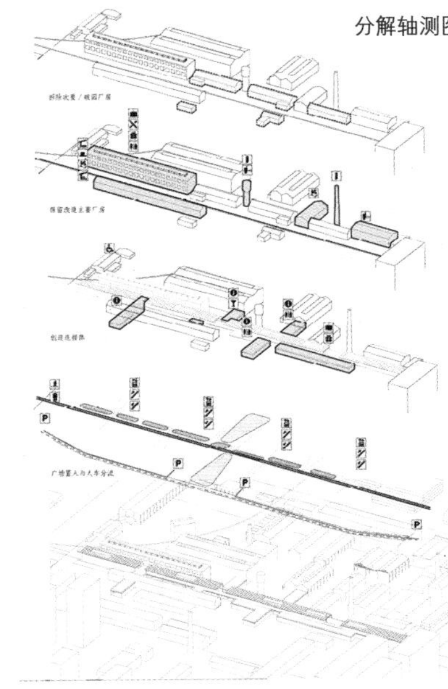

评语：

作为一个重要的旧工业城市，工厂无疑是铁西最为重要的标志性建筑。现今的大部分工厂改造主要着眼于厂房本身。

该设计致力于达成目标地块在"工业遗存——现代生活"和"厂区内部——城市循环"两个方面的对接，将设计的着眼点放在两个旧厂区之间的铁路上，希望能通过这部分空间的建筑设计来重新激活老厂区，将现代城市的空间引入工业遗存，而非仅仅是单体建筑的功能置换，在具体的设计手段上，结合地块本身特征，采用了线性的连贯空间，同时向两侧厂房伸出侧肢从而激活厂区内部空间。是一个有效结合了城市设计的比较好的设计作品。

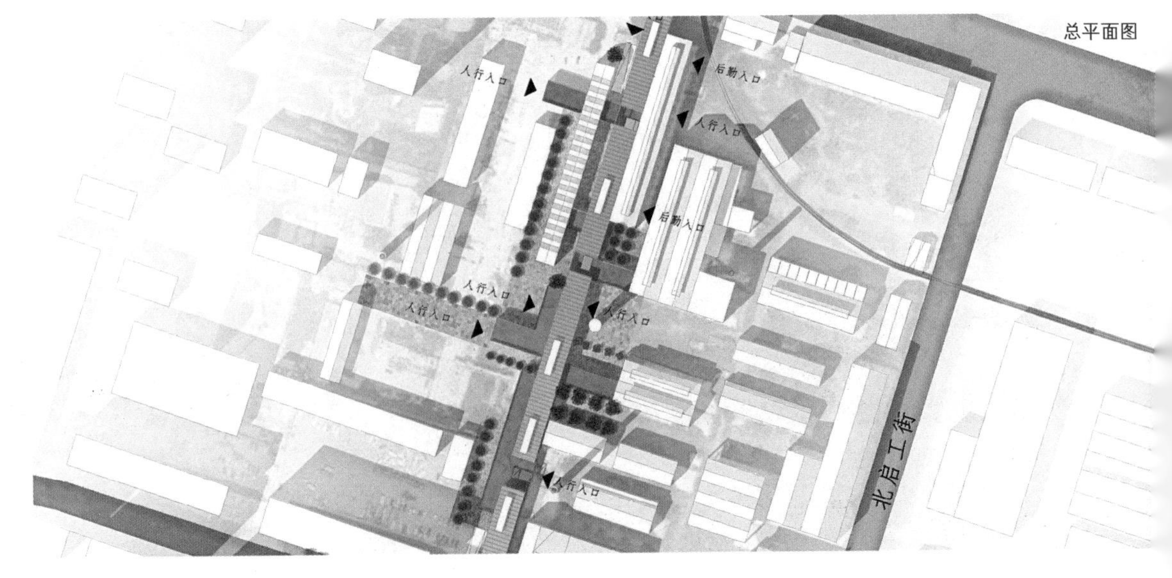

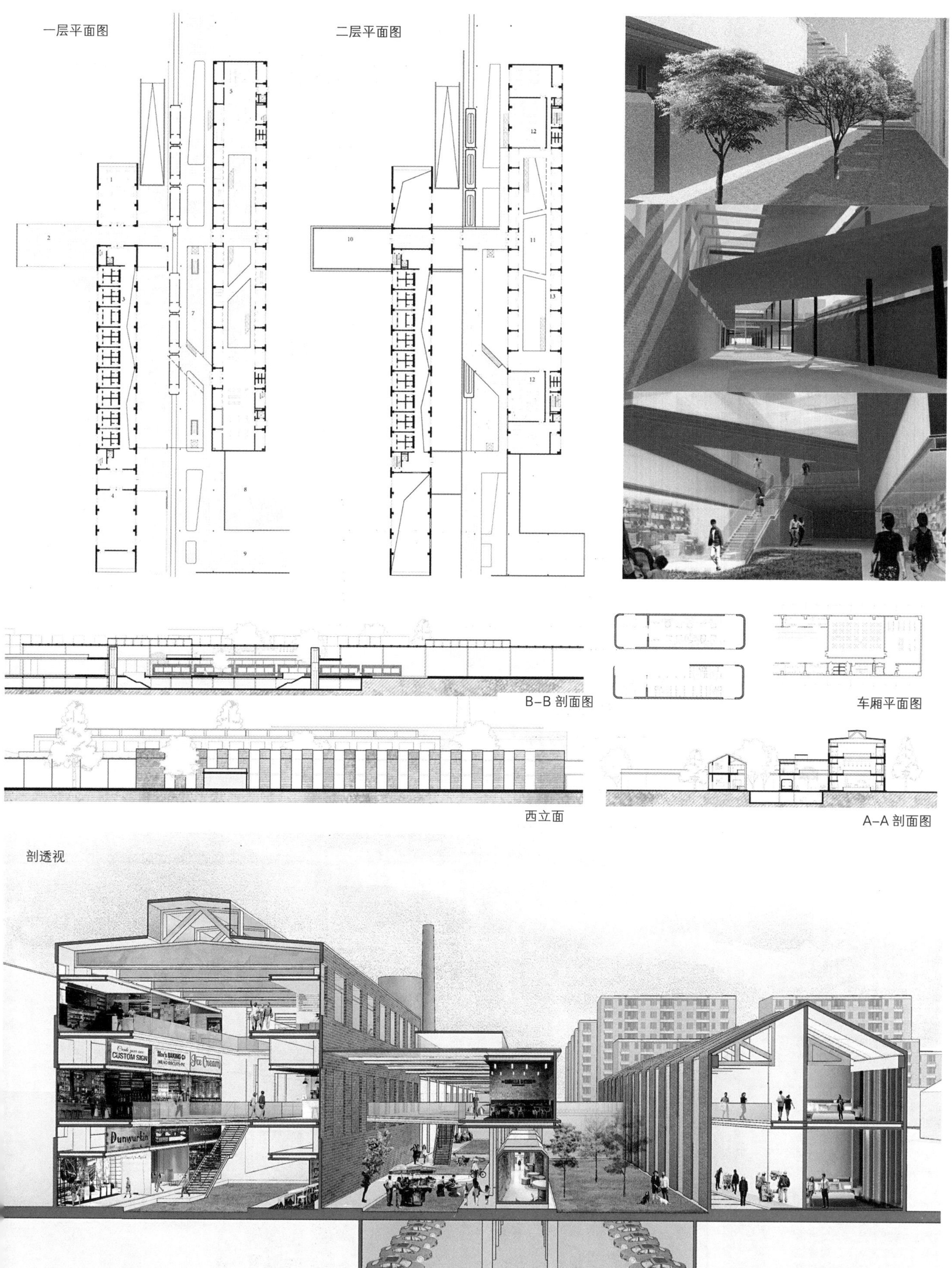
一层平面图
二层平面图
B–B 剖面图
车厢平面图
西立面
A–A 剖面图
剖透视
CUSTOM SIGN
Ice Cream
Dunwurkin

浙江大学
设计：梁俊
指导：贺勇

绿洲——铁西冶金机械厂改造

The Oasis — Reform of Metallurgical Machinery Factory

沈阳气候与植被

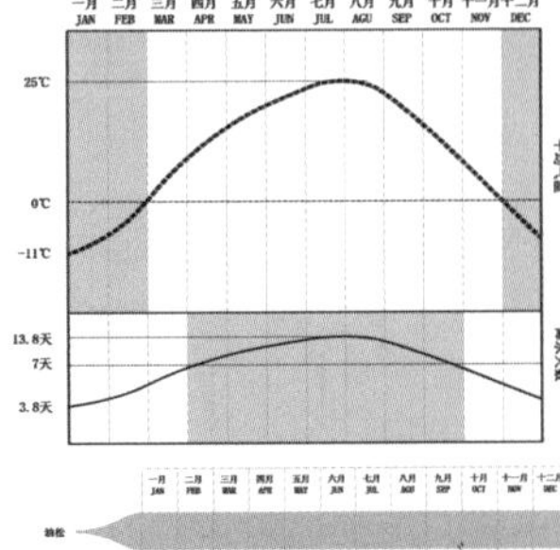

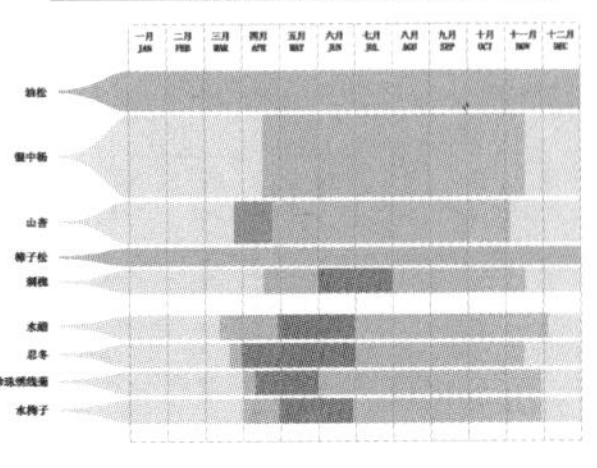

从沈阳的气象数据显示，一年中除了年中雨季会影响到老年人的活动外，十二月到一月之间的低温可能也会有所影响。沈阳城市绿化基调树种主要是落叶乔木、落叶灌木和半常绿灌木。冬季植物落叶期间，城市景观萧条，绿色难得一见。

铁西场地分析　概念生成　基地分析

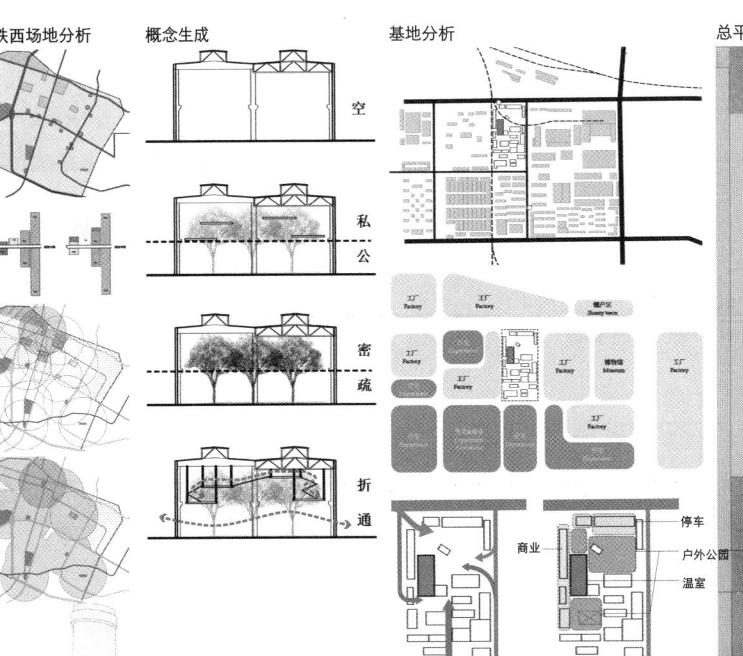

总平面图

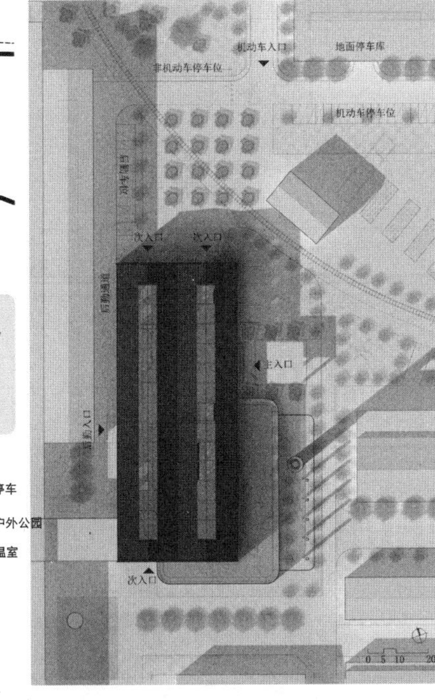

评语：

本设计从沈阳当地气候作为主要切入点，关注当地人生活和情感，在保留和尊重工业遗存——冶金机械厂车间厂房的结构和空间的基础上，充分利用大跨度的空间特点将厂房改造成温室，以求在冬天萧瑟的寒风中给北方的人们带来一片郁郁葱葱的绿洲。

这一设计视角较为独特，概念上比较有趣味性，逻辑自洽，但是没有将“温室”这一热工要求较高的建筑类型在技术实现的角度充分展示，这是本设计的一大遗憾。另一方面，本项目在场地设计上与原厂区内的铁路、烟囱等重要的工业构筑物呼应稍显不足，学生过多地关注于建筑本身，对建筑与场地的系统性与整体性重视不足，这将有可能使“进入”的体验失色不少。

剖透视

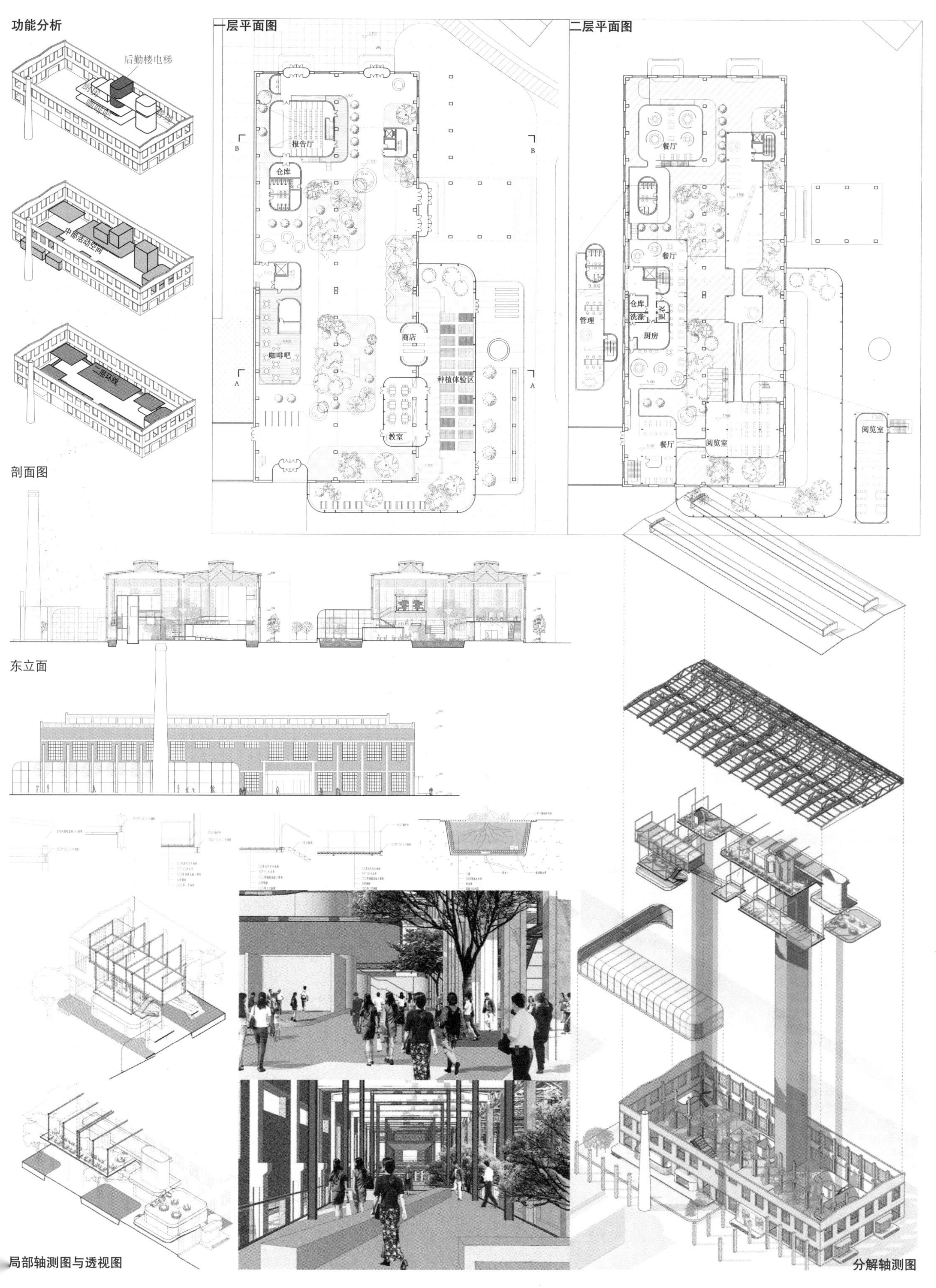

功能分析
后勤楼电梯
中部活动空间
二层环线
一层平面图
报告厅
仓库
咖啡吧
商店
教室
种植体验区
二层平面图
餐厅
仓库
洗涤
更衣
厨房
管理
阅览室
剖面图
东立面
局部轴测图与透视图
分解轴测图

城市游戏 塔内塔外 CITY TOWER

浙江大学
设计：苏思玮
指导：浦欣成

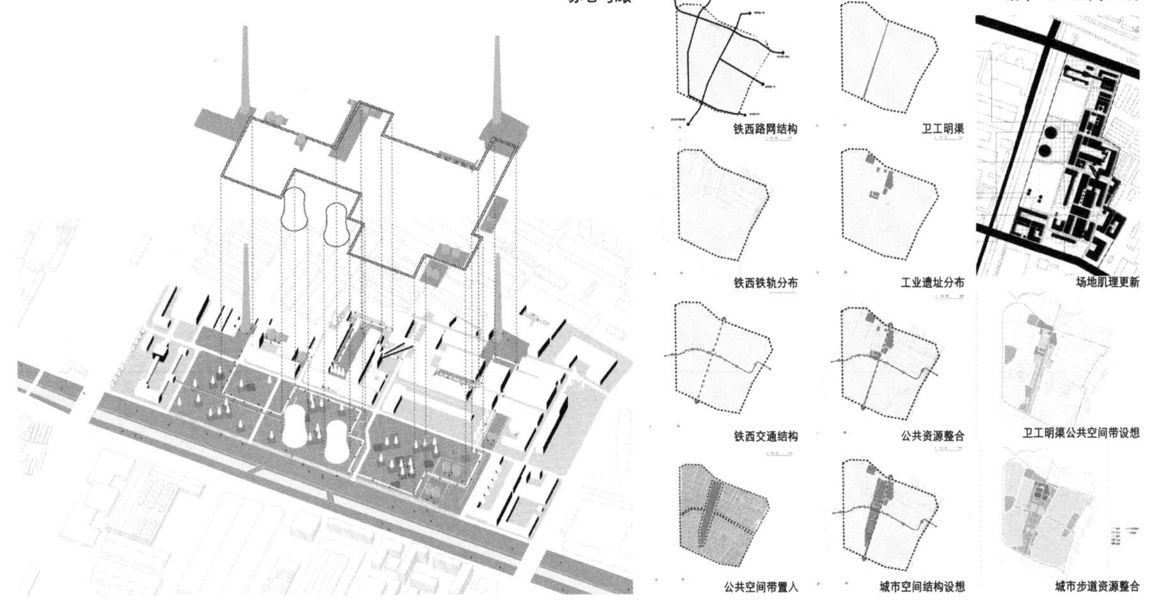

总图设计

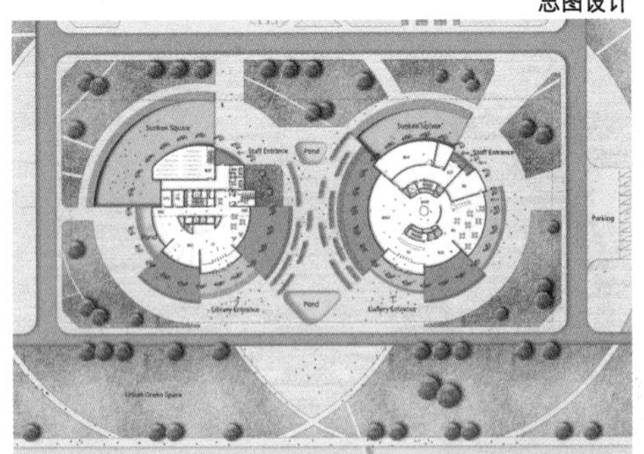

一层平面

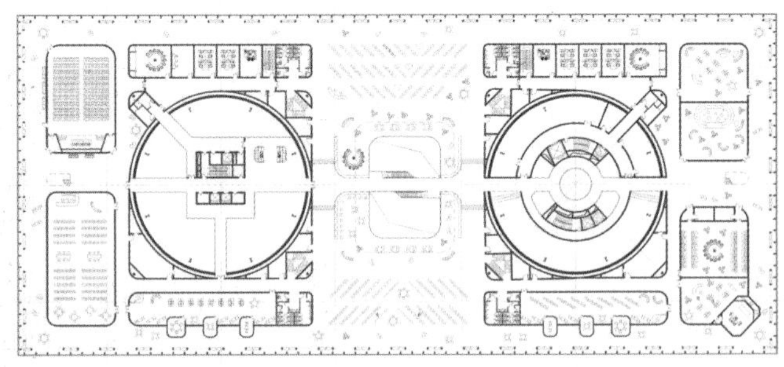

立面及剖面

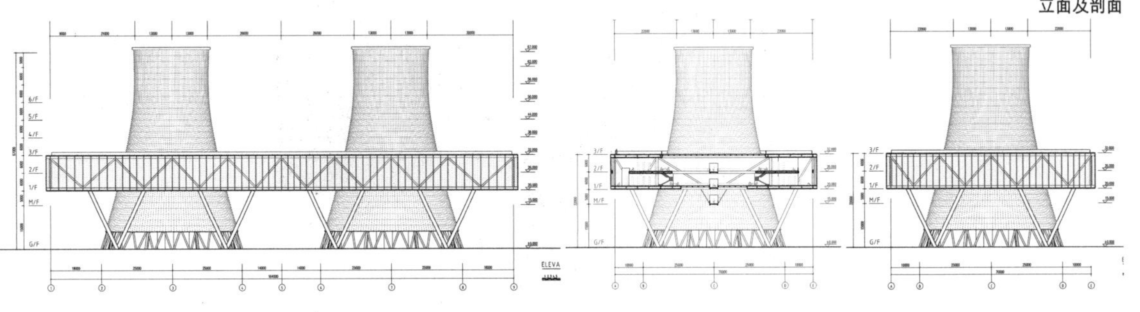

评语：

本设计选址于沈阳铁西区热电厂。设计者选取基地中的一对双曲线型冷却塔进行改造，通过新建建筑体量将双塔连接为一个空间体，为铁西工业区创造出一种衔接过去与未来的公共空间。设计从结构出发进行考虑，为了保证冷却塔薄壳型结构的稳定性，将新建体量与保留结构完全脱离，通过壁体局部加固开设洞口的方式为新旧体量创造空间上的联系。整个设计对于结构体系的考虑深入细致，改造思路清晰明确，不足之处在于对于塔内大空间的利用考虑不周，应减少塔内空间的切分，对光线与空间的关系进行更多思考将更为妥当。

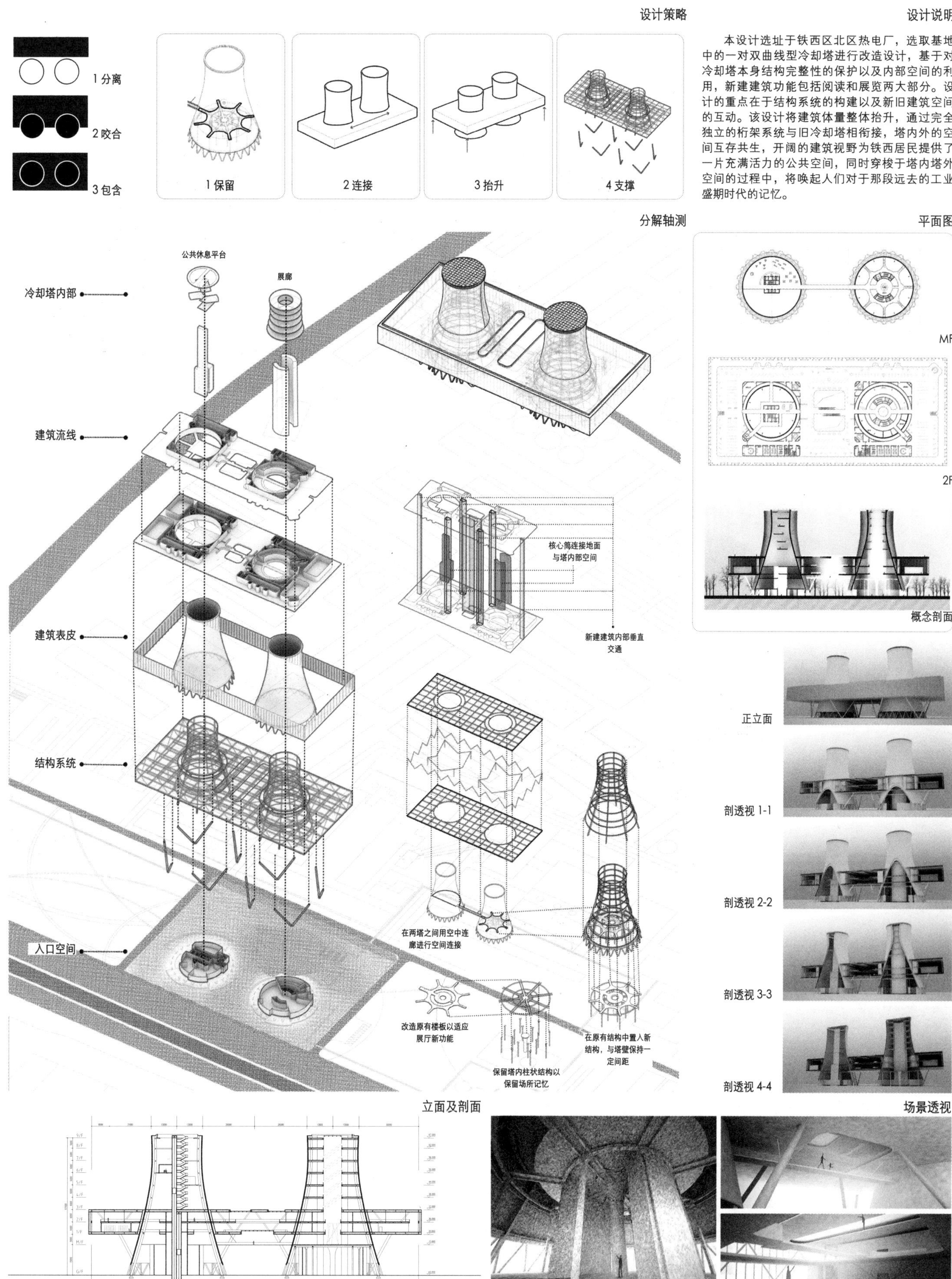
设计策略
1 分离
2 咬合
3 包含
1 保留
2 连接
3 抬升
4 支撑
设计说明
本设计选址于铁西区北区热电厂，选取基地中的一对双曲线型冷却塔进行改造设计，基于对冷却塔本身结构完整性的保护以及内部空间的利用，新建建筑功能包括阅读和展览两大部分。设计的重点在于结构系统的构建以及新旧建筑空间的互动。该设计将建筑体量整体抬升，通过完全独立的桁架系统与旧冷却塔相衔接，塔内外的空间互存共生，开阔的建筑视野为铁西居民提供了一片充满活力的公共空间，同时穿梭于塔内塔外空间的过程中，将唤起人们对于那段远去的工业盛期时代的记忆。
分解轴测
公共休息平台
展廊
冷却塔内部
建筑流线
建筑表皮
结构系统
入口空间
核心筒连接地面与塔内部空间
新建建筑内部垂直交通
在两塔之间用空中连廊进行空间连接
改造原有楼板以适应展厅新功能
保留塔内柱状结构以保留场所记忆
在原有结构中置入新结构，与塔壁保持一定间距
平面图
MF
2F
概念剖面
正立面
剖透视 1-1
剖透视 2-2
剖透视 3-3
剖透视 4-4
立面及剖面
SECTION A-A
场景透视

迷失的十字路口
Lost in Crossroad

浙江大学
设计：郭璐炜
指导：浦欣成

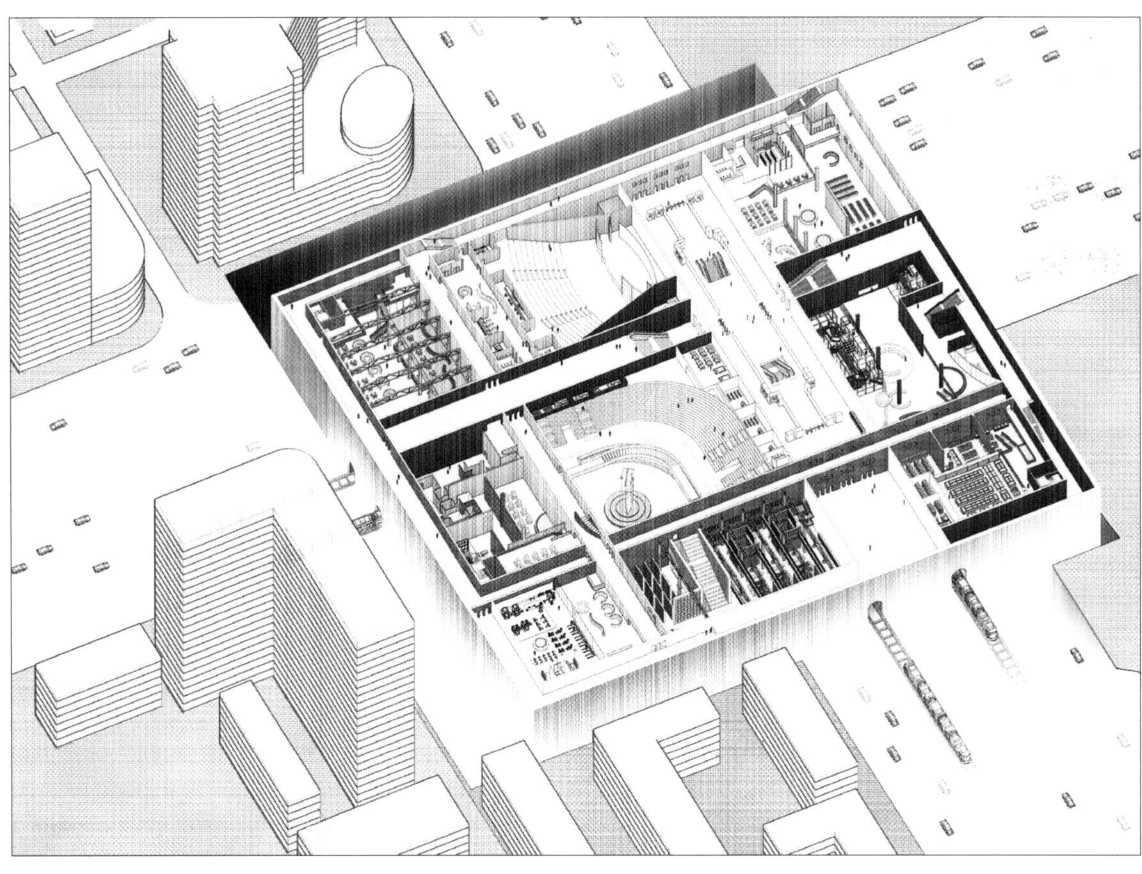

一个世纪，铁西工业从荒芜到辉煌到没落，工业时代仿佛刚刚兴起就迫不得已止步。新的改革之路在阵痛后宛若新生，只是当我们还想再看看以前的功绩时，都已经所剩寥寥；那些留存为文物和影像的记忆与生活，成了这片区域为数不多的丰碑与祭奠。

此次设计希望通过介质承载起铁西工业时代的事件、场景，植入到铁西的日常生活中，在不经意的转角误入记忆的迷宫。设计的基地选取在铁西的十字路口，在搭建起路口地下通道的同时，置入使用空间。其中着重选取了铁西广场路口，其本身的地铁建设与文化雕塑"力量"的设置是这一节点的设计限制与引导因素。

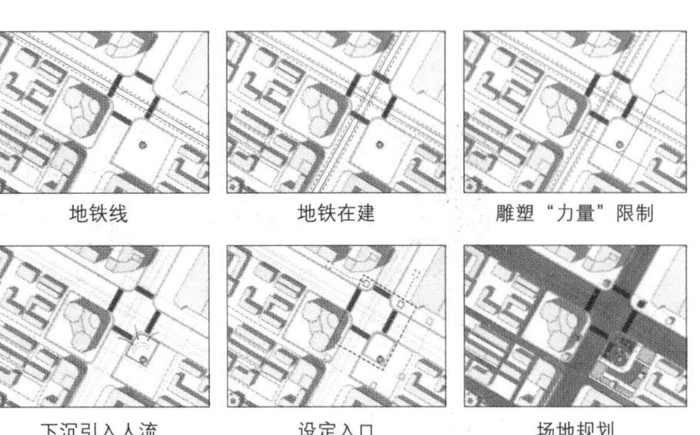

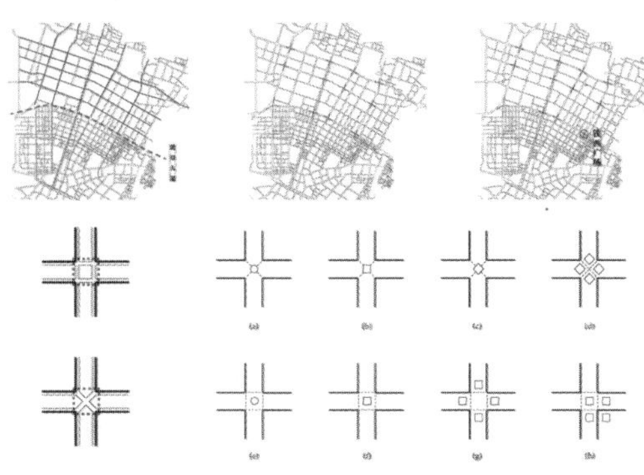

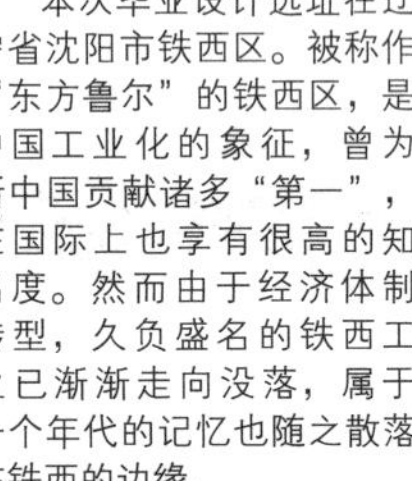

评语：

本次毕业设计选址在辽宁省沈阳市铁西区。被称作"东方鲁尔"的铁西区，是中国工业化的象征，曾为新中国贡献诸多"第一"，在国际上也享有很高的知名度。然而由于经济体制转型，久负盛名的铁西工业已渐渐走向没落，属于一个年代的记忆也随之散落在铁西的边缘。

本设计以铁西记忆为线索，重新组合过去的生活与建筑片段，借由代表性的四种材质界面在城市的十字路口之下构筑起一道道迷宫的围墙，让过往的人流无意间闯入记忆的碎片中，同时也期待成为铁西人民生活和娱乐最基础的节点。

每个年代都有落在构筑的特质，它们像符号一样扎根在那个时期生活过的人们心里。

设计提取了这些构筑的四种印象材质界面（灰色混凝土、红色砖、暗红耐候钢、白色乳胶），让它们去承载每个追忆者曾经历过的点点滴滴，希望它们交织在城市的背面，透过时间之后筑起温暖的界线，引导新人和旧人回到那个时代。

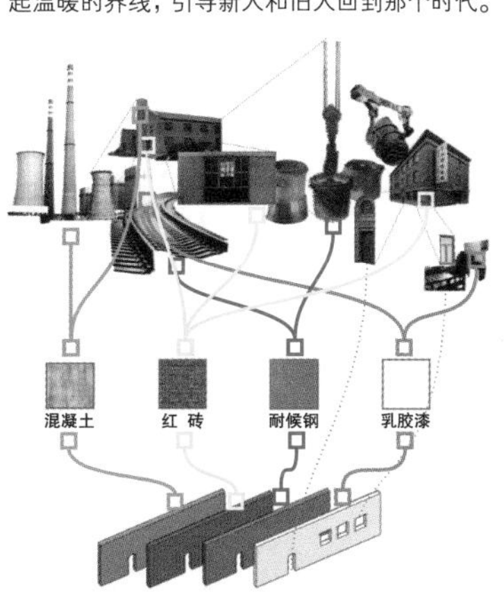

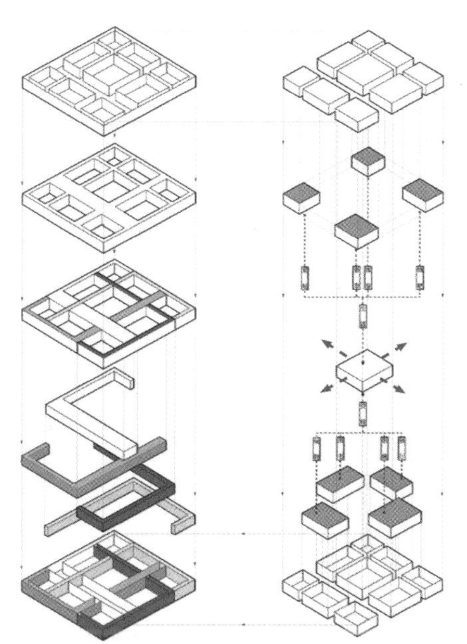

地下一层平面

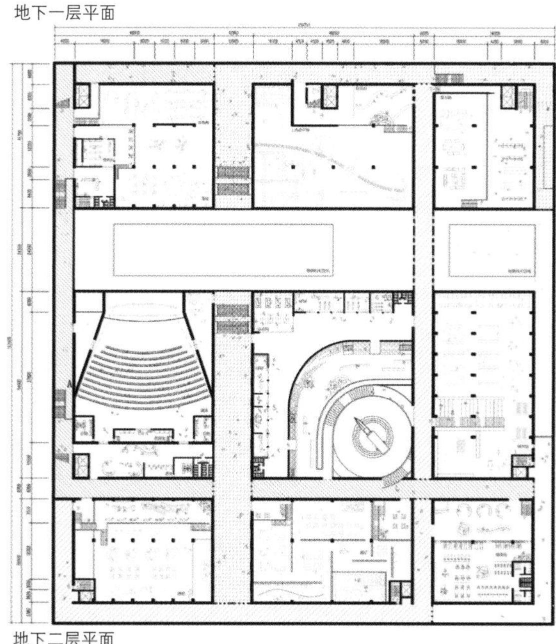

A-A 剖面

B-B 剖面

地下二层平面

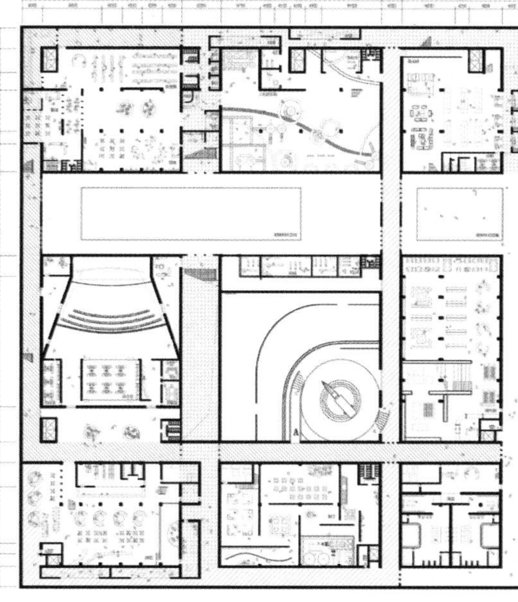

连接——旧工厂复兴

connection System – Restoration of Historic Industrial Territories

浙江大学
设计：张凡
指导：浦欣成

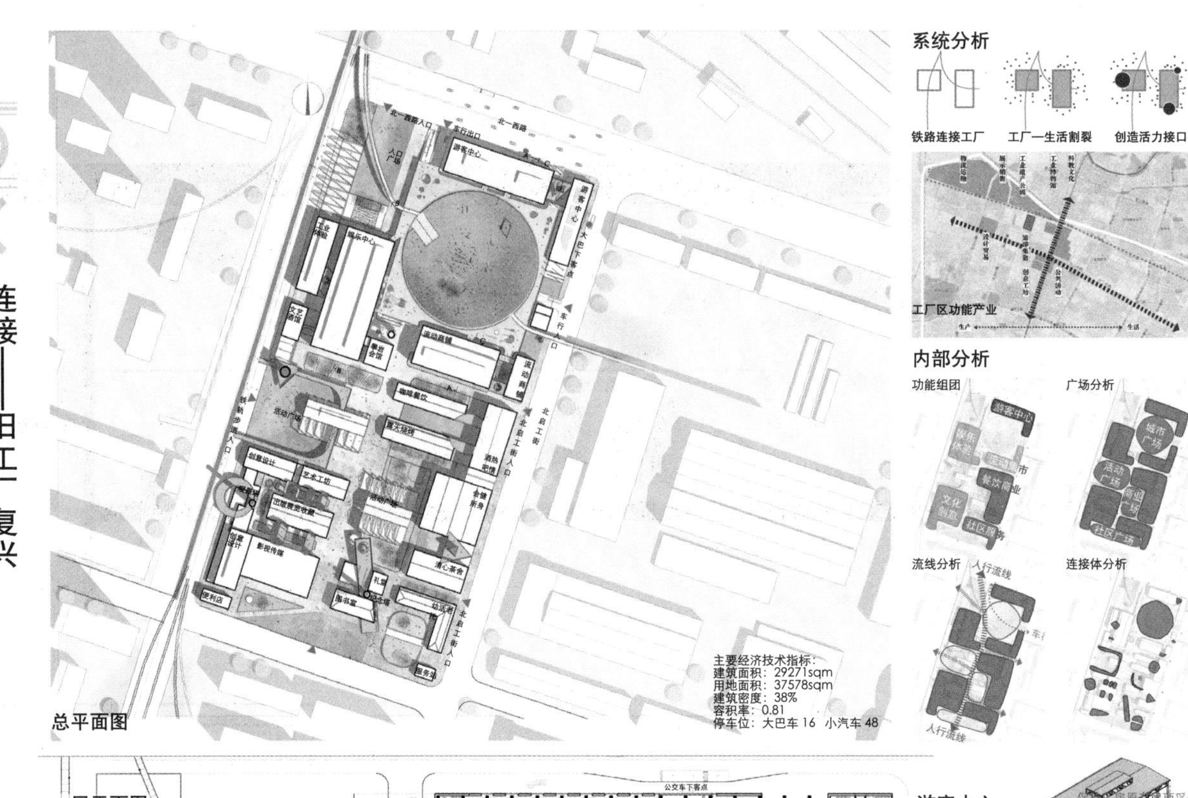

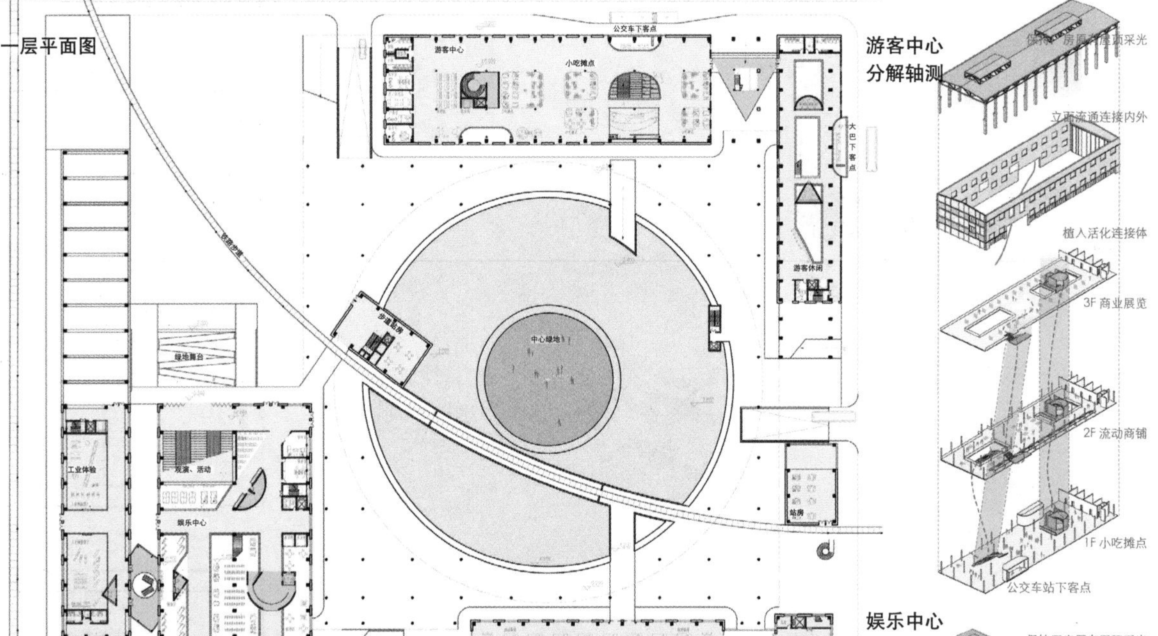

评语：

该设计意在对铁西现存的工业旧区进行系统性的激活。

在工厂间的废弃铁路上设置架空走廊，创造独立的交通体系，将分散的工业旧区进行连接，同时对每个工业区注入特定的功能进行复兴。

针对旧区中间地带的冶金机械厂进行单体设计。植入碗状内凹的圆形大绿地作为工厂与生活的接口，同时通过厂房之间的连接体、内部的标志物来引导空间，设置了娱乐观演、旅游集散、流动商铺等功能，并利用厂房原有结构进行改造。

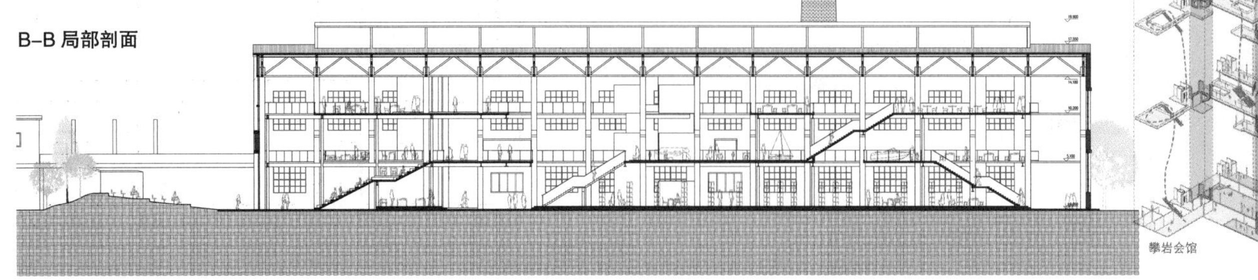

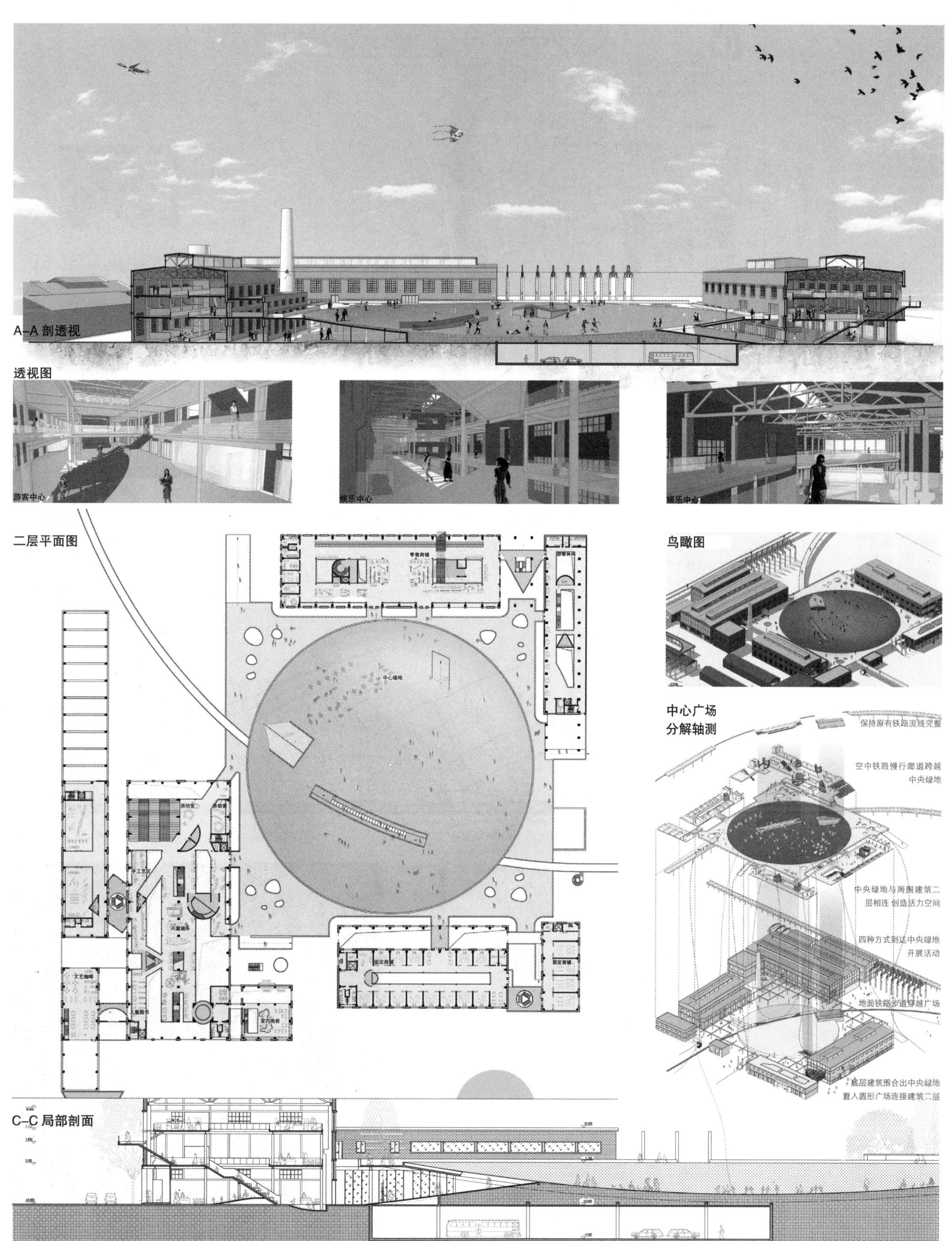

A–A 剖透视
透视图
游客中心
娱乐中心
娱乐中心
二层平面图
中心绿地
鸟瞰图
中心广场
分解轴测
保持原有铁路流线完整
空中铁路慢行廊道跨越
中央绿地
中央绿地与周围建筑二
层相连 创造活力空间
四种方式到达中央绿地
开展活动
地面铁路步道穿越广场
底层建筑围合出中央绿地
置入圆形广场连接建筑二层
C–C 局部剖面

新城与旧市的温和对抗

The combat between the old and the new

设计：武威
指导：浦欣成
浙江大学

入侵

大象，代表城市的中坚力量，是为城市创造主要经济价值的社会群体，这部分人拥有较高的收入和社会地位，支配并占有大多数社会资源，并主导着城市的发展。

挣扎

蚂蚁，代表社会弱势群体，是城市发展过程中逐渐被遗忘的一部分或者是以城市边缘利益为生的人群，对社会的态度是顺从。

对立

在铁西的发展过程中，社会弱势群体的发展不被重视，得不到社会的基本资源和供给，只能依靠不断的向内吞噬自己已有的资源和土地等来承载更多的并且不断急剧增长的人口数量。在这个过程中，社会资源的支配者则希望占有更多的基础资源，以满足他们的发展。但在发展过程中，社会弱势群体成为他们发展进程中的极大的障碍，所以直接建立一个新的城市成为一种更加直接和高效的城市更新策略。

对城市中可被吞噬的范围进行梳理，这些处于城市较低级别的部分将会成为新陈代谢最先被吞噬的部分。

城市发展中最直观和显著的对于阶层的表达，可以由城市建筑的高度进行表征。城市中的弱势群体往往居住在城市的边缘地带并贴近地表，而城市资源的支配者则占有并掌握着大多数社会资源和技术，不断地向城市的每个维度进行扩张，不断形成城市中新的高度，并虎视眈眈地注视着弱势群体的资源。当代城市高度上无法获利时，这个阶层开始寻求新的手段和可以侵占的空间和资源。

沈阳市铁西区建筑高度分布图

棚户区 高度 < 5m

工人村 高度 < 20m

旧工厂 高度 < 30m

设计旨在通过建立一个乌托邦的新的城市体系，更新城市中因为人口所属关系和地权所属关系不明确而无法拆除却阻碍城市发展的建筑，并为其所承载的人口设立新的生活场所，成为城市中新的阶级，最终通过场所的对立建立城市新的阶级平衡和并促进城市的新陈代谢。

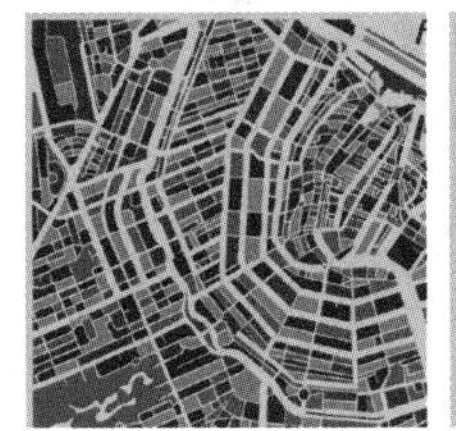

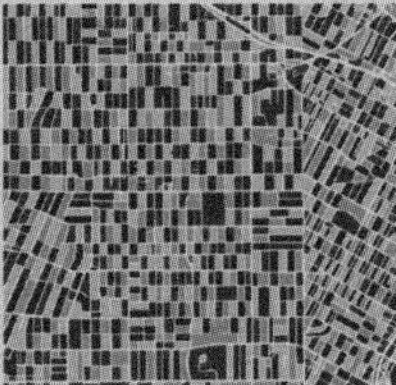

设计依托在铁西区的实地调研和依据城市程度分布对城市的肌理所进行的再梳理而形成了一个具有单元性和可扩展性的设计，并最终服务于设计的前期目的——促进城市新陈代谢。

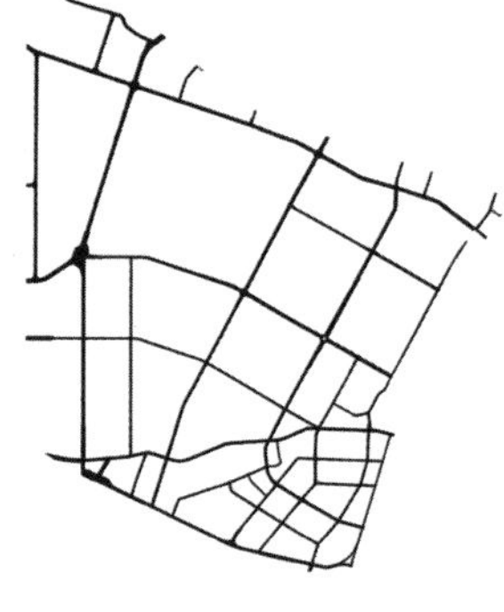
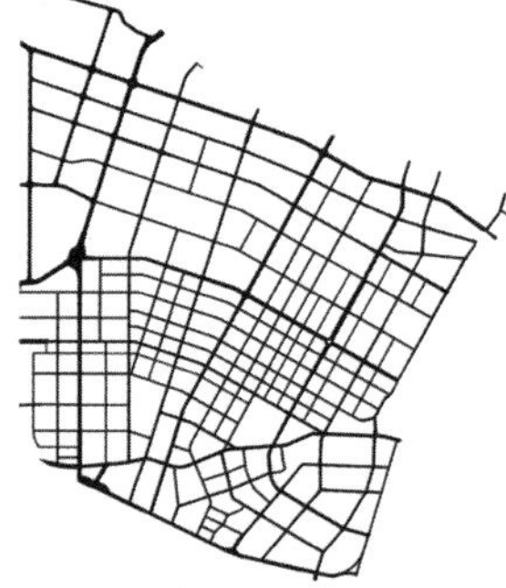

评语：

本次毕业设计选址在辽宁省沈阳市。沈阳市是中国工业化较早的城市，有着悠久的历史文化，在城市化进程中，城市保护与发展之间存在诸多矛盾，本设计通过一个独特的角度探讨城市基因在城市层面的表达以及与人的关系，观察与发现基因在人的体验与辨识层面的表现，使用一种较为夸张的手法解决横亘在城市发展之前的人权和地权问题，最终达到促进城市新陈代谢的目的。

同时，该设计也探讨了巨构城市在当今条件下的可行性与实施方式。

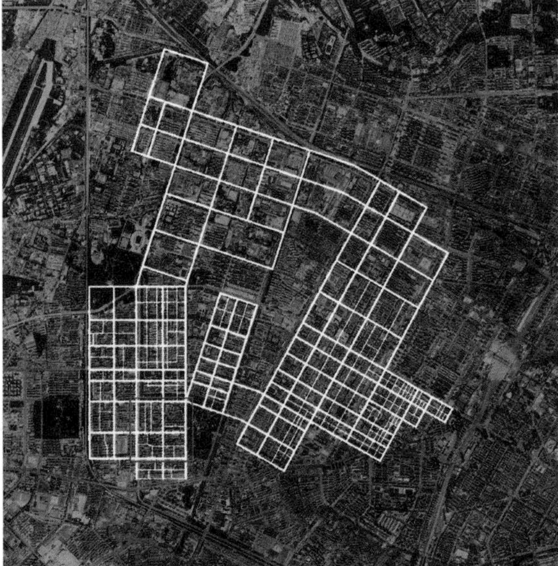

中心医院
生活区
居住区
运动区
巨构单元二层平面
1：2000
A-A 剖面 1：1000

指导教师

俞天琦

马英

1 后工业时代的联想

Imagenation in the Post-industrial Era

小组四位同学，对基地和周边进行了深入研究，从不同角度对后工业时代进行了猜想。其中赵宇轩同学，针对历史进行了博物馆的设计。李永阳同学专注于老工厂的改建与再利用。李伊飞同学进行了老年住宅的改建。张婧瑶同学则做了一个地标性的前沿设计，去展示“汤池文化”。

194

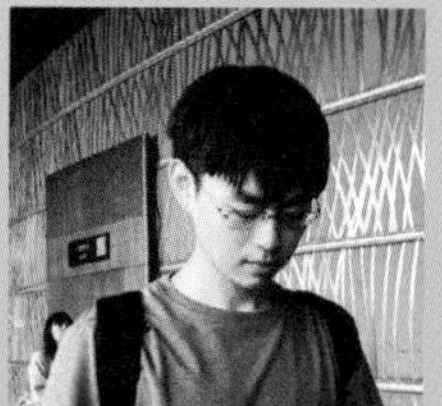

李永阳

张婧瑶

赵宇轩

李伊飞

2 聚－合·联－系

Polymerization-Connection

从计划经济集体主义走来的铁西，正在走向后现代社会的分散和孤立，为了铁西重要的基因——“凝聚力”，针对不同种类的人际关系，提供聚合联系人群的建筑场所。

202

谭云依

徐华宇

陈博闻

吴子威

3 失重铁西

Weightlessness Tiexi

从建筑的视角，对城市的发展历程与现状进行研究；以现代主义观念为主旨，试图对铁西区提出一种关于未来城市的科学式的包含着法则与自由的平衡的共识与整体幻想。

210

薛羚玥

朱静雯

王风雅

后工业时代的联想嗅觉疗法——气味体验园艺工厂

Imagenation in the post — industrial Era

北京建筑大学
设计：李永阳
指导：马英/俞天琦

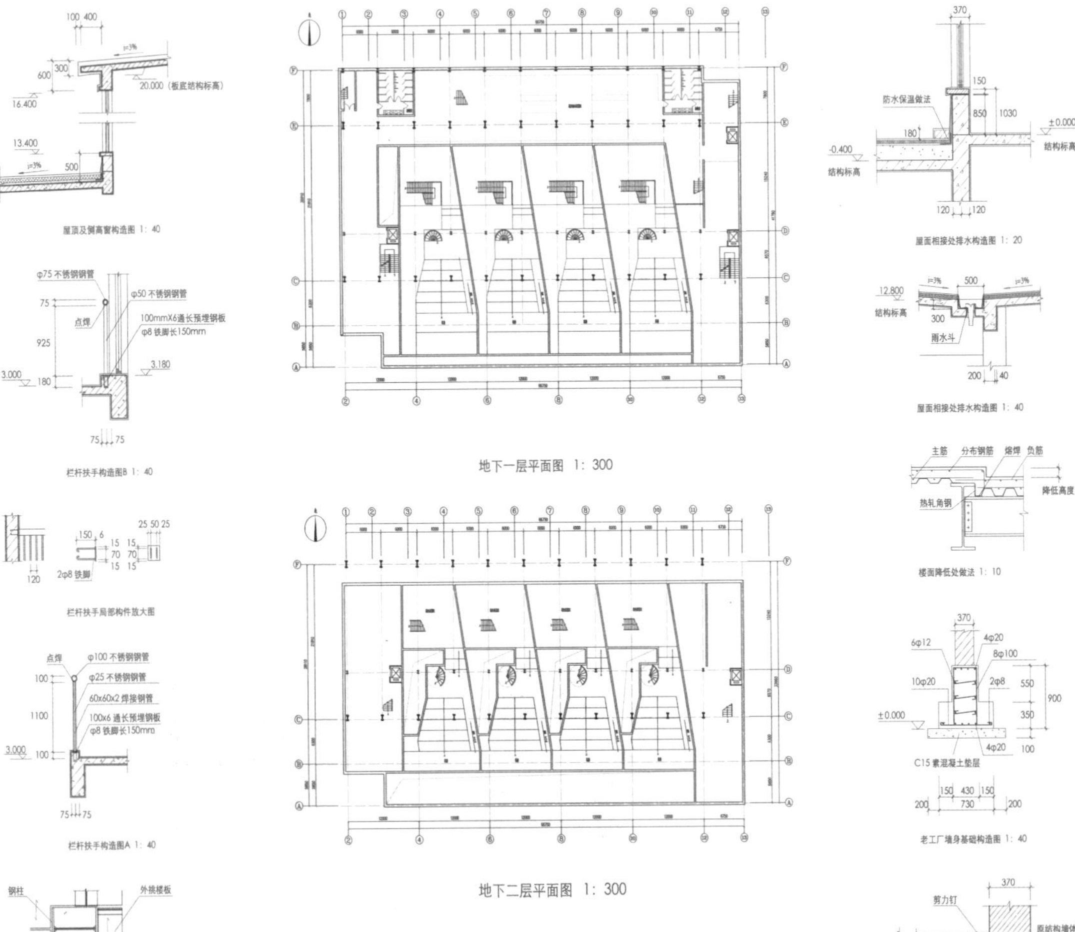

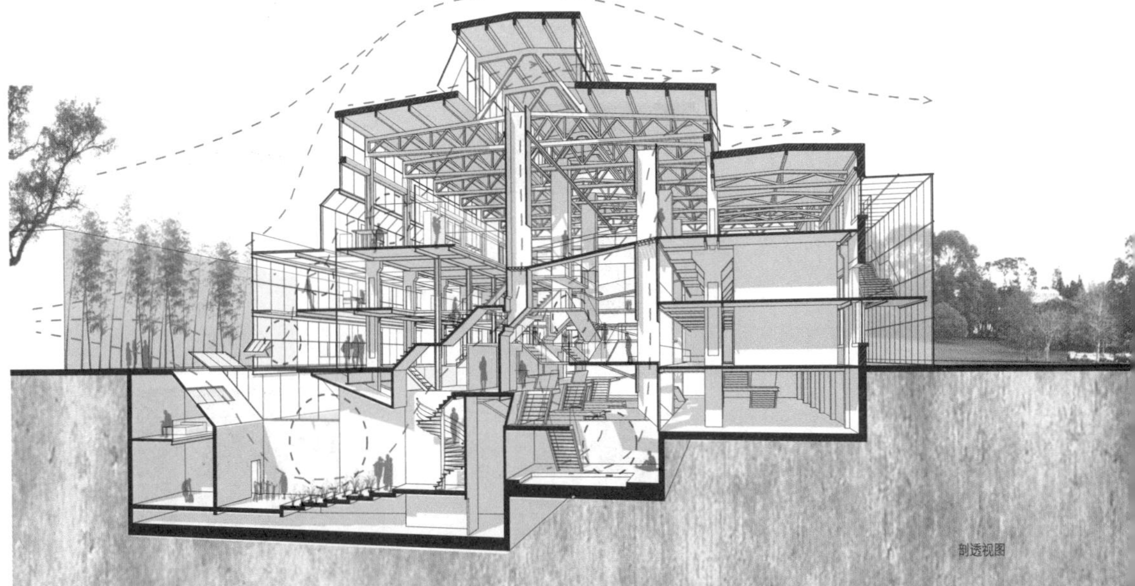
剖透视图

评语：

设计构思突破了传统的建筑思想，从嗅觉疗法出发，通过建筑空间和热压通风原理辅助形成了气味的流动，达到了输送香味的目的，在一定程度上起到了缓解人们心理压力、调节心情的作用。在基本保留原厂房结构的基础上，运用了压型钢板和工字钢进行了刚性结构的加固和加建，创造出了多个不同形态的展览和休闲空间。同时，通过无土栽培等现代化的种植手法和产业链，为原铁西区再就业工人提供了便捷的创业方式，从而为铁西区注入了新的活力。

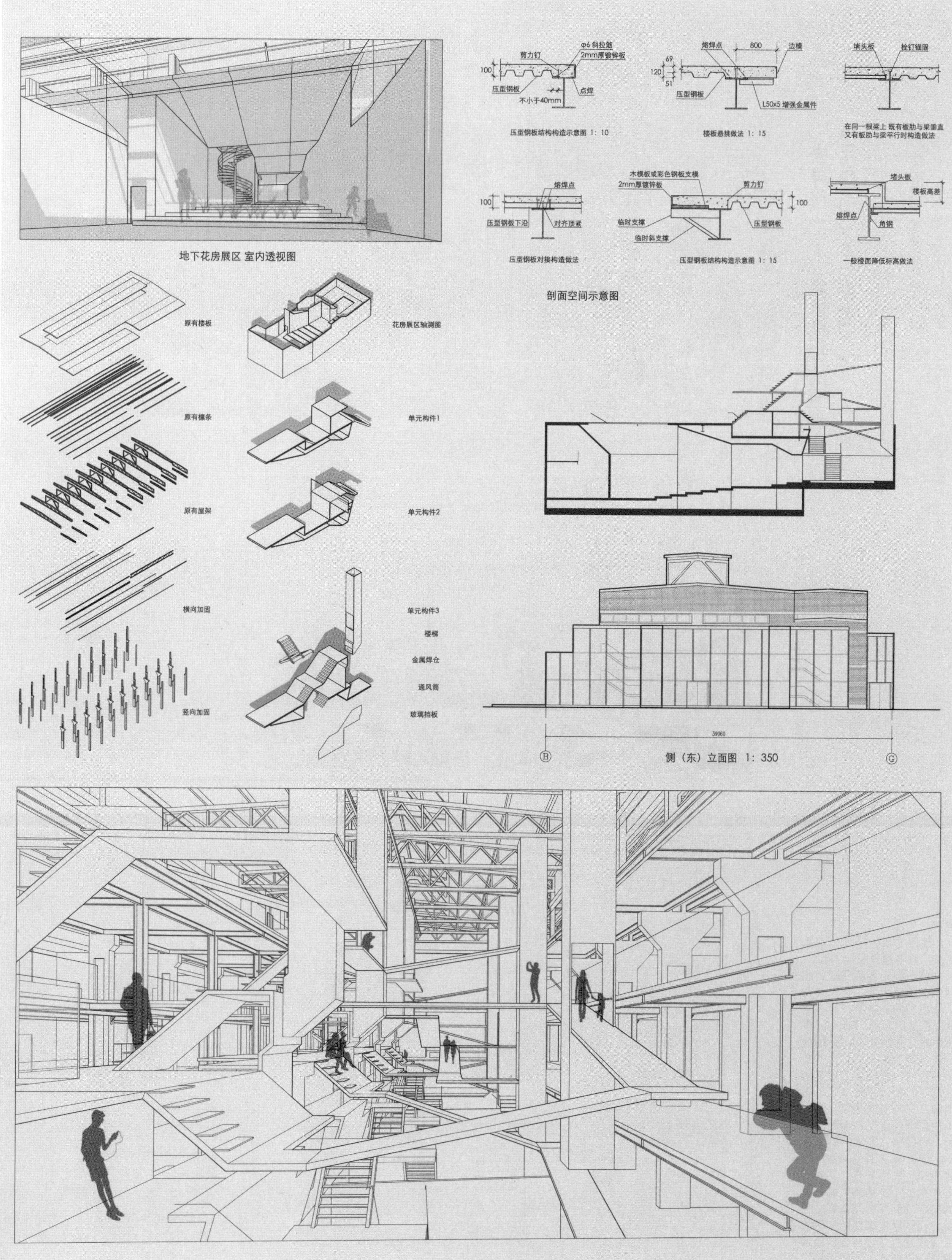

地下花房展区 室内透视图

剖面空间示意图

侧（东）立面图 1：350

室内一点透视图

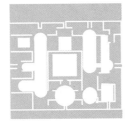

『去异化』——集体精神的再现
DISCARD ALIENATION

北京建筑大学
设计：张婧瑶
指导：马英/俞天琦

设计说明

“基因”代表了一个城市独特的身份，地理、气候、物产、艺术、民俗等等，都是构成一个城市基因的重要元素，也使一个城市区别于其他的城市。铁西区作为沈阳市内遗留的重要工业基地经历了曲折的发展历史：解放前工业的曲折发展，新中国大力发展工业，产业调整工业衰败，再次振兴老工业基地。如今的铁西区生活条件落后，整体经济水平较低。

然而在 20 世纪 50 年代，铁西工厂区几乎包含了铁西区人们各种活动场所，无论是工厂、住区还是幼儿园、电影院……各个阶层不同年龄段的人们在这里生活。21 世纪初期，各种面对一系列的工业改革，大面积的工厂区荒废，工人转型下岗，铁西区不复往日的繁荣。该设计旨在如今衰败的铁西区打造一个具有传统和现代的公共活动相结合（汤池文化中心与创客工厂）的塔楼，在提醒人们回顾工业时代的辉煌的同时，汇聚不同的人群，瞻往未来美好的生活，以此为铁西区注入新的活力。

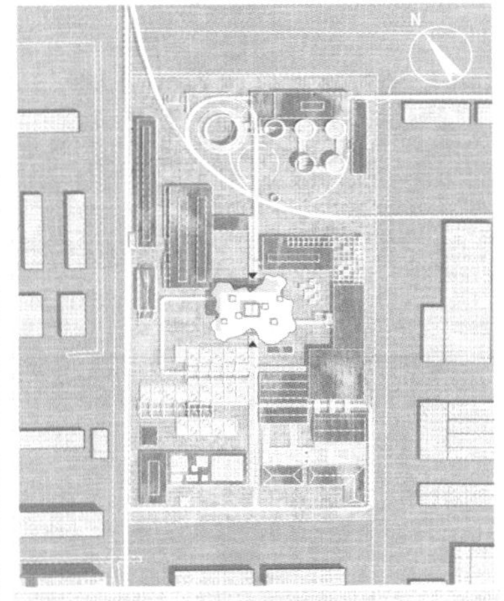

总平面图　1：2500

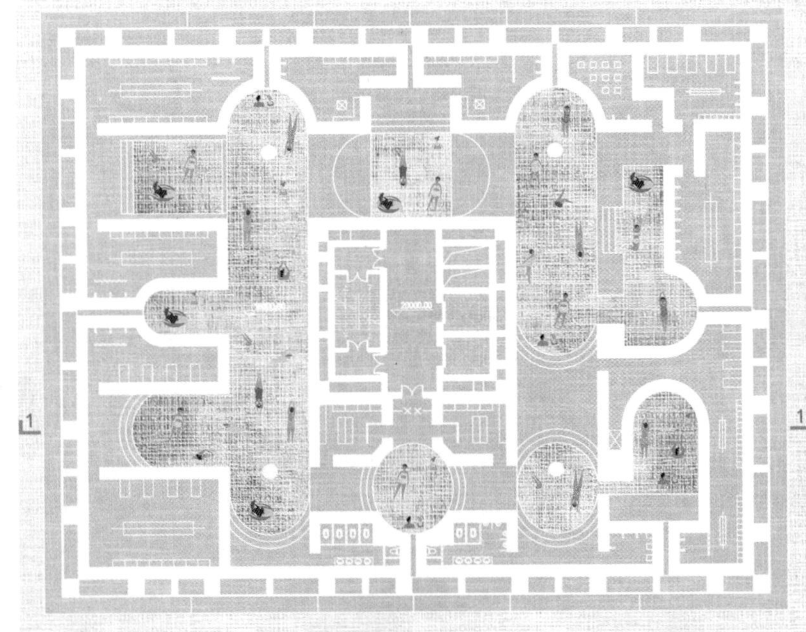

汤池文化中心平面图　1：200

室内局部透视

评语：

铁西“集体精神”的基因是建立在抛开身份、地位、性别的一种无界的互动。在现代化的社会中，再次将人们集中在同一场地、同一空间是极其困难的。设计将“集体精神”再次定义，利用汤池文化呼唤起人们这种“去异化”的精神交流。形式上突破了传统的建筑形态，将老旧工厂的意向倒置，使原本内向型的空间完全暴露在外，形成第二层次的交流互动。同时建筑上部的意向设定为未来生活场景，高耸的形体挑战了结构的难题，悬臂结构的巨型桁架与膜结构结合，新颖富有创意。传统与现代化的结合望在铁西区建造一座新的“集体精神”标志物。

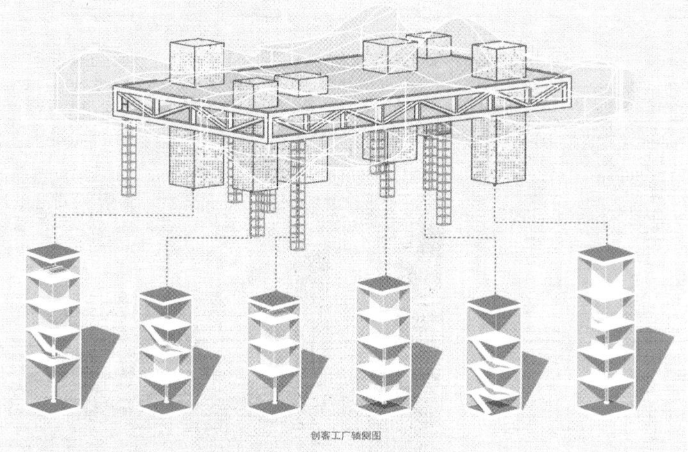

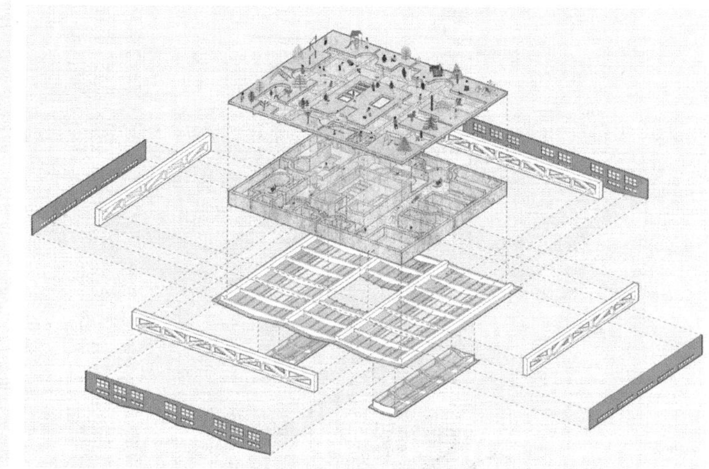

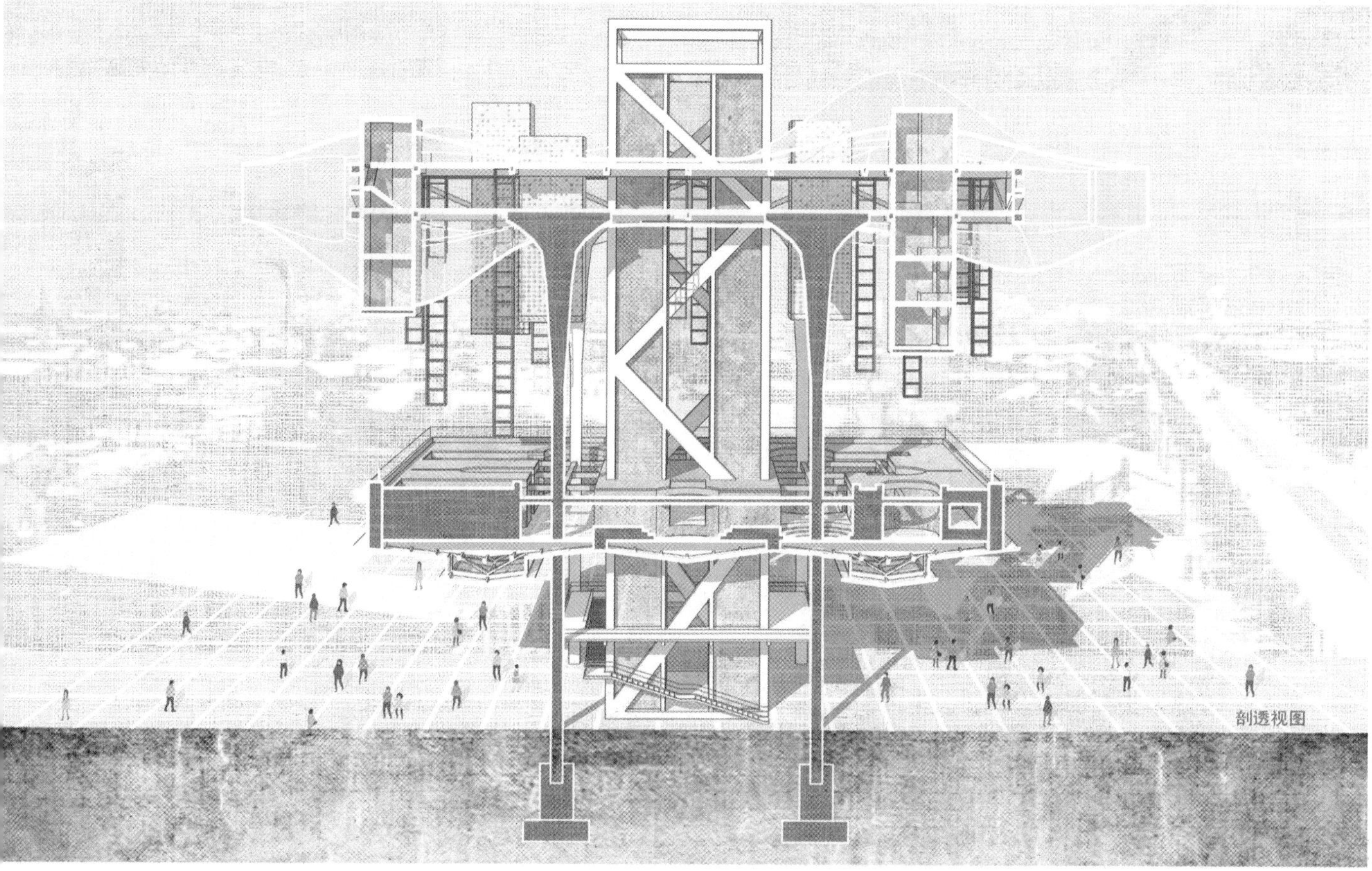

剖透视图

叙事性空间组织逻辑

为了表达铁西基因的延续，计划将独特时期的集体记忆转变为个人记忆。为了从建筑层面将铁西区的记忆传达给人们，我将建筑定位为记忆的物质载体，通过一系列空间组织带给使用者切身的沉浸式感受。而这种空间组织的逻辑，需要具有地域特点的骨架作为导向。于是我选择了场地原来功能的金属冶炼过程，将这个过程提取抽象，转化成建筑语言，从而使使用者在游览过程中有现有逻辑的空间感受组合，得到情感升华。

破碎
↓
打磨
↓
分级
↓
浮选
↓
冶炼

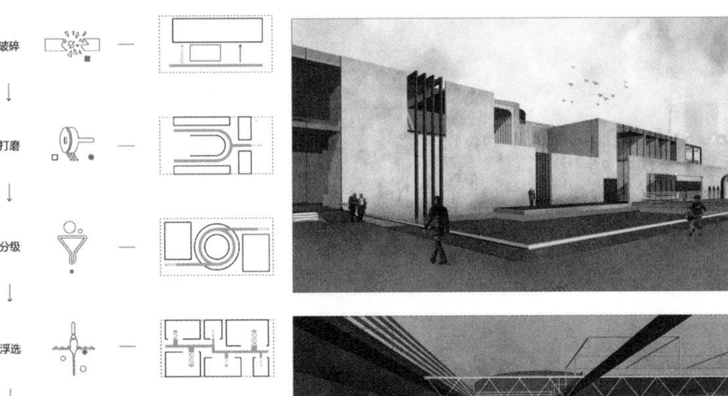

功能分区

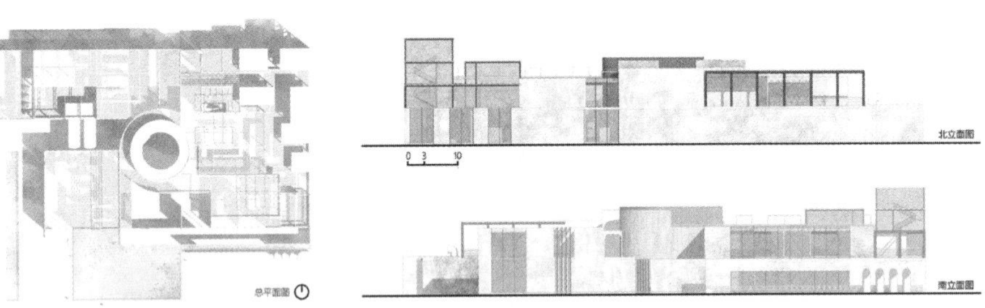

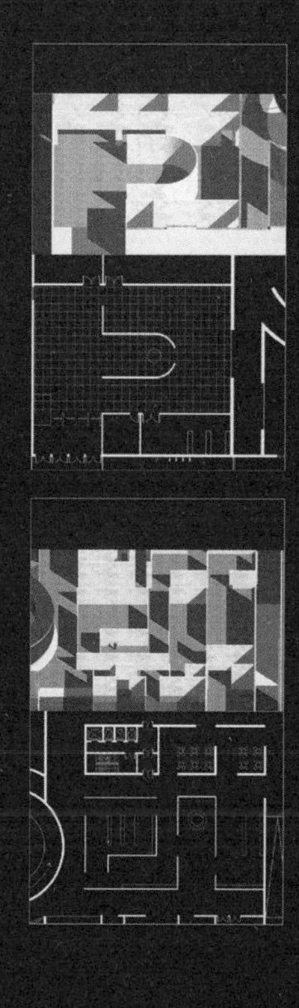

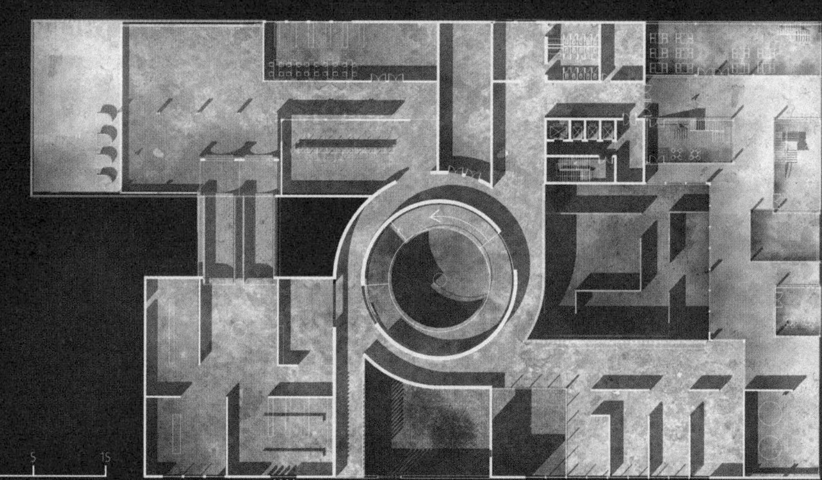

通过对空间秩序的组织，使游客在游览路线行进时，有逻辑叙事性的空间体验。两层的空间有尺度和路径长短区别，首层短墙围合出的暧昧空间和路线令游客自主浮选。二层为开放性参观和交流空间，大尺度展厅令游客沉静或是自由游览。

全年龄住宅设计

ADAPTTING AGING RESIDENCE

北京建筑大学

设计：李伊飞

指导：马英/俞天琦

重温铁西·城市基因的在编的活化　　北京建筑大学　建 122　李伊飞

全年龄住宅设计　　1

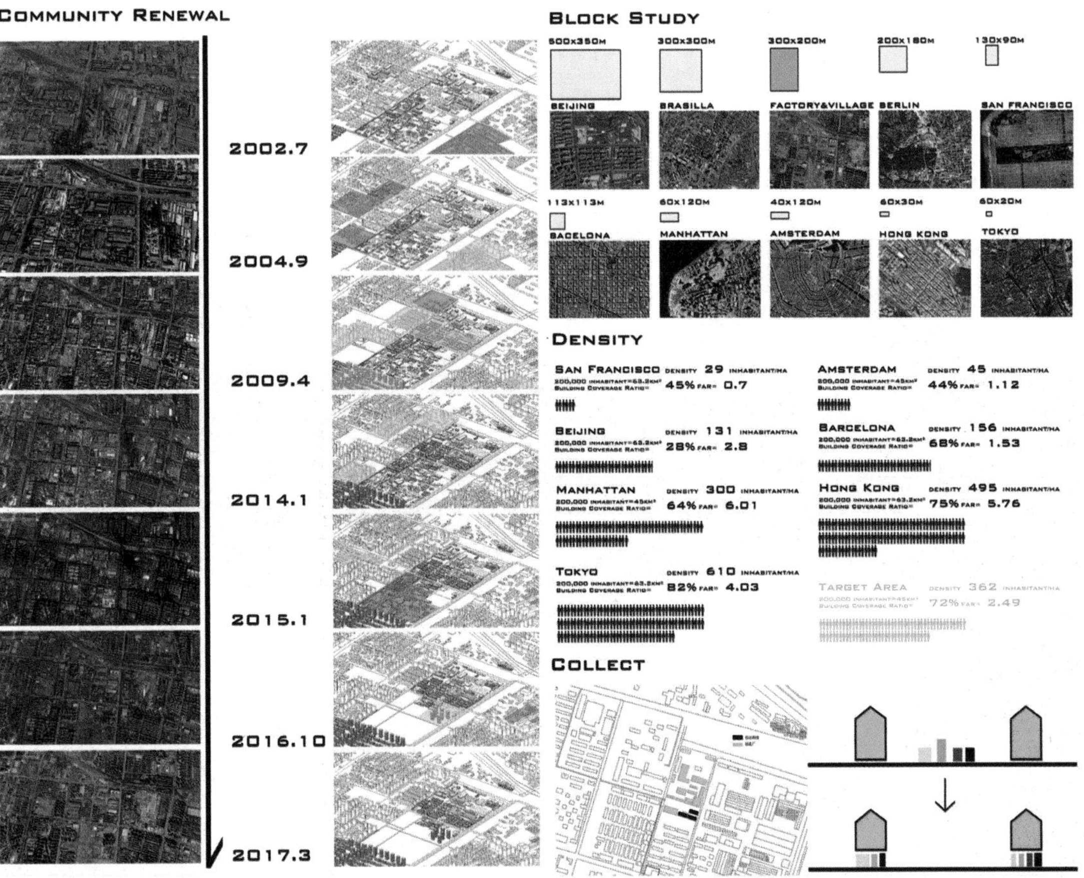

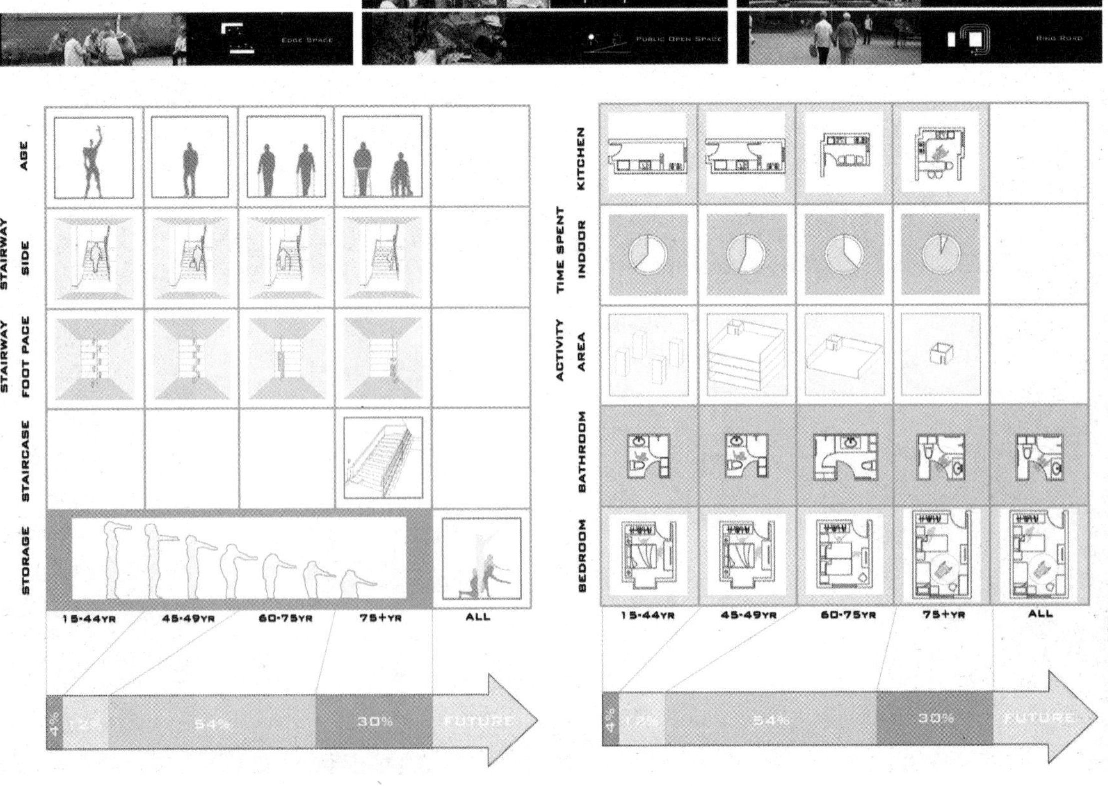

评语：

从老龄化带来的社会问题出发，进行应龄住宅改造。通过调研，从社区现状、目前更新方式弊端等一步步分析原因，提出策略。从个人户型改造、社区设施优化，到全年龄住宅设计，在空间时间横纵两方面思考以满足使用者需求，并给出改造方案。整个设计逻辑有理有据，尤其对于老年人精神需求的设计更是充满人文关怀，令人欣喜。但论及可操作性：第一， 拆迁问题如何实现？过程中的居民搬迁去哪？第二，整个设计改建及运营成本如何匹配住户承担能力？托老中心是否会因此而在实际使用中被荒废？第三，结构和构造上如何实现老龄化？这些还都需要去更加脚踏实地的思考。

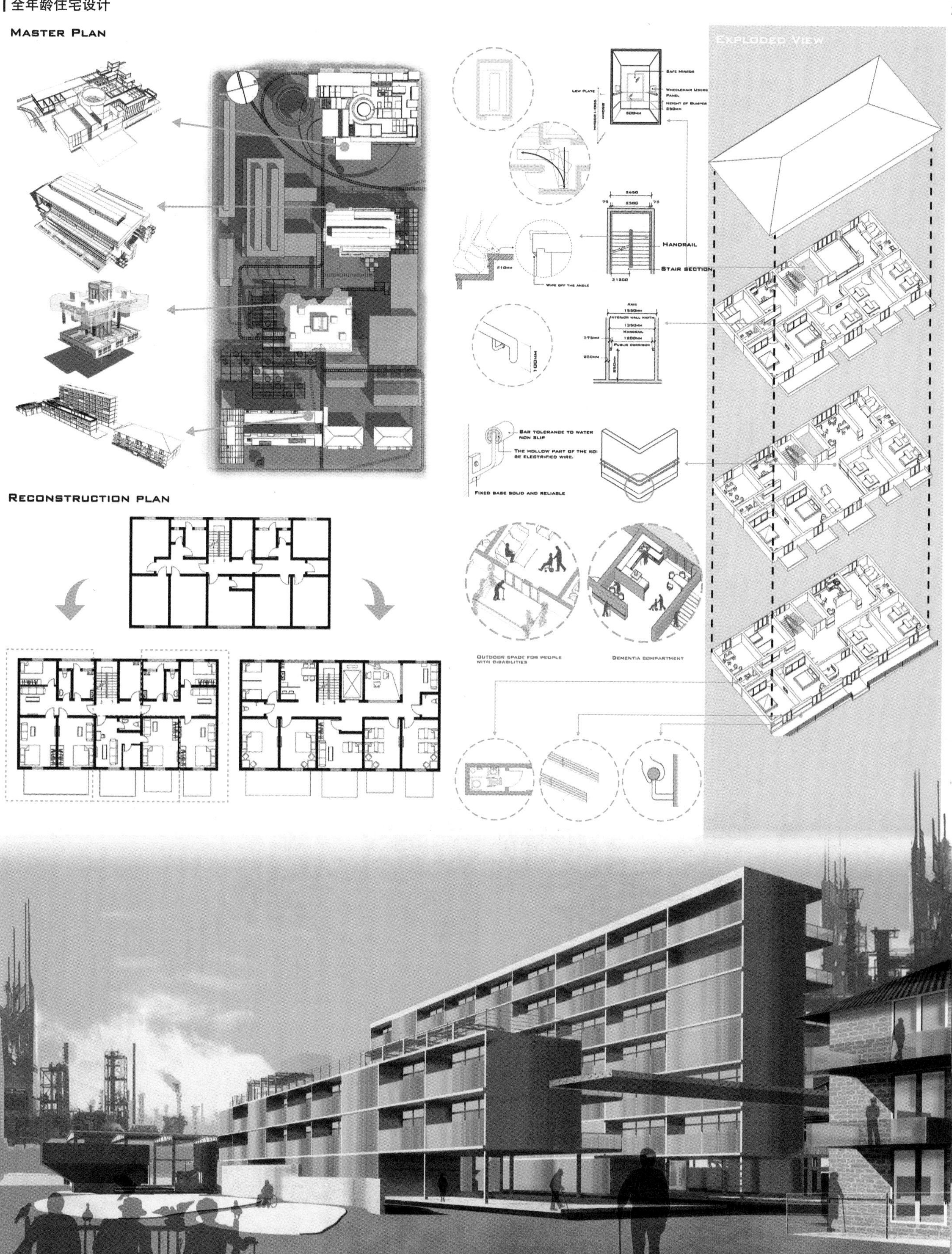
Master Plan
Exploded View
Handrail
Stair section
Reconstruction plan
Outdoor space for people with disabilities
Dementia compartment

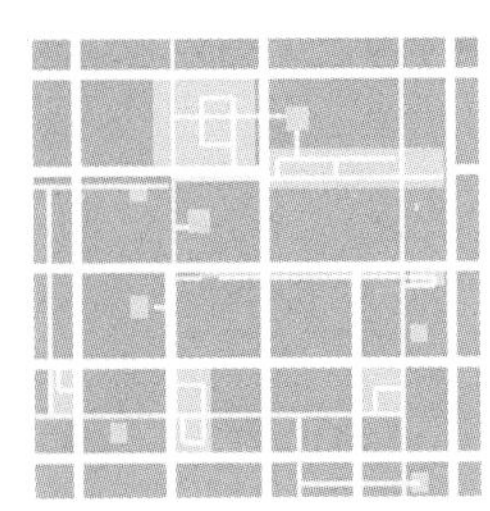

聚－合·联－系

Polymerization–Connection

北京建筑大学

设计：谭云依/徐华宇/陈博闻/吴子威

指导：马英/俞天琦

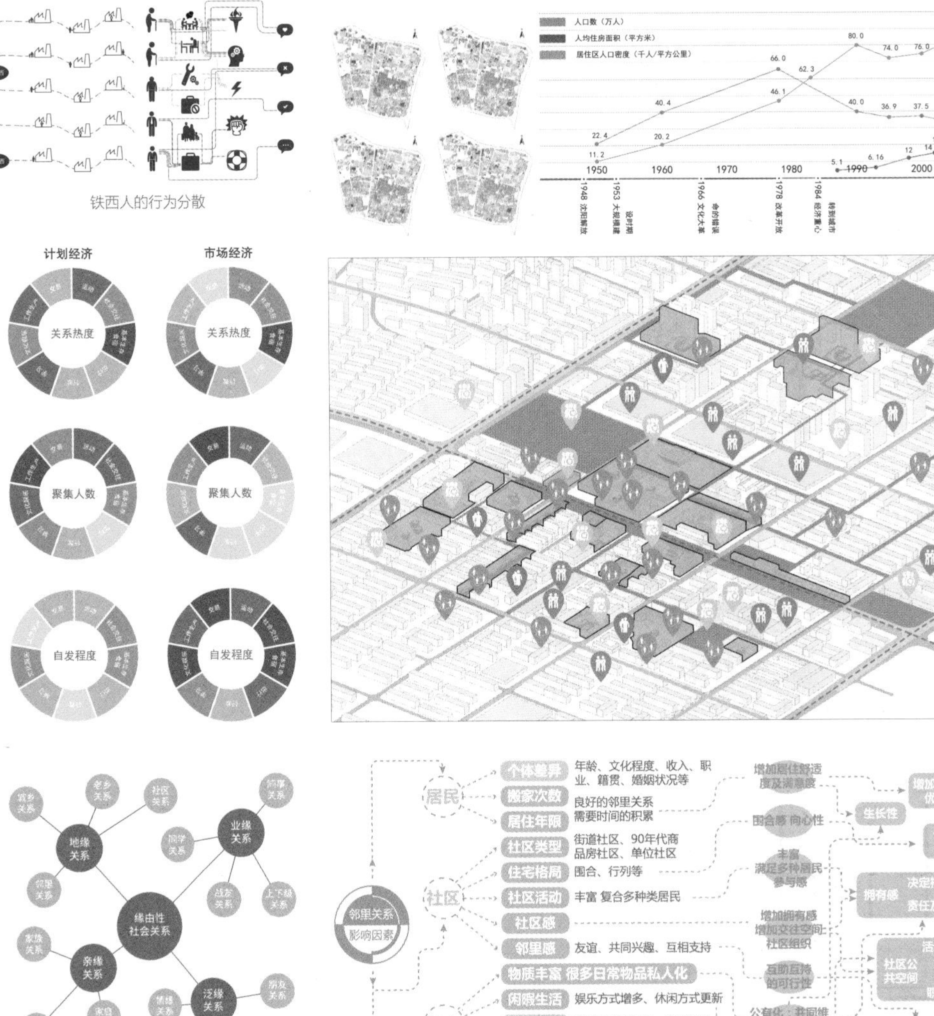

评语：

毕业设计的选址位于铁西区社会冲突最明显的建设大路与保工街的交汇处。小组的四个人，前期对铁西区的社会关系进行了比较深入的研究，得出了铁西社会关系分散的初期理论，中期根据调研分析的结论得出了对应不同空间的城市更新模式。之后，分别就邻里关系、同龄关系、同好关系、陌生关系间的联系进行深入研究。进行了老住宅改造、玩具展销中心、体育公园和社区中心的设计。

四位同学对社会的研究符合铁西区的社会文化特点，具有一定前瞻性。形成了一套比较完善的城市更新手法，为建筑设计提供了合理有效的指导。

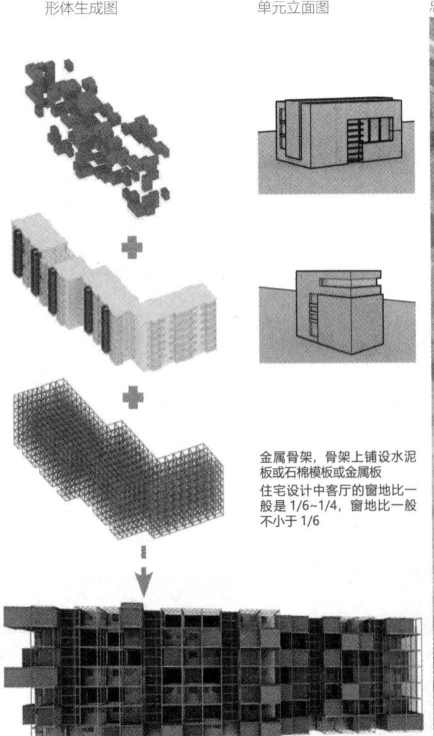

形体生成图
单元立面图
金属骨架，骨架上铺设水泥板或石棉模板或金属板
住宅设计中客厅的窗地比一般是1/6~1/4，窗地比一般不小于1/6

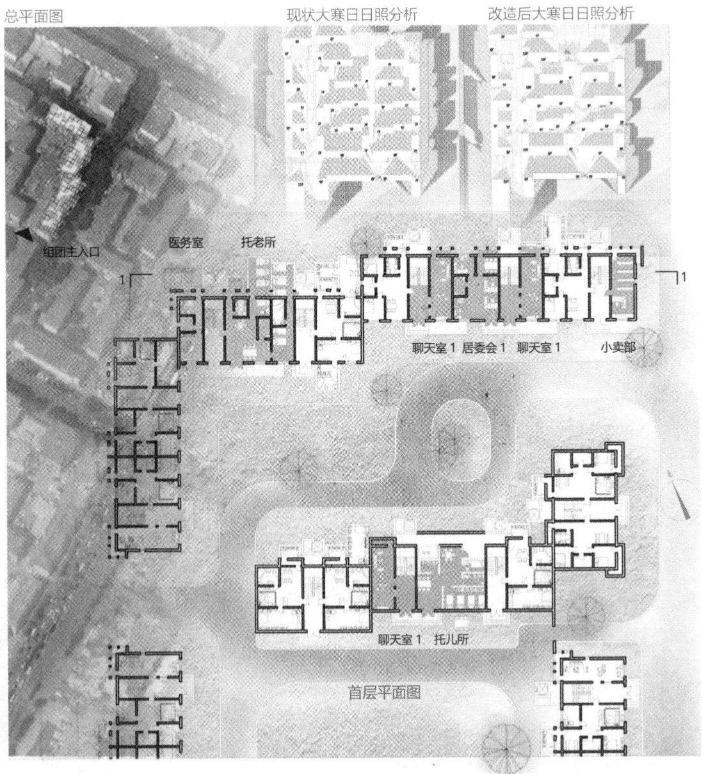

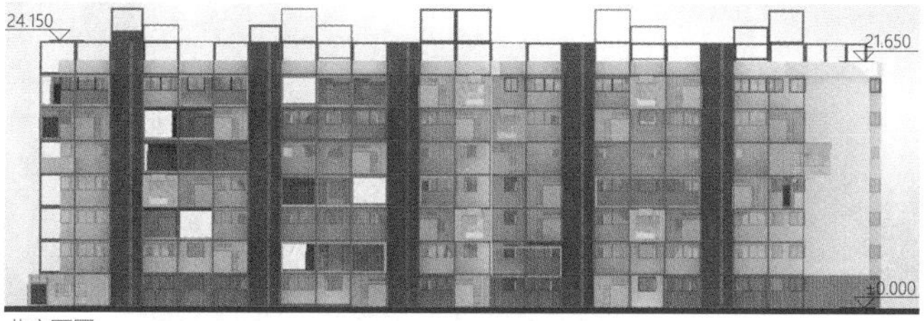

24.150
21.650
±0.000

北立面图

21.650
24.150
±0.000

南立面图

24.150
21.650
±0.000

1-1 剖面图

模块放大平面图

3000
3000
1900
3300
3300
3800

改造前平面图

3300
3300
1900
1900

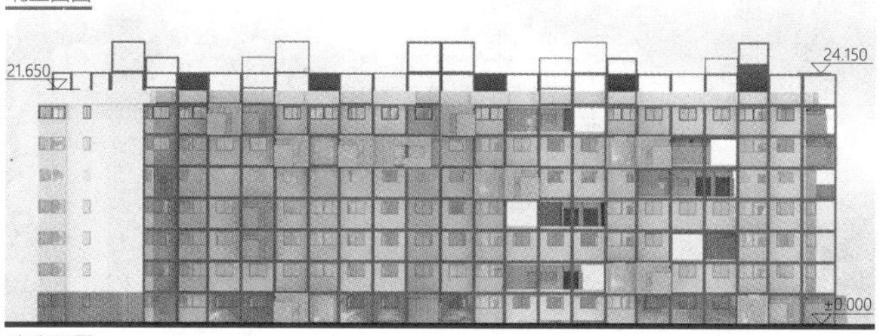

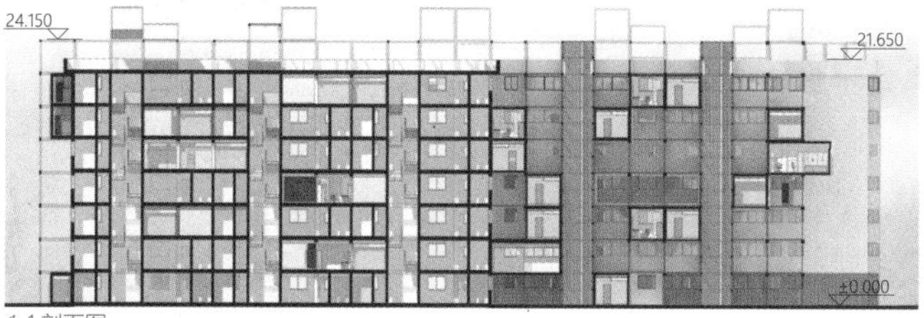

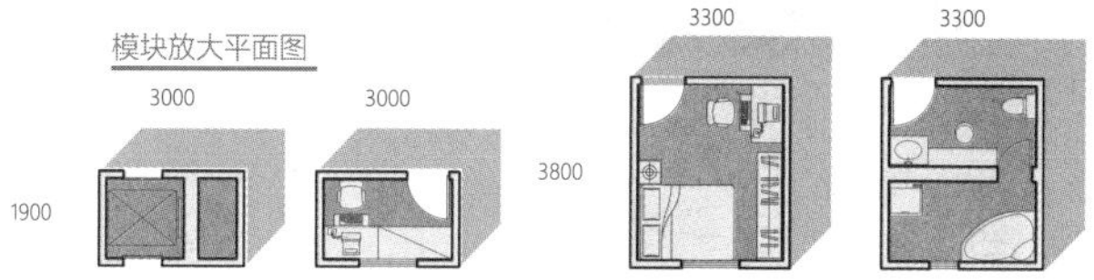

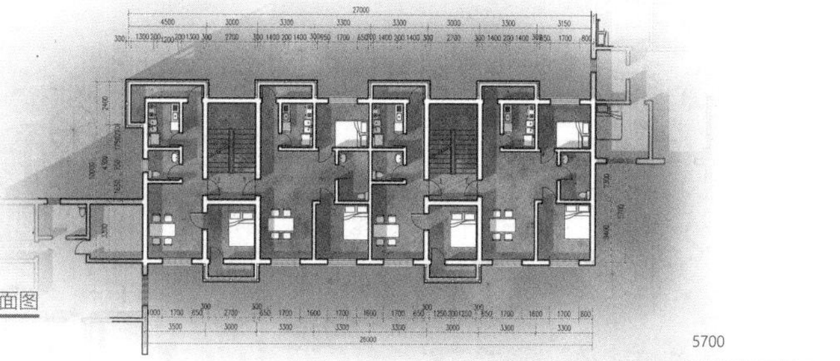

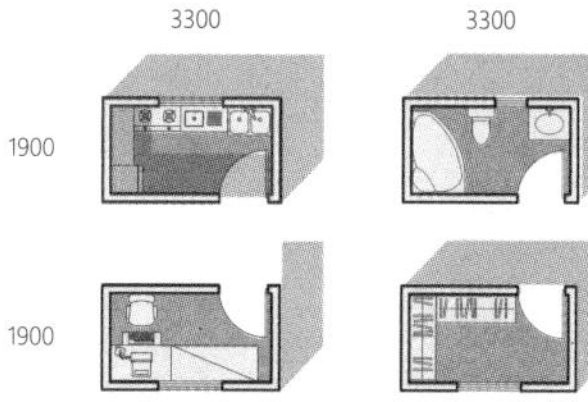

模块尺寸说明

横向上：
模块尺寸与建筑承重墙轴距保持一致
3300 或 3000

纵向上：
依据核心筒的纵向墙尺寸。
核心筒纵向承重墙轴距为 5700
以 1/3 核心筒纵向承重墙轴距为母单元尺寸
即得到 1900、3800、5700

5700
3300
3300

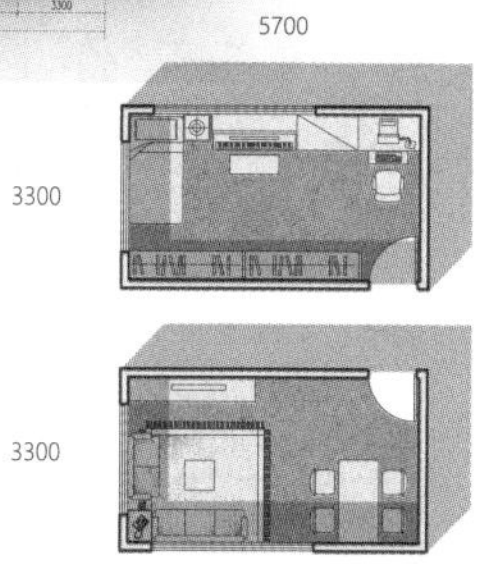

方 A
两户
存量
改造

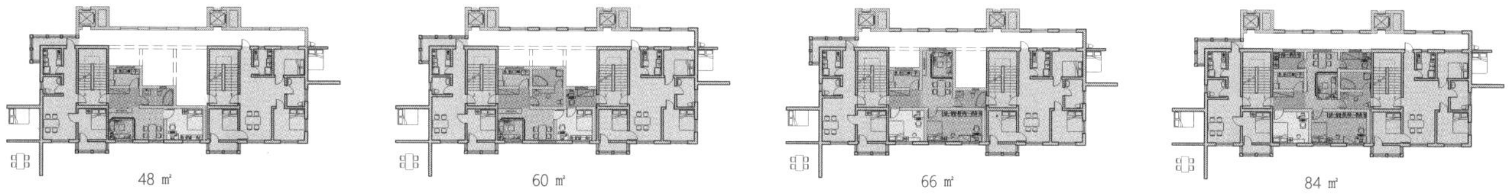

48 ㎡
60 ㎡
66 ㎡
84 ㎡

组合 A 平面图

方 B
一户
存量
改造

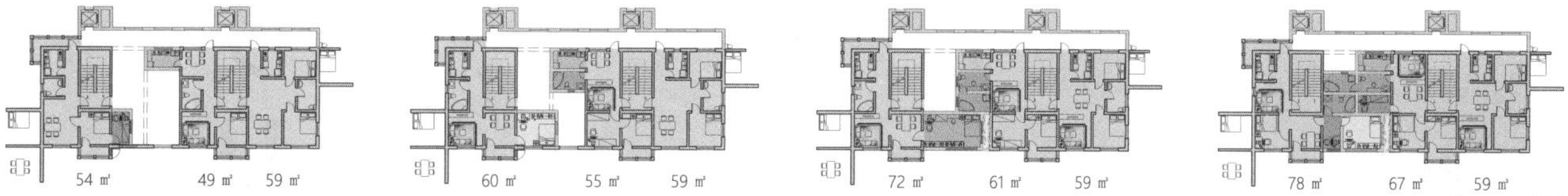

54 ㎡ 49 ㎡ 59 ㎡
60 ㎡ 55 ㎡ 59 ㎡
72 ㎡ 61 ㎡ 59 ㎡
78 ㎡ 67 ㎡ 59 ㎡

组合 B 平面图

方 C
增量
改造

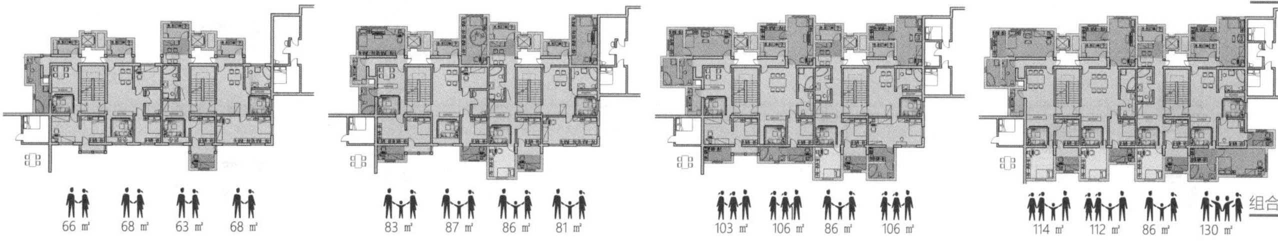

66 ㎡ 68 ㎡ 63 ㎡ 68 ㎡
83 ㎡ 87 ㎡ 86 ㎡ 81 ㎡
103 ㎡ 106 ㎡ 86 ㎡ 106 ㎡
114 ㎡ 112 ㎡ 86 ㎡ 130 ㎡

组合 B 平面图

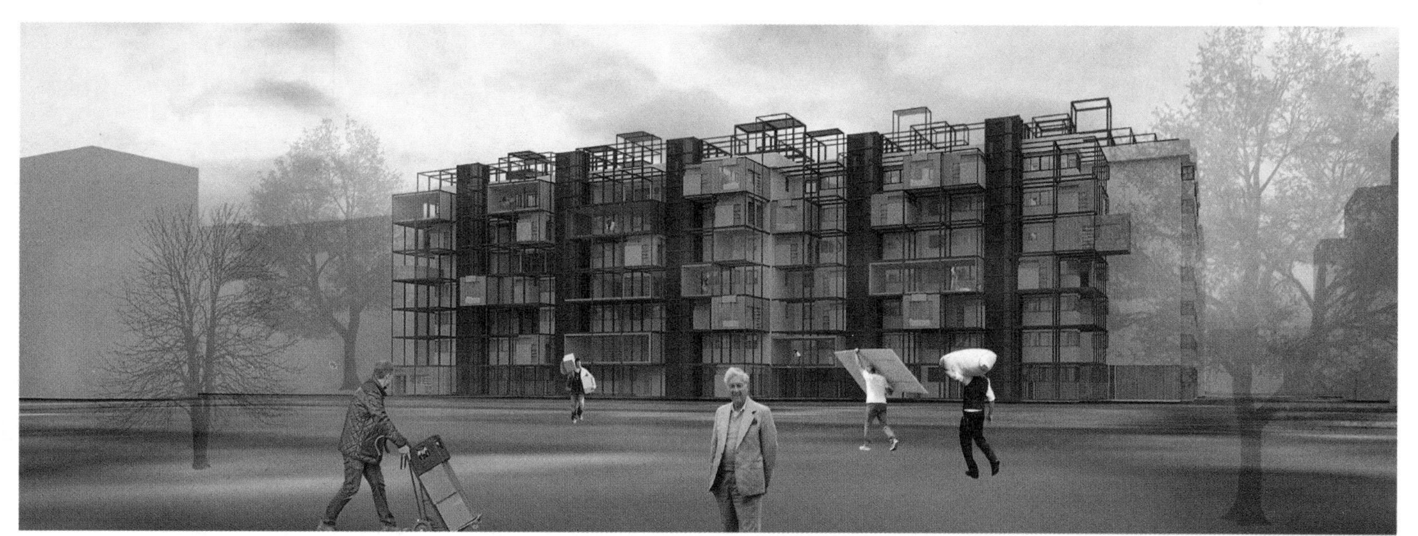

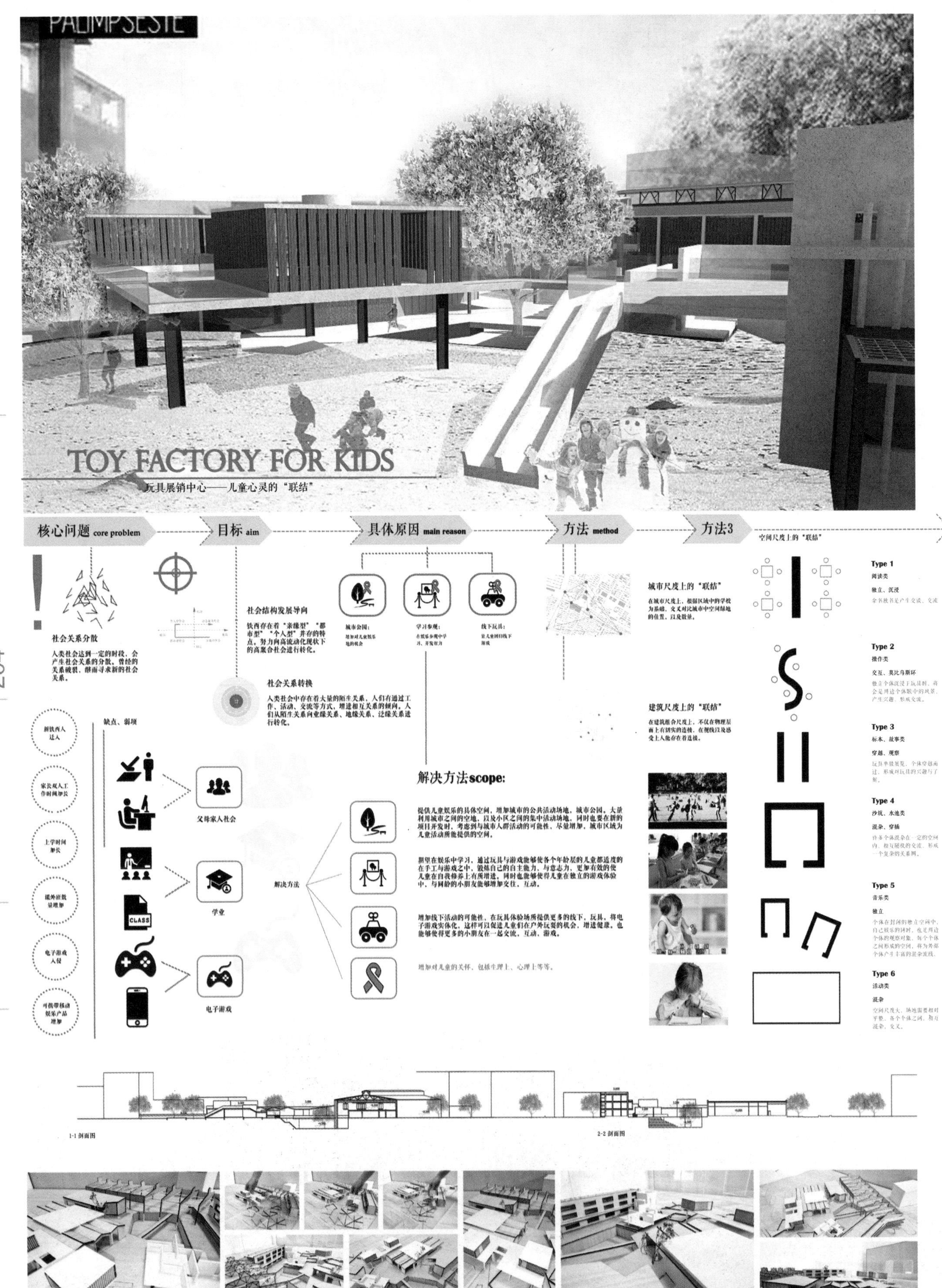
PALIMPSESTE
TOY FACTORY FOR KIDS
玩具展销中心——儿童心灵的“联结”
核心问题 core problem
目标 aim
具体原因 main reason
方法 method
方法3
空间尺度上的“联结”
社会关系分散
人类社会达到一定的时段，会产生社会关系的分散。曾经的关系破裂，继而寻求新的社会关系。
社会结构发展导向
铁西存在着“亲缘型”“都市型”“个人型”并存的特点。努力向高流动化现状下的高聚合社会进行转化。
社会关系转换
人类社会中存在着大量的陌生关系，人们有通过工作、活动、交流等方式，增进相互关系的倾向。人们从陌生关系向业缘关系、地缘关系、泛缘关系进行转化。
城市公园：
增加对儿童娱乐地的机会
学习参观：
在娱乐参观中学习，开发智力
线下玩具：
让儿童回归线下游戏
缺点、弱项
新铁西人迁入
家长双人工作时间加长
上学时间加长
课外班数量增加
电子游戏入侵
可携带移动娱乐产品增加
父母家人社会
学业
电子游戏
解决方法
解决方法scope:
提供儿童娱乐的具体空间，增加城市的公共活动场地，城市公园。大量利用城市之间的空地，以及小区之间的集中活动场地，同时也要在新的项目开发时，考虑到与城市人群活动的可能性，尽量增加，城市区域为儿童活动所能提供的空间。
期望在娱乐中学习，通过玩具与游戏能够使各个年龄层的儿童都适度的在手工与游戏之中，锻炼自己的自主能力，与意志力，更加有效的使儿童在自我修养上有所增进，同时也能够使得儿童在独立的游戏体验中，与同龄的小朋友能够增加交往，互动。
增加线下活动的可能性，在玩具体验场所提供更多的线下，玩具，将电子游戏实体化，这样可以促进儿童们在户外玩耍的机会，增进健康，也能够使得更多的小朋友在一起交流，互动，游戏。
增加对儿童的关怀，包括生理上、心理上等等。
城市尺度上的“联结”
在城市尺度上，根据区域中的学校为基础，交叉对比城市中空间绿地的位置，以及数量。
建筑尺度上的“联结”
在建筑组合尺度上，不仅在物理层面上有切实的连接，在视线以及感受上人能存在着连接。
Type 1
阅读类
独立、沉浸
拿书放书是产生交谈、交流
Type 2
操作类
交互、莫比乌斯环
独立个体沉浸于玩具时，将会是周边个体眼中的风景，产生兴趣，形成交流。
Type 3
标本、故事类
穿越、观察
玩具串接展览，个体穿越而过，形成对玩具的兴趣与了解。
Type 4
沙坑、水池类
混杂、穿插
许多个体混杂在一定的空间内，相互随机的交流，形成一个复杂的关系网。
Type 5
音乐类
独立
个体在封闭的独立空间中，自己娱乐的同时，也是周边个体的观察对象。每个个体之间形成的空间，将为外部个体产生丰富的混杂流线。
Type 6
活动类
混杂
空间尺度大，场地需要相对平整，各个个体之间，相互混杂，交叉。
1-1 剖面图
2-2 剖面图

地区位于辽宁省沈阳市的铁西区，位于东三省地区，为带，在夏季较热，阳光充足，冬季寒冷，下雪，结冰，两季温差较大。可以利用冬季寒冷的特点，在冬季提供滑雪场所。

基地位于建设大陆以北的原橡胶厂内，有保留建筑三栋，分别为橡胶厂房，库房，以及工作间。拆除最东南端的二层办公楼，改建为正南向的三层办公楼，与原厂房相互交接。

基地东南西北各有相对便利的公共交通系统，但厂区内，为保证无机动车的安全环境，主入口处以及园区内不设停车位，均依靠公共交通，以及非机动车交通系统完成。

基地东南西北各有相对便利的公共交通系统，但厂区内，为保证无机动车的安全环境，在北部设置与家具城公用的停车位，使用天桥进行引导与连接。

主入口
次入口
次入口
次入口
总平面图

3 沉迷、体验
2 观察
1 吸引
1 吸引
1 吸引
2 观察

线路流程:

儿童展销中心的线路流程，分为吸引，观察，体验，沉迷这四个过程，这个过程也是儿童对于新鲜事物了解的一个全方位的过程，从最初的被新的事物所吸引，进而在一旁观察，分辨事物的危险性，以及进行过程，从而也能继续提升对新鲜事物的好奇度，之后进入体验的过程，就是真正意义上的触碰，了解，通过这个过程与新鲜的玩具进行交流，增进感情，最后到达沉迷的状态。

所以整个过程中的每一环节都是比不可少的，我在自己园区的设计中，将这个过程具象化，对儿童进行一步步的引导，最终形成整个园区的流线设计。

具体分析:

1. 迷宫：墙体与窗洞之间形成相互掩映的关系。
2. 活动区：两层的楼，充分使用竖向的空间，形成活动区域。
3. 操作区：室内外两个部分。
4. 创意工厂观察区：在外部形成单独的走廊
5. 工厂观察区：在工厂的顶棚上做新的结构，吊装一些观察小盒子
6. 展览销售室：根据不同的游戏分类，对空间进行不同的设计。

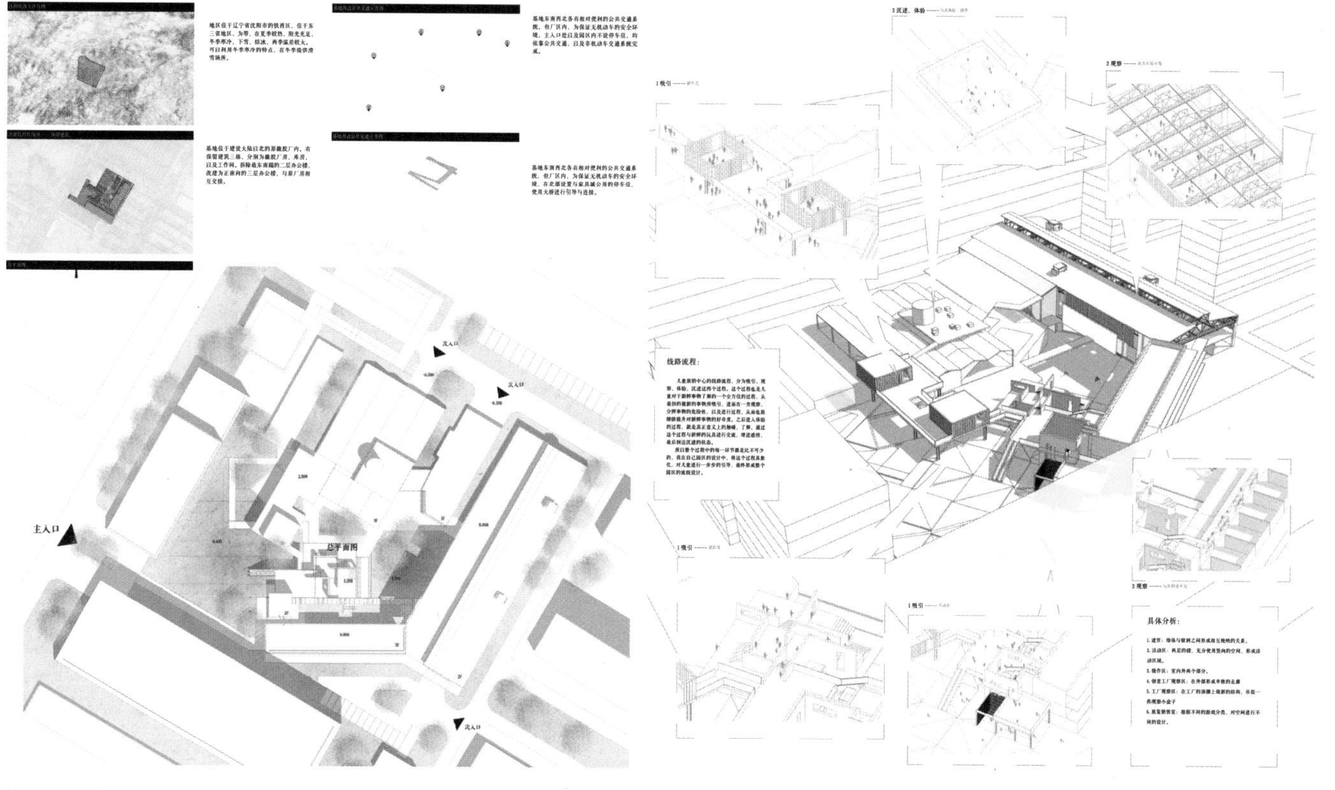

墙身大样南创意立面
游泳池大样图
防渗膜大样图
TOY FACTORY FOR KIDS
玩具展销中心——儿童心灵的“联结”
二层平面图

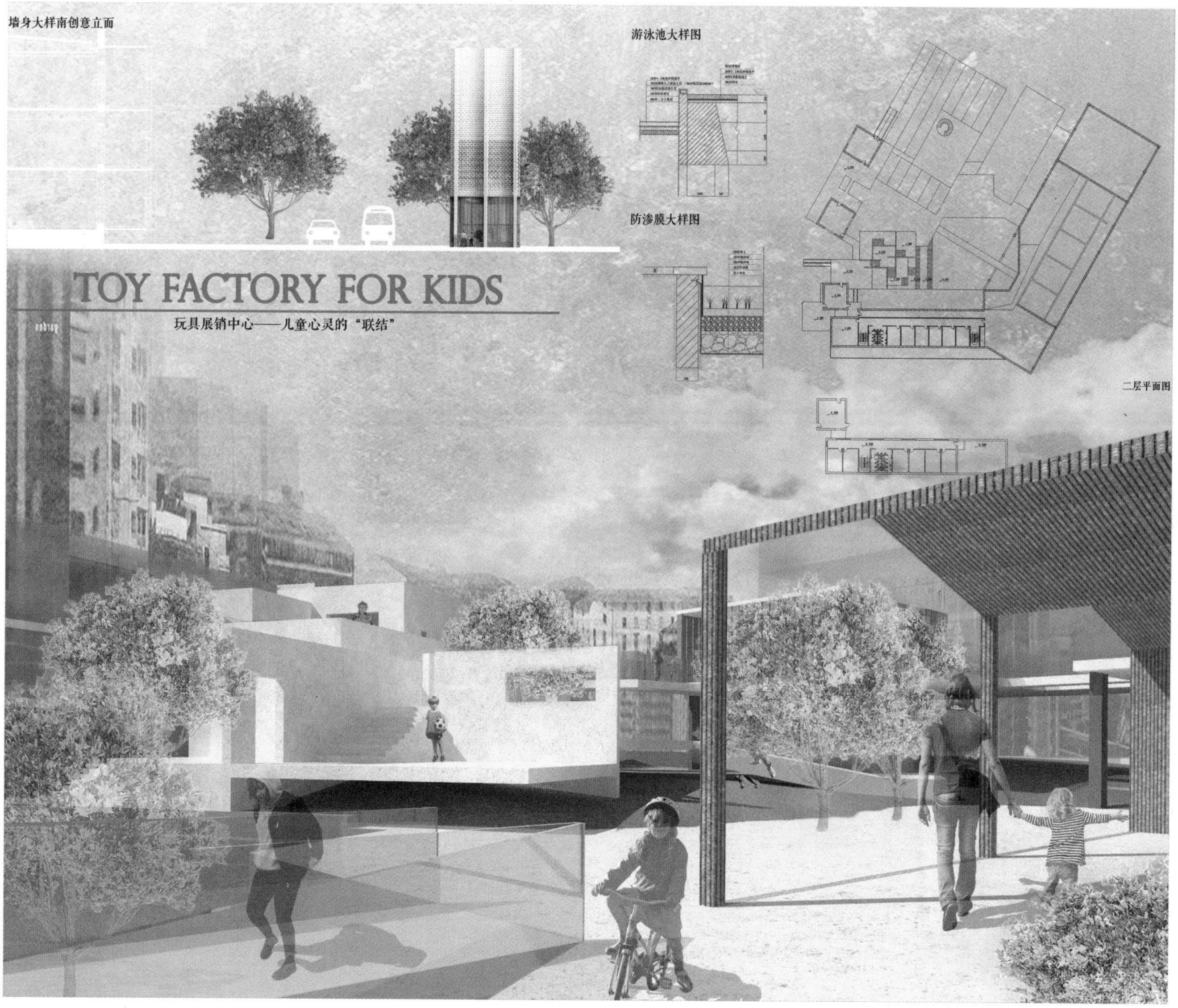

相遇 - 共感

均质、无序、自由形态城市社区中心设计

增加陌生关系交流联系　　避免社会分化

重温铁西——城市基因的再编与活化　　2017 年“8+1+1”联合毕业设计

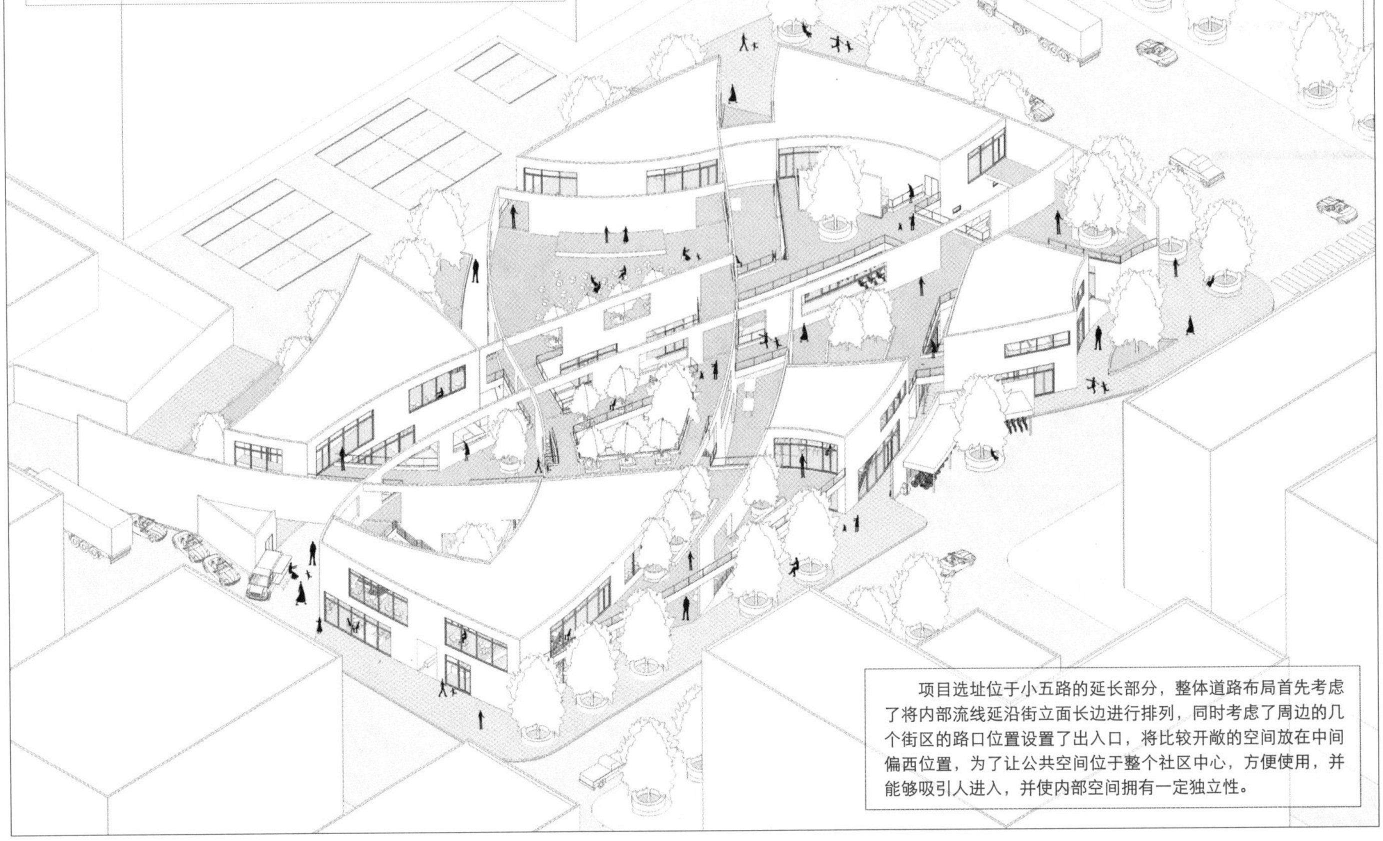

项目选址位于小五路的延长部分，整体道路布局首先考虑了将内部流线延沿街立面长边进行排列，同时考虑了周边的几个街区的路口位置设置了出入口，将比较开敞的空间放在中间偏西位置，为了让公共空间位于整个社区中心，方便使用，并能够吸引人进入，并使内部空间拥有一定独立性。

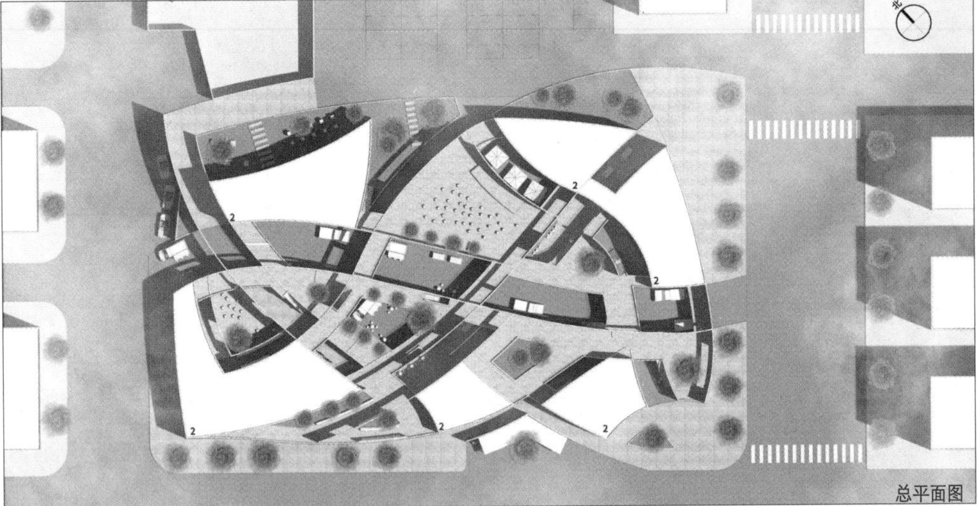

总平面图

社会结构演变分析

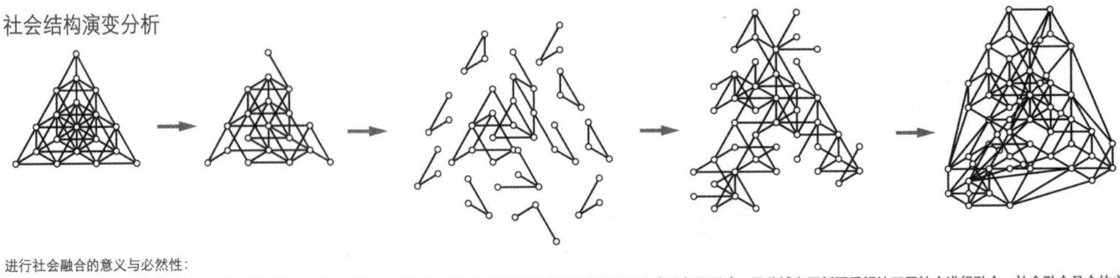

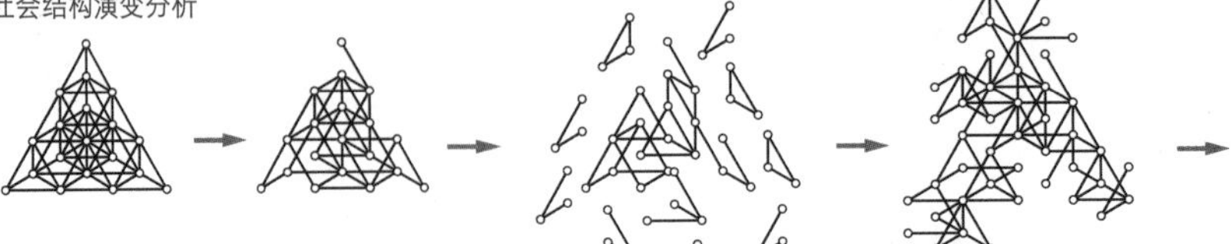

进行社会融合的意义与必然性：

城市更新带来了社会结构性流动，因此导致了社会分化，社会结构的改变对社会稳定和区域经济文化发展产生了负面影响。因此城市更新要重视让不同社会进行融合。社会融合是个体之间、群体之间、文化之间的相互配合、适应的过程。同一空间的不同个体和群体，总要相互交流、交往。社会融合的根源还是不同关系人的相互关系。

目前铁西区社会分化的主要原因：

1、铁西社会中新铁西人和老铁西人的关系度较低，原因可能是新铁西人搬入时间大多不长，接触机会较少；加之新铁西人大多在其他区工作，交流有限。

2、铁西区为新老居民提供交流的场合较少，比如公园、市民活动场、商业设施、文化娱乐设施较少。

3、新老铁西人的文化水平和生活习惯不同，双方交往有一定难度。新铁西人经常交往的同事、朋友中多为没有铁西背景的年轻人，这种社会交往网络一定程度影响了社会融合的进程。

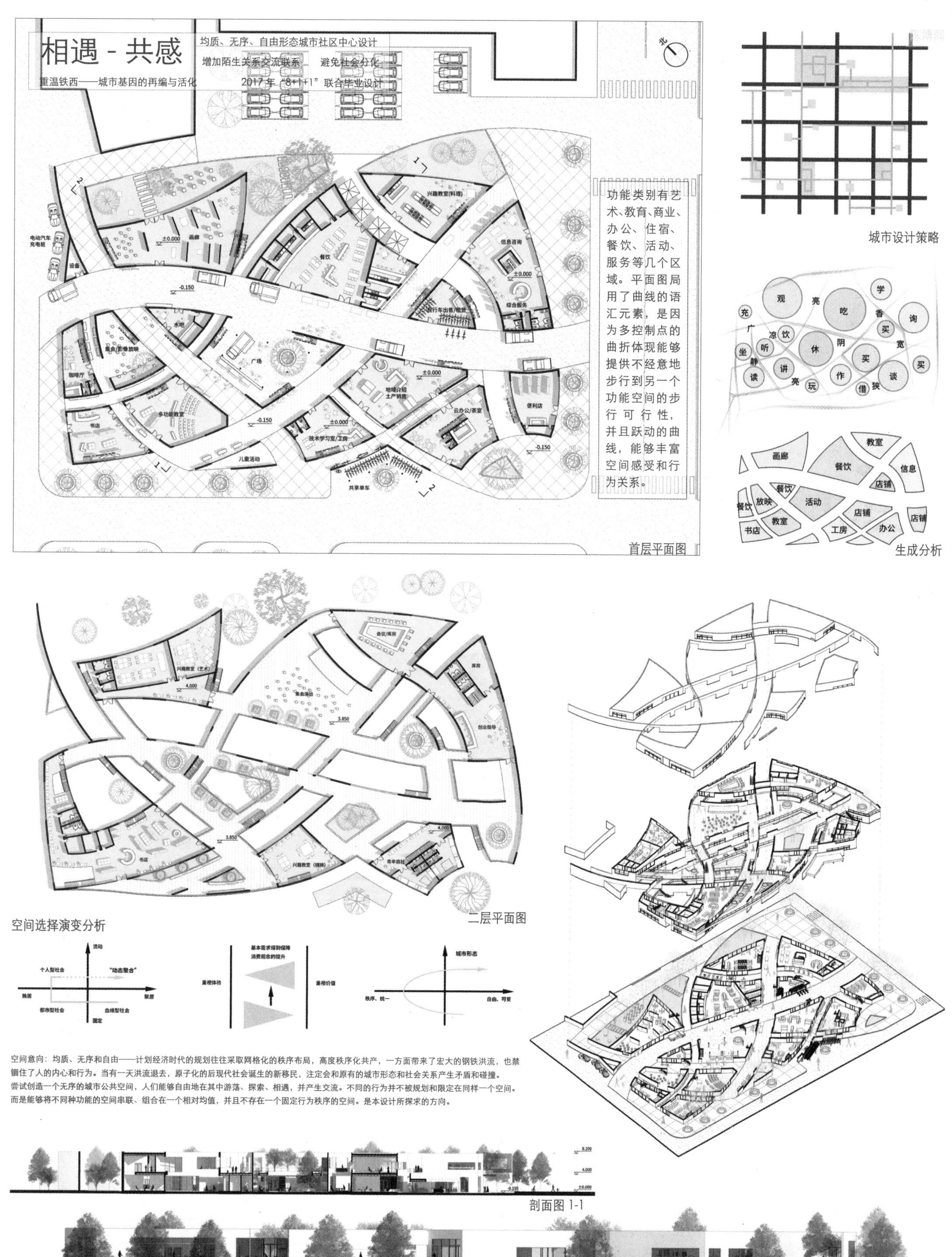

相遇 - 共感
均质、无序、自由形态城市社区中心设计
增加陌生关系交流联系 避免社会分化
重温铁西——城市基因的再编与活化
2017 年“8+1+1”联合毕业设计
功能类别有艺术、教育、商业、办公、住宿、餐饮、活动、服务等几个区域。平面图局用了曲线的语汇元素，是因为多控制点的曲折体现能够提供不经意地步行到另一个功能空间的步行可行性，并且跃动的曲线，能够丰富空间感受和行为关系。
首层平面图
城市设计策略
生成分析
二层平面图
空间选择演变分析
空间意向：均质、无序和自由——计划经济时代的规划往往采取网格化的秩序布局，高度秩序化共产，一方面带来了宏大的钢铁洪流，也禁锢住了人的内心和行为。当有一天洪流退去，原子化的后现代社会诞生的新移民，注定会和原有的城市形态和社会关系产生矛盾和碰撞。
尝试创造一个无序的城市公共空间，人们能够自由地在其中游荡、探索、相遇，并产生交流。不同的行为并不被规划和限定在同样一个空间。而是能够将不同种功能的空间串联、组合在一个相对均值，并且不存在一个固定行为秩序的空间。是本设计所探求的方向。
剖面图 1-1
南立面图

聚·合融·器 1

Polymerization-Connection

重温铁西——城市基因的再编与活化 2017年"8+1+1"联合毕业设计

Reviving Tiexi——Reweaving and activating Urban Gene works of 8+1+1 Joint Thesis Design 2017

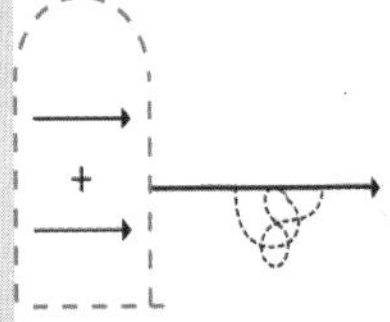

肌理整合：将原有杂乱、无序的街区肌理进行建筑的重组与改建，形成数个由建筑围合，但具有较强可达性的大空间，在整体街区更有秩序的前提下实现对外开放。

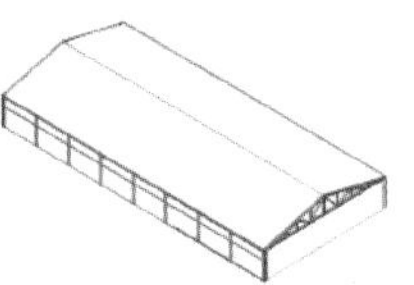

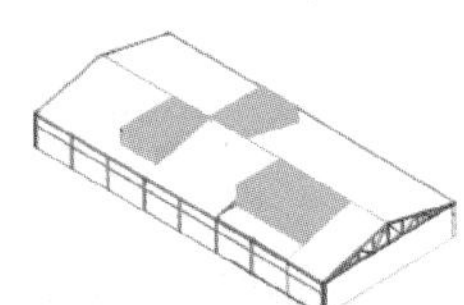

场地内结构、墙面较为完整，但实际利用率低的旧工厂，在不破坏其原有架构的前提下，新加适量方形构件形成新的单元。

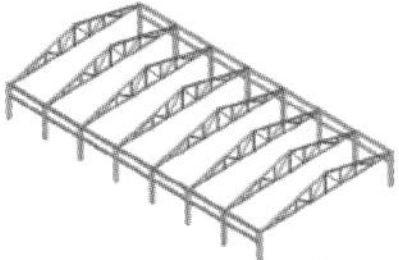

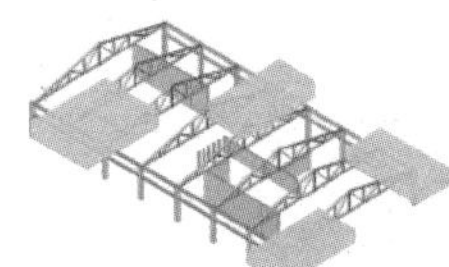

仅有桁架及其结构的框架为底部的灰空间营造了较好的光影效果与视觉冲击力，在其中布置构筑物与片墙，形成观赏流线，在工业遗产照映下回味历史，展望未来。

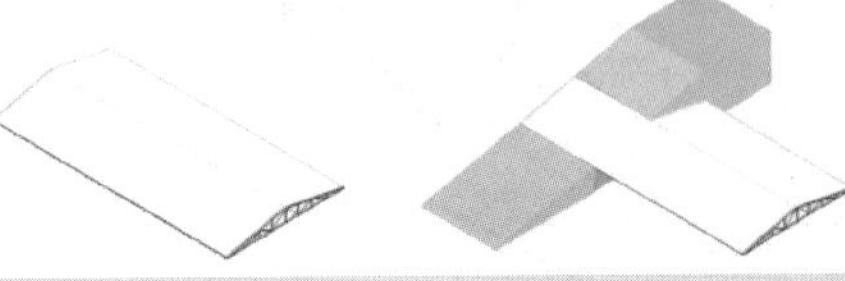

将覆土建筑的元素融入现存工业建筑中，由现有坡屋顶向上下分别延伸形成连续的上人屋面，并种植草地于屋顶上，工业遗产与现代建筑的碰撞融合出新的空间形式。

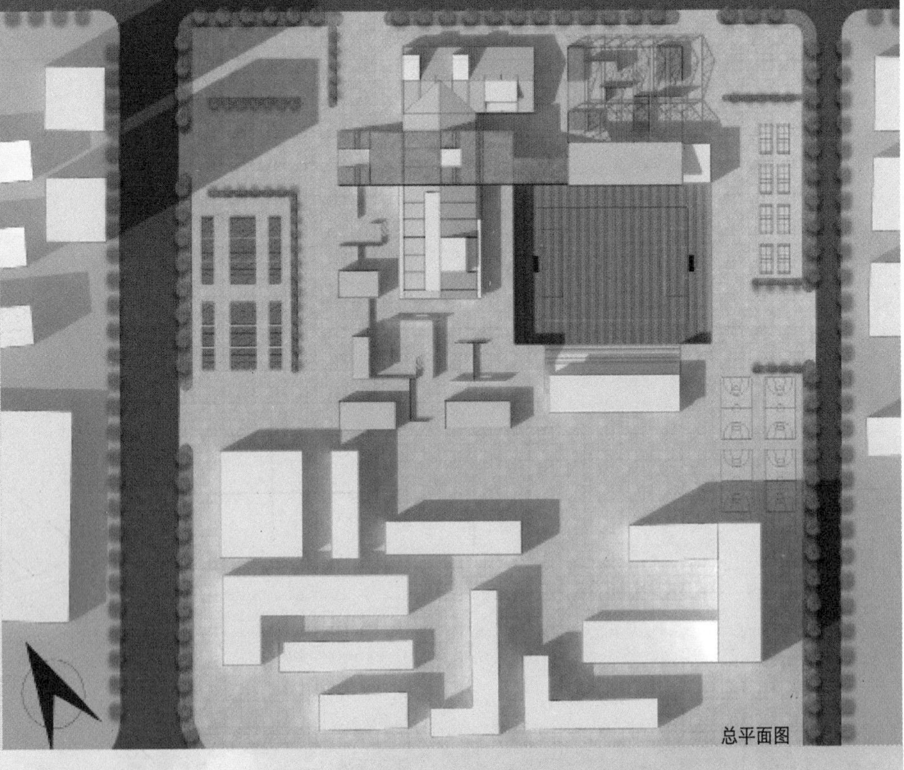

总平面图

南立面图

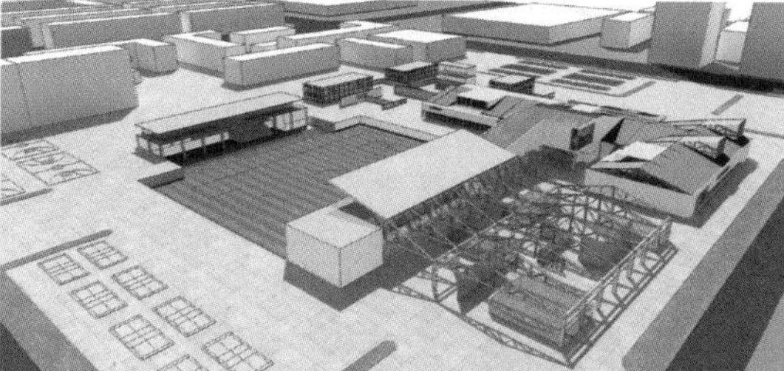

聚·合 融·器 2

重温铁西——城市基因的再编与活化　2017年“8+1+1”联合毕业设计

Polymerization-Connection　Reviving Tiexi——Reweaving and activating Urban Gene works of 8+1+1 Joint Thesis Design 2017

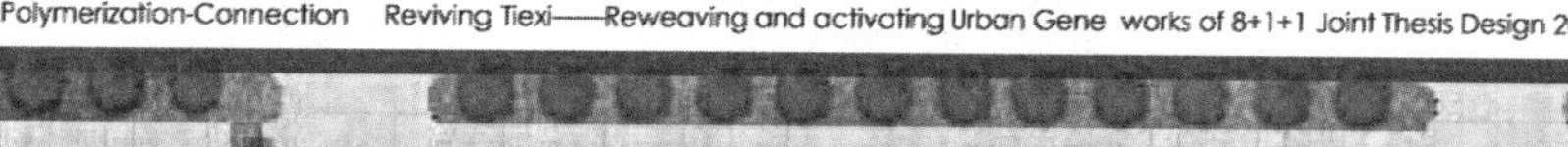

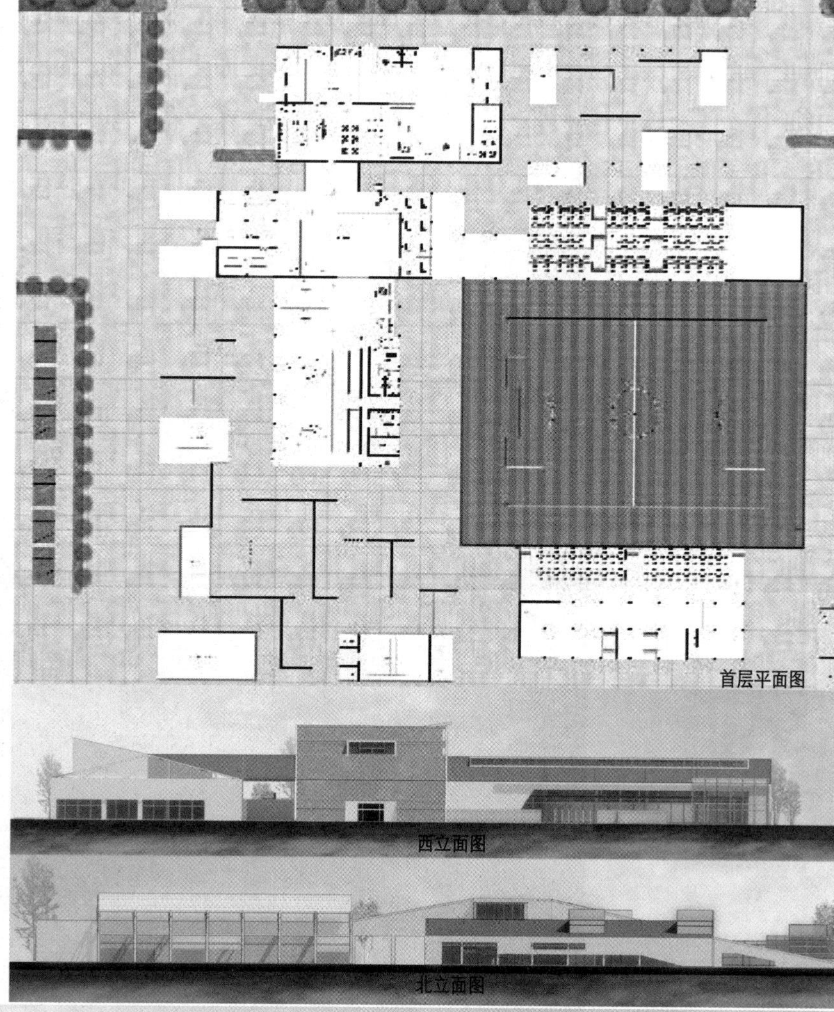

首层平面图

西立面图

北立面图

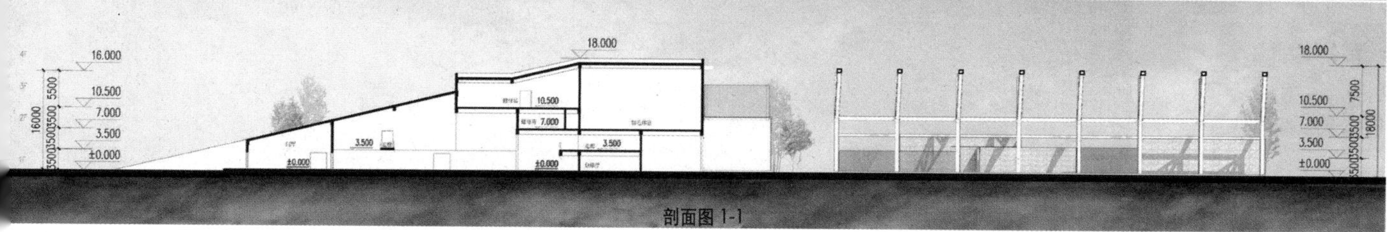

剖面图 1-1

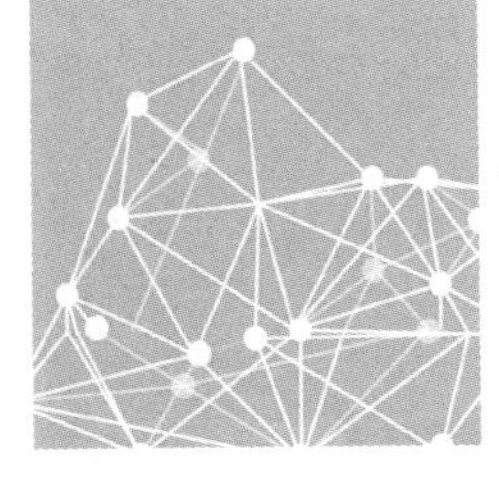

失重铁西——发射太阳

Weightlessness Tiexi — Launching The Sun

北京建筑大学
设计：薛羚玥
指导：马英/俞天琦

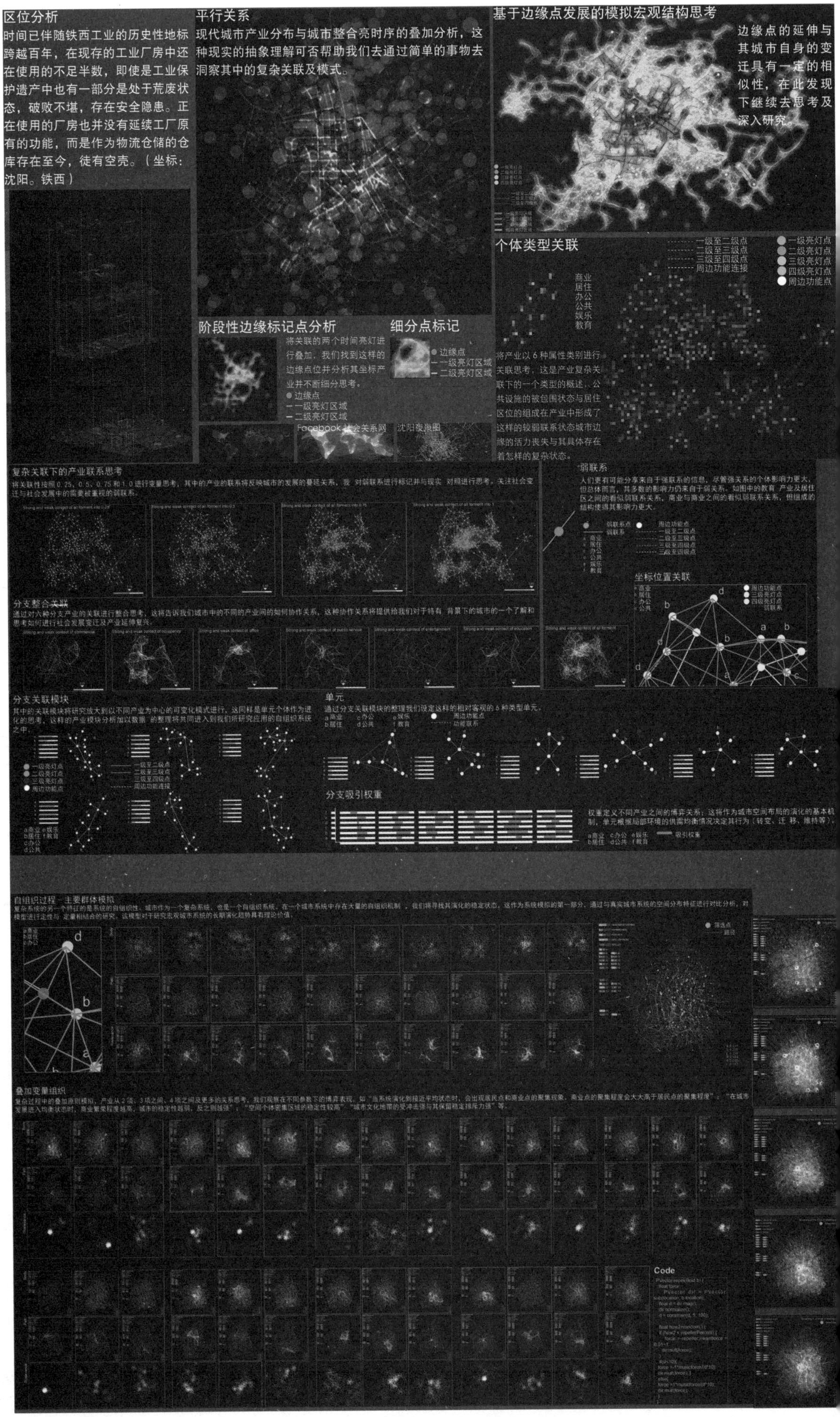

区位分析

时间已伴随铁西工业的历史性地标跨越百年，在现存的工业厂房中还在使用的不足半数，即使是工业保护遗产中也有一部分是处于荒废状态，破败不堪，存在安全隐患。正在使用的厂房也并没有延续工厂原有的功能，而是作为物流仓储的仓库存在至今，徒有空壳。（坐标：沈阳。铁西）

平行关系

现代城市产业分布与城市整合亮时序的叠加分析，这种现实的抽象理解可否帮助我们去通过简单的事物去洞察其中的复杂关联及模式。

基于边缘点发展的模拟宏观结构思考

边缘点的延伸与其城市自身的变迁具有一定的相似性，在此发现下继续去思考及深入研究。

个体类型关联

商业
居住
办公
公共
娱乐
教育

一级至二级点
二级至三级点
三级至四级点
周边功能连接

一级亮灯点
二级亮灯点
三级亮灯点
四级亮灯点
周边功能点

将产业以6种属性类别进行关联思考，这是产业复杂关联下的一个类型的概述，公共设施的被包围状态与居住区位的组成在产业中形成了这样的较弱联系状态城市边缘的活力丧失与其具体存在着怎样的复杂状态。

阶段性边缘标记点分析

将关联的两个时间亮灯进行叠加，我们找到这样的边缘点位并分析其坐标产业并不断细分思考。

● 边缘点
一级亮灯区域
二级亮灯区域

细分点标记

● 边缘点
一级亮灯区域
二级亮灯区域

Facebook社会关系网

沈阳夜景图

复杂关联下的产业联系思考

弱联系

坐标位置关联

分支整合关联

分支关联模块

单元

分支吸引权重

自组织过程－主要群体模拟

叠加变量组织

Code

评语：

时间已伴随铁西工业的历史性地标跨越百年，甚至仅仅通过静态的画面，仍能远远听到百年前铁道的轰鸣声音。如今工业遗址被快速的城市建设和经济更新换代的规律抹去，唯留工业文物和工业符号，成为铁西工业文明永不消逝的佐证，还提醒着人们，中国工业最强的脉搏曾在这里跳动，还为人们描绘着，那些曾经的不可再生的记忆。在现存的工业厂房中还在使用的不足半数，即使是工业保护遗产中也有一部分是处于荒废状态，破败不堪，存在安全隐患。正在使用的厂房也并没有延续工厂原有的功能，而是作为物流仓储的仓库存在至今，徒有空壳。（坐标：沈阳。铁西）

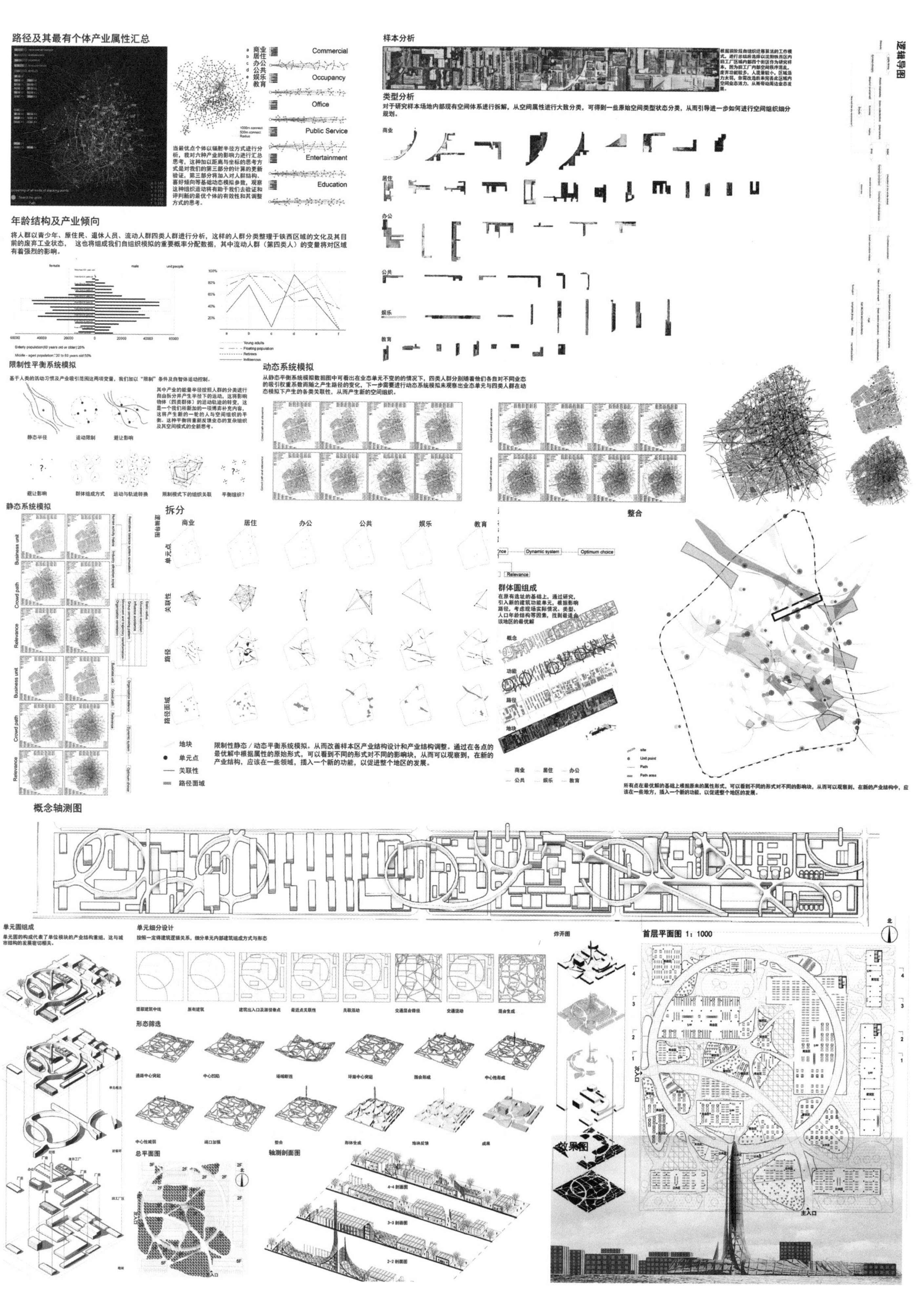

路径及其最有个体产业属性汇总
商业 居住 办公 公共 娱乐 教育
Commercial
Occupancy
Office
Public Service
Entertainment
Education
1000m connect
500m connect
Radius
当最优点个体以辐射半径方式进行分析，我对六种产业的影响力进行汇总思考，这种加以距离与坐标的思考方式是对我们的第三部分的计算的更新验证，第三部分将加入对人群结构、喜好倾向等基础动态模拟参数，观察这种组织运动将有助于我们去验证和评判新的最优个体的有效性和其调整方式的思考。
年龄结构及产业倾向
将人群以青少年、原住民、退休人员、流动人群四类人群进行分析，这样的人群分类整理于铁西区域的文化及其目前的废弃工业状态， 这也将组成我们自组织模拟的重要概率分配数据，其中流动人群（第四类人）的变量将对区域有着强烈的影响。
female
male
unit:people
Young adults
Floating population
Retirees
Indigenous
样本分析
根据前阶段自组织迁移算法的工作模式，进行总结后选择以沈阳铁西区内旧工厂区域内部四个街区作为研究样本，因为旧工厂内部空间秩序混乱，废弃功能较多，人流量较小，区域活力太弱，急需改造后来完善此区域内空间业态活力，从而带动周边业态发展。
类型分析
对于研究样本场地内部现有空间体系进行拆解，从空间属性进行大致分类，可得到一些原始空间类型状态分类，从而引导进一步如何进行空间组织细分规划。
商业
居住
办公
公共
娱乐
教育
逻辑导图
限制性平衡系统模拟
基于人类的活动习惯及产业吸引范围这两项变量，我们加以“限制”条件及自智体运动控制。
其中产业的能量半径按照人群的分类进行自由拆分并产生半径下的运动，这将影响物体（四类群体）的运动轨迹的转变，这是一个我们所新加的一项博弈补充内容，这将产生新的一轮的人与空间组织的平衡，这种平衡将重新反馈业态的复杂组织及其空间模式的全新思考。
静态半径
运动限制
避让影响
避让影响
群体组成方式
运动与轨迹转换
限制模式下的组织关联
平衡组织？
动态系统模拟
从静态平衡系统模拟数据图中可看出在业态单元不变的的情况下，四类人群分别随着他们各自对不同业态的吸引权重系数而随之产生路径的变化，下一步需要进行动态系统模拟来观察出业态单元与四类人群在动态模拟下产生的各类关联性，从而产生新的空间组织。
静态系统模拟
拆分
商业 居住 办公 公共 娱乐 教育
单元点
关联性
路径
路径面域
地块
单元点
关联性
路径面域
限制性静态／动态平衡系统模拟。从而改善样本区产业结构设计和产业结构调整。通过在各点的最优解中根据属性的原始形式，可以看到不同的形式对不同的影响块，从而可以观察到，在新的产业结构，应该在一些领域，插入一个新的功能，以促进整个地区的发展。
整合
Dynamic system
Optimum choice
Relevance
群体圆组成
概念
功能
路径
地块
商业 居住 办公
公共 娱乐 教育
site
Unit point
Path
Path area
所有点在最优解的基础上根据原来的属性形式，可以看到不同的形式对不同的影响块，从而可以观察到，在新的产业结构中，应该在一些地方，插入一个新的功能，以促进整个地区的发展。
概念轴测图
单元圆组成
单元细分设计
形态筛选
炸开图
首层平面图 1：1000
总平面图
轴测剖面图
4-4 剖面图
3-3 剖面图
2-2 剖面图
效果图
主入口

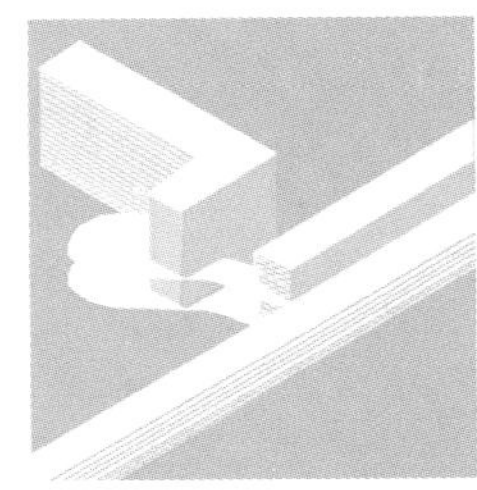

游戏铁西

Game City Tiexi

北京建筑大学
设计：朱静雯
指导：马英/俞天琦

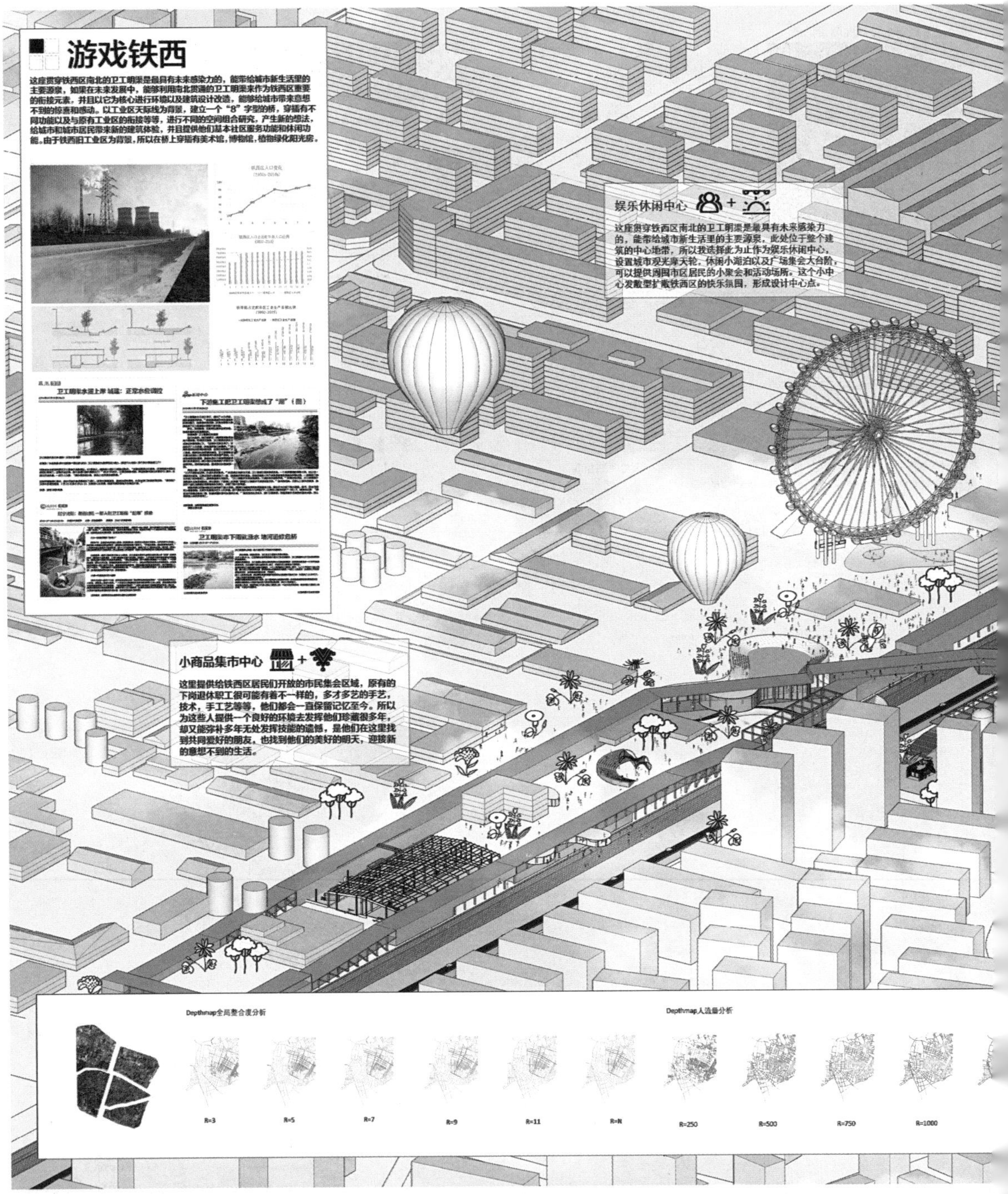

游戏铁西

这座贯穿铁西区南北的卫工明渠是最具有未来感染力的，能带给城市新生活里的主要源泉，如果在未来发展中，能够利用南北贯通的卫工明渠来作为铁西区重要的衔接元素，并且以它为核心进行环境以及建筑设计改造，能够给城市带来意想不到的惊喜和感动。以工业区天际线为背景，建立一个“8”字型的桥，穿插有不同功能以及与原有工业区的衔接等等，进行不同的空间组合研究，产生新的想法，给城市和城市居民带来新的建筑体验，并且提供他们基本社区服务功能和休闲功能。由于铁西旧工业区为背景，所以在桥上穿插有美术馆，博物馆，植物绿化阳光房。

娱乐休闲中心

这座贯穿铁西区南北的卫工明渠是最具有未来感染力的，能带给城市新生活里的主要源泉，此处位于整个建筑的中心地带，所以我选择此为止作为娱乐休闲中心，设置城市观光摩天轮，休闲小湖泊以及广场集会大台阶，可以提供周围市区居民的小聚会和活动场所。这个小中心发散型扩散铁西区的快乐氛围，形成设计中心点。

小商品集市中心

这里提供给铁西区居民们开放的市民集会区域，原有的下岗退休职工很可能有着不一样的，多才多艺的手艺，技术，手工艺等等，他们都会一直保留记忆至今。所以为这些人提供一个良好的环境去发挥他们珍藏很多年，却又能弥补多年无处发挥技能的遗憾，是他们在这里找到共同爱好的朋友，也找到他们的美好的明天，迎接新的意想不到的生活。

Depthmap全局整合度分析

R=3 R=5 R=7 R=9 R=11 R=N

Depthmap人流量分析

R=250 R=500 R=750 R=1000

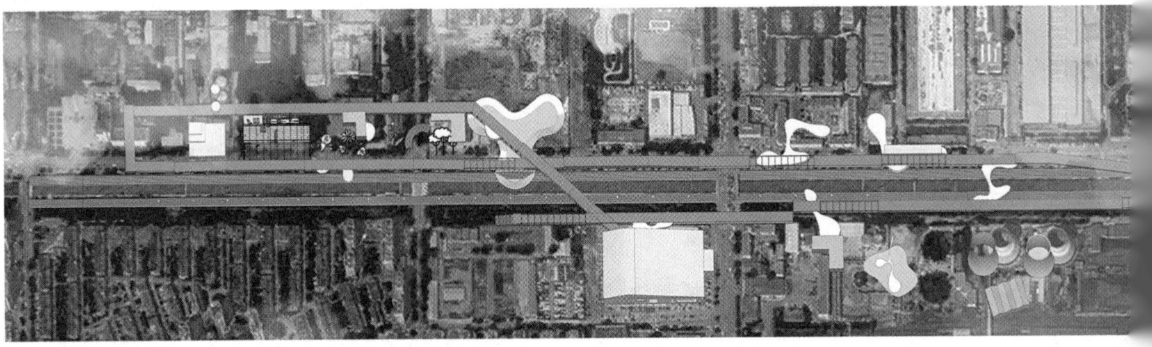

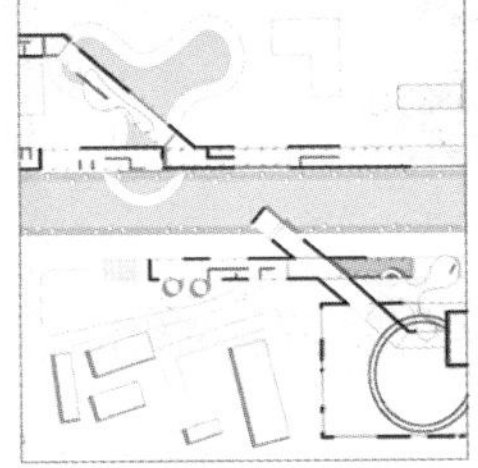

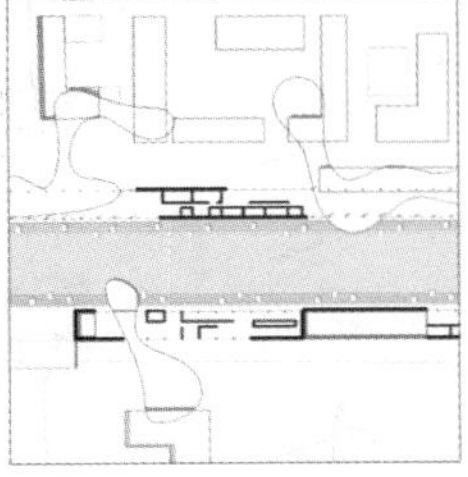

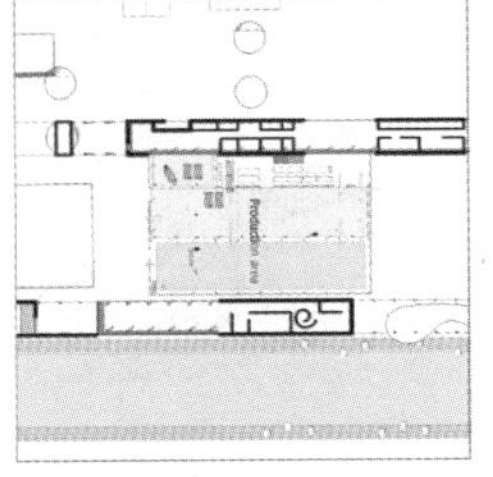

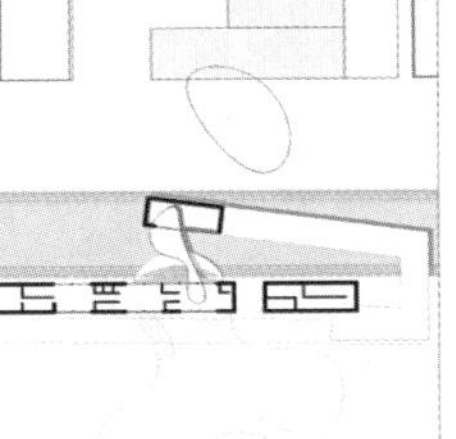

评述：

随着产业革命的不断深入，传统工业建筑遗址的复兴成为新的社会热点问题，收到多方面的关注。能够看出，方案力求在工业区中插入不同功能，“8”字形桥建立十分巧妙，将新功能与原有工业区衔接。进行不同功能组合，不仅激活了地区活力，也给城市和城市居民带来新的建筑体验，并且提供他们基本社区服务功能和休闲功能。加入的铁西博物馆、商业集市、绿化花园等功能非常满足新时代下人们对精神文化的不同需求。能够看出设计者力求将工业文化传承下去的努力。

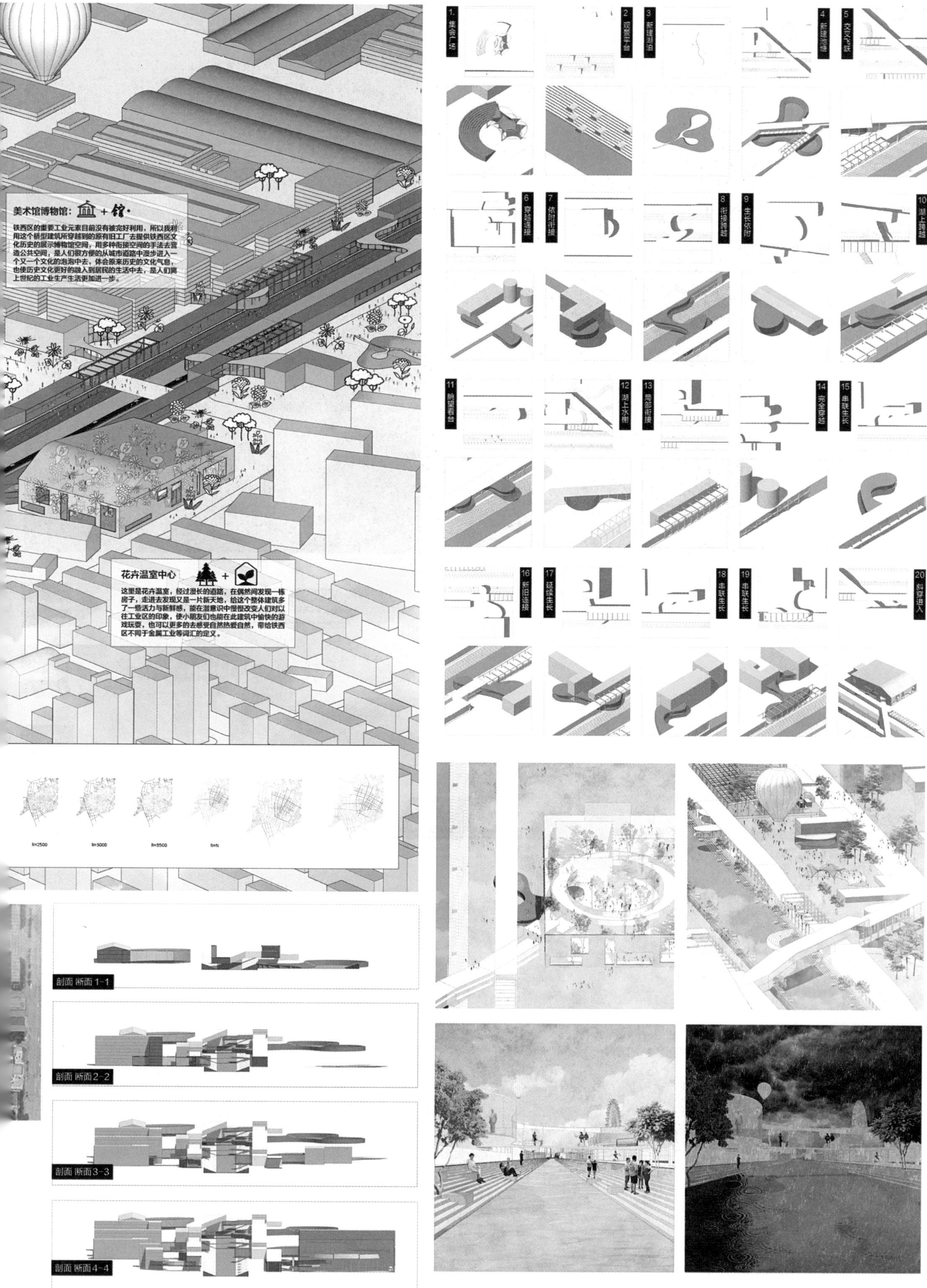

美术馆博物馆：
铁西区的重要工业元素目前没有被完好利用，所以我利用这个桥型建筑所穿越到的原有旧工厂去提供铁西区文化历史的展示博物馆空间，用多种衔接空间的手法去营造公共空间，是人们很方便的从城市道路中漫步进入一个又一个文化的泡泡中去，体会原来历史的文化气息，也使历史文化更好的融入到居民的生活中去，是人们离上世纪的工业生产生活更加进一步。
花卉温室中心
这里是花卉温室，经过漫长的道路，在偶然间发现一栋房子，走进去发现又是一片新天地，给这个整体建筑多了一些活力与新鲜感，能在潜意识中慢慢改变人们对以往工业区的印象，使小朋友们也能在此建筑中愉快的游戏玩耍，也可以更多的去感受自然热爱自然，带给铁西区不同于金属工业等词汇的定义。
R=2500
R=3000
R=3500
R=N
剖面 断面1-1
剖面 断面2-2
剖面 断面3-3
剖面 断面4-4
1. 集会广场
2 观景平台
3 新建湖泊
4 新建池塘
5 交叉飞跃
6 穿越连接
7 依附衔接
8 衔接跨越
9 生长依附
10 湖上跨越
11 眺望看台
12 湖上水榭
13 局部衔接
14 完全穿越
15 串联生长
16 新旧连接
17 延续生长
18 串联生长
19 串联生长
20 斜穿进入

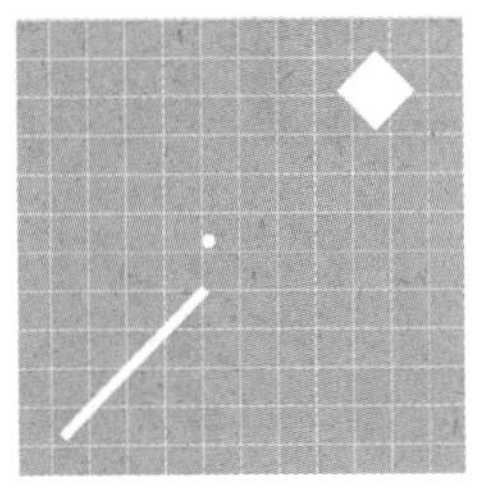

非具象凝聚器

The Non-Objective Condenser

北京建筑大学
设计：王风雅
指导：马英／俞天琦

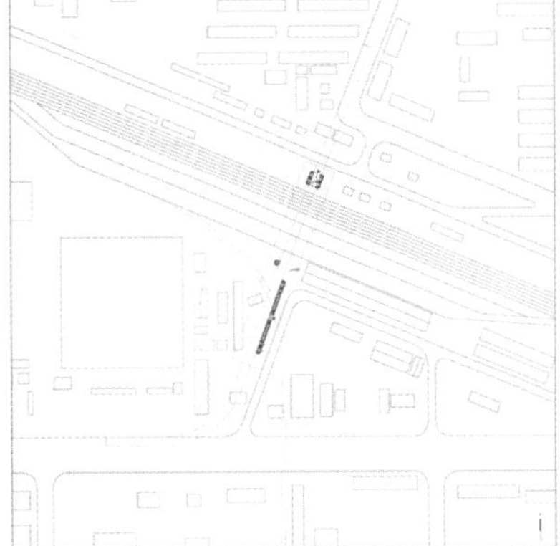

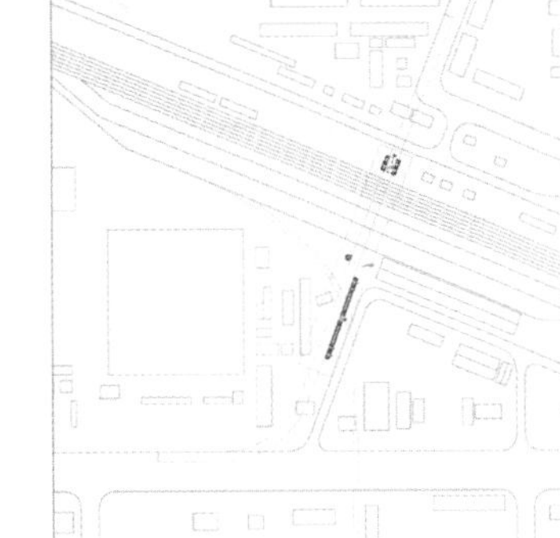

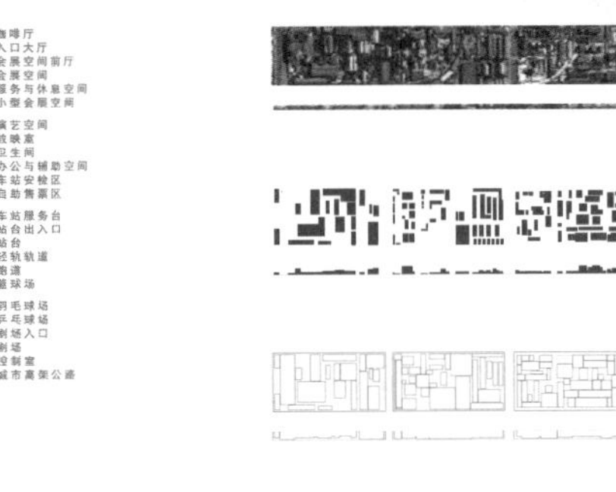

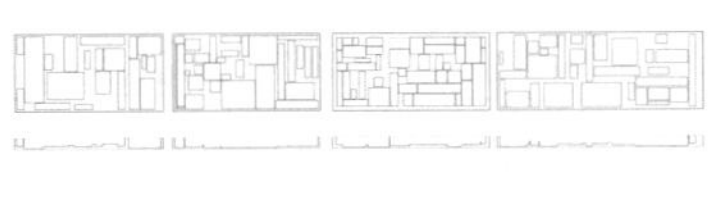

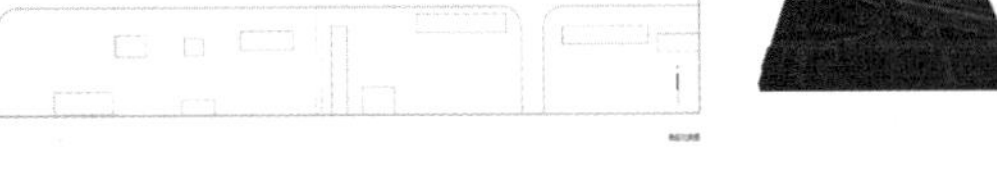

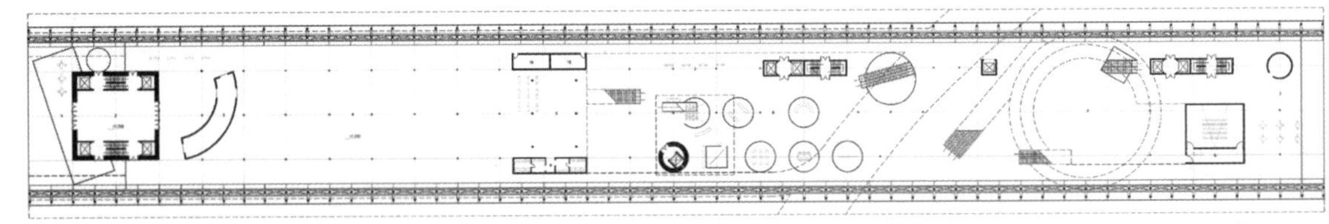

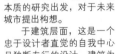

18.900 标高平面图

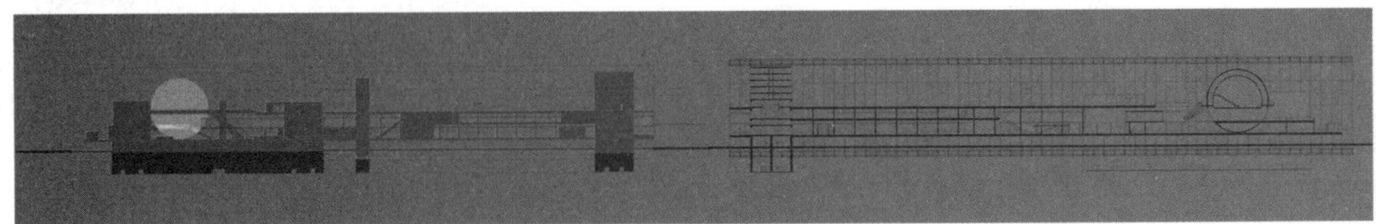

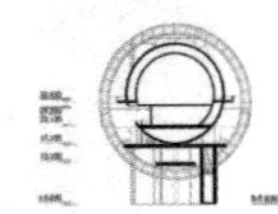

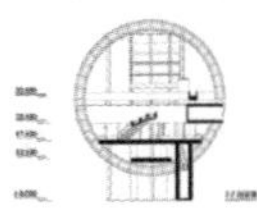

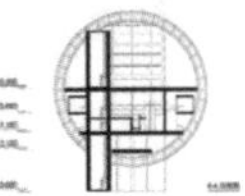

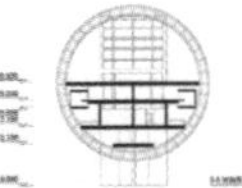

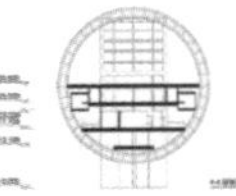

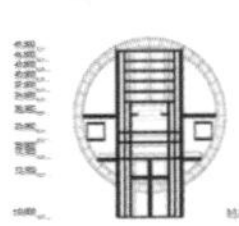

评述：

“人类似乎对自身存在着一种成见：一切源于自身思想中的东西都是不真实的，只有将自己图圄于独立于自身意志之外的事物与规律之中时，才会心安理得。”一个与此有关的思辨，匿藏且贯穿于这个设计始末。

于城市层面，这是一个关乎秩序本质的设计。所见即所得，剥离一切被赋予的含义，从非具象的视角读解城市秩序的本质。在这里，城市的主体即抽象视野下的建筑物，城市即一组非具象的图像，直观且本质地呈现了城市的秩序。设计中从对本质的研究出发，对于未来城市提出构想。

于建筑层面，这是一个忠于设计者直觉的自我中心且独断专行的设计。建筑为何？建筑师为何？建筑师与其所设计的建筑有何关联？在这个设计中给出如下回答：建筑是艺术；建筑师是“造物主”；建筑与它的设计者直接相关，表现其性格、承载其观念，投射其意识。

城市层面理性的客观秩序与建筑层面纯粹的主观意志相互碰撞，于设计中呈现出一个微妙的平衡。

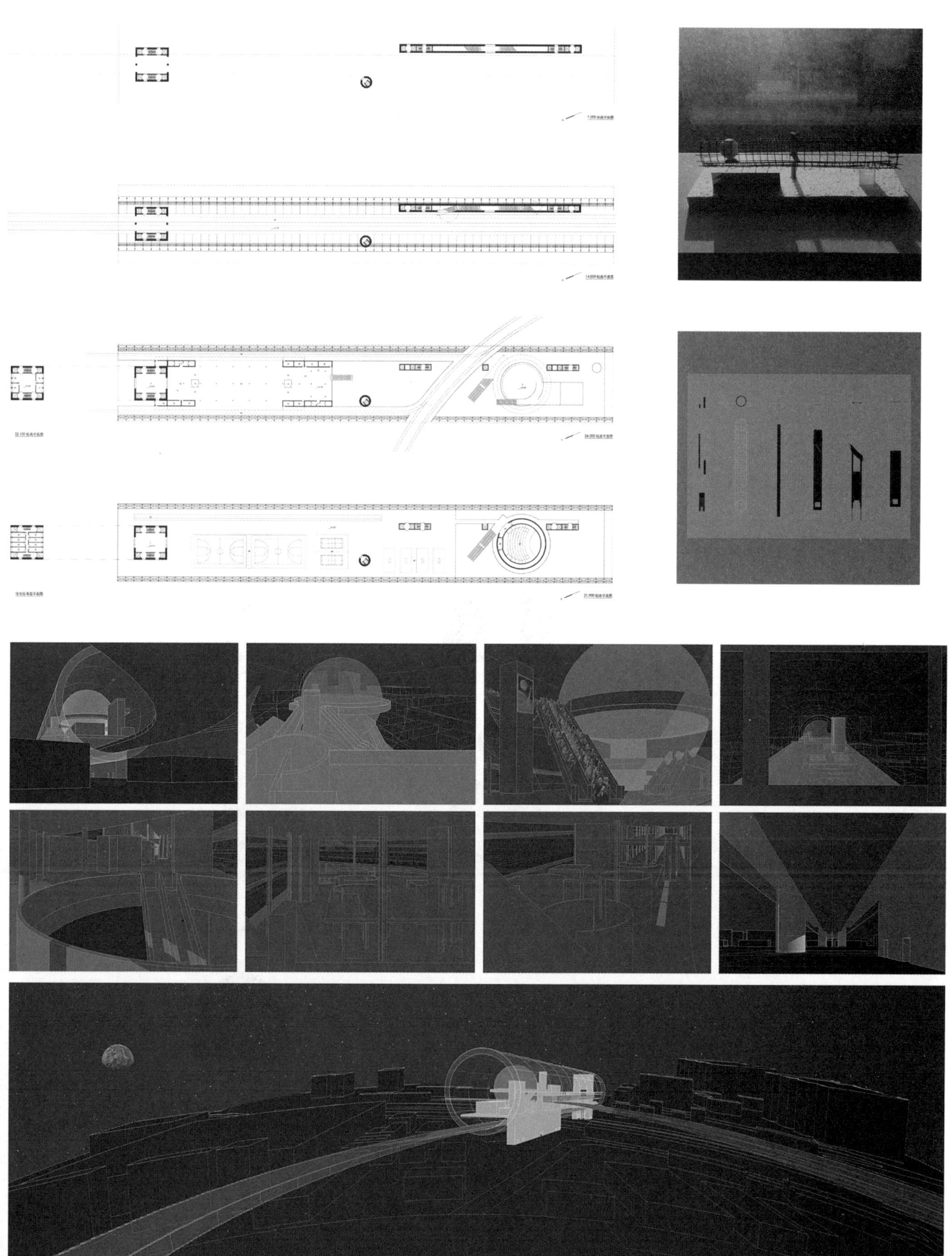

中央美术学院

CENTERAL ACADEMY of FINE ARTS

程启明

苏勇

刘文豹

周宇舫

王环宇

王文栋

1 长子的老相簿 The Old Album Of Eldest Son

218

蒯新珏

郭皓月

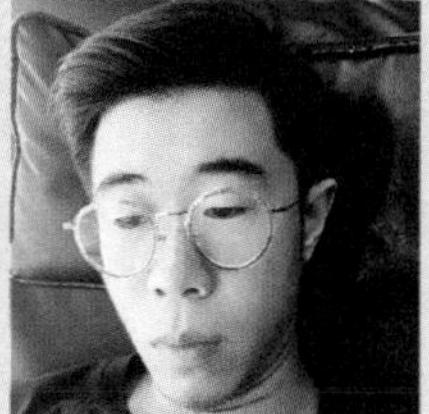
陶暄文

孙玉成

2 后工业时代 H_2O 主题乐园 POST INDUSTRIAL H_2O WONDERLAND

226

徐子

王颖

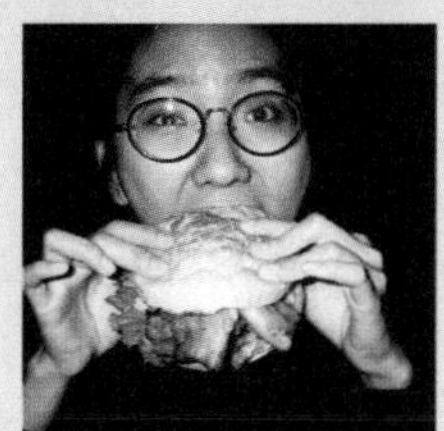
王楚霄

秦缅

黄翾

3 公共的记忆 PUBLIC MEMORY

238

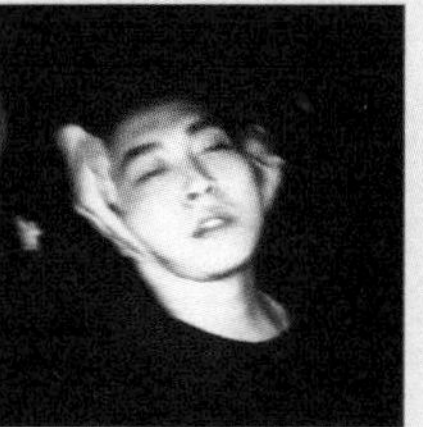
高鹏飞

郭宇飞

李庆智

4 如画之境 PICTURESQUE SCENARIO

244

王子健

刘烨琳

梁欣

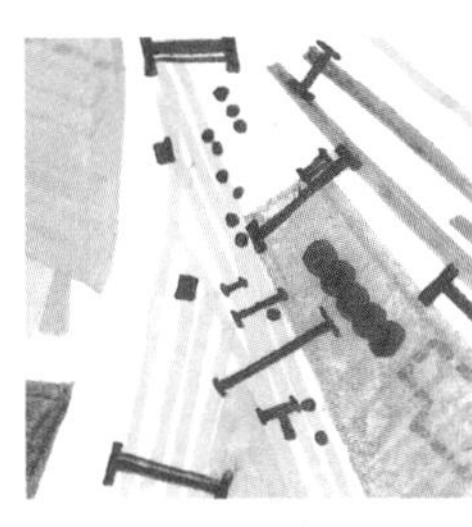

长子的老相簿
The Old Album of Eldest Son

中央美术学院
设计：蒯新珏／郭皓月／陶暄文／孙玉成
指导：程启明／苏勇／刘文豹

长子的老相簿
THE OLD ALBUM OF ELDEST SON

铜塑——铜冶炼体验馆设计

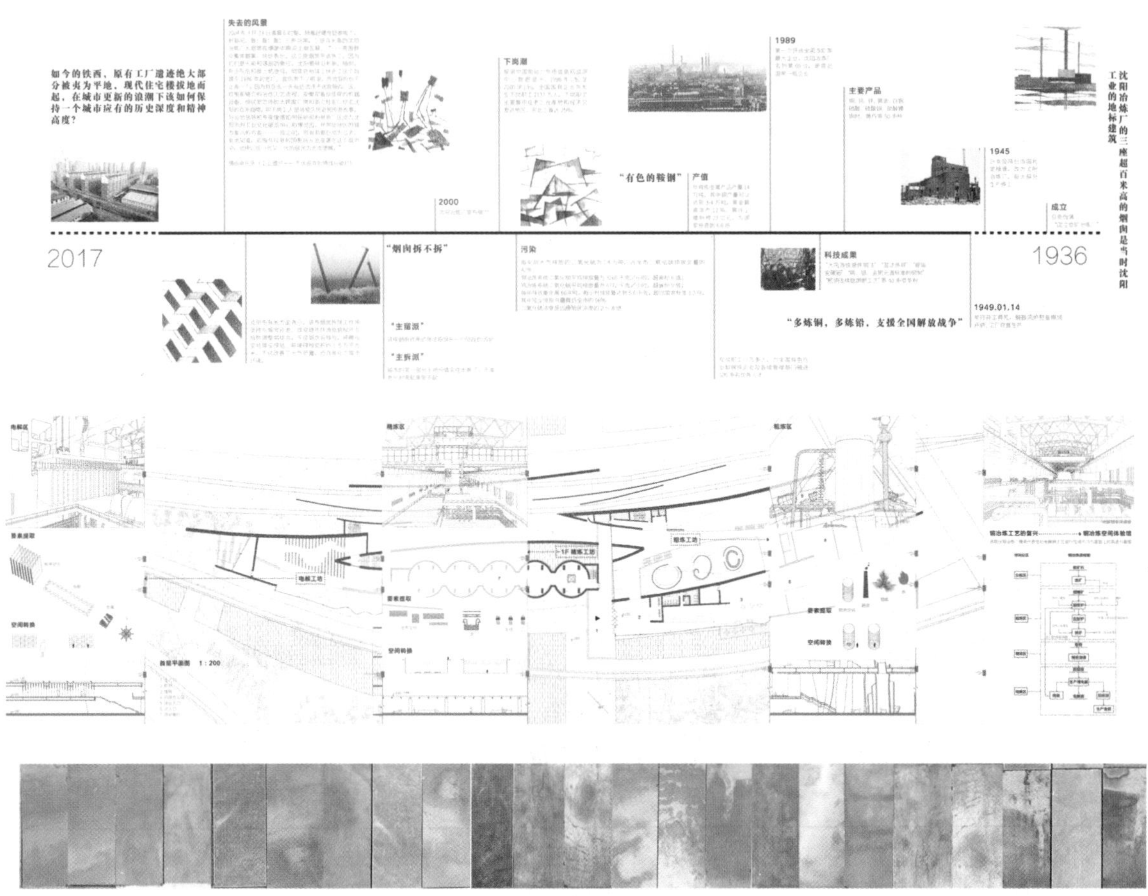

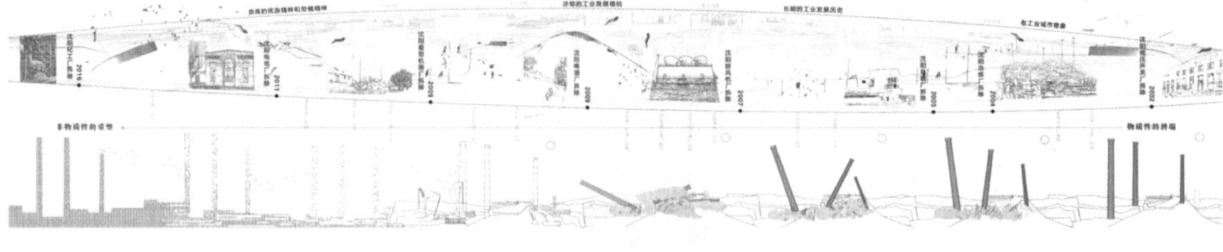

沈阳铁西区，作为中国工业发展的摇篮有着曲折而辉煌的历史，而如今，原有工厂遗迹绝大部分被夷为平地，现代住宅楼拔地而起。在城市更新的浪潮下，该如何保持一个城市应有的历史深度与精神高度？当物质性的工业遗存已难觅踪影时，我们能否找到非物质层面上的精神内核去继续深挖与传承？历史保护既指向过去的物理遗存，也关乎每一代人的记忆，本设计试图从非物质层面出发，提出重塑历史与集体记忆的可能性。

评语：

作品的最大特点是以情境再现和真实体验为主导。在空间组织方面，作者以时间、空间、记忆相互交织为手段，有机地将历史遗留空间纳入整体设计之中，致使所完成的作品具有了共生的色彩，现代牵连着历史，历史映射着现代。在空间情感表达方面，作者以连环画为依托，将预期的情感体验内容直接地进行了具象的直观概括，表面上看，这种连环画的具象概括只是表达出具体空间所要承载的体验内容，但就本质而言，这种做法实际上是一个能够切实将生活情感融于空间的有效手段，这也是要将艺术创作介入建筑设计的一个尝试。艺术思考可以让人把要做的事想得清楚和明白，之结果，才有了建筑艺术的产生。

（程启明）

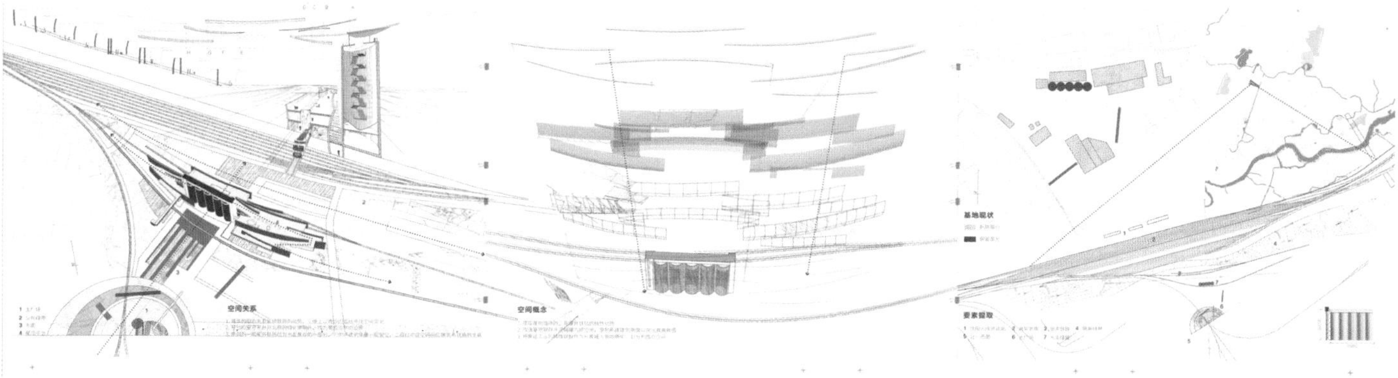

空间关系
空间概念
基地现状
要素提取

压迫
盘曲
鼎盛
坠落
复兴
筒仓改造剖面图
空间常设展厅
D-D 剖面图 1：150

人的活动与记忆是一种对时间的记录，而
这种时间的堆叠正是一块土地的灵魂所在
铜片的肌理变化
建筑体量南侧景观池
铜片数量变化模拟
30 年
20 年
10 年
绿锈的形成
棕褐色氧化层
氧化层的形成
铜片颜色变化

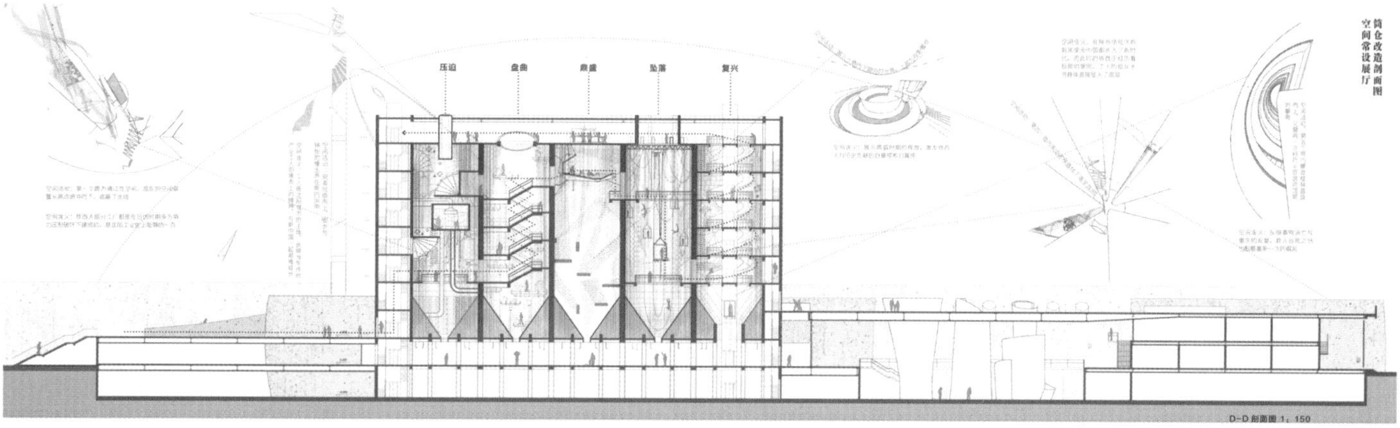

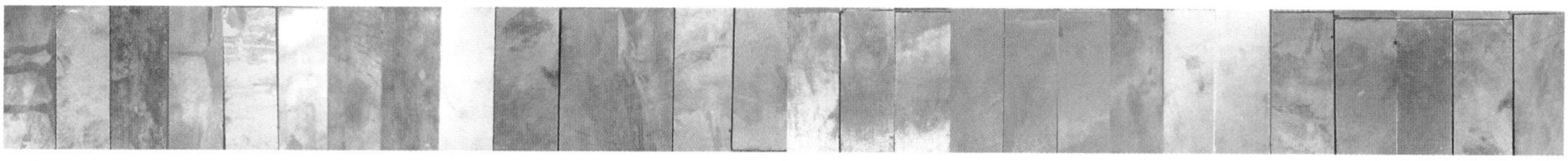

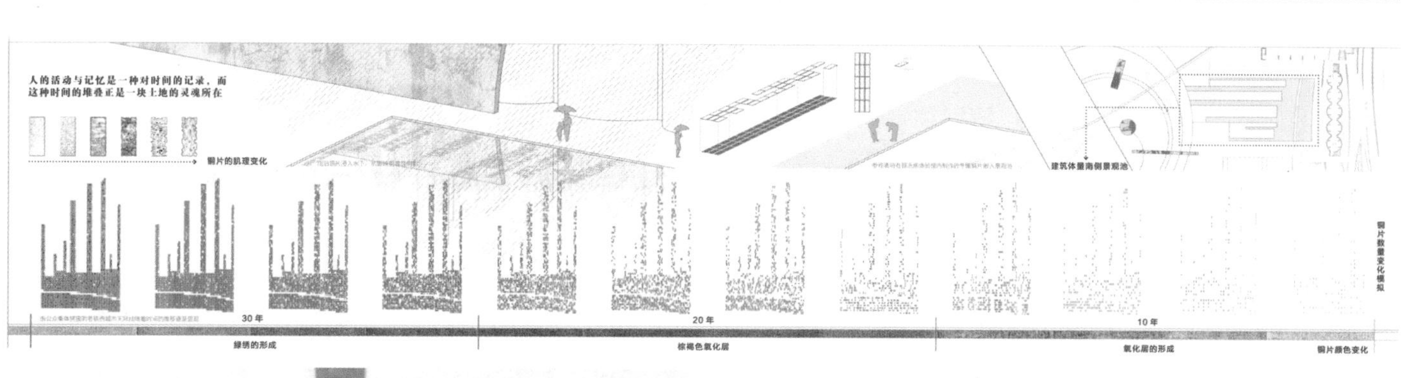

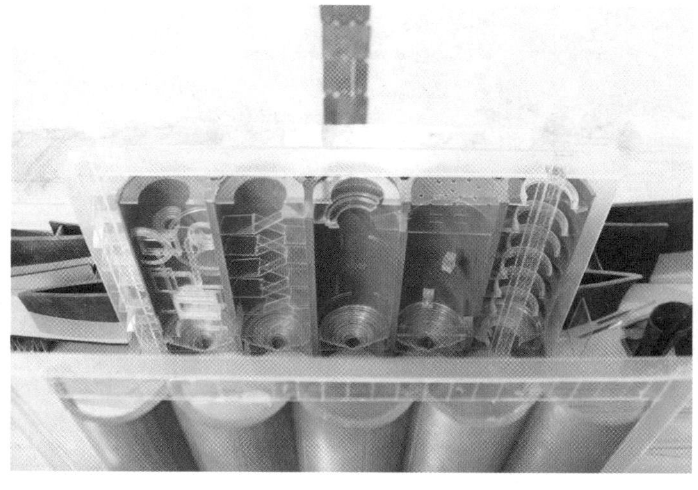

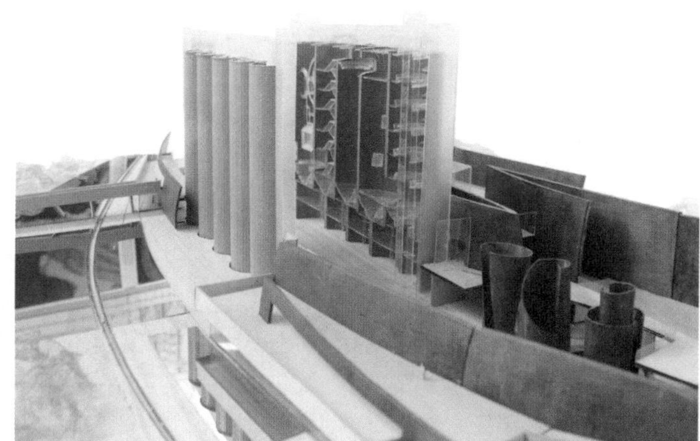

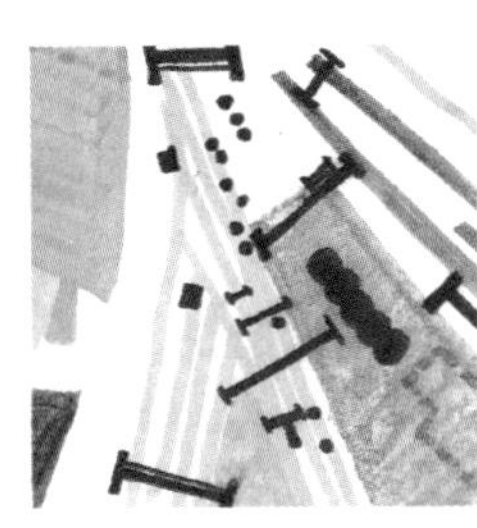

长子的老相簿

The Old Album of Eldest Son

中央美术学院

设计：蒯新珏／郭皓月／陶晅文／孙玉成

指导：程启明／苏勇／刘文豹

长子的老相簿

THE OLD ALBUM OF ELDEST SON

沈阳雪花啤酒工业主题餐厅设计

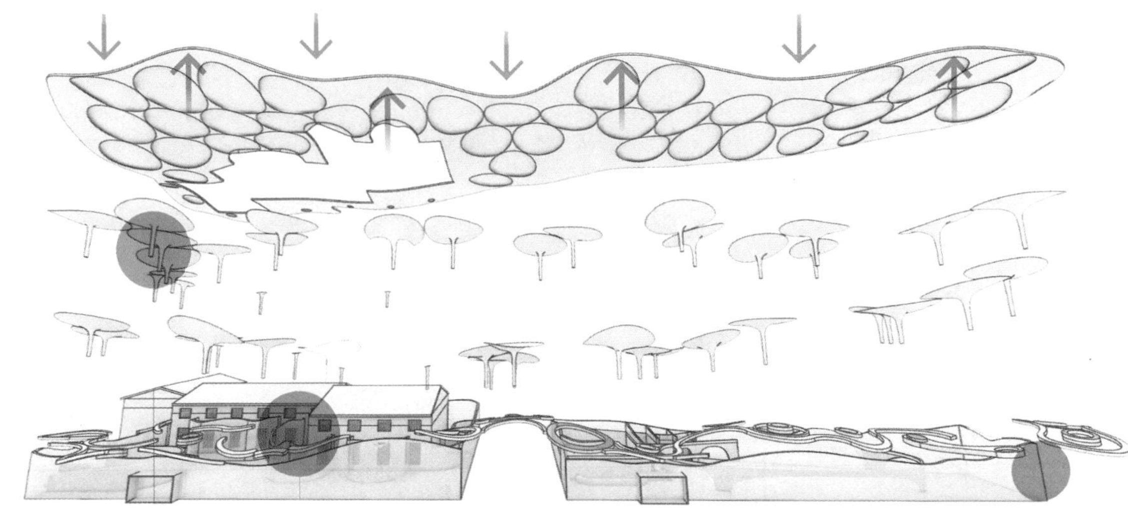

设计说明

面对着曾经无比辉煌、现在颓废不堪的老工业区，我选择用新旧强烈对比的方式介入这片场地。

场地中三个旧厂房被改造保留下来，同时现代的、浪漫的啤酒泡沫形态的屋顶以波状柔软地融入其中。多个中空内庭院将新老建筑在情感上联系起来。可上人活动的绿地屋顶，将建筑融入城市绿地之中。体验者无论置身建筑何处，都能用眼睛、用手掌感受老墙，于交替的时空中回忆起铁西的峥嵘岁月，用时在现代空间中舒适用餐。

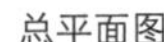

总平面图

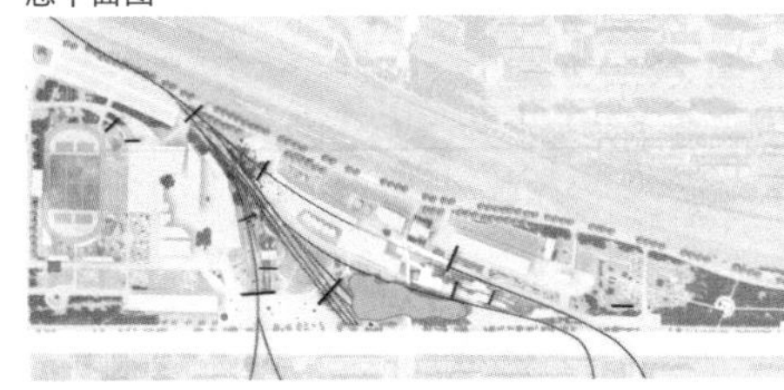

概念生成

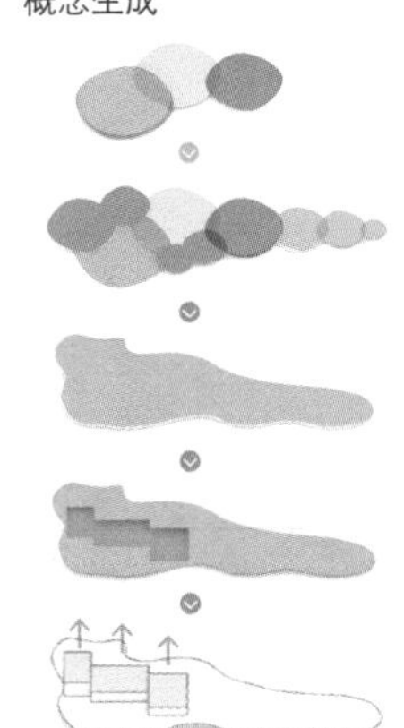

结构示意

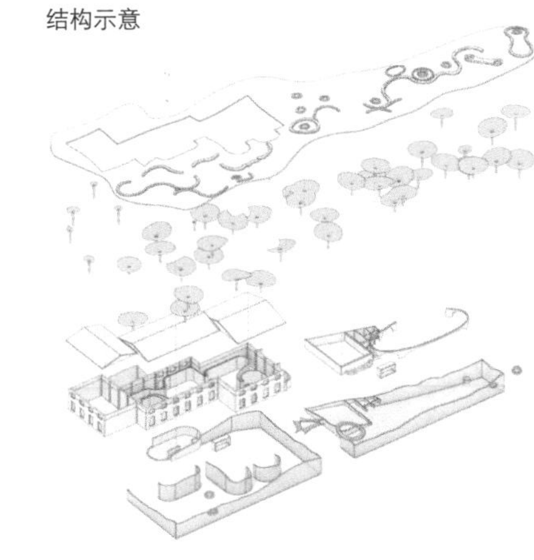

评语：

作品以餐饮叙事为切入点，在形式方面给予直接的关照和对应，波浪起伏的双曲面屋面及大面积的玻璃幕墙在寓意雪花啤酒文化的同时，所表现出来的现代气息与遗存建筑形成的对比也让人有了情趣别样的特殊感受。在这里，无论是室内空间还是室外空间，无不充满着时尚与传统相互共存，其实，这种氛围感是铁西工业区极为需要的。从发展的角度来看，历史也是财富，因为历史当中蕴含了当代人的许多潜在的意识，这也便是要善待历史的道理所在。作者的设计似乎是注意到了这一点，但作者并没有简单使用历史，而是借助时尚去撬动历史，由此，历史的价值性才可能得以充分的发挥，同时，空间也就具有了生机。

（程启明）

首层平面图

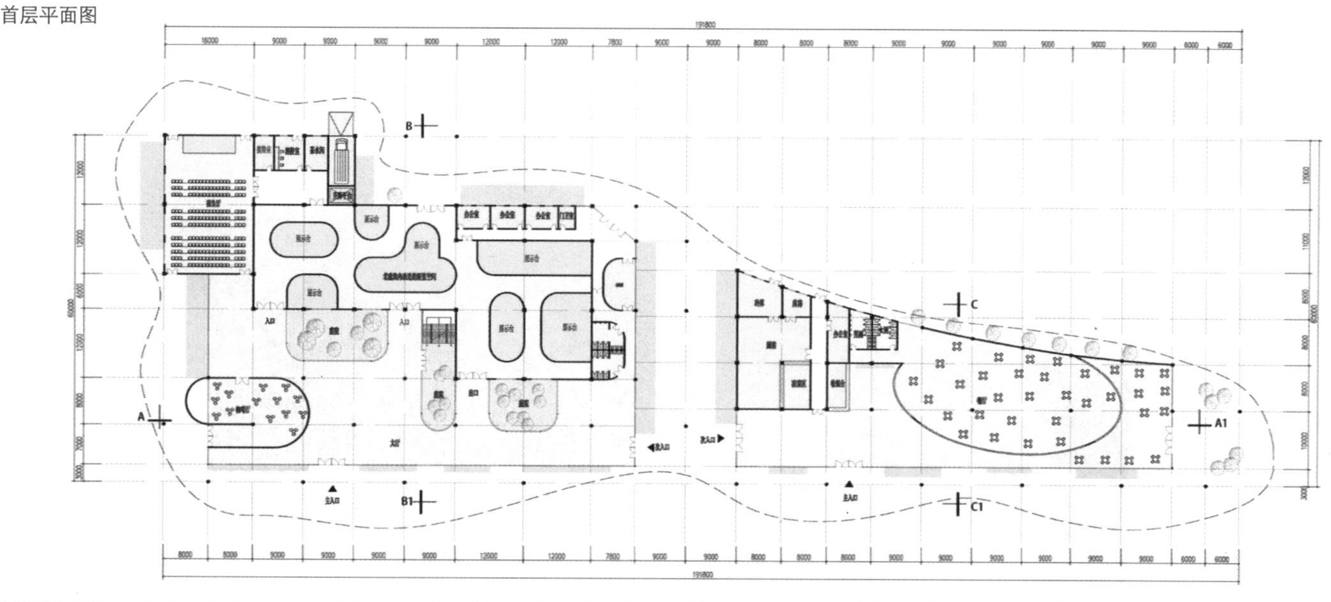

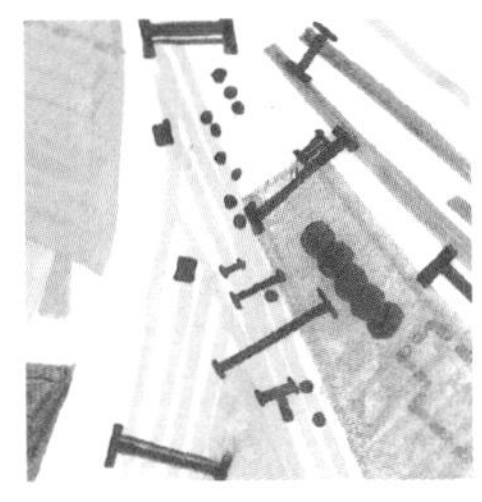

长子的老相簿

The Old Album of Eldest Son

中央美术学院

设计：陶暄文

指导：程启明 / 苏勇 / 刘文豹

长子的老相簿

THE OLD ALBUM OF ELDEST SON

一棵树 一面镜子 一个沙漏

一棵树

一面镜子

一个沙漏

一棵向铁西发声的树。借助工厂垂直运输原理的旋转楼梯坡道，“地下—地上”旋转上升的过程。人们先由停车场进入场地，由靠近铁路到靠近建筑，这种空间上、心理上的联系，我用一个从水面作为入口逐渐下降到历史展厅的坡道。望水息心逐渐向下走的时候，水花随阵阵的火车轰鸣沿竖状混凝土渍下形成岁月的流痕，将人带入场所的过往中。到了入口门厅，是一个巨大的用铁西回收的钢铁雕塑成的蒸汽朋克的柱子作为历史叙事的开篇。回顾铁西的历史后，循着旋转坡道而上到一个近水平台上。视线的顺序由溯源追根到直面场所特征。接着进入到盘旋而上的坡道展厅感受最先锋铁西时代的精神气质，最先锋的文化，最后经过铁西到达顶层的屋顶花园鸟瞰新铁西。

一面能反射音乐的镜子。平行的“镜遇”让人们在废墟符号下审视本我与时代。相交的“镜遇”让未来与历史相聚于无我的信仰。镜子融化了新建筑，延续了老房子。同时将铁西的风，气流等自然特质捕捉在空气中，“浑象”。

方形沙漏，一个承载时间的容器。将时光折叠在虚无的方形沙漏中，让无处安放的念想栖居。仿佛与时代已经格格不入的广场舞、团体操等念想作为一种文化景观的活化石栖居浸没剧场中，存一个念想，留一抹夕阳红。剧场中的剧情与场景亦真亦幻，既是旧时代的回响又是新时代的烙印。演奏者最先锋的交响，不同的种类文化在浸没剧场中交融，不同时代的文化在剧场中更迭。它具有包容性。不同时段的文化现象都可以发生在这。它是一个过渡时间的容器。

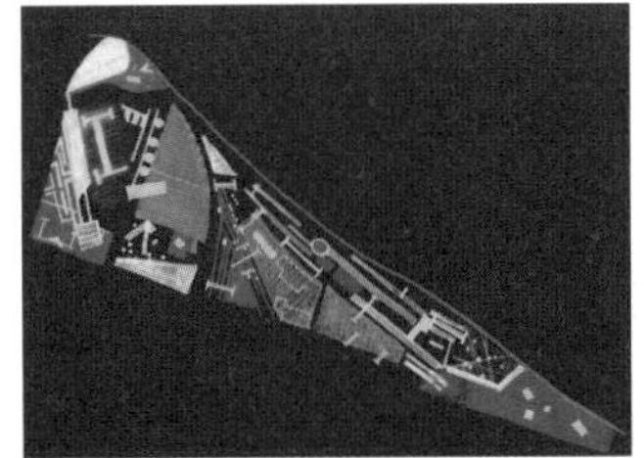

评语：

作者在关于具象到抽象、再到具象的思辨过程中，抽象出了关于铁西精神的一棵树、一面镜子、一个沙漏的实物意向，以此为基础，再借助于镜面装置的处理手法，有机并有序地将老房子消隐于新的音乐剧场当中，其成果具有新意，既兼顾了峥嵘岁月的记忆，又歌声嘹亮发出了时代的新声。从振兴铁西工业区的夙愿方面来看，在这里建设一个具有金属音乐之声的剧场似乎是有必要的，通过金属般的碰撞和呐喊，可能真的会让这个缺乏生机的地方重新焕发青春。这里曾经年轻过，看得出来，作者希望把那段激情延续至今并继续延续，为此他努力地进行了尝试，他的作品对此也进行了充分地表达和阐述。

（程启明）

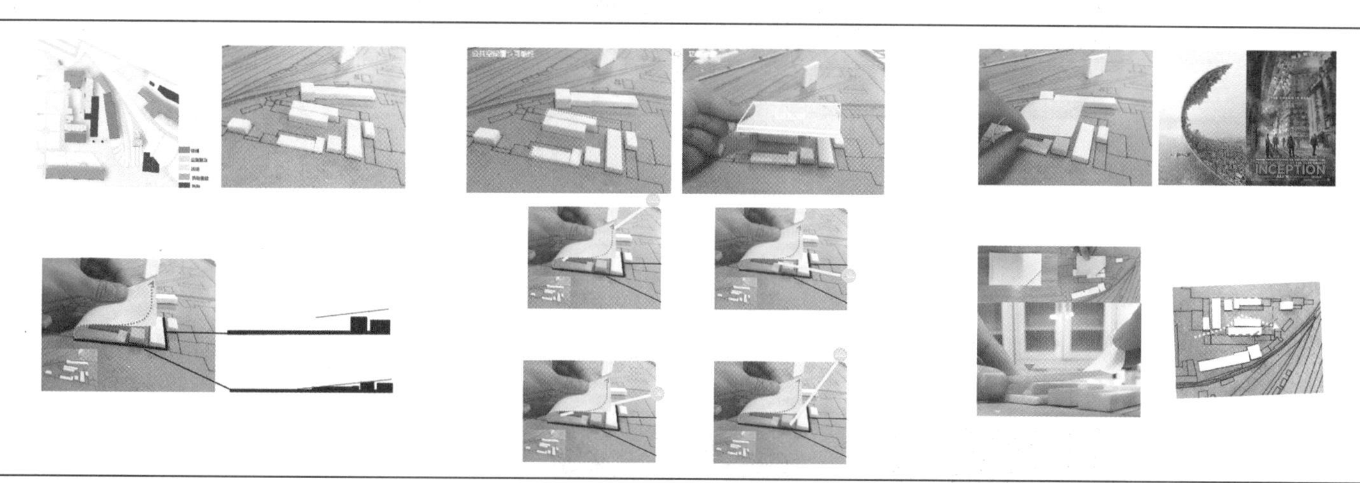

INCEPTION

铁西工人主题旅社
TIEXI FACTORY STAFF THEME HOSTEL

工人主题旅社
FACTORY STAFF THEME HOSTEL

中央美术学院
设计：孙玉成
指导：程启明 / 苏勇 / 刘文豹

作为老工业基地的沈阳市铁西区曾经辉煌一时，声名远播。如今在东北整个经济衰落的大背景下，铁西也处在与时代的发展格格不入的境地，迷茫，失落……

旅游业成了铁西寻求地走出迷茫的出口之一，浓厚的工业文化氛围，为此提供了十分有利的条件，成为可发展的旅游资源；

特色旅社作为发展旅游行业中不可缺少的元素，亦可作为当地工业文化的重要载体与媒介，但是在如今的铁西乃至沈阳都寥寥无几；

在铁西，无论是先进工人或者劳模居住的工人村，还是大量的普通工人居住的宿舍，都反映了这里曾经的辉煌，以及工人举足轻重的地位，所以对于外来游客来说这些都是很有意思的居住场景和空间体验。

设计以此为切入点，以旅社为载体，在强调体验经济与内容消费的当下，尝试设计有趣好玩的旅行居住空间。

当一个城市或者区域被符号化，“基因”或许就此诞生 / 工业文明在特定的时间和特定的场所里被曾经在铁西无限辉煌的诠释 / 历史的周期不止，转变的道路势在必行 / 集体空间的记忆，或许是有趣感官的体验 / 时间，活动，场所在交织的叙述一件事 / 而对于建筑所处环境，不破还和给予是明确的态度 / 希望在这里能有更多的故事发生给恰似“冰冷”的城市一抹春意盎然

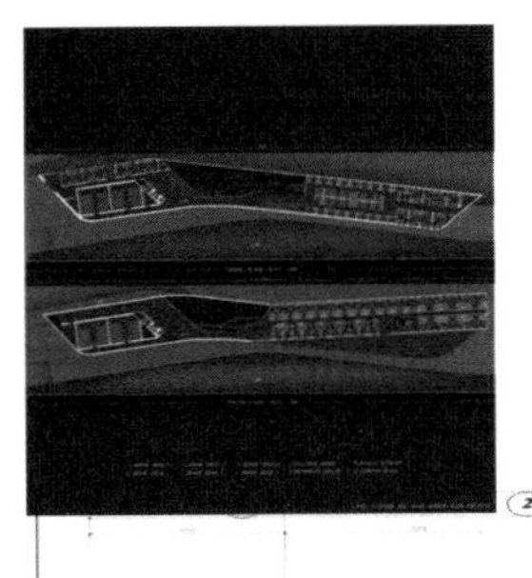

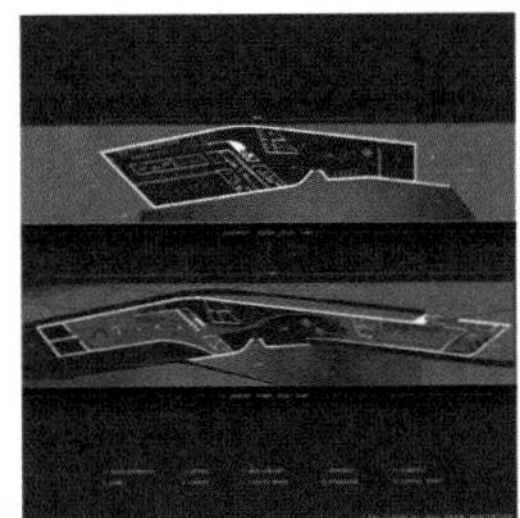

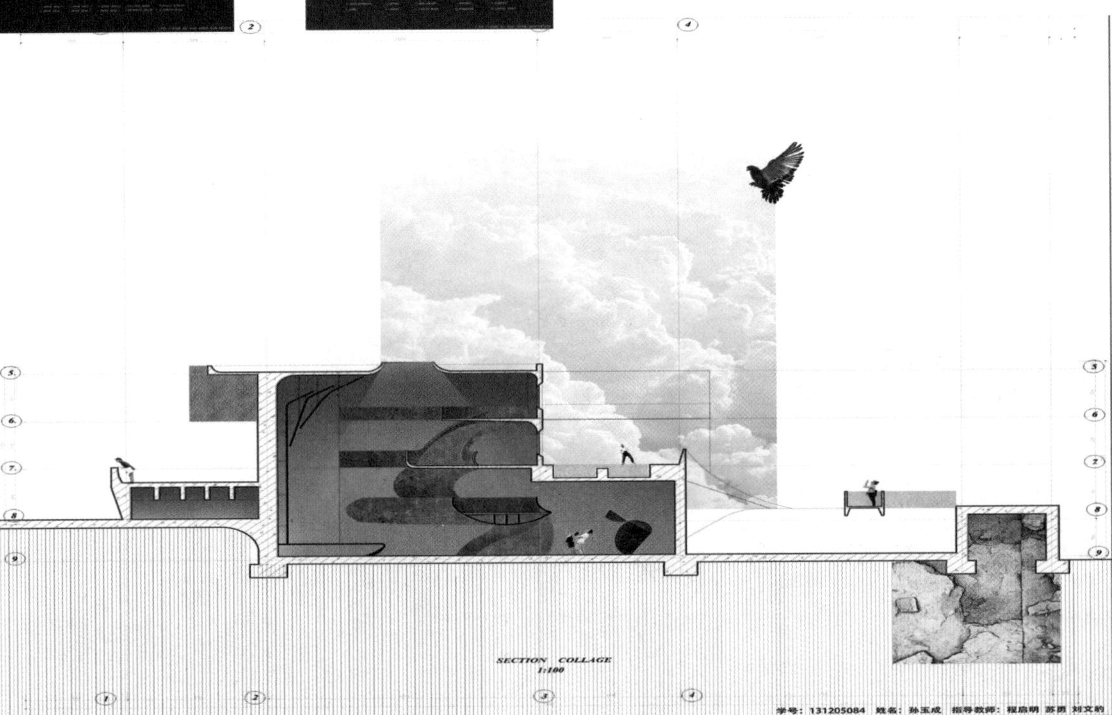

评语：

基于对过去集体宿舍生活氛围的认识和理解，作者力图将作品设计成为一个能够把今天和历史联系在一起的纽带式空间，为之实现，作者采取了内外各表的设计策略，在建筑的外部形体处理方面，强调时尚和有流线感，在内部空间处理方面，注重历史的回归和有亲切感。表面上看，这种处理似乎存在了很大的反差，但从空间体验的角度来分析，这种被夸大了的反差恰恰会给人留下深刻的印象，似有时光倒流的之感、又有时光穿越之趣。对于老一代人而言，这里有他们的情怀和记忆，对于新一代而言，这里可以是他们有所感悟和体验，由此而言，这的确是一个充满情感寄托的一个作品。

（程启明）

鉄西区
工場
街
鉄路
ie Xi Qu

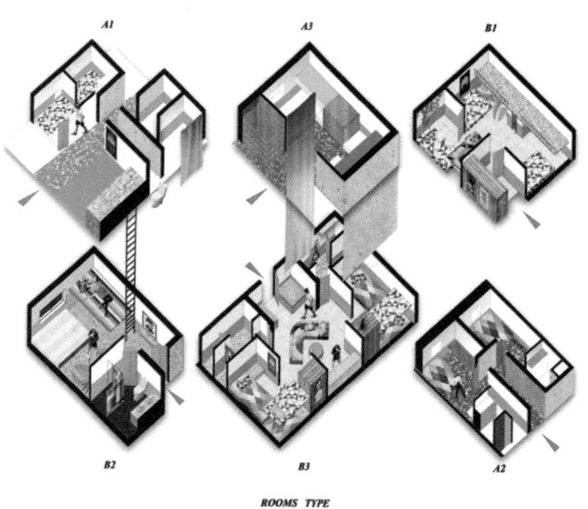
A1
A3
B1
B2
B3
A2
ROOMS TYPE

后工业时代 H_2O 主题乐园
POST INDUSTRIAL H_2O WONDERLAND

A 9 STUDIO

后工业时代 H_2O 主题乐园
POST INDUSTRIAL H_2O WONDERLAND

中央美术学院

设计：徐子/王颖/王楚霄/秦缅/黄翾

指导：周宇舫/王环宇/王文栋

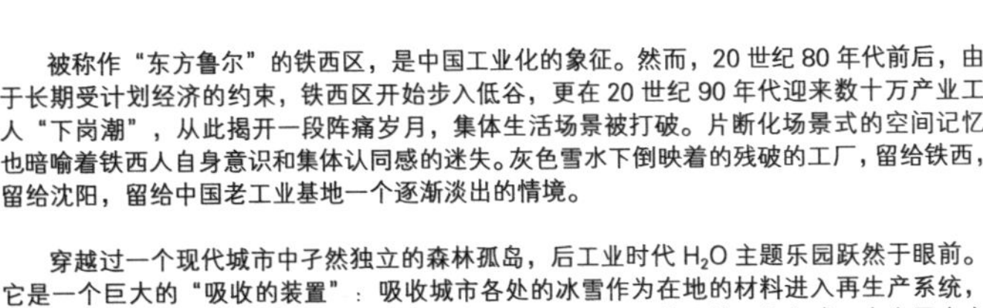

被称作“东方鲁尔”的铁西区，是中国工业化的象征。然而，20 世纪 80 年代前后，由于长期受计划经济的约束，铁西区开始步入低谷，更在 20 世纪 90 年代迎来数十万产业工人“下岗潮”，从此揭开一段阵痛岁月，集体生活场景被打破。片断化场景式的空间记忆也暗喻着铁西人自身意识和集体认同感的迷失。灰色雪水下倒映着的残破的工厂，留给铁西，留给沈阳，留给中国老工业基地一个逐渐淡出的情境。

穿越过一个现代城市中孑然独立的森林孤岛，后工业时代 H_2O 主题乐园跃然于眼前。它是一个巨大的“吸收的装置”：吸收城市各处的冰雪作为在地的材料进入再生产系统，最终反馈区域生态；吸收市民的参与，生产过程即是制造和体验快乐的方式，由全民生产和网络传播获得支持乐园运转的能量和资本，在铁西区、沈阳市乃至全国引发一个盛大的冰雪节日。

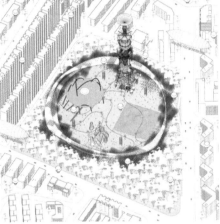

5 个情境建筑——回应后福特时代生产线的五种组织形态，作为生产图像、体验、事件的工厂，产生持续的推动力，借由景观社会的可视化传播效应作为捕获力，创造并扩散话题，让市民在节日的狂欢中暂时脱离平常的真实生活，透过生产游戏中的角色，唤起往昔属于铁西的集体记忆，重塑自我意识和身份认同，编织新时代背景下的集体精神。

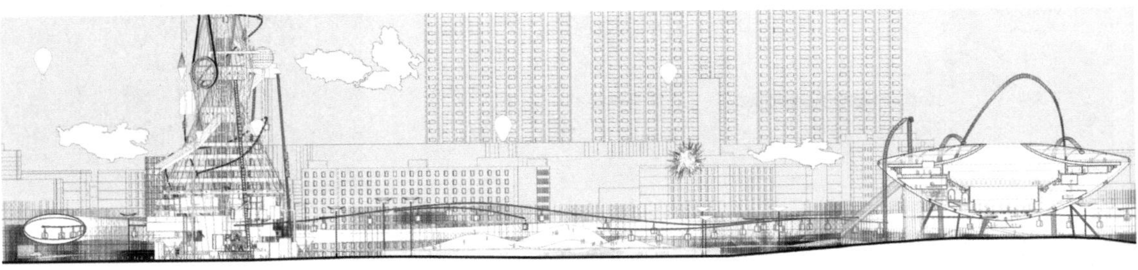

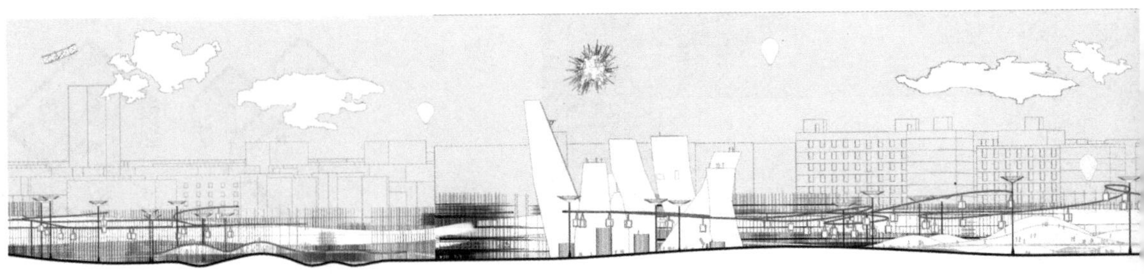

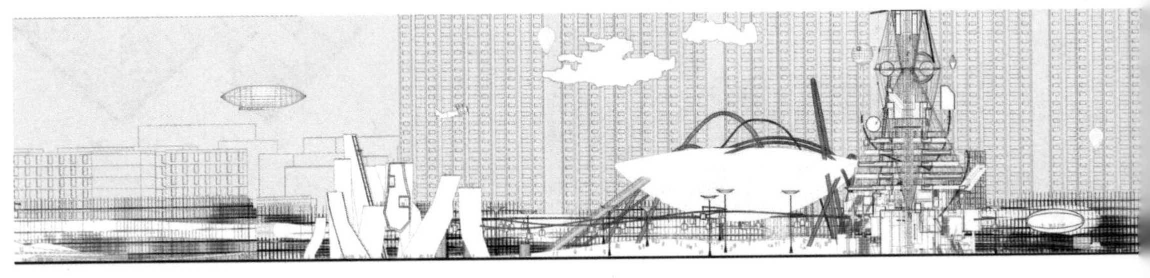

后工业时代H2O主题乐园
POST INDUSTRIAL H2O WONDERLAND

后工业时代 H_2O 主题乐园
POST INDUSTRIAL H_2O WONDERLAND

往来之环

往来之环是关于 H_2O 主题产品的生产线相关体验项目。在这里，游客即工人。体验时间及内容可以根据您的情况自由安排。工人自治会建议您选择最适合自己的体验方式。

如果是首次来园的话，您不妨来一次 2~3 个月的长期体验，经历从产品研发、试做改进、批量生产的全生产线过程。如果选择一周以内的短期体验，您的生产线选择会更有机动性与交互性。

工人自由接受订单，进行定制生产；或是为自己生产心仪的产品。工人与物主自由交流。您既是生产者，又是消费者。

往来之环是乐园的边界，是城市到森林到乐园内部的一道开敞的围墙。

工厂的宗旨不止于 H_2O 主题体验的生产。我们鼓励市民更多地参与进来，为城市水资源的再利用尽一份力。除乐园统一收集车批量收集外，我们还支持自驾或乘公交系统亲身将 H_2O 资源送达乐园。将 H_2O 放入自助收集箱，工人们会将其净化、进入再生产系统。

除收集 - 生产 - 发放的自循环产线，我们还提供包括食宿在内的一切生活资源，保障您与工友们集体生活。

环上的沟通有可交互的弹幕墙支持。人们通过便携终端发布实时信息、取得沟通。身处异地的人也能与乐园远程交流。

入园体验及本年度冰雪节等更多细节，请下载工厂乐园终端。

后工业时代 H_2O 主题乐园
POST INDUSTRIAL H_2O WONDERLAND

中央美术学院
设计：徐子
指导：周宇舫 / 王环宇 / 王文栋

评语：

时间性的空间表达是建筑学的本体议题。这个双向的巨环建筑是对过去与未来的时间性在此刻的呈现形式的探索，运动方式和切入方式的设定给时间性带来了一种不确定性，为整体园区定义了一个双向逆转的空间围合，时间成为一个流动的墙。过去并非渐行渐远，而未来则是日渐趋近，此刻只是一个瞬间的切入，是过去与未来的一个切面，时间没有留存停止的缝隙，就连叙事也在双向齿轮的逆动中重组。

（周宇舫）

定制女儿生日礼物，请点击屏幕
233333
66666666
66666666

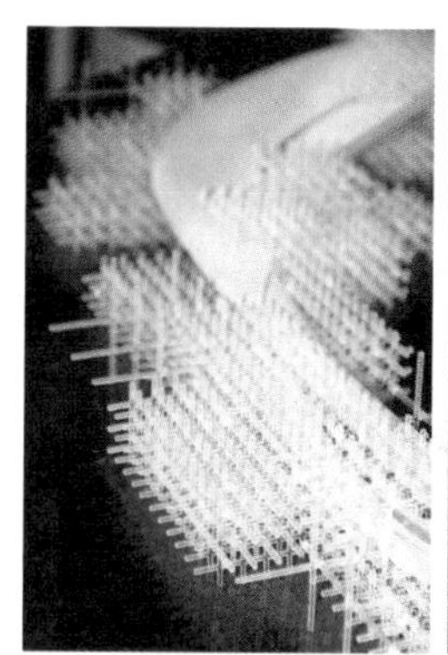

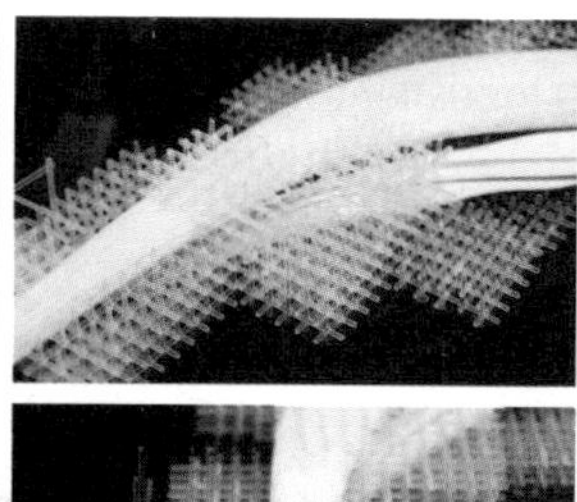

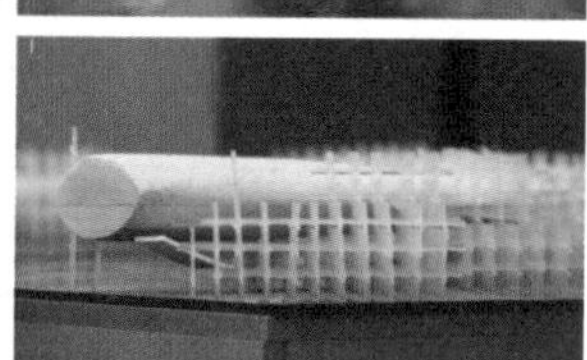

A9 STUDIO

后工业时代 H_2O 主题乐园
POST INDUSTRIAL H_2O WONDERLAND

中央美术学院
设计：王颖
指导：周宇舫／王环宇／王文栋

后工业时代 H_2O 主题乐园
POST INDUSTRIAL H_2O WONDERLAND

环境模拟器

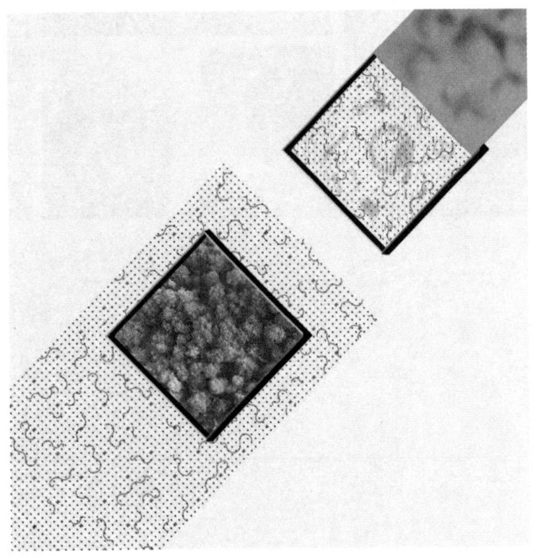

如果我们从卫星的视角来俯视如今蓬勃发展的全球城市，会发现很难去区分什么是自然的，什么是人造的。通过卫星监测的视角，我们可以获得一种与传统人类视角截然不同的划分人造（城市）与自然（景观）界限的新方式。在这个非人视点的尺度下，城市及其形态的生成则主要是促使其新陈代谢的物质、信息和能量流动的结果。我们可以开始把城市看作成一种具有生命的动态系统，而建筑也可以被当作是异质系统——如社会系统、基础设施体系和环境系统——之间的材料界面。

环境模拟器生产了人工化的自然，模拟水蒸气形成云雾的过程创造了适宜植物生长的微气候。建筑成为微小零件的集合，在这个工程中，生产的自然与体验成为消费本身，建筑成为一个用来改换城市景观的技术装置。

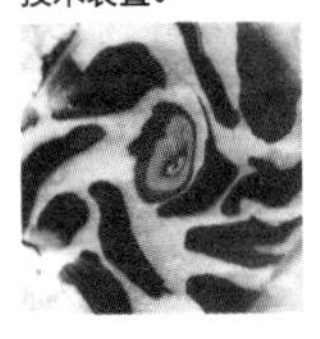

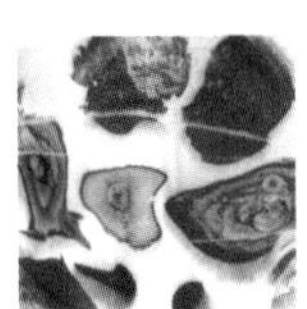

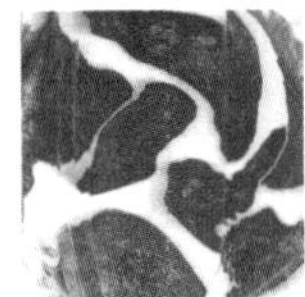

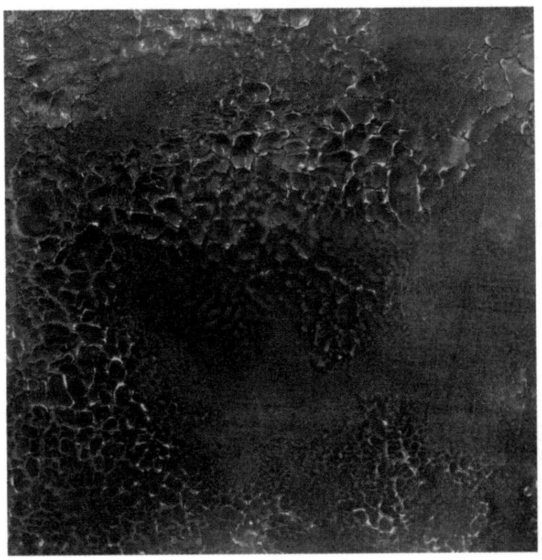

以自然与控制的关系做现象的记录与实验。这三张图是纸上水和墨的混合，墨在水中不可控的自由选择混合，而方格纸限定了他们的运动范围，最终形成不同的图案。

这种控制与自然的相互影响是水固化之后的重构。

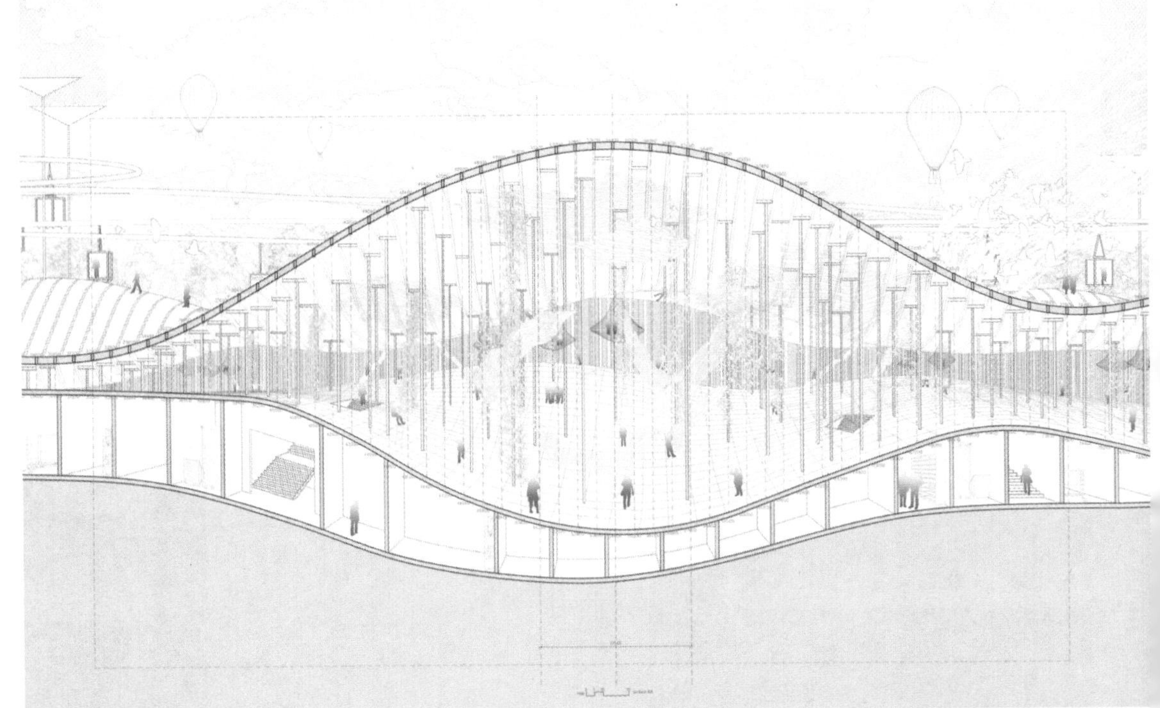

评语：

这个纯粹的建筑其实很难读懂，并非它是刻意的深奥，而是简单纯粹到只是一种人造的景观。我是在用手机拍了几张模型照片后才找到体会这个作品的感觉，一种雪地混沌的世界的尽端的情境。在这个情境中，作品所创造的空间形态，细柱与起伏的地表，还有天穹都融合为一体。至于其他的感觉，就如冬天里呼出的热气，只是在这个空间里被瞬间凝结了。

（周宇舫）

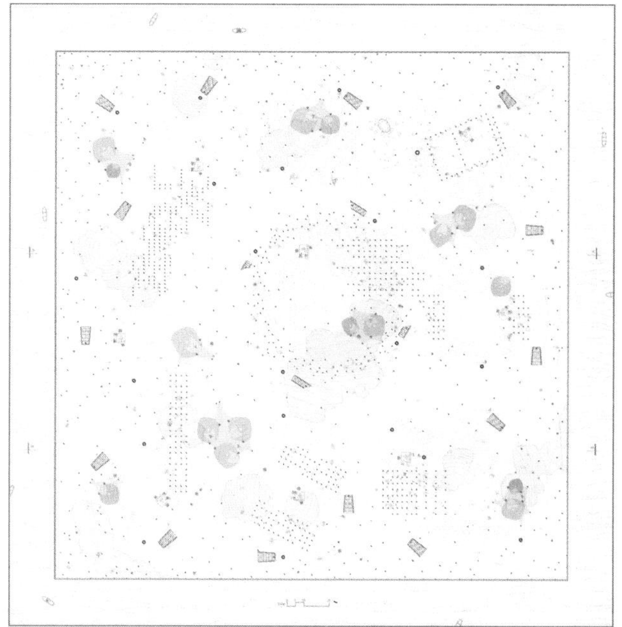

H2O WONDERLAND

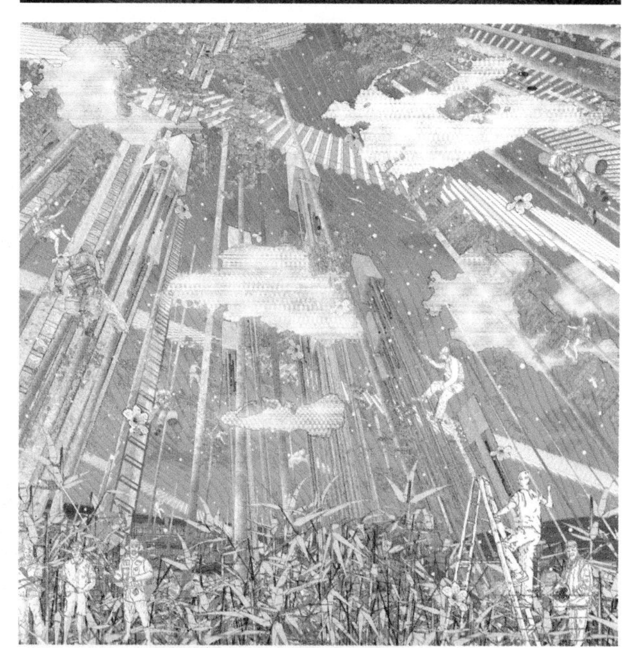

A 9 STUDIO

后工业时代 H_2O 主题乐园 POST INDUSTRIAL H_2O WONDERLAND

中央美术学院
设计：王楚霄
指导：周宇舫／王环宇／王文栋

后工业时代 H_2O 主题乐园
POST INDUSTRIAL H_2O WONDERLAND

符号之塔

"欢迎来到符号之塔！"

符号之塔是体验与制造的机器，在这里，快乐的体验分为三种线索：身体的快乐（本我）——极限娱乐设施；生产的快乐（自我）——雪花啤酒生产线；精神的满足（超我）——回忆与祈福。三种体验路线随时交织融合，影像作为符号不断被生产，欢乐的氛围弥漫在层层雾气中。

符号之塔还是一个巨大的水的吸收转换器——收集城市冬季的漫天飞雪与夏季的瓢泼大雨，生产为新的景观：冬天，这里是雪的永恒狂欢；夏天，这里是雾的奇幻梦境。

每个人被影像吸引到这里，体验、制造、收获，并继续传播着快乐的符号。在这里，每个人都有创造与传播快乐的使命。

大娱乐时代已经来临，希望你找到属于自己的欢愉！

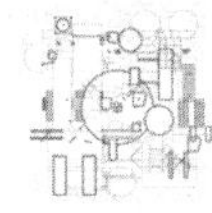
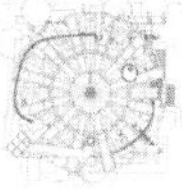
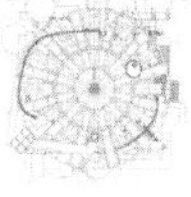
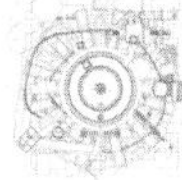

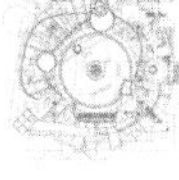
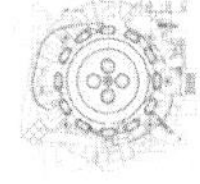
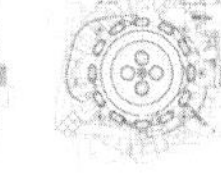

评语：

在这个结构严谨的高塔建构中，置入的是一个梦幻的未来情境。精心策划的"生产过程"是空间叙事的结构也是叙事本身，图像成为整个毕业创作的"产出"，试图传递单纯的建筑形式之外的现世的快乐场景。而在以水的自然现象变化为道具的演出中，人造景观的魅力成为作品所建构的体验性现象的诗意呈现。

（周宇舫）

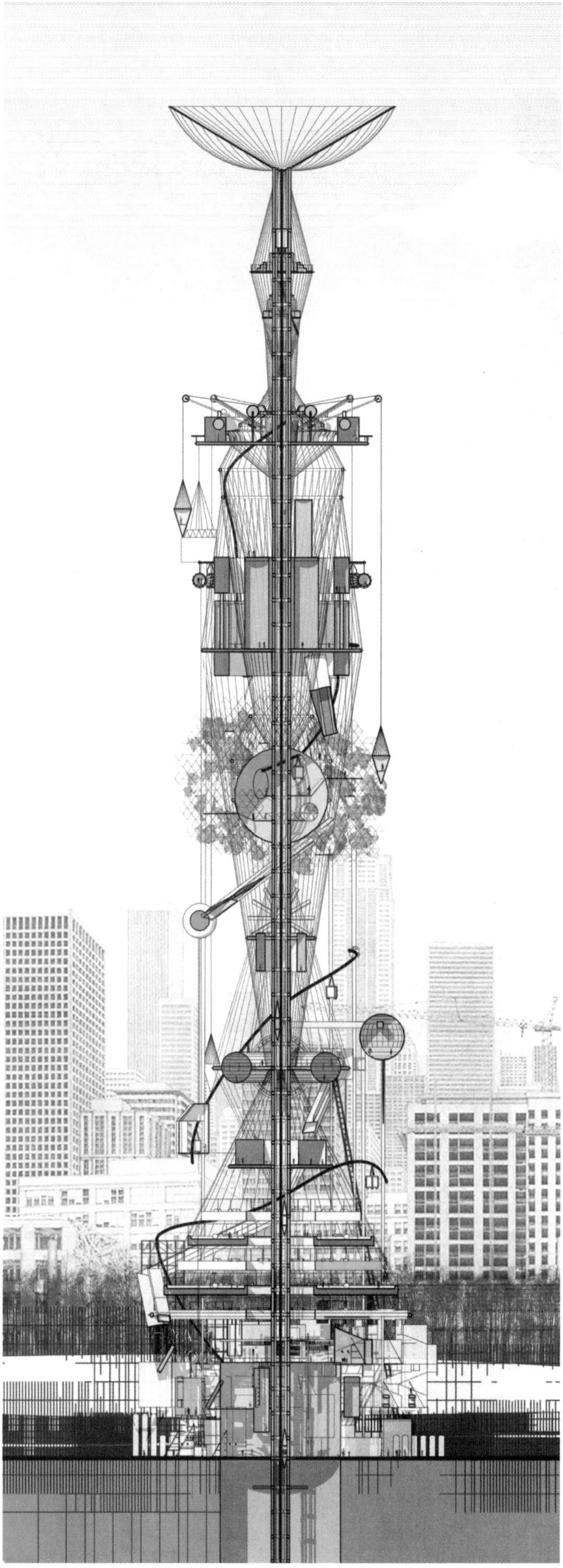

后工业时代 H_2O 主题乐园
POST INDUSTRIAL H_2O WONDERLAND

A9 STUDIO

后工业时代 H_2O 主题乐园
POST INDUSTRIAL H_2O WONDERLAND

中央美术学院
设计：秦缅
指导：周宇舫／王环宇／王文栋

映射剧场

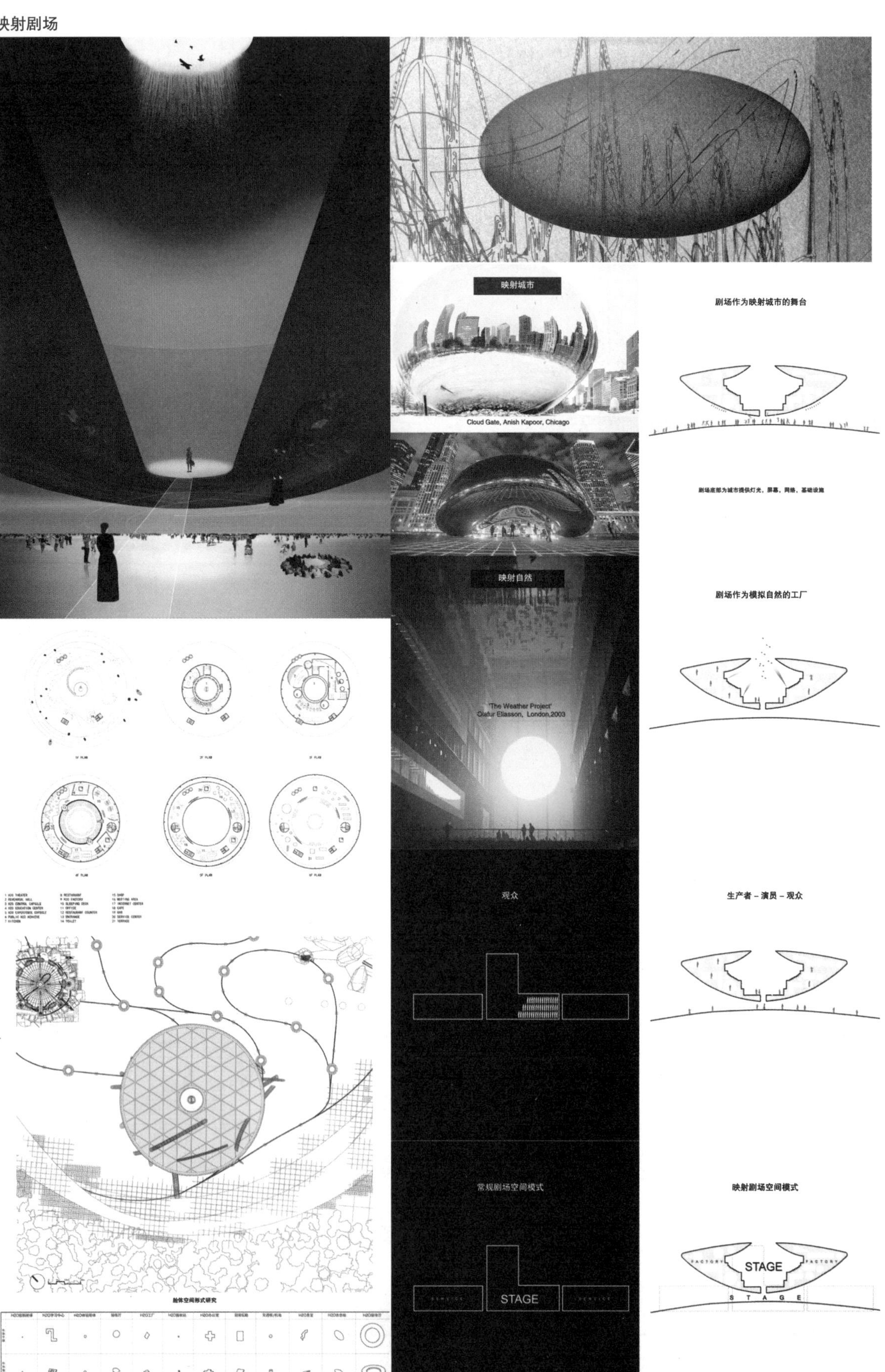

评语：

空间的叙事性可以被理解为一种仪式空间，剧场空间即是一种原型。在这个巨型悬空的建构中，核心的剧场里的角色即是到访者自身，进而成为一个有关记忆的仪式中的扮演者，而成为自身的一个仪式，人生是由各种仪式所构成。空间蒙太奇作为运动的线索，本身也是建筑的空间结构，在把它剖开的一刻，它的体量之重与悬浮之轻让我们不知身在何处。

（周宇舫）

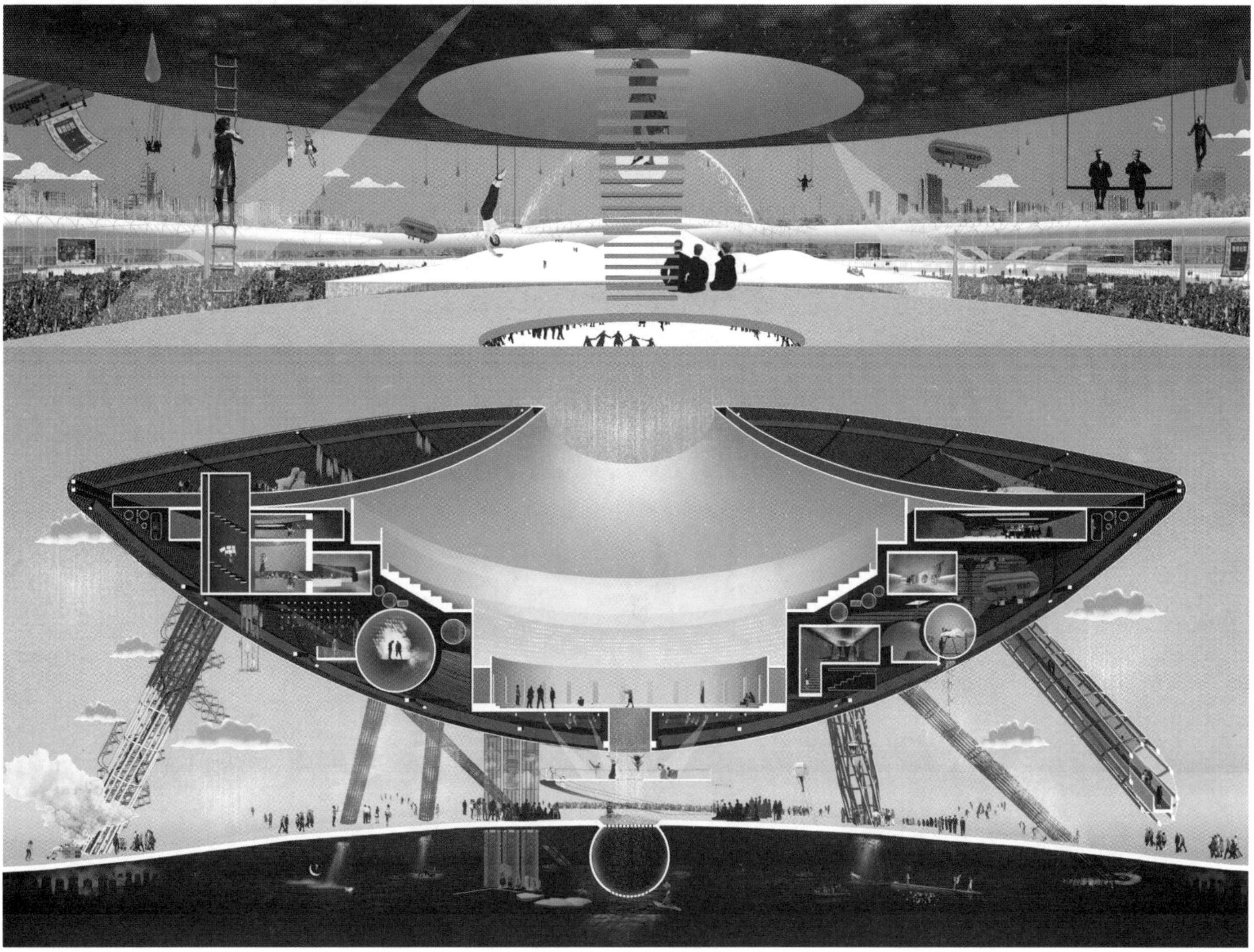

后工业时代 H_2O 主题乐园
POST INDUSTRAL H_2O WONDERLAND

中央美术学院
设计：黄翾
指导：周宇舫／王环宇／王文栋

后工业时代 H_2O 主题乐园
POST INDUSTRAL H_2O WONDERLAND

融雪的梦工厂

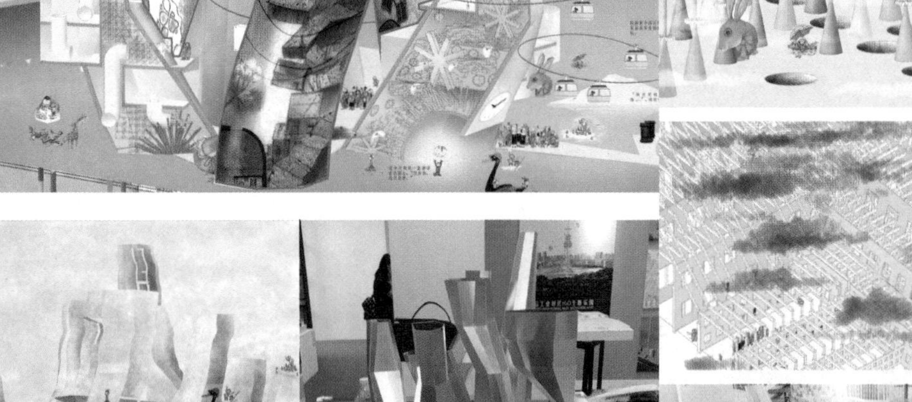

评语：

游戏空间也是叙事性空间一种存在模式。爱丽丝掉入神奇之洞的那一刻，她的身体的物质性就消失了，只有无形的意识在漫游，当今的游戏模式也是这样，让人本的物质性消失在电脑与空间中。这一组塔林形态的建筑所创造的空间即是这种以记忆为名的洞穴，游戏的规则只有一个目的，让自己的身体感觉消失，悬浮在往昔的记忆中。

（周宇舫）

历史的禁锢在当下的释放
ROAD CROSSING AND TOWERS

铁西路塔

公共的记忆——历史的禁锢在当下的释放——铁西路塔综合体设计
PLBLIC MEMORY

中央美术学院
设计：高鹏飞
指导：周宇舫 / 王环宇 / 王文栋

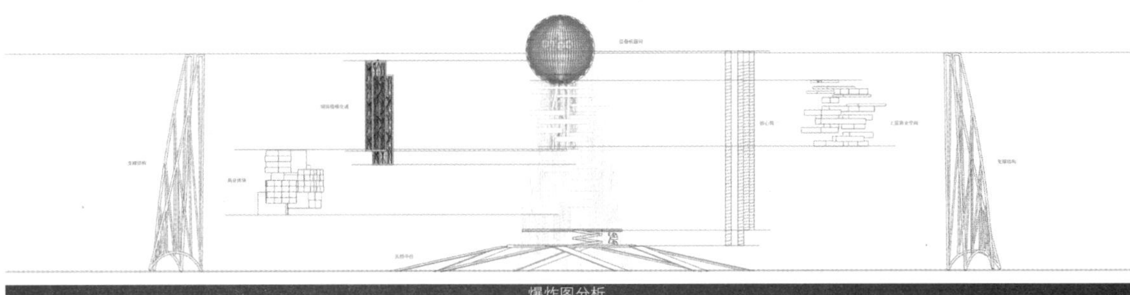

爆炸图分析

评语：

何为“城市标志物”？唯有对于往昔的集体记忆才可以构成纪念性。昔日的铁西是扁平和致密的城市空间叙事，而将其转化为垂直竖向的空间结构，用往昔的场景片段拼贴而成记忆性的现实情境，定位城市未来的图景。这个作品是对抹平重建的图景的批判，用“城市标志物”与交通节点组合的方式，提供一个城市设计的句法来取代所谓的“规划”。

（周宇舫）

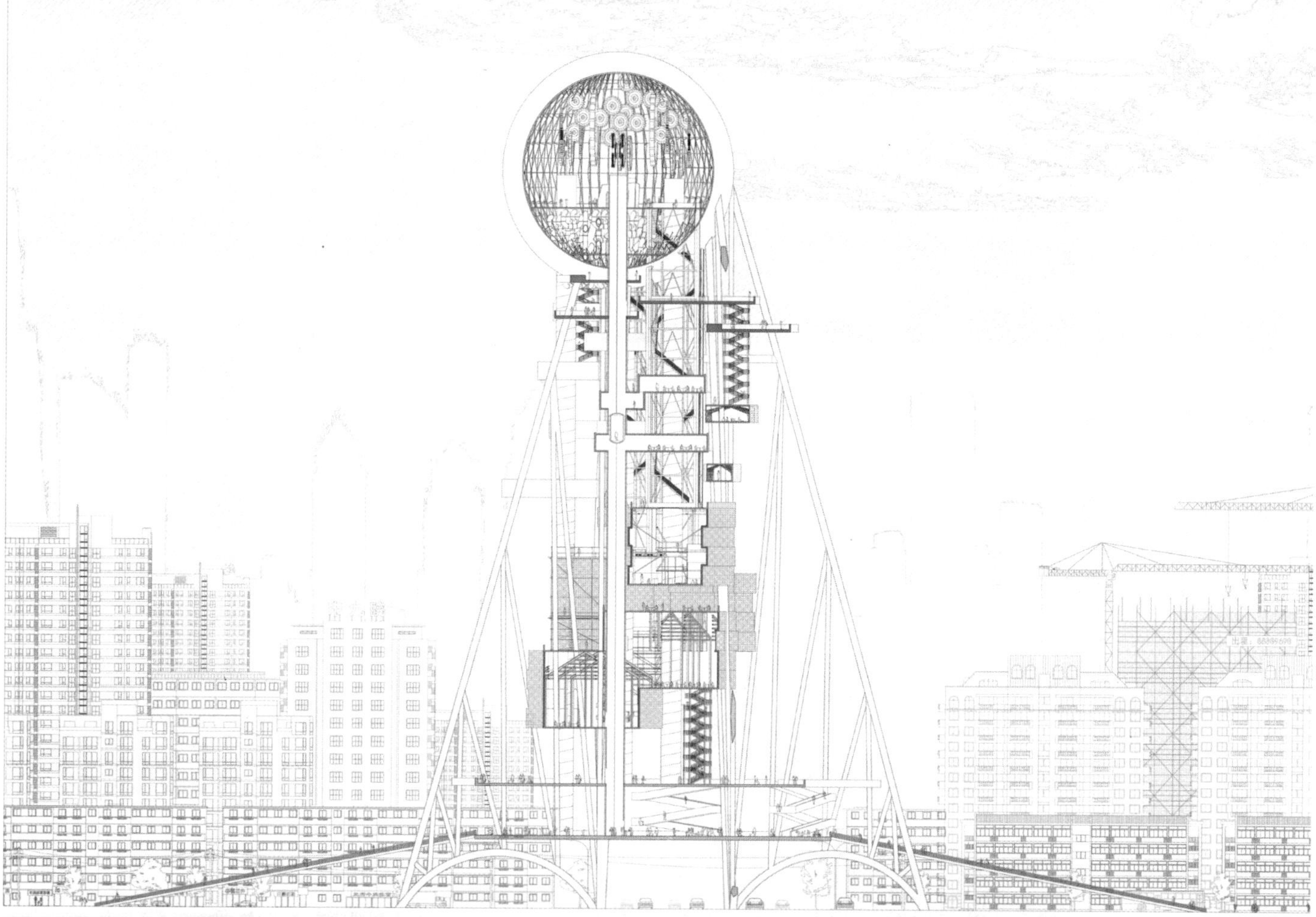

剖面图

作为铁西历史上最重要的两个群体，工人们在挣扎着对抗阵痛，工厂在经历着遗忘与抛弃。曾经这两者合在一起的辉煌被禁锢在了时间的牢笼里，同时也禁锢了许多人的记忆。与其如此挣扎，还不如彻底的清除现有的老工厂，重新组合它们的墙体，构筑物与机器，让它们以一种新的状态重生于当下的这个时代，走出时间的禁锢。

铁西之眼

中央美术学院
设计：郭宇飞
指导：周宇舫/王环宇/王文栋

“基因”代表了一个城市独特的身份，也使一个城市区别于其他。本次毕业设计选址在辽宁省沈阳市，沈阳市是中国工业化较早的城市，有着悠久的历史文化，随着工业化城市化进程，城市基因不断重组，一方面紧跟时代变迁，另一方面与其他城市不断趋同，基因独特性不断丧失，其独特的工业元素不断消逝。

与此同时，铁西区作为传统工业区拆迁而成的住宅区有着商业空间不足，老年化严重等缺乏城市活力的问题。本次毕业设计则希望建立一个城市综合体，一方面期望激活城区，为当地增加关注度与活力。另一方面则希望将能代表当地过往基因的元素转译为空间语音固化到建筑中去，期许其能在满足使用之外承担起某种记叙性的文化功能。

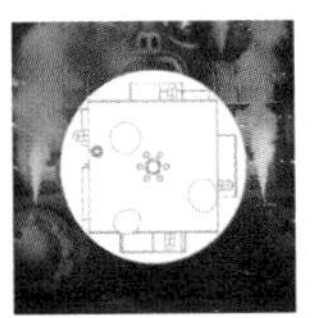
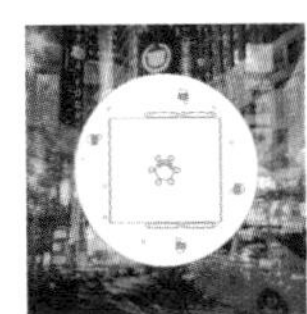

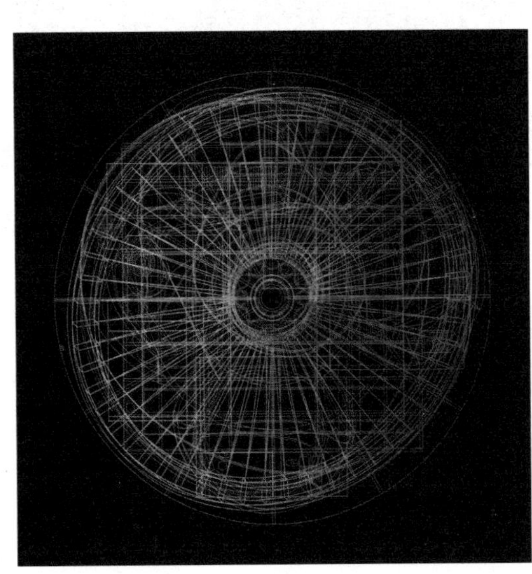

评语：

虚拟空间的游戏与现实空间的生存相遇，在既有的建筑学里只是想象力的表现。但今天虚拟世界的轮回设定变成了一种感知性体验，不同于以往的一切艺术形式，是建筑学在当下要面对的挑战。这个方程是对人生自然轮回的实物模拟，把游戏中的进阶转为一座巴比塔，精彩到最后的空然。

（周宇舫）

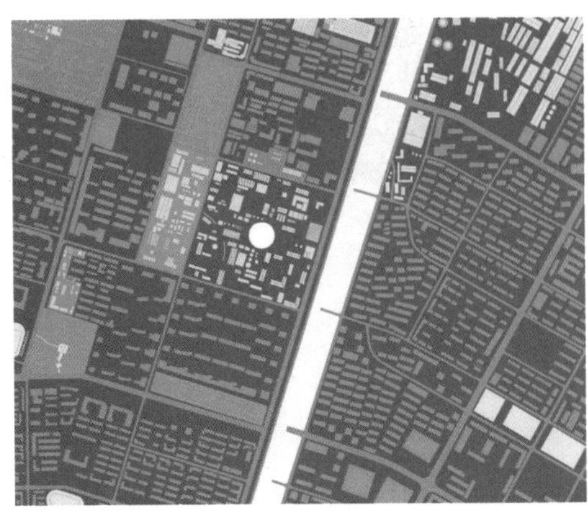

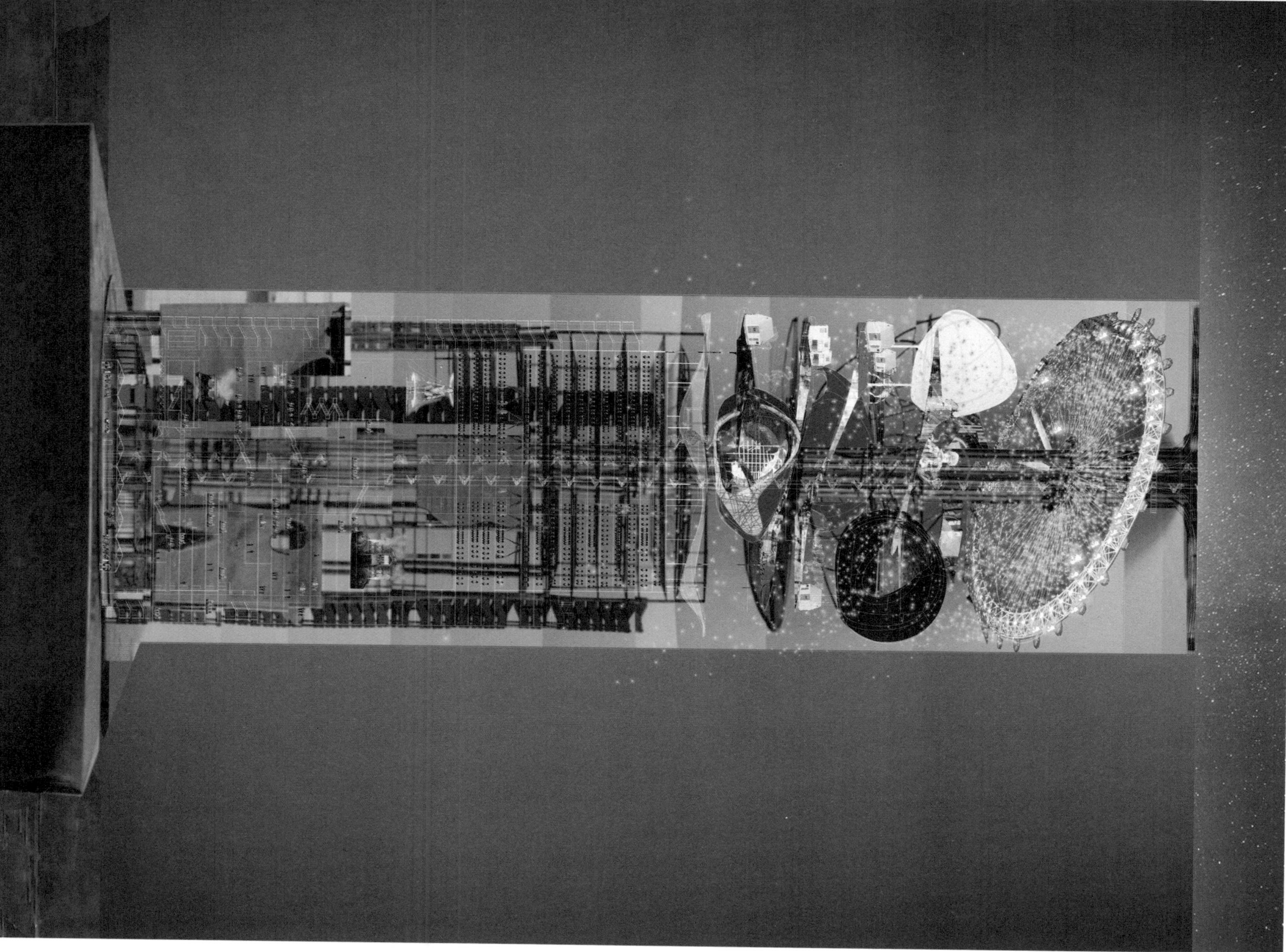

A 9 STUDIO

铁西区公交站公共空间改造

RECONSTRUCTION OF PUBLICITY IN TIEXI BUS STATION

中央美术学院
设计：李庆智
指导：周宇舫/王环宇/王文栋

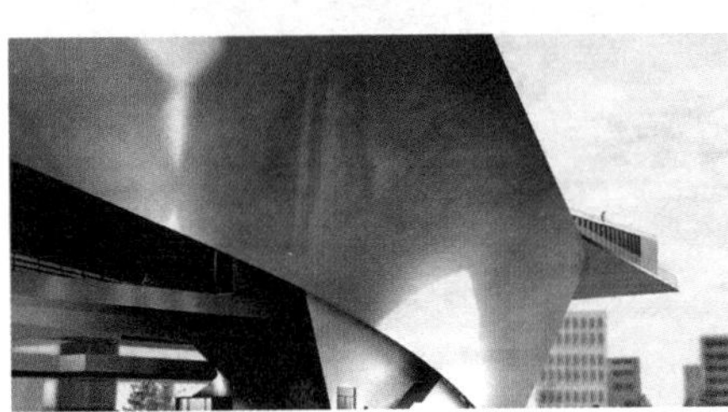

公交站是一个充满故事的地方，每天往来巨大的人流下，它就像一个离心机，把无数的人送到自己的故事中去，但其本身，却由于功能和空间过于单一，而归于枯燥。设计的动机就是希望这样一个每天聚集大量人流的城市公共空间，也能成为一个点，贯穿于铁西人的生活中，成为一个承载人们平凡的故事的地方。

设计将基地中的废弃建筑进行改造，在对公交站地面层进行流线优化和补充的基础上，垂直方向建造了一个满足生活软需求的空间。书、咖啡厅、美食、运动、阳光、艺术、电影。这是我眼里的生活。铁西的基因里有一种集体性，在设计里它体现在一系列的开放空间里，露天活动这种行为方式，本身就是对那个时代精神的一种尊重。依托于车站的时间表，这里在夜晚也变成了一个霓虹之地，也许就是一场露天电影，或许星空下的静坐，在这里有了你的一份归属。

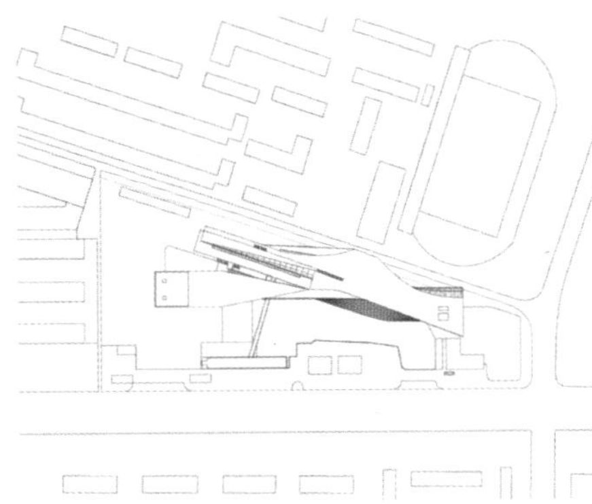

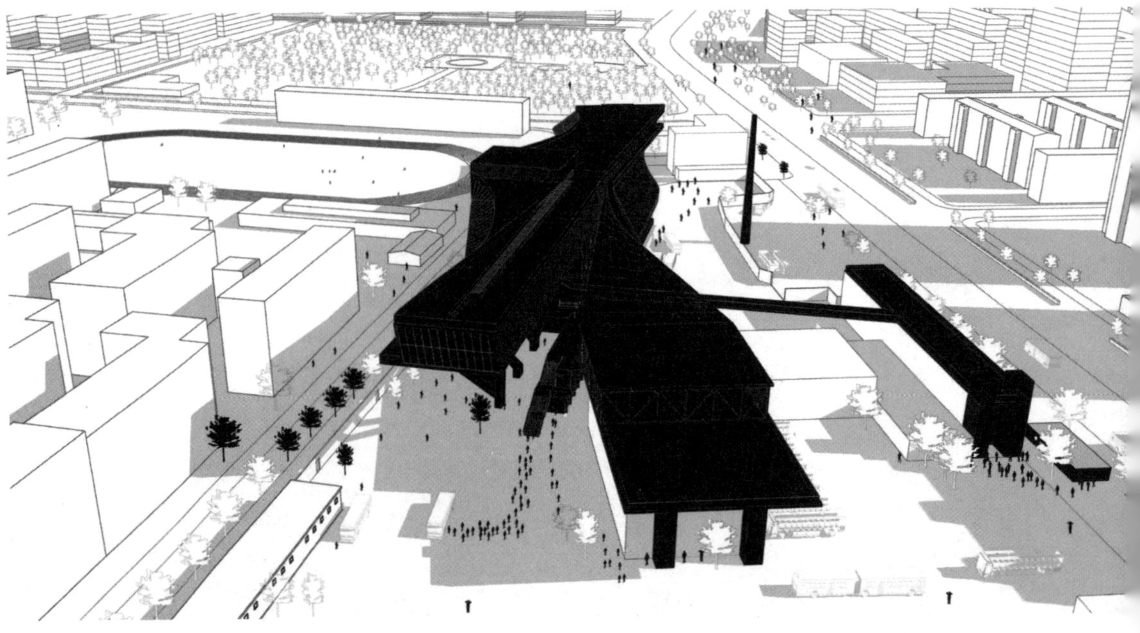

评语：

今天的交通综合体已经成为城市的重要节点，而在未来将成为更为重要城市网络接驳点，这一趋势也就会带来建筑形式的改变，由原来相对静止的空间形态演化为动态的形态，空间的属性是链接，并由原有的线性连接进化到网络化的连接。

这个设计概念的出发点是为未来提供一个链接的可能，以及事件性的场所。

（周宇舫）

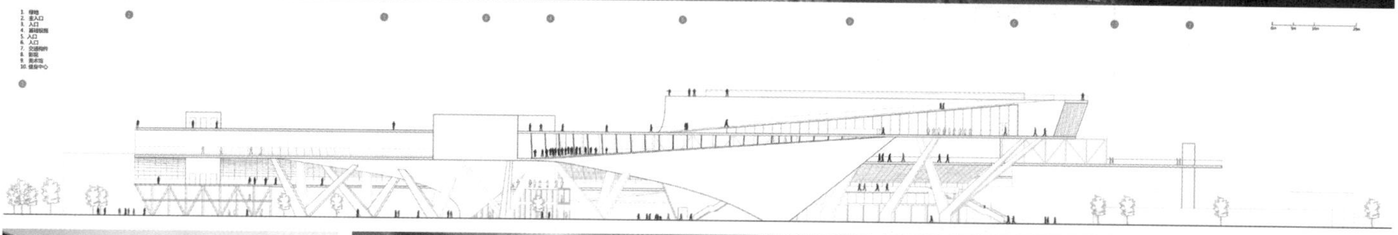

1. 绿地
2. 主入口
3. 入口
4. 基础设施
5. 入口
6. 入口
7. 交通构件
8. 影院
9. 美术馆
10. 健身中心

AT 9 STUDIO

铁西边界 如画之境——大成站交通拓展设计

PICTURESQVE SCENARIO

中央美术学院
设计：王子健
指导：周宇舫/王环宇/王文栋

铁西边界

——大成站交通拓展设计

设计选址于铁西区北侧边缘的大成车站东部，作为旧大成货运站的延续。对现存的和未来的沈阳交通形式进行组合梳理。其中主要包括铁路、行人、奔跑者、自行车、地铁、公交车、私家车等流线。他们各以其不同的速度行进着、交汇着。不同的行为方式产生不同的速度，不同的速度则带来不同体观方式的极大差异。针对不同的流线和行进速度，建筑的空间应运而生。服务着也塑造着人群的行为方式。

换乘、展示、休憩、消费行为以不同的速度和空间结合着。在不同的节点发生着。时间、速度、行为、空间蒙太奇，被剪辑拼贴形成了建筑本身。

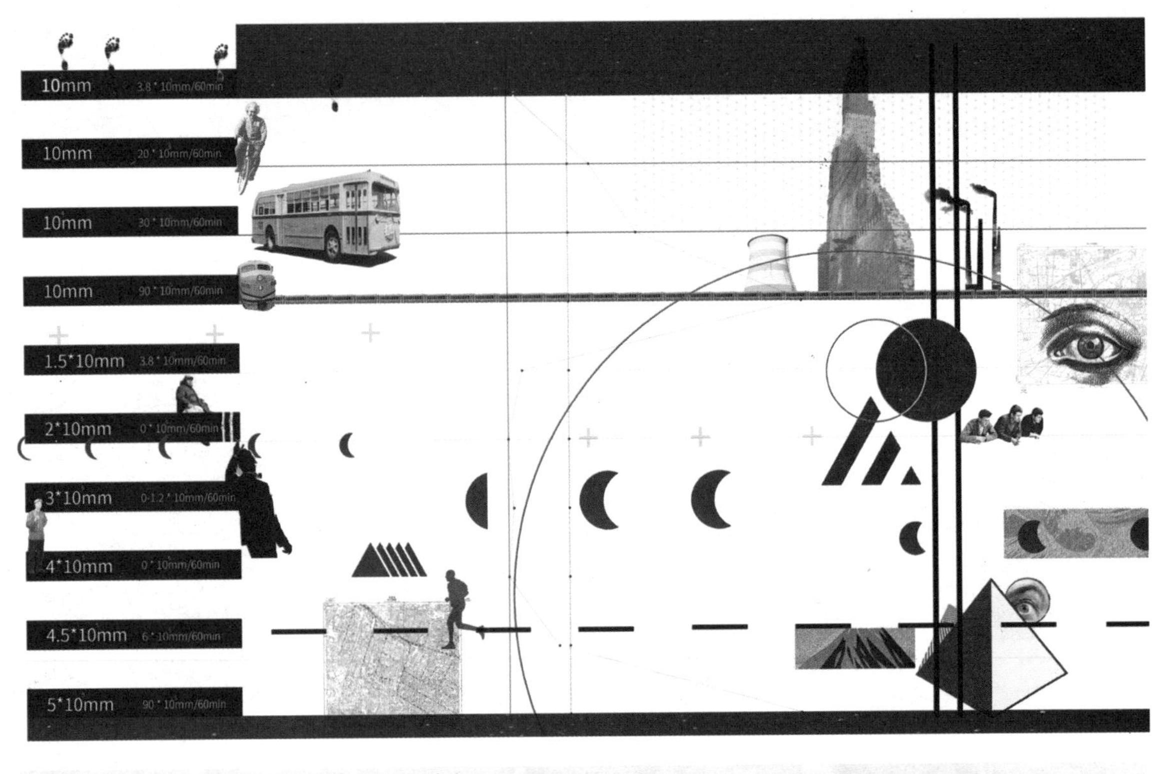

评语：

在这个以不同交通方式定义的城市空间里，人们可以自在地活动和相遇，开放的建筑空间构成一种舞台背景，只是人可以进入其中，没有观众席。当代城市公共性空间的定位不只是功能性的城市设施，也是城市景观的一部分。在这个城市公共性场所的设计中，将建筑与城市基础设施相组合，纳入到一个具有标识性的公共空间中，实现了交通基础设施的开放性，为城市景观的营造提供了一个新的视点。

（周宇舫）

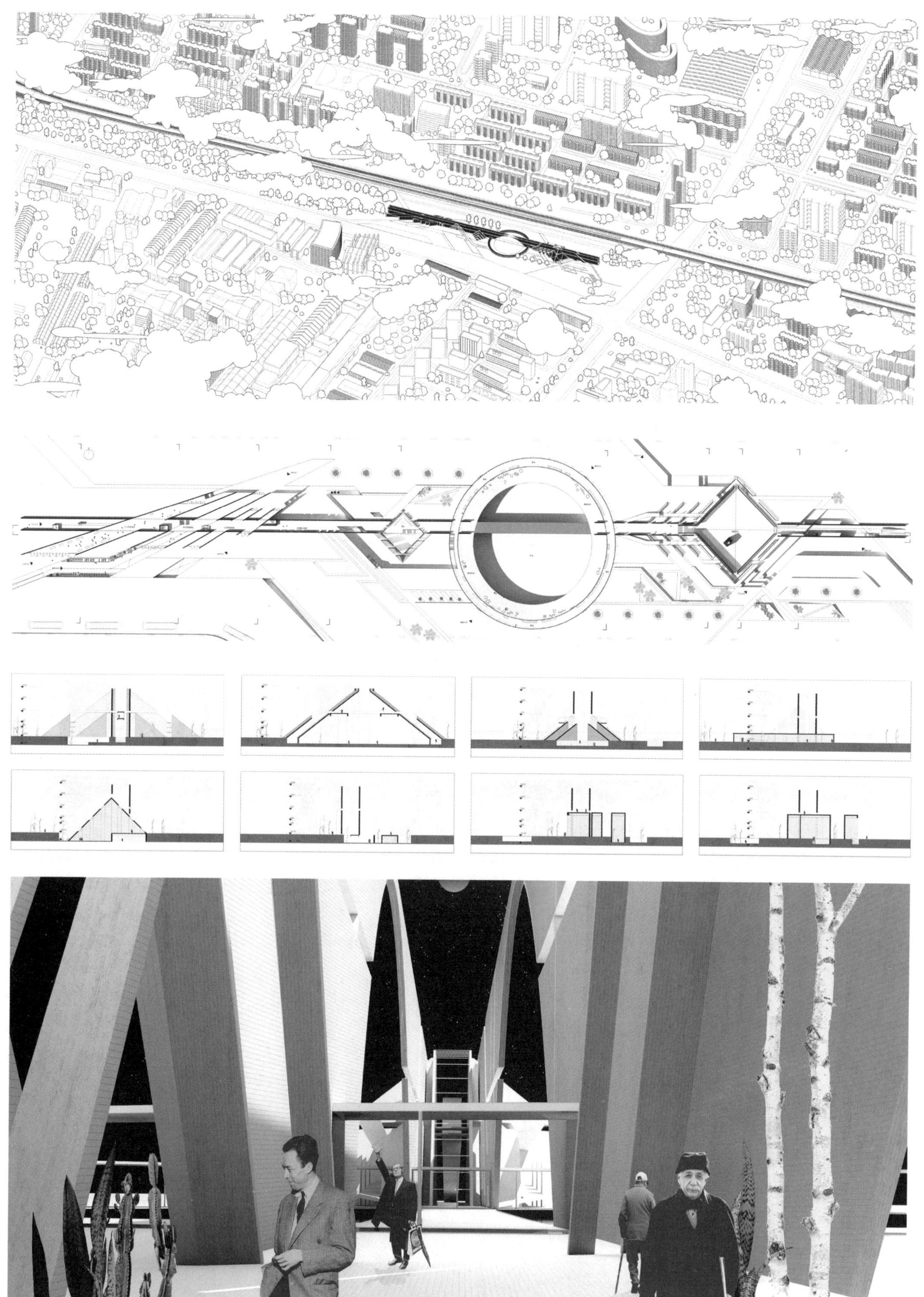

铁西区地下共享社区设计

中央美术学院
设计：刘烨琳
指导：周宇舫/王环宇/王文栋

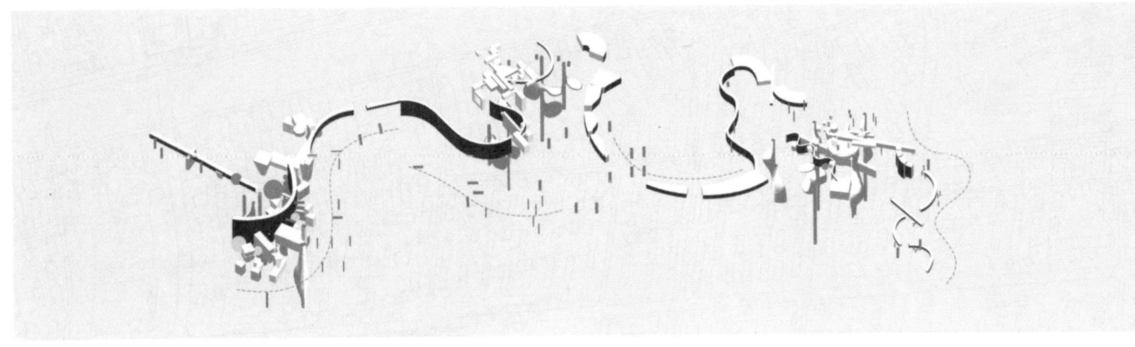

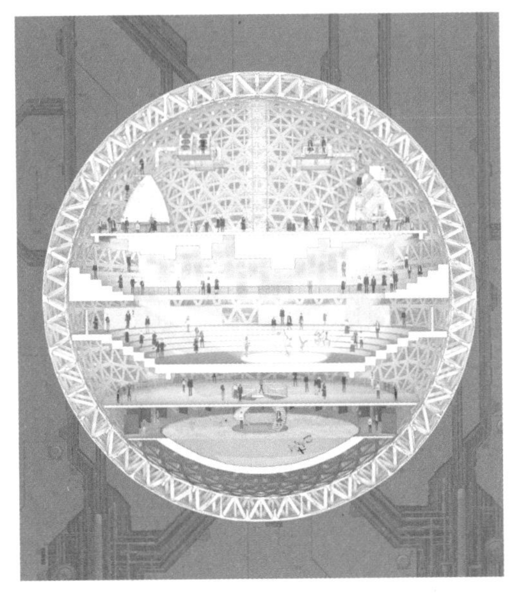

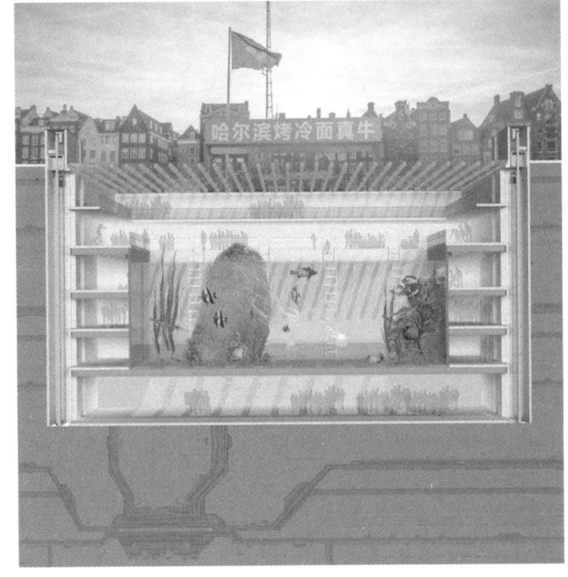

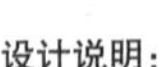

设计说明：

在毕业展中，我才知道“地下空间”是用来定义这种在地下建构空间的官方专用名词。也就是说，这个作品的形成过程就成为一个探索的过程，靠的是想象力而不是专业的推演。可能，这个作品的价值是找到了一种表达“地下空间”的模式，图像和模型，还有展现方式。它没有支撑一个空间叙事，而是叙事性的图像支撑了观者的想象，自行建构。

（周宇舫）

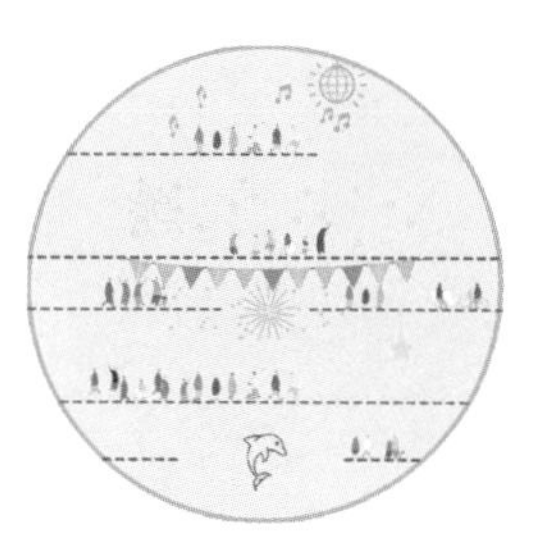
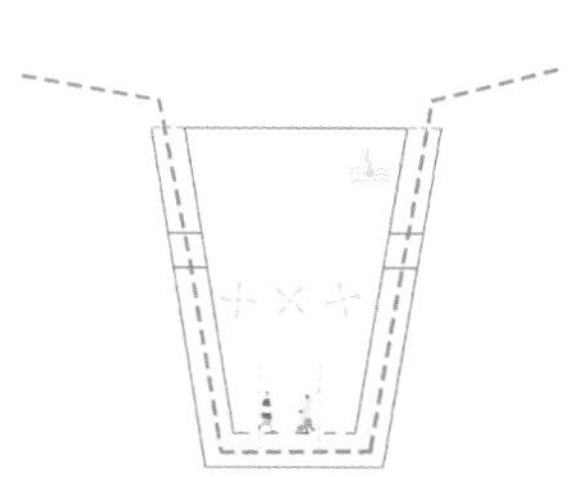
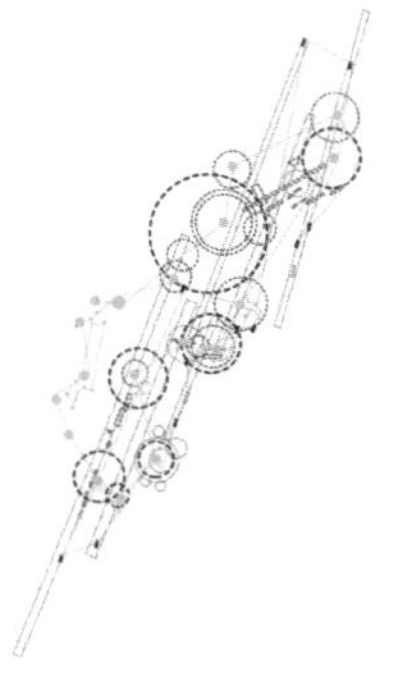
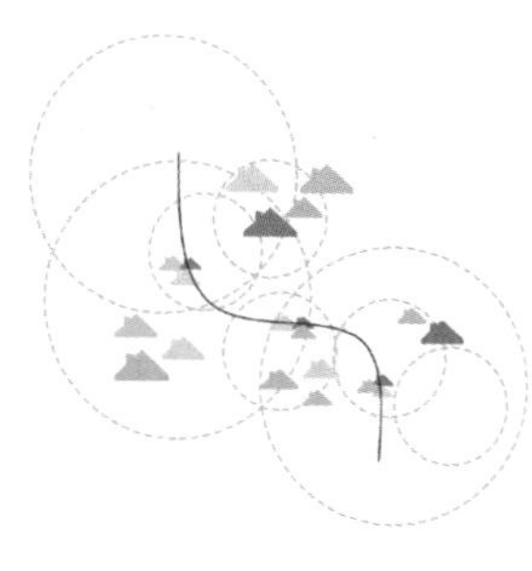

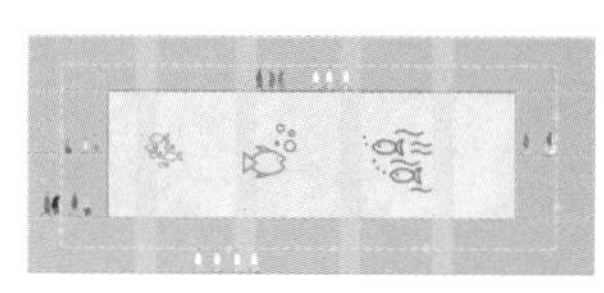

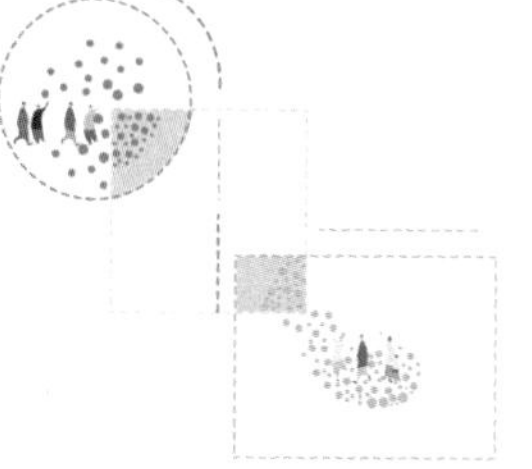

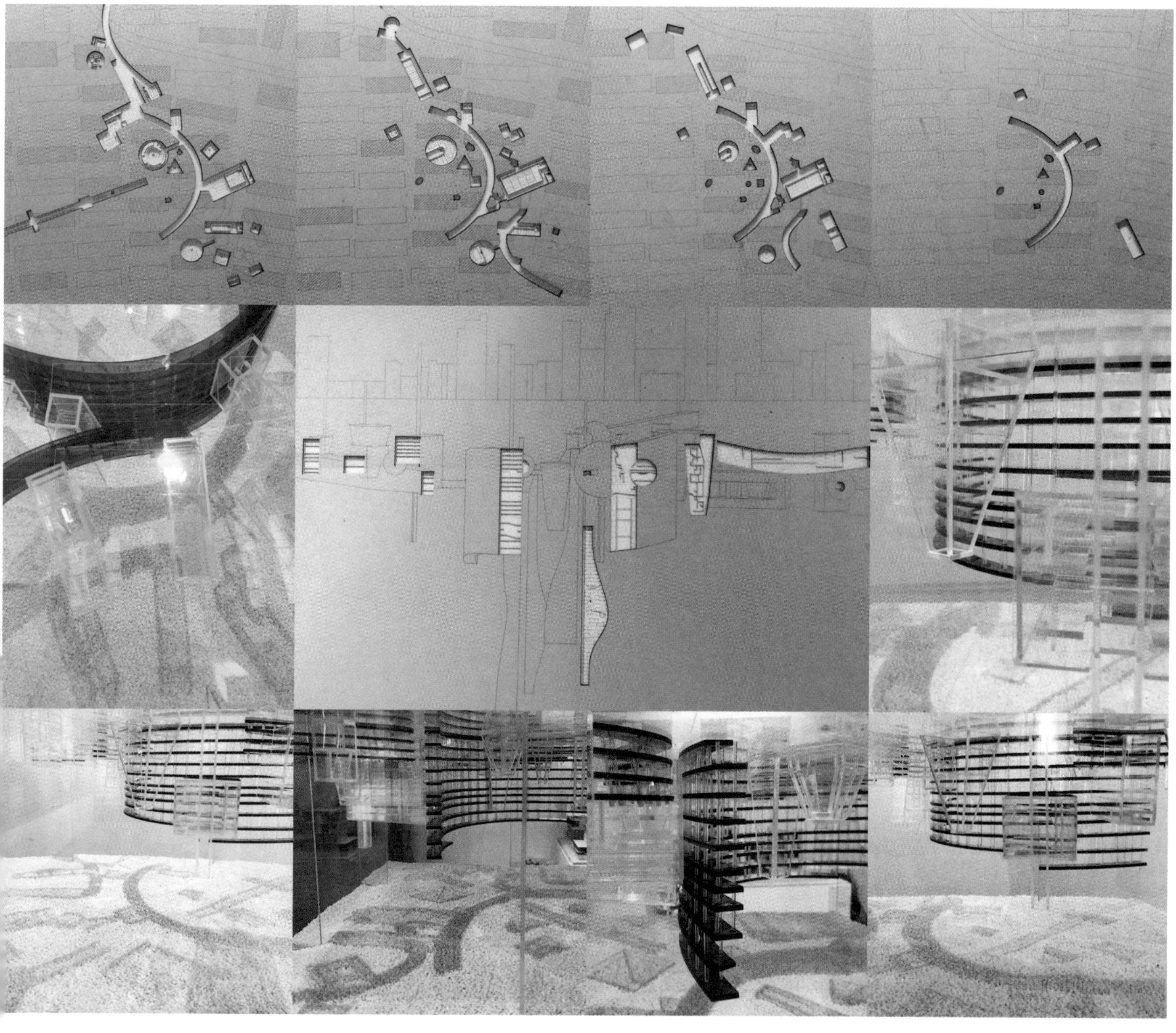

A9 STUDIO

如画之境

沈阳铁西区原金属冶炼厂改造

中央美术学院
设计：梁欣
指导：周宇舫／王环宇／王文栋

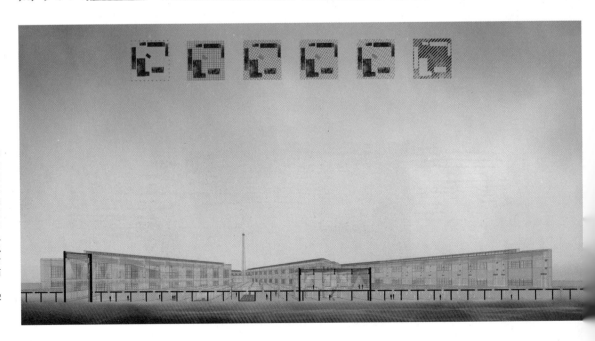

作品简介：

这个在台湾举办的海峡两岸 Team20 毕业创作评比中的获奖作品，以其独特的气质胜出。作品气质的形成是基于对于空间现象学的准确把握和建构，纯粹的空间结构，将原址的工业遗产当做时间性的客体，而新介入的人造景观性的空间结构也是作品的叙事结构——共时性结构。记忆没有被埋葬而是封存在超现实的情境中，提供到访者生产自己的影像和阅读。

（周宇舫）

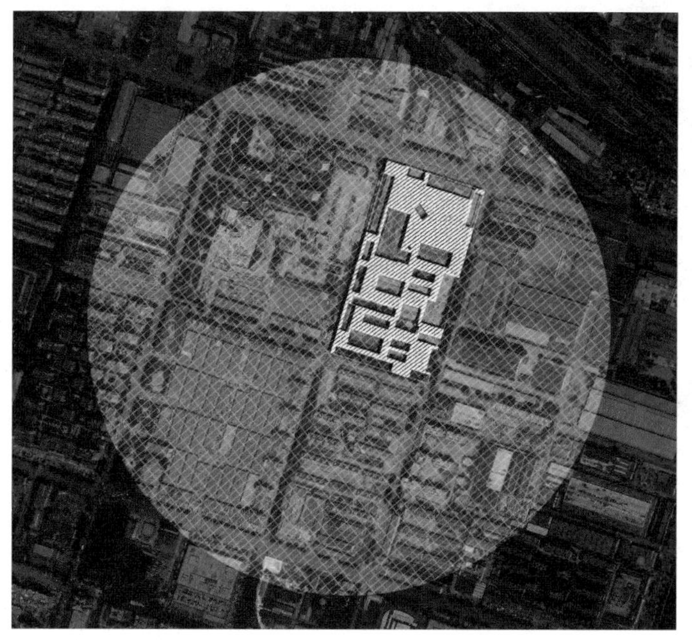

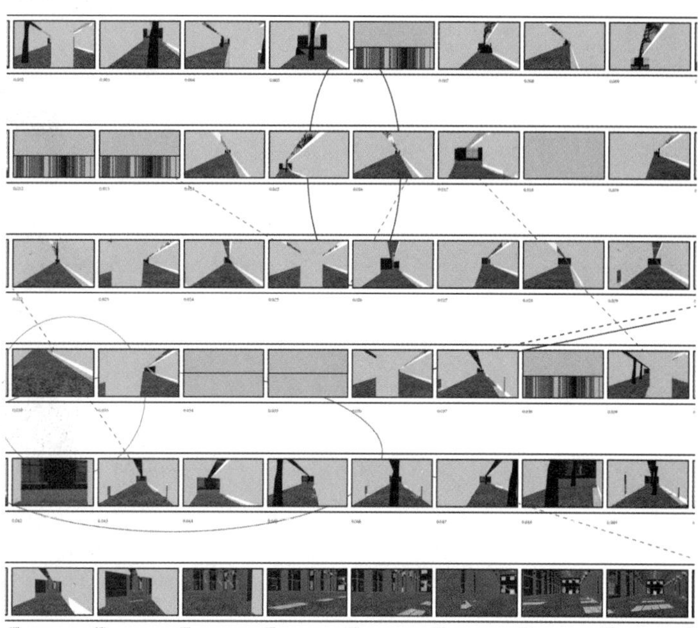

指导教师

陈佳伟

彭小松

杨镇源

肖靖

齐奕

1 重构·共生
Restructure & Symbiosis

252

胡杰楠

肖新韡

郑立鹏

2 铁西区城市高密度更新策略
Urban High Density Update Strategy for Tiexi District

260

罗国富

李楚洋

林亨琪

3 铁西铁
Tiexi Tie

268

王霓裳

高曼

于文妍

重构·共生
Restructure & Symbiosis

深圳大学
设计：胡杰楠/肖新韡/郑立鹏
指导：杨镇源/齐奕/肖靖/彭小松/陈佳伟

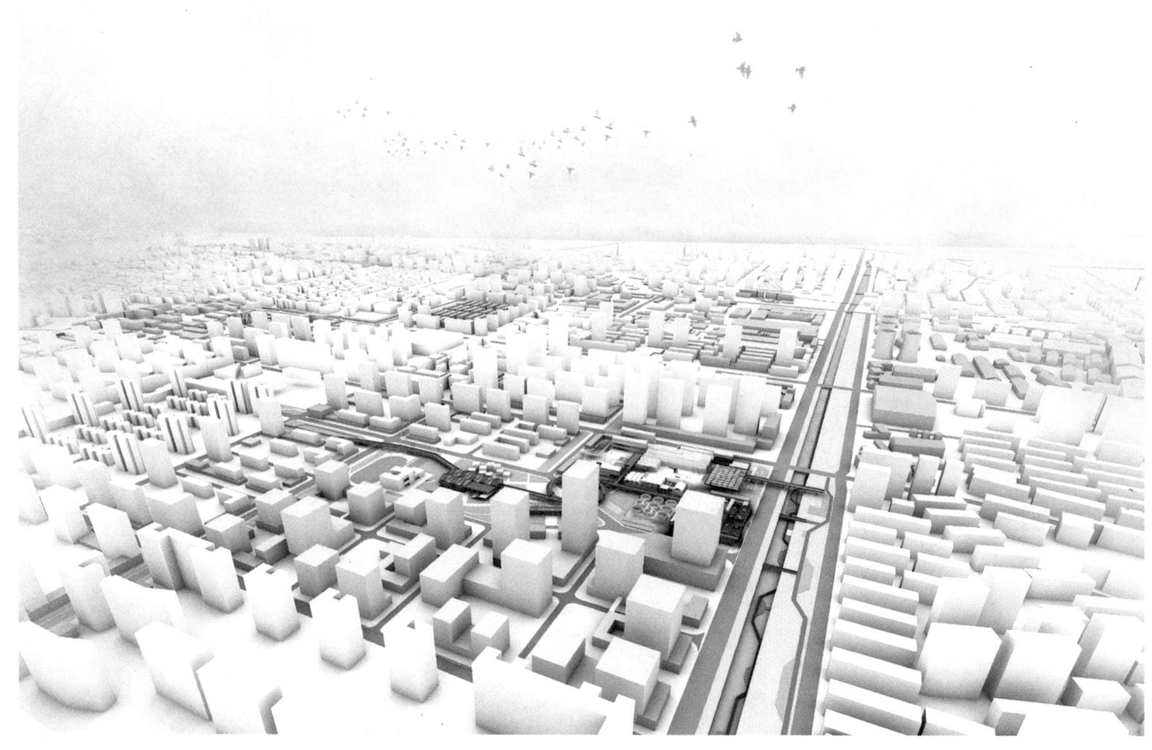

城市公共空间—文化共生

绿化水系系统

文化活动系统

城市交通组织—社区共生

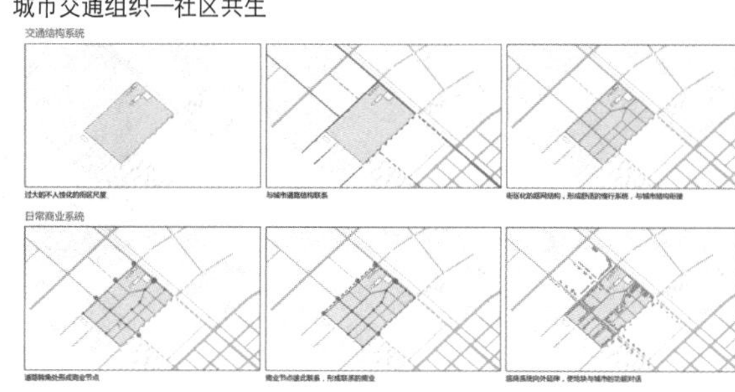

城市现状问题

1. 产业的缺失

2. 历史的消逝

3. 老龄化的严重

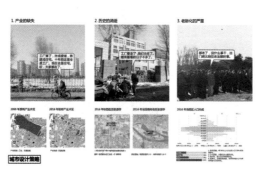

城市设计策略

城市功能构成—产业共生

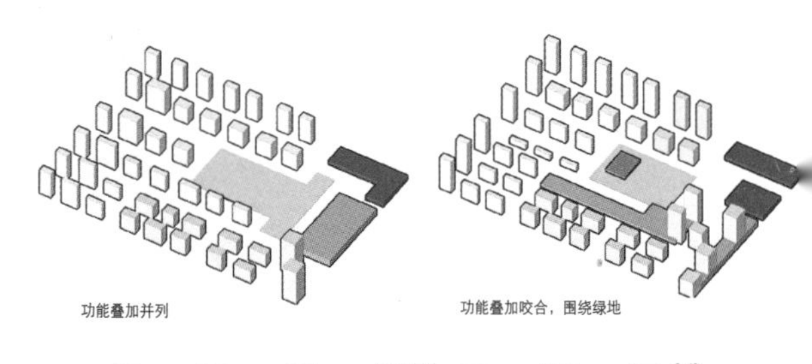

功能叠加并列

功能叠加咬合，围绕绿地

周边现状及问题

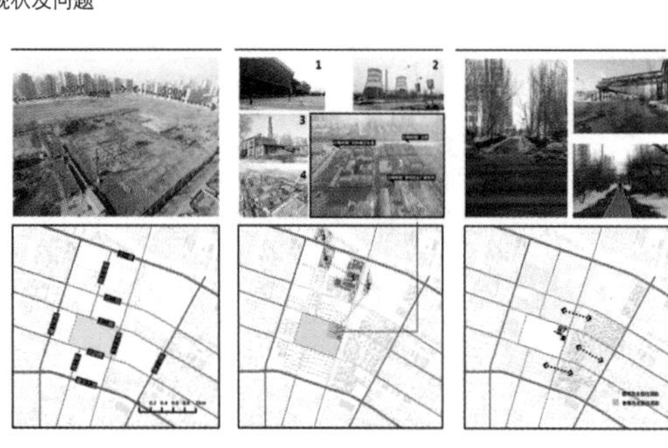

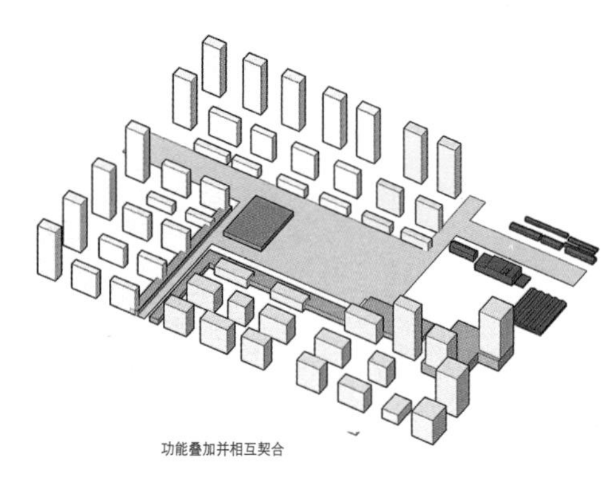

功能叠加并相互契合

评语：

该份毕设提案针对沈阳铁西区现存的人口老龄化、产业结构单一、历史遗产消逝等一系列城市问题进行了翔实的调研，并从城市更新的角度出发，对现有拆房卖地的粗犷城市开发模式进行了反思，进而提出混合功能开发、活化工业遗产和人居化社区改造等城市设计策略，为铁西区今后的城市发展模式提出了切合实际、可持续发展的建议和城市空间方案。

对于工业遗存建筑的保护，设计方案以新老结合、功能改变的改造方案，既展现了历史文脉和城市记忆，又结合城市新的功能定位使废弃建筑获得了新生，形成现代与历史共生的建筑语言。

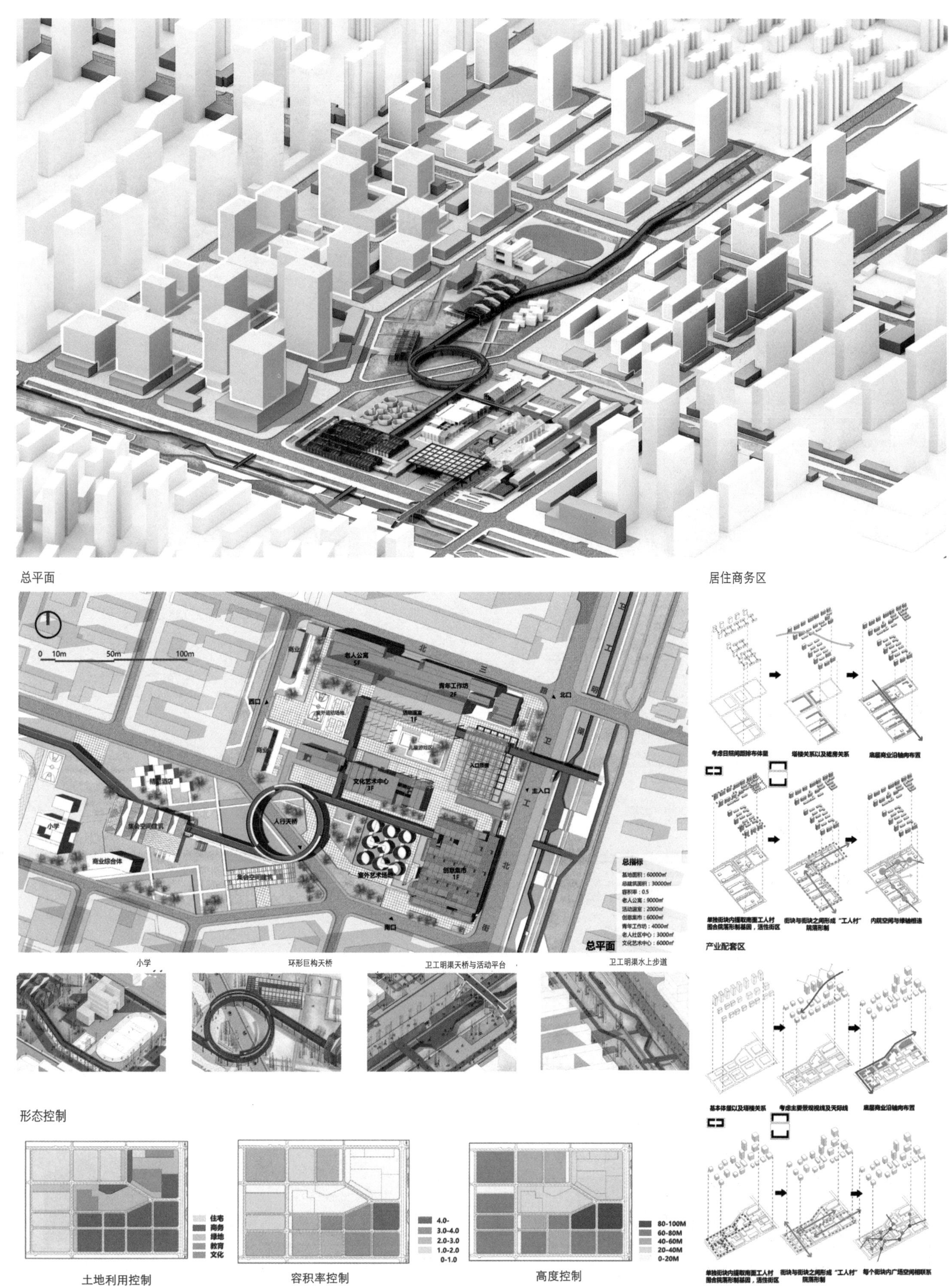
总平面
居住商务区
老人公寓 5F
青年工作坊 2F
文化艺术中心 3F
人行天桥
商业
西口
北口
主入口
南口
小学
商业综合体
创意集市 1F
室外艺术场地
总指标
基地面积：60000㎡
总建筑面积：30000㎡
容积率：0.5
老人公寓：9000㎡
活动温室：2000㎡
创意集市：6000㎡
青年工作坊：4000㎡
老人社区中心：3000㎡
文化艺术中心：6000㎡
总平面
考虑日照间距排布体量
塔楼关系以及裙房关系
底层商业沿轴向布置
单独街块内提取南面工人村围合院落形制基因，适性街区
街块与街块之间形成"工人村"院落形制
内院空间与绿轴相连
产业配套区
基本体量以及塔楼关系
考虑主要景观视线及天际线
底层商业沿轴向布置
单独街块内提取南面工人村围合院落形制基因，适性街区
街块与街块之间形成"工人村"院落形制
每个街块内广场空间相联系
小学
环形巨构天桥
卫工明渠天桥与活动平台
卫工明渠水上步道
形态控制
住宅
商务
绿地
教育
文化
4.0-
3.0-4.0
2.0-3.0
1.0-2.0
0-1.0
80-100M
60-80M
40-60M
20-40M
0-20M
土地利用控制
容积率控制
高度控制

重构·共生—文化艺术中心 1

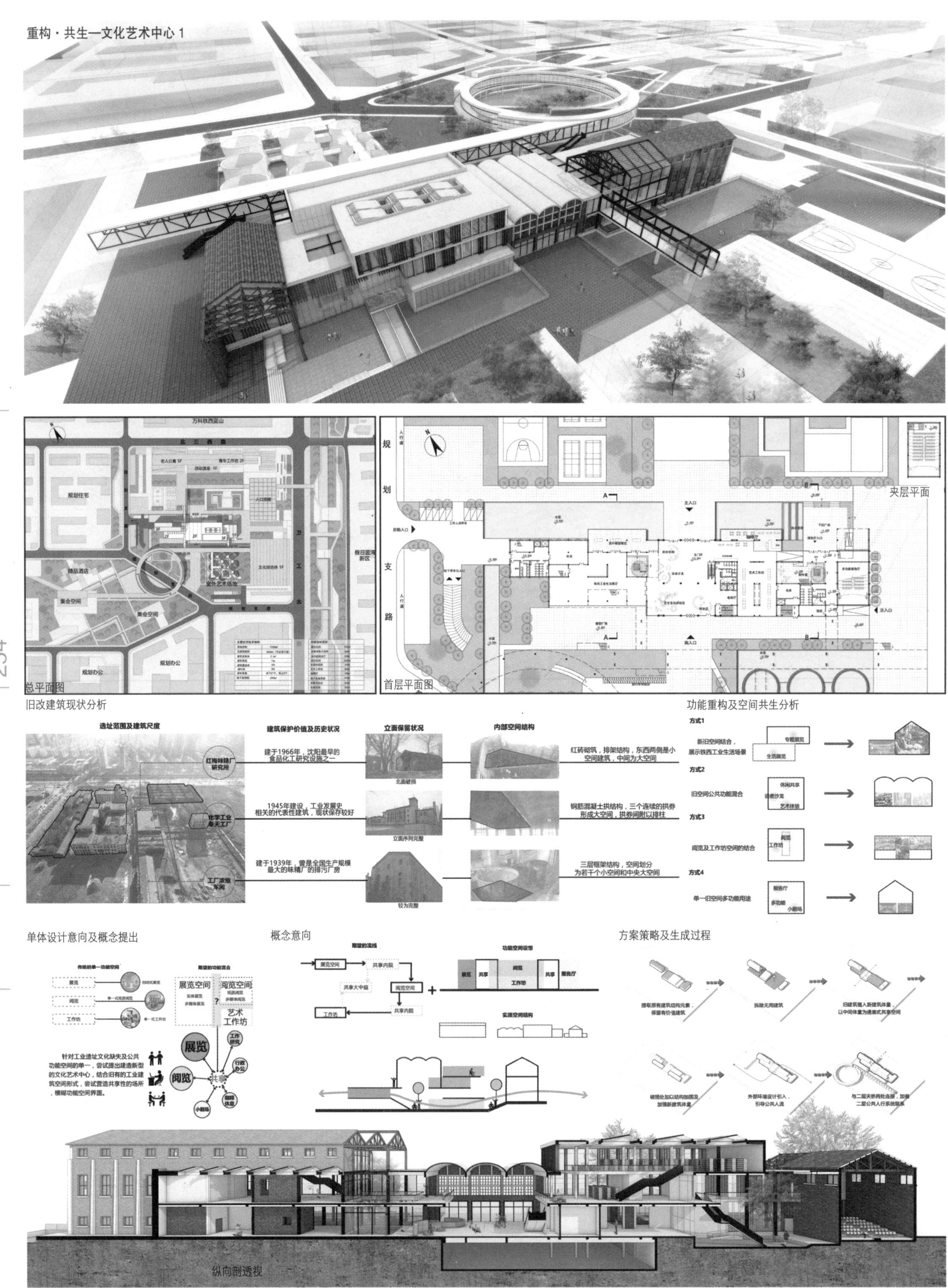

重构 · 共生—文化艺术中心 2

模型鸟瞰
模型外视角
共享空间东侧剖面模型
共享空间西侧剖面模型
三层阅览空间
二层阅览空间及东侧中庭
阅览空间效果
东侧中庭效果
展厅空间效果
共享空间门厅效果
流线分析
报告厅流线
工作坊流线
展览流线
阅览流线
后勤流线
二层平面图
三层平面图
功能分析
咖啡厅
专题展厅
工业生活展览区
期刊阅览
多媒体阅览
开架式阅览
多功能报告厅
后勤办公
西南立面
A-A剖面 1:250
B-B剖面 1:250
东北立面

现在的它

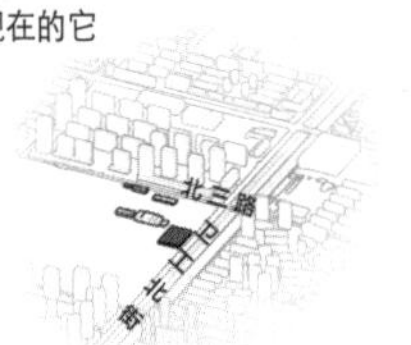

北三路
卫工北街

位置：沈阳市铁西区

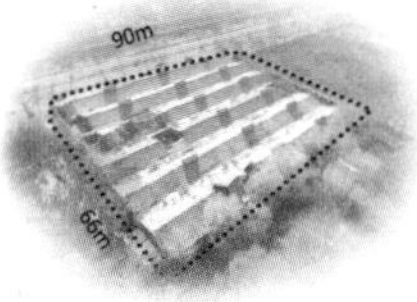

90m
66m

始建：建于1939年，满洲奉天工厂原料仓库

单元体：
每排有21个

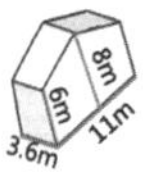

8m
6m
3.6m
11m

结构：木质排架结构，
清水砖墙，上部开有
立柱式天窗采光

天窗
红砖
木桁架

保存：仅1层，
5900㎡，长久闲置、
保存较为完整

组合：六连跨坡屋顶
南侧有铁轨

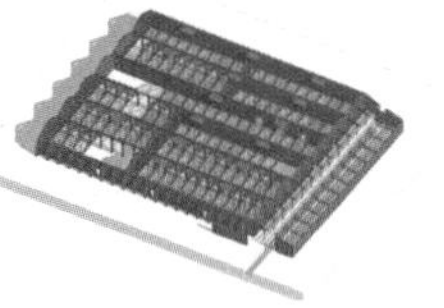

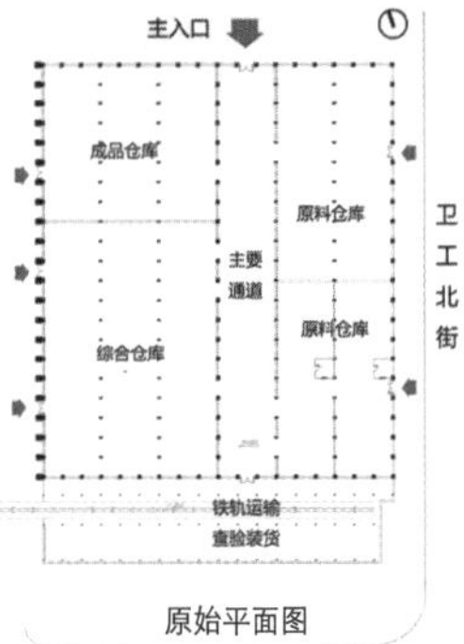

主入口
成品仓库
原料仓库
主要通道
综合仓库
原料仓库
铁轨运输
查验装货
卫工北街

原始平面图

作为原料与成品储存的仓库

现状照片

西面扶壁柱
木质桁架
东立面
山墙

城市的声音

最终我们都会被掩埋而消失
曾一起工作，如今一起
生活困难，只好手工
我们虽然老了，年轻人一起活动。

设计思考

记忆提取

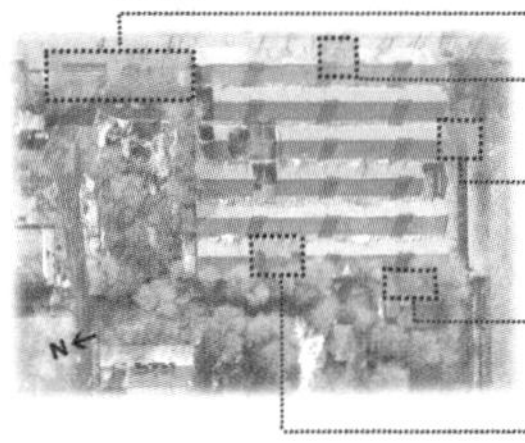

门厅记忆
仓储记忆
铁路记忆
管道记忆
木构记忆

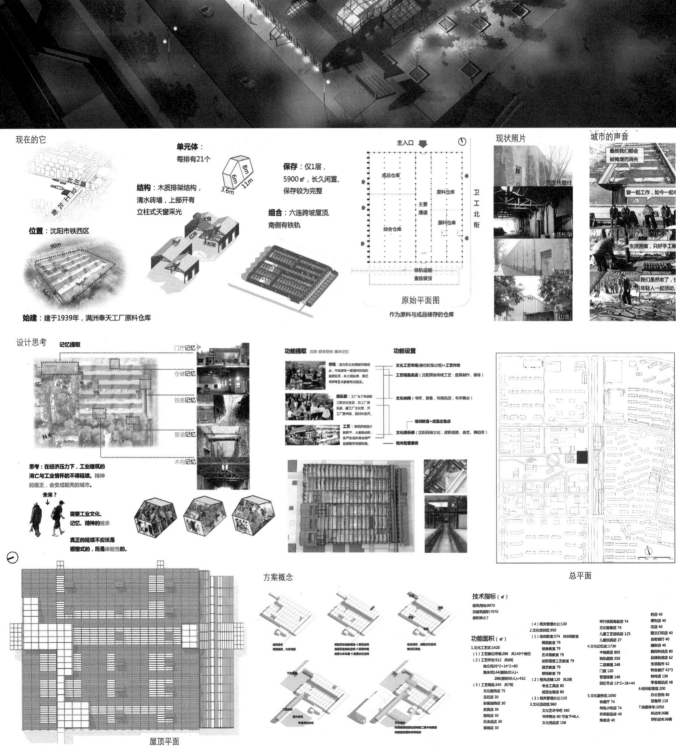

思考：在经济压力下，工业建筑的消亡与工业情怀的不得延续。精神的匮乏，会变成躯壳的城市。

未来？

需要工业文化、
记忆、精神的继承

真正的延续不应该是
橱窗式的，而是体验性的。

功能提取 共享-群体空间-集体记忆

市场：因为东北长期被列为据点，市场曾经一度容纳百姓的全部生活，本土创业者、曲艺书评等艺术家都在此诞生。

俱乐部：工厂为了丰富职工的文化生活，办工厂俱乐部、建工厂文化宫、开工厂图书馆，面对外放开。

工艺：曾经的铁西小到钳子，大到发动机，生产生活所需全部产品都能在铁西制造。

功能设置

文化工艺市场(摊位时限出租)+工艺作坊
工艺精品卖店（沈阳民俗传统工艺：皮具制作、装裱）
文化休闲（书吧，音像，琴棋具店，书评舞台）
培训教室+成品出售店
文化俱乐部（沈阳民俗文化：皮影面塑、曲艺、舞蹈等）
相关配套服务

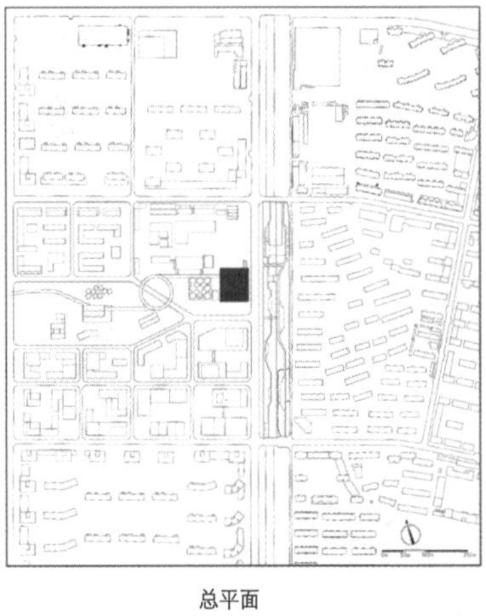

总平面

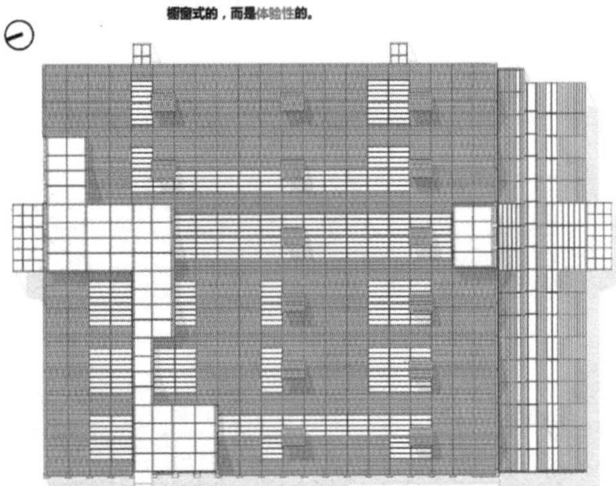

屋顶平面

方案概念

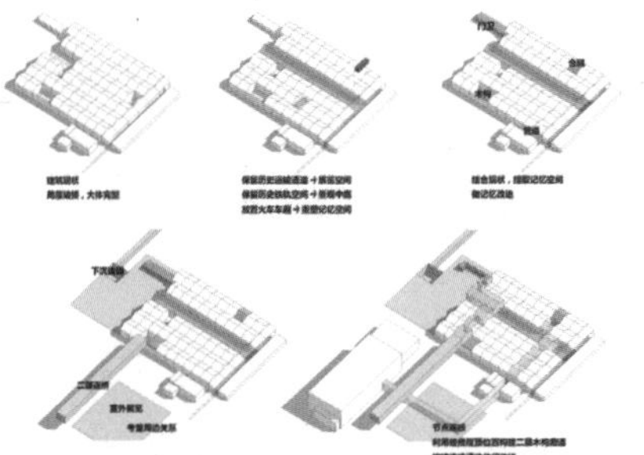

技术指标（㎡）

建筑用地:9970
总建筑面积:7070
容积率:0.7

功能面积（㎡）

1.文化工艺区:1420
（1）工艺摊位市场:296　共140个摊位
（2）工艺作坊:512　共6间
独立间26*2+14*2=80
集体间144(容纳20人)+
288(容纳50人)=432
（3）工艺精品:345　共7间
文化服饰店 75
玉石店 30
彩绘油饰店 30
皮具店 30
剪纸店 30
纪念品店 30
装裱店 30
（4）相关管理办公:130
2.文化培训区:950
（1）培训教室:574　共6间教室
舞蹈教室 79
健身教室 79
艺术画教室 79
皮影面塑工艺教室 79
曲艺教室 79
棋技教室 79
（2）相关店铺:120　共2间
专业工具店 80
成品出售店 80
（3）相关管理办公:110
3.文化活动区:960
文化艺术书吧 360
书评舞台 60 可坐下48人
文化用品店 158
琴行棋具角鼓店 74
文化音像店 74
儿童工艺活动店 125
儿童玩具店 27
4.文化记忆区:1730
中轴展览 805
铁轨庭院 350
二层廊道 248
门厅 120
管道绿景 140
回忆节点 13*2+18=44
5.文化服务区:1050
快餐厅 74
特色小吃店 74
奶茶甜品店 40
熟食店 40
药店 40
便利店 40
花店 40
图文打印店 40
自助银行 40
摄影店 40
数码科技店 80
品牌杂货店 62
生活超市 62
特色餐厅 42*3
咖啡店 136
零食甜品店 48
6.相关配套区:200
办公咨询 80
设备间 110
7.地面停车:1050
机动车26辆
非机动车36辆

流线说明　　功能说明

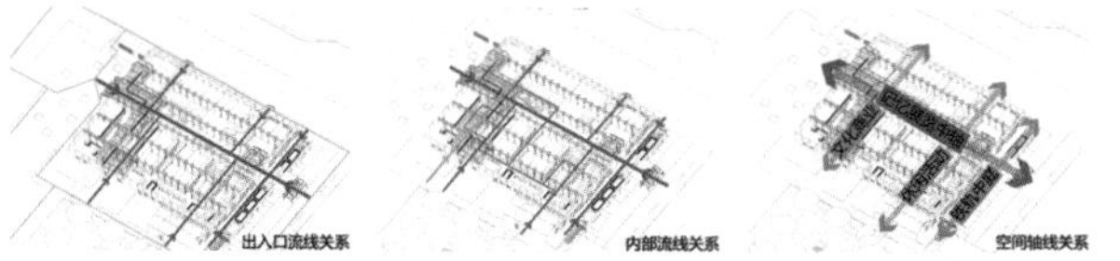

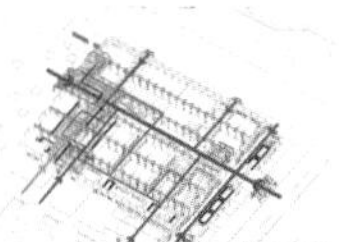
出入口流线关系

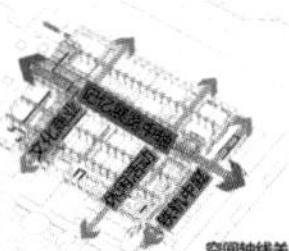
内部流线关系

空间轴线关系

功能体块培训

功能体块活动

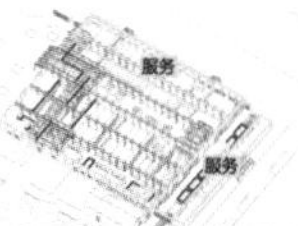
功能体块记忆区

功能体块配套服务

重构·共生—红梅 文化仓 2

装裱店 30

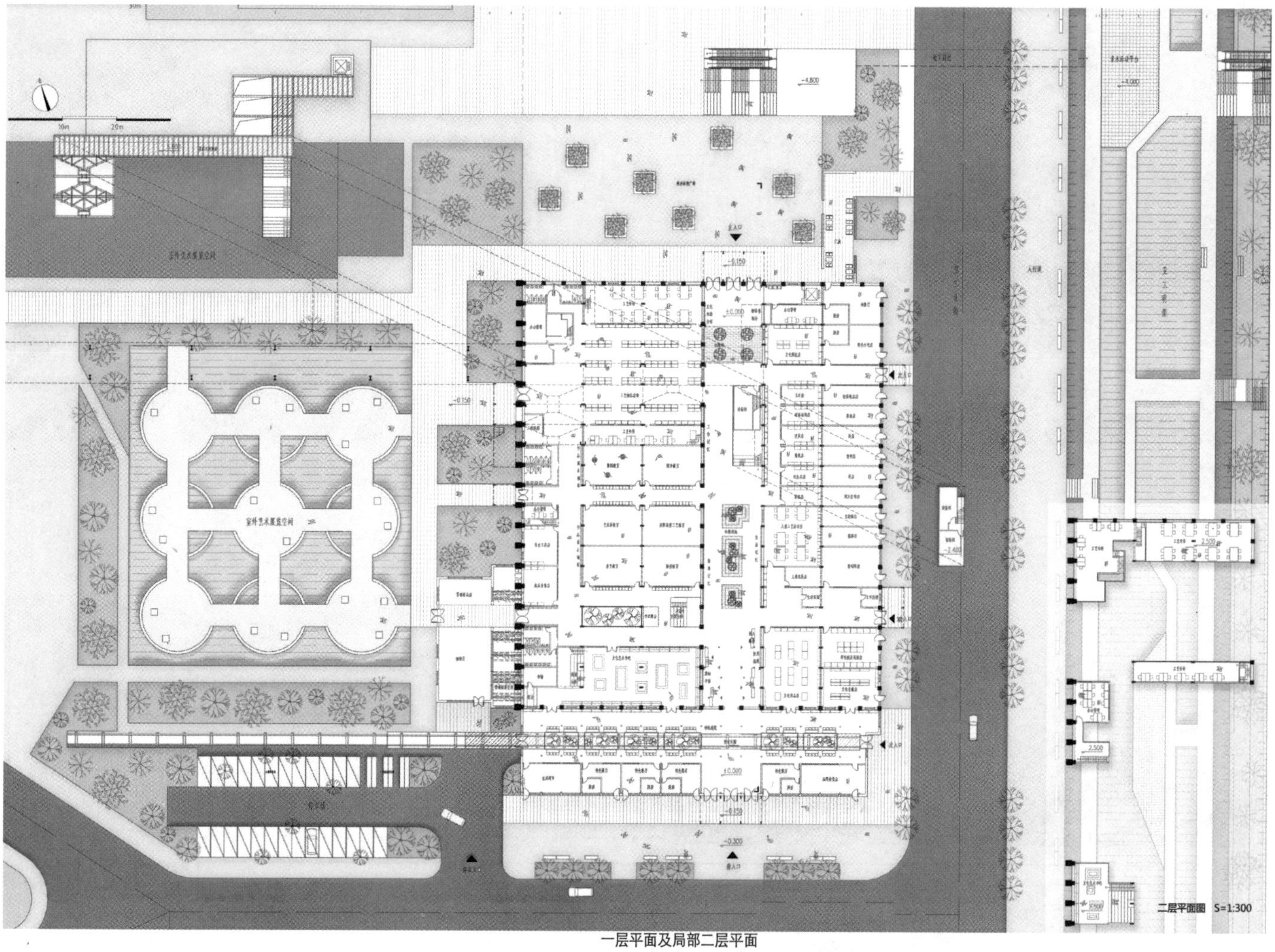

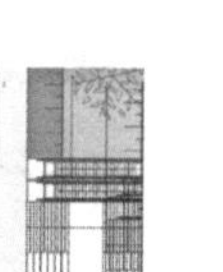

二层平面图 S=1:300

一层平面及局部二层平面

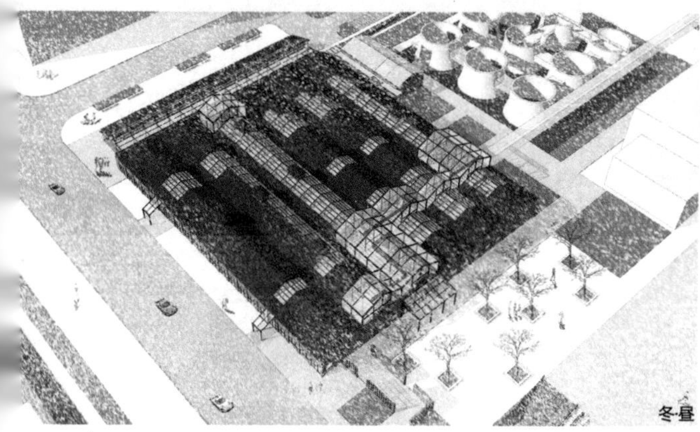
冬·昼

中轴展厅休息

书评小舞台

北立面

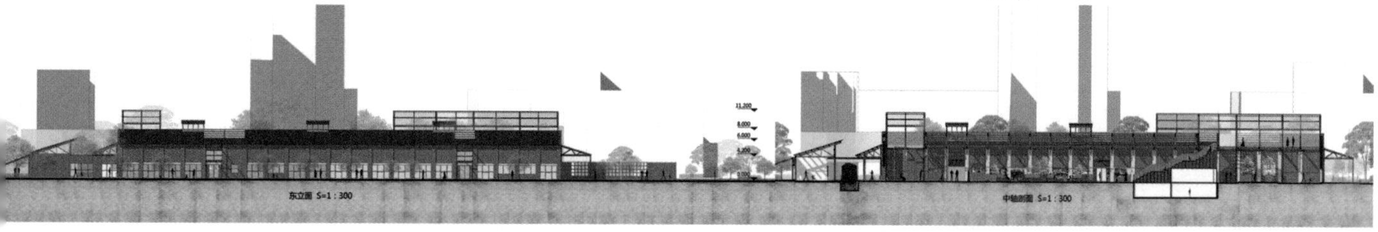

东立面 S=1:300

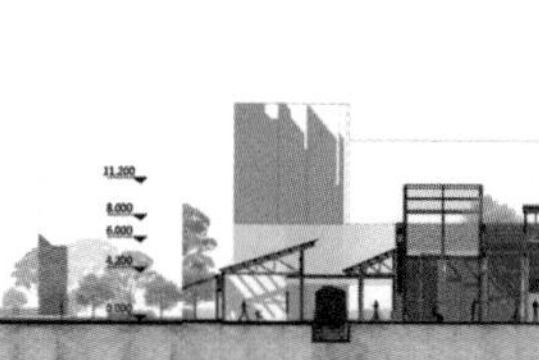

中轴剖面 S=1:300

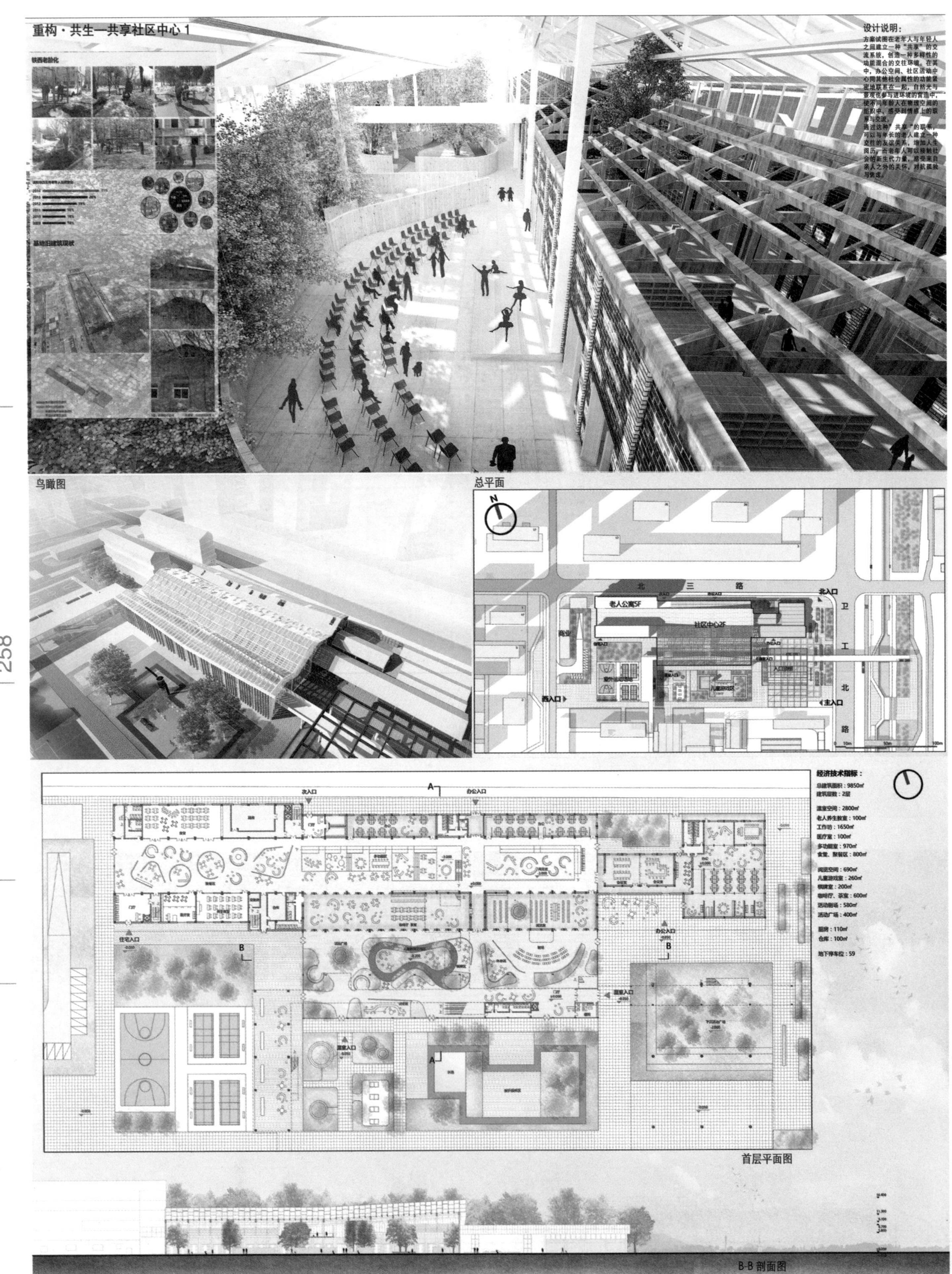
重构·共生—共享社区中心 1
铁西老龄化
基地旧建筑现状
设计说明：
方案试图在老年人与年轻人之间建立一种“共享”的交流系统，创造一种多样性的功能混合的交往环境。在其中，办公空间、社区活动中心同其他社会属性的功能紧密地联系在一起，自然光与景观也参与进环境的营造中，使不同年龄人在物理空间的组织中，感受到情感上的联系与交流。
通过这种“共享”的联系，可以与年长的老人建立一种交往的友谊关系，增加人生阅历，而老年人可以接触社会的新生代力量，感受来自亲人之外的关怀，对抗孤独与焦虑。
鸟瞰图
总平面
北三路
卫工北路
老人公寓5F
社区中心2F
北入口
西入口
主入口
0 10m 50m
经济技术指标：
总建筑面积：9850㎡
建筑层数：2层
温室空间：2800㎡
老人养生教室：100㎡
工作坊：1650㎡
医疗室：100㎡
多功能室：970㎡
食堂、聚餐区：800㎡
阅览空间：690㎡
儿童游戏室：260㎡
棋牌室：200㎡
咖啡厅、茶室：600㎡
活动剧场：580㎡
活动广场：400㎡
厨房：110㎡
仓库：100㎡
地下停车位：59
次入口
办公入口
住宅入口
首层平面图
B-B 剖面图

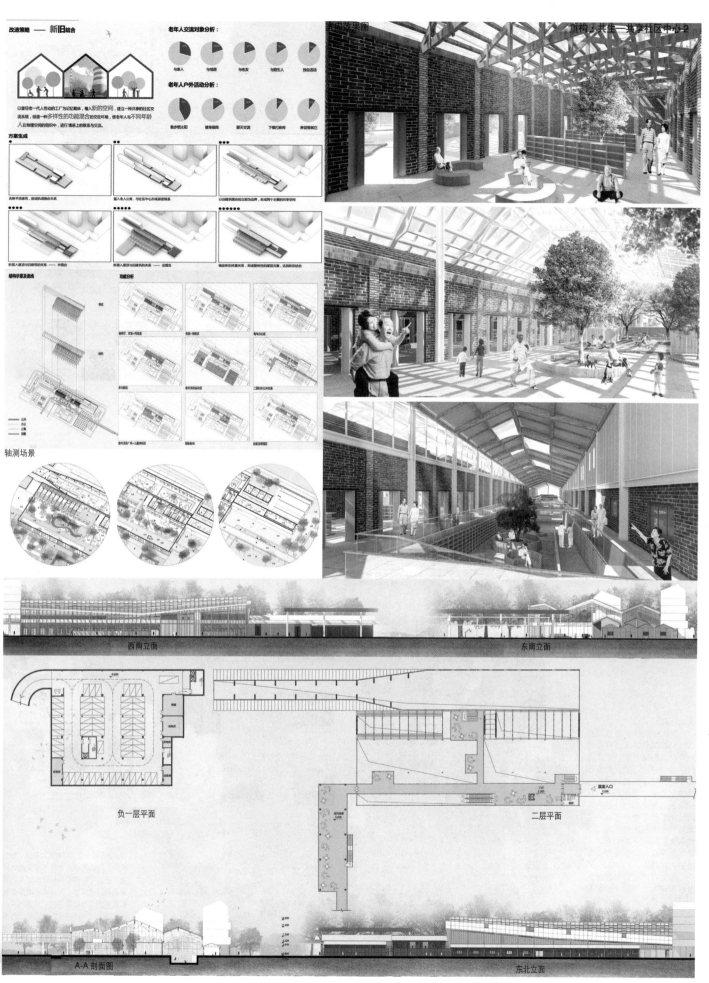

重构：共生—共享社区中心 2

改造策略 —— 新旧结合

以曾经老一代人劳动的工厂为记忆载体，植入新的空间，建立一种共享的社区交流系统，创造一种多样性的功能混合的交往环境，使老年人与不同年龄人在物理空间的组织中，进行情感上的联系与交流。

老年人交流对象分析：

与亲人　与邻居　与老友　与陌生人　独自活动

老年人户外活动分析：

散步晒太阳　健身锻炼　聊天交流　下棋打麻将　养花等其它

方案生成

● 去除平顶建筑，延续肌理围合关系

●● 置入老人公寓，与社区中心形成紧密联系

●●● 以旧建筑围合的立面为边界，形成两个主要的共享空间

●●●● 新置入屋顶与旧建筑的关系 —— 半围合

●●●●● 新置入屋顶与旧建筑的关系 —— 全围合

●●●●●● 确定新旧体量关系，形成整体性的塑造元素，达到新旧结合

结构示意及流线

功能分析

咖啡厅、茶室+阅览室　食堂+用餐区　青年办公区

多功能区　室外活动运动区　二层对外公共交通

室内活动广场+儿童游戏区　观影剧场　设备及管理区

轴测场景

室内效果图

西南立面　东南立面

负一层平面　二层平面

A-A 剖面图　东北立面

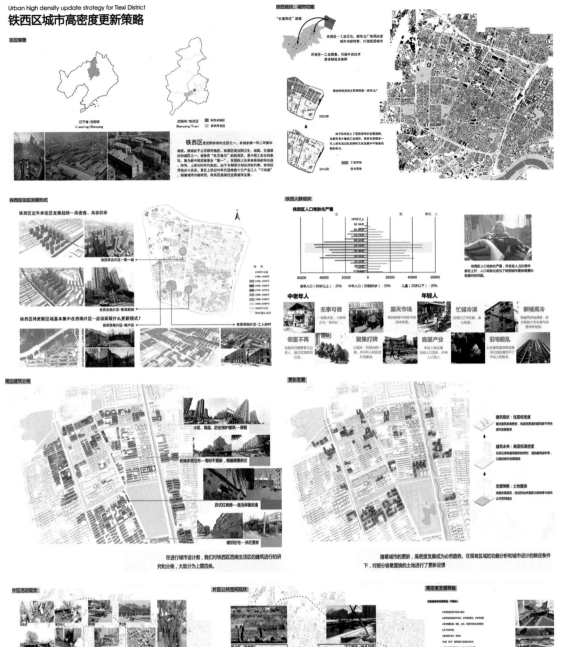

铁西区城市高密度更新策略

Urban High Density Update Strategy for Tiexi District

深圳大学

设计：罗国富/李楚洋/林亨琪

指导：肖靖/齐奕/杨镇源/陈佳伟/彭小松

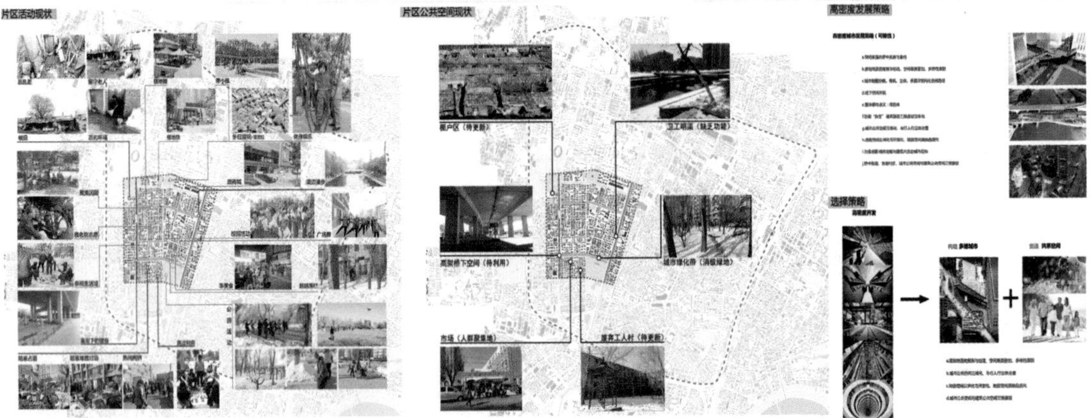

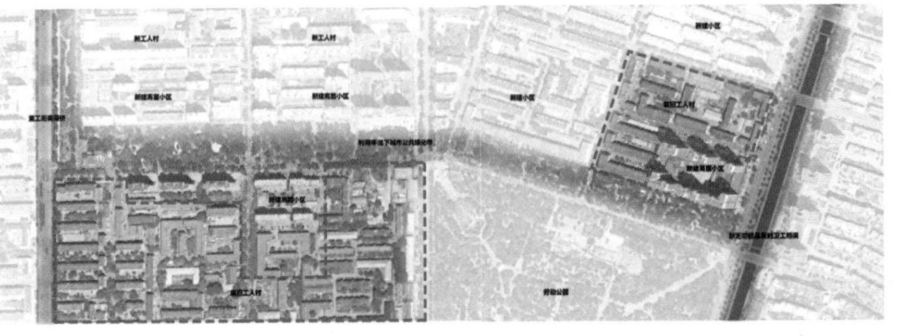

设计方向：

本次毕业设计分为城市设计和建筑单体设计两个部分。在进行城市设计前，我们小组对铁西老城区的城市功能和人口年龄结构进行了调研。由于“东搬西迁”这一重大政策的影响，铁西区的城市功能不断转变，在往宜居城市发展，然而城市的老龄人口占比不断上升，人口老龄化成为城市发展面临的重大问题。

通过对周边更新住区的分析调研和对铁西未来的规划预判，给铁西区西南生活区进行了高密度更新设想，通过分析片区人的行为活动来得出存在问题的物理空间，然后从收集的高密度更新策略中选取合适的措施来进行设计和优化。

综合以上我们能利用的现状，我们得到在城市高密度发展下可实施的措施，通过针对性举措构建出使用效率密集的三维城市，创造更丰富更有社会意义的城市共享空间。从西到东，我们选取以下地块作为城市设计的重点范围，分别是：重工街高架桥、待更新的废弃工人村、利用率低下的城市公共绿化带、破旧工人村以及卫工明渠。

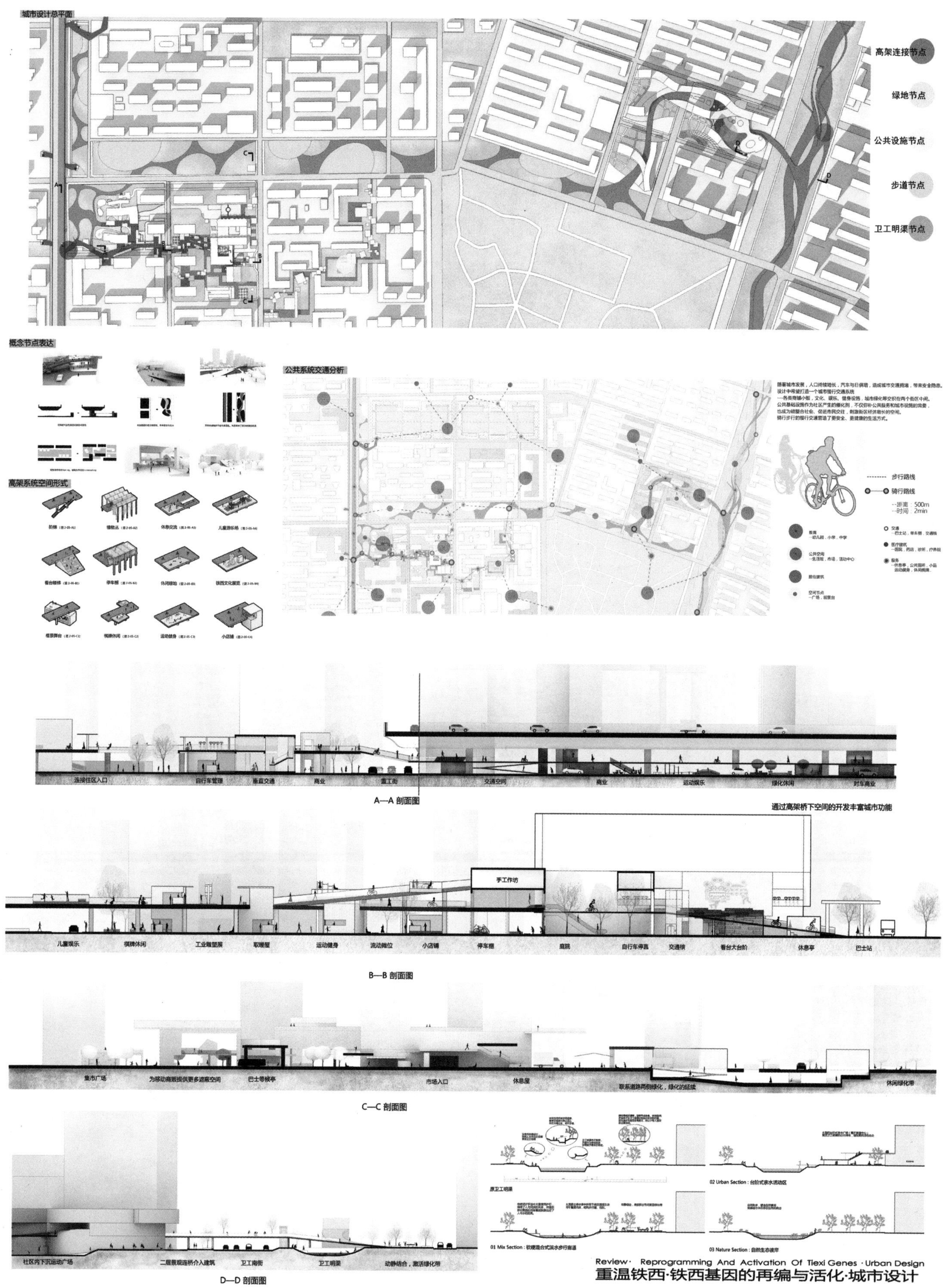

Review· Reprogramming And Activation Of Tiexi Genes · Urban Design

重温铁西·铁西基因的再编与活化·城市设计

深圳大学
设计：罗国富
指导：肖靖

幼儿园及老年人活动中心设计
Kindergarten & Senior Citizen Center Design

在单体设计部分，我选择的是城市设计的设置节点之一老年人活动中心，该节点位于废弃工人村更新地块的西北角，地块西北侧是城市公共绿化带，南面和东面是规划高层和老人住区，南面的二层步道联系了高架两侧，形成了通往东侧市场的人流。

铁西人口老龄化严重，在该地块布置老年人活动中心给周边高密度住区的老人提供另一个娱乐休闲的场所，但是如果服务群体单一容易使老人产生年龄的隔阂感和孤独感，所以在设计中采用了“跨世代理念”。

“跨世代理念”即将老年人活动中心与幼儿园结合设计，让最年轻＋最年老的两个群体构建成和谐的协作体。由于基地的特殊性，在设计中将南面的二层步道引入建筑中，引入第三类人群，提供给他们参与建筑使用的可能性。人在步道上穿行，在交汇处形成活跃的界面，正是这种地方给不同人群的交流碰撞提供了可能。

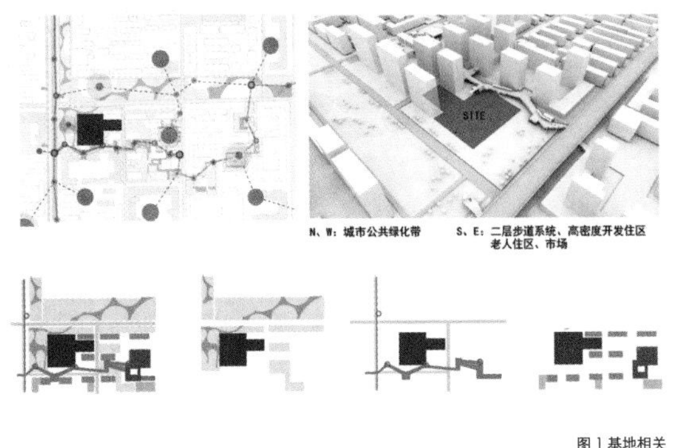

图 1 基地相关

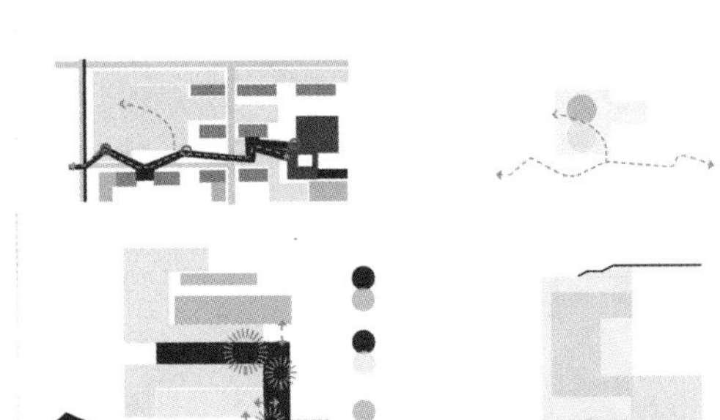

图 2 方案系列分析

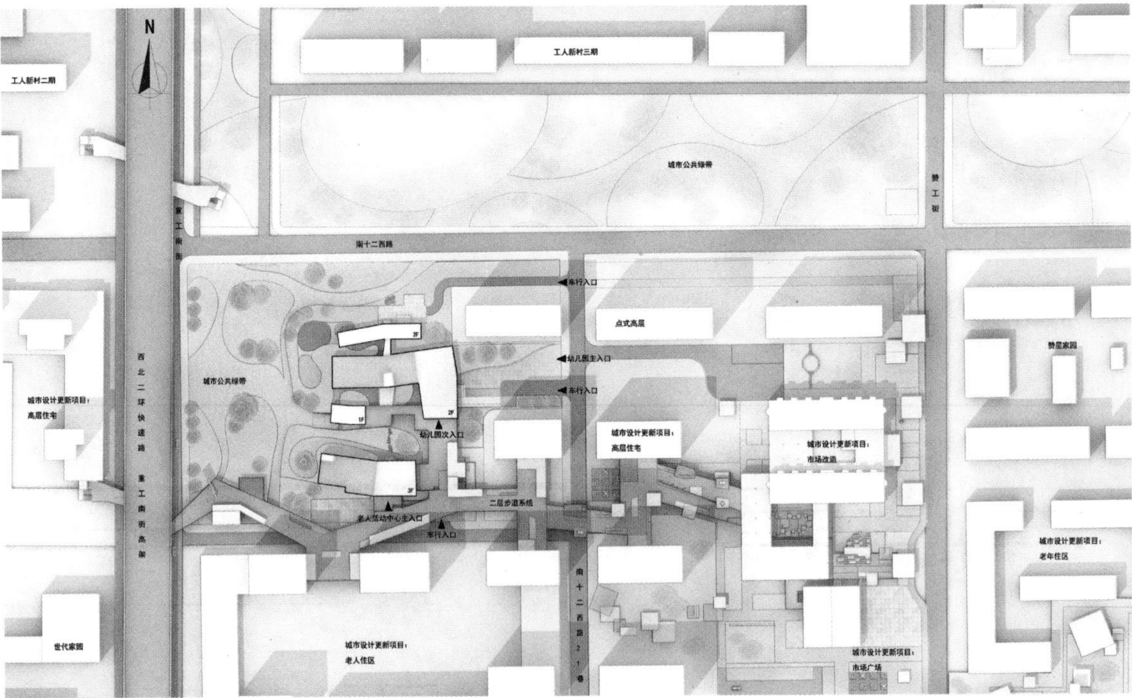

图 3 方案总平面

图 4 方案鸟瞰效果图

个人感想：

这次“8+1+1”联合毕设题目限制条件宽松，选题比较自由。我从城市设计的设置节点中挑选出潜在的对应功能。

毕设选择幼儿园及老年人活动中心设计，将两种不同功能属性的建筑结合起来，希望能将最年轻和最年老的两个群体构建成和谐的协作体，这是一种“跨世代”的设计理念。这个理念其实早先被提出过，但现实中几乎没有落地的案例，因为其本身面临着许多实际问题，如幼儿园中幼儿群体的利益如何体现、两者交流活动对幼儿的影响等等。虽然如此，我还是对运用“跨世代”理念进行了设计尝试，细节上存在较为理想化的处理。

通过这次设计，我对幼儿及老年人两个群体有了更深刻的理解，也对本科原先涉及的幼儿园及老年人活动中心两种功能性建筑产生更多遐想，相信这也是联合毕设对我设计理念再思考的促进与重要遗产。

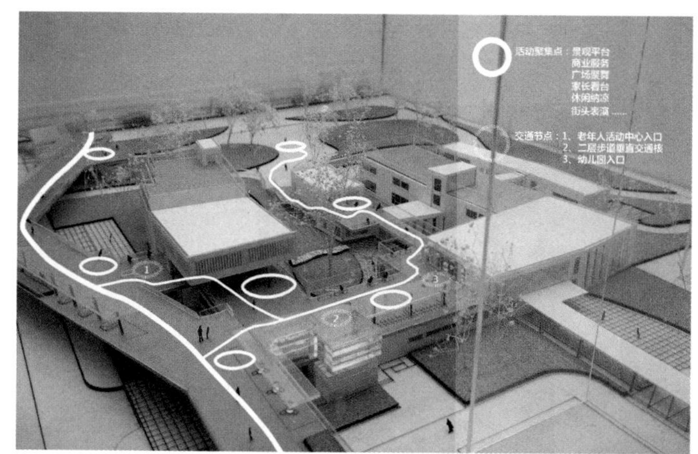

图 5 构建二层步行系统

通过连接南面的二层步道系统，建筑上方形成了人群活动流线以及活动设想。从西往东依次经过临近公园绿地的景观平台、尺度适宜的步道上层空间可进行街头表演，老年人活动中心的二层架空退让，形成老人与外界行人交流的活动平台，以及临近幼儿园儿童活动区的家长看台等。

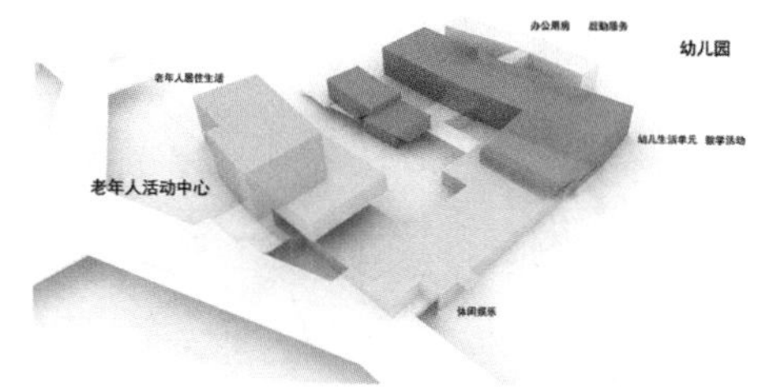

图 6 功能布置

图 7 共享庭院意向图

图 8 步道接入平台人视

本次设计引入众多交流空间，如二层步道接入平台处可汇集各方人流，广场聚舞、技艺表演都将成为可能。在平面布置中，两种不同功能的交汇处设置老年人多功能活动室，可与中间的共享庭院结合，成为老人与小孩互动的场所。

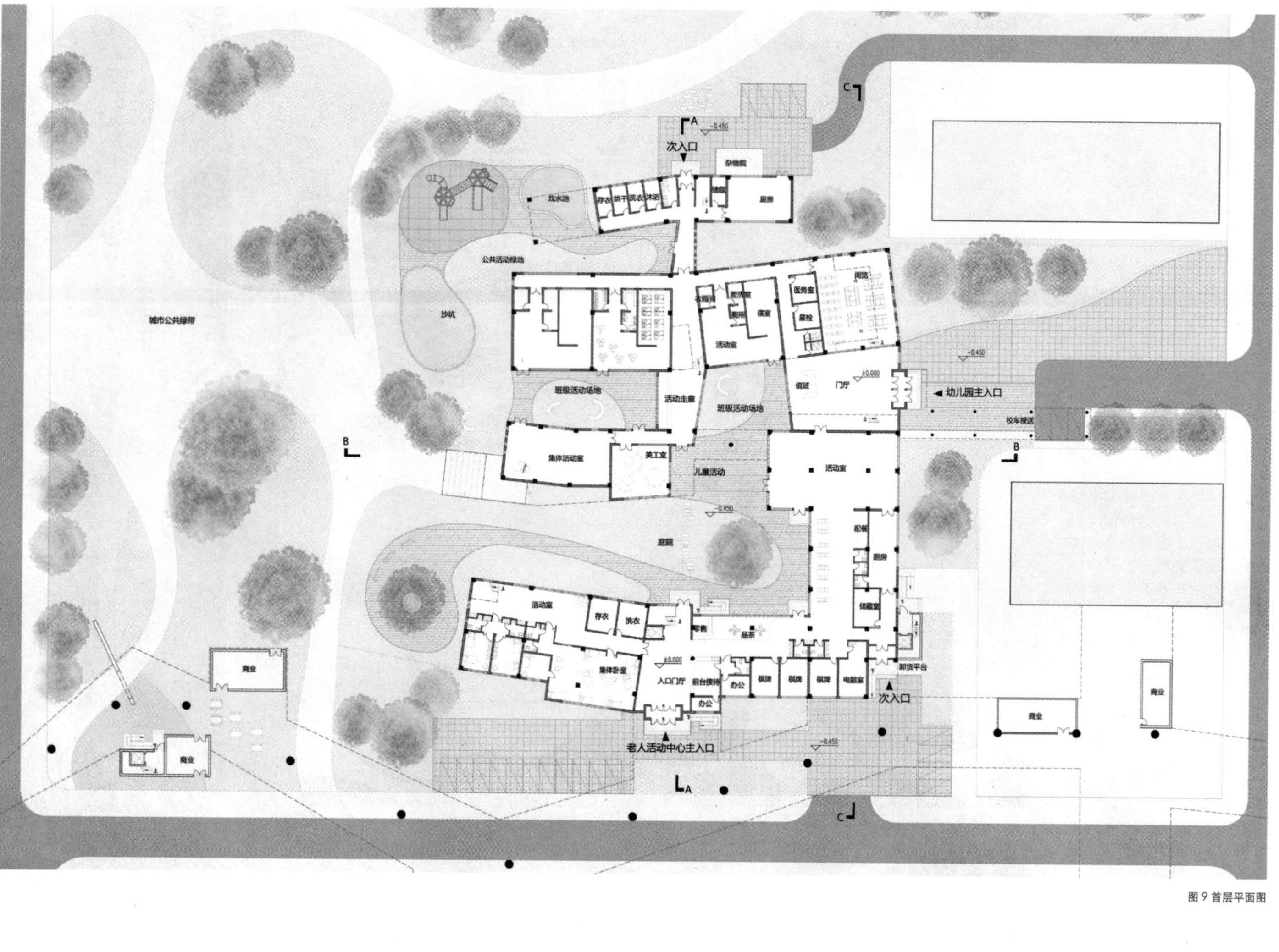

图 9 首层平面图

社区综合体 COMMUNITY COMPLEX

深圳大学
设计：李楚洋
指导：肖靖

单体设计部分，我选择城市设计中设置节点之一的社区综合体。该节点位于卫工明渠西侧，其地块南侧是城市公共绿化带，西面和北面是原有住宅小区。

基地选择部分的首要考量是继续改造或重建废旧的工人村，卫工明渠两旁已有不少晚近的高层住宅区，这使得方案成为高密度住区旧有发展模式再思考的回应。

图 1 基地相关

不同层面具有相异的功能群，设计力求在不增加交通负荷的前提下达到最大密度和混合度：

①主要车行交通安置在地面及地下层，车辆由北侧街道进入场地，并方便游客到达地下车站。

②商业拱廊和步行路设置在一层和二层。

③空中廊道伸入架空商业街的步行系统与附近街区。

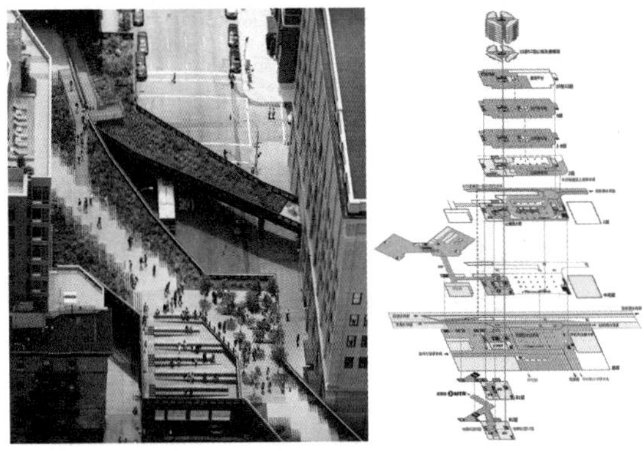
图 2 三维城市

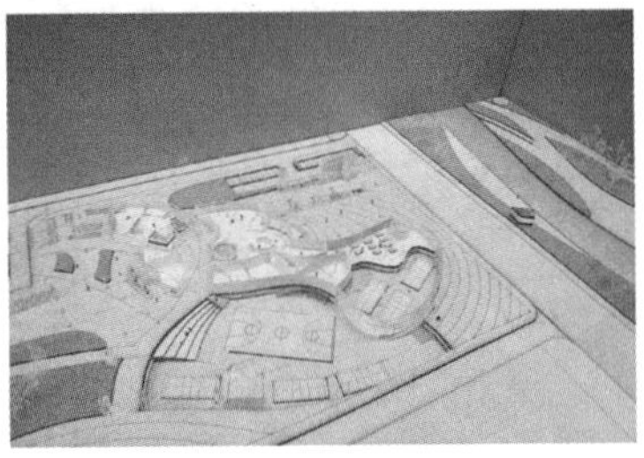
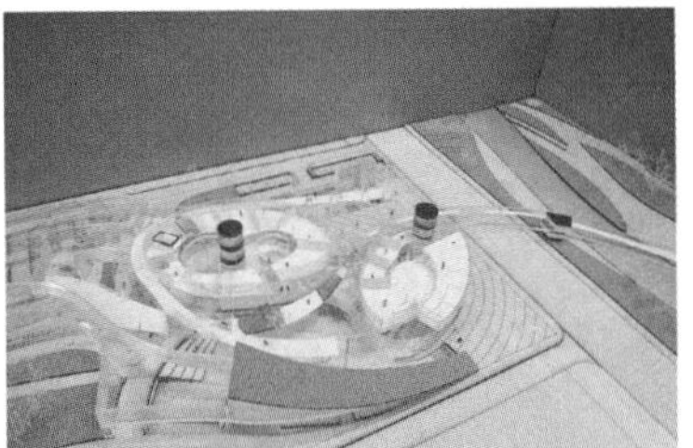
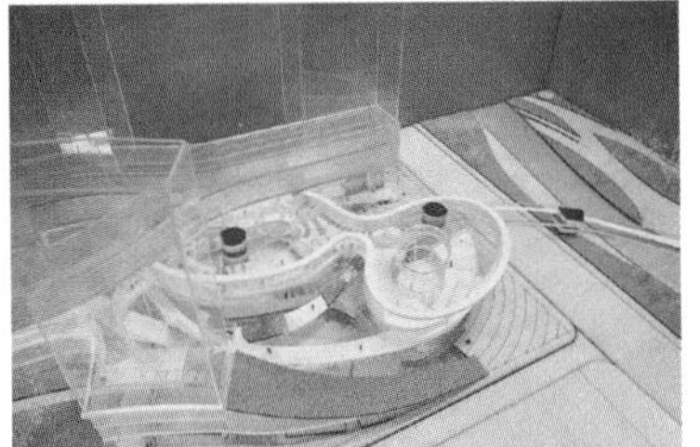
图 3 各层模型展示

图 4 总平面图

个人感想：

本次设计选择由城市设计策略得来。城市设计题目为高密度，我便希望在这个大背景下做一个协调各类功能及形态的建筑综合体。方案功能融合于密集的建筑体量中，建筑边界越发复杂。因不同目的前来的人们被规划到不同流线上，从而轻松地到达各自的目的地。

通过本次设计我认识到高密度城市更新作为社会问题的复杂性与挑战。建筑师如同一个预言家，想把所有潜在的情况考虑周详，又类似经济学家一般不断计算着不同方案的经济性和合理性。我坚信，一个建筑师的设计考虑因素越多，方案推进也会越发稳健，成果也会随之更加成熟，进而得到升华。

三层
二层
一层
下层广场
功能分类
不同层面的不同功能，办公，公寓住宅，商业，体育馆，社区活动六大功能如何分布于建筑中，需要从功能类比做起
私密空间
半开放空间
开放空间

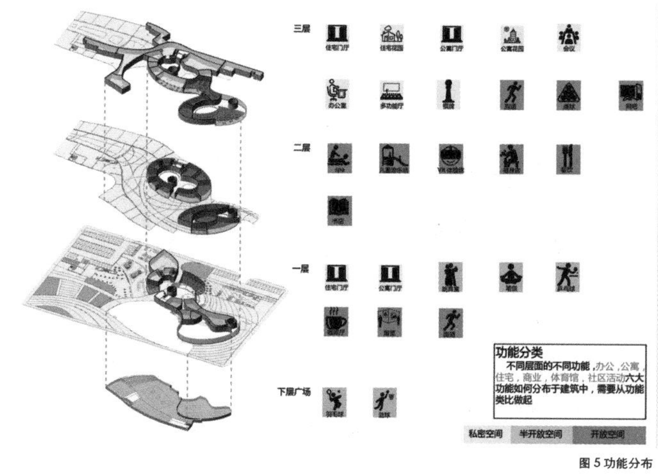

图 5 功能分布

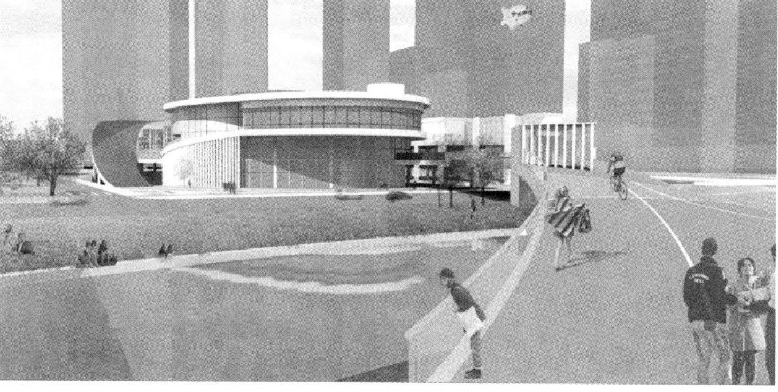

图 7 卫工明渠的二层步道连接

设计同时引入很多交流空间，如卫工明渠的线性公园可通过一个二层廊道系统连接到基地内的同层商业街，商业街终端是双层通高的商场空间，从而形成完整的商业流线。一层主要布置公众活动空间，这里也是社区活动中心与上层公寓、酒店的主要出入口。

社区居民流线
非社区居民流线
商业流线
住宅居民流线
公寓居民流线

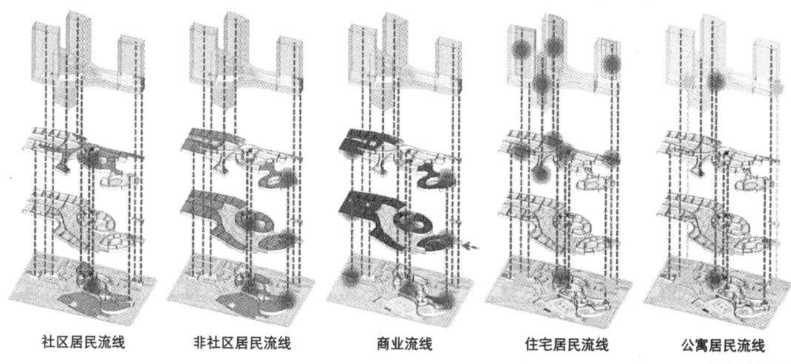

图 6 流线分析

本设计的关键是不同社群到达基地后的分流，包括社区居民流线、非社区居民流线、商业流线、住宅居民流线以及公寓居民流线。每种流线都需要体现出场所的共享及私密性，由此，社区综合体才能发挥作为“协调者”的作用。

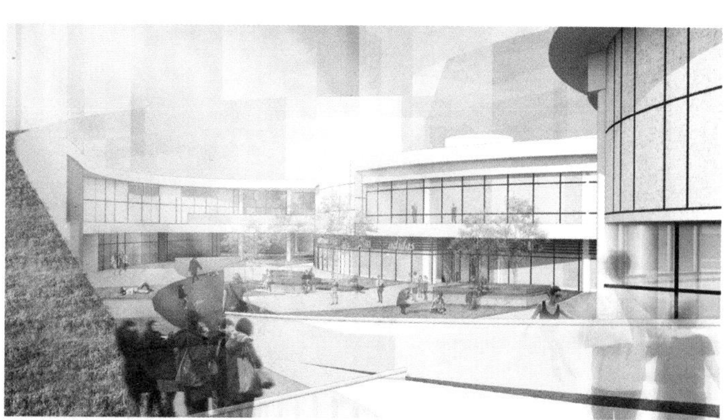

图 8 二层平台商业街人视

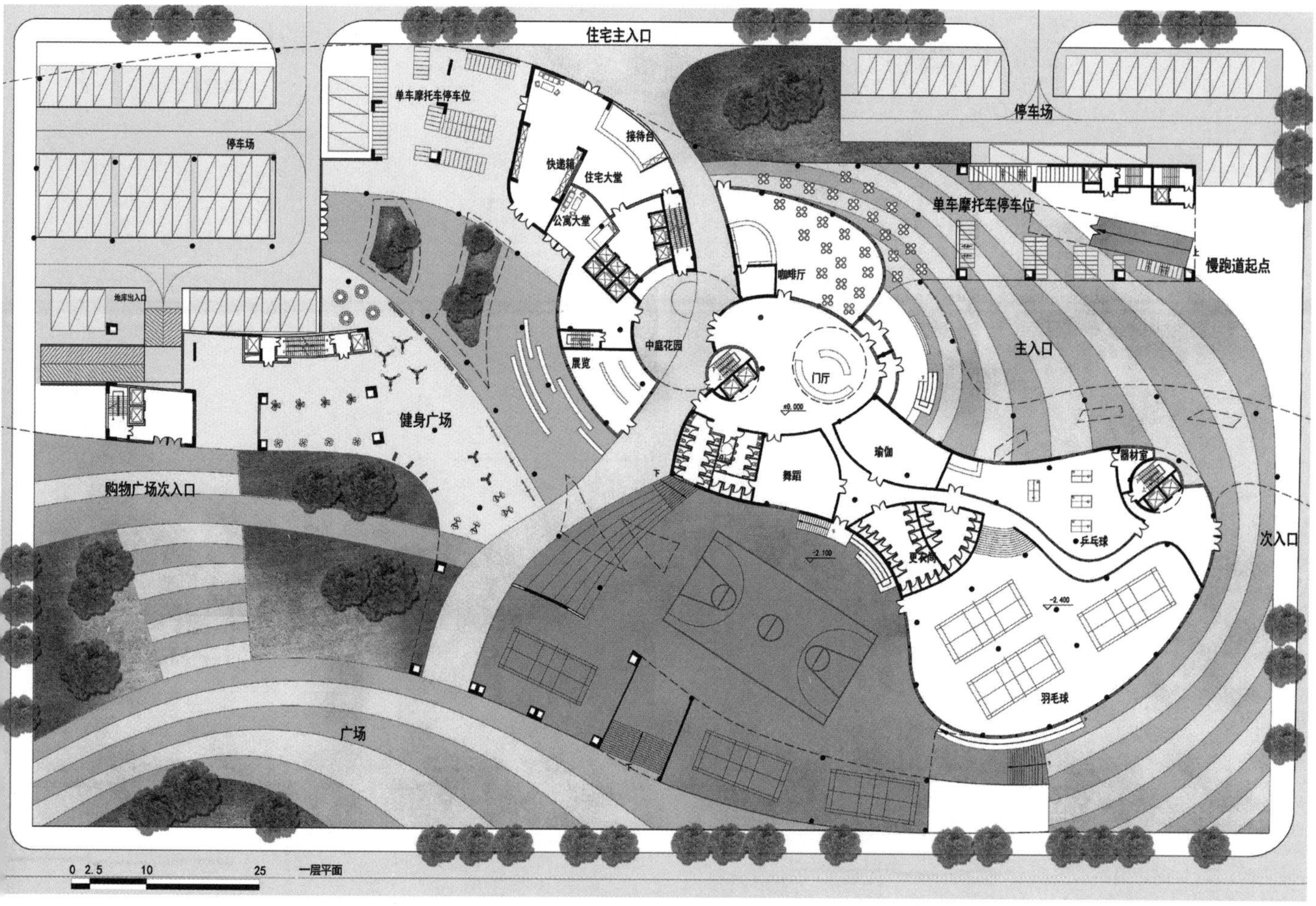

住宅主入口
单车摩托车停车位
接待台
快递箱
住宅大堂
公寓大堂
停车场
停车场
单车摩托车停车位
慢跑道起点
咖啡厅
地库出入口
中庭花园
展览
门厅
主入口
±0.000
健身广场
舞蹈
瑜伽
器材室
购物广场次入口
乒乓球
更衣间
-2.100
-2.400
次入口
羽毛球
广场
0 2.5 10 25
一层平面

图 9 首层平面图

市场改造

The Market Reform

深圳大学
设计：林亨琪
指导：肖靖

十二路综合市场位于废弃工人村北面，市场也随着城市发展经历着改造更新，以适应不断变化的当代生活需求。集市作为小商户维持生计的重要形式，得以保留下来。人们所期望的集市不仅仅是购置日用品的地方，也是获得资讯更新、说事论理、相亲交友等事件的重要平台。另一方面，当地集市借此成为历史文化的载体，展现地区民俗风情的窗口。赶集成为喜闻乐见的休闲方式。

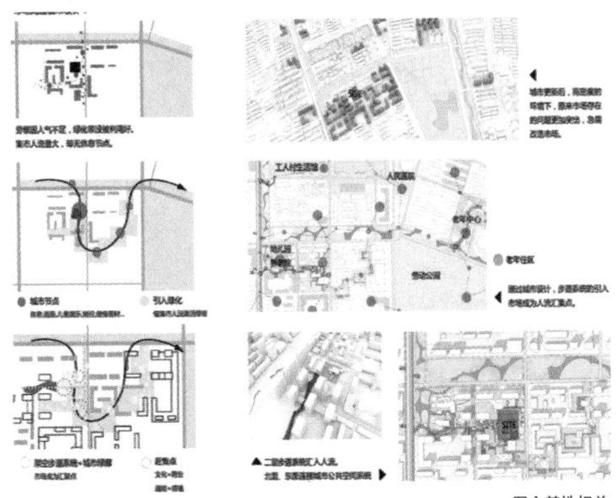

图 1 基地相关

本设计从铁西人的生活出发，尽可能考虑老年人的生活模式与需求，为老年人专设的工作坊有益于延续铁西文化，试图一定程度上促进老有所为、老有所乐的愿景。老人群体在平台上闲侃之时也能看到玩耍的孩童，感受到少年的朝气。

图 2 现存问题与集市文化

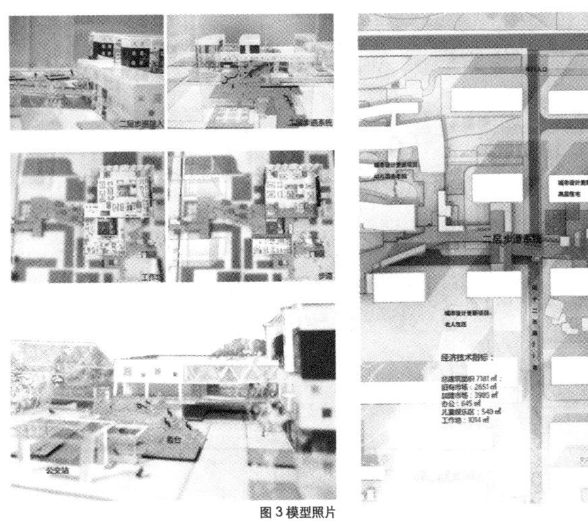

图 3 模型照片

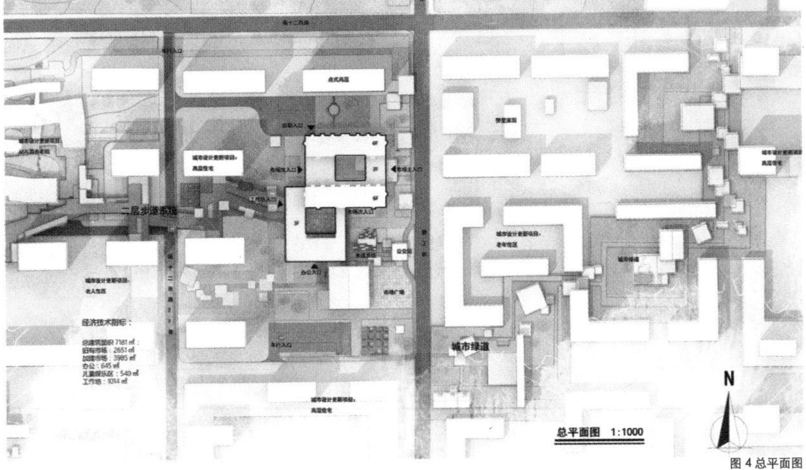

图 4 总平面图

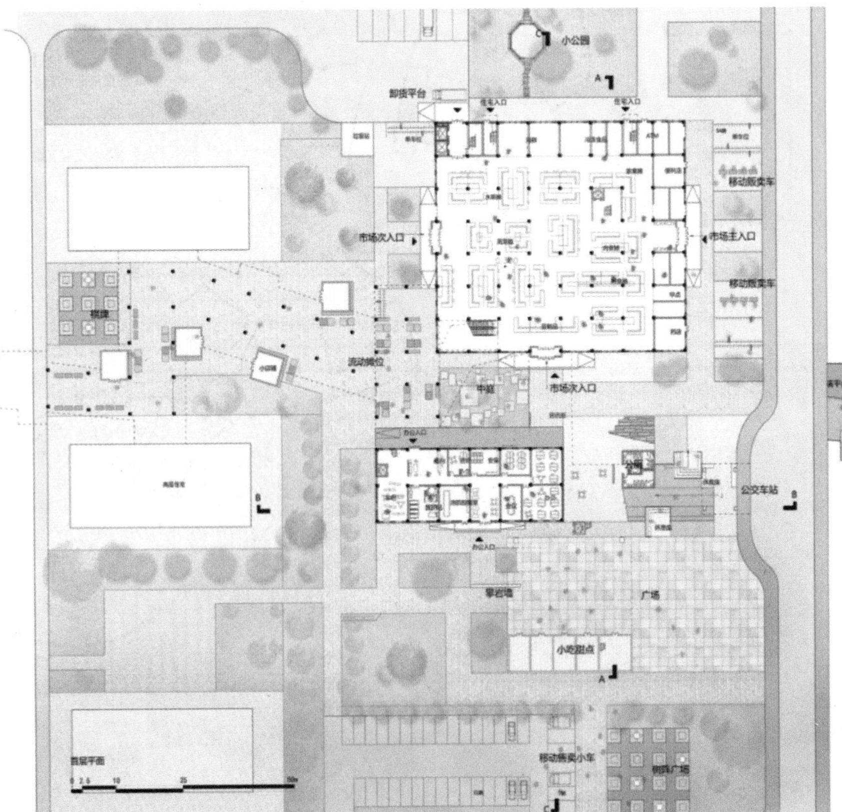

个人感想：

本次设计选址的初衷来源于沈阳调研途中的发现。十二路综合市场虽面积不大却人气十足，虽破旧不堪却能随处可见有趣的小商品，虽略显拥挤却是个值得回味的地方。我希望在这个新的红砖市场能引入现代的元素，让这里的居民可以在这里度过充实的时光。

设计以铁西人的生活作为线索，以解决市场现存隐患及利用改造潜在条件为切入点，如解决住宅流线、增设单车停放处、婴儿看管处、考虑保留流动摊位等。

这次联合设计让我进一步优化建筑设计方法的综合掌控，解决好功能流线与抢眼的立面效果仅仅是基础，还要兼顾心理学、社会学等多方面因素。设计推进的基础与首要定位在于人们的实际消费水平，同时要针对包括租不起店铺的流动商贩在内的特殊群体进行管理设计，还有儿童的安全问题、新旧市场衔接问题以及肉菜市场气味隔绝的处理等等。

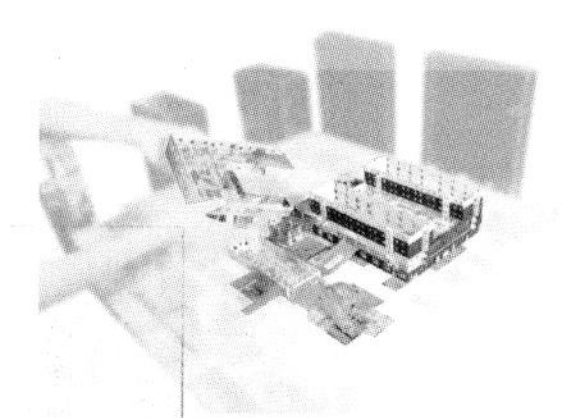

图 5 模型照片

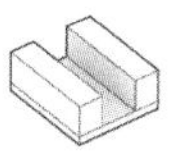

原有市场:
市场只有一层，场地不足，使得摊贩随意设摊，阻碍交通。
市场内商品分区不明确，日用品与肉菜等都在一层销售。

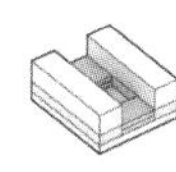

加建+改造:
占用原有住宅两层，扩建市场并为商品分类。
连通两侧住宅形成回字，中庭用玻璃罩住，为市场采光，并隔绝菜市场的气味。

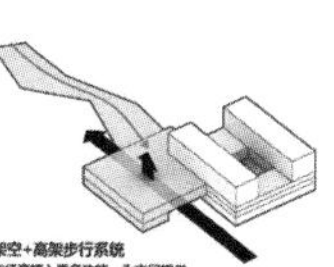

架空+高架步行系统
市场旁植入更多功能，为市民提供更多方便。
建筑连接了步道系统与市场。
底层架空为流动商贩提供更多摊位

步行系统:
市场二层与步行系统连接的部分相互交接，使系统更完整。
二层平台设置单车停靠点，更方便人们出行。

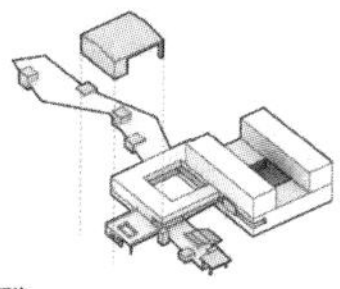

丰富系统:
在步行系统中嵌入更多功能：
如健身、棋牌、工业雕塑、铁西文化生活展览，休息点，小商铺，单车棚，巴士站，儿童娱乐区……
并营造出更多遮蔽空间、半围合空间，增加人们归属感。

图 6 体块生成

图 7 二层步道系统

步道系统连接新旧市场，为市民提供单车系统停靠点。步道系统嵌入休息室、健身、看台、公交站等功能。

图 8 市场中庭

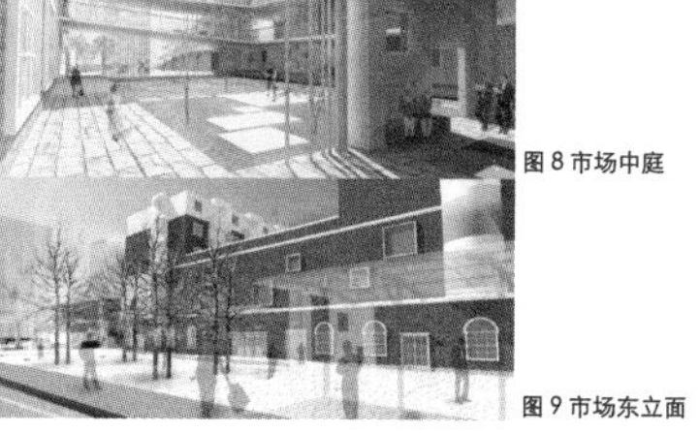

图 9 市场东立面

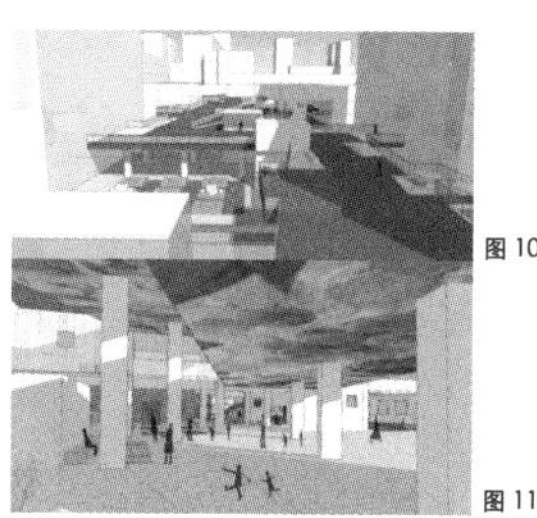

图 10 步道系统

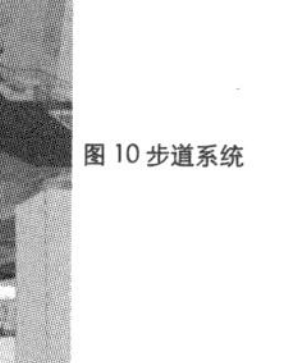

图 11 流动摊贩

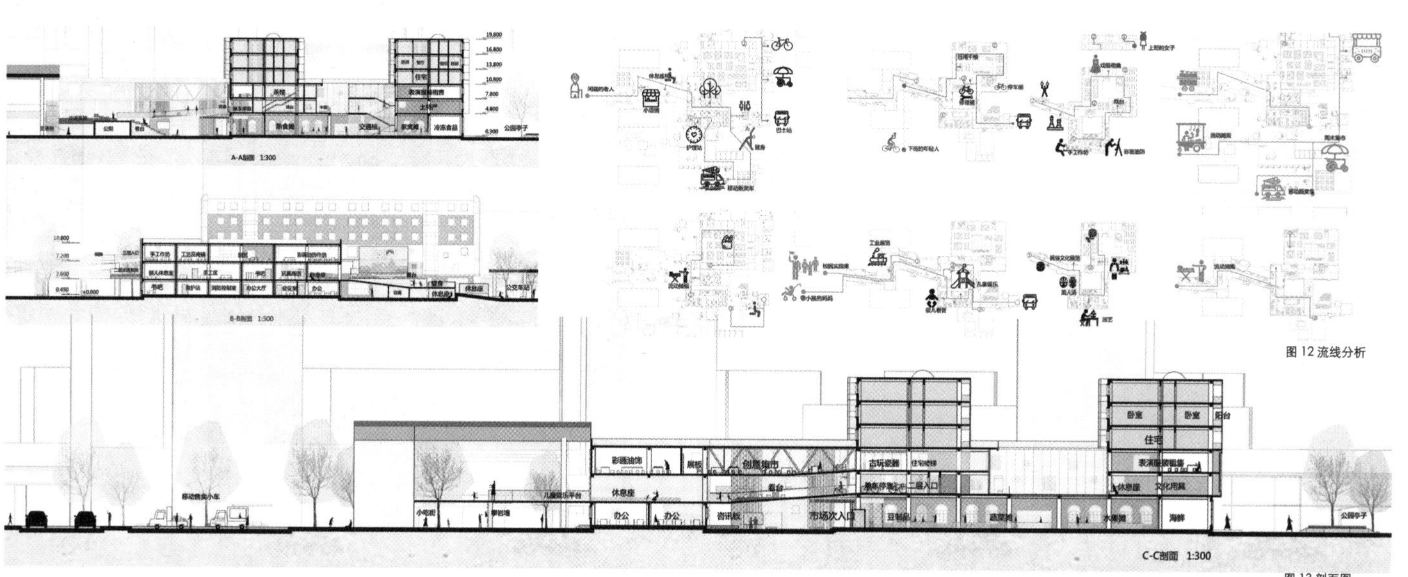

图 12 流线分析

图 13 剖面图

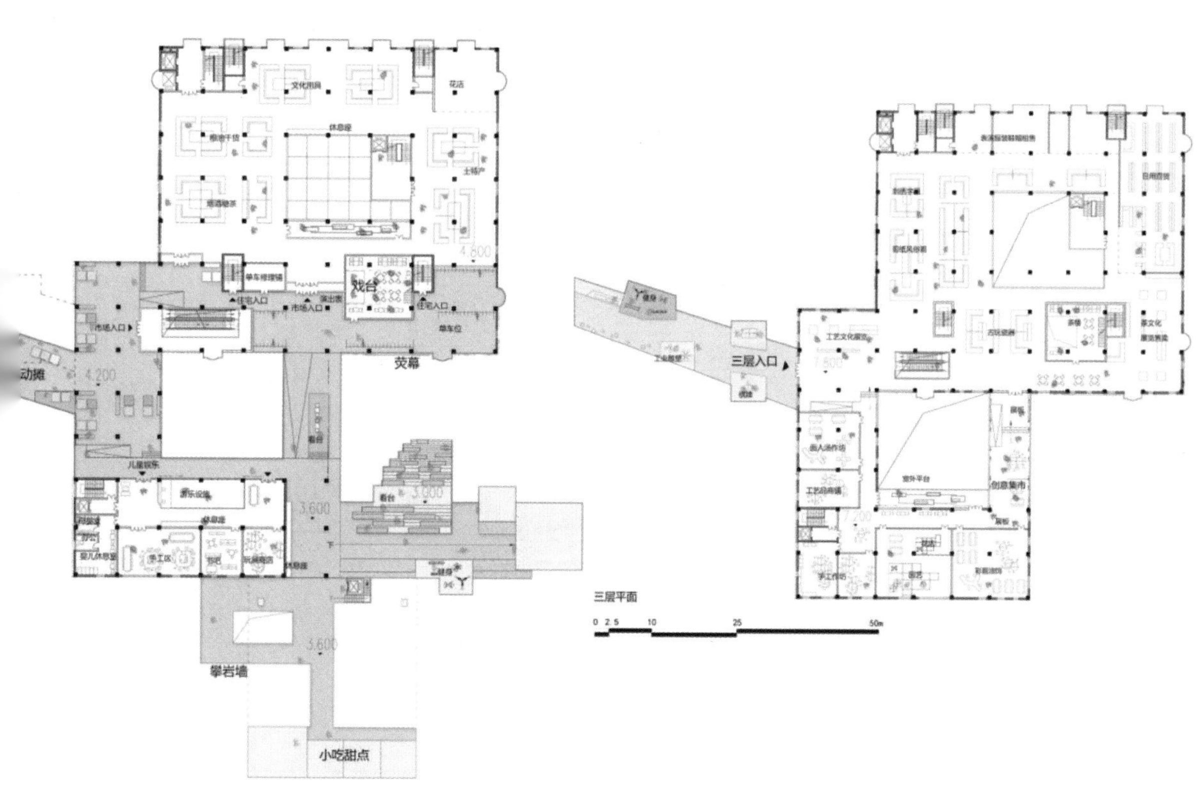

图 14 平面图

铁西铁

Tiexi Tie

深圳大学

设计：王霓裳/高曼/于文妍

指导：齐奕/陈佳伟/彭小松/肖靖/杨镇源

评语：

该毕业设计选址为老铁西区北侧的铁路专用线沿线空间，设计以保护并激活既有铁路工业遗存为出发点，基于原有铁路结构形态，构建起一套具有都市主义色彩的复合式线性系统。该设计通过对沿线空间及建筑的文献收集、现场调研、铁路及沿线区域发展的历史脉络梳理，结合区域未来城市规划方案，提供了从“生命线”到“生命线”的城市设计构想，设计主要从复合式交通组织、多样化功能配置、有机的线性空间形态三个角度展开，并选取三个空间节点进行建筑设计。

第一个方案为旧厂房更新改造，旨在使改造后的厂房成为记录铁西工业 4.0 进化论的城市专项展厅；第二个方案则兼具歌颂工业文明的情怀和构建未来城市综合体的雄心，设计中强化应用工业符号——烟囱，意图为铁西设计一座具有强烈工业感并富有集体主义的未来建筑；第三个方案以保护非物质文化——曲艺为目标，基于对“圈儿楼”、“工人文化”、“老沈阳记忆”的深度挖掘，将旧厂房的结构片段进行了复刻及空间重构。

该毕业设计饱含历史情愫却又抱有未来都市主义理想。于学生们而言，“铁西铁”正是铁西“工业魂”在城市与建筑设计中的当代诠释。

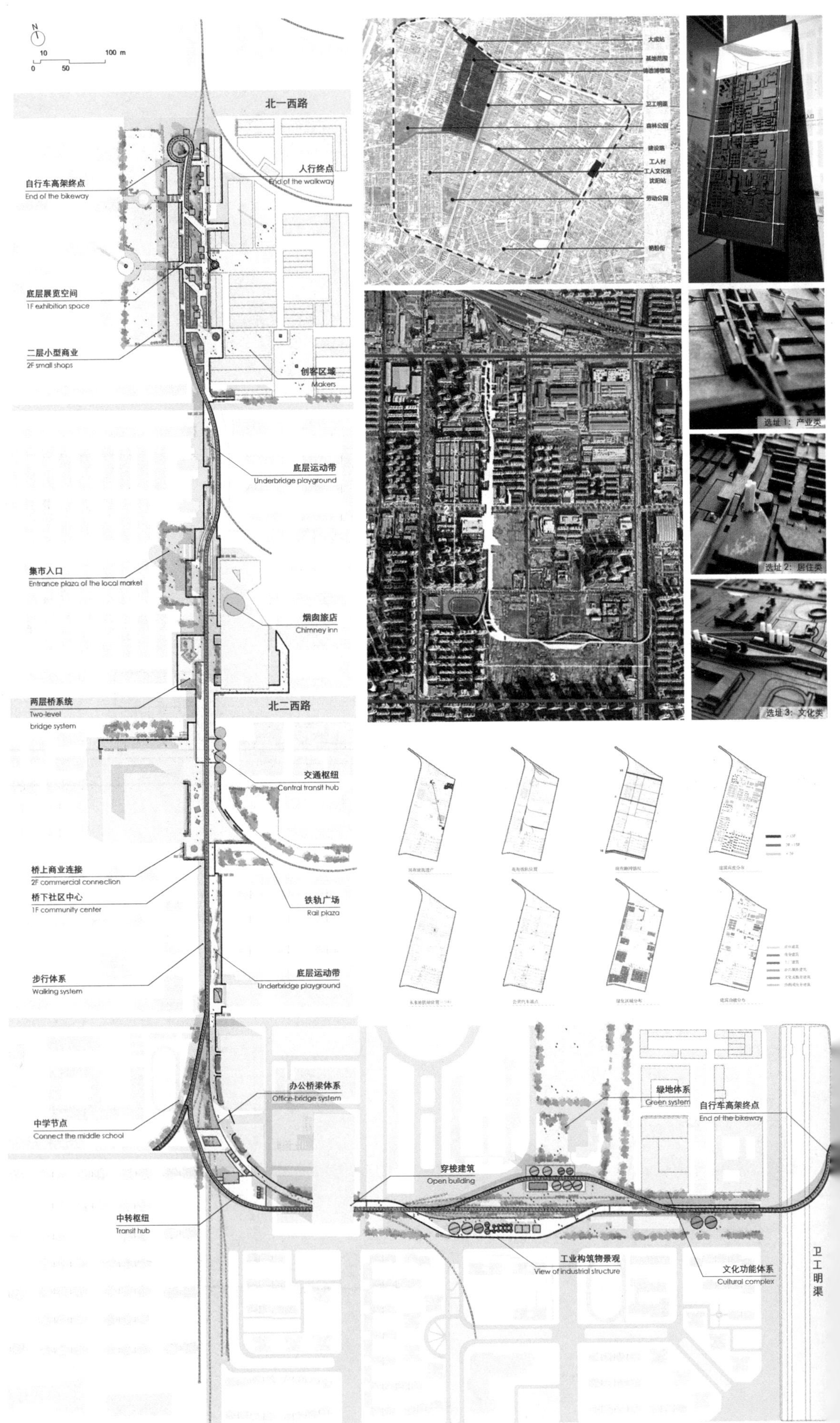

2. 烟囱大旅社

1. 铁西 4.0 进化论

3. 曲艺中心

铁路是承载了铁西区工业历史的重要基因之一，如何对它进行保留与再利用，并挖掘铁路对周遭区域的激活可能性是我们城市设计的核心出发点。

城市规划设计内容“铁西铁”选址位于铁西区西北部，铁西铁主要由现存遗产——铁路这个工业符号所衍生而来，呈现为丰富多彩的立体桥状结构体。

整体规划使用铁西铁向未来的铁西西北区域进行预测与连接。铁西铁长达2.2km，桥梁系统高 5~9m不等，贯穿五个原有规划街区。

分析现有直接连接铁西铁的五个街区，有 40%的荒废用地亟须规划与投入使用，剩余 60%多为住宅、汽修厂以及废弃工业厂房，在城市规划设计内容里我们对其进行了部分再规划与连接。

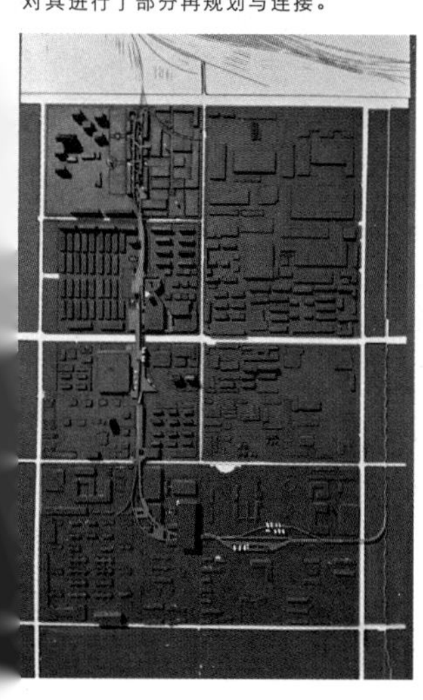

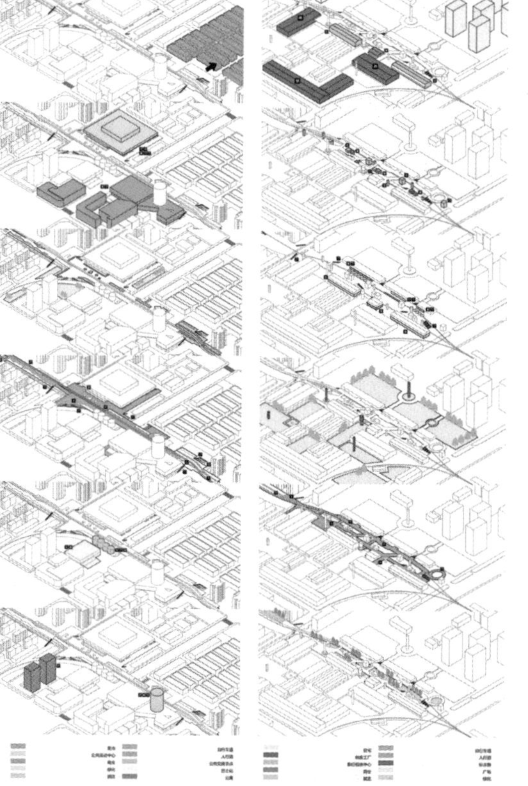

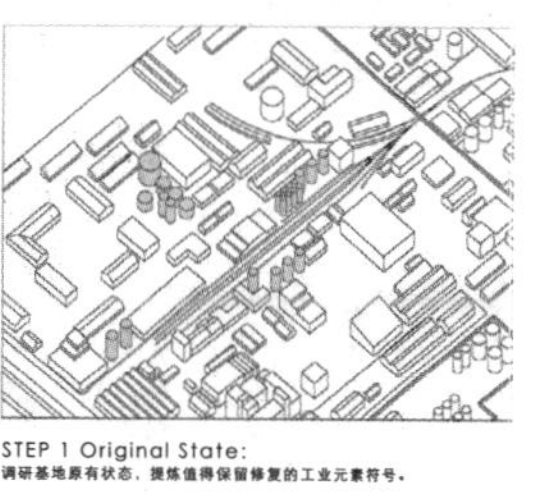

STEP 1 Original State:
调研基地原有状态，提炼值得保留修复的工业元素符号。

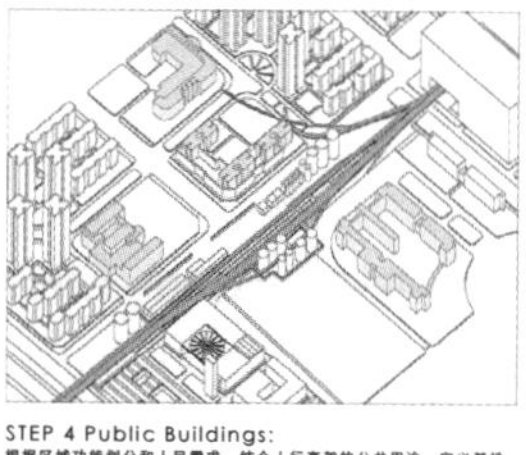

STEP 4 Public Buildings:
根据区域功能划分和人民需求，结合人行高架的公共用途，定义基地内各类不可或缺的公共建筑的界面与高度。

STEP 2 Functional Layout:
依据现状和未来规划条文，重新布置各地块功能，让商业，文化，住宅以及公共用地均衡结合。

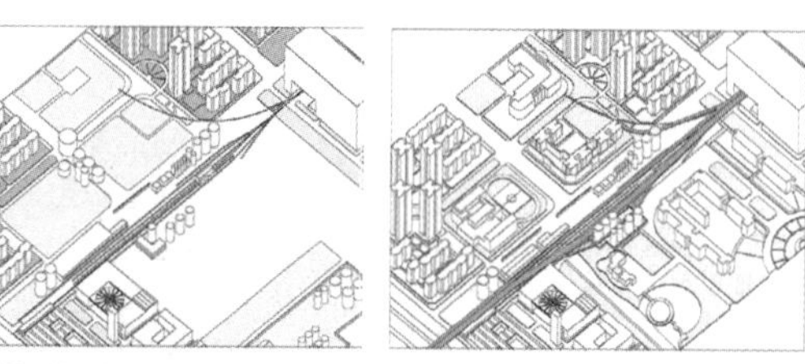

STEP 5 Landscaping:
考虑城市“剩余空间”的利用价值，把绿地，广场和水系还给人群，最大程度地拓展景观步行桥的存在意义，丰富人与建筑的关系。

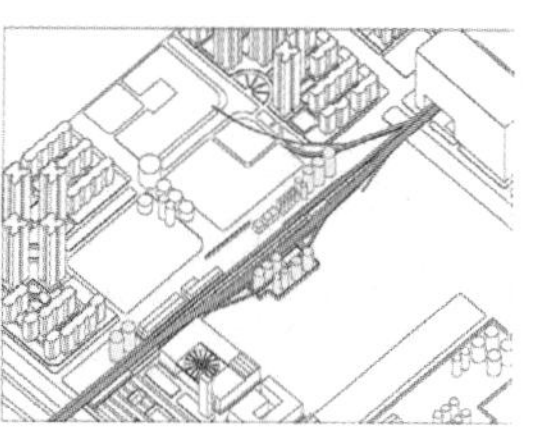

STEP 3 Preliminary Ideas:
以旧铁路线为骨架，工业元素符号重组城市节点，步行和人行高架联通各功能的大尺度街块，为当地居民的出行提供多种可能性。

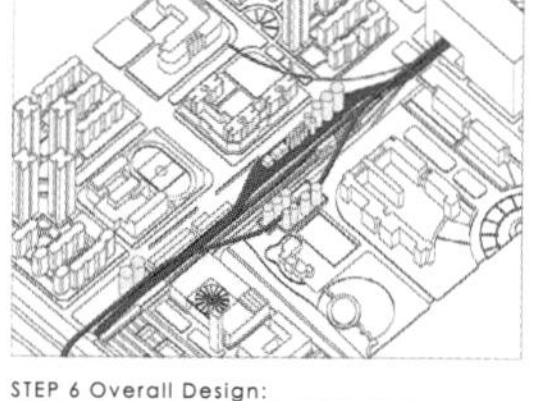

STEP 6 Overall Design:
桥与城市设计的关系是相互的，在定义了周边的建筑内容和界面之后，丰富桥在水平和垂直空间内的立体层次，创造给人以多种步行及骑行体验的趣味空间序列。

铁西铁·铁西 4.0 进化论

Tiexi 4.0 Revolutionism Architectural Design

深圳大学
设计：王霓裳
指导：齐奕

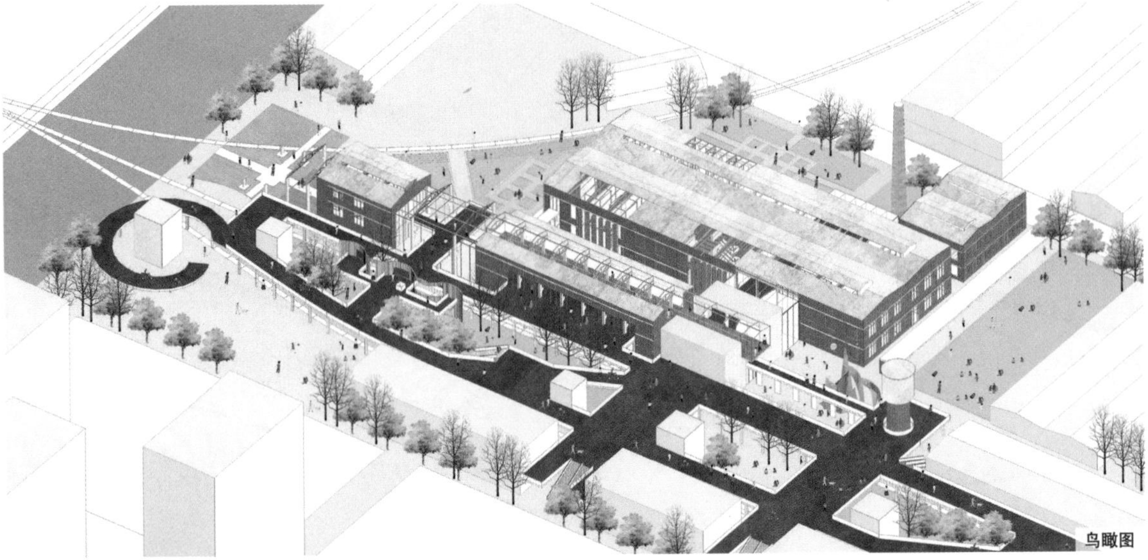

铁西 4.0 进化论

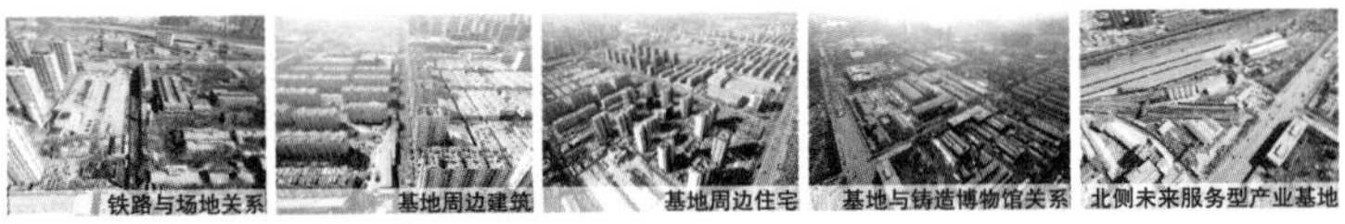

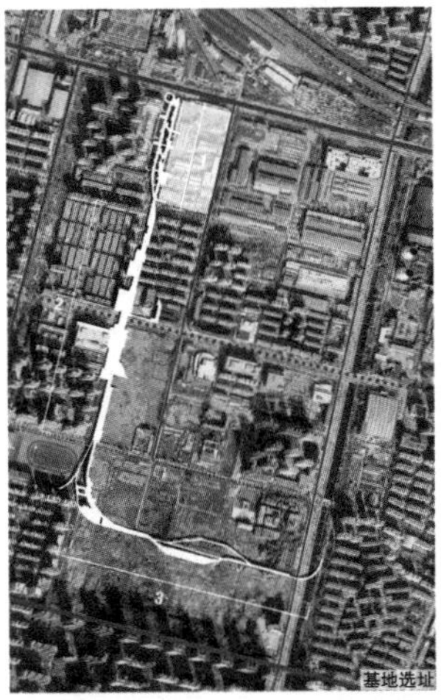

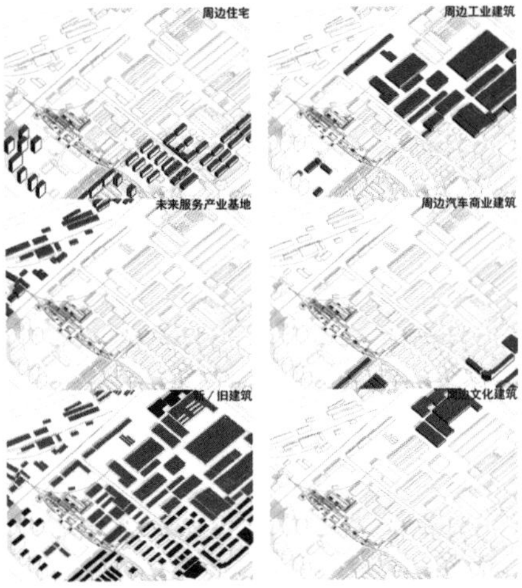

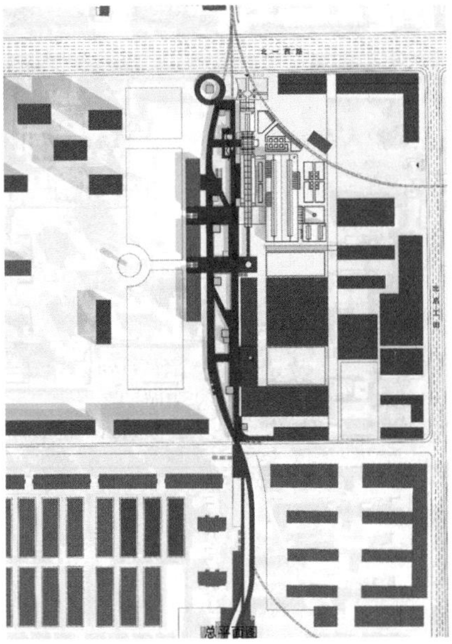

1.0　20 世纪 30 年代日本关东军在铁西直接建立军工企业，生产军械、军火。

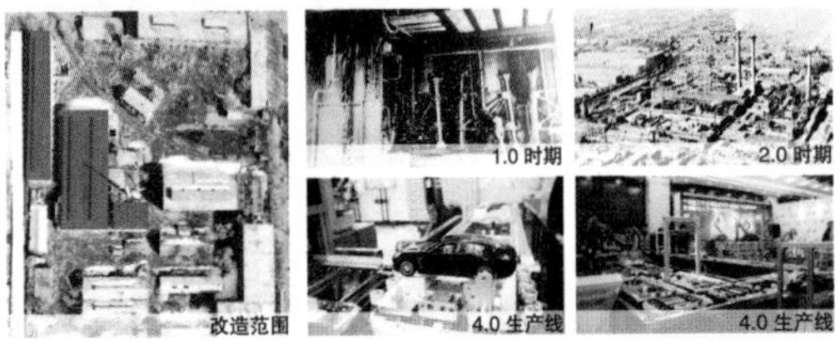

2.0　20 世纪五六十年代为铁西最繁荣的时期，沈阳市 99 家中大型国企中的 90 家都集中在这里。

3.0　经历了企业搬迁和升级转型之后的铁西区，面临着诸多困难与挑战，有机遇，同样也存在风险。

4.0　工业一直都是与铁西区发展密切相关的产业，那么铁西区未来的复兴也一定与工业有关。所以在工业 4.0 的大背景下，将 4.0 的生产与体验与铁西区的旧工业文脉相结合，建立一个新的产业园区，激发人们参与铁西区的未来发展，重寻铁西人民对工业的自豪与向往。

方案构思：

铁路，作为铁西区曾经重要的交通系统，承载了铁西区的历史与人文记忆。对于过去的工厂来说，铁路专用线更是工厂与外部联系的“生命线”。

随着经济转型和企业搬迁，铁西区的专用线逐渐被闲置荒废，铁路沿线许多用地成为闲置用地。为了重新激活铁路沿线空间，我们以铁路遗存为基础设计了一整套线性系统，在此系统中选择 3 个重要节点展开建筑设计。

与以往只关注建筑本体不同，这次毕业设计以城市及区域的历史工业遗存为切入点，挖掘其独一无二的特点并进行拓展延伸，通过城市设计构想激发区域活力而不仅仅是对建筑空间的思考，这也是我此次参加联合毕业设计的最大收获。

西南立面图

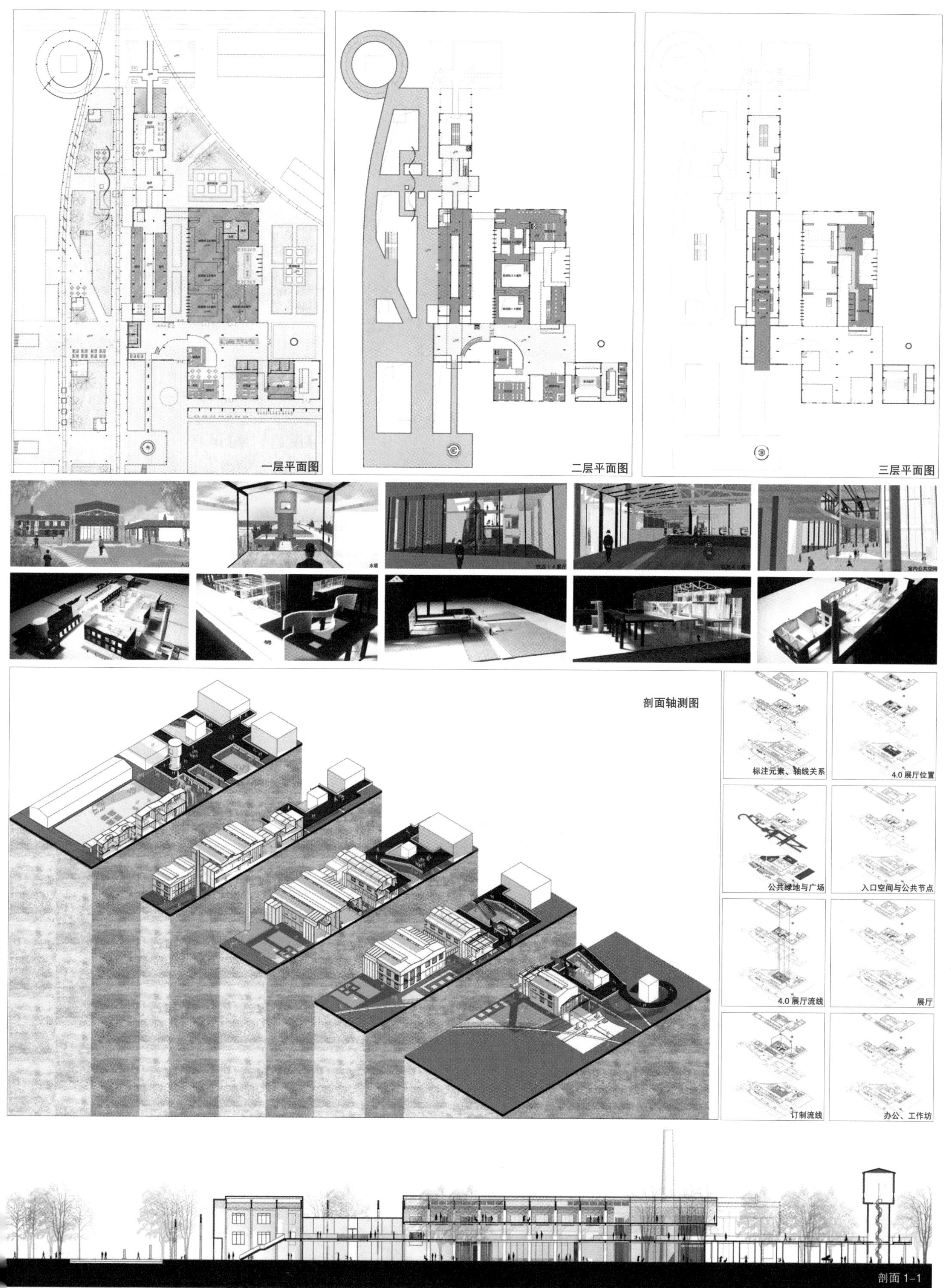
一层平面图
二层平面图
三层平面图
剖面轴测图
标注元素、轴线关系
4.0 展厅位置
公共绿地与广场
入口空间与公共节点
4.0 展厅流线
展厅
订制流线
办公、工作坊
剖面 1-1

铁西铁·烟囱大旅舍

Chimney Hall Architectural Design

深圳大学
设计：高曼
指导：齐奕

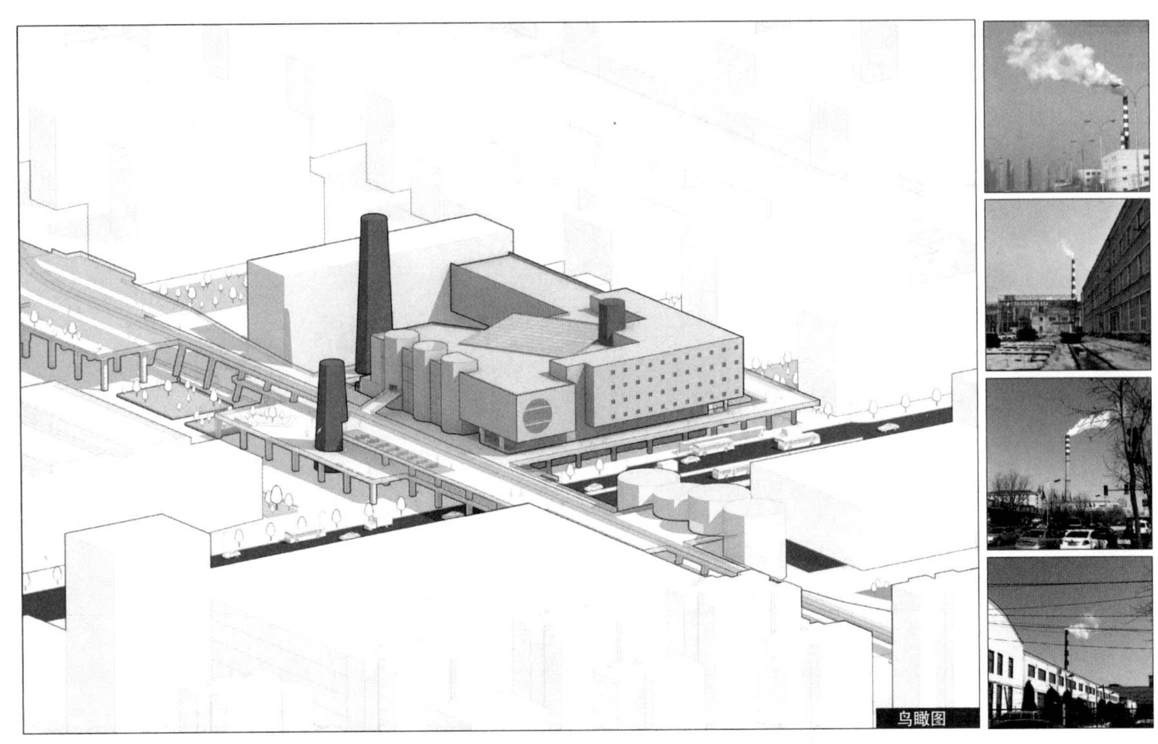

鸟瞰图

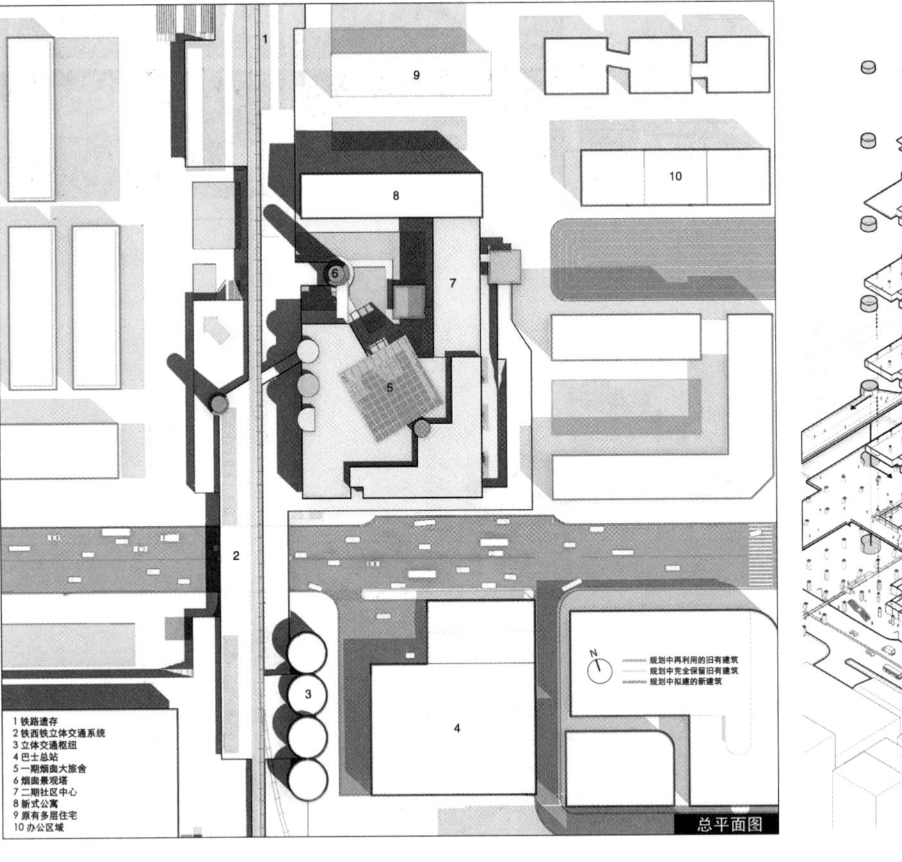

总平面图

垂直交通

方案构思：

作为铁西铁城市设计中间节点的建筑单体项目，基地附近鲜有可以借以升级改造的历史性建筑或遗存实体，基地内有的仅是一座名为“哈弗”的两层汽修厂。

根据片区未来城市规划指引，基地南侧未来将会建起一座大型交通中心枢纽，这将为该片区带来人流流动可能性及发展潜力。考虑到未来此地将成为大量人流集散地，本案选择拆除哈弗汽修厂，在基地内设计集居住、商业功能的综合体。以拥有强烈工业化符号的烟囱为思考原点，设计一栋具有工业象征意义的烟囱大旅舍。

大旅舍面向铁西内外人群，功能多样复合，一期为旅社，二期为社区中心，为旅社住客和周边原有多层住区居民服务。该方案的主旨在于创造具有铁西工业符号但同时满足未来城市发展的铁西铁城市综合体。

烟囱大旅店全貌

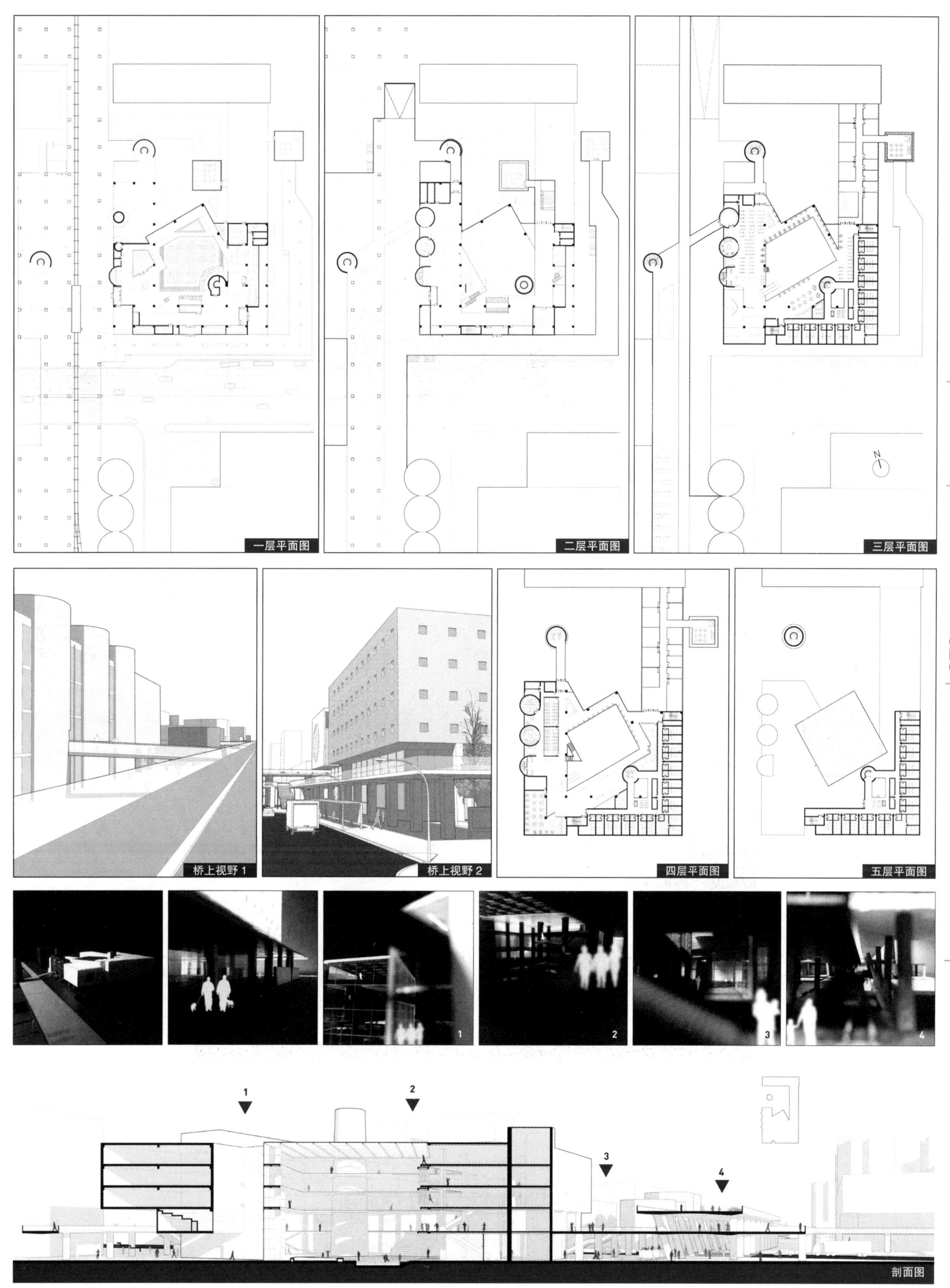
一层平面图
二层平面图
三层平面图
桥上视野 1
桥上视野 2
四层平面图
五层平面图
1
2
3
4
剖面图

铁西铁·曲艺中心设计

Quyi Art Center Architectural Design

深圳大学
设计：于文妍
指导：齐奕

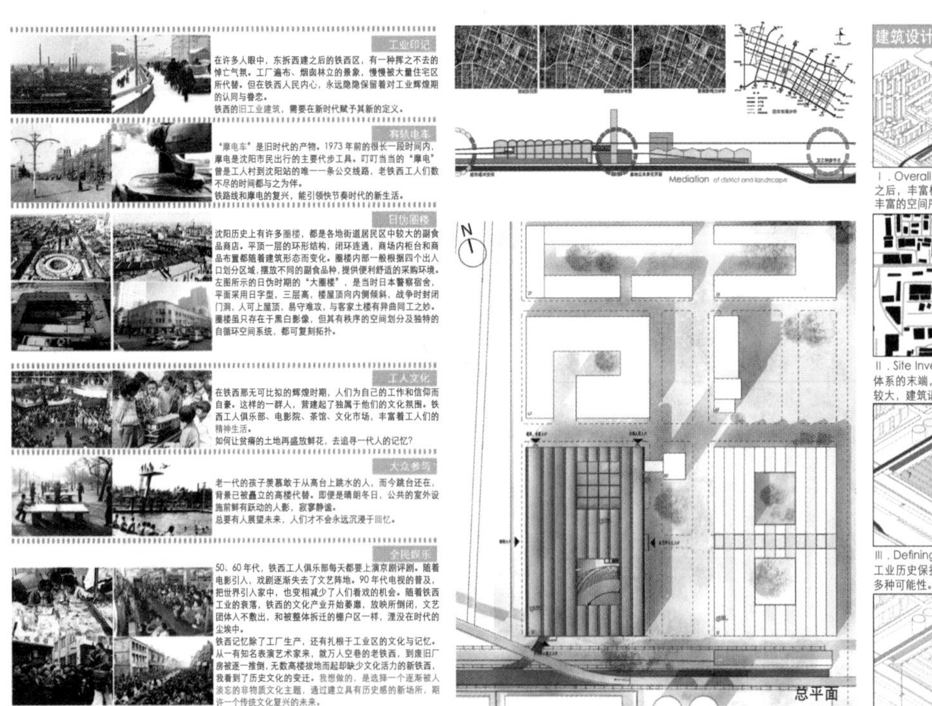

工业印记
在许多人眼中，东拆西建之后的铁西区，有一种挥之不去的悼亡气氛。工厂遍布、烟囱林立的景象，慢慢被大量住宅区所代替。但在铁西人民内心，永远隐隐保留着对工业辉煌期的认同与眷恋。
铁西的旧工业建筑，需要在新时代赋予其新的定义。
有轨电车
“摩电车”是旧时代的产物。1973年前的很长一段时间内，摩电是沈阳市民出行的主要代步工具。叮叮当当的“摩电”曾是工人村到沈阳站的唯一一条公交线路，老铁西工人们数不尽的时间都与之为伴。
铁路线和摩电的复兴，能引领快节奏时代的新生活。
日伪圈楼
沈阳历史上有许多圈楼，都是各地街道居民区中较大的副食品商店。平顶一层的环形结构，闭环连通，商场内柜台和商品布置都随着建筑形态而变化。圈楼内部一般根据四个出入口划分区域，摆放不同的副食品种，提供便利舒适的采购环境。左图所示的日伪时期的“大圈楼”，是当时日本警察宿舍，平面采用日字型，三层高，楼屋顶向内侧倾斜，战争时封闭门洞，人可上屋顶，易守难攻，与客家土楼有异曲同工之妙。圈楼虽只存在于黑白影像，但其有秩序的空间划分及独特的自循环空间系统，都可复刻拓扑。
工人文化
在铁西那无可比拟的辉煌时期，人们为自己的工作和信仰而自豪。这样的一群人，营建起了独属于他们的文化氛围。铁西工人俱乐部、电影院、茶馆、文化市场，丰富着工人们的精神生活。
如何让贫瘠的土地再盛放鲜花，去追寻一代人的记忆？
大众参与
老一代的孩子羡慕敢于从高台上跳水的人，而今跳台还在，背景已被矗立的高楼代替。即便是晴朗冬日，公共的室外设施前鲜有跃动的人影，寂寥静谧。
总要有人展望未来，人们才不会永远沉浸于回忆。
全民娱乐
50、60年代，铁西工人俱乐部每天都要上演京剧评剧。随着电影引入，戏剧逐渐失去了文艺阵地。90年代电视的普及，把世界引入家中，也变相减少了人们看戏的机会。随着铁西工业的衰落，铁西的文化产业开始萎靡，放映所倒闭，文艺团体入不敷出，和被整体拆迁的棚户区一样，湮没在时代的尘埃中。
铁西记忆除了工厂生产，还有扎根于工业区的文化与记忆。从一有知名表演艺术家来，就万人空巷的老铁西，到废旧厂房被逐一推倒，无数高楼拔地而起却缺少文化活力的新铁西，我看到了历史文化的变迁。我想做的，是选择一个逐渐被人淡忘的非物质文化主题，通过建立具有历史感的新场所，期许一个传统文化复兴的未来。
Mediation of district and landscape
N
总平面

建筑设计 step

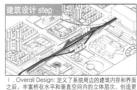

Ⅰ. Overall Design: 定义了系统周边的建筑内容和界面之后，丰富桥在水平和垂直空间内的立体层次，创造更丰富的空间序列。

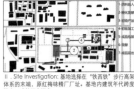

Ⅱ. Site Investigation: 基地选择在“铁西铁”步行高架体系的末端，原红梅味精厂厂址。基地内建筑年代跨度较大，建筑语言混杂。

Ⅲ. Defining Historical Buildings: 将现存和已被拆除的工业历史保护建筑复原在同一视角内，探讨基地本身的多种可能性。

Ⅳ. Volume Analysis: 以原料仓库及连续拱顶的分解过滤车间为改造核心，消解其他空间为背景。

Ⅴ. Axis Relation: 规整基地内的道路系统和建筑功能，考虑两个保留历史建筑之间的轴线关系，引导视线和人流。

B-B 剖面

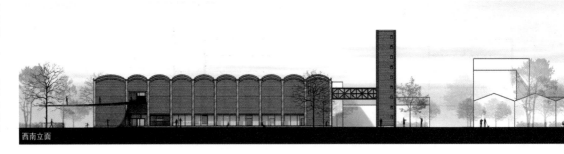

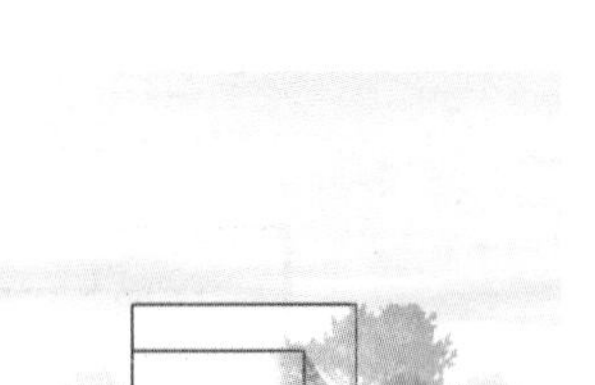

西南立面

方案构思：

作为小组城市设计——“铁西铁”线性城市系统的终点，本人的方案选址为红梅味精厂旧厂址，基地被废旧厂房及新建高层住宅层层包裹，紧邻卫工明渠，是极具时代变迁特征的场所。

在红梅基地上的单体建筑设计，与建立步行高架系统的初衷存在紧密联系：如何给这个弥漫着萧条破败感的区域注入活力，使之“重获新生”是本案主要设计目标。另外，充分发掘场所中重要的历史片段，以此为方案构思的出发点也是设计构思的关键。

作为此次参加联合毕设最“南方”的我们，在全然陌生的这片北方土地上，寻找着沈阳人曾拥有的热忱和信仰，这一过程好比剥洋葱皮，透过表象逐渐获得更深层次的认知。每张老照片，论坛上回忆往昔的只言片语，总能带给我新的情绪，给予我各种灵感。曲艺仅是万千沈阳珍宝的一员，通过旧建筑改造试图为曲艺提供继续多样化发展的物质空间，更希望为铁西人民带来传统曲艺文化体验的可能。

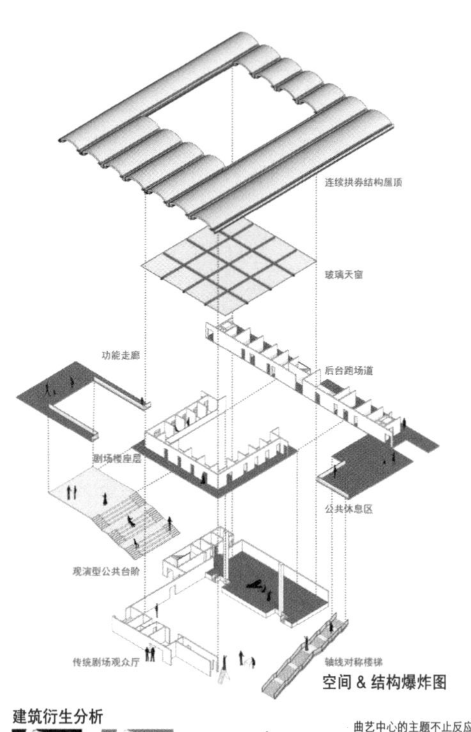

空间 & 结构爆炸图

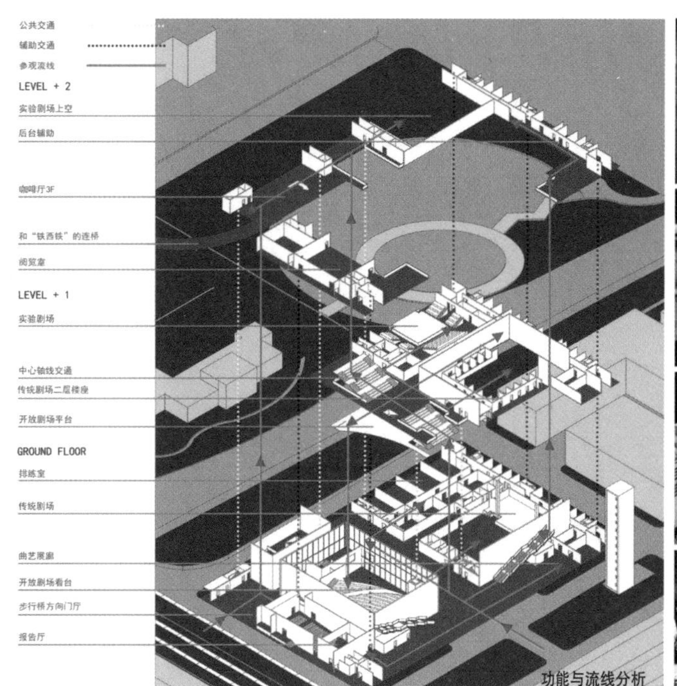

功能与流线分析

建筑衍生分析

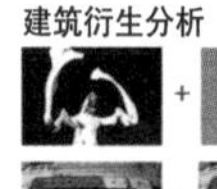
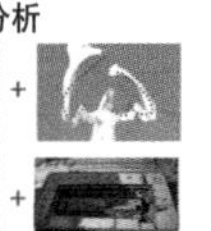
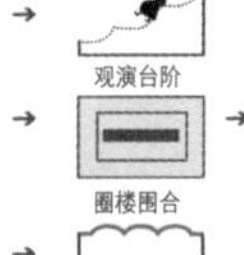

曲艺中心的主题不止反应在建筑的功能需求上，其形态、界面、空间品质等方面，都需要挖掘"曲艺"的记忆。从旧厂址上拔地而起的，既是具备新功能的新建筑，也是能引起人们对过去的感触的文化地标。

建筑秩序生成分析

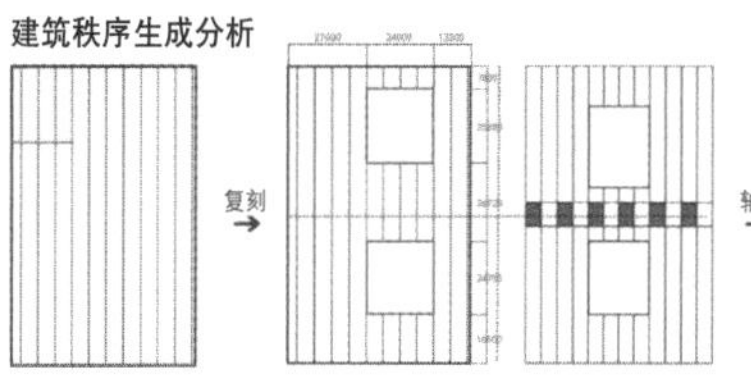

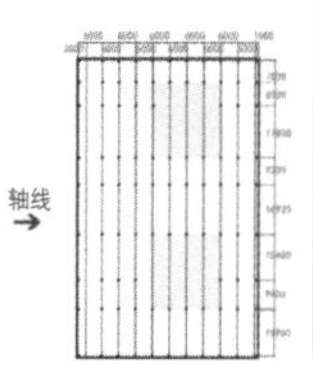

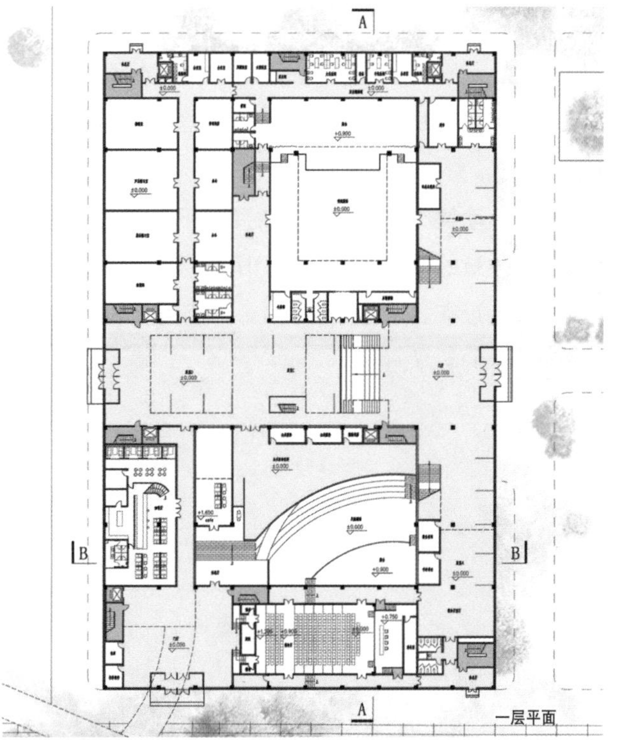

一层平面

建筑内部空间示意图

A–A 剖透视

教学感言

同济大学　孙澄宇

时间真快，又一届“8+1+1”联合毕业设计活动落下了帷幕。由于这次主办方提出进一步压缩前期城市设计（个人觉得更贴切的可以叫做建筑策划）的周期，以充实建筑单体的设计过程的想法，此次教学活动确实有了一些改变，这里就其谈一下个人的感受。

设计指导可以不再过多的纠缠于探索城市设计概念的多样性。因为时间被压缩了，原本用来探索多个城市设计概念的2~3周时间被压缩到了1周。这里使用了“头脑风暴”的方法，很快就确定了主题。而且因为不再执拗于概念的多样性，反而开始关注系统性。最终的结果就是我们采用了6人小组，并用一个概念的6个分项及其节点，包容了每个同学的基本设计意图。相比往届的3人小组，6人组显然其更加凸显了集体意志，对于更短的城市设计周期下的成果产生是有益的。

设计指导更多的是关注思维推演的过程。面对四年级的毕业生，他们在之前的各次课程设计中，都已经较为熟练地掌握了类型建筑的设计原理与必要的知识点。但那些工作都是从教师拟定的任务书开始的，而此次毕业设计是他们第一次自己给自己拟定任务书，显然绝大部分同学是不适应的。于是，如何从调研出发，不断分析提炼问题，设定目标，从社会性目标过渡到建筑设计目标，成为此次指导的重点与难点。这里采用了对一些建筑案例的逆向分析，来展示这种思维推演的过程。同时，再三让同学们体会到建筑设计自身并不能彻底解决该领域以外的社会普遍问题，将其对建筑设计任务书的拟定降落到较为务实的推演逻辑上。

设计指导有意识地引导学生接受多元的设计价值观，也就是如何评判一个设计的问题。“8+1+1”联合毕业设计平台为此提供了一个最佳的平台。来自一个学校的师生，在一起学习了4年后往往会出现设计价值观的趋同，反而不容易接受与之有差异的对象。那么联合设计就是让同学们知道，同样来自国内最优秀的建筑学同学，他们的设计可以是这样或者那样的。总之，开拓了同学们的视野，通过认真学习其他同学的设计作品，有时还可以引导进行一些讨论，来激发其自身的学习热情。

联合教学活动每次都会有一些改变，正反映出相关教师对于提高教学质量的不懈追求。我们所面对的学生，在其思维与工作方式上正在发生巨大的变化，相信教师们也会不断探索，找到适合的教学方法。

于同济大学

2017年6月14日

基因再编，回归人文

重庆大学　左力

从深圳到沈阳，“8+1+1”联合毕业设计的时间跨越新的一年，地域跨越大半个中国，不一样的历史人文，差异的气候与风土，保持不变的始终是对人和城市生活的关注，就像去年深圳课题讨论最后，贾倍思老师所说：“城市设计是设计城市人的生活”。2017年“8+1+1”联合毕业设计课题选址沈阳，一个被称为“共和国工业长子”的东北老工业城市。课题以“重温铁西——城市基因的再编与活化”为题，从建筑学本体论的视角探讨全球化背景下沈阳铁西老城区城市转型发展和空间更新问题。

1　课题背景

沈阳是我国最重要的重工业基地之一，铁西区是沈阳工业的发源地，在新中国的工业发展史上，铁西区的工业发展留下了浓墨重彩的一笔。2002年11月，中共十六大报告提出“支持东北地区等老工业基地加快调整改造”拉开了东北振兴的序幕，从国家到地方，一系列的政策和措施加快铁西的城市转型，经过十年被称为“东搬西建”的城市快速发展，当下的铁西已经从依靠工业驱动的单一的发展结构转变为产业互补、多元发展的新型城区。

2　问题导入

快速的城市化发展往往也会带来新的城市问题，回顾这十年，铁西区的发展重心向提升工业产值和城市建设开发量的方向严重倾斜，而忽略了产业结构调整升级和城市建设内涵挖潜，是重数量、速度而轻质量的发展模式。[1]要实现城市从“量”到“质”的转型，首先需要解决“人”的问题，老城区的年轻产业人口流向西部开发区，带来了老城区的人口老龄化问题，其次，为了吸纳新的人口，老城区的工业用地被更新为住宅用地，功能更新删除了承载城市历史文化的载体，产生了城市居民的文化认同问题，最后，更新后的老城区以居住功能为主，导致了开发区和老城区之间的钟摆交通，产生了居民交通出行的效率问题。

林奇认为：“城市设计是一种为构建和营造在空间上和时间上的不断拓展的城市物质环境提供建议的技能，城市设计要特别关注城市环境对居民日常生活的影响，并且要增强人们的生活体验和协助个人的发展。”[2]在近几年的联合毕业设计教学中，重庆大学一直强调基于建筑学本体视角研究城市问题的教学导向，强调从概念化、符号化的宏大叙事中抽离出来，重点放在对城市发展过程中个人、群体的行为、环境以及城市空间方面的探讨，倡导面向日常生活的城市设计。因此，设计组将问题导入放在铁西城市发展的人文视野之下，通过对所在居民的生活环境和空间行为的研究介入课题，引导学生建立人文主义的城市观和建筑观（图1）。

图 1　重庆大学“8+1+1”联合毕业设计组

3 阶段综述与成果简评

重庆大学的毕业设计教学着重强化学生的实践创新运用能力，构建以实验性、研究型教学课题为核心、以studio设计工作室为主要教学单元的开放教学平台。[3]结合重庆大学本科教学的特色，此次联合毕业设计工作室一共组织了十二位同学参与，分为四个设计小组。经过开题调研、概念设计、深化设计和成果表达四个阶段一共15周的教学过程，完成了“转轨营城”、“Mixtopia”、“沈阳格勒人之家”、“卫工明渠，重回有机”四个各具特色的方案。

3.1 转轨营城

铁路以西谓之“铁西”，纵横交错的铁路是铁西的城市显性基因。设计以铁路功能更新作为撬动城市发展的一个支点，重新定义老铁西后工业时代铁路交通的内涵与外延，探讨城市发展模式转轨背景下城市空间营造的应对策略。设计摒弃了城市发展终极蓝图的宏大叙事，从铁西当下的人文环境出发，重点针对铁西城市空间更新建立了转轨、建城、营市三个阶段的在地性发展目标，立足老铁西产业更新、城市再开发、社区营造和文化传承视角，从宏观、中观、微观三个不同尺度层次展开了建筑学的本体层面对城市与街区、群体与单体、公共与私密、保护与更新等议题的探讨（图2）。

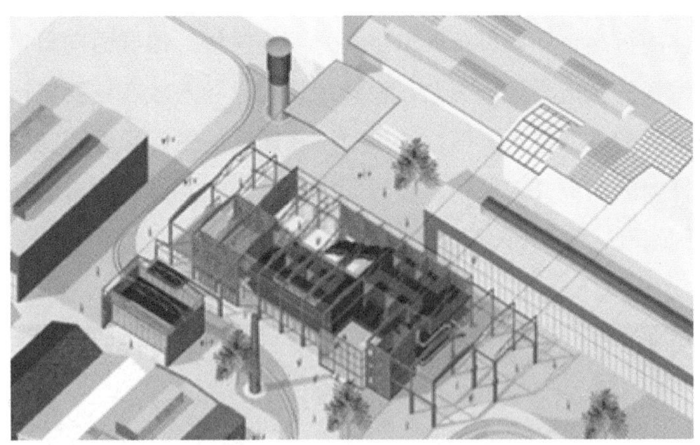

图 2 “转轨营城”方案选图

3.2 Mixtopia

去工业化的背景下，城市的发展在空间上会呈现扩张与收缩同时存在的状态，基于老铁西片区所处的城市空间发展进程的判断，设计提出以“精简范式”替代“增长范式”，以弹性的土地开发应对变化的城市需求的总体思路。“Mixtopia”建构了城市收缩背景下，铁西老城区城市空间更新的空间策略，利用城市转换的土地，将都市景观农业的引入住区，建设高度集约化、综合化、人性化的城市垂直住区，组织策划与农业相关的公共活动，重建社区邻里关系，同时，景观农业空间存续的土地为城市的后续发展提供足够的空间和可能性（图3）。

图 3 “Mixtopia”方案选图

3.3 沈阳格勒人之家

这里的家具备双重含义，可以被理解为家庭，构成社会的基本单元，一个社会学的基本概念，也可以被理解为家园，即一种人文主义的价值观念，可以被具象化为社会文化领域具有共同价值观的特定人群构筑的文化共同体，文化共同体具有时间上的连续性和空间上的确定性，是延续城市历史，塑造文化特征的载体。设计以“沈阳格勒人之家”为题，正是基于对特定人群所呈现的强烈工业文化印记的认知，通过转译与重构铁西大工业时代的社区文化要素和居住空间要素，激活铁西的城市居住生活，弥合割裂的历史文化联系，重塑社区共同价值观念（图4）。

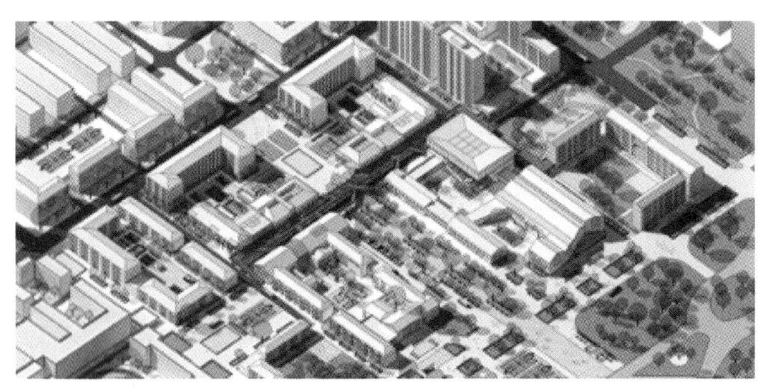

图 4 “沈阳格勒人之家”方案选图

3.4 卫工明渠，重回有机

卫工明渠是铁西区最重要的城市水系，极端天气导致的城市洪水和工业排污使得水渠两岸成为消极的城市空间。

图5 “卫工明渠，重回有机”方案选图

设计充分研究了卫工明渠的历史发展过程，以解决城市问题为导向，拟定了多元化、多层次的设计目标，确立了恢复水系生态功能，引导文化产业入驻，活化利用废旧厂区，激发周边社区活力四大设计策略。设计借助景观都市主义的理论视野，通过建立长达7公里涵盖卫工明渠主要流域段的生态景观系统，建筑自然化的处理方法，使得城市、建筑及人的活动与水环境和谐共生，实现城市滨水生活重回有机（图5）。

5 思考：

当代的互联网技术深刻的改变了知识的传播方式，校园内的三尺讲堂已经不再是学生获取知识的唯一途径，传统的授课模式已经无法满足学生对复杂、多元的专业知识的需求。在此背景下，“8+1+1”联合毕业设计提供了面向社会、立足实践的开放性校际交流平台，成为重庆大学重要的创新教学渠道，在这里教与学没有根本的差异，学生在这个平台里既是知识的获取者也是知识的创造者。

新常态下，城市发展范式从过去的外延型扩张，转向内涵型发展，建筑学作为研究城市问题的重要学科，面对当代学科交叉融合日益深入，在空间为本体的建筑学核心价值日益消解的当下，如何建构学科新的价值体系是摆在每个建筑学人面前的课题。在多元价值主导的时代，建筑学本体回归人文，回应人本需求，可能是学科发展的一个重要方向，正如刘易斯·芒福德所说：“人们聚集到城市里来是为了居住。他们之所以聚居在城市里，是为了美好生活。”[4]

参考文献：

[1]殷健，李晓航，李越轩，沈阳铁西区十年发展回顾与反思[J]. 上海城市规划，2015（05）110-115.

[2]Kevin Lynch. “City Design: What It Is and How It Might Be Taught”, Urban Design International. 1980, 1, no.2:48~53, 48, 50

[3]卢峰，蔡静，基于2+2+1模式的建筑学专业教育改革思考[J]. 室内设计,2010（03）46-49

[4]刘易斯·芒福德著，城市文化[M].宋俊岭，李翔宁，周鸣浩译.北京：中国建筑工业出版社，2008：517

8+1+1联合毕业设计感言

浙江大学　浦欣成

我是初次指导8+1+1联合毕业设计，从基地的选择到内容的策划，都具有较大的自由度，各校师生之间具有差异性的思考在此碰撞与交流，显示出了开放性与多元化的魅力。

建筑设计教学大致从以下两方面展开：其一是发现问题、分析问题以及解决问题的能力，主要强调逻辑理性思维，围绕着建筑机能分三个尺度展开：宏观尺度下，在城市设计层面，研究建筑与城市的关系，也即建筑作为城市特定区域中的局部如何协调性地参与整体城市区域空间的运作；中观尺度下，在建筑设计的形式与空间层面，寻求功能布局的合理、形式语言的明晰；微观尺度下，在建筑设计的材料与构造层面，探索建造逻辑的生成。如果我们以建筑师的传统视角主要聚焦于建筑设计的形式与空间层面，那么城市设计层面的研究向下为其提供控制与导引，材料与构造层面的探索则向上为其提供现实性的有效支撑。其二是如何让设计作品从精神上感染体验者，主要强调人文主义情怀；真实的精神情感依赖于在建成后实际空间中的身受，因而在设计阶段难以进行充分表达，只能通过设计表现（模型、图像或文字等）进行想象。这两个方面，前者为理可以在教学中进行训练，后者为情只能适当加以引导。这也许可以看作是一个较为简略的、具有一定普适价值观的建筑设计教学构架。

而毕业设计，作为建筑系本科生的最后一个设计作业，是检验他们在本科阶段专业设计水平的一个重要环节，理应在上述各方面均能达成较好的表现，且能把握好各层面之间的平衡与衔接关系。但现实与理想之间总是存在着各种差异与矛盾。

首先是逻辑理性思维三个尺度之间的平衡问题。常见的是微观尺度下材料与构造层面的设计普遍较为缺乏，症结也许是共通的：毕业设计进行到最后，时间紧张从而无暇顾及。而宏观尺度下城市设计层面，在毕设的前半阶段如果用力稍猛、为建构大而完整的体系，累积的工作量耗费了激情进而身心疲惫，可能会抑制后半阶段建筑设计中情感的酝酿与呈现；又或者过于弱化城市设计，更多地从建筑的形式与空间层面直接切入课题设计，使建筑与城市的关系较为薄弱，成果不够丰满。

其次是理与情的平衡问题。理工科院校的学生在发现、分析、解决问题的逻辑理性层面的能力相对较强，但易于忽略精神情感方面的体悟与表达，造成感染力不同程度的缺失。美院的学生在前者或许存在少量欠缺，但在后者却常有着不俗的表现。如果前者比作“工笔”而后者喻为“写意”，那么“兼工带写”是否就应该是建筑设计教学所追求的理想目标呢？问题似乎并非如此简单，虽然希望学生都能够历经从理到情的精神升华，但面面俱到的成熟似乎又坠入了某种中庸的窠臼。以存在即合理的角度而言，也许三种类型的并存才是维系设计成果多元化的基础。

此外还存在着设计思想的选择问题，比如是否放弃相对较易达成完善而成熟设计的惯常思路，去尝试一些不成熟但具有某些探索性的思考？这将是他们难能可贵的独立思想的发端，也许我们可以对此抱以适度宽容的态度来进行评判与审视。

设计质量很大程度上取决于对整个设计过程的管控。首先在于学生个人，部分学生忙于出国、求职等事务而在主观意愿上即对毕业设计疏于管控，另有部分学生虽然在主观上认真，但缺乏足够的管控能力与运筹技巧，客观上难免顾此失彼，前期的深入思考并未有效转变为后期富有表现力的形式与空间而颇为遗憾。其次在于师生之间的协调关系，老师对于学生既不能过于放松而导致设计质量下降，亦不能过于掌控而导致他们的独立思考未获充分尊重进而触发其心理逆反。

以上凡此种种，都将使毕业设计处于错综复杂、难以预估的过程中；最后的成果呈现，更多地意味着一段辛勤博弈的历程，暗示着一个阶段的结束、另一个阶段的开始。